普通高等教育规划教材

Tulixue yu Diji Jichu

# 土 力 学 与 地 基 基 础

赵明阶 主 编

人民交通出版社

## 内 容 提 要

本书系统地介绍了土力学与地基基础的基本原理和分析计算方法,内容包括绪论、土的物理性质及工程分类、土中水的渗透规律、地基土中的应力计算、土的变形特性与地基沉降计算、土的抗剪强度理论、土压力计算理论、土坡稳定性分析与计算、地基承载力及其确定、天然地基上的浅基础设计、桩基础的设计与计算、沉井基础的设计与计算、地基处理与加固设计以及土动力学与地基基础抗震设计简介共 14 章,每章均附有例题以及思考题和习题。

本书主要作为高等学校土木工程专业、道路桥梁与渡河工程专业、港口航道与海岸工程专业、水利水电工程专业本科教材,也可供其他专业师生及技术人员参考。

## 图书在版编目(CIP)数据

土力学与地基基础/赵明阶主编 . —北京:人民交通出版社,2010.1
ISBN 978 - 7 - 114 - 08074 - 6

Ⅰ. 土… Ⅱ. 赵… Ⅲ.①土力学 ②地基 - 基础(工程)
Ⅳ. TU4

中国版本图书馆 CIP 数据核字(2010)第 014201 号

普通高等教育规划教材

| | |
|---|---|
| 书　　　名: | 土力学与地基基础 |
| 著 作 者: | 赵明阶 |
| 责任编辑: | 曾　嘉 |
| 出版发行: | 人民交通出版社股份有限公司 |
| 地　　　址: | (100011) 北京市朝阳区安定门外外馆斜街 3 号 |
| 网　　　址: | http://www.ccpress.com.cn |
| 销售电话: | (010) 59757973 |
| 总 经 销: | 人民交通出版社股份有限公司发行部 |
| 经　　　销: | 各地新华书店 |
| 印　　　刷: | 北京市密东印刷有限公司 |
| 开　　　本: | 787×1092　1/16 |
| 印　　　张: | 26.5 |
| 字　　　数: | 670 千 |
| 版　　　次: | 2010 年 1 月第 1 版 |
| 印　　　次: | 2020 年 7 月第 5 次印刷 |
| 书　　　号: | ISBN 978-7-114-08074-6 |
| 印　　　数: | 13001-14000 册 |
| 定　　　价: | 48.00 元 |

(有印刷、装订质量问题的图书由本社负责调换)

# 前　言

　　"土力学与地基基础"是高等院校土木工程有关专业的一门重要课程,同时它又是一门理论性和实践性都很强的课程。近年来,随着科学技术的发展和高等教育教学改革的不断深化,一方面相关国家标准和行业规范不断更新,许多先进技术被引入到工程设计与计算中;另一方面先进的教学手段促使相关紧密的课程实现整合,在交通类土木工程专业中,原"土质学与土力学"和"基础工程"两门课程已经被整合为"土力学及地基基础"一门课程。为了适应当前形势下的高等教育本科教学的要求,我们编写了这本"土力学及地基基础"本科教材。

　　本教材主要按照土木工程专业、道路桥梁与渡河工程专业、港口航道与海岸工程专业、水利水电工程专业的教学大纲编写,学时数在 80 学时(不含课程设计)左右,对于其他专业的"土力学与地基基础"课程在使用本教材时可适当删减部分内容。为了使本教材能更好地满足本科学生的教学要求,本教材在编写过程中,除紧密结合现行规范、引入大量工程实例、计算算例和最新技术外,还吸收了近年来部分院校《土力学地基基础》教材的优点,并参考了国内外近年来出版的比较成熟的教科书及有关文献资料和工程资料。同时在文字表述方面将力求简明扼要、深入浅出,既便于教学,又便于自学。

　　本书由重庆交通大学赵明阶教授担任主编,参加编写的有叶四桥、翁其能、林军志、唐芬、祝晓寅、吴文雪、李洁和徐容。各章节编写的分工为:赵明阶编写第一、二、十四章(其中第四节、第五节和第八节由徐容编写),叶四桥编写第三、八章,李洁编写第四章,翁其能编写第五章,吴文雪编写第六、十三章,唐芬编写第九、十章,林军志编写第七、十二章,祝晓寅编写第十一章。全书由赵明阶教授统稿。

　　限于编者的水平,书中缺点和谬误之处在所难免,恳请读者批评指正。

编　者

2009 年 7 月

# 目　　录

# 第一章　绪　论

教学内容：土力学、地基及基础概念，典型地基基础工程破坏事例，土力学地基基础学科的发展简史及现状，土力学地基基础课程内容及学习要求。

教学要求：掌握土力学、地基及基础的概念，掌握地基基础的分类；了解地基基础与上部结构的共同作用、土力学地基基础学科的发展简史及现状。

教学重点：土力学、地基及基础的概念。

## 第一节　土力学、地基及基础的概念

### 一、什么是土力学

土是地壳表层岩体经强烈风化（包括物理、化学及生物风化作用）、搬运、沉积等地质作用而形成的产物，它是各种矿物颗粒的集合体，颗粒间的联结强度远比颗粒本身小。一般情况下，颗粒间有空隙，空隙中有水和气体。因此，土是一种由矿物颗粒、液体水和空气组成的孔隙松散介质体。

由于人类活动大多在地球表层，故土与工程建设有着密切的关系。在土木工程中遇到的各种与土有关的问题，归纳起来可以分为三类：

（1）作为建筑物的地基，如修建房屋、桥梁、道路、水工结构等时，可用土作为地基；

（2）作为建筑材料，如可用土来填筑路基、堤坝以及其他土工构筑物；

（3）作为建筑物周围介质或环境，如在修建运河、渠道、隧道、挡土墙、地下建筑、地下管线等构筑物时，土可被用来作建筑物的周围介质或保护层。

由于土是孔隙松散介质体，具有可压缩性大、强度低等特性，因此不管哪一类情况，研究弄清土的这些力学性质对于保证建筑物的安全运行是非常重要的，直接关系到工程的经济合理和安全使用。

土力学是利用力学知识和土工实验技术来研究土的特性及其受力后强度和体积变化规律的一门学科。换句话讲，它是以力学为基础，研究土的渗流、变形和强度特性，并据此进行土体的变形和稳定性计算的学科。一般认为土力学是力学的一个分支，但是由于土力学研究的对象——土，是由矿物颗粒组成的松散体，具有特殊的力学特性，与一般的弹性体、塑性体、弹塑性体、流体有较大区别，因此在把一般连续介质力学的规律运用到土力学时，还要结合土体本身的特殊性，运用专门的土工实验技术来研究土的物理特性，以及土的强度、变形和渗透等特殊的力学特性。在与生产实践的结合过程中，土力学又产生了不同的分支学科,如冻土力学、海洋土力学、环境土力学、土动力学、月球土力学等,对区域性土和特殊类土(例如湿陷性黄土、红黏土、胀缩土、软土、盐碱土、污染土、工业废料等)的研究也不断深入。

土力学是学习基础工程、地基处理等课程的理论基础,是为地基基础工程的实践服务的。土木工程的发展对土力学不断提出新的要求,并促使理论的发展和完善,研究方法和手段更精确先进,而土木工程实践又是检验这些理论方法正确性的唯一标准。

## 二、地基与基础的概念

地基与基础(如图 1-1)是两个不同的概念。所谓地基是指承受建筑物荷载的地层,建筑物的全部荷载都得由它下面的地层来承担,我们通常把受建筑物影响的那一部分地层称为地基。因此,地基并不仅仅是与建筑物基础接触的那部分地层,它应当包括建筑物基础底面以下所有受建筑物荷载影响的地层。

根据地质情况不同地基可分为土质地基和岩石地基,土质地基是指由土体构成的地基;岩石地基是指由岩石构成的地基。

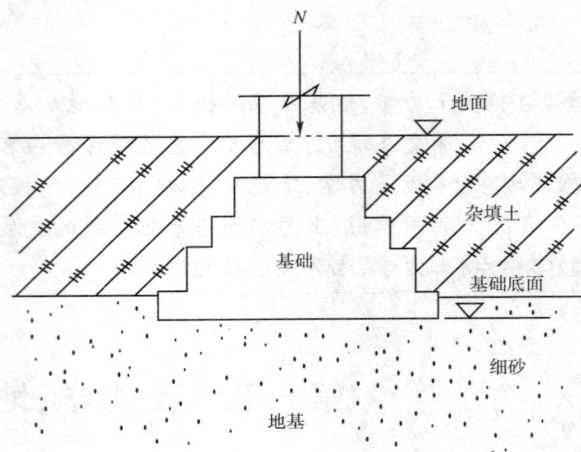

图 1-1　地基与基础

岩石地基一般具有较高的承载力,通常情况下不需要进行人工处理就可直接作为建筑物地基使用;而土质地基则要根据土层物理力学特性和建筑物荷载大小确定是否可直接作为建筑物地基使用。

按照设计施工情况不同地基也可分为天然地基和人工地基。所谓天然地基是指不需进行人工处理就能满足建筑物使用要求的地基,如岩石地基、密实砂卵石层等。人工地基是指地层物理力学特性不能满足建筑物使用要求,需要通过人工加固(如换土垫层、深层密实、排水固结、化学加固及土工聚合物加筋等)后才能使用的地基。

基础是指建筑物最底层的一部分,由砖石、混凝土或钢筋混凝土等建筑材料建造。基础的作用是将上部结构荷载扩散,并以较小的应力强度传给地基,其本身并不直接承担荷载。基础的结构形式很多,通常把埋置深度不大,只需经过挖槽、排水等普通施工程序就可建造起来的基础统称为浅基础,如扩大基础、独立基础等;对于浅层土质不良,需要把基础埋置于地下深处的良好地层时,就要借助于特殊的施工技术,建造各种类型的深基础,如桩基础、沉井基础、地下连续墙等。

地基与基础是建筑物的根基,又属于地下隐蔽工程,其勘察、设计和施工质量直接关系到建筑物的安全。实践表明,在各类建筑工程事故中,地基基础事故居首位,而且一旦发生地基基础事故,补救非常困难。例如,苏州名胜虎丘塔向东北方向严重倾斜,造成塔身砖体开裂,从事故原因分析和加固方案研究到分期施工处理,前后花了七八年时间。

为了确保建筑物的安全和使用,在地基与基础设计中必须同时满足以下两个技术条件:

(1)地基的强度条件:要求建筑物地基保持稳定性,不发生滑动破坏,必须有一定的地基强度安全系数。

(2)地基的变形条件:要求建筑物地基的变形不能大于地基变形允许值。例如,中压缩性土地基上 100m 高的烟囱基础的沉降量不得超过 200mm，基础的倾斜不得超过 0.005。又如高压缩性地基上框架结构相邻柱基的沉降差，不得超过 0.003L（L 为相邻柱基的中心距，单位是 mm）。

### 三、地基、基础与上部结构的共同作用

建筑物的地基、基础和上部结构三个部分，虽然各自功能不同、研究方法各异，然而对于一个建筑物来说，在荷载作用下，这三方面却是彼此联系、相互制约的整体。地基的任何变形必定引起基础和上部结构的变形；不同类型的基础也会影响上部结构的受力和工作；上部结构的力学特征也必然对基础的类型和地基的强度、变形和稳定条件提出相应的要求。地基和基础的不均匀沉降对于超静定的上部结构影响较大，不大的基础沉降差就能引起上部结构产生较大的内力。同时，恰当的上部结构形式也具有调整地基基础受力条件和改善位移情况的能力。因此在处理地基基础问题时，应该考虑上部结构特性和要求，设计上部结构时也应充分考虑地基的特点，把地基基础和上部结构看作一个整体，考虑其整体作用和各组成部分的共同作用，全面分析结构物整体和各组成部分的设计可行性、安全性和经济性，把强度、变形和稳定性与现场条件、施工条件紧密地结合起来，全面分析，综合考虑。

# 第二节　典型地基基础工程破坏事例

### 一、建筑物倾斜——意大利比萨斜塔

意大利比萨斜塔（如图 1-2）是举世闻名的建筑物倾斜的典型事例。该塔自 1173 年 9 月 8 日动工，至 1178 年建至第 4 层中部，高度约 29m 时，因塔身明显倾斜而停工。94 年后，于 1272 年复工，经 6 年时间建完第 7 层，高度为 48m，并再次停工。中断 82 年后，于 1360 年再次复工，至 1370 年竣工。全塔共 8 层，高度为 55m。

比萨斜塔塔身呈圆筒形，1~6 层由优质大理石砌成，顶部 7~8 层采用砖和轻石料。塔身每层都有精美的圆柱与花纹图案，是一座宏伟而精致的艺术品。全塔总荷重约 145MN，基础底面平均压力约 50kPa。地基持力层为粉砂，下面为粉土和黏土层。塔曾向南倾斜，南北两端沉降差 1.80m，塔顶偏离中心线已达 5.27m，倾斜 5.5°，成为危险建筑。1990 年被封闭。

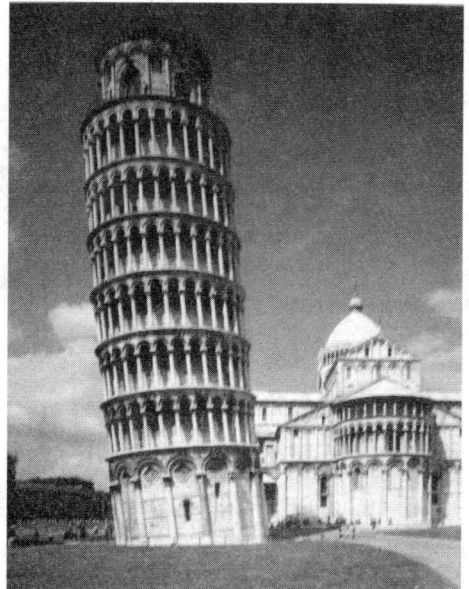

图 1-2　意大利比萨斜塔

### 二、建筑地基严重下沉——上海展览中心馆

上海展览中心馆（如图 1-3）原称上海工业展览馆，位于上海市区延安中路北侧。展览馆

中央大厅为框架结构,箱形基础;展览馆两翼采用条形基础。箱形基础为两层,埋深7.27m。箱基顶面至中央大厅顶部塔尖,总高96.63m。地基为高压缩性淤泥质软土。展览馆于1954年5月开工,当年年底实测地基平均沉降量为60cm。1957年6月,中央大厅四周的沉降量最大达146.55cm,最小为122.8cm。

1957年7月,在仔细观察展览馆内严重的裂缝情况,分析沉降观测资料并研究展览馆勘察报告和设计图纸后,专家们作出展览馆将裂缝修补后可以继续使用的结论。

1979年9月,展览馆中央大厅累计平均沉降量为160cm。从1957年至1979年共22年的沉降量仅二十多厘米,不及1954年下半年沉降量的一半,说明沉降已趋向稳定,展览馆开放使用后情况良好。

### 三、建筑物地基滑动——加拿大特朗斯康谷仓

加拿大特朗斯康谷仓(如图1-4)平面呈矩形,南北向长59.44m,东西向宽23.47m,高31.00m,容积36368m³。谷仓为圆筒仓,每排13个圆筒仓,5排共计65个圆筒仓。谷仓基础为钢筋混凝土筏板基础,厚度61cm,埋深3.66m。

图1-3 上海展览中心馆

图1-4 加拿大特朗斯康谷仓

谷仓于1911年动工,1913年秋完工。谷仓自重20000t,相当于装满谷物后满载总重量的42.5%。1913年9月装谷物,10月17日当谷仓已装了31822m³谷物时,发现1小时内竖向沉降达30.5cm。结构物向西倾斜,并在24小时内倾倒,倾斜度达26°53′,谷仓西端下沉7.32m,东端上抬1.52m,上部钢筋混凝土筒仓坚如磐石。

谷仓地基土事先未进行调查研究,而是根据邻近结构物基槽开挖试验结果,计算得到地基承载力为352kPa,并应用到此谷仓。1952年经勘察试验与计算,谷仓地基实际承载力为194~277kPa,远小于谷仓破坏时基底压力329.4kPa,因此,谷仓地基因超载发生强度破坏而滑动。

#### 四、建筑物地基液化失效——日本新泻地震

新泻市位于日本本州岛中部东京以北，西临日本海，市区存在大范围砂土地基。1964 年 6 月 16 日，当地发生 7.5 级强烈地震，使大面积砂土地基液化，丧失地基承载力。新泻市机场建筑物振沉 915mm，机场跑道严重破坏，无法使用。当地的货车和混凝土结构沉入土中。地下一座污水池浮出地面高达 3m。高层公寓陷入土中并发生严重倾斜，无法居住。据统计，大地震共毁坏房屋 2890 幢，一些公寓楼因砂土地基液化在 8min 之内下沉倾斜，但其上部结构在震后保持完好（如图1-5）。

图 1-5 日本新泻地震

# 第三节　学科的发展简史及现状

土力学是一门古老而又年轻的科学。为了生产的发展和生活的需要，人类很早就懂得利用地壳表层的风化产物——土，作为建筑物的地基和建筑材料。古代许多伟大的建筑，如公元前二世纪修建的万里长城，随后的南、北大运河，黄河大堤以及宏伟的宫殿、寺院、宝塔都有坚固的地基和基础，长时期经历地震、强风化的考验保存至今。隋朝所建赵州石拱桥把桥台砌筑在密实的粗砂层上，基底压力约为 500～600kPa，至今沉降很小。公元 989 年建造开封开宝寺木塔时，预见到塔基会出现不均匀沉降，施工时特意做成斜塔，沉降稳定后塔身自动复正。世界上著名的建筑物如比萨斜塔、金字塔等的修建，也都说明了当时人们在工程实践中积累了丰富的有关土的知识和经验。但与其他科学一样，由于受到当时生产规模和科学水平的限制，人们对于土的特性的认识还停留在经验积累的感性认识阶段。

18 世纪工业革命后，城市、道路、水利建设的发展提出了大量与土力学有关的问题，并取得不少成功的经验，特别是一些工程事故的教训，迫使人们在经验积累的基础上寻求理论解释。如 17 世纪末欧洲各国大修城堡推动了建筑学的发展，其中，城墙背后土压力问题引起了人们的关注。许多工程技术人员发表了计算土压力的公式，这为法国科学家库仑（Coulomb，1773）提出著名的土压力理论公式和土的抗剪强度公式打下了基础。1856 年法国工程师达西（Darcy）根据两种均匀砂土渗透试验的结果提出了渗透定律。1857 年美国学者朗肯（Rankine）借助土的极限平衡分析建立了朗肯土压力理论，该理论与库仑土压力理论共同形成了古典土压力理论。1885 年法国学者布辛奈斯克（Boussinesq）提出的表面竖向集中力在弹性半无限体内部应力和变形的理论解答，目前已经成为地基应力计算的主要方法。总之，欧洲工业革命开启了土力学的理论研究，这一时期人们对某些个别问题作了理论探讨，但都是局部性的单独突破，没有形成统一的理论和独立的学科。因此该时期属于经验积累基础上的理论提高阶段。

20 世纪以来，随着生产建设深度和广度的不断增大，建筑物的规模更大，所遇到的工程地质条件更复杂，迫使人们对土的性质作全面、系统的理论和实践研究。特别是 20 世纪初出现的一些重大的工程事故，如德国的桩基码头大滑坡、瑞典的铁路塌方、美国的地基承载力问题等，进一步激发了土力学研究的热潮。不少国家纷纷成立专门的土工研究机构，对若干具有普遍性的事故做了重点调查勘探和试验，对土的性质、地基基础设计施工进行了深入的研究，发

表了许多有关的理论著作。普朗德尔（Prandtl，1920）发表的地基滑动面的数学公式，彼德森（Peterson，1915）提出，以后又由费伦纽斯（Fellenius，1936）、泰勒（Taylor，1937）等发展的计算边坡稳定性的圆弧滑动法等，就是这一时期的重要成果。尤其是美国土力学家太沙基（Terzaghi，1925年）发表的第一本土力学著作《建立在土的物理学基础上的土力学》，标志着土力学作为一门独立的学科问世了。太沙基把当时零散的有关定律、原理、理论等按土的特性加以系统化，从而形成一门独立的学科。他指出土具有黏性、弹性和渗透性，按物理性质把土分成黏土和砂土，并探讨了它们的强度机理，提出了一维固结理论，建立了有效应力原理。有效应力原理真实地反映了土的力学性质的本质，使土力学确立了自己的特色，成为土力学学科的一个重要指导原理，极大地推动了土力学的发展。1932年前苏联学者崔托维奇出版的《普通土力学》教程，对土力学作了系统叙述。

自土力学成为一门独立学科以来，其发展大致可以分为两个阶段。第一阶段从20世纪20年代到60年代，称为古典土力学阶段。这一阶段的特点是在不同的课题中分别把土看作线弹性体或刚塑性体，又根据课题需要把土视为连续介质或分散体。这一阶段的土力学研究主要在太沙基理论基础上，形成以有效应力原理、渗透固结理论、极限平衡理论为基础的土力学理论体系，研究土的强度与变形特性，解决地基承载力和变形、挡土墙土压力、土坡稳定等与工程密切相关的土力学课题。这一阶段的重要成果有关于黏性土抗剪强度、饱和土性状、有效应力法和总应力法、软黏土性状、孔隙压力系数等方面的研究，以及钻探取不扰动土样、室内试验（尤其三轴试验）技术和一些原位测试技术的发展，对弹塑性力学的应用也有了一定认识。第二发展阶段从20世纪60年代开始，称为现代土力学阶段。其最重要的特点是把土的应力、应变、强度、稳定等受力变化过程统一用一个本构关系加以研究，改变了古典土力学中把各受力阶段人为割裂开来的情况，从而更符合土的真实性。这一阶段的出现依赖于数学、力学的发展和计算机技术的突飞猛进。较为著名的本构关系有邓肯的非线性弹性模型和剑桥大学的弹塑性模型。国内学者在这方面也做了不少工作，例如南京水利科学研究院提出的弹塑性模型。由于本构关系对计算参数的种类和精度要求更高，因此也推动了测试和取样技术的发展。虽然这种方法目前还未广泛在工程中应用，也无法替代简化的和经验的传统方法，但它代表土工研究的发展趋势，促使土力学研究发生重大变革，使土工设计和研究达到新的水平。

近年来，世界各国超高土石坝、超高层建筑与核电站等巨型工程的兴建，以及强烈地震的频发，促进了土力学的进一步发展。有关单位积极研究土的本构关系、土的弹塑性与黏弹性理论和土的动力特性。同时，各国研制成功多种多样的工程勘察、试验与地基处理的新设备，如自动记录静力触探仪、现场孔隙水压力仪、径向膨胀仪、测斜仪、自进式旁压仪、应用放射性同位素测土的物理性指标仪、薄壁原状取土器、高压固结仪、自动固结仪、大型三轴仪、振动三轴仪、真三轴仪、大型离心机、流变仪、振冲器、三重管旋喷器、深层搅拌器、粉喷机、塑料排水板插板机、扩底桩机械扩底机等，为土力学理论研究和地基基础工程的发展提供了良好的条件。

## 第四节　本课程主要内容和学习要求

土力学与地基基础是土木建筑有关专业的重要课程之一。其任务是保证各类建筑物既安全又经济地使用，不发生上述各类地基基础工程事故。因此，需要学习和掌握土力学的基本理论、地基基础设计原理和先进经验。

本课程共分 14 章,主要内容包括:

第一章 绪论。主要介绍土力学、地基与基础的概念,土力学地基基础学科发展的历史概况以及课程主要内容和学习要求等。

第二章 土的物理性质及工程分类。这是本课程的基础,主要介绍土的生成与特性的关系、土的三相组成及其特性、土的物理性质指标及其换算、土的物理状态指标及其应用、地基土的工程分类方法。

第三章 土中水的渗透规律。主要介绍土中水的渗流模型、达西定律,常水头渗流试验、变水头渗流试验及现场抽水试验测试渗透系数,渗透力的计算与渗透破坏的概念。

第四章 地基土中的应力计算。主要介绍土中自重应力和附加应力的计算方法以及有效应力原理。

第五章 土的变形特性与地基沉降计算。主要介绍室内压缩试验、土的压缩性指标、地基沉降及计算、土的应力历史及其对地基沉降的影响、饱和土渗透固结理论、固结度、沉降与时间关系、沉降观测与分析等内容。

第六章 土的抗剪强度理论。主要介绍土体抗剪强度的概念、库仑强度定律、摩尔库仑强度理论、直剪试验、三轴剪切实验、十字板剪切实验以及强度指标选用,有效抗剪强度指标概念,饱和黏性土的抗剪强度,无黏性土的抗剪强度。

第七章 土压力计算理论。主要介绍土压力的分类、静止土压力概念及计算、朗肯土压力理论、库仑土压力理论、特殊情况下的土压力计算等内容。

第八章 土坡稳定性分析与计算。主要介绍无黏性土坡的稳定分析方法、黏性土坡的稳定分析方法、饱和黏性土坡稳定性分析方法。

第九章 地基承载力及其确定。主要介绍地基承载力概念、地基破坏模式及破坏过程、理论公式确定临界荷载、极限承载力计算以及规范法确定地基容许承载力。

第十章 天然地基上的浅基础设计。主要介绍浅基础的常用类型、地基容许承载力的计算、刚性扩大基础尺寸的拟定、刚性扩大基础的验算等。

第十一章 桩基础的设计与计算。主要介绍桩与桩基础的类型与构造、桩基础的适用条件、桩的承载力、桩的内力与位移计算、群桩基础的竖向分析和承载力、桩基础的设计等内容。

第十二章 沉井基础的设计与计算。主要介绍沉井基础的基本概念、沉井的类型与构造、沉井的设计与计算等内容。

第十三章 地基处理与加固设计。主要介绍地基处理的目的和意义,地基处理方法的分类,各种地基处理方法的机理、设计计算理论和施工方法,土工合成材料加筋法以及复合地基理论。

第十四章 土动力学与地基基础抗震设计简介。主要介绍土的动力特性、土的液化特性、砂性土地基液化判别、砂性土地基液化程度等级划分、地震与震害、建筑地基基础抗震设防标准以及地基基础抗震设计的一般方法。

本课程牵涉的自然科学范围很广,在学习时要求弄清基本概念,掌握基本理论和设计计算方法,注重理论联系实际。学习本课程的先行课程有工程地质学、材料力学、结构力学、钢筋混凝土结构等。

## 思 考 题

1. 什么是土, 它有何特点?
2. 什么是地基? 什么是基础? 它们有哪些类型?
3. 简述地基、基础与上部结构的共同作用。
4. 土力学地基基础的研究内容有哪些?
5. 简述土力学地基基础的发展历史。

# 第二章 土的物理性质及工程分类

**教学内容:**土的生成与特性的关系,土的三相组成及其特性,土的物理性质指标及其换算,土的物理状态指标及其应用,地基土的工程分类方法。

**教学要求:**掌握土的生成与特性、物理性质、物理状态等基本概念;能够熟练运用三相比例指标之间的基本关系来研究土的工程性质,并对土进行工程分类。

**教学重点:**土的物理性质指标及其换算,地基土的工程分类。

土是由固体颗粒(又称固相)、水和气体所组成,故称为三相系。土中颗粒的大小、成分及三相之间的比例关系,反映出土的不同性质,如干湿、轻重、松紧及软硬等。土的这些物理性质与力学性质之间有着密切的联系。如土松而湿则强度低而压缩性大;反之,则强度高而压缩性小,故土的物理性质是土的最基本性质。

本章将分别介绍土的生成与特性、土的物理性质指标、土的物理状态指标,并利用这些指标及其特征对地基土进行工程分类。

## 第一节 土的生成与特性

### 一、土的生成

土是地球表层岩石经过风化、剥蚀、搬运、沉积,形成的固体矿物颗粒、水和气体的集合体。不同的风化作用,形成不同性质的土。风化作用主要有下列三种:

1. 物理风化

岩石经风、霜、雨、雪的侵蚀,温度和湿度的变化,不均匀膨胀和收缩,使岩石产生裂隙,崩解为碎块。这种风化作用,只改变颗粒的大小和形状,不改变矿物成分,称为物理风化。由物理风化生成的为粗颗粒土,如碎石、卵石、砾石、砂土等,呈松散状态,总称无黏性土。

2. 化学风化

岩石碎屑与水、氧气和二氧化碳等物质接触,使岩石碎屑发生化学变化,改变了原来组成矿物的成分,产生一种新的成分——次生矿物,土的颗粒变得很细,具有黏结力,如黏土、粉质黏土,总称为黏性土。

3. 生物风化

由动、植物和人类活动对岩石的破坏,称为生物风化。生物风化作用主要发生在表层岩石和土中,既有机械的,也有化学的,具有双重性。例如开山、挖掘隧道等活动形成的土,就属于机械的生物风化作用,其矿物成分没有变化。

初期形成的土是松散的,颗粒之间没有任何联系。随着沉积物逐渐增厚,产生上覆土层压力,使得较早沉积的颗粒排列渐趋稳定,颗粒之间由于长期接触产生了一些胶结,加之沉积区气候干湿循环、冷热交替的持续影响,最终形成了具有某种结构联结的地质体(工程地质学中称为土体),并通常以成层的形式(土层)广泛覆盖于前第四纪坚硬的岩层(岩体)之上。

## 二、土的结构与构造

土的结构和构造反映了土物质的存在形式,即物质成分间的联结特点、空间分布和变化规律。一般地,土的结构指的是微观结构,借助于光学显微镜和电子显微镜对实体扫描放大数千倍所鉴定到的细节。而土的构造是指整个土层(土体)空间构成特征的总和,它们借助于肉眼或放大镜可以鉴别,也可以说是土的宏观构造。

土的结构构造的研究一开始就和土的工程性质紧密相连。对自然界所存在的各种类型土在物理学性质方面表现出来的巨大差异和各自不同的工程力学性质,除了从成分(粒度的、矿物的和化学的)、成因(风成、水成、冰成等)、形成年代和物理化学影响等方面进行研究外,还必须从结构构造上来探索其根源。事实上,土的结构构造不仅是决定工程性质的重要因素之一,而且结构构造本身与土的物质成分一样,也是地质历史与环境的产物。

### 1. 土的结构

土的结构是指土颗粒的大小、形状、表面特征、相互排列及其联结关系的综合特征。一般有三种基本类型:单粒结构、蜂窝结构和絮状结构。

#### (1)单粒结构

单粒结构是无黏性土的基本组成形式,由较粗的砾石、砂粒在重力作用下沉积形成。因其颗粒较大,土粒的结合水较少,粒间没有黏结力,有时仅有微弱的毛细水连接,土粒排列的紧密程度随其沉积的条件而不同。如果土粒沉积缓慢或受波浪反复冲击推动作用,则形成紧密的单粒结构,如图 2-1a)所示。由于土粒排列紧密,强度大,压缩性小,是良好的天然地基。当土粒沉积速度快,如洪水冲积形成的砂层和砾石层,往往形成松散的单粒结构,如图 2-1b)所示。由于土的空隙大,土粒骨架不稳定,当受到动力荷载或其他外力作用时,土粒容易移动而趋于紧密,同时产生很大变形,因此未经处理的这种土层,一般不宜作为建筑物的地基。如饱和松散的土是由细砂或粉砂粒所组成,在强烈的振动作用下,土的结构会突然破坏变成流动状态,引起所谓"砂土液化"现象,在地震区将会引起震害。

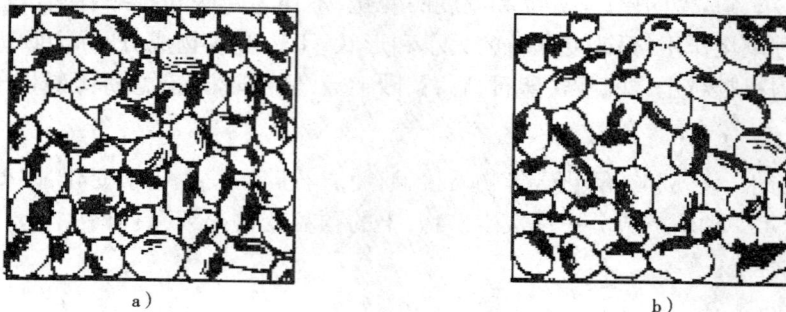

图 2-1 单粒结构

a)紧密的单粒结构;b)疏松的单粒结构

（2）蜂窝结构

当土粒较细（如粉粒，粒径在 0.005～0.075mm），在水中单独下沉，碰到已沉积的土粒，由于土粒之间的分子引力大于颗粒自重力，则下沉土粒被吸引不再下沉会形成具有很大孔隙的蜂窝结构，如图 2-2 所示。

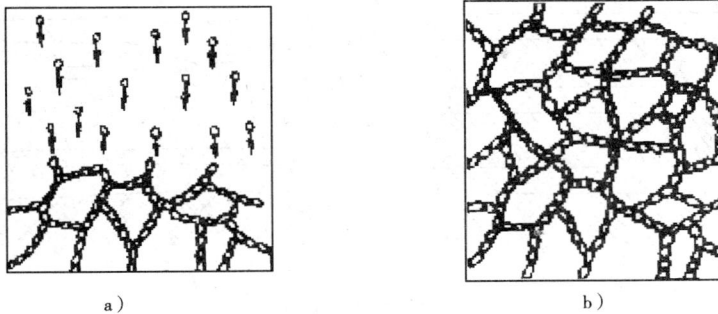

a)

b)

图2-2　蜂窝结构

a)颗粒正在下沉;b)沉积形成的蜂窝结构

（3）絮状结构

细粒土（如黏粒粒径小于 0.005mm），在水中长期处于悬浮状态，不会因单个颗粒的自重而下沉，当悬浮液中掺入某些电解质，黏粒间的排斥力因电荷中和而破坏，凝聚成类似海绵絮状的集合体，并在聚合到一定质量时相继沉下，和已经沉积的絮状集合体接触，形成孔隙很大的絮状结构，如图 2-3 所示。

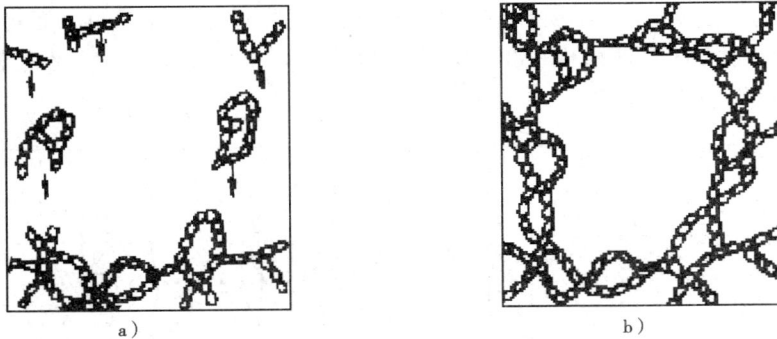

a)

b)

图2-3　絮状结构

a)絮状集合体正在下沉;b)沉积形成的絮状结构

具有蜂窝状结构和絮状结构的土，颗粒间存在大量细微孔隙，其压缩性大、强度低、透水性弱。又因土粒之间的联结较弱且不太稳定，在受扰力作用下（如施工扰动影响），土粒接触点可能脱离，部分结构遭受破坏，土的强度会迅速降低。但具有蜂窝状结构和絮状结构的土，其土粒之间的联结力（结构强度）往往由于长期的压密作用和胶结作用而得到加强。

2. 土的构造

土的构造是指同一土层中成分和大小都相近的颗粒或颗粒集合体的相互关系特征。土的构造是在土的生成过程和各种地质因素作用下形成的，所以不同土类和成因类型，其构造特征是不一样的，一般可分为层状构造、分散构造和裂隙构造等。

（1）层状构造

土粒在沉积过程中,由于不同阶段沉积的物质成分、颗粒大小或颜色不同,沿竖向呈层状特征。常见的有水平层理构造(如图 2-4a))和带有夹层、尖灭和透镜体等交错层理构造(如图 2-4b))。

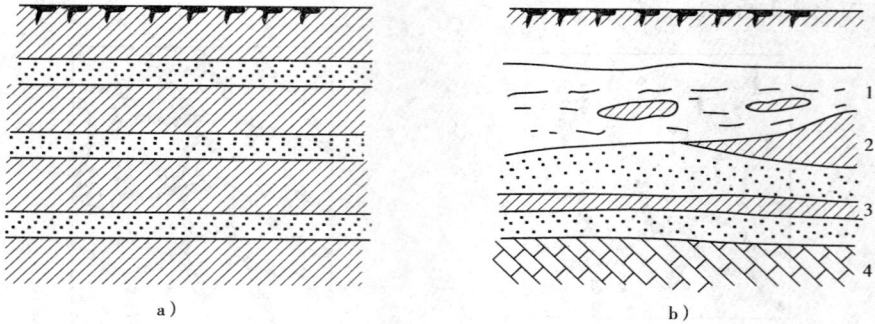

图 2-4　层状构造
a)水平层理;b)交错层理
1－淤泥夹黏土透镜体;2－黏土尖灭;3－砂土夹黏土层;4－基岩

(2)分散构造

土层中各部分的土粒无明显差别,分布均匀,各部分性质也接近。例如,各种经过分选的砂、砾石、卵石等沉积厚度较大时,无明显层次,都属于分散构造(如图 2-5)。具有分散构造的土可作为各向同性体看待。

(3)裂隙构造

土体被许多不连续的小裂隙所分割,在裂隙中常充填有各种盐类的沉淀物。不少坚硬和硬塑状态的黏性土具有此种结构(如图 2-6)。裂隙破坏土的整体性,增大透水性,对工程不利。黄土具有特殊的柱状裂隙。

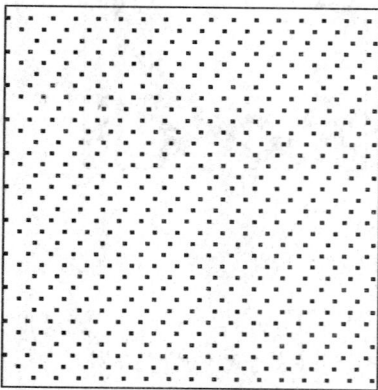

图 2-5　分散构造

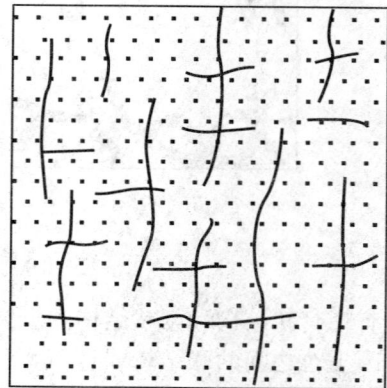

图 2-6　裂隙构造

此外,土中的包裹物(如腐殖质、贝壳、结核体)以及天然或人为的孔洞等构造特征也造成土的不均匀性。

### 三、土的特性

土与其他连续介质相比,具有下列三种特性:

## 1. 压缩性大

反映压缩性大小的指标是弹性模量（土称为变形模量），随材料的不同而有很大差别。例如，钢筋的弹性模量为 210GPa；C20 混凝土的弹性模量为 26GPa；卵石土的变形模量为 40 ~ 50MPa；饱和细砂的变形模量为 8 ~ 16MPa；黏性土的变形模量为 1 ~ 10MPa。当应力与材料厚度相同时，饱和细砂的压缩性比 C20 混凝土大 1600 倍以上，而黏性土的压缩性比饱和细砂还要大。

## 2. 强度低

土的强度指抗剪强度。无黏性土的强度主要为土粒表面粗糙不平的摩擦力，黏性土还有黏聚力。摩擦力和黏聚力远远小于建筑材料本身的强度。因此，土的强度比其他建筑材料低得多。

## 3. 透水性大

由于土体中固体矿物颗粒之间具有大量的孔隙，孔隙是透水的，因此土的透水性很大。尤其是粗颗粒的无黏性土，如卵石透水性极大。

### 四、土的工程性质

土的工程性质是指：土与水的相互作用表现出来的一些性质（如塑性、胀缩性、崩解性等）、土的体积变化、土的强度、应力应变性能、土的渗透性。

土的工程性质取决于一系列因素。这些因素可分为两大类：成分因素和环境因素。属于成分因素的有土粒的形状和大小、矿物成分、孔隙水溶液成分等；属于环境因素的有周围的温度、压力、物理化学条件等。成分因素决定土的工程性质的可能变化范围，而环境因素则确定了土的工程性质的变化趋势和实际量。

### 五、土的生成条件与特性的关系

土的生成条件不同，其工程性质往往相差悬殊。

## 1. 搬运沉积条件

搬运沉积条件不同形成的土的工程性质也不同。例如，河流冲积形成卵石层，其工程性质非常好，一般可作为天然建筑物地基；而经风力搬运、沉积的风积层（如粉细砂），工程性质差，压缩性大，未经处理一般不能作为建筑物的地基。

## 2. 沉积年代

一般而言，沉积年代越长，土的工程性质越好。例如，第四纪晚更新世及其以前沉积的黏性土，称为老黏性土，其工程性质表现为密实、强度大、压缩性小；第四纪全新世沉积的黏性土，为常见的黏性土，其工程性质好坏要具体试验分析；在湖、塘、沟、谷与河漫滩地段新近形成黏性土和 5 年以内的人工新填土，强度低、压缩性大，作为地基时必须经过处理。

## 3. 沉积的自然地理环境

我国地域辽阔，地形高低、气候冷热、雨量多少各地相差悬殊。土生成的自然地理环境不同，其工程性质差异也很大。例如：沿海地区的软土、西北地区的湿陷性黄土、西南地区的红黏土都有特殊的工程性质。

# 第二节　土的三相组成

天然形成的土通常由固体颗粒、液体水和气体三个部分(俗称三相)组成。固体颗粒是土的最主要物质成分,由许多大小不等、形态各异的矿物颗粒按照各种不同的排列方式组合在一起,构成土的骨架,亦称土粒。天然土体中土粒的粒径分布范围极广,不同土粒的矿物成分和化学成分也不一样,其差别主要由形成土的母岩成分及搬运过程中所遭受的地质引力所控制。

土粒间存在孔隙,通常由水溶液和气体充填。天然土体孔隙中的水并非纯水,其中溶解有多种类型和数量不等的离子或化合物。若将土中水作为纯净的水看待,根据土粒对极性水分子吸引力的大小,则吸附在土粒表面的水有结合水和非结合水之分。对于非饱和土而言,孔隙中的气体通常为空气。

土的三个基本组成部分不是彼此孤立地、机械地混合在一起,而是相互联系、相互作用,共同形成土的基本特性。特别是细小的土粒具有较大的表面能量,它们与土中水相互作用,由此产生一系列表面物理化学现象,直接影响着土性质的形成和变化。

## 一、土的固体颗粒

### 1. 固体颗粒的矿物成分

土中的固体颗粒是由矿物构成的。按其成因和成分可分为原生矿物、次生矿物、有机质等。

土中的原生矿物是岩石风化过程中的产物,保持了母岩的矿物成分和晶体结构,常见的如石英、长石、角闪石、云母等。这些矿物是组成土中卵石、砾石、砂粒和某些粉粒的主要成分。原生矿物的主要特点是:颗粒粗大,物理、化学性质比较稳定,抗水性和抗风化能力较强,亲水性弱或较弱。它们对土的工程性质的影响比其他几种矿物要小得多,主要差别表现在颗粒形状、坚硬程度和抗风化稳定性等几方面。例如,分别由石英和云母类矿物组成的土,尽管土的粒度成分和密实度相同,但由于石英的坚硬程度、抗风化能力远大于云母,故主要由石英颗粒组成的土,其强度将远大于由云母颗粒组成(或含云母较多)的土,其变形相应也小得多。

母岩风化后及在风化搬运过程中,如果原来的矿物因氧化、水化及水解、溶解等化学风化作用而进一步分解,就会形成一种新矿物,这就是次生矿物,其颗粒比原生矿物细小得多。自然界土体中常见次生矿物又分为两种类型,一种是原生矿物的一部分,可溶的物质被溶滤到别的地方沉淀下来,形成"可溶性次生矿物";另一种是原生矿物中可溶的部分被溶滤走后,残存的部分性质已发生变化,形成新的"不可溶性次生矿物"。

工程上俗称的软土(包括淤泥和淤泥质土)及泥炭土中富含有机质。土中的有机质是动植物残骸和微生物以及它们的各种分解和合成产物。通常把分解不完全的植物残体称为泥炭,其主要成分是纤维素;把分解完全的动、植物残骸称为腐殖质。有机质对土的工程性质的影响主要取决于其龄期、分解程度,即取决于有机质的数量及性质。

从工程观点而言,有机质会导致土的塑性增强,压缩性增高,渗透性减小,强度降低。一般地,土中有机质含量超过 1% 时,采用堆载预压和水泥土搅拌进行处理不会取得明显改良效果。

**2. 固体颗粒粒组及其划分**

天然形成的土,其土粒大小悬殊、性质各异。土粒的大小通常以其平均直径 $d$ 来表示,简称粒径(亦称粒度),一般以毫米为单位。介于一定粒径范围的土粒,其大小相近、性质相似,称为粒组。土中各粒组的相对百分含量,称为土的粒度成分。

自然界中的土粒直径变化幅度很大。工程上所采用的粒组划分首先应满足在一定的粒度范围内,土的工程性质相近这一原则,超过了这个粒径范围,土的性质就要发生质的变化。其次,粒组界限的确定,则视起主导作用的特性而定,而且,要考虑与目前粒度成分的测定技术相适应。我国国家标准目前采用的粒组划分方案如表 2-1 所示。

《土的工程分类标准》(GB/T 50145—2007)土的粒组划分　　　　　表 2-1

| 粒　组 | 颗　粒　名　称 | | 粒径 $d$ 的范围(mm) |
|---|---|---|---|
| 巨粒 | 漂石(块石) | | $d > 200$ |
| | 卵石(碎石) | | $60 < d \leqslant 200$ |
| 粗粒 | 砾粒 | 粗砾 | $20 < d \leqslant 60$ |
| | | 中砾 | $5 < d \leqslant 20$ |
| | | 细砾 | $2 < d \leqslant 5$ |
| | 砂粒 | 粗砂 | $0.5 < d \leqslant 2$ |
| | | 中砂 | $0.25 < d \leqslant 0.5$ |
| | | 细砂 | $0.075 < d \leqslant 0.25$ |
| 细粒 | 粉粒 | | $0.005 < d \leqslant 0.075$ |
| | 黏粒 | | $d \leqslant 0.005$ |

注:漂石、卵石和圆砾粒呈一定的磨圆状(圆形或亚圆形),块石、碎石和角砾粒带有棱角。

表 2-1 中各粒组的一般特征如下:

(1)漂、卵、砾粒组:多为岩石碎块。由这种粒组构成的土,孔隙粗大,透水性极强,毛细水上升高度微小甚至为零;无论干燥或潮湿状态下均无粒间联结,既无可塑性,也无膨胀性。

(2)砂粒组:多为原生矿物颗粒。由这种粒组构成的土,孔隙较大,透水性强,毛细水上升高度很小;湿时粒间有弯液面力,能将颗粒联结在一起;干时及饱水时,粒间无联结,呈松散状态,既无可塑性,也无胀缩性。

(3)粉粒组:为原生矿物和次生矿物的混合体。由该粒组构成的土,孔隙小而透水性弱,毛细水上升高度很高;湿润时略具黏性,失去水分时粒间联结力减弱,导致尘土飞扬。

(4)黏粒组:主要由次生矿物组成。由该粒组构成的土,孔隙很小,透水性极弱,毛细水上升高度较高;具可塑性和胀缩性;失水时联结力增强使土变硬。

**3. 粒度成分的分析方法**

土的粒度成分,通常以土中各粒组的质量百分率来表示,这就要求对土进行粒度分析,分离出土中各个粒组,分别称取质量,然后计算出各粒组的质量占该土总质量的百分数。不同类型的土,采用不同的分析方法。粗粒土采用筛析法,细粒土采用静水沉降分析法。

(1)筛析法:对于粒径大于 0.075mm 的粗粒土,可用筛析法测定粒度成分。试验时将风干、分散的代表性土样通过一套孔径不等的标准筛(20、2、0.5、0.25、0.1、0.075mm),称出留在各个筛子上的土的质量,即可求出各个粗粒组在土样中的相对含量。

(2)静水沉降分析法:粒径小于0.075mm的粉粒或黏粒难以筛分,一般可根据土粒在水中匀速下沉时的速度与粒径的理论关系,用比重计法或移液管法测定(可参阅相关土工试验书)。

**4. 粒度成分的表示方法**

实验得到的粒度分析资料,可以采用多种方法表示,以找出粒度成分变化的规律性。最常用的表示方法是列表法和累计曲线法。

(1)列表法:将粒度分析的成果,用表格的形式表达。这种方法可以清楚地用数量说明土样各粒组的含量,但当土样数量较多时,不能获得较为直观的结果。

(2)累计曲线法:以粒径 $d$ 为横坐标,以该粒径的累计百分含量为纵坐标,绘制颗粒级配的累计曲线。累计曲线的坐标系一般采用半对数坐标。因为土粒粒径大小相差常在百倍、千倍以上,为清楚地反映细粒组成,粒径 $d$ 宜用对数坐标表示,如图2-7所示。

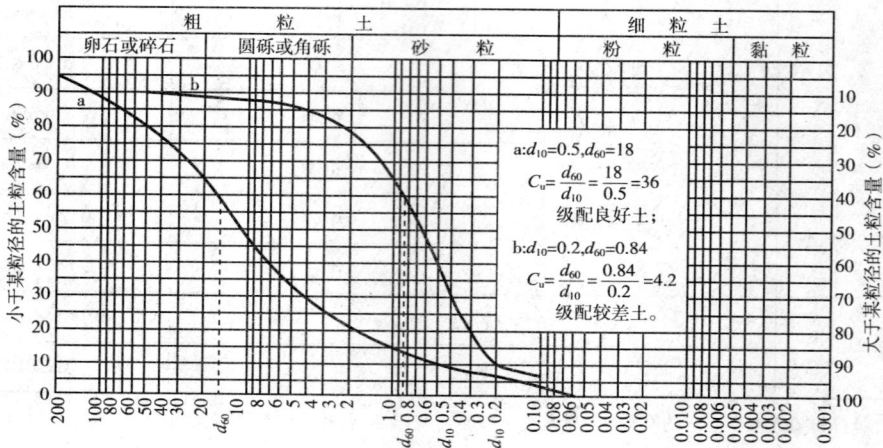

图 2-7　颗粒级配累计曲线

根据累计曲线,可以求出反映颗粒组成特征的级配指标不均匀系数 $C_u$ 和曲率系数 $C_c$。不均匀系数按下式计算

$$C_u = \frac{d_{60}}{d_{10}} \tag{2-1}$$

式中:$d_{60}$——限定粒径(mm),即土样中小于该粒径的土粒质量占土粒总质量的60%;

$d_{10}$——有效粒径(mm),即土样中小于该粒径的土粒质量占土粒总质量的10%。

曲率系数按下式计算

$$C_c = \frac{d_{30}^2}{d_{10} \cdot d_{60}} \tag{2-2}$$

式中:$d_{30}$——土样中小于该粒径的土粒质量占土粒总质量的30%的粒径值(mm)。

工程中,当 $C_u \geq 5$,$C_c = 1 \sim 3$ 时,称土的级配良好,为不均匀土,表明土中大小颗粒混杂,累计曲线显得平缓;若不能同时满足上述要求,则称土的级配不良,为均匀土,表明土中某一个或几个粒组含量较多,累积曲线中段显得陡直。

$d_{10}$ 之所以称为有效粒径,是因为它是土中最有代表性的粒径。其物理含义是:由一种粒

16

径土组成的理想均匀土,如与另一个非均匀土具有相同的透水性,那么这个均匀土的粒径应与这个不均匀土的粒径 $d_{10}$ 大致相等。$d_{10}$ 常见于机械潜蚀、透水性、毛细性等经验公式中。

**【例2-1】** 有 a、b 两个土样,根据粒度分析试验成果所作的颗粒级配累计曲线见图2-7。试分别判断两个土样的颗粒级配情况。

**【解】** 对土样 a,$d_{10} = 0.5$,$d_{30} = 4.2$,$d_{60} = 18$;按式(2-1)式(2-2)求得不均匀系数 $C_u = 36$,曲率系数 $C_c = 1.96$。

对土样 b,$d_{10} = 0.2$,$d_{30} = 0.4$,$d_{60} = 0.84$;按同样公式可求得不均匀系数 $C_u = 4.2$,$C_c = 0.95$。

故土样 a 为级配良好的不均匀土,作为填方工程的土料时,比较容易获得较小的孔隙比(较大的密实度)。土样 b 为级配不良的均匀土,土的颗粒主要为粒径 0.25~2mm 的中、粗砂粒。表现在颗粒累计曲线上,a 土样的累计曲线显得比较平缓,而 b 土样的累计曲线中段比较陡直。

## 二、土中的水

土中的水可分为矿物中的结合水和土孔隙中的水。矿物中的结合水仅存在于土粒矿物结晶格架内部或参与矿物晶格构成,称为矿物内部结合水或结晶水。只在数百度高温下析出而与土粒分离,我们通常把它当作矿物颗粒的一部分。土孔隙中的水,按其所呈现的状态和性质及其对土的影响,分为结合水和非结合水两种类型:

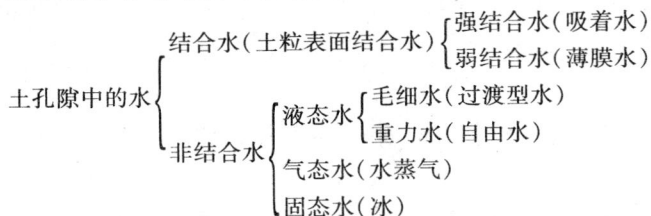

$$土孔隙中的水 \begin{cases} 结合水(土粒表面结合水) \begin{cases} 强结合水(吸着水) \\ 弱结合水(薄膜水) \end{cases} \\ 非结合水 \begin{cases} 液态水 \begin{cases} 毛细水(过渡型水) \\ 重力水(自由水) \end{cases} \\ 气态水(水蒸气) \\ 固态水(冰) \end{cases} \end{cases}$$

1. 结合水

结合水是指受分子引力、静电引力等作用而吸附于土粒表面的水。土粒表面的结合水就是由上述各种作用形成的,结合水越靠近土粒表面,吸引越牢固,水分子排列越紧密、整齐,活动性越小。随着距离增大,吸引力减弱,活动性增加。因此,一般又将结合水分为强结合水和弱结合水。而水膜外没有受土粒表面吸引作用的水,相对地称为非结合水。

强结合水也称吸着水,是被土粒表面牢固吸附的极薄水层,其厚度大致相当几个水分子层。由于受土粒表面强大引力(可达 $10^6$kPa)作用,吸着水完全不同于液态水:密度大,可达 $1.5 \sim 1.8$g/cm³;力学性质类似固体,具有极大的黏滞性、弹性、抗剪强度;不能传递静水压力、不能导电,也没有溶解能力;冰点为 $-78$℃。黏性土只含强结合水时呈固态,碾碎后呈粉末状。

弱结合水也称薄膜水,距土粒稍远,位于强结合水层的外围,是结合水膜的主要部分。弱结合水层仍呈定向排列,但定向程度及与土粒表面联结的牢固程度均不及强结合水。其主要特点是:密度较强结合水小,但仍比普通液态水大;具较高的黏滞性、弹性、抗剪强度;不能传递静水压力,也不导电;冰点低于0℃。弱结合水层厚度的大小是决定细粒土物理力学性质的重要因素,这一点将在后面加以论述。

总之,结合水的性质不同于普通液态水,不受重力影响,主要存在于细粒土中,土粒表面静电引力对水分子起主导作用。强结合水具有固体的特性,我们把它归属于固相部分。弱结合水层(也叫结合水膜)的厚度变化是决定细粒土物理力学性质重要因素之一。随着距土粒表面距离增大,静电引力减小,土中水逐渐过渡到非结合水。

2. 毛细水

毛细水是在土的细小孔隙中,由毛细力作用(土粒的分子引力和水与空气界面的表面张力共同作用引起)而与土粒结合,存在于地下水面以上的一种过渡类型水。其形成过程可用物理学中的毛细管现象来解释。水与土粒表面的浸湿力(分子引力)使接近土粒的水上升而使孔隙中的水面形成弯液面,水与空气界面的内聚力(表面张力)则总是企图将液体表面积缩至最小,使弯液面变为水平面。但当弯液面的中心部分有所升起时,水面与土粒间的浸湿力又立即将弯液面的边缘牵引上去。这样,浸湿力使毛细水上升,并保持弯液面,直到毛细水柱的重力与弯液面表面张力向上的分力平衡时,水才停止上升。这种由弯液面产生的向上拉力称为"毛细力",由毛细水维持的水柱部分水称为毛细水。

毛细水主要存在于直径为 0.002 ~ 0.5mm 大小的毛细孔隙中。孔隙更小者,土粒周围的结合水膜有可能充满孔隙而使毛细水不复存在。粗大的孔隙,毛细力极弱,难以形成毛细水。故毛细水主要存在于粉细砂、粉土和粉质黏土中。

毛细水对土的工程性质的影响主要表现在:

(1)在非饱和的砂类土中,土粒间可产生微弱的毛细水联结,增加土的强度。但当土体浸水饱和或失水干燥时,土粒间的弯液面消失,由毛细力产生的粒间联结也随之消失。因此,为安全起见,从最不利可能条件考虑,工程设计中一般不计入由毛细水产生的强度增量,反而必须考虑由于毛细水上升使土的含水率增加,从而降低土的强度以及增大土的压缩性等不利影响。

(2)当毛细水上升接近建筑物基础底面时,毛细压力将作为基底附加压力的增值,从而增加建筑物沉降量。

(3)当毛细水上升至地表时,不仅能引起沼泽化、盐渍化,也会使地基、路基土浸湿,降低土的力学强度;在寒冷地区,还将加剧冻胀作用。

3. 重力水

重力水也称自由水,存在于较粗大孔隙(如中粗砂、卵砾石土中的孔隙)中,具有自由活动能力,在重力作用下能自由流动。重力水流动时,产生动水压力,能冲刷带走土中的细小颗粒,这种作用称为机械潜蚀。重力水还能溶滤土中的水溶盐,这种作用称化学潜蚀。两种潜蚀作用将使土的孔隙增大,增大土的压缩性,降低土的强度。同时,地下水面以下饱水的土重及工程结构的重量,因受重力水的浮托作用,将相对减小。

4. 气态水和固态水

气态水以水气状态存在,从气压高的地方向气压低的地方移动。水气可在土粒表面凝聚并转化为其他各种类型的水。气态水的迁移和聚集使土中水和气体的分布状况发生变化,从而改变土的性质。

常压下,当温度低于0℃时,孔隙中的自由水冻结呈固态,往往以冰夹层、冰透镜体、细小的冰晶体等形式存在于土中。冰在土中起暂时胶结作用,提高了土的强度,但解冻后,土体的强度反而会降低,因为从液态水转为固态水时,体积膨胀,使土中孔隙增大,解冻后土的结构变得松散。

### 三、土中的气体

土中的气体，主要为空气和水汽。但有时也可能含有较多的二氧化碳、沼气及硫化氢等，这些气体大多因生物化学作用生成。

气体在土孔隙中有两种不同存在形式。一种是游离气体，另一种是封闭气体。游离气体通常存在于近地表的包气带中，与大气连通，随外界条件改变与大气有交换作用，处于动平衡状态，其含量的多少取决于土孔隙的体积和水的充填程度。它一般对土的性质影响较小。封闭气体呈封闭状态存在于孔隙中，通常是由于地下水面上升，而土的孔隙大小不一，错综复杂，使部分气体没能逸出而被水包围，与大气隔绝，呈封闭状态存在于部分孔隙内。它对土的性质影响较大，如降低土的透水性和使土不易压实等。饱水黏性土中的封闭气体在压力长期作用下被压缩后，具有很大内压力，有时可能冲破土层个别地方逸出，造成意外沉陷。

在淤泥和泥炭质土等有机土中，由于微生物的分解作用，土中聚积有某种有毒气体和可燃气体，例如 $CO_2$、$H_2S$ 和甲烷等。其中尤以 $CO_2$ 的吸附作用最强，并埋藏于较深的土层中，含量随深度增大而增多。土中这些有害气体的存在不仅使土体长期得不到压密，增大土的压缩性，而且当开挖地下工程揭露这类土层时会严重危害人的生命安全。

# 第三节  土的物理性质指标

土中的固体颗粒、水和气三部分的质量（或重力）与体积之间的比例关系，随着各种条件的变化而改变。土粒一般由矿物质组成，有时含有机质，构成土的固体部分。土粒构成土的骨架，称为土骨架。土骨架间布满相互贯通的孔隙。这些孔隙有时完全被水充满，称为饱和土；有时一部分孔隙被水占据，另一部分被气体占据，称为非饱和土；有时也可能完全充满气体，就称为干土。水和溶解于水的物质构成土的液体部分。空气和其他一些气体构成土的气体部分。这三种组成部分本身的性质以及它们之间的比例关系和相互作用决定了土的物理力学性质。因此，研究土的性质，必须研究土中固体、液体和气体三相组成及其比例关系。下面介绍用于描述土的三相比例关系的物理性质指标。

### 一、土的三相草图

为了获得清晰的概念，并便于计算，在土力学中通常用三相草图来表示土的三相组成。图2-8 为土的三相组成，图2-9 为与之对应的三相草图，在三相图的右侧，表示三相组成的体积；在三相图的左侧，则表示三相组成的质量。

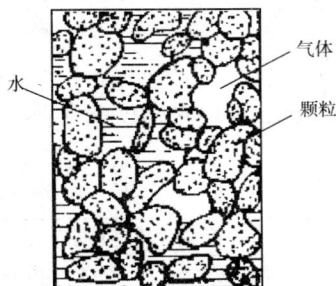

图2-8  土的组成示意图

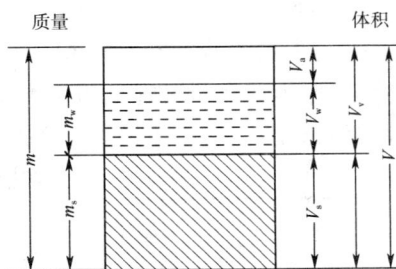

图2-9  土的三相关系示意图

图中符号的意义：$V$ 为土的总体积；$V_v$ 为土中孔隙体积；$V_w$ 为土中水的体积；$V_a$ 为土中气体的体积；$V_s$ 为土中固体土粒的体积；$m$ 为土的总质量；$m_w$ 为土中水的质量；$m_a$ 为土中气体的质量，$m_a \approx 0$；$m_s$ 为土中固体土颗粒的质量。

在上述这些物理量中，独立的量有 $V_s$、$V_w$、$V_a$、$m_w$、$m_s$ 五个。$1\text{cm}^3$ 水的质量通常等于 $1\text{g}$，故在数值上 $V_w = m_w$。此外，当研究这些物理量的相对比例关系时，总是取一定数量的土体来分析，例如取 $V = 1\text{cm}^3$，或 $m = 1\text{g}$，或 $V_s = 1\text{cm}^3$ 等，因此又可以消去一个未知量。这样，对于这一定数量的三相土体，只要知道其中三个独立的量，其他各个量就可从图中直接换算得到。所以，三相草图是土力学中用以计算三相量比例关系的一种简单而又非常实用的工具。

**二、基本试验指标**

为了确定三相草图诸物理量中的三个量，就必须通过实验室的试验测定。通常需要做三个基本物理性质试验，它们是土的密度试验、土粒比重或相对密度试验、土的含水率试验。

1. 土的密度和重度

土的密度定义为单位体积土的质量，用 $\rho$ 表示，以 $\text{g/cm}^3$ 计：

$$\rho = \frac{m}{V} \tag{2-3}$$

天然状态下土的密度变化范围较大。一般黏性土和粉土 $\rho = 1.8 \sim 2.0 \text{g/cm}^3$；砂土 $\rho = 1.6 \sim 2.0 \text{g/cm}^3$；腐殖土 $\rho = 1.5 \sim 1.7 \text{g/cm}^3$。

土的密度一般用"环刀法"测定。用一个圆环刀（刀刃向下）放在削平的原状土样面上，徐徐削去环刀外围的土，边削边压，使保持天然状态的土样压满环刀内，称得环刀内土样的质量，求得它与环刀容积的比值即为其密度。

土的重度定义为单位体积土的重力，是重力的函数，用 $\gamma$ 表示，以 $\text{kN/m}^3$ 计：

$$\gamma = \frac{G}{V} = \frac{mg}{V} = \rho \cdot g \tag{2-4}$$

式中：$G$ —— 土的重力，kN；

$g$ —— 重力加速度，$g = 9.80665 \text{m/s}^2$，工程上为了计算方便，有时取 $g = 10 \text{m/s}^2$。

2. 土粒相对密度

土粒密度（单位体积土粒的质量）与 $4℃$ 时纯水密度之比，称为土粒相对密度（过去习惯上叫比重），用 $d_s$ 表示，为无量纲量，即

$$d_s = \frac{m_s}{V_s} \cdot \frac{1}{\rho_{w_1}} = \rho_s / \rho_{w_1} \tag{2-5}$$

式中：$\rho_{w_1}$ —— $4℃$ 时纯水的密度，$\rho_{w_1} = 1 \text{g/cm}^3$；

$\rho_s$ —— 土粒的密度，即单位体积土粒的质量。

故实用上，土粒相对密度在数值上等于土粒的密度。

土粒相对密度或比重可在试验室内用比重瓶法测定。由于土粒相对密度变化不大，通常可按经验数值选用，一般参考值见表 2-2。

土粒相对密度参考值                              表 2-2

| 土 的 名 称 | 砂土 | 粉土 | 黏 性 土 | |
| --- | --- | --- | --- | --- |
| | | | 粉质黏土 | 黏土 |
| 土粒相对密度 | 2.65~2.69 | 2.70~2.71 | 2.72~2.73 | 2.74~2.76 |

### 3. 土的含水率

土的含水率定义为土中水的质量与土粒质量之比,用 $w$ 表示,以百分数计,即:

$$w = \frac{m_w}{m_s} \times 100\% = \frac{m - m_s}{m_s} \times 100\% \qquad (2\text{-}6)$$

含水率 $w$ 是标志土的湿度的一个重要物理指标。天然土层的含水率变化范围很大,它与土的种类、埋藏条件及其所处的自然地理环境等有关。一般说来,对同一类土,当其含水率增大时,其强度就降低。

土的含水率一般用"烘干法"测定。先称小块原状土样的湿土质量 $m$,然后置于烘箱内维持 100～105℃烘至恒重,再称干土质量 $m_s$,湿、干土质量之差 $m - m_s$ 与干土质量 $m_s$ 之比值,就是土的含水率。

### 三、其他常用指标

在测定土的密度 $\rho$、土粒比重 $d_s$ 和土的含水率 $w$ 这三个基本指标后,就可以根据三相草图计算出三相组成各自在体积上与质量上的含量。工程上,为了便于表示三相含量的某些特征,定义如下几种指标。

#### 1. 表示土中孔隙含量的指标

工程上常用孔隙比 $e$ 或孔隙率 $n$ 表示土中孔隙的含量。孔隙比 $e$ 定义为土中孔隙体积与土粒体积之比,即

$$e = \frac{V_v}{V_s} \qquad (2\text{-}7)$$

孔隙比用小数表示,它是一个重要的物理性能指标,可用来评价天然土层的密实程度。一般地,$e < 0.6$ 的土是密实的低压缩性土,$e > 1.0$ 的土是疏松的高压缩性土。孔隙率 $n$ 定义为土中孔隙体积与土总体积之比,以百分数计,即:

$$n = \frac{V_v}{V} \times 100\% \qquad (2\text{-}8)$$

孔隙比和孔隙率都是用来表示孔隙体积含量的概念。容易证明两者之间具有以下关系:

$$n = \frac{e}{1 + e} \times 100\% \qquad (2\text{-}9)$$

$$e = \frac{n}{1 - n} \qquad (2\text{-}10)$$

#### 2. 表示土中含水程度的指标

含水率 $w$ 当然是表示土中含水程度的一个重要指标。此外,工程上往往需要知道孔隙中充满水的程度,这可用饱和度 $S_r$ 表示。土的饱和度 $S_r$ 定义为土中被水充满的孔隙体积与孔隙总体积之比,即

$$S_r = \frac{V_w}{V_v} \times 100\% \qquad (2\text{-}11)$$

根据饱和度 $S_r$ 的指标值砂土分为稍湿、很湿和饱和三种湿度状态,其划分标准见表2-3。显然,干土的饱和度 $S_r = 0$,而完全饱和土的饱和度 $S_r = 100\%$。

| 砂土湿度状态 | 稍湿 | 很湿 | 饱和 |
|---|---|---|---|
| 饱和度 $S_r(\%)$ | $S_r \leqslant 50$ | $50 < S_r \leqslant 80$ | $S_r > 80$ |

### 3. 表示土的密度和重度的几种指标

除了天然密度 $\rho$(有时也叫湿密度)以外,工程计算中还常用如下两种土的密度:饱和密度 $\rho_{sat}$ 和干密度 $\rho_d$。土的饱和密度定义为土中孔隙被水充满时土的密度,表示为:

$$\rho_{sat} = \frac{m_s + V_v\rho_w}{V} \tag{2-12}$$

土的干密度定义为单位土体积中土粒的质量,表示为:

$$\rho_d = \frac{m_s}{V} \tag{2-13}$$

在计算土中自重应力时,须采用土的重力密度,简称重度。与上述几种土的密度相应的有土的天然重度 $\gamma$、饱和重度 $\gamma_{sat}$、干重度 $\gamma_d$。在数值上,它们等于相应的密度乘以重力加速度 $g$,即 $\gamma = \rho \cdot g$,$\gamma_{sat} = \rho_{sat} \cdot g$,$\gamma_d = \rho_d \cdot g$。另外,对于地下水位以下的土体,由于受到水的浮力作用,将扣除水浮力后单位体积土所受的重力称为土的有效重度,以 $\gamma'$ 表示。当认为水下土是饱和时,它在数值上等于饱和重度 $\gamma_{sat}$ 与水的重度 $\gamma_w(\gamma_w = \rho_w \cdot g)$ 之差,即:

$$\gamma' = \frac{m_s g - V_s \gamma_w}{V} = \gamma_{sat} - \gamma_w \tag{2-14}$$

显然,几种密度和重度在数值上有如下关系:

$$\rho_{sat} \geqslant \rho \geqslant \rho_d$$
$$\gamma_{sat} \geqslant \gamma \geqslant \gamma_d > \gamma'$$

**【例题 2-2】**　某原状土样,经试验测得天然密度 $\rho = 1.91\text{g/cm}^3$,含水率 $w = 9.5\%$,土粒相对密度 $d_s = 2.70$。试计算:

(1)土的孔隙比 $e$、饱和度 $S_r$;

(2)当土中孔隙充满水时土的密度 $\rho_{sat}$ 和含水率 $w$。

**【解】**　绘制三相草图,见图 2-10。设土的体积 $V = 1.0\text{cm}^3$。

(1)根据密度定义有:

$$m = \rho V = 1.91 \times 1.0 = 1.91(\text{g})$$

根据含水率定义有:

$$m_w = w \times m_s = 0.095 m_s$$

根据三相草图有:

$$m_w + m_s = m$$

因此,$0.095 m_s + m_s = 1.91\text{g}$,$m_s = 1.744\text{g}$,$m_w = 0.166\text{g}$。

根据土粒相对密度定义,得土粒密度 $\rho_s$ 为:

$$\rho_s = d_s \rho_{w1} = 2.70 \times 1.0 = 2.70(\text{g/cm}^3)$$

土粒体积　　　　　　$$V_s = \frac{m_s}{\rho_s} = \frac{1.744}{2.70} = 0.646(\text{cm}^3)$$

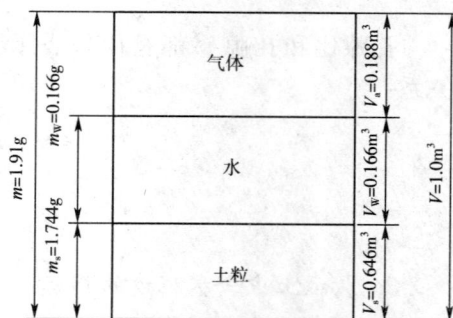

图 2-10　例题 2-2 三相草图

水的体积 $\qquad V_w = \dfrac{m_w}{\rho_w} = \dfrac{0.166}{1.0} = 0.166(\text{cm}^3)$

气体体积 $\qquad V_a = V - V_s - V_w = 1.0 - 0.646 - 0.166 = 0.188(\text{cm}^3)$

因此,孔隙体积 $V_v = V_w + V_a = 0.166 + 0.188 = 0.354\text{cm}^3$。至此,三相草图中,三相组成的量,无论是质量或体积均已算出,将计算结果填入三相草图中。根据孔隙比定义,得:

$$e = \frac{V_v}{V_s} = \frac{0.354}{0.646} = 0.548$$

根据饱和度定义有:

$$S_r = \frac{V_w}{V_v} \times 100\% = \frac{0.166}{0.354} \times 100\% = 46.9\%$$

(2)当土中孔隙充满水时,由饱和密度定义有:

$$\rho_{sat} = \frac{m_s + V_v\rho_w}{V} = \frac{1.744 + 0.354 \times 1.0}{1.0} = 2.10(\text{g/m}^3)$$

由含水率定义有:

$$w = \frac{V_v\rho_w}{m_s} \times 100\% = \frac{0.354 \times 1.0}{1.744} \times 100\% = 20.3\%$$

**【例题 2-3】** 某土样已测得其孔隙比 $e = 0.70$,土粒相对密度 $d_s = 2.72$。试计算:

(1)土的干重度 $\gamma_d$、饱和重度 $\gamma_{sat}$、浮重度 $\gamma'$;

(2)当土的饱和度 $S_r = 75\%$ 时,土的重度 $\gamma$ 和含水率 $w$ 为多大?

**【解】** 绘制三相草图,见图 2-11。设土粒体积 $V_s = 1.0\text{cm}^3$

(1)根据孔隙比的定义有

$\qquad V_v = eV_s = 0.70 \times 1.0 = 0.70(\text{cm}^3)$

根据土粒相对密度的定义有:

$m_s = d_s V_s \rho_{w1} = 2.72 \times 1.0 \times 1.0 = 2.72(\text{g})$

土的总体积为

$\qquad V = V_v + V_s = 0.70 + 1.0 = 1.70(\text{cm}^3)$

根据土的干重度的定义有:

$$\gamma_d = \frac{m_s g}{V} = \frac{2.72 \times 10^{-3} \times 9.81}{1.70 \times 10^{-3}} = 15.70(\text{kN/m}^3)$$

当孔隙充满水时,土的质量为:

$$m = m_s + V_v\rho_w = 2.72 + 0.70 \times 1.0 = 3.42(\text{g})$$

根据土的饱和重度的定义有:

$$\gamma_{sat} = \frac{mg}{V} = \frac{3.42 \times 10^{-3}}{1.70 \times 10^{-3}} \times 9.81 = 19.74(\text{kN/m}^3)$$

则浮重度 $\gamma'$ 为:

$$\gamma' = \gamma_{sat} - \gamma_w = 19.74 - 9.81 = 9.93(\text{kN/m}^3)$$

(2)当土的饱和度 $S_r = 75\%$ 时,由饱和度定义有:

$$V_w = S_r V_v = 0.75 \times 0.70 = 0.525(\text{cm}^3)$$

此时水的质量

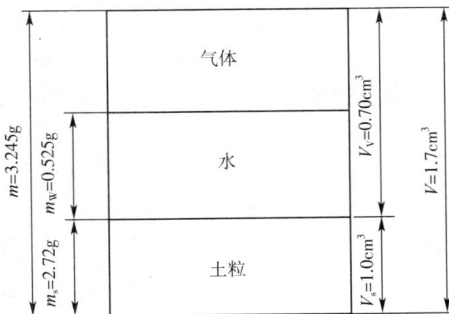

图 2-11　例题 2-3 三相草图

$$m_w = \rho_w V_w = 1.0 \times 0.525 = 0.525(g)$$

土的总质量

$$m = m_w + m_s = 0.525 + 2.72 = 3.245(g)$$

由土的重度的定义有：

$$\gamma = \frac{mg}{V} = \frac{3.245 \times 10^{-3} \times 9.81}{1.70 \times 10^{-3}} = 18.72(kN/m^3)$$

由含水率的定义有：

$$w = \frac{m_w}{m_s} \times 100\% = \frac{0.525}{2.72} \times 100\% = 19.3\%$$

**【例题 2-4】** 推导常用的三相比例指标之间的换算关系。

**【解】** 绘制三相草图,见图 2-12,并假设 $V_s = 1.0$。

根据孔隙比的定义,有

$$V_v = e \cdot V_s = e$$

则土的总体积

$$V = V_s = V_v = 1 + e$$

根据土粒相对密度的定义,有

$$m_s = d_s V_s \rho_w = d_s \rho_w$$

由含水率的定义,有

$$m_w = wm_s = wd_s\rho_w$$

则土的总质量

图 2-12　例题 2-4 三相草图

$$m = m_s + m_w = d_s\rho_w + wd_s\rho_w = (1+w)d_s\rho_w$$

将上述质量和体积填入三相草图,由三相指标的定义,可推导得:

$$\rho = \frac{m}{V} = \frac{(1+w)d_s\rho_w}{1+e}, \frac{\rho}{1+w} = \frac{d_s\rho_w}{1+e}$$

$$\rho_d = \frac{m_s}{V} = \frac{d_s\rho_w}{1+e}, \rho_d = \frac{p}{1+w}$$

$$\rho_{sat} = \frac{m_s + V_v\rho_w}{V} = \frac{d_s\rho_w + e\rho_w}{1+e} = \frac{d_s + e}{1+e}\rho_w$$

$$\gamma_{sat} = \rho_{sat} \cdot g = \frac{d_s + e}{1+e}\rho_w \cdot g = \frac{d_s + e}{1+e}\gamma_w$$

$$\gamma' = \gamma_{sat} - \gamma_w = \frac{d_s + e}{1+e}\gamma_w - \gamma_w = \frac{d_s - 1}{1+e}\gamma_w$$

$$\gamma_d = \rho_d \cdot g = \frac{\rho}{1+w} \cdot g = \frac{\gamma}{1+w}$$

$$n = \frac{V_v}{V} = \frac{e}{1+e}$$

$$S_r = \frac{V_w}{V_v} = \frac{m_w/\rho_w}{e} = \frac{wd_s}{e}, w = \frac{S_r e}{d_s}$$

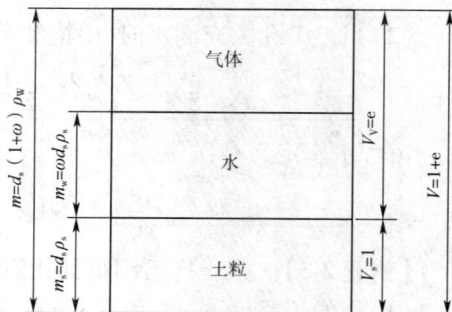

从例题 2-4 中可以看出,利用三相图换算指标,就是利用已知指标计算出三相草图中的各相数值,再根据所求指标的定义直接计算。事实上,由于三相量的指标都是相对的比例关系,不是绝对的量值,因此,为了简化计算,常常可以假设三相中某相的值为 1 个单位,实用上最常

24

用的是假设 $V_s = 1.0 \text{m}^3$（或 $\text{cm}^3$）或 $V = 1.0 \text{m}^3$（或 $\text{cm}^3$）进行计算。表2-4 中给出了土的各物理性质指标之间的换算公式。

土的物理性质指标换算公式 表 2-4

| 名　　称 | 符号 | 表　达　式 | 常用换算公式 | 单　位 | 常见的数值范围 |
|---|---|---|---|---|---|
| 含水率 | $w$ | $w = \dfrac{m_w}{m_s} \times 100\%$ | $w = \dfrac{S_r e}{d_s}$；$w = \dfrac{\gamma}{\gamma_d} - 1$ | | $20\% \sim 60\%$ |
| 相对密度（土粒比重） | $d_s$ | $d_s = \dfrac{\rho_s}{\rho_w}$ | $d_s = \dfrac{S_r e}{w}$ | | 一般黏性土:$2.70 \sim 2.75$<br>砂土:$2.65 \sim 2.69$ |
| 密度 | $\rho$ | $\rho = \dfrac{m}{V}$ | $\rho = \dfrac{d_s + S_r e}{1 + e} \rho_w$ | $\text{t/m}^3$ | $1.6 \sim 2.0 \text{t/m}^3$ |
| 重度 | $\gamma$ | $\gamma = \rho g$ | $\gamma = \dfrac{d_s + S_r e}{1 + e} \gamma_w$ | $\text{kN/m}^3$ | $16 \sim 20 \text{kN/m}^3$ |
| 干土密度 | $\rho_d$ | $\rho_d = \dfrac{m_s}{V}$ | $\rho_d = \dfrac{\rho}{1 + w}$ | $\text{t/m}^3$ | $1.3 \sim 1.8 \text{t/m}^3$ |
| 干土重度 | $\gamma_d$ | $\gamma_d = \rho_d g$ | $\gamma_d = \dfrac{\rho}{1 + w} g = \dfrac{\gamma}{1 + w}$ | $\text{kN/m}^3$ | $13 \sim 18 \text{kN/m}^3$ |
| 饱和土密度 | $\rho_{sat}$ | $\rho_{sat} = \dfrac{m_s + V_v \rho_w}{V}$ | $\rho_{sat} = \dfrac{d_s + e}{1 + e} \rho_w$ | $\text{t/m}^3$ | $1.8 \sim 2.3 \text{t/m}^3$ |
| 饱和土重度 | $\gamma_{sat}$ | $\gamma_{sat} = \rho_{sat} g$ | $\gamma_{sat} = \dfrac{d_s + e}{1 + e} \gamma_w$ | $\text{kN/m}^3$ | $18 \sim 23 \text{kN/m}^3$ |
| 浮重度（有效重度） | $\gamma'$ | $\gamma' = \dfrac{m_s - V_s \rho_w}{V} g$ | $\gamma' = \gamma_{sat} - \gamma_w$ | $\text{kN/m}^3$ | $8 \sim 13 \text{kN/m}^3$ |
| 孔隙比 | $e$ | $e = \dfrac{V_v}{V_s}$ | $e = \dfrac{d_s \rho_w}{\rho_d} - 1$ | | 一般黏性土:$e = 0.40 \sim 1.20$<br>砂土:$e = 0.30 \sim 0.90$ |
| 孔隙率 | $n$ | $n = \dfrac{V_v}{V} \times 100\%$ | $n = \dfrac{e}{1 + e}$ | | 一般黏性土:$30\% \sim 60\%$<br>砂土:$25\% \sim 45\%$ |
| 饱和度 | $S_r$ | $S_r = \dfrac{V_w}{V_v}$ | $S_r = \dfrac{w d_s}{e}$ | | $0 \sim 1.0$ |

# 第四节　土的物理状态指标

## 一、无黏性土的密实度

砂土、碎石土统称无黏性土。无黏性土的密度对其工程性质有重要的影响。如果土粒排列越紧密，它们在外荷载作用下，其变形越小，强度越大，工程性质越好。反映这类土工程性质的主要指标是密实度。砂土的密实状态可以分别用孔隙比 $e$、相对密度 $D_r$ 和标准贯入锤击数 $N$ 进行评价。

采用天然孔隙比 $e$ 的大小来判别砂土的密实度，是一种较简捷的方法。但不足之处是它不能反映砂土的级配和颗粒形状的影响。实践表明,有时较疏松的级配良好的砂土孔隙比,比之较密实的颗粒均匀的砂土孔隙比还要小。

工程上为了更好地表明砂土所处的密实状态,采用将现场土的孔隙比 $e$ 与该种土所能达到最密实时的孔隙比 $e_{min}$ 和最松散时的孔隙比 $e_{max}$ 相比较的办法,来表示孔隙比 $e$ 时土的密实度。

这种度量密实度的指标称为相对密度 $D_r$,定义为:

$$D_r = \frac{e_{max} - e}{e_{max} - e_{min}} \tag{2-15}$$

土的最大孔隙比 $e_{max}$ 的测定方法是将松散的风干土样,通过长颈漏斗轻轻地倒入容器,求得土的最小干密度再经换算确定;土的最小孔隙比 $e_{min}$ 的测定方法是将松散的风干土样分批装入金属容器内,按规定的方法进行振动或锤击夯实,直至密实度不再提高,求得最大干密度再经换算确定。

当砂土的天然孔隙比 $e$ 接近最小孔隙比 $e_{min}$ 时,则其相对密度 $D_r$ 较大,砂土处于较密实状态。当 $e$ 接近最大孔隙比 $e_{max}$ 时,则其 $D_r$ 较小,砂土处于较疏松状态。用相对密度 $D_r$ 判定砂土的密实度标准为:

$$0 \leqslant D_r \leqslant 1/3 \qquad 松散$$
$$1/3 < D_r \leqslant 2/3 \qquad 中密$$
$$2/3 < D_r \leqslant 1 \qquad 密实$$

应指出,要在实验室测得各种土理论上的 $e_{max}$ 和 $e_{min}$ 是十分困难的。在静水中缓慢沉积形成的土,其孔隙比有时可能比实验室能测得的 $e_{max}$ 还大;同样,在漫长地质年代中堆积形成的土,其孔隙比有时可能比实验室能测得的 $e_{min}$ 还小。此外,在地下深处,特别是地下水位以下的粗粒土的天然孔隙比 $e$,很难准确测定。相对密度 $D_r$ 这一指标虽然理论上讲能更合理地用以确定土的密实状态,但由于上述原因,通常用于填方土的质量控制中,对于天然土尚难以应用。

由于砂土的 $e$、$e_{max}$ 和 $e_{min}$ 都难以确定,天然砂土的密实度可在现场进行标准贯入试验,根据标准贯入试验锤击数 $N$ 值的大小,按表 2-5 的标准间接判定。标准贯入试验方法可参见《岩土工程勘察规范》(GB 50021—2001)。

天然砂土的密实度分类 表 2-5

| 砂土密实度 | 松 散 | 稍 密 | 中 密 | 密 实 |
|---|---|---|---|---|
| $N$ | $N \leqslant 10$ | $10 < N \leqslant 15$ | $15 < N \leqslant 30$ | $N > 30$ |

注:$N$ 系指标准贯入试验锤击数。

按照《岩土工程勘察规范》(GB 50021—2001),碎石土的密实度可采用动力触探确定,如表 2-6 所示;也可根据野外鉴别可挖性、可钻性和骨架颗粒含量与排列方式,划分为密实、中密、稍密三种密实状态,其划分标准见表 2-7。

碎石土密实度按 $N_{63.5}$ 分类 表 2-6

| 重型动力触探锤击数 $N_{63.5}$ | 密 实 度 | 重型动力触探锤击数 $N_{63.5}$ | 密 实 度 |
|---|---|---|---|
| $N_{63.5} \leqslant 5$ | 松散 | $10 < N_{63.5} \leqslant 20$ | 中密 |
| $5 < N_{63.5} \leqslant 10$ | 稍密 | $N_{63.5} > 20$ | 密实 |

注:$N_{63.5}$ 系修正后的重型圆锥动力触探锤击数。

| 密实度 | 骨架颗粒含量与排列 | 可 挖 性 | 可 钻 性 |
|---|---|---|---|
| 密实 | 骨架颗粒质量大于总质量的70%,呈交错排列,连续接触 | 锹镐挖掘困难,用撬棍方能松动,井壁较稳定 | 钻进困难,钻杆、吊锤跳动剧烈,孔壁较稳定 |
| 中密 | 骨架颗粒质量等于总质量的60% ~ 70%,呈交错排列,大部分接触 | 锹镐可挖掘;井壁有掉块现象,从井壁取出大颗粒处,能保持凹面形状 | 钻进较困难,钻杆、吊锤跳动不剧烈,孔壁有坍塌现象 |
| 松散 | 骨架颗粒质量小于总质量的60%,排列混乱,大部分不接触 | 锹可以挖掘;井壁易坍塌,从井壁取出大颗粒后,立即坍落 | 钻进较易,钻杆稍有跳动,孔壁易坍塌 |

## 二、黏性土的稠度

黏性土最主要的物理状态特征是它的稠度。所谓稠度是指黏性土在某一含水率下对外力引起的变形或破坏的抵抗能力。黏性土在含水率发生变化时,它的稠度也随之而变,通常用坚硬、硬塑、可塑、软塑和流塑等术语来描述。

刚沉积的黏土具有液体泥浆那样的稠度。随着黏土中水分的蒸发或上覆沉积层厚度的增加,它的含水率将逐渐减小,体积收缩,从而丧失流动能力,进入可塑状态。这时土在外力作用下可改变其形状,而不显著改变其体积,并在外力卸除后仍能保持其已获得的形状,黏性土的这种性质称为可塑性。若含水率继续减小,黏性土将丧失其可塑性,在外力作用下易于破裂,这时它已进入半固体状态。最后,即使黏性土进一步减少含水率,它的体积已不再收缩,这时,由于空气进入土体,土的颜色变淡,黏性土就进入了固体状态。上述过程示于图 2-13,图中上部的两相图分别对应于下部含水率与体积变化曲线上 $A$、$B$、$C$ 点的位置。

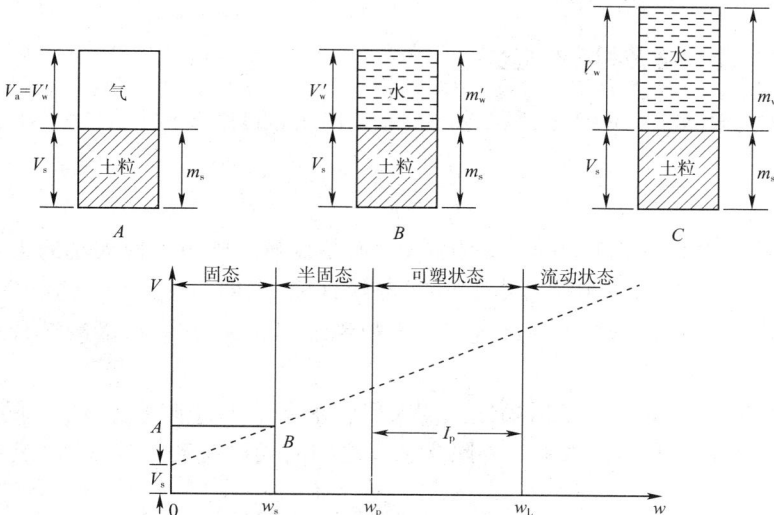

图 2-13 黏性土物理状态与含水率的关系

黏性土从一种状态转变为另一状态,可用某一界限含水率来区分。这种界限含水率称为稠度界限或 Atterberg 界限。工程上常用的稠度界限有:液限 $w_L$、塑限 $w_p$ 和缩限 $w_s$。

液限(liquid limit)又称液性界限、流限,它是流动状态与可塑状态的界限含水率,也就是可塑状态的上限含水率。塑限(plastic limit)又称塑性界限,它是可塑状态与半固体状态的界限含水率,也就是可塑状态的下限含水率。缩限(shrinkage limit)是半固体状态与固体状态的界限含水率,也就是黏性土随着含水率的减小体积开始不变时的含水率。黏性土的界限含水率和土粒组成、矿物成分、土粒表面吸附阳离子性质等有关,可以说界限含水率的大小反映了这些因素的综合影响,因而对黏性土的分类和工程性质的评价有着重要意义。

黏性土的液限 $w_L$ 常用液限仪测定。我国采用的液限仪是圆锥仪,如图 2-14 所示,圆锥的质量为 76g、锥角为 30°。使用时,要先将用于测定液限的土样调成均匀的浓糊状,装满于盛土杯内,刮平杯口表面,再将盛土杯置于圆锥仪底座上,将圆锥体轻放在试样表面的中心,使其在自重作用下徐徐沉入土样。若采用经 5～15s 恰好沉入 17mm 深度为液限标准,则称这时土样的含水率为土的 17mm 液限 $w_L$;若采用沉入 10mm 深度为液限标准,则称这时土样的含水率为土的 10mm 液限 $w_1$,在试验报告上应注明液限标准。

黏性土的塑限 $w_p$ 采用"搓条法"测定。该法是把调制均匀的湿土样,在玻璃板上搓滚成 3mm 直径的土条,若这时土条恰好出现裂缝并开始断裂,就把土条的含水率定为土的塑限 $w_p$ 值。

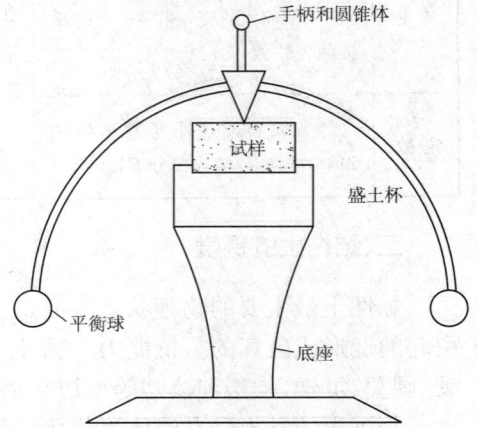

图 2-14　圆锥液限仪

土的缩限 $w_s$ 是把土样的含水率调制到大于土的液限,然后将其填实到一定容积 $V_1$ 的容器,烘干,测出干试样的体积 $V_2$ 并称出其质量 $m_s$ 后,按下式求得缩限 $w_s$:

$$w_s = w_1 - \frac{V_1 - V_2}{m_s}\rho_w \tag{2-16}$$

式中: $w_1$——试样的制备含水率。

### 三、黏性土的塑性指数和液性指数

塑性指数(plasticity index)是指液限 $w_L$ 与塑限 $w_p$ 的差值(省去%符号),用符号 $I_p$ 表示,即

$$I_p = w_L - w_p \tag{2-17}$$

$I_p$ 表示土处于可塑状态的含水率变化的范围,是衡量土的可塑性大小的重要指标。

塑性指数 $I_p$ 的大小与土中结合水的可能含量有关,也即与土的颗粒组成、土粒的矿物成分及土中水的离子成分和浓度等因素有关。土粒越细,其表面积和可能的结合水含量越高,因而 $I_p$ 也越大。

液性指数(liquidity index)是指黏性土的天然含水率 $w$ 与塑限含水率 $w_p$ 的差值与塑性指数 $I_p$ 之比值,表征土的天然含水率与界限含水率之间的相对关系,用符号 $I_L$ 表示,即

$$I_L = \frac{w - w_p}{I_p} = \frac{w - w_p}{w_L - w_p} \tag{2-18}$$

显然,当 $I_L = 0$ 时 $w = w_p$,土从半固态进入可塑状态;当 $I_L = 1$ 时 $w = w_L$,土从可塑状态进入流动状态。因此,根据 $I_L$ 值可以直接判定土的稠度(软硬)状态。工程上按液性指数 $I_L$ 的大小,把黏性土分成 5 种稠度(软硬)状态,表 2-8 给出了《岩土工程勘察规范》(GB 50021—

2001）对黏性土状态的划分。

黏性土稠度状态的划分 表 2-8

| 状态 | 坚硬 | 硬塑 | 可塑 | 软塑 | 流塑 |
|---|---|---|---|---|---|
| 液性指数 $I_L$ | $I_L \leqslant 0$ | $0 < I_L \leqslant 0.25$ | $0.25 < I_L \leqslant 0.75$ | $0.75 < I_L \leqslant 1.0$ | $I_L > 1.0$ |

**【例题 2-5】** 某土样的液限为 38.6%，塑限为 23.2%，天然含水率为 25.5%，问该土样处于何种状态？

**【解】** 已知 $w_L = 38.6\%$，$w_p = 23.2\%$，$w = 25.5\%$，则

$$I_L = \frac{w - w_p}{I_p} = \frac{22.5 - 23.2}{15.4} = 0.15$$

$$I_p = w_L - w_p = 38.6 - 23.2 = 15.4$$

所以，该土处于硬塑状态。

### 四、黏性土的胀缩性及其指标简介

黏性土中含水率的变化不仅引起土稠度发生变化，也同时引起土的体积发生变化。黏性土由于含水率的增加，土体体积增大的性能称为膨胀性；由于含水率的减少，体积减小的性能称为收缩性。这种湿胀干缩的性质，统称为土的胀缩性。膨胀、收缩等特性是说明土与水作用时的稳定程度，故又称土的抗水性。

表征土膨胀性的指标主要有膨胀率、自由膨胀率、膨胀力、膨胀含水率。

1. 膨胀率 $\delta_{ep}$

原状土在一定压力和有侧限条件下浸水膨胀稳定后的高度增加量与原高度之比，称为膨胀率 $\delta_{ep}$，用百分率表示。其值越大，说明土的膨胀性越强。室内试验是用环刀取土测定的，由于是在有侧限条件下的膨胀，因此测得的膨胀率（线胀率）实际上就是体胀率即膨胀率，表达式为：

$$\delta_{ep} = \frac{h_w - h_0}{h_0} \times 100\% \tag{2-19}$$

式中：$h_0$——土样原始高度；

$h_w$——土样浸水膨胀稳定后的高度。

膨胀率的大小与土的天然含水率、土的密实程度及土的结构联结有关。工程实践中，应根据土层的埋藏条件和上部荷载，测定不同压力下的膨胀率，以满足工程需要。一般评价土的膨胀性时，可测定无荷载作用下的膨胀率 $\delta_e$，其值越大，土膨胀性越强。

2. 自由膨胀率 $\delta_{ef}$

将一定体积的扰动烘干土样经充分吸水膨胀稳定后，测得增加的体积与原干土体积之比即为自由膨胀率 $\delta_{ef}$，以百分率表示：

$$\delta_{ef} = \frac{V_w - V_0}{V_0} \times 100\% \tag{2-20}$$

式中：$V_w$——土样在水中膨胀稳定后的体积；

$V_0$——土样原始体积。

自由膨胀率表明土在无结构力影响下的膨胀特性，说明土膨胀的可能趋势。

3. 膨胀力 $p_e$

原始土样的体积不变时,由于浸水膨胀时产生的最大内应力称为膨胀力。膨胀力 $p_e$ 可用来衡量土的膨胀势。考虑地基的承载能力,某些细粒土的膨胀力可达 100kPa 以上。

4. 膨胀含水率 $w_{sl}$

土样膨胀稳定后的含水率称为膨胀含水率,此时扩散层已达最大厚度,结合水含量增至极限状态,定义为:

$$w_{sl} = \frac{m_{sl}}{m_s} \times 100\% \qquad (2-21)$$

式中:$m_{sl}$——土样膨胀稳定后土中水的质量;

$m_s$——干土样的质量。

表征土收缩性的指标有:

(1)体缩率 $\delta_V$

土样失水收缩减少的体积与原体积之比,以百分率表示:

$$\delta_V = \frac{V_0 - V_d}{V_0} \times 100\% \qquad (2-22)$$

式中:$V_0$——土样收缩前的体积;

$V_d$——土样收缩后的体积。

(2)线缩率 $\delta_{si}$

土样失水收缩减少的高度与原高度之比,以百分率表示:

$$\delta_{si} = \frac{h_0 - h_i}{h_0} \times 100\% \qquad (2-23)$$

式中:$h_0$——土样原始高度;

$h_i$——土样收缩后的高度。

(3)收缩系数 $\lambda_s$

原状土样在直线收缩阶段,含水率每减少1%时的竖向线缩率:

$$\lambda_s = \frac{\Delta \delta_s}{\Delta w} \qquad (2-24)$$

上述土样收缩性指标都可以通过收缩试验求得。试验结果可以绘制收缩曲线,也即收缩率与含水率关系曲线。在该曲线上,收缩率实质是土失水收缩第一阶段直线段的斜率。

# 第五节　地基土的工程分类

自然界中土的种类很多,工程性质各异。为了便于研究,需要按其主要特征进行分类。任何一种土的分类体系,其目的都是提供一种通用的鉴别标准,以便在不同土类之间作有价值的比较、评价及累积和交流经验。为了具有通用性,分类体系应当是简明的,而且尽可能直接与土的工程性质相联系。但是,土的分类法不仅各国尚未统一,就是一个国家不同行业也都制定了结合本行业特点的分类体系。本节除对国外主要的土分类体系作简要综述外,主要介绍我国以国标《土的工程分类标准》(GB/T 145—2007)为代表的地基土分类法和国标《岩土工程勘察规范》(GB 50021—2001)为代表的地基土分类法,以便对土的工程分类的基本原则有一个比较全面的了解。

## 一、国外土分类体系综述

从分类体系讲,存在两种主要的分类体系。这两种分类体系的共同点是:对粗粒土按粒度成分来分类;对细粒按土的 Atterberg 界限来分类。其主要区别是:第一种分类体系对粗粒土按大于某一粒径的百分含量超过某一界限值来定名,并按从粗到细的顺序以最先符合为准,对细粒土按塑性指数分类;第二种分类体系对粗粒土按两个粒组相对含量中含量多的来定名,对细粒土按塑性图分类。第一种分类体系的代表是前苏联的土分类方法(表 2-9),第二种分类体系的代表是美国 ASTM 的统一分类法。

前苏联大块碎石类土的分类                 表 2-9

| 土的名称 | 颗粒级配 | 附 注 |
|---|---|---|
| 漂石(块石) | 粒径大于 200mm 颗粒超过全重 50% | 应根据粒径从大到小以最先符合者定名 |
| 卵石(砾石) | 粒径大于 20mm 的颗粒超过全重 50% | |
| 圆砾(角砾) | 粒径大于 2mm 的颗粒超过全重 50% | |

第一种分类体系中,土分为三个大类:

(1)大块碎石类土:粒径大于 2mm 的颗粒含量超过全重 50% 的土,再按颗粒级配和形状分为 3 个亚类,见表 2-9。

(2)砂土:粒径大于 2mm 的颗粒含量不超过 50%,且塑性指数不大于 1 的土,再按颗粒级配分为 5 个亚类,见表 2-10。

前苏联砂土的分类                 表 2-10

| 土的名称 | 颗粒级配 |
|---|---|
| 砾砂 | 粒径大于 2mm 的颗粒占全重 25%~50% |
| 粗砂 | 粒径大于 0.5mm 的颗粒超过全重 50% |
| 中砂 | 粒径大于 0.25mm 的颗粒超过全重 50% |
| 细砂 | 粒径大于 0.1mm 的颗粒超过全重 75% |
| 粉砂 | 粒径大于 0.1mm 的颗粒不超过全重 75% |

注:应根据粒径从大到小,以最先符合者定名。

(3)黏性土:塑性指数 $I_p > 1$ 的土,按 $I_p$ 值大小分为 3 个亚类,见表 2-11。

前苏联黏性土的分类                 表 2-11

| 土的名称 | 塑性指数 $I_p$ |
|---|---|
| 黏土 | $I_p > 17$ |
| 亚黏土 | $10 < I_p \leq 17$ |
| 亚砂土 | $1 < I_p \leq 10$ |

这一分类体系的主要优点是简单明了,易于掌握,全部土类只有 11 个亚类,在此基础上可再根据成因、年代、有机质含量和其他特性进一步描述,或在基本土名前冠以定语,如淤泥质黏

土等。对于洪、冲积成因和分选性较好的土层，这种分类方法能反映土的主要特征，可满足各类建筑地基评价与设计的要求。但对于残坡积成因、分选性较差的土层，这个分类法只反映了主要粒组的影响，而不能评价其他粒组的影响，特别对于用作材料的土，其级配特征不能全面描述，难以满足评价土石料的要求。对于细粒土，如用以评价成分和成因非常特殊的土，也过于简单而不能反映更多的特性。同时，这个分类体系在某些划分界限上不尽妥当，如砂土与黏性土的划分界限、亚砂土定名等。

第二种分类体系的特点是逻辑性强，按二分法从粗到细、逐步分类。首先，根据过 200 号筛量大小，将粗粒土定名为黏质砾石（或砂）或粉质砾石（或砂），见表 2-12。然后对细粒土，按是否是在 A 线下侧区分为有机土或无机土，对无机土也用 A 线划分为黏土或粉土，见表 2-13 和图 2-15。这种分类方法能比较全面地考虑粒径级配情况和次要粒组的影响，特别适用于作为材料用土的评价，也适用于残坡积土。但分类的类别太多，尽管 ASTM 的分类是这种体系中最简单的分类法，但粗粒土至少有 18 个类别。即使如此，有时还感到太粗，无法对某些土加以区分，如砾粗中砂和粉细砂的性质有明显差异，但按这种分类方法无法区分开来，又如卵石和圆砾也是不同的，但也不能加以区别开来。

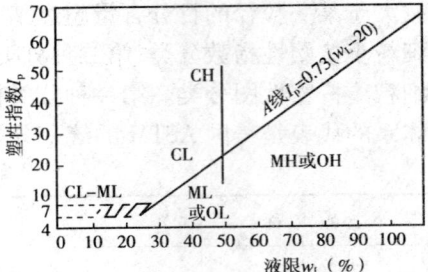

图 2-15　ASTM 塑性图

**ASTM 粗粒土**（过 200 号筛余量大于 50%）**分类**　　　　表 2-12

| 土的分类及符号 | | | | 分类标准 | | |
|---|---|---|---|---|---|---|
| | | | | 4 号筛余量 | 过 200 号筛量 | 级配或细粒部分情况 |
| 砾石 | 纯砾石 | 级配好的砾石 | GW | >50% | <5% | $C_u > 4$ 且 $C_c = 1 \sim 3$ |
| | | 级配不好的砾石 | GP | | | 不满足上述两条标准 |
| | 带细粒的砾石 | 粉质砾石 | GM | | 12% ~ 50% | A 线以下或 $I_p < 4$ |
| | | 黏质砾石 | GC | | | A 线以上且 $I_p > 7$ |
| 砂 | 纯砂 | 级配好的砂 | SW | <50% | <5% | $C_u > 6$ 且 $C_c = 1 \sim 3$ |
| | | 级配不好的砂 | SP | | | 不满足上述两条标准 |
| | 带细粒砂 | 粉质砂 | SM | | 12% ~ 50% | A 线以下或 $I_p < 4$ |
| | | 黏质砂 | SC | | | A 线以上且 $I_p > 7$ |

注：过 200 号筛余量在 5% ~ 12% 或 A 线以上且 $4 < I_p < 7$ 时分类用二元符号。

**STM 细粒土**（200 号筛余量小于 50%）**分类**　　　　表 2-13

| 土 类 | 液 限 | 符号 | 土的典型名称 |
|---|---|---|---|
| 低塑性黏土和粉土 | $w_L \leqslant 50\%$ | ML | A 线以下、无机粉土、极细砂、岩粉，粉性土或黏土质细砂 |
| | | CL | A 线以上，低到中塑性无机黏土、含砾黏土、砂质黏土、粉质黏土 |
| | | OL | A 线以下，低塑性有机粉土和有机黏土质黏土 |

| 土　类 | 液　限 | 符号 | 土的典型名称 |
|---|---|---|---|
| 高塑性黏土和粉土 | $w_L > 50\%$ | MH | A线以下,无机粉土,云母质或含二价离子的细砂或粉土 |
| | | CH | A线以上,高塑性无机黏土 |
| | | OH | A线以下,中到高塑性无机黏土 |
| 高有机质土 | | PT | 泥炭、污泥和其他高有机质土 |

除了上述两种主要分类体系外,还有别的一些分类体系,如美国各州公路工作者协会(AASHO)的分类方法,美国联邦航空局(FAA)的分类方法以及在美国和前苏联应用很广的三角坐标分类法。这些分类法都有各自的特点,在一定范围内行之有效地使用。有兴趣的读者可参阅相关参考书。

### 二、我国土的分类体系

我国的土的分类体系经历了一个发展的过程。从 20 世纪 50 年代开始,我国各行各业都从前苏联引进相应的有关规范,分类方法都采用前苏联标准,那时各行业土的分类基本上是统一的,仅因分类应用目的不同而有一些差异。直到 20 世纪 80 年代,除了建筑地基基础方面的规范中对土分类方法有些改变外,公路桥梁和铁路桥梁基础的规范仍保持原来的体系。在用作材料方面的土分类标准,早期采用粒度成分分类的三角坐标法,用于土坝、公路和铁路路堤土料的分类。虽然分类标准和命名上各行业并不完全一致,但分类原则是一致的。早期由国标《土工试验方法标准》(GBJ 123—88)中土的分类与试验方法发展而成的国标《土的分类标准》(GBJ 145—1990),代表了我国对美国 ASTM 分类方法引进研究的成果水平。2007 年我国对该标准进一步进行修订形成了现行国标《土的工程分类标准》(GB/T 50145—2007),这是我国当前工程建设中所涉及的土类通用分类标准。国标《岩土工程勘察规范》(GB 50021—2001)中规定的"土的工程分类"是目前建设中应用最广泛而有重大影响的一种专门分类标准。下面着重介绍这两种分类方法。

#### 1.《土的工程分类标准》(GB/T 50145—2007)分类法

国标《土的工程分类标准》(GB/T 50145—2007)作为我国各行业对土的工程分类的一个基本标准,它对土的分类特征指标、分类方法和分类体系作了明确的规定。

土的分类特征指标主要包括:土的颗粒组成及其特征、土的塑性指标(液限、塑限、塑性指数)和土中的有机质含量。

对土进行分类时,首先应判别土属有机土还是无机土。若土的大部分或全部是有机质时,该土就属有机土,否则就属无机土。有机质含量可由试验测定,也可凭颜色、气味来鉴别,如色暗、味臭、含纤维质的,一般为含有机质土。若属无机土,则根据土内各粒组的相对含量把土分为巨粒类土、粗粒类土和细粒类土三大类。国标《土的工程分类标准》(GB/T 50145—2007)对土的总分类体系如图 2-16 所示。

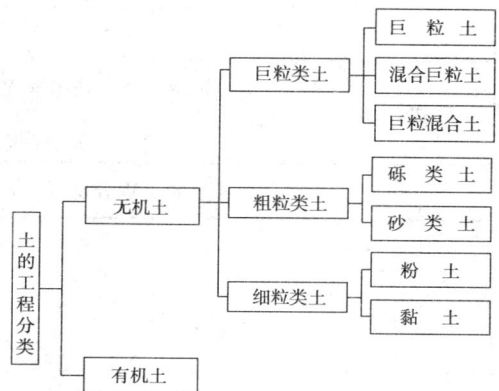

图 2-16　《土的工程分类标准》(GB/T 50145—2007)中土的总分类体系

（1）巨粒类土分类

若土样中巨粒组含量超过 15% 的土体，称为巨粒类土。巨粒类土又可按土中巨粒含量的不同分为巨粒土、混合巨粒土和巨粒混合土。若土中巨粒组含量大于 75%，则该土为巨粒土；若土中巨粒组含量在 50% ~75% 之间，则该土为混合巨粒土；若土中巨粒组含量在 15% ~50% 之间，则该土为巨粒混合土。巨粒类土的详细分类见表 2-14。

《土的工程分类标准》（GB/T 50145—2007）对巨粒类土的分类　　　　　　表 2-14

| 土　类 | 粒组含量 | | 土类代号 | 土的名称 |
|---|---|---|---|---|
| 巨粒土 | 巨粒含量≥75% | 漂石含量大于卵石含量 | B | 漂石（块石） |
| | | 漂石含量不大于卵石含量 | Cb | 卵石（碎石） |
| 混合巨粒土 | 50% <巨粒含量 <75% | 漂石含量大于卵石含量 | BSl | 混合土漂石（块石） |
| | | 漂石含量不大于卵石含量 | CSl | 混合土卵石（碎石） |
| 巨粒混合土 | 15% ≤巨粒含量≤50% | 漂石含量大于卵石含量 | SlB | 漂石（块石）混合土 |
| | | 漂石含量不大于卵石含量 | SlCb | 卵石（碎石）混合土 |

注：巨粒混合土可根据所含粗粒或细粒的含量进行细分。

当土样中的巨粒组含量少于 15% 时，可扣除巨粒，按照粗粒类土或细粒类土进行分类；当巨粒对土的总体性状有影响时，可将巨粒计入砾粒组进行分类。

（2）粗粒类土的分类

若土中粗粒组含量大于 50%，则称该土为粗粒类土。在粗粒类土中，若砾粒组含量大于砂粒组含量，则称砾类土；若砾粒组含量不大于砂粒组含量，则称砂类土；砾类土或砂类土按土中粒径小于 0.075mm 的细粒含量及类别、粗粒组的级配划分亚类，见表 2-15 和表 2-16。

《土的工程分类标准》（GB/T 50145—2007）砾类土的分类　　　　　　表 2-15

| 土　类 | 粒组含量 | | 土代号 | 土名称 |
|---|---|---|---|---|
| 砾 | 细粒含量 <5% | $C_u$≥5 且 $C_c$ =1 ~3 | GW | 级配良好砾 |
| | | 不同时满足上述标准 | GP | 级配不良砾 |
| 含细粒土砾 | 细粒含量 5% ~15% | | GF | 含细粒土砾 |
| 细粒土质砾 | 细粒含量 15% ~50% | 细粒组中粉粒含量不大于50% | GC | 黏土质砾 |
| | | 细粒组中粉粒含量大于50% | GM | 粉土质砾 |

《土的工程分类标准》（GB/T 50145—2007）砂类土的分类　　　　　　表 2-16

| 土　类 | 粒组含量 | | 土代号 | 土名称 |
|---|---|---|---|---|
| 砂 | 细粒含量 <5% | $C_u$≥5 且 $C_c$ =1 ~3 | SW | 级配良好砂 |
| | | 不同时满足上述标准 | SP | 级配不良砂 |
| 含细粒土砂 | 细粒含量 5% ~15% | | SF | 含细粒土砂 |
| 细粒土质砂 | 细粒含量 15% ~50% | 细粒组中粉粒含量不大于50% | SC | 黏土质砂 |
| | | 细粒组中粉粒含量大于50% | SM | 粉土质砂 |

（3）细粒类土的分类

若土中细粒组含量大于或等于 50%，则称该土为细粒类土。在细粒类土中，若粗粒组含量不大于 25%，则称为细粒土；若粗粒组含量在 25%～50% 之间，则称为含粗粒的细粒土；有机质含量在 5%～10% 之间，则称为有机质土。

细粒土可按塑性图（图 2-17）进一步细分，若土的液限和塑性指数落在图中 $A$ 线以上，且 $I_p \geq 7$，表示土的塑性高，属黏土或有机土质黏土。若土的液限和塑性指数在 $A$ 线以下，且 $I_p < 4$，表示土的塑性低，属粉土或有机质粉土。土液限的高低可间接反映土的压缩性高低，即土的液限高，它的压缩性也高，反之，液限低，压缩性也低。因此，又用一条竖线 $B$ 把黏土和粉土细分为两类，见表 2-17。

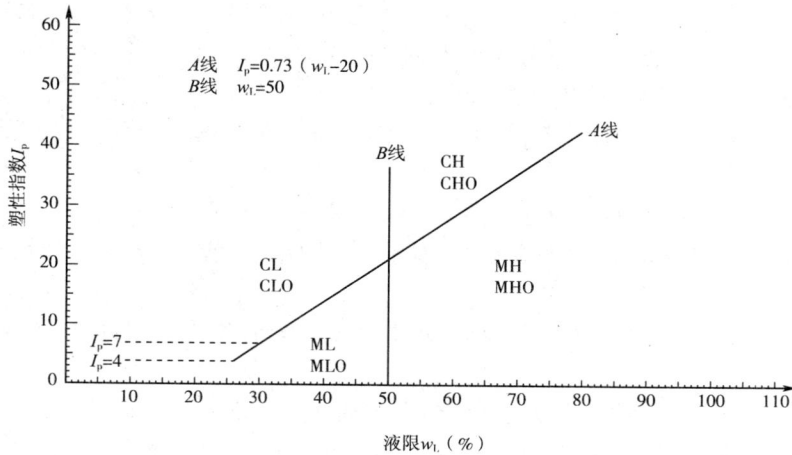

图 2-17　17mm 塑性图

注：1. 图中横坐标为土的液限 $w_L$，纵坐标为塑性指数 $I_p$

　　2. 图中的液限 $w_L$ 为用碟式仪测定的液限含水率或用质量 76g、锥角为 30° 的液限仪锥尖入土深度 17mm 对应的含水率。

　　3. 图中虚线之间区域为黏土～粉土过渡区。

**《土的工程分类标准》（GB/T 50145—2007）细粒土的分类（17mm 液限）**　　　表 2-17

| 塑性指数（$I_P$） | 液限（$w_l$） | 土　名　称 | 土　代　号 |
|---|---|---|---|
| $I_P \geq 0.73(w_L - 20)$ 且 $I_P \geq 7$ | $w_L \geq 50\%$ | 高液限黏土 | CH |
| | $w_L < 50\%$ | 低液限黏土 | CL |
| $I_P < 0.73(w_L - 20)$ 或 $I_P < 4$ | $w_L \geq 50\%$ | 高液限粉土 | MH |
| | $w_L < 50\%$ | 低液限粉土 | ML |

注：1. 若细粒土内含部分有机质，则土名前加形容词有机质，土代号后加 O，如高液限有机质黏土（CHO），低液限有机质粉土（MLO）等。

　　2. 若细粒土内粗粒含量为 25%～50%，则该土属含粗粒的细粒土。当粗粒中砾粒占优势，则该土属含砾细粒土，并在土号后加 G，如 CHG，MLG 等。若粗粒中砂粒占优势，则该土属含砂细粒土，并在代号后加 S，如 CLS、MHS 等。

2. 《岩土工程勘察规范》(GB 50021—2001)分类法

这种分类法的体系接近于前苏联地基规范的分类法,但又有许多自身的特点。该分类法是在《工业与民用建筑地基基础设计规范》(TJ 7—74)和《工业与民用建筑工程地质勘察规范》(TJ 21—77)的分类体系基础上发展起来的,其主要分类界限的改变反映在国标《建筑地基基础设计规范》(GBJ 7—89)中,并在国标《岩土工程勘察规范》(GB 50021—2001)中得到发展和更完整的表达。这一分类体系在我国建筑行业得到了广泛的应用,已积累了丰富的工程经验,与《土的工程分类标准》相比,可能更适合于地基土的勘察与设计要求。

该分类体系考虑到土的天然结构联结的性质和强度,首先按堆积年代和地质成因进行划分,并将某些特殊条件下形成具特殊工程性质的区域性特殊土与一般性土区别开来,按颗粒级配或塑性指数将土分为碎石土、砂土、粉土和黏性土四大类,并结合堆积年代、成因和某种特殊性质综合定名。其划分原则与标准分述如下:

(1)土按堆积年代可划分为以下三类:

①老堆积土:第四纪晚更新世 $Q_3$ 及其以前堆积的土层,一般呈超固结状态,具有较高的结构强度;

②一般堆积土:第四纪全新世(文化期以前 $Q_4$)堆积的土层;

③新近堆积土:自文化期以来新近堆积的土层 $Q_4$,一般处于欠压密状态,结构强度较低。

(2)根据地质成因可将土分为残积土、坡积土、洪积土、淤积土、冰积土、风积土和海积土等。

(3)根据有机质含量可将土分为无机土、有机质土、泥炭质土和泥炭,其含量分别为小于5%,5%~10%,10%~60%,大于60%。

(4)按颗粒级配和塑性指数可将土分为碎石土、砂土、粉土和黏性土。

①碎石土:粒径大于2mm的颗粒含量超过总质量50%。根据颗粒级配和颗粒形状,按表2-18分为漂石、块石、卵石、圆砾和角砾。

《岩土工程勘察规范》(GB 50021—2001)碎石土分类　　　　　　表2-18

| 土 的 名 称 | 颗 粒 形 状 | 颗 粒 级 配 |
|---|---|---|
| 漂石 | 以圆形及亚圆形为主 | 粒径大于200mm的颗粒质量超过总质量50% |
| 块石 | 以棱角形为主 | |
| 卵石 | 以圆形及亚圆形为主 | 粒径大于20mm的颗粒质量超过总质量50% |
| 碎石 | 以棱角形为主 | |
| 圆砾 | 以圆形及亚圆形为主 | 粒径大于2mm的颗粒质量超过总质量50% |
| 角砾 | 以棱角形为主 | |

注:定名时,应根据颗粒由大到小,以最先符合者确定。

②砂土:粒径大于2mm的颗粒质量不超过总质量的50%,且粒径大于0.075mm的颗粒质量超过总质量50%的土。根据颗粒级配,按表2-19分为砾砂、粗砂、中砂、细砂和粉砂。

| 土 的 名 称 | 颗 粒 级 配 |
|---|---|
| 砾砂 | 粒径大于 2mm 的颗粒质量占总质量 25% ~50% |
| 粗砂 | 粒径大于 0.5mm 的颗粒质量超过总质量 50% |
| 中砂 | 粒径大于 0.25mm 的颗粒质量超过总质量 50% |
| 细砂 | 粒径大于 0.075mm 的颗粒质量超过总质量 85% |
| 粉砂 | 粒径大于 0.075mm 的颗粒质量超过总质量 50% |

注:1. 定名时,应根据颗粒级配由大到小,以最先符合者确定;

　　2. 当砂土中小于 0.075mm 的土的塑性指数大于 10 时,应冠以含黏性土定名,如含黏性土粗砂等。

③黏性土:若土的塑性指数 $I_p > 10$,则该土属黏性土。黏性土根据塑性指数 $I_p$ 细分(表 2-20),并把在静水或缓慢的流水环境中沉积,经生物化学作用形成,其天然含水率大于液限,天然孔隙比大于或等于 1.5 的黏性土称为淤泥。天然孔隙比小于 1.5,但大于或等于 1.0 的黏性土称为淤泥质土。

《岩土工程勘察规范》(GB 50021—2001)黏性土分类　　　　表 2-20

| 土 的 名 称 | 塑性指数 | 土 的 名 称 | 塑性指数 |
|---|---|---|---|
| 黏土 | $I_p > 17$ | 粉质黏土 | $10 < I_p \leqslant 17$ |

④粉土:若粒径小于 0.075mm 的颗粒质量超过总质量 50%,且土的塑性指数小于或等于 10,则该土属粉土。粉土的工程性质介于砂土和黏性土之间,它既不具有砂土透水性大、容易排水固结、抗剪强度较高的优点,又不具有黏性土防水性能好、不易被水冲蚀流失、具有较大黏聚力的优点。

3. 两种土分类法的对比

两种分类法所考虑的基本原则是相同的,即综合考虑了粒度和塑性的影响,粗粒土考虑粒度为主,细粒土考虑塑性特性为主。不同土类按照决定其性质的主要因素划分,但也考虑到次要因素。如考虑到含较多巨粒的土性质较为特殊,将巨粒含量超过 15% 的土单独分出来。粗粒土按粗粒粒度划分,也考虑到细粒含量的影响。细粒土按塑性图划分,也考虑到粗粒及有机质的影响。塑性图与塑性指数基本接近,只是将 $I_p = 17$ 换为 $B$ 线(17mm 液限 $w_L = 50\%$,10mm 液限 $w_L = 40\%$),增加了 $A$ 线,保留了 $I_p = 10$ 的横线,将土分为四大类。对我国各类细粒土 3 万件进行统计表明,用塑性图和用塑性指数定名,有 82.7% 是相同的,只有少量特殊土定名略有差异。分类体系从简到繁,逐步划分能反映各类土的基本属性,判别指标简易可行,只作筛分和液、塑限试验。两种土分类命名对照情况如表 2-21 所示。

**两种土质命名对照表** 表 2-21

| 《岩土工程勘察规范》(GB50021—2001) / 《土的工程分类标准》(GB/T50145—2007) | | | 碎石土 | | | 砂土 | | | | | 粉土 | 黏性土 | |
|---|---|---|---|---|---|---|---|---|---|---|---|---|---|
| | | | 漂石<br>块石 | 卵石<br>碎石 | 圆砾<br>角砾 | 砾砂 | 粗砂 | 中砂 | 细砂 | 粉砂 | 粉土 | 粉质<br>黏土 | 黏土 |
| 巨粒类土 | | 漂石(B)<br>混合土漂石(BSI) | A | | | | | | | | | | |
| 巨粒类土 | | 卵石(Cb)<br>混合土卵石(CbSI) | | A | | | | | | | | | |
| 巨粒类土 | | 漂石混合土(SIB)<br>卵石混合土(SICb) | | C | B | A | A | A | B | B | B | B | C |
| 粗粒类土 | 砾类土 | 级配良好砾(GW)<br>级配不良砾(GP) | | B | A | | | | | | | | |
| 粗粒类土 | 砾类土 | 含细粒土砾(GF) | | B | A | | | | | | | | |
| 粗粒类土 | 砾类土 | 粉土质砾(GM)<br>黏土质砾(GC) | | B | A | | | | | | | | |
| 粗粒类土 | 砂类土 | 级配良好砂(SW)<br>级配不良砂(SP) | | | | A | A | A | B | B | | | |
| 粗粒类土 | 砂类土 | 含细粒土砂(SF) | | | | C | B | B | A | C | | | |
| 粗粒类土 | 砂类土 | 粉土质砂(SM)<br>黏土质砂(SC) | | | | C | C | C | C | A | | | |
| 细粒类土 | | 各类低液限粉土<br>(ML、MLG、MLS、MLO) | | | | | | | | C | A | C | |
| 细粒类土 | | 各类低液限黏土<br>(CL、CLG、CLS、CLO) | | | | | | | | | | A | B |
| 细粒类土 | | 各类高液限粉土<br>(MH、MHG、MHS、MHO) | | | | | | | | | C | B | A |
| 细粒类土 | | 各类高液限黏土<br>(CH、CHG、CHS、CHO) | | | | | | | | | | C | A |

注:A－基本上对应;B－部分对应;C－少部分对应。

**【例题 2-6】** 已知 $A$、$B$ 土的颗粒级配曲线如图 2-18 所示,其中 $B$ 土的 10mm 液限为 46%、塑限为 25%,试用上述两种分类法进行土的分类。

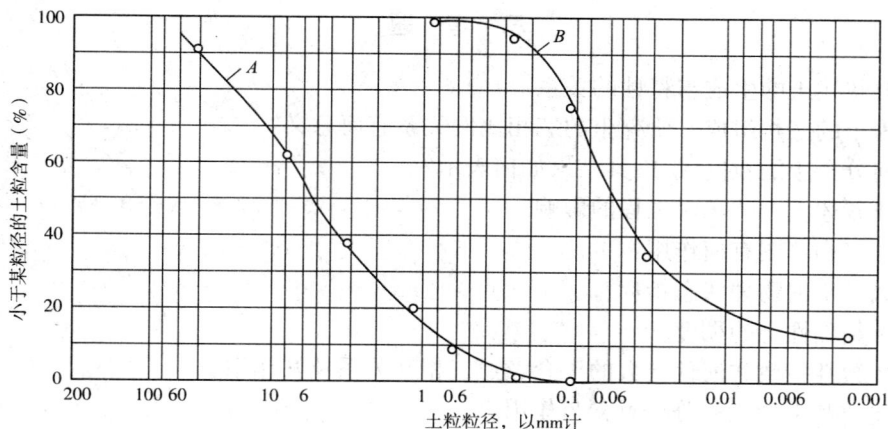

图2-18 A 和 B 土的颗粒级配曲线

**【解】** 1.《土的工程分类标准》分类法

1)对 A 土进行分类

(1)由曲线 A 查得粒径大于 60mm 的巨粒含量为零,故该土不属于巨粒土和含巨粒土;

(2)粒径大于 0.075mm 的粗粒含量为 99%,大于 50%,故该土属粗粒土;

(3)粒径大于 2mm 的砾粒含量为 71.5%,大于 50%,故该土属砾类土;

(4)粒径小于 0.075mm 的细粒含量为 1%,小于 5%,故该土属砾;

(5)由曲线 A 查得 $d_{10}$、$d_{30}$ 和 $d_{60}$ 分别为 0.5mm、2.1mm 和 7.1mm,因此:

$$C_u = d_{60}/d_{10} = 7.1/0.5 = 14.2 > 5$$

$$C_c = d_{30}{}^2/(d_{10} \times d_{60}) = 2.1^2/(7.1 \times 0.5) = 1.2 \qquad 1 < C_c < 3$$

故该土属级配良好砾,符号为 GW。

2)对 B 土进行分类

(1)由曲线 B 查得粒径小于 0.075mm 的细粒含量为 60%,大于 50%,且粒径大于 0.075mm 的粗粒含量为 40%,介于 25% ~ 50% 之间,故该土属含粗粒的细粒土;

(2)粒径大于 2mm 的砾粒含量为零,故该土属含砂细粒土;

(3)塑性指数 $I_p = w_L - w_p = 46 - 25 = 21$,A 线:$I_p = 0.63(w_L - 20) = 0.63 \times (46 - 20) = 16.4$,按塑性图,该土的 $I_p$ 值落在图中 CH 区,所以该土属含砾高液限黏土,符号为 CHS。

2.《岩土工程勘察规范》分类法

1)对 A 土进行分类

(1)粒径大于 2mm 的砾粒含量为 71.5%,大于 50%,故该土属碎石土;

(2)粒径大于 200mm 的土粒含量为零,故该土不属于漂石(块石);

(3)粒径大于 20mm 的土粒含量为 11%,小于 50%,故该土不属于卵石(碎石);

(4)故该土属圆(角)砾土。

2)对 B 土进行分类

(1)粒径大于 0.075mm 的土粒含量为 40%,少于 50%,塑性性能 $I_p = w_L - w_p = 46 - 25 = 21 > 10$,故该土属于黏性土;

(2)塑性指数 $I_p = 21 > 17$,故该土属黏土。

1. 简要叙述土的生成与特性的关系。
2. 何为土的三相组成？研究土的三相比例关系有何意义？
3. 如何分析土的粒度成分，其结果如何表示？
4. 简要叙述土中的水对工程的影响。
5. 土的三相草图有何作用？
6. 什么是土的物理状态指标？
7. 什么是黏性土的稠度？
8. 阐述塑性指数和液性指数的概念、意义、相互关系及其作用。
9. 简述地基土的工程分类意义与作用。

## 习 题

1. 某土样在天然状态下的体积为 $210cm^3$，质量为 350g，烘干后的质量为 310g，设土粒相对密度 $d_s$ 为 2.67，试求该试样的密度 $\rho$、含水率 $w$、孔隙比 $e$ 和饱和度 $S_r$。

2. 已知某土样土粒相对密度 $d_s$ 为 2.68，土的密度 $\rho$ 为 $1.91g/cm^3$，含水率 $w$ 为 29.0%，求土的干密度 $\rho_d$、孔隙比 $e$、孔隙率 $n$ 和饱和度 $S_r$。

3. 某完全饱和土样（即 $S_r = 100\%$）的含水率 $w$ 为 40.0%，土粒相对密度 $d_s$ 为 2.70，求土的孔隙比 $e$ 和干密度 $\rho_d$。

4. 为了配置含水率 $w$ 为 40.0% 的土样，取天然含水率 $w$ 为 12.0% 的土样 20g，已测定土粒的相对密度 $d_s$ 为 2.70，问需掺入多少水？

5. 某砂土试样，测得含水率 $w$ 为 23.2%，重度 $\gamma$ 为 $16.0kN/m^3$，土粒相对密度 $d_s$ 为 2.68，取水的重度 $\gamma_w$ 为 $10kN/m^3$。将该砂样放入振动容器中，振动到最密实时量得砂样的体积为 $220cm^3$；其质量为 415g；最松散时量得砂样的体积为 $350cm^3$，其质量为 420g。试求该砂样的天然孔隙比 $e$ 和相对密度 $D_r$。

6. 某天然砂层，密度 $\rho$ 为 $1.47g/cm^3$，含水率 $w$ 为 13.0%，由试验求得该砂土的最小干密度 $\rho_{dmin}$ 为 $1.20g/cm^3$，最大干密度 $\rho_{dmax}$ 为 $1.66g/cm^3$，问该砂层处于何种状态？

7. 有细粒土原状土样两个，经测定其天然含水率 $w$、10mm 液限 $w_L$ 和塑限 $w_p$ 如表 2-22 所示，试确定该细粒土的名称和状态。

土 样 试 验 结 果 表 2-22

| 试 样 编 号 | 天然含水率 $w$(%) | 液限 $w_L$(%) | 塑限 $w_p$(%) |
|---|---|---|---|
| 1 | 30.5 | 39.0 | 21.0 |
| 2 | 42.0 | 45.0 | 31.0 |

8. 甲、乙两土样的颗粒分析结果列于表 2-23，试绘制颗粒级配曲线，并定出土的名称。

某粗粒土土样试验结果 表 2-23

| 粒径（mm） | 10~2 | 2~0.5 | 0.5~0.25 | 0.25~0.075 | <0.075 |
|---|---|---|---|---|---|
| 相对含量（%） | 4.5 | 12.4 | 35.5 | 33.5 | 14.1 |

# 第三章 土中水的渗透规律

---

**教学内容**：达西定律，渗透系数的测定，渗透系数的计算，影响土的渗透性的因素，渗透力与渗透破坏，土的毛细性。

**教学要求**：掌握达西定律的基本原理；掌握主要室内、室外渗透系数测定原理、方法和特点；掌握渗透力的计算、渗透破坏的类别、特点和判别；了解土中水的毛细现象。

**教学重点**：达西定律，渗透系数的测试方法，渗透力与渗透破坏。

---

## 第一节 概 述

由于土体是多孔介质，土孔隙中的自由水在重力作用下，只要有水头差，就会沿着土骨架之间的孔隙通道流动。水透过土孔隙流动的现象，称为土的渗透或渗流，而土能使水流透过的性质，称为土的渗透性。水在孔隙中流动必然会引起土体中应力状态的改变，从而引起土的变形和强度的变化。渗流对铁路、水利、矿山、建筑和交通等工程的影响和破坏是多方面的，直接会影响土工建筑物和地基的稳定和安全。在高层建筑基础及桥梁墩台基础工程中深基坑排水时，需计算涌水量，以配置排水设备和进行支挡结构的设计计算；在河滩上修筑堤坝或渗水路堤时，需考虑路堤材料的渗透性；在计算饱和黏性土上建筑物的沉降和时间的关系时，也需掌握土的渗透性。因此，土的渗透性及渗流与土体强度、变形问题一样，是土力学中主要内容之一。渗流、强度、变形三者相互关联、相互影响。

水在土中流动时，通常都沿着一定的孔道，若土中孔隙大并相互连通，土的渗透就通畅，这样的土我们就说它的透水性强。反之，若土中孔隙很小，许多孔隙又被更小的土粒堵塞，致使水的流动受到阻碍，或者土中保存有许多被封闭的气泡，使土中孔隙彼此不相连通，孔隙一部分或大部分被阻断，这样的土我们就说它透水性差。从土的组织结构看，凡是土粒粗、分选性好、颗粒形状浑圆的土（如卵、砾石或砂），它们的透水性则强；凡是土粒带棱角或呈片状、分选性差和细粒含量多的土（如细砂、粉土和黏土），它们的透水性则弱或很弱。因此土的组织结构对它的透水性有十分重要的影响。当土中含有一定数量的胶体物质或有机物的腐殖质时，土的透水性就大为减小；如果土中孔隙全部被胶体物质和气泡充满，使孔隙与孔隙互不连通，即使在一定静水压力下，也很难打破颗粒周围结合水膜的有力封锁，使带有一定压力的重力水不能轻易通过，这样的土，我们称它透水性弱。修建防水堤或小型水库的土坝，就得采用这种不透水或透水性很弱的土。如修建蓄水位比较高的拦水土坝，为防止细微渗透形成管涌，要选用不透水的黏土做坝心，以切断静水压力的浸润，保证坝身不致漏水。另一方面，工程中有时候也需要利用土的透水性能，如涉水地区的挡墙背后填料的选择，此时透水性好的砂、卵石是较好的选择;堤防、护岸工程中碎石反滤层的设置也利用了土料的透水性差别。总之,土的渗透性能对确定的工程目标可能是有利的,也可能是有害的,要成功处置涉及土体渗透性能的有关工程问题,需要对土的渗透性及渗透引起的力学效应有全面的了解。

# 第二节 Darcy 定律

## 一、渗流模型

水在土中的渗流是在土颗粒间的孔隙中发生的。土体两点之间的压力差和土体孔隙大小、形状和数量是影响水在土中渗流的主要原因。由于土体孔隙的形状、大小及分布极为复杂,导致渗流水质点的运动轨迹很不规则,渗流的速度和方向都是变化的,如图 3-1a)所示。如果只着眼于这种真实渗流情况的研究,不仅会使理论分析复杂化,同时也会使试验观察变得异常困难。考虑到实际工程中并不需要了解具体孔隙中的渗流情况,为便于分析问题,在进行渗流分析时就将土体复杂的渗流作出如下的简化:一是不考虑路径的迂回曲折,只是分析它的主要流向;二是不考虑土体中颗粒的影响,认为孔隙和土粒所占的空间之和均为渗流所充满。作了这种简化后的渗流其实只是一种假想的土体渗流,被称为渗流模型,如图 3-1b)所示。

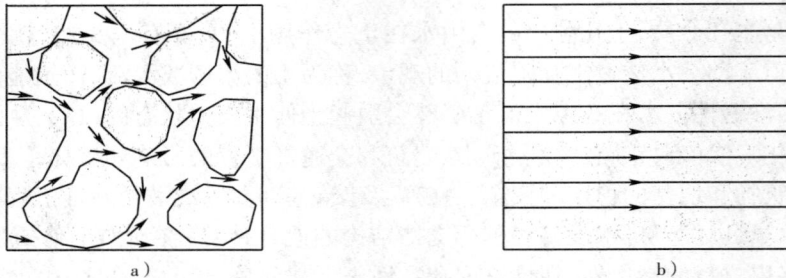

图 3-1 渗流模型
a)水在土孔隙中的运动轨迹;b)理想化的渗流模型

为了使渗流模型在渗流特性上与真实的渗流相一致,它还应该符合以下要求:
(1)在同一过水断面,渗流模型的流量等于真实渗流的流量;
(2)在任一界面上,渗流模型的压力与真实渗流的压力相等;
(3)在相同体积内,渗流模型所受到的阻力与真实渗流所受到的阻力相等。
有了渗流模型,就可以采用液体运动的有关概念和理论对土体渗流问题进行分析计算。
下面再分析一下渗流模型与真实渗流中的流速 $v$(单位时间内流过单位土截面的水量,m/s)之间的关系。在渗流模型中,设过水断面面积为 $F(m^2)$,通过的渗流流量为 $q$(单位时间内流过截面积为 $F$ 的水量,$m^3/s$),则渗流模型的平均流速 $v$ 为:

$$v = \frac{q}{F} \tag{3-1}$$

真实渗流仅发生在相应于断面 $F$ 中所包含的孔隙面积 $\Delta F$ 内,因此真实流速 $v_0$ 为:

$$v_0 = \frac{q}{\Delta F} \tag{3-2}$$

于是
$$\frac{v}{v_0} = \frac{\Delta F}{F} = n \tag{3-3}$$

式中：$n$——土体的孔隙率。

因为孔隙率 $n < 1.0$，所以，$v < v_0$，即模型的平均流速要小于真实流速。由于真实流速很难测定，因此工程上还是采用模型的平均流速 $v$ 较为方便，在本章以后的内容中，如果没有特别说明，所说的流速均指模型的平均流速。

根据水力学知识，水在土中从一点渗透到另一点应该满足连续定律和能量平衡方程，水在土中任意一点的水头可表示为：

$$h = z + \frac{u}{\gamma_w} + \frac{v^2}{2g} \tag{3-4}$$

式中：$h$——总水头，表示该点单位质量液体所具有的总机械能；

$z$——相对于任意选定的基准面的高度，代表单位液体所具有的位能，即位置水头；

$u$——孔隙水压力，代表单位质量液体所具有的压力势能；

$\dfrac{u}{\gamma_w}$——该点孔隙水压力的水柱高，为该点的压力水头；

$v$——渗流速度；

$\dfrac{v^2}{2g}$——单位质量液体所具有的动能，为该点的速度水头；

$\gamma_w$——水的重度；

$g$——重力加速度。

## 二、达西(Darcy)定律

水在土中流动，由于土颗粒之间孔隙很小，渗流过程中黏滞阻力很大，因此渗透过程在多数情况下非常缓慢，属层流范围。

若土中孔隙水在压力梯度下发生渗流，如图 3-2 所示，对于土中 $A$、$B$ 两点，已测得 $A$ 点的水头为 $h_A$，$B$ 点的水头为 $h_B$，水自高水头的 $A$ 点流向低水头的 $B$ 点，水流流经长度为 $L$，由于土的孔隙较小，在大多数情况下水在孔隙中的流速较小，可以认为是属于层流（即水流流线是互相平行流动）。那么土中的渗流规律可以认为符合层流渗透规律。这个定律是法国学者达西(H. Darcy)根据砂土的实验结果而得到的，也称达西定律。它是指水在土中的渗透速度与水头梯度成正比，即

图 3-2　水在土中渗流示意图
（$\Delta h$—单位质量液体从 $A$ 点向 $B$ 点流动时的水头差；$L$—渗流长度）

$$v = ki \tag{3-5}$$
$$q = kiF \tag{3-6}$$

式中：$v$——渗透速度，m/s，即单位时间渗流过单位截面土体的水量，并不是水在土中的真正流速；

$i$——水头梯度（或水力坡度、水力坡降），即沿着水流方向单位长度上的水头差，如图 3-2 中 $A$、$B$ 两点的水头梯度，$i = \dfrac{\Delta h}{\Delta L} = \dfrac{h_A - h_B}{L}$；

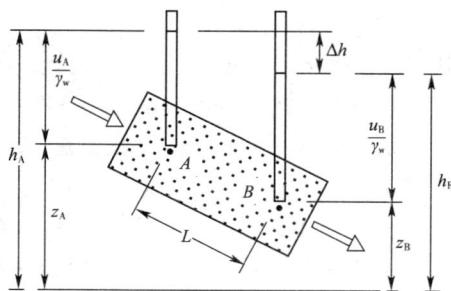

$k$——渗透系数,m/s,其物理意义为当水力坡度为 1 时土中渗流的流速,各种土的渗透系数参考值可见表 3-1;

$q$——渗透流量,$m^3/s$,即单位时间内流过土截面积 $F$ 的流量。

| 土 的 类 别 | 渗透系数(m/s) | 土 的 类 别 | 渗透系数(m/s) |
|---|---|---|---|
| 黏土 | $<5\times10^{-8}$ | 细砂 | $1\times10^{-5}\sim5\times10^{-5}$ |
| 粉质黏土 | $5\times10^{-8}\sim1\times10^{-6}$ | 中砂 | $5\times10^{-5}\sim2\times10^{-4}$ |
| 粉土 | $1\times10^{-6}\sim5\times10^{-6}$ | 粗砂 | $2\times10^{-4}\sim5\times10^{-4}$ |
| 黄土 | $2.5\times10^{-6}\sim5\times10^{-6}$ | 圆砾 | $5\times10^{-4}\sim1\times10^{-3}$ |
| 粉砂 | $5\times10^{-6}\sim1\times10^{-5}$ | 卵石 | $1\times10^{-3}\sim3\times10^{-3}$ |

研究表明,达西定律表示渗流速度与水头梯度成正比的关系是在特定水力条件下的实验结果。随着渗流速度的增加,这种线性关系不再存在,因此达西定律有一个适用界限。实际上,水在土中渗流时由于土中孔隙的不规则性,水流动是无序的,水在土中渗流的方向、速度和加速度都在不断地变化。当水运动的速度和加速度很小时,其产生的惯性力远远小于有液体黏滞性产生的摩擦阻力,这时黏滞力占优势,水的运动是层流,渗流服从达西定律;当水运动速度达到一定的程度,惯性力占优势,由于惯性力与速度的平方成正比,达西定律就不再适用了。

达西定律只适用于层流条件,所谓层流条件是指在土孔隙中移动的水,流体质点互不干扰,迹线有条不紊地沿着细微管道流动,也即要求土中水的流速不能超过某一定值,故达西定律也称作土的层流渗透定律。一般中砂、细砂、粉砂等细颗粒土中水的流速满足层流条件,而粗砂、砾石、卵石等粗颗粒土中水的渗流速度较大,是紊流而不是层流,故不能适用达西定律。

在黏土中,土颗粒周围存在着结合水,结合水因受到分子引力作用而呈现黏滞性,黏土中自由水的渗流受到结合水的黏滞作用产生很大阻力,只有克服结合水的抗剪强度后才能开始渗流。故黏土中的渗流规律须将达西定律进行修正。

我们把克服此抗剪强度所需的水头梯度称为黏土的起始水头梯度 $i_0$。这样,在黏土中,应按下述修正后的达西定律计算渗流速度:

$$v = k(i - i_0) \qquad (3\text{-}7)$$

在图 3-3 中绘出了砂土与黏土的渗透规律。直线 $a$ 表示砂土的 $v-i$ 关系,它是通过原点的一条直线。黏土的 $v-i$ 关系是曲线 $b$(图中虚线所示),$d$ 点是黏土的起始水头梯度,当土中水头梯度超过此值后水才开始渗流。一般常用折线 $c$(图中 $oef$ 线)代替曲线 $b$,即认为 $e$ 点是黏土的起始水头梯度 $i_0$,其渗透规律用式(3-7)表示。

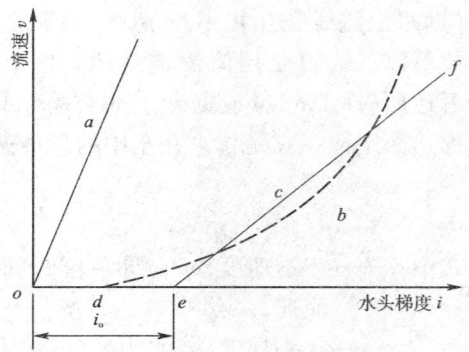

图 3-3 砂土与黏土的渗透规律

44

# 第三节 渗透系数的测定

土的组织结构不同，水在土中移动的方式、移动的快慢、一定时间内渗透水量的多少也不相同，因此可以用渗透系数 $k$ 来综合反映土体的渗透能力。由于土体物理性质因土类不同而变化很大，对每一类土，渗透系数 $k$ 就是一个反应其渗透性强弱的指标，透水性强的土 $k$ 值大，透水性弱的土 $k$ 值小。

测定土的渗透系数的方法通常有：在实验室做的常水头渗透试验和变水头渗透试验；在现场做的井孔抽水试验。

## 一、常水头渗透试验

该试验适用于透水性大的粗颗粒土。常水头渗透试验装置的示意图如图 3-4 所示。在圆柱形试验筒内装置土样，土的截面积为 $F$（即试验筒截面积）在整个试验过程中土样的压力水头维持不变。在土样中选择两点 $a$、$b$，两点的距离为 $l$，分别在两点设置测压管。试验开始时，水自上而下流经土样，待渗流稳定后，测得在时间 $t$ 内流过土样的流量为 $Q$，同时读得 $a$、$b$ 两点测压管的水头差为 $\Delta h$。

则从式（3-5）可得：
$$Q = qt = kiFt = k\frac{\Delta h}{l}Ft$$

由此可求得土样的渗透系数 $k$ 为：
$$k = \frac{Ql}{\Delta hFt} \tag{3-8}$$

## 二、变水头渗透试验

该试验适用于渗透系数较小的细砂及粉砂。试验装置如图 3-5 所示。在试验筒内装置土样，土样的截面积为 $F$，高为 $l$。试验筒上设置储水管，储水管截面积为 $a$，在试验过程中储水管的水头不断减小。若试验开始时，储水管水头为 $h_1$，经过时间 $t$ 后降为 $h_2$，令在时间 $dt$ 内水头降低 $-dh$，则在时间 $dt$ 内通过土样的流量为：
$$dq = -adh$$

又从式（3-6）知：
$$dq = qdt = kiFdt = k\frac{h}{l}Fdt$$

故得 $-\alpha dh = k\dfrac{h}{l}Fdt$

积分后得
$$-\int_{h_1}^{h_2}\frac{dh}{h} = \frac{kF}{al}\int_0^t dt$$
$$\ln\frac{h_1}{h_2} = \frac{kF}{al}t$$

由此求得渗透系数：

$$k = \frac{al}{Ft}\ln\frac{h_1}{h_2} \tag{3-9}$$

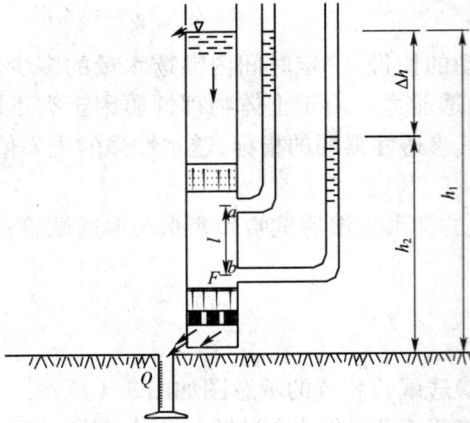

图 3-4 常水头渗透试验装置的示意图

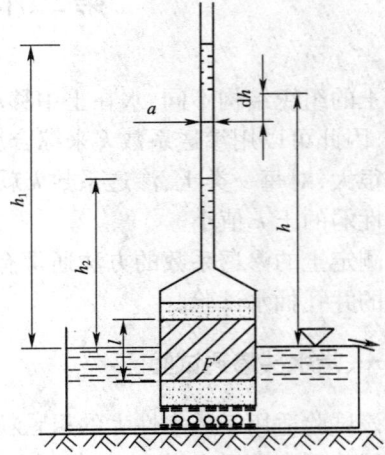

图 3-5 变水头渗透试验

### 三、现场抽水试验

由于取得原状土样会有扰动影响,或者当土样不能反映天然土层的层次或土颗粒排列情况时,那么,从现场试验得到的渗透系数会比室内试验更能反映水在土体中的渗流的实际情况。

在试验现场沉入一根抽水井管,如图 3-6 所示。若井管下端进入不透水层,在时间 $t$ 内从抽水井内抽出的水量为 $Q$,同时在距抽水井中心半径为 $r_1$ 及 $r_2$ 处布置观测孔,测得其水头分别为 $h_1$ 及 $h_2$。

假定土中任一半径处水头梯度为常数,即 $i = \frac{dh}{dr}$,则从公式(3-6)得:

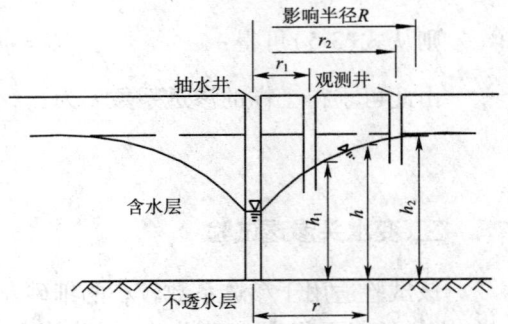

图 3-6 现场抽水试验

$$q = \frac{Q}{t} = kiF = k\frac{dh}{dr}(2\pi rh)$$

$$\frac{dr}{r} = \frac{2\pi k}{q}h\,dh$$

积分后得:

$$\ln\frac{r_2}{r_1} = \frac{\pi k}{q}(h_2^2 - h_1^2)$$

求得渗透系数为:

$$k = \frac{q\ln(r_2/r_1)}{\pi(h_2^2 - h_1^2)} \tag{3-10}$$

图 3-6 可知,距抽水井距离越远,抽水对其地下水位的影响越小。从抽水井到地下水位不受影响位置的距离 $R$ 叫影响半径。通常强透水土层(如乱石、砾石层等)的影响半径值很大,

46

在 200～500m 以上,而中等透水土层(如中、细砂等)的影响半径较小,在 100～200m 之间。

在测定土的渗透系数时,必须注意影响试验结果的一系列因素。例如,室内试验中试样的饱和度 $S_r$ 对试验结果会有显著的影响。若试样中有较多的封闭气泡(土样饱和度低),将会使测得的渗透系数偏低,因此试验前应采用抽气饱和方法,以提高试样的饱和度,此外试样周边与容器壁交界处应紧密结合,以免沿缝隙产生集中渗流。另外,水的温度会影响水的黏滞性,从而影响水在土中渗流的速度,因此测定的渗透系数需要进行温度校正。

对于几乎不透水的黏性土,常常利用压缩试验的结果间接地求出渗透系数。这是因为从黏性土中挤出水的固结现象与黏性土中水流的难易程度有关。

【例题 3-1】 如图 3-7 所示,在现场进行抽水试验测定砂土的渗透系数。抽水井穿过 10m 厚砂土层进入不透水层,在距井管中心 15m 及 60m 处设置观测孔。已知抽水前静止地下水位在地面下 2.35m 处,抽水后待渗流稳定时,从抽水井测得流量 $q = 5.47 \times 10^{-3} \text{m}^3/\text{s}$,同时从两个观测井得到水位分别下降了 1.93m 及 0.52m,求砂土层的渗透系数。

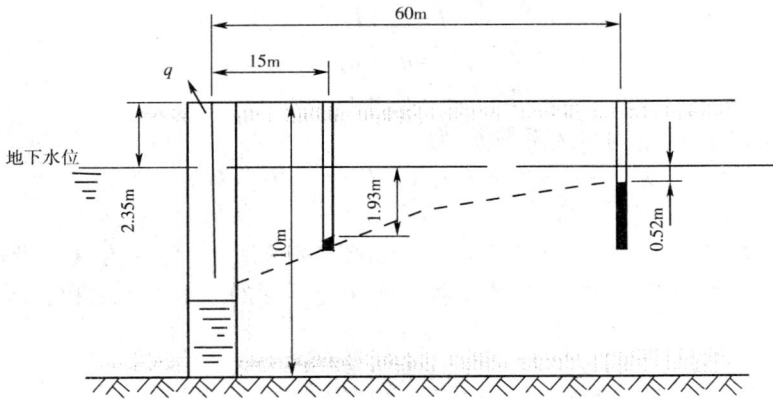

图 3-7　例题 3-1 图

【解】 两个观测井的水位分别为:

在 $r_1 = 15\text{m}$ 处:

$$h = 10 - 2.35 - 1.93 = 5.72 \text{(m)}$$

在 $r_2 = 60\text{m}$ 处:

$$h = 10 - 2.35 - 0.52 = 7.13 \text{(m)}$$

由式(3-10)求得渗透系数:

$$k = \frac{q}{\pi} \cdot \frac{\ln\left(\dfrac{r_2}{r_1}\right)}{(h_2^2 - h_1^2)} = \frac{5.47 \times 10^{-3}}{\pi} \times \frac{\ln\left(\dfrac{60}{15}\right)}{(7.13^2 - 5.72^2)} = 1.33 \times 10^{-4} \text{(m/s)}$$

# 第四节　成层土的渗透系数

黏性土沉积有水平分层时,对土层的渗透系数有很大的影响。若已知每层土的渗透系数,则成层土的渗透系数可用下述方法计算。图 3-8 表示由两层组成,各层土的渗透系数为 $k_1$、$k_2$,厚度为 $h_1$、$h_2$。

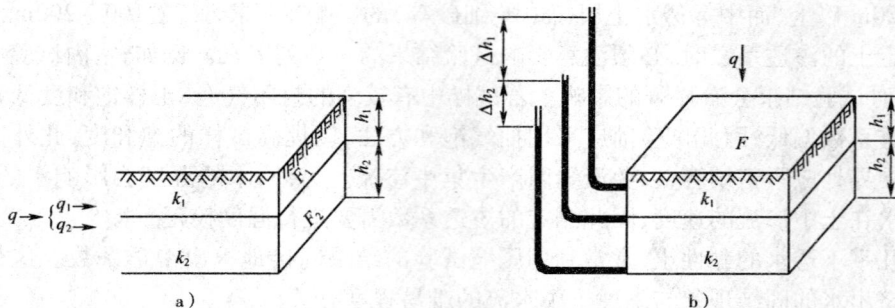

图 3-8 成层土的渗透
a）考虑水平渗流时；b）考虑竖直向渗流时

考虑水平渗流时（水流方向与土层平行），如图 3-8a）所示。因为各土层的水头梯度相同，总的流量等于各土层流量之和，总的面积等于各土层面积之和，即：

$$l = l_1 = l_2$$
$$q = q_1 + q_2$$
$$F = F_1 + F_2$$

因此，土层水平向的平均渗透系数 $k_h$ 为：

$$k_h = \frac{q}{Fi} = \frac{q_1 + q_2}{Fi} = \frac{k_1 F_1 i_1 + k_2 F_2 i_2}{Fi} = \frac{k_1 h_1 + k_2 h_2}{h_1 + h_2} = \frac{\sum k_i h_i}{\sum h_i} \qquad (3\text{-}11)$$

考虑竖直向渗流时（水流方向与层垂直），如图 3-8b）所示，总的流量等于每一土层的流量，总的面积与每层的面积相同，总的水头损失等于每一层的水头损失之和。即：

$$q = q_1 = q_2$$
$$F = F_1 = F_2$$
$$\Delta h = \Delta h_1 + \Delta h_2$$

由此得土层竖向的平均渗透系数 $k_v$ 为：

$$k_v = \frac{q}{Fi} = \frac{q}{F} \cdot \frac{h_1 + h_2}{\Delta h} = \frac{q}{F} \cdot \frac{h_1 + h_2}{(\Delta h_1 + \Delta h_2)}$$
$$= \frac{q}{F} \frac{h_1 + h_2}{\left(\dfrac{q_1 h_1}{F_1 k_1}\right) + \left(\dfrac{q_2 h_2}{F_2 k_2}\right)} = \frac{h_1 + h_2}{\dfrac{h_1}{k_1} + \dfrac{h_2}{k_2}} = \frac{\sum h_i}{\sum \dfrac{h_i}{k_i}} \qquad (3\text{-}12)$$

综上所述，渗透系数不仅可以用来判断土的渗透性，还可以作为选择坝体填筑土料的依据，而且可用于计算坝身、坝基及渠道的渗水量，分析堤坝和基坑边坡的渗透稳定性及黏土地基的沉降历时等。因此，正确测定和应用这一力学性质指标具有非常重要的意义。

# 第五节　影响土的渗透性的因素

土的渗透系数与土和水两方面的多种因素有关，影响土的渗透性的因素主要有以下几种：

## 一、土的粒度成分及矿物成分

土的颗粒大小、形状及级配，影响土中孔隙大小及形状，从而影响土的渗透性。土颗粒越粗、越浑圆、越均匀时，渗透性就越大。砂土中有较多粉土及黏土颗粒时，其渗透性就大大降低。

土的矿物成分对于卵石、砂土和粉土的渗透性影响不大，但对于黏土的渗透性影响较大。黏性土中有亲水性较大的黏土矿物（如蒙脱石）或有机质时，由于它们具有很大的膨胀性，就大大降低土的渗透性。有大量有机质的淤泥几乎不透水。

### 二、结合水膜的厚度

黏性土中若土中的结合水膜厚度较大时，会减小土的孔隙，降低土的渗透性。如钠黏土，由于钠离子的存在，使土粒的扩散层厚度增加，所以透水性很低。又如在粒土中加入高价离子的电解质（如 Al、Fe 等），会使土粒扩散层厚度减薄，粒土颗粒会凝聚成粒团，土的孔隙因而增大，这也将使土的渗透性增大。

### 三、土的结构构造

天然土层通常不是各向同性的，在渗透性方面往往也是如此。例如，黄土具有竖直方向的大孔隙，所以竖直方向的渗透系数要比水平方向大得多。层状黏土常有薄的粉砂层，它的水平方向的渗透系数要比竖直方向大得多。

### 四、水的黏滞度

水在土中的渗流速度与水的密度及黏滞度有关。水的密度一般随温度变化很小，可忽略不计，但水的动力黏滞系数 $\eta$ 随温度变化而变化。故室内渗透试验时，同一种土在不同温度下会得到不同的渗透系数。在天然土层中，除了靠近地表的土层外，一般土中的温度变化很小，可忽略温度的影响；但是室内试验的温度变化较大，应考虑它对渗透系数的影响。目前常以水温为 10℃时的 $k_{10}$ 作为标准值，在其他温度测定的渗透系数 $k_t$ 可按式（3-13）进行修正：

$$k_{10} = k_t \frac{\eta_t}{\eta_{10}} \tag{3-13}$$

式中：$\eta_t$、$\eta_{10}$——$t$℃时及 10℃时水的动力黏滞系数 $N \cdot s/m^2$，其比值与温度的关系参见表 3-2。

$\eta_t / \eta_{10}$ 与温度的关系

表 3-2

| 温度（℃） | $\eta_t/\eta_{10}$ | 温度（℃） | $\eta_t/\eta_{10}$ | 温度（℃） | $\eta_t/\eta_{10}$ |
|---|---|---|---|---|---|
| −10 | 1.988 | 10 | 1.000 | 22 | 0.735 |
| −5 | 1.636 | 12 | 0.945 | 24 | 0.707 |
| 0 | 1.369 | 14 | 0.895 | 26 | 0.671 |
| 5 | 1.161 | 16 | 0.850 | 28 | 0.645 |
| 6 | 1.121 | 18 | 0.810 | 30 | 0.612 |
| 8 | 1.060 | 20 | 0.773 | 40 | 0.502 |

### 五、土中气体

当土孔隙中存在密闭气泡时，会阻止水的渗流，从而降低土的渗透性。这种密闭气泡有时是由溶解于水中的气体分离出来而形成的，故室内渗透试验有时规定要用不含溶解空气的蒸馏水。

# 第六节　渗透作用对土的影响

## 一、渗透力

水在土体中渗流,受到土骨架的阻力,同时水也对土骨架施加推力,单位体积内土骨架所受到的水推力称为渗透力(或称动水压力)。

图 3-9 为渗水地基中的一个水平土柱,假定水从土柱断面 1－1 流至断面 2－2 的水头损失为 $h_f$,作用在两个断面上的总水压力差为 $F_s$:

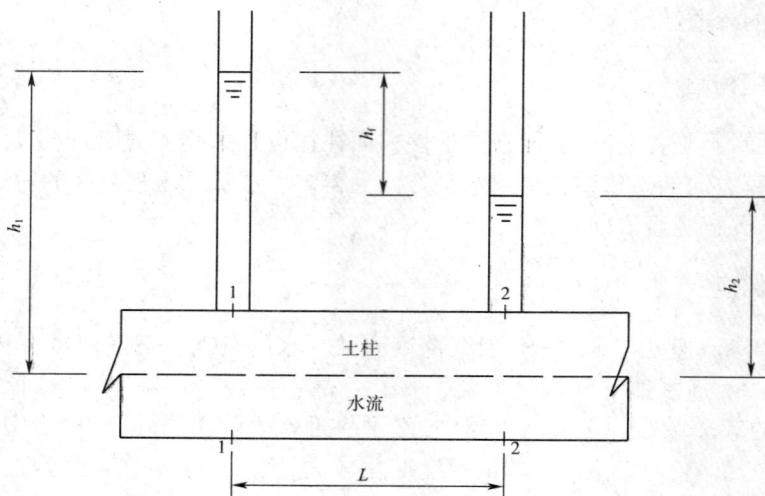

图 3-9　渗透力计算模型

$$F_s = \gamma_w h_1 A - \gamma_w h_2 A = \gamma_w h_f A \tag{3-14}$$

式中:$h_1$、$h_2$——断面 1－1 和断面 2－2 中心处测压管水头高度;

　　　　$A$——土柱过水断面面积。

水从断面 1－1 流至断面 2－2 因克服土骨架阻力所损失的总水头压力即 $F_s$。

由于渗流速度一般很小,流动水体的惯性力可以忽略不计,根据力的平衡条件,渗流作用于土柱的总渗透力 $J$ 应和土柱中土骨架对水流的阻力大小相等、方向相反。即

$$J = \gamma_w h_f A$$

作用在单位体积土柱上的渗透力(简称渗透力)应为

$$G_D = \frac{J}{AL} = \frac{\gamma_w h_f A}{AL} = \gamma_w \frac{h_f}{L} = \gamma_\omega i \, (kN/m^3) \tag{3-15}$$

$G_D$ 称为渗透力,等于水的重力密度(重度)和水力坡降的乘积。因为 $i$ 是无量纲数,所以渗透力的量纲与重力密度(重度)相同,是一种体积力,单位为 $kN/m^3$,其大小与水力坡降成正比,方向与渗流方向一致,该力对土体稳定性有重要影响,也是造成常见渗透破坏的直接原因。

## 二、流砂、管涌现象

土因水渗流而发生的破坏称为土的渗透破坏,其主要表现形式有流砂与管涌。工程中所

发生的渗透破坏往往会造成严重的甚至是灾难性的后果。由于渗透力的方向与水流方向一致，因此当水的渗流自上而下时（如图3-10a)中容器内的土样，或图3-11中河滩路堤基底土层中的 $d$ 点)，渗透力方向与土体重力方向一致，这样将增加土颗粒间的压力；若水的渗流方向自下而上时（如图3-10b)中容器内的土样，或图3-11中的 $e$ 点)，渗透力的方向与土体重力方向相反，这样将减小土颗粒间的压力。

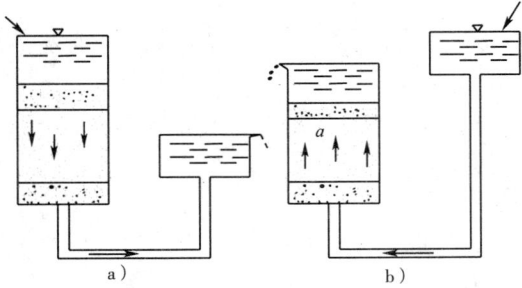

图3-10　不同方向渗透力对土样的影响

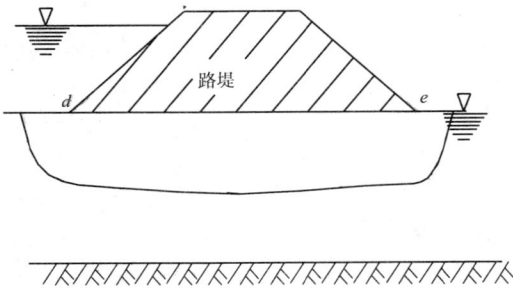

图3-11　坝体发生管涌的现象

若水的渗流方向自下而上，在土体表面（如图3-10b)的 $a$ 点或图3-11路堤下的 $e$ 点)取一单位体积土体进行分析。已知土在水下的浮重度为 $\gamma'$，当向上的渗透力 $G_D$ 与土的浮重度相等时，即

$$G_D = \gamma_w i = \gamma' = \gamma_{sat} - \gamma_w \tag{3-16}$$

式中：$\gamma_{sat}$——土的饱和重度；

$\gamma_w$——水的重度。

这时土颗粒之间的压力就等到于零，土颗粒将处于悬浮状态而失去稳定，这种现象就称为流砂现象。这时的水头梯度称为临界水头梯度 $i_{cr}$，可由公式(3-16)得到：

$$i_{cr} = \frac{\gamma'}{\gamma_w} = \frac{\gamma_{sat} - \gamma_w}{\gamma_w} \tag{3-17}$$

水在土中渗流时，土中的一些细小颗粒在渗透力作用下，可能通过粗颗粒的孔隙被水流带走，这种现象称为管涌。管涌可以发生于局部范围，但也可以逐步扩大，随着土的孔隙不断扩大，渗流速度也会不断增加，较粗的颗粒也相继被水流逐渐带走最终导致土体内形成贯通的渗流管道。最后导致土体失稳破坏。发生管涌时的临界水头梯度与土的颗粒大小及其级配情况有关。一般而言土的不均匀系数 $C_u$ 越大，管涌现象越容易发生。

流砂现象发生在土体表面渗流逸出处，不发生于土体内部，而管涌现象可以发生在渗流逸出处，也可能发生于土体内部。流砂现象主要发生在细砂，粉砂及轻亚黏土等土层中，而在粗颗粒土及黏土中则不易发生。

下面通过例题来具体说明。

【例题3-2】　在图3-12所示的砂土地基中打入板桩。为了避免流砂现象，试求上游侧的水深 $H$ 和板桩的入土深度 $D$ 之间的关系。设砂土地基的孔隙比为 $e$，砂

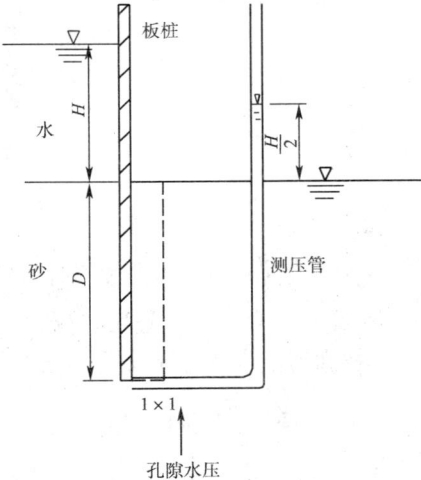

图3-12　例题3-2图

51

的比重为 $d_s$。

**【解】** 因为板桩底部处水力坡度 $i$ 最大，所以是最危险的地方。在此，考虑板桩底前面单位面积上力的平衡。

$$\underbrace{\frac{d_s+e}{1+e}\gamma_w D}_{=\gamma_{sat}} - \underbrace{\left(D+\frac{H}{2}\right)\gamma_w}_{=压力水头}$$

（总重力）　　（孔隙水压）

$$=\left(\frac{d_s+e}{1+e}-1\right)\gamma_w D-\frac{H}{2}\gamma_w$$

$$=\underbrace{\frac{d_s-1}{1+e}\gamma_w D}_{=\gamma'}-\underbrace{\frac{H}{2D}\gamma_w}_{I}\underbrace{D\times1\times1}_{体积}$$

$$=（有效重力）-（渗透力）\begin{cases}>0 & 安全\\ \leq0 & 危险（发生流砂）\end{cases}$$

由此可知，不论是考虑总重量与孔隙水压的平衡，还是考虑有效重量与渗透力的平衡，都可以得到相同的结果。另外，取水力坡度 $i=H/(2D)$ 的理由可以这样理解，水流沿着板桩从左向右渗流，渗流路径是 $2D$，水头损失只有 $H$，而水力坡度等于渗流路径去除水头损失。如果取 $d_s=2.65$，$e=0.65$，可得出，$D>H/2$ 时，安全；而 $D\leq H/2$ 时，危险（会产生流砂）。也就是说，板桩的入土深度 $D$ 至少不能少于上游水位深度 $H$ 的一半。

在实际问题中，当河滩路堤两侧水位差较大时，为防止管涌现象发生，一般可在路基下游边坡的水下部分设置反滤层，可以防止路堤中的细小颗粒被渗透水流带走。

流砂现象的防治措施：

（1）减少或消除水头差，如采取基坑外的井点降水法降低地下水位；

（2）增长渗流路径如打板桩；

（3）在向上渗流出口处地表用透水材料覆盖压重以平衡渗流力；

（4）土层加固处理，如冻结法、注浆法等。

管涌现象防治措施：

（1）改变几何条件，在渗流溢出部位铺设反滤层是防止管涌破坏的有效措施。

（2）改变水力条件，降低水力梯度，如打板桩。

# 第七节　土的毛细性

通常土体都是多孔介质，土中的孔隙很复杂，形成了无数的毛细管，因为水的表面张力作用，水可以上升到某一高度，这种现象称为毛细管作用，也称为土的毛细现象，这种细微孔隙中的水被称为毛细水。下面介绍土的毛细现象。

## 一、土层中的毛细水带

土层中由于毛细现象所湿润的范围称为毛细水带。根据毛细水带的形成条件和分布状况，可以分为三种，即正常毛细水带、毛细网状水带和毛细悬挂水带，如图 3-13 所示。

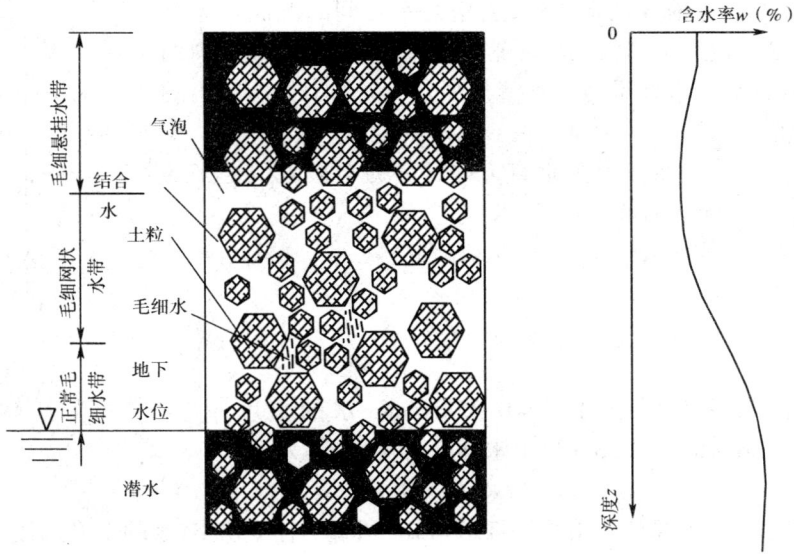

图 3-13　土层中的毛细水带

**1. 正常毛细水带(又称毛细饱和带)**

它位于毛细水带的下部,由地下潜水面直接上升而形成的,毛细水几乎充满了全部孔隙。正常毛细水带随着地下水位的升降而作相应的移动。

**2. 毛细网状水带**

它位于毛细水带中部。当地下水位急剧下降时,它也随之急速下降,这时在较细的毛细孔隙中有一部分毛细水来不及移动,仍残留在孔隙中,而在较粗的孔隙中因毛细水下降,孔隙中留下空气泡,这样使毛细水呈网状分布。毛细状水带中的水,可以在表面张力的作用下移动。

**3. 毛细悬挂水带**

它位于毛细带的上部,这一带的毛细水是由地表水渗入而成的,水悬挂在土颗粒之间,它不与中部或下部的毛细水相连。当地表有大气降水补给时,毛细悬挂水在重力作用下向下移动。

上述三个毛细水带是否同时存在,取决于当地的水文地质条件。如果地下水位很高,可能就只有正常毛细水带,而没有毛细悬挂水带和毛细网状水带;反之,当地下水位较低时,则可能同时出现三个毛细水带。

在毛细水带内,土的含水率是随着深度而变化的,自地下水位向上含水率逐渐减小,但到毛细悬挂水带后,含水率可能有所增加。

**二、毛细管作用**

我们知道,水与空气的分界面上存在表面张力,而液体总是力图缩小自身的表面积,以使表面自由能变得最小,这也就是一滴水珠总是成为球状的原因。另一方面,毛细水管壁的分子和水分子之间存在引力作用,这个引力会使与管壁接触部分的水面呈向上的弯曲状,这种现象一般称为湿润现象。当毛细管的直径较小时,毛细管内水面的弯曲面互相连接,形成内凹的弯液面,如图 3-14 所示。这种内凹的弯液面表明管壁与水分子之间的引力很大,会促使管内的水柱升高,从而改变弯液面的形状时,管壁与水之间的湿润现象又会使水柱面恢复为内凹的弯液面状。这样周而复始,使毛细管内的水柱上升,直到升高的水柱重力和管壁与水分子间的引力所产生的上举力平衡为止。

如图 3-14 所示,表面张力 $T$ 垂直方向的分力与被吸引上来的水的重力平衡,列平衡方程得

$$T\cos\alpha(2\pi r) = \gamma_w h_c(\pi r^2)$$

所以

$$h_c = \frac{2T\cos\alpha}{\gamma_w r} \tag{3-18}$$

在 25℃ 时,水的表面张力 $T \approx 0.75 kN/m^3$,水的重度 $\gamma_w \approx$ 10kN/m³,如果取 $\alpha \approx 0$,由式(3-18)得水面上升高度 $h_c$ 为

$$h_c = 0.15/r \tag{3-19}$$

图 3-14　圆管内的毛细水上升

式中,$h_c$ 和 $r$ 都以 cm 为单位。由式(3-19)可知,圆管半径 $r$ 越小,水的上升高度 $h_c$ 越大,两者是反比例关系。实际上土中的孔隙并不是圆管,如果用与圆管半径 $r$ 等价的孔隙比 $e$ 和有效粒径 $d_{10}$(cm)的积来表示,可得

$$h_c = c/(ed_{10}) \tag{3-20}$$

式中,$c$ 是由土颗粒的粒径和表面粗糙程度等因素决定的系数,$c$ 在 $0.1 \sim 0.5 cm^2$ 的范围内变化。根据式(3-20)可以推出土中毛细管上升高度 $h_c$ 的大致值。如果假设黏土地基的 $d_{10} \approx 1\mu m = 10^{-4} cm$、$e \approx 1$ 时,可得 $h_c = 10 cm$。

在黏土颗粒周围吸附着一层结合水膜,这一水膜将影响毛细水弯液面的形成。此外,结合水膜将减小土中孔隙的有效直径,使得毛细水在上升时受到很大阻力,上升速度很慢,上升的高度也受到影响。当土粒间的孔隙被结合水完全充满时,毛细水的上升也就停止了。图 3-15 给出了用人工制备的石英砂在试验室测定的毛细水上升高度、上升速度与土颗粒大小之间的关系。从图中可以看到,在粗颗粒土中,开始时毛细水上升速度很快,以后逐渐缓慢,而且较粗颗粒的曲线为较细颗粒的曲线所穿过,这说明细颗粒毛细水

图 3-15　不同粒径的土中毛细水上升速度关系曲线

上升高度较大,但上升速度较慢。毛细水的上升是引起路基冻害的因素之一,对于房屋建筑而言,会引起地下水室过分潮湿,另外还可能引起土的沼泽化和盐渍化。

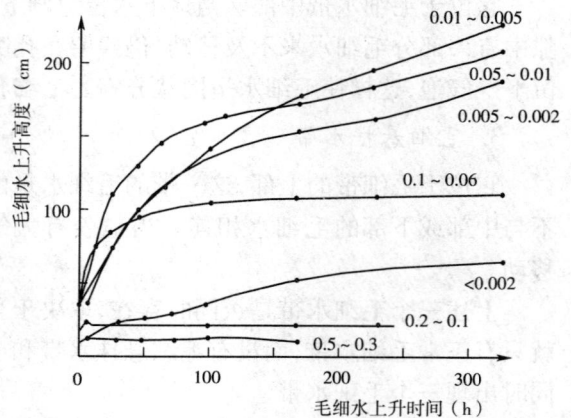

### 三、毛细压力

干燥的砂土是松散的,颗粒间没有黏结力,水下的饱和砂土也是这样。但当湿砂有一定含水率时,却表现出颗粒间有一些黏结力,如湿砂可捏成团。在湿砂中有时可挖成直立的坑壁,短期内不会坍塌。这说明湿砂的土粒间有一些黏结力是由于土粒间接触面上一些水的毛细压

力所形成的。

毛细压力可以用图 3-16 来说明。图中两个土粒（假想是球体）的接触面间有一些毛细水，由于土粒表面的湿润作用，使毛细水形成弯液面。在水和空气的分界面上产生的表面张力是沿着弯液面切线方向作用的，它促使两个土粒互相靠拢，在土粒的接触面上产生压力，这个压力 $p_k$ 称为毛细压力。由毛细压力所产生的土粒间的黏结力称为假内聚力。当砂土完全干燥时，或砂土浸没在水中，孔隙中完全充满水，颗粒间没有孔隙水或孔隙水不存在弯液面，这时毛细压力也就消失了。

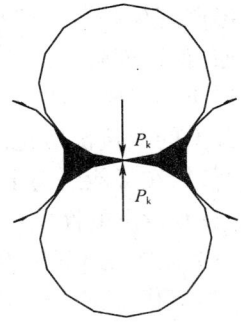

图 3-16　毛细压力示意图

## 四、土的冻结

在寒冷地区因大气负温影响会使土中水冻结从而成为冻土。冻土根据其冻融情况分为季节性冻土、隔年冻土和多年冻土。季节性冻土是指冬季冻结，夏季全部融化的冻土；若冬季冻结，一两年不融化的土层称为隔年冻土；凡冻结状态持续三年或三年以上的土层称为多年冻土。多年冻土地区的表土层，有时夏季融化，冬季冻结，所以也是属于季节性冻土。

我们知道，土中水分区分为结合水和自由水两大类。结合水根据其所受分子引力的大小分为强结合水和弱结合水，自由水又分为重力水与毛细水。重力水在 0℃ 时冻结，毛细水因受表面张力的作用其冰点稍低于 0℃；结合水的冰点则随着其受到的引力增加而降低，弱结合水的外层在 −0.5℃ 时冻结，越靠近土料表面其冰点越低，弱结合水要在 −30℃ ~ −20℃ 时才会全部冻结，而强结合水在 −78℃ 仍不冻结。

当大气温度降至负温时，土层中的温度也随之降低，土体孔隙中的自由水首先在 0℃ 时冻结成冰晶体。随着气温的继续下降，弱结合水的外层也开始冻结，使冰晶体渐渐扩大。这样使冰晶体周围土粒的结合水膜减薄，土粒就产生剩余的分子引力，另外，由于结合水膜的减薄，使得水膜中的离子浓度增加（因为结合水中的水分子结成冰晶体，使离子浓度相应增加），这样，就产生渗透压力（当两种水溶液的浓度不同时，会在它们之间产生一种压力差，使浓度较小的溶液中的水向浓度较大的溶液渗流）。在这两种引力作用下，附近末冻结区水膜较厚处的结合水，被吸引到冻结区的水膜较薄处。一旦水分被吸引到冻结区后，因为负温作用，水立即冻结，使冰晶体增大，但不平衡引力继续存在。若未冻结区存在着水源（如地下水距冻结区很近）及适当的水源补给通道（即毛细通道），就能够源源不断地补充被吸收的结合水，那么未冻结的水分就会不断地向冻结区迁移积聚，使冰晶体扩大，在土层中形成冰夹层，土体积发生隆胀，即冻胀现象。这种冰晶体的不断增大，一直要到水源的补给断绝后才停止。

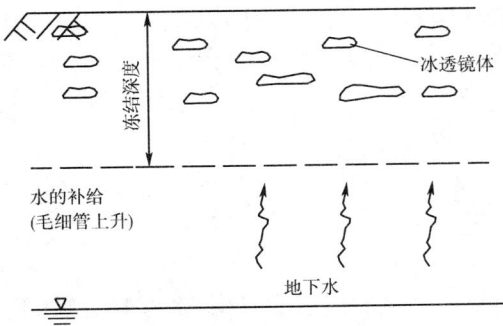

如上所述，正是由于水的不断补给，冻结的深度、范围不断增大，才会引发各种问题。冻结时的情况，如图 3-17 所示，土中会形成冰的透镜体。

图 3-17　土体的冻结机理

冻胀现象是由冻结及融化两种作用所引起。某些细粒土层在冻结时,往往会发生土层体积膨胀,使地面隆起成丘,即所谓冻胀现象。

冻土的冻胀会使路基隆起,使柔性路面鼓包、开裂,使刚性路面错缝或折断;冻胀还会使修建在其上的建筑物抬起,引起建筑物开裂、倾斜,甚至倒塌。

所以,在可能引起土的冻结的寒冷地区,有必要对路基等采取防冻措施。容易引起冻结的地基,具有以下的性质:

(1)土的毛细管作用显著,并且透水性很强。

(2)可供毛细管作用的下层水源充分。

(3)0℃以下温度持续时间长。

砂土及砾土透水性大,可使毛细管上升高度小,所以基本上不产生冻结。黏性土,毛细管上升高度大,可是透水性小,水分的补给不充分,所以也不会产生严重的冻结。与此相反,位于两者之间的粉土,毛细管上升高度大、透水性强,所以冻结的危险性很大。

对于冻结和冻害的防治,可以采取以下措施:

(1)把不良土层用冻害轻的土置换。例如,小粒径土的含量比粉土少的土是冻害小的材料。

(2)降低地下水位,切断水的补给。

(3)在路基材料中加入沥青材料,或者在路基下面铺设数十厘米的粗砂砾层,从而截断毛细管作用。

(4)为了减少冻结深度,在土中埋入隔热材料(例如发泡苯乙烯板)。

(5)用化学药品处理地表土。

(6)在建筑物基础下面铺设2~6层装有碎石的砂石袋。

思 考 题

1. 影响土渗透能力的主要因素有哪些?

2. 何为渗透模型? 为什么要引入这一概念?

3. 渗透理论定义的渗流流速通常指什么流速? 它与真实流速之间有什么关系?

4. 渗透系数的测定方法主要有哪些? 它们的适用条件是什么?

5. 达西定律的适用条件是什么? 如果在砾石中渗流,水力坡降较大时,达西定律是否仍适用?

6. 无黏性土的孔隙比一般比黏性土小,为什么无黏性土的渗透系数比黏性土大很多?

7. 什么是渗透力? 渗透力的方向、大小取决于哪些因素?

8. 何为渗透力、临界水头梯度?

9. 渗透变形(流土、管涌)的发生机理和条件是什么?

10. 毛细水上升的原因是什么?

11. 土的冻结的机理及其影响是什么?

习 题

1. 将某黏土试样置于渗透仪中进行变水头渗透试验,当试验经过的时间 $\Delta t$ 为 1h,测压管的水头高度从 $h_1 = 310.8$cm 降至 $h_2 = 305.6$cm。已知试样的横断面积 $F$ 为 32.2cm$^2$,高度 $l$ 为 3.0cm,变水头测压管的横断面积为 1.1cm$^2$,求此土样的渗透系数 $k$ 值。

2. 现场井孔抽水试验,水平砂层厚度 14.4m,下面是不透水的黏土层,原地下水位距地表 2.2m。设置一个抽水井(井底达到黏土层表面)和两个观测井,观测井分别距抽水井 18m 和 64m,在稳定渗流状态下,抽水流量 328L/s,两个观测井的水位降落分别为 1.92m 和 1.16m,计算砂层的渗透系数。

3. 在图 3-18 所示容器中的土样,受到水的渗流作用,已知土样高度 $l = 0.4$m,土样横截面面积 $F = 25$cm$^2$,土样的土粒密度等于 2.6g/cm$^3$,孔隙比 $e = 0.800$。

(1)若水头差 $h = 0.6$m,计算作用在土样上的渗透力大小及方向;

(2)若土样发生流砂现象,其水头差 $h$ 应是多少?

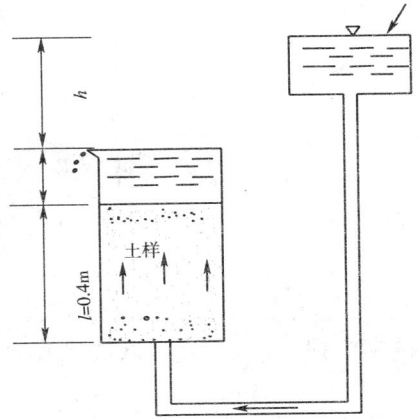

图 3-18 习题 3 图

# 第四章 地基土中的应力计算

**教学内容**：土中应力的概念及其分类，土体自重应力的计算，土中附加应力的计算，有效应力原理。

**教学要求**：掌握土中自重应力和附加应力以及有效应力原理的概念；能够熟练计算土中自重应力和附加应力。

**教学重点**：土中自重应力和附加应力的计算，饱和土的有效应力原理。

在自身重力、上部荷载或其他因素（如交通荷载、地下水渗流、地震等）的作用下，土体内部会产生应力和应变。因为土是三相物质组成的松散体，总应力则分别由土颗粒和水及气体承担，其中土颗粒承担的应力称为有效应力，而水及气体承担的部分称为孔隙应力。

本章将分别介绍土中应力计算的假设条件、土中自重应力和附加应力的计算方法，以及有效应力原理等内容。

## 第一节 概　　述

建筑物大多数是建造在土层上的，建筑物的荷载通过基础传递到基础底面以下的土体中，从而在土体中引起应力和变形。土体中的应力会引起土体的变形，使上部建筑发生沉降、倾斜、水平位移等。为了保证建筑物的安全和正常使用，我们必须研究在各种荷载作用下，土体内部的应力分布规律及其可能产生的变形量。土中应力计算的目的，一方面用于计算土体的沉降，另一方面用于验算土体的稳定。本章将介绍土中应力的计算及其分布规律。

### 一、基本假设

土体实际应力的大小与分布情况，主要取决于作为土的应力应变关系、土体所受荷载的特性以及土体受力的范围。确定土的应力应变关系是计算土中应力的关键。由于土体具有分散性、多相性等特征，使得土体真实的应力应变关系非常复杂。因此必须对土体特征进行必要的简化。

（1）连续性假设：在研究宏观土体受力时（如地基沉降和承载力问题），土体的尺寸远大于二粒的尺寸，因此可以把土粒和土中孔隙考虑成一个整体，即将土体简化成连续体，从而可以应用连续体力学（如弹性力学）来研究土中应力的分布。

（2）线弹性假设：理想弹性体的应力应变关系呈线性正比关系，而土体是弹塑性材料，具有明显的非线性特征,其应力应变关系是非线性的和弹塑性的。当应力很小时,土体的应力应变关系曲线就不是一条直线。考虑到一般建筑物荷载作用下地基中应力的变化范围(应力增量 $\Delta\sigma$)还不是很大,可以用割线来代替曲线(图 4-1),从而视土体为线弹性体,以简化计算。

(3)各向同性假设:天然土体是长期累积而成的,因此往往是由成层土所组成的非均质的各向异性体。但是,当土层性质变化不大的时,将土体看成是均质各向同性的假设所引起的竖向应力分布的误差,通常也在允许范围之内。

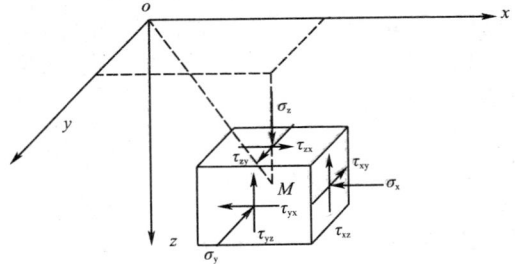

## 二、土中一点的应力状态

土体在自重和外部荷载作用下,其中每一点都承受着一定的应力。土中一点在各个方向上应力的数值,就称为土中一点的应力状态。当土体在外力作用下处于静力平衡状态时,土体中某点的应力状态,可以用一个正六面单元体上的应力来表示,如图 4-2 所示。作用在单元体上的 3 个法向应力分量为 $\sigma_x$、$\sigma_y$、$\sigma_z$,6 个剪应力分量的关系为 $\tau_{xy} = \tau_{yx}$、$\tau_{yz} = \tau_{zy}$、$\tau_{zx} = \tau_{xz}$。剪应力的脚标中,第一个字母表示剪应力作用面的法线方向,第二个表示剪应力的作用方向。如剪应力 $\tau_{zx}$ 表示:其作用面的法向应力为 $\sigma_z$,剪应力的作用方向为 $x$ 方向。

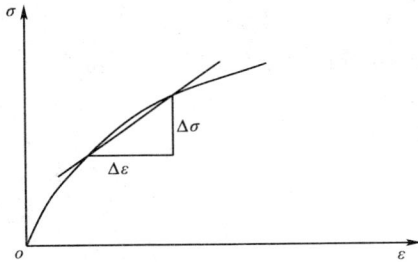

图 4-1　土的应力-应变关系曲线　　　　图 4-2　土中一点的应力状态

值得注意的是,在应用弹性理论计算土中应力时,应力符号的规定法则虽然与弹性力学相同,但是正负号与弹性力学或材料力学规定有所不同。土力学中,法向应力以压应力为正,拉应力为负。剪应力的正负号规定是:当剪应力作用面上的法向应力方向与坐标轴的正方向一致,则剪应力的方向与坐标轴正方向一致时为正,反之为负。如图 4-2 所示的剪应力 $\tau_{zx}$,其作用面上的法向应力 $\sigma_z$ 的方向与 $z$ 轴正方向一致,因此该剪应力的作用方向与 $x$ 轴正方向一致为正。

## 三、地基土中应力分类

土体中的应力按其起因可分为自重应力和附加应力两种。土体自身重力引起的应力称为自重应力。自重应力一般是自土形成之日起就在土中产生。由外部荷载的作用而在土中产生的应力增量称为附加应力。

土体中的应力按其作用原理或传递方式可分为有效应力和孔隙应力。有效应力是指土粒所传递的粒间应力,它是控制土的体积(或变形)和强度两者变化的土中应力。孔隙应力是指土中水和土中气所传递的应力。在计算土体或地基变形以及土的抗剪强度时,都必须应用土中某点的有效应力原理。有关土的有效应力原理及其应用将在本章第六节中介绍。

# 第二节　自重应力的计算

在计算土中自重应力时,假设天然地面是半空间(半无限体)表面的一个无限大的水平面,土体在自身重力作用下竖直切面都是对称面,因此在任意竖直面和水平面上均无剪应力存在,仅作用有竖向的自重应力 $\sigma_{cz}$ 和水平向的侧向应力 $\sigma_{cx} = \sigma_{cy}$。所以,在深度 $z$ 处的平面上,土体因自重产生的竖向应力,也就是自重应力,$\sigma_{cz} = \gamma z$,即单位面积上土柱体的重力。

## 一、均质地基土的自重应力

当地基土是均质土时(如图 4-3 所示),假设在天然地面以下任意深度 $z$ 处 $a - a$ 水平面上有一横截面为 $F$ 的土柱,土柱重为 $W$,则作用在土柱底面的竖向自重应力为:

$$\sigma_{cz} = \frac{W}{F} = \frac{\gamma F z}{F} = \gamma z \qquad (4-1)$$

式中:$\gamma$——土的天然重度,$kN/m^3$;

　　　$z$——计算点距地表的深度,m。

可见,自重应力 $\sigma_{cz}$ 沿水平面呈均匀分布,且随深度呈线性增加。

地基中除了有竖向的自重应力以外,在竖直面上还作用有水平向的侧向自重应力 $\sigma_{cx}$ 和 $\sigma_{cy}$,可按下式计算:

$$\sigma_{cx} = \sigma_{cy} = K_0 \sigma_{cz} = K_0 \gamma z \qquad (4-2)$$

式中:$K_0$——土的静止侧压力系数。

## 二、成层地基土的自重应力

地基土往往是成层的,因而各层具有不同的重度。如图 4-4 所示,根据上述自重应力的计算原理,在深度 $z$ 处土的自重应力也等于单位面积上土柱体中各层土重之和,计算公式为:

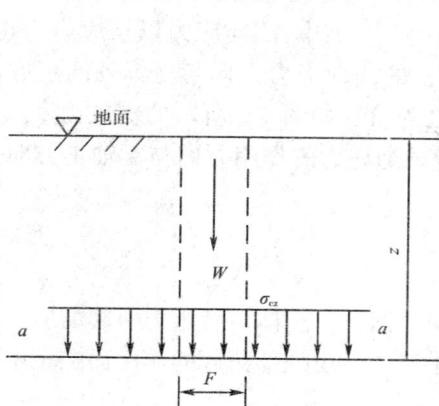

图 4-3　均质土的竖向自重应力

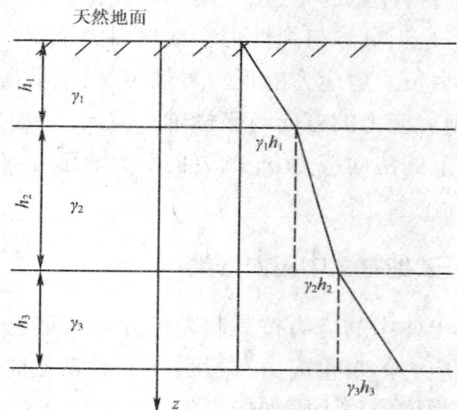

图 4-4　成层土的自重应力分布

$$\sigma_{cz} = \sum_{i=1}^{n} \gamma_i h_i \qquad (4-3)$$

式中:$n$——深度 $z$ 范围内的土层总数;

　　　$\gamma_i$——第 $i$ 层土的天然重度,$kN/m^3$;

$h_i$——第 $i$ 层土的厚度,m。

### 三、有地下水时的自重应力

计算地下水位以下土的自重应力时,应根据土的性质,确定是否考虑水对土体的浮力作用。

通常认为水下的砂性土应该考虑浮力作用,黏性土则要视黏性土的性质而定。一般说来:

(1)如果水下黏性土的液性指数 $I_L \geqslant 1$,认为土体受到水的浮力作用;

(2)如果 $I_L \leqslant 0$,认为土体不受水的浮力影响;

(3)如果 $0 < I_L < 1$,土体是否受到浮力影响不易确定,实际中一般按不利状态来考虑。

如果地下水位以下的土受到水的浮力作用,那么水下部分的土应按浮重度 $\gamma'$ 计算。因此,地下水位面也应该作为分层界面。计算方法如成层地基土的情况。

【例题 4-1】 某地基剖面图如图 4-5 所示,试求土的自重应力并绘出分布图。

【解】 $\sigma_{cz1} = \gamma_1 h_1 = 18.5 \times 2 = 37 (\text{kPa})$

$\sigma_{cz2} = \sigma_{cz1} + \gamma_2 h_2 = 37 + 18 \times 2 = 73 (\text{kPa})$

土中自重应力 $\sigma_{cz}$ 分布图 4-5 所示。

【例题 4-2】 计算图 4-6 所示水下地基土中的自重应力分布。

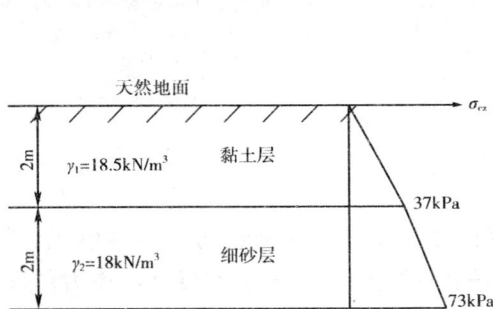

图 4-5 某地基剖面图

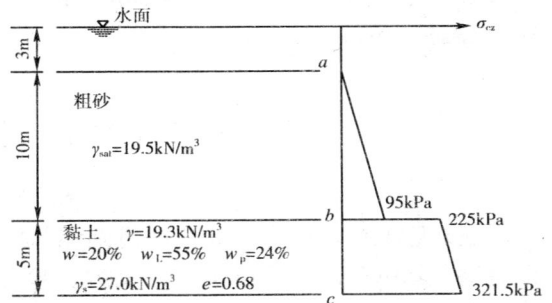

图 4-6 例题 4-2 图

【解】 水下的粗砂层受到水的浮力作用,计算其浮容重有:

$$\gamma' = \gamma_{sat} - \gamma_w = 19.5 - 10 = 9.5 (\text{kN/m}^3)$$

黏土层因为 $w < w_p$,$I_L < 0$,故认为土层不受水的浮力作用,而且,土层面上还受到上面的静水压力作用。土中各点的自重应力计算如下:

$a$ 点: $z = 0$,$\sigma_{cz} = 0$

$b$ 点: $z = 10\text{m}$,但该点位于粗砂层中,则 $\sigma_{cz} = \gamma' z = 9.5 \times 10 = 95 (\text{kPa})$

$b'$ 点: $z = 10\text{m}$,但该点位于黏土层中,则 $\sigma_{cz} = \gamma' z + \gamma_w h_w = 95 + 10 \times 13 = 225 (\text{kPa})$

$c$ 点: $z = 15\text{m}$,$\sigma_{cz} = 225 + 19.3 \times 5 = 321.5 (\text{kPa})$

【例题 4-3】 某工程地基剖面图如图 4-7 所示,分别计算地下水位位于地面以下 2m 及 4.5m 时的自重应力。

【解】 当地下水位位于地面以下 2m 时(见图 4-7),每层的自重应力计算如下:

$\sigma_{cz1} = \gamma_1 h_1 = 19 \times 2 = 38 (\text{kPa})$

$\sigma_{cz2} = \gamma_1 h_1 + \gamma'_2 h_2 = 38 + (19.4 - 10) \times 2.5 = 61.5 (\text{kPa})$

$\sigma_{cz3} = \gamma_1 h_1 + \gamma'_2 h_2 + \gamma'_3 h_3 = 61.98 + (17.4 - 10) \times 4.5 = 94.8 (\text{kPa})$

当地下水位位于地面以下 4.5m 时(见图 4-8),每层的自重应力计算如下:

$$\sigma_{cz1} = \gamma_1 h_1 = 19 \times 4.5 = 85.5 (kPa)$$

$$\sigma_{cz2} = \gamma_1 h_1 + \gamma'_2 h_2 = 85.5 + (17.4 - 10) \times 4.5 = 118.7 (kPa)$$

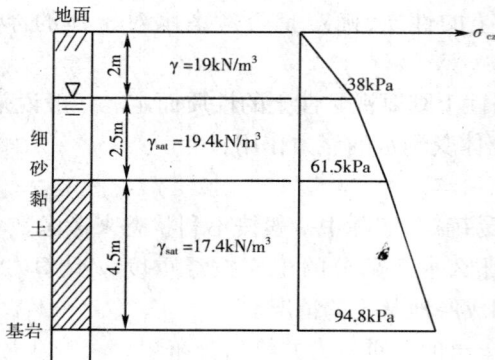

图 4-7　例题 4-3 中地下水位位于地面以下 2m 处的图示　　图 4-8　例 4-3 中地下水位位于地面以下 4.5m 处的图示

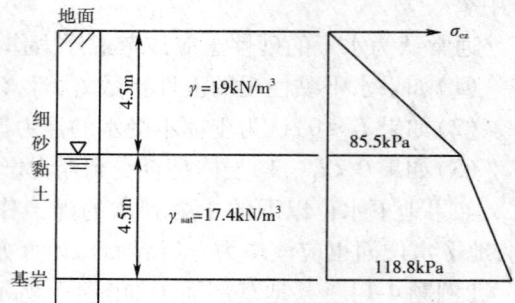

两者相比较可以看出,地下水位下降时,会引起有效自重应力的增加。

地下水位的升降,使地基土中自重应力也相应发生变化。当地下水位长期下降时,地基中有效自重应力增加,从而引起地面大面积沉降;当地下水位长期上升时,会引起地基承载力减少、湿陷性土的塌陷等现象。

# 第三节　基底压力计算

建筑物通过基础将上部荷载传到地基中,基础底面传递给地基表面的压力为基底压力。而地基支承基础的反力称为基底反力。基底反力与基底压力是一对作用力与反作用力。显然,基础底面的压力分布形式将对土中应力产生影响。

基础底面压力分布问题涉及基础与地基土两种不同物体间的接触压力,这是一个比较复杂的问题,影响它的因素很多,如基础的刚度、形状、尺寸、埋置深度,以及土的性质、荷载大小等。在本章中,着重讨论基础刚度等主要因素对基底压力分布的影响,暂且不考虑上部结构对基底压力的影响,同时也简化了基底压力的计算。

## 一、基底压力

为了便于分析,将各种基础按其与地基土的相对抗弯刚度($EI$)分成三类:理想柔性基础、理想刚性基础和有限刚性基础。

### 1. 柔性基础

若一个基础作用均布荷载,假设基础是由很多小块组成,如图 4-9a)所示,各小块之间光滑无摩擦力,则这种基础相当于理想柔性基础(即基础的抗弯刚度 $EI \rightarrow 0$),基础上面的荷载通过小块直接传递在土上,基础底面的压力分布图形将与基础上作用的荷载分布图形一致。这时基础底面沉降各处均不相同,中央大而边缘小,如土坝、土路堤等,刚度很小,几乎不能承受弯矩,相当于一种柔性基础。路堤自重引起的基底压力分布就与路堤断面形状相同,如图4-9b)所示。

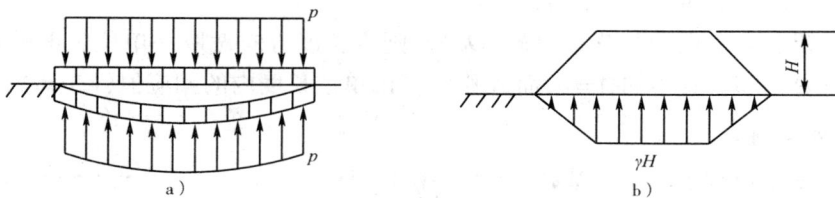

图 4-9　柔性基础下的压力分析
a)理想柔性基础;b)路堤下的压力分布

### 2. 刚性基础

桥梁墩台基础有时采用大块混凝土实体结构,它的刚度很大,可以看成是刚性基础(即 $EI \to \infty$)。在中心荷载作用下,基础不会出现挠曲变形,基底压力呈均匀分布。对地基而言,均匀分布的基底压力将产生不均匀沉降。为保证地基与基础的变形的协调,必然要重新调整基底压力的分布形式(如图 4-10a)),使基底压力呈马鞍形分布。当作用的荷载较大时,基础边缘由于应力很大,土将产生塑性变形,使基底压力中间增大,两边减小,重新分布呈抛物线形(如图 4-10b))。若荷载继续增大,则中间部分的基底压力会继续增大,两边的基底压力继续减小,从而整个基底压力的分布发展成为倒钟形,分布如图 4-10c)所示。

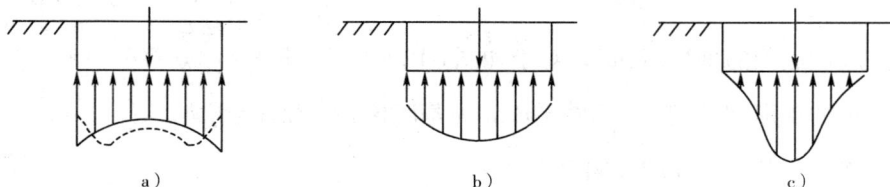

图 4-10　刚性基础下压力分布
a)马鞍形分布;b)抛物线形分布;c)钟形分布

### 3. 有限刚度的基础

由于理想柔性基础和刚性基础都只是假定的理想情况,地基也不是完全弹性体,所以有限刚度基础在实际工程中是最为常见的。有限刚度基础底面的压力分布,可按基础的实际刚度及土的性质,用弹性地基上梁和板的方法计算。这里不作介绍。

## 二、基底压力的简化计算

在一般地基沉降计算中,近似认为压力按直线规律变化。

### 1. 轴心荷载

轴心荷载下的基础,所受荷载的合力通过基底形心(如图 4-11),基底压力假定为均匀分布,基础底面的压力 $p$ 按下式确定:

$$p = \frac{N}{A} \qquad (4-4)$$

式中:$N$——作用在基础底面的竖向荷载,kN;

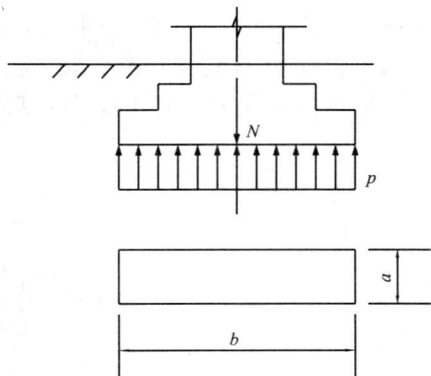

图 4-11　中心荷载下基底压力分布

$A$——基础底面面积，$m^2$。$A = ab$。

对于荷载沿长度方向均匀分布的条形基础，则沿长度方向截取一单位长度的基础进行平均压力 $p$ 的计算，此时，式中的 $A = b$，而 $N$ 则为基础单位长度内的相应值($kN/m$)。

### 2. 单向偏心荷载

对于单向偏心荷载下的矩形基础(如图4-12)，基底压力可按材料力学偏心受压公式简化计算。设计时，通常基底长边方向与偏心方向取得一致，两边缘的最大、最小压力为

$$\left.\begin{array}{c} p_{max} \\ p_{min} \end{array}\right\} = \frac{N}{A} \pm \frac{M}{W} = \frac{N}{A} \pm \frac{N \cdot e_0}{\rho A} = \frac{N}{A}\left(1 \pm \frac{e_0}{\rho}\right) \quad (4\text{-}5)$$

式中：$N$、$A$ 符号的意义同式(4-4)；

$M$——各外力对基础底面形心轴的力矩值，$kN \cdot m$。$M = \sum T_i h_i + \sum P_i e_i = N e_0$，式中 $T_i$ 为水平力，$h_i$ 为水平力到基底的距离，$P_i$ 为竖向力，$e_i$ 为竖向力作用点到基底形心轴的偏心距，$e_0$ 为合力偏心距；

$W$——基础底面的抵抗矩，$m^3$。对于如图4-12所示的矩形基础，$W = \frac{1}{6}ab^2 = \rho A$，$\rho$ 为基底核心半径，$\rho = \frac{1}{6}b$；

$N$——作用于基础底面的竖向合力，$kN$；

$e_0$——荷载偏心矩，$m$；

$b$——偏心方向上基础边的长度，$m$。

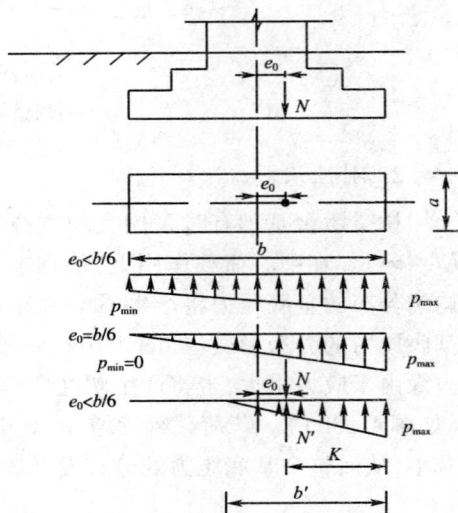

图 4-12 偏心荷载下基底压力分布

从式(4-5)可知，按荷载偏心矩大小，基底压力的分布可能出现下述三种情况(如图4-12)：

(1)当 $e_0 < \frac{b}{6}$ 时，$p_{min} > 0$，基底压力呈梯形分布；

(2)当 $e_0 = \frac{b}{6}$ 时，$p_{min} = 0$，基底压力呈三角形分布；

(3)当 $e_0 > \frac{b}{6}$ 时，$p_{min} < 0$，说明基底一侧产生了拉应力，整个基底部分受压部分受拉。如果持力层为土层(非岩石)，则认为基底与土之间不能承受拉应力，这时产生拉应力部分的基底与土脱开，不能传递荷载，基底压力将重新分布，假定全部荷载由受压部分承担，并且基底压力呈三角形分布。重分布后的基底最大拉应力可以根据平衡条件求得(如图4-12所示)：

$$K = \frac{1}{3}b' = \frac{1}{2}b - e_0$$

所以

$$b' = 3 \times \left(\frac{b}{2} - e_0\right)$$

$$N = N' = \frac{1}{2}ab'p_{max} = \frac{1}{2}a \times 3 \times \left(\frac{b}{2} - e_0\right) \cdot p_{max}$$

$$p_{max} = \frac{2N}{3a\left(\dfrac{b}{2} - e_0\right)} \quad (4\text{-}6)$$

## 3. 双向偏心荷载

曲线上的桥梁,除顺桥向引起的力矩 $M_x$ 以外,还有离心力(横桥向水平力)在横桥向产生的力矩 $M_y$。如果桥面上活载考虑横桥向分面的偏心作用,则偏心竖向力对基底两个方向中心轴均有偏心距(如图 4-13 所示),并且产生的偏心距 $M_x = Ne_x$,$M_y = Ne_y$,则

$$\begin{matrix} p_{max} \\ p_{min} \end{matrix} = \frac{N}{A} \pm \frac{M_x}{W_x} \pm \frac{M_y}{W_y} \tag{4-7}$$

式中:$M_x$、$M_y$ 分别是外力对基底顺桥向和横桥向中心轴的力矩;

$W_x$,$W_y$ 分别是基底对 $x$、$y$ 轴的截面模量。

**【例题 4-4】** 对于如图 4-14 所示的桥墩基础,已知基础底面尺寸 $b = 4\text{m}$,$a = 10\text{m}$,作用在基础底面中心的荷载 $N = 4000\text{kN}$,$M = 2800\text{kN} \cdot \text{m}$。试计算基础底面的压力。

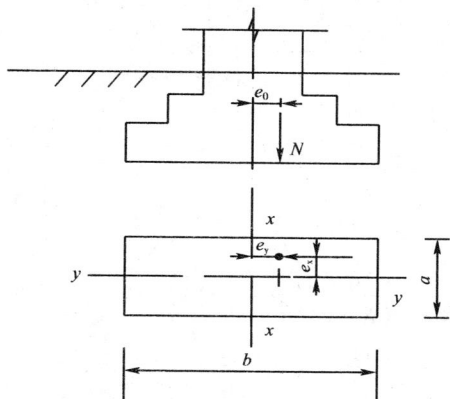

图 4-13　双向偏心竖向荷载

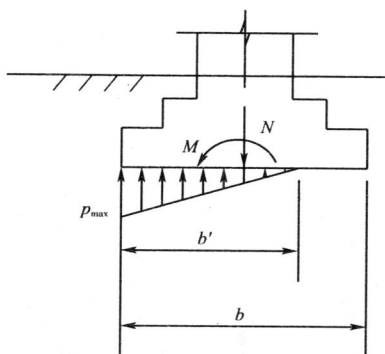

图 4-14　例题 4-4 图

**【解】** $\dfrac{b}{6} = \dfrac{4}{6} = 0.667(\text{m})$,$e_0 = \dfrac{M}{N} = \dfrac{2800}{4000} = 0.7(\text{m}) > \dfrac{b}{6}$

$$p_{max} = \frac{2N}{3a\left(\dfrac{b}{2} - e_0\right)} = \frac{2 \times 4000}{3 \times 10 \times \left(\dfrac{4}{2} - 0.7\right)} = 205(\text{kPa})$$

$$b' = 3\left(\frac{b}{2} - e_0\right) = 3 \times \left(\frac{4}{2} - 0.7\right) = 3.9(\text{m})$$

# 第四节　地基附加应力的计算

土中附加应力是由建筑物荷载引起的应力增量。计算地基附加应力时,假定土体是各向同性的、均质的线性变形体,而且在深度和水平方向都是无限延伸的,即把地基看成是均质各向同性的线性变形半无限空间体,从而可以直接应用弹性力学中关于弹性半空间的理论解答。

首先讨论在竖向集中力作用下地基附加应力的计算,然后根据此解答,通过积分或叠加原理得到各种分布荷载作用下土中附加应力的计算公式。当地基面上作用满布均匀荷载时,地基土中各处的附加应力等同于均布荷载的强度。

### 一、集中力下的地基附加应力

**1. 竖向集中力作用下的地基附加应力——布辛奈斯克解**

如图 4-15 所示,当半无限地基表面作用集中力为 $P$ 时,地基内中任意一点 $M(x,y,z)$ 将产生 6 个应力分量和三个位移分量。由法国数学家布辛奈斯克(J. Boussienesq)1885 年用弹性理论推导出解析解:

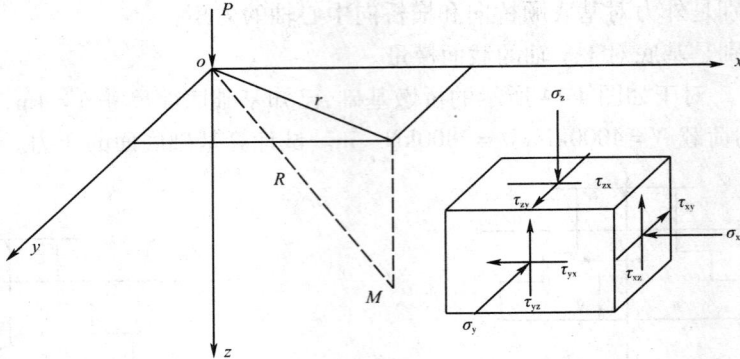

图 4-15    竖向集中力作用下地基中一点附加应力状态

$$\sigma_x = \frac{3P}{2\pi}\left\{\frac{x^3 z}{R^5} + \frac{1-2\mu}{3}\left[\frac{1}{R(R+z)} - \frac{(2R+z)x^2}{(R+z)^2 R^3} - \frac{z}{R^3}\right]\right\}$$

$$\sigma_y = \frac{3P}{2\pi}\left\{\frac{y^3 z}{R^5} + \frac{1-2\mu}{3}\left[\frac{1}{R(R+z)} - \frac{(2R+z)y^2}{(R+z)^2 R^3} - \frac{z}{R^3}\right]\right\}$$

$$\sigma_z = \frac{3P}{2\pi}\times\frac{z^3}{R^5}$$

$$\tau_{xy} = \tau_{yx} = \frac{3P}{2\pi}\left[\frac{xyz}{R^5} - \frac{1-2\mu}{3}\times\frac{(2R+z)xy}{(R+z)^2 R^3}\right]$$

$$\tau_{zy} = \tau_{yz} = \frac{3P}{2\pi}\times\frac{yz^2}{R^5} \qquad\qquad (4\text{-}8)$$

$$\tau_{zx} = \tau_{xz} = \frac{3P}{2\pi}\times\frac{xz^2}{R^5}$$

$$u = \frac{P(1+\mu)}{2\pi E}\left[\frac{xz}{R^3} - (1-2\mu)\frac{x}{R(R+z)}\right]$$

$$v = \frac{P(1+\mu)}{2\pi E}\left[\frac{yz}{R^3} - (1-2\mu)\frac{y}{R(R+z)}\right]$$

$$w = \frac{P(1+\mu)}{2\pi E}\left[\frac{z^2}{R^3} + 2(1-\mu)\frac{1}{R}\right]$$

式中:$\sigma_x$、$\sigma_y$、$\sigma_z$——$x$、$y$、$z$ 方向的法向应力;

$\qquad$ $\tau_{xy}$、$\tau_{yz}$、$\tau_{zx}$——剪应力;

$\qquad$ $u$、$v$、$w$——$M$ 点沿坐标轴 $x$、$y$、$z$ 方向的位移;

$\qquad$ $E$——弹性模量(或土的变形模量);

$\qquad$ $\mu$——泊松比;

$\qquad$ $R$——$M$ 点至坐标原点 $O$ 的距离。

66

在上述6个应力分量中,实际应用最多的是竖向法向应力 $\sigma_z$,它是引起地基压缩变形导致建筑物沉降的主要原因。为应用方便,将式(4-8)中 $\sigma_z$ 的表达式改写成如下形式:

$$\sigma_z = \frac{3P}{2\pi} \times \frac{z^3}{R^5} = \frac{3P}{2\pi z^2} \times \frac{1}{\left[1 + \left(\frac{r}{z}\right)^2\right]^{\frac{5}{2}}} = \alpha \frac{P}{z^2} \tag{4-9}$$

式中:$r$——$r = \sqrt{x^2 + y^2}$,如图4-13所示;

$\alpha$——集中力作用下地基竖向附加应力系数,简称集中应力系数,$\alpha = \dfrac{3}{2\pi\left[1 + \left(\dfrac{r}{z}\right)^2\right]^{\frac{5}{2}}}$,它

是 $\left(\dfrac{r}{z}\right)$ 的函数,可制成表格查用,见表4-1所示。

集中力作用下的应力系数 $\alpha$ 值　　　　　　　　　　　　　表4-1

| $r/z$ | $\alpha$ | $r/z$ | $\alpha$ | $r/z$ | $\alpha$ | $r/z$ | $\alpha$ | $r/z$ | $\alpha$ |
|---|---|---|---|---|---|---|---|---|---|
| 0.00 | 0.4775 | 0.50 | 0.2733 | 1.00 | 0.0844 | 1.50 | 0.0251 | 2.00 | 0.0085 |
| 0.05 | 0.4745 | 0.55 | 0.2466 | 1.05 | 0.0744 | 1.55 | 0.0224 | 2.20 | 0.0058 |
| 0.10 | 0.4657 | 0.60 | 0.2214 | 1.10 | 0.0658 | 1.60 | 0.0200 | 2.40 | 0.0040 |
| 0.15 | 0.4516 | 0.65 | 0.1978 | 1.15 | 0.0581 | 1.65 | 0.0179 | 2.60 | 0.0029 |
| 0.20 | 0.4329 | 0.70 | 0.1762 | 1.20 | 0.0513 | 1.70 | 0.0160 | 2.80 | 0.0021 |
| 0.25 | 0.4103 | 0.75 | 0.1565 | 1.25 | 0.0454 | 1.75 | 0.0144 | 3.00 | 0.0015 |
| 0.30 | 0.3849 | 0.80 | 0.1386 | 1.30 | 0.0402 | 1.80 | 0.0129 | 3.50 | 0.0007 |
| 0.35 | 0.3577 | 0.85 | 0.1226 | 1.35 | 0.0357 | 1.85 | 0.0116 | 4.00 | 0.0004 |
| 0.40 | 0.3294 | 0.90 | 0.1083 | 1.40 | 0.0317 | 1.90 | 0.0105 | 4.50 | 0.0002 |
| 0.45 | 0.3011 | 0.95 | 0.0956 | 1.45 | 0.0282 | 1.95 | 0.0095 | 5.00 | 0.0001 |

因为竖直向集中力作用下地基中的状态是轴对称空间问题,因此,可以对通过 $P$ 作用线所切出的任意竖直面进行 $\sigma_z$ 分布特征的讨论:

(1)在集中力 $P$ 作用线上的分布

在 $P$ 作用线上,$r = 0$,由式(4-9)可知 $\sigma_z = \dfrac{3}{2\pi} \times \dfrac{P}{z^2}$。

当 $z = 0$ 时,$\sigma_z = \infty$,地基土已发生塑性变形,弹性理论已不适用,因此在选择计算点时,不应过于接近集中力作用点;

当 $z = \infty$ 时,$\sigma_z = 0$。

可见,沿 $P$ 作用线上 $\sigma_z$ 的分布是随深度增加而递减,如图4-16所示。

(2)在 $r > 0$ 的竖直线上的分布

从式(4-9)可以得出,$z = 0$ 时,$\sigma_z = 0$;随着 $z$ 的增加 $\sigma_z$ 逐渐增大,至一定深度后又随着 $z$ 的增加而逐渐减小,如图4-16所示。

(3)在 $z = $ 常数的水平面上的分布

从式(4-9)可以看出，$\sigma_z$的值在$r=0$，即集中力$P$作用线上最大，并随$r$的增加而逐渐减小。随着$z$的增加，集中力$P$作用线上的$\sigma_z$减小，而水平面上的应力分布趋于均匀，如图4-16所示。

若在空间将$\sigma_z$相同的点连接成曲面，可以得到如图4-17所示的$\sigma_z$等值线图，其形如泡，称为压力泡或应力泡。

通过上述讨论可以看出：集中力$P$在地基中引起的附加应力$\sigma_z$的分布是向下、向四周无限扩散的。

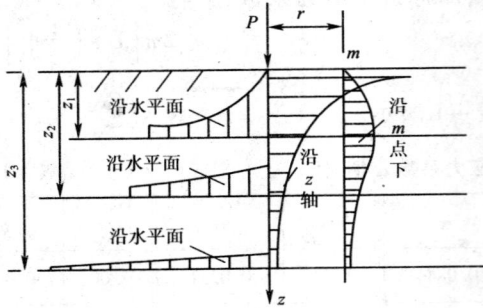

图4-16　集中力作用下土中应力$\sigma_z$的分布

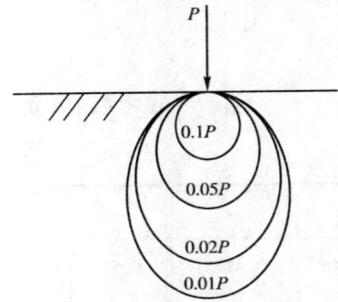

图4-17　$\sigma_z$的等值线

**2. 水平集中力作用下的地基附加应力——西罗提(V. Cerruti)解**

如果地基表面作用有平行于$xOy$面的水平集中力$F$时，求解在地基中任意点$M(x,y,z)$所引起的问题，已经由西罗提(V. Cerruti)用弹性理论解出。这时只介绍与沉降计算关系最大的垂直竖向法应力$\sigma_z$的表达式：

$$\sigma_z = \frac{3F}{2\pi} \times \frac{xz^2}{R^5} \tag{4-10}$$

式中符号见图4-18。

**【例题 4-5】**　如图4-19所示，在地表面作用集中力$P=200$kN，试计算地面下深度$z=3$m处水平面上的竖向法应力$\sigma_z$的分布，以及距$P$作用点$r=1$m处竖直面上的竖向法应力$\sigma_z$的分布。

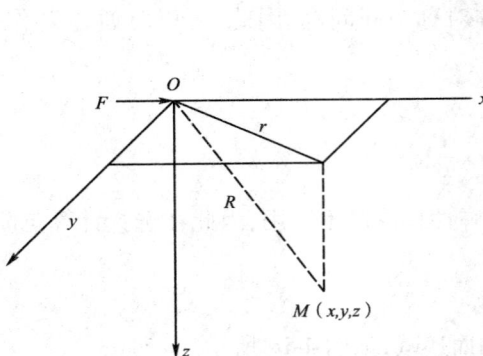

图4-18　水平集中力作用下的附加应力

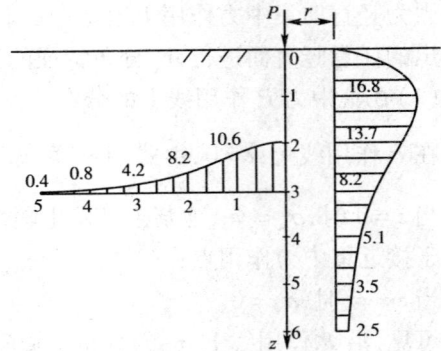

图4-19　例题4-5图

**【解】**　各点的竖应力$\sigma_z$可按公式(4-9)计算，将结果列于表4-2及表4-3中，并绘出$\sigma_z$的分布图见图4-19。

**$z=3$m 处水平面上的竖应力 $\sigma_z$ 计算** 表4-2

| $r$(m) | 0 | 1 | 2 | 3 | 4 | 5 |
|---|---|---|---|---|---|---|
| $r/z$ | 0 | 0.33 | 0.67 | 1 | 1.33 | 1.67 |
| $\alpha$ | 0.478 | 0.369 | 0.189 | 0.084 | 0.038 | 0.017 |
| $\sigma_z$(kPa) | 10.6 | 8.2 | 4.2 | 1.9 | 0.8 | 0.4 |

**$r=1$m 处竖直面上的竖应力 $\sigma_z$ 计算** 表4-3

| $z$(m) | 0 | 1 | 2 | 3 | 4 | 5 | 6 |
|---|---|---|---|---|---|---|---|
| $r/z$ | $\infty$ | 1 | 0.5 | 0.33 | 0.25 | 0.2 | 0.17 |
| $\alpha$ | 0 | 0.084 | 0.273 | 0.369 | 0.410 | 0.433 | 0.444 |
| $\sigma_z$(kPa) | 0 | 16.8 | 13.7 | 8.2 | 5.1 | 3.5 | 2.5 |

## 二、矩形荷载和圆形荷载下的地基附加应力

### 1. 均布的竖向矩形荷载

（1）均布的竖向矩形荷载角点 $c$ 下的 $\sigma_z$

在图 4-20 所示的均布荷载 $p$ 作用下，计算矩形面积角点 $c$ 下深度 $z$ 处 $M$ 点的竖向应力 $\sigma_z$ 值。

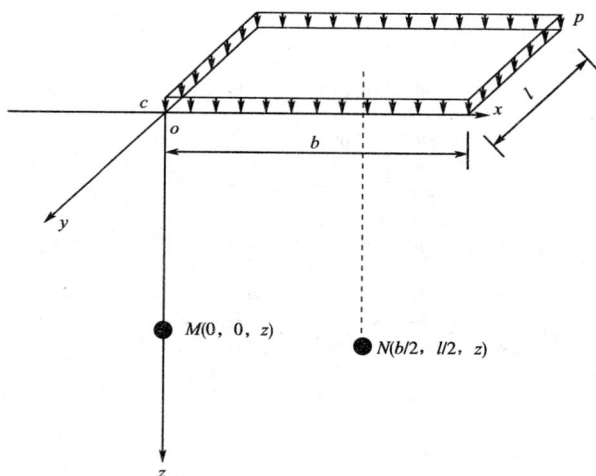

图 4-20　均布竖向矩形荷载角点下的附加应力 $\sigma_z$ 计算

同样由式（4-8）中 $\sigma_z$ 的表达式积分求得：

$$\sigma_z = \frac{p}{2\pi}\left[\frac{mn(1+m^2+2n^2)}{\sqrt{1+m^2+n^2}(1+n^2)(m^2+n^2)} + \arctan\frac{m}{n\sqrt{1+m^2+n^2}}\right]$$

$$= \alpha_c p \tag{4-11}$$

69

式中：$\alpha_c$——应力系数，$\alpha_c = \dfrac{1}{2\pi}\left[\dfrac{mn(1+m^2+2n^2)}{\sqrt{1+m^2+n^2}(1+n^2)(m^2+n^2)} + \arctan\dfrac{m}{n\sqrt{1+m^2+n^2}}\right]$，$m = \dfrac{l}{b}$，$n = \dfrac{z}{b}$，$b$ 为较短边的边长。$\alpha_c$ 的值可从表4-4中查得。

均布竖向矩形荷载作用下，角点下竖应力系数 $\alpha_c$ 值　　　　表4-4

| $\dfrac{z}{b}$ | $l/b$ | | | | | | | | | | |
|---|---|---|---|---|---|---|---|---|---|---|---|
| | 1.0 | 1.2 | 1.4 | 1.6 | 1.8 | 2.0 | 3.0 | 4.0 | 5.0 | 6.0 | ≥10.0 |
| 0.0 | 0.250 | 0.250 | 0.250 | 0.250 | 0.250 | 0.250 | 0.250 | 0.250 | 0.250 | 0.250 | 0.250 |
| 0.2 | 0.249 | 0.249 | 0.249 | 0.249 | 0.249 | 0.249 | 0.249 | 0.249 | 0.249 | 0.249 | 0.249 |
| 0.4 | 0.240 | 0.242 | 0.243 | 0.243 | 0.244 | 0.244 | 0.244 | 0.244 | 0.244 | 0.244 | 0.244 |
| 0.6 | 0.223 | 0.228 | 0.230 | 0.232 | 0.232 | 0.233 | 0.234 | 0.234 | 0.234 | 0.234 | 0.234 |
| 0.8 | 0.200 | 0.207 | 0.212 | 0.215 | 0.216 | 0.218 | 0.220 | 0.220 | 0.220 | 0.220 | 0.220 |
| 1.0 | 0.175 | 0.185 | 0.191 | 0.195 | 0.198 | 0.200 | 0.203 | 0.204 | 0.204 | 0.204 | 0.205 |
| 1.2 | 0.152 | 0.163 | 0.171 | 0.176 | 0.179 | 0.182 | 0.187 | 0.188 | 0.189 | 0.189 | 0.189 |
| 1.4 | 0.131 | 0.142 | 0.151 | 0.157 | 0.161 | 0.164 | 0.171 | 0.173 | 0.174 | 0.174 | 0.174 |
| 1.6 | 0.112 | 0.124 | 0.133 | 0.140 | 0.145 | 0.148 | 0.157 | 0.159 | 0.160 | 0.160 | 0.160 |
| 1.8 | 0.097 | 0.108 | 0.117 | 0.124 | 0.129 | 0.133 | 0.143 | 0.146 | 0.147 | 0.148 | 0.148 |
| 2.0 | 0.084 | 0.095 | 0.103 | 0.110 | 0.116 | 0.120 | 0.131 | 0.135 | 0.136 | 0.137 | 0.137 |
| 2.2 | 0.073 | 0.083 | 0.092 | 0.098 | 0.104 | 0.108 | 0.121 | 0.125 | 0.126 | 0.127 | 0.128 |
| 2.4 | 0.064 | 0.073 | 0.081 | 0.088 | 0.093 | 0.098 | 0.111 | 0.116 | 0.118 | 0.118 | 0.119 |
| 2.6 | 0.057 | 0.065 | 0.072 | 0.079 | 0.084 | 0.089 | 0.102 | 0.107 | 0.110 | 0.111 | 0.112 |
| 2.8 | 0.050 | 0.058 | 0.065 | 0.071 | 0.076 | 0.080 | 0.094 | 0.100 | 0.102 | 0.104 | 0.105 |
| 3.0 | 0.045 | 0.052 | 0.058 | 0.064 | 0.069 | 0.073 | 0.087 | 0.093 | 0.096 | 0.097 | 0.099 |
| 3.2 | 0.040 | 0.047 | 0.053 | 0.058 | 0.063 | 0.067 | 0.081 | 0.087 | 0.090 | 0.092 | 0.093 |
| 3.4 | 0.036 | 0.042 | 0.048 | 0.053 | 0.057 | 0.061 | 0.075 | 0.081 | 0.085 | 0.086 | 0.088 |
| 3.6 | 0.033 | 0.038 | 0.043 | 0.048 | 0.052 | 0.056 | 0.069 | 0.076 | 0.080 | 0.082 | 0.084 |
| 3.8 | 0.030 | 0.035 | 0.040 | 0.044 | 0.048 | 0.052 | 0.065 | 0.072 | 0.075 | 0.077 | 0.080 |
| 4.0 | 0.027 | 0.032 | 0.036 | 0.040 | 0.044 | 0.048 | 0.060 | 0.067 | 0.071 | 0.073 | 0.076 |
| 4.2 | 0.025 | 0.029 | 0.033 | 0.037 | 0.041 | 0.044 | 0.056 | 0.063 | 0.067 | 0.070 | 0.072 |
| 4.4 | 0.023 | 0.027 | 0.031 | 0.034 | 0.038 | 0.041 | 0.053 | 0.060 | 0.064 | 0.066 | 0.069 |
| 4.6 | 0.021 | 0.025 | 0.028 | 0.032 | 0.035 | 0.038 | 0.049 | 0.056 | 0.061 | 0.063 | 0.066 |
| 4.8 | 0.019 | 0.023 | 0.026 | 0.029 | 0.032 | 0.035 | 0.046 | 0.053 | 0.058 | 0.060 | 0.064 |

| $\dfrac{z}{b}$ | $l/b$ | | | | | | | | | | |
|---|---|---|---|---|---|---|---|---|---|---|---|
| | 1.0 | 1.2 | 1.4 | 1.6 | 1.8 | 2.0 | 3.0 | 4.0 | 5.0 | 6.0 | ≥10.0 |
| 5.0 | 0.018 | 0.021 | 0.024 | 0.027 | 0.030 | 0.033 | 0.043 | 0.050 | 0.055 | 0.057 | 0.061 |
| 6.0 | 0.013 | 0.015 | 0.017 | 0.020 | 0.022 | 0.024 | 0.033 | 0.039 | 0.043 | 0.046 | 0.051 |
| 7.0 | 0.009 | 0.011 | 0.013 | 0.015 | 0.016 | 0.018 | 0.025 | 0.031 | 0.035 | 0.038 | 0.043 |
| 8.0 | 0.007 | 0.009 | 0.010 | 0.011 | 0.013 | 0.014 | 0.020 | 0.025 | 0.028 | 0.031 | 0.037 |
| 9.0 | 0.006 | 0.007 | 0.008 | 0.009 | 0.010 | 0.011 | 0.016 | 0.020 | 0.024 | 0.026 | 0.032 |
| 10.0 | 0.005 | 0.006 | 0.007 | 0.007 | 0.008 | 0.009 | 0.013 | 0.017 | 0.020 | 0.022 | 0.28 |

（2）均布的竖向矩形荷载中点下 $\sigma_z$

在图 4-20 所示的均布荷载 $p$ 作用下,计算矩形面积中点 $O$ 下深度 $z$ 处 $N$ 点的竖向应力 $\sigma_z$ 值。

同样由式（4-8）中 $\sigma_z$ 的表达式积分求得：

$$\sigma_z = \frac{2p}{\pi}\left[\frac{2mn(1+m^2+8n^2)}{\sqrt{1+m^2+4n^2}(1+4n^2)(m^2+4n^2)} + \arctan\frac{m}{2n\sqrt{1+m^2+4n^2}}\right]$$

$$= \alpha_o p \tag{4-12}$$

式中：$\alpha_o$——应力系数，$\alpha_o = \dfrac{2}{\pi}\left[\dfrac{2mn(1+m^2+8n^2)}{\sqrt{1+m^2+4n^2}(1+4n^2)(m^2+4n^2)} + \arctan\dfrac{m}{2n\sqrt{1+m^2+4n^2}}\right]$,

$m = \dfrac{l}{b}, n = \dfrac{z}{b}, b$ 为较短边的边长。$\alpha_o$ 的值可从表 4-5 中查得。

均布竖向矩形荷载作用下,中点下竖应力系数 $\alpha_o$ 值　　　　表 4-5

| $z/b$ | $l/b$ | | | | | | | | | |
|---|---|---|---|---|---|---|---|---|---|---|
| | 1.0 | 1.2 | 1.4 | 1.6 | 1.8 | 2.0 | 3.0 | 4.0 | 5.0 | ≥10 |
| 0.0 | 1.000 | 1.000 | 1.000 | 1.000 | 1.000 | 1.000 | 1.000 | 1.000 | 1.000 | 1.000 |
| 0.2 | 0.960 | 0.968 | 0.972 | 0.974 | 0.975 | 0.976 | 0.977 | 0.977 | 0.977 | 0.977 |
| 0.4 | 0.800 | 0.830 | 0.848 | 0.859 | 0.866 | 0.870 | 0.879 | 0.880 | 0.881 | 0.881 |
| 0.6 | 0.606 | 0.651 | 0.682 | 0.703 | 0.717 | 0.727 | 0.748 | 0.753 | 0.754 | 0.755 |
| 0.8 | 0.449 | 0.496 | 0.532 | 0.558 | 0.579 | 0.593 | 0.627 | 0.636 | 0.639 | 0.642 |
| 1.0 | 0.334 | 0.378 | 0.414 | 0.441 | 0.463 | 0.481 | 0.524 | 0.540 | 0.545 | 0.550 |
| 1.2 | 0.257 | 0.294 | 0.325 | 0.352 | 0.374 | 0.392 | 0.442 | 0.462 | 0.470 | 0.477 |
| 1.4 | 0.201 | 0.232 | 0.260 | 0.284 | 0.304 | 0.321 | 0.376 | 0.400 | 0.410 | 0.420 |
| 1.6 | 0.160 | 0.187 | 0.210 | 0.232 | 0.251 | 0.267 | 0.322 | 0.348 | 0.360 | 0.374 |
| 1.8 | 0.130 | 0.153 | 0.173 | 0.192 | 0.209 | 0.224 | 0.278 | 0.305 | 0.320 | 0.337 |

| z/b | l/b | | | | | | | | | |
| --- | --- | --- | --- | --- | --- | --- | --- | --- | --- | --- |
| | 1.0 | 1.2 | 1.4 | 1.6 | 1.8 | 2.0 | 3.0 | 4.0 | 5.0 | ≥10 |
| 2.0 | 0.108 | 0.127 | 0.145 | 0.161 | 0.176 | 0.189 | 0.237 | 0.270 | 0.285 | 0.304 |
| 2.5 | 0.072 | 0.085 | 0.097 | 0.109 | 0.210 | 0.131 | 0.174 | 0.202 | 0.219 | 0.249 |
| 3.0 | 0.051 | 0.060 | 0.070 | 0.178 | 0.087 | 0.095 | 0.130 | 0.155 | 0.172 | 0.208 |
| 3.5 | 0.038 | 0.045 | 0.052 | 0.059 | 0.066 | 0.072 | 0.100 | 0.123 | 0.139 | 0.180 |
| 4.0 | 0.029 | 0.035 | 0.040 | 0.046 | 0.051 | 0.056 | 0.080 | 0.095 | 0.113 | 0.158 |
| 5.0 | 0.019 | 0.022 | 0.026 | 0.030 | 0.033 | 0.037 | 0.053 | 0.067 | 0.079 | 0.128 |

（3）均布的竖向矩形荷载作用下，土中任意点 $\sigma_z$（角点法）

如图 4-21 所示，$abcd$ 为矩形荷载作用面积，计算 $M$ 点下 $z$ 深度处的附加应力 $\sigma_z$。

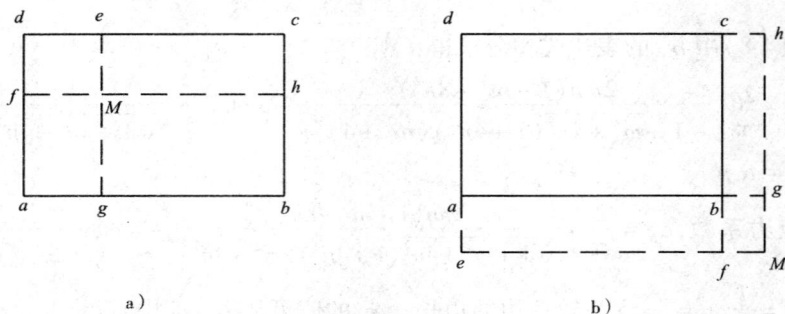

图 4-21　角点法的应用

①$M$ 点在 $abcd$ 范围内（图 4-21a））

$$\sigma_z = \sum \sigma_{zi} = \sigma_{z(agMf)} + \sigma_{z(gbfM)} + \sigma_{z(Mhce)} + \sigma_{z(fMed)}$$

②$M$ 点在 $abcd$ 范围外（图 4-21b））

$$\sigma_z = \sigma_{z(eMhd)} - \sigma_{z(eMga)} - \sigma_{z(fMhc)} + \sigma_{z(fMgb)}$$

能够引起地基变形的荷载只有新增的结构荷载，即作用于地基表面的附加压力，也就是扣除基础埋深以上的土层自重应力的基底压力。实际上，一般基础都埋置于地面以下一定深度 $h$，该处原有自重应力为 $\sigma = \gamma h$，$\sigma$ 因基坑开挖而卸除。因此，在计算由结构引起的基底反力时，应扣除基底标高处土层原有的自重应力后，才是基底面处新增作用于地基的基底附加压力，即 $p_0 = p - \gamma h$。

【例题 4-6】　有一矩形面积基础 $b = 4\text{m}$，$l = 6\text{m}$，其上作用均布荷载 $p = 100\text{kN/m}^2$。基础埋深 1m，地基土 $\gamma = 13.7\text{kN/m}^3$。计算矩形基础中点 $O$ 下深度 $z = 8\text{m}$ 处 $M$ 点的竖向应力 $\sigma_z$（见图 4-22）。

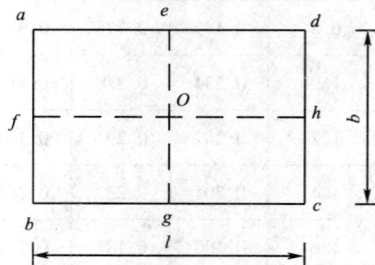

图 4-22　例题 4-6 图

【解】　基底处附加应压力 $p_0 = p - \gamma D = 100 - 18.7 \times 1 = 81.3(\text{kPa})$

方法一：按角点法计算，考虑面积 $fOea$，$\dfrac{l_1/2}{b/2} = \dfrac{6/2}{4/2} = $

72

$1.5, \dfrac{z}{b/2} = \dfrac{8}{4/2} = 4$，查表 4-4 得应力系数 $\alpha_c = 0.038$，所以

$$\sigma_z = 4\sigma_{z(fOea)} = 4 \times 0.038 \times 81.3 = 12.36(\text{kPa})$$

方法二：按中点法计算

$$\dfrac{l}{b} = \dfrac{6}{4} = 1.5, \dfrac{z}{b} = \dfrac{8}{4} = 2，查表 4-5 得应力系数 \alpha_o = 0.153，所以$$

$$\sigma_z = 0.153 \times 81.3 = 12.44(\text{kPa})$$

可以看出，两种方法的计算结果是一致的。

2. 三角形分布的竖向矩形荷载

如图 4-23 所示，在地基表面作用矩形面积的三角形分布荷载，计算荷载为 0 的角点下深度 $z$ 处 $M$ 点的竖向应力 $\sigma_z$ 时，同样可以用公式(4-8)积分求得。取如图所示坐标系，得到

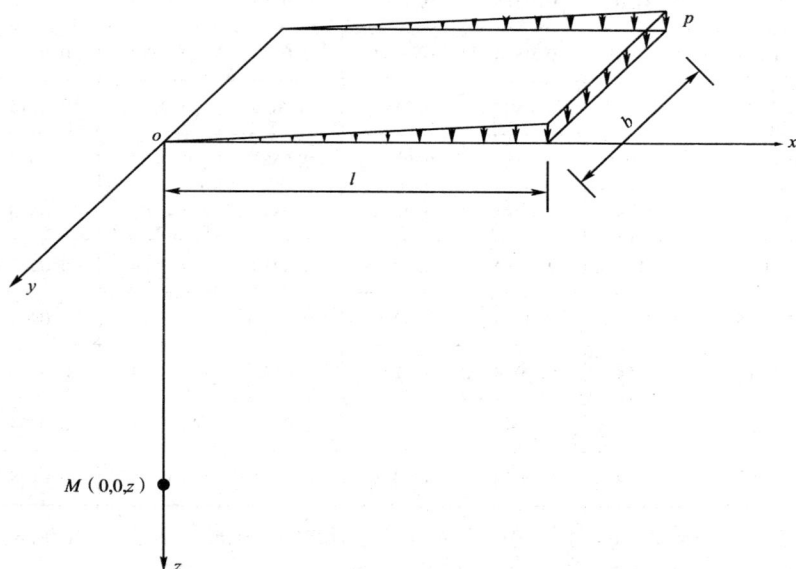

图 4-23　三角形分布的竖向矩形荷载

$$\sigma_z = \dfrac{mn}{2\pi}\left[\dfrac{1}{\sqrt{m^2 + n^2}} - \dfrac{n^2}{(1 + n^2)\sqrt{1 + m^2 + n^2}}\right]p$$
$$= \alpha_t p \tag{4-13}$$

式中：$\alpha_t$——应力系数，$\alpha_t = \dfrac{mn}{2\pi}\left[\dfrac{1}{\sqrt{m^2 + n^2}} - \dfrac{n^2}{(1 + n^2)\sqrt{1 + m^2 + n^2}}\right]$，$m$、$n$ 意义同式(4-11)。$\alpha_t$

的值可从表 4-6 中查得。注意 $l$、$b$ 的几何意义，如图 4-23 所示，$l$ 为荷载呈三角形分布的边的边长，$b$ 为荷载最大边的边长。

竖向三角形分布荷载作用下，压力为 0 的角点下竖应力系数 $\alpha_t$ 值　　表 4-6

| $z/b$ | $l/b$ | | | | | | | |
|---|---|---|---|---|---|---|---|---|
| | 0.2 | 0.6 | 1.0 | 1.4 | 1.8 | 3.0 | 8.0 | 10.0 |
| 0.0 | 0.0000 | 0.0000 | 0.0000 | 0.0000 | 0.0000 | 0.0000 | 0.0000 | 0.0000 |

73

| $z/b$ | $l/b$ | | | | | | | |
|---|---|---|---|---|---|---|---|---|
| | 0.2 | 0.6 | 1.0 | 1.4 | 1.8 | 3.0 | 8.0 | 10.0 |
| 0.2 | 0.0233 | 0.0296 | 0.0304 | 0.0305 | 0.0306 | 0.0306 | 0.0306 | 0.0306 |
| 0.4 | 0.0269 | 0.0487 | 0.0531 | 0.0543 | 0.0546 | 0.0548 | 0.0549 | 0.0549 |
| 0.6 | 0.0259 | 0.0560 | 0.0654 | 0.0684 | 0.0694 | 0.0701 | 0.0702 | 0.0702 |
| 0.8 | 0.0232 | 0.0553 | 0.0688 | 0.0739 | 0.0759 | 0.0773 | 0.0776 | 0.0776 |
| 1.0 | 0.0201 | 0.0508 | 0.0666 | 0.0735 | 0.0766 | 0.0790 | 0.0796 | 0.0796 |
| 1.2 | 0.0171 | 0.0450 | 0.0615 | 0.0698 | 0.0738 | 0.0774 | 0.0783 | 0.0783 |
| 1.4 | 0.0145 | 0.0392 | 0.0554 | 0.0644 | 0.0692 | 0.0739 | 0.0752 | 0.0753 |
| 1.6 | 0.0123 | 0.0339 | 0.0492 | 0.0586 | 0.0639 | 0.0697 | 0.0715 | 0.0715 |
| 1.8 | 0.0105 | 0.0294 | 0.0453 | 0.0528 | 0.0585 | 0.0652 | 0.0675 | 0.0675 |
| 2.0 | 0.0090 | 0.0255 | 0.0384 | 0.0474 | 0.0533 | 0.0607 | 0.0636 | 0.0636 |
| 2.5 | 0.0063 | 0.0183 | 0.0284 | 0.0362 | 0.0419 | 0.0514 | 0.0547 | 0.0548 |
| 3.0 | 0.0046 | 0.0135 | 0.0214 | 0.0280 | 0.0331 | 0.0419 | 0.0474 | 0.0476 |
| 5.0 | 0.0018 | 0.0054 | 0.0088 | 0.0120 | 0.0148 | 0.0214 | 0.0296 | 0.0301 |
| 7.0 | 0.0009 | 0.0028 | 0.0047 | 0.0064 | 0.0081 | 0.0124 | 0.0204 | 0.0212 |
| 10.0 | 0.0005 | 0.0014 | 0.0024 | 0.0033 | 0.0041 | 0.0066 | 0.0128 | 0.0139 |

**【例题 4-7】** 有一矩形面积($l=5\mathrm{m}$，$b=3\mathrm{m}$)三角形分布的荷载作用在地基表面，荷载最大值 $p=100\mathrm{kPa}$，试计算图 4-24 示 $O$ 点下深度 $z=3\mathrm{m}$ 处 $M$ 点的竖向应力 $\sigma_z$。

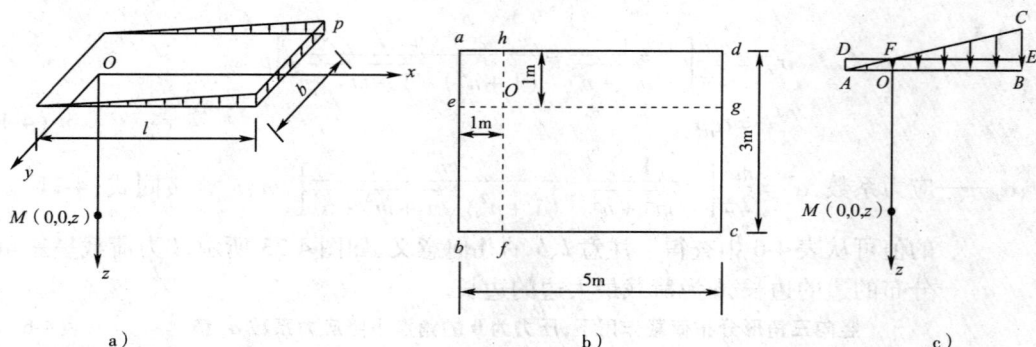

图 4-24　例题 4-7 图

**【解】** 从图 4-24c)中可以看出，运用叠加法可以求出 $\sigma_z$

$$\sigma_z = \sigma_{z(\text{ABED})} - \sigma_{z(\text{AFD})} + \sigma_{z(\text{FEC})}$$

（1）计算矩形荷载下 $\sigma_{z(\text{ABED})}$

如图 4-22b)所示,假定面积 $abcd$ 上作用均布矩形竖向荷载 $q = \dfrac{p}{5} = \dfrac{100}{5} = 20$(kPa),则 $M$ 点

$$\sigma_{z(ABED)} = \sigma_{z(aeoh)} + \sigma_{z(hogd)} + \sigma_{z(ebfo)} + \sigma_{z(ofcg)} = q\sum \alpha_{ci}$$

式中,$\alpha_{ci}$ 为图 4-22b)中各块面积的应力系数,由表 4-4 查得,结果列于表 4-7 中,则

$$\sigma_{z(ABED)} = 20 \times (0.045 + 0.073 + 0.093 + 0.156) = 7.34 \text{(kPa)}$$

应力系数计算表       表 4-7

| 荷载作用面积 | $l/b$ | $z/b$ | $\alpha_{ci}$ |
| --- | --- | --- | --- |
| $aeoh$ | $1/1 = 1$ | $3/1 = 3$ | 0.045 |
| $hogd$ | $2/1 = 2$ | $3/1 = 3$ | 0.073 |
| $ebfo$ | $4/1 = 4$ | $3/1 = 3$ | 0.093 |
| $ofcg$ | $4/2 = 2$ | $3/2 = 1.5$ | 0.156 |

(2)计算三角形荷载下 $\sigma_{z(AFD)}$、$\sigma_{z(FEC)}$

荷载 $AFD$ 作用面积为 $aeoh$ 和 $ebfo$,荷载最大值为 $q = 20$kPa,查表 4-6 可得各块面积的应力系数 $\alpha_{ti}$ 列于表 4-8。

荷载 $FEC$ 作用面积为 $hogd$ 和 $ofcg$,荷载最大值为 $p' = p - q = 80$kPa,查表 4-6 可得各块面积的应力系数 $\alpha_{ti}$ 列于表 4-8。

应力系数计算表       表 4-8

| 荷载作用面积 | $l/b$ | $z/b$ | $\alpha_{ti}$ |
| --- | --- | --- | --- |
| $aeoh$ | $1/1 = 1$ | $3/1 = 3$ | 0.0214 |
| $ebfo$ | $1/2 = 0.5$ | $3/2 = 1.5$ | 0.0285 |
| $hogd$ | $4/1 = 4$ | $3/1 = 3$ | 0.043 |
| $ofcg$ | $4/2 = 2$ | $3/2 = 1.5$ | 0.0674 |

$$\sigma_{z(AFD)} = \sigma_{z(aeoh)} + \sigma_{z(ebfo)} = p\sum \alpha_{ti} = 20 \times (0.0214 + 0.0285) = 0.998 \text{(kPa)}$$

$$\sigma_{z(FEC)} = \sigma_{z(hogd)} + \sigma_{z(ofcg)} = p'\sum \alpha_{ti} = 80 \times (0.043 + 0.0674) = 8.832 \text{(kPa)}$$

可得:$\sigma_z = 7.34 - 0.998 + 8.832 = 15.174$(kPa)

### 3. 均布的水平矩形荷载

当地基表面作用有均布的水平矩形荷载 $p$ 时(如图 4-25),可利用西罗提解式(4-10)对矩形荷载积分,求出矩形角点 1、2 下任意深度 $z$ 处 $M$ 点的竖向附加应力 $\sigma_z$:

$$\begin{matrix} \sigma_{z1} \\ \sigma_{z2} \end{matrix} = \mp \frac{p}{2\pi}\left[ \frac{m}{\sqrt{m^2 + n^2}} - \frac{mn^2}{(1+n^2)\sqrt{1+m^2+n^2}} \right] = \mp \alpha_h p$$

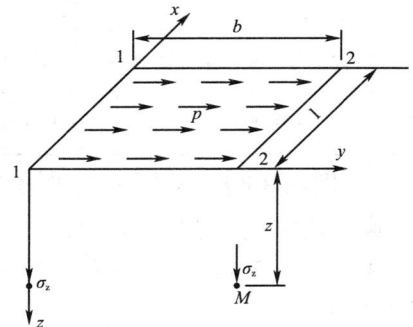

$$(4-14)$$

式 中:$\alpha_h$——应 力 系 数,$\alpha_h = \dfrac{1}{2\pi}\left[ \dfrac{m}{\sqrt{m^2+n^2}} - \right.$

$\left. \dfrac{mn^2}{(1+n^2)\sqrt{1+m^2+n^2}} \right]$,$m$、$n$ 意 义 同 式

图 4-25 均布水平矩形荷载作用下
角点下竖向附加应力
$b$—平行于水平荷载作用方向的边长;
$l$—垂直于水平荷载作用方向的边长

(4-11)，$\alpha_{\mathrm{h}}$ 的值可从表 4-9 中查得。

$\sigma_{z1}$——水平荷载矢量起始端角点 1 下的附加应力，取"－"号；

$\sigma_{z2}$——水平荷载矢量终止端角点 2 下的附加应力，取"＋"号。

均布水平矩形荷载作用下，角点下竖应力系数 $\alpha_{\mathrm{h}}$ 值　　　　　　　表 4-9

| $z/b$ | $l/b$ | | | | | | | | | | |
|---|---|---|---|---|---|---|---|---|---|---|---|
| | 1.0 | 1.2 | 1.4 | 1.6 | 1.8 | 2.0 | 3.0 | 4.0 | 5.0 | 6.0 | 10.0 |
| 0.0 | 0.1592 | 0.1592 | 0.1592 | 0.1592 | 0.1592 | 0.1592 | 0.1592 | 0.1592 | 0.1592 | 0.1592 | 0.1592 |
| 0.2 | 0.1518 | 0.1523 | 0.1526 | 0.1528 | 0.1529 | 0.1529 | 0.1530 | 0.1530 | 0.1530 | 0.1530 | 0.1530 |
| 0.4 | 0.1328 | 0.1347 | 0.1356 | 0.1362 | 0.1365 | 0.1367 | 0.1371 | 0.1372 | 0.1372 | 0.1372 | 0.1372 |
| 0.6 | 0.1091 | 0.1121 | 0.1139 | 0.1150 | 0.1156 | 0.1160 | 0.1168 | 0.1169 | 0.1170 | 0.1170 | 0.1170 |
| 0.8 | 0.0861 | 0.0090 | 0.0924 | 0.0939 | 0.0948 | 0.0955 | 0.0967 | 0.0969 | 0.0970 | 0.0970 | 0.0970 |
| 1.0 | 0.0666 | 0.0708 | 0.0735 | 0.0753 | 0.0766 | 0.0774 | 0.0790 | 0.0794 | 0.0795 | 0.0796 | 0.0796 |
| 1.2 | 0.0512 | 0.0553 | 0.0582 | 0.0601 | 0.0615 | 0.0624 | 0.0645 | 0.0650 | 0.0652 | 0.0652 | 0.0652 |
| 1.4 | 0.0395 | 0.0433 | 0.0460 | 0.0480 | 0.0494 | 0.0505 | 0.0528 | 0.0534 | 0.0537 | 0.0537 | 0.0538 |
| 1.6 | 0.0308 | 0.0341 | 0.0366 | 0.0385 | 0.0400 | 0.0410 | 0.0436 | 0.0443 | 0.0446 | 0.0447 | 0.0447 |
| 1.8 | 0.0242 | 0.0270 | 0.0293 | 0.0311 | 0.0325 | 0.0336 | 0.0362 | 0.0370 | 0.0374 | 0.0375 | 0.0375 |
| 2.0 | 0.0192 | 0.0217 | 0.0237 | 0.0253 | 0.0266 | 0.0277 | 0.0303 | 0.0312 | 0.0317 | 0.0318 | 0.0318 |
| 2.5 | 0.0113 | 0.0130 | 0.0145 | 0.0157 | 0.0167 | 0.0176 | 0.0202 | 0.0211 | 0.0217 | 0.0219 | 0.0219 |
| 3.0 | 0.0070 | 0.0083 | 0.0093 | 0.0102 | 0.0110 | 0.0117 | 0.0140 | 0.0150 | 0.0156 | 0.0158 | 0.0159 |
| 5.0 | 0.0018 | 0.0021 | 0.0024 | 0.0027 | 0.0030 | 0.0032 | 0.0043 | 0.0050 | 0.0057 | 0.0059 | 0.0060 |
| 7.0 | 0.0007 | 0.0008 | 0.0009 | 0.0010 | 0.0012 | 0.0013 | 0.0018 | 0.0022 | 0.0027 | 0.0029 | 0.0030 |
| 10.0 | 0.0002 | 0.0003 | 0.0003 | 0.0004 | 0.0004 | 0.0005 | 0.0007 | 0.0008 | 0.0011 | 0.0013 | 0.0014 |

**【例题 4-8】**　如图 4-26 所示，一矩形基础上作用有水平均布荷载 $p_{\mathrm{h}} = 60\mathrm{kPa}$，试求矩形中心 $A$ 点下 2.2m 处的竖向附加应力 $\sigma_{\mathrm{z}}$。

**【解】**　如图 4-26，运用叠加法可知：

$$\sigma_{\mathrm{z}} = \sigma_{\mathrm{z(ofed)}} + \sigma_{\mathrm{z(fbce)}}$$

分别计算 $\sigma_{\mathrm{z(ofed)}}$、$\sigma_{\mathrm{z(fbce)}}$，见表 4-10。

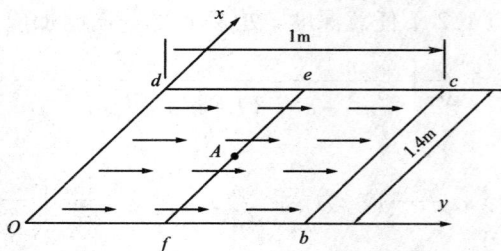

图 4-26　例题 4-8 图

| 荷载作用面积 | $l/b$ | $z/b$ | $\alpha_{ci}$ |
|---|---|---|---|
| $ofed$ | $1.4/0.5 = 2.8$ | $2.2/0.5 = 4.4$ | $0.0160$ |
| $fbce$ | $1.4/0.5 = 2.8$ | $2.2/0.5 = 4.4$ | $0.0160$ |

$$\sigma_z = \sigma_{z(ofed)} + \sigma_{z(fbce)} = p_h \sum \alpha_i = 60 \times (0.160 - 0.0160) = 0$$

显然在 $\dfrac{b}{2}$ 处的竖直线上，因 $p_h$ 引起的地基竖向附加应力为零。

### 4. 均布的竖向圆形荷载

如图 4-27 所示，均布的竖向圆形荷载为 $p$，作用半径为 $R$，计算土中深度 $z$ 处 $M$ 点的竖向应力 $\sigma_z$ 值。同样可以用公式(4-8)积分求得：

$$\sigma_z = \alpha_r p \qquad (4-15)$$

式中：$\alpha_r$——应力系数，是 $\dfrac{r}{R}$ 及 $\dfrac{z}{R}$ 的函数，可查表 4-11 得到；

$R$——圆形荷载作用半径；

$r$——应力计算点 $M$ 到 $z$ 轴的水平距离。

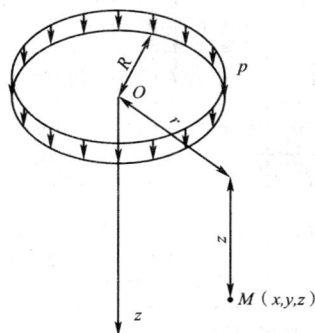

图 4-27　均布圆形荷载作用下 $\sigma_z$ 计算

**均布竖向圆形荷载作用下的竖应力系数 $\alpha_r$ 值**　　　　表 4-11

| $z/R$ | $r/R$ | | | | | | | | | | |
|---|---|---|---|---|---|---|---|---|---|---|---|
| | 0 | 0.2 | 0.4 | 0.6 | 0.8 | 1.0 | 1.2 | 1.4 | 1.6 | 1.8 | 2.0 |
| 0.0 | 1.000 | 1.000 | 1.000 | 1.000 | 1.000 | 0.500 | 0.000 | 0.000 | 0.000 | 0.000 | 0.000 |
| 0.2 | 0.998 | 0.991 | 0.987 | 0.970 | 0.890 | 0.468 | 0.077 | 0.015 | 0.005 | 0.002 | 0.001 |
| 0.4 | 0.949 | 0.943 | 0.920 | 0.860 | 0.712 | 0.435 | 0.181 | 0.065 | 0.026 | 0.012 | 0.006 |
| 0.6 | 0.864 | 0.852 | 0.813 | 0.733 | 0.591 | 0.400 | 0.224 | 0.113 | 0.056 | 0.029 | 0.016 |
| 0.8 | 0.756 | 0.742 | 0.699 | 0.619 | 0.504 | 0.366 | 0.237 | 0.142 | 0.083 | 0.048 | 0.029 |
| 1.0 | 0.646 | 0.633 | 0.593 | 0.525 | 0.434 | 0.332 | 0.235 | 0.157 | 0.102 | 0.065 | 0.042 |
| 1.2 | 0.547 | 0.535 | 0.502 | 0.447 | 0.377 | 0.300 | 0.226 | 0.162 | 0.113 | 0.078 | 0.053 |
| 1.4 | 0.461 | 0.452 | 0.425 | 0.383 | 0.329 | 0.270 | 0.212 | 0.161 | 0.118 | 0.086 | 0.062 |
| 1.6 | 0.390 | 0.383 | 0.362 | 0.330 | 0.288 | 0.243 | 0.197 | 0.156 | 0.120 | 0.090 | 0.068 |
| 1.8 | 0.332 | 0.327 | 0.311 | 0.285 | 0.254 | 0.218 | 0.182 | 0.148 | 0.118 | 0.092 | 0.072 |
| 2.0 | 0.285 | 0.280 | 0.268 | 0.248 | 0.224 | 0.196 | 0.167 | 0.140 | 0.114 | 0.092 | 0.074 |
| 2.2 | 0.246 | 0.242 | 0.233 | 0.218 | 0.198 | 0.176 | 0.153 | 0.131 | 0.109 | 0.090 | 0.074 |
| 2.4 | 0.214 | 0.211 | 0.203 | 0.192 | 0.176 | 0.159 | 0.140 | 0.122 | 0.104 | 0.087 | 0.073 |
| 2.6 | 0.187 | 0.185 | 0.179 | 0.170 | 0.158 | 0.144 | 0.129 | 0.113 | 0.098 | 0.084 | 0.071 |

| z/R | r/R | | | | | | | | | | |
|-----|-----|-----|-----|-----|-----|-----|-----|-----|-----|-----|-----|
| | 0 | 0.2 | 0.4 | 0.6 | 0.8 | 1.0 | 1.2 | 1.4 | 1.6 | 1.8 | 2.0 |
| 2.8 | 0.165 | 0.163 | 0.159 | 0.151 | 0.141 | 0.130 | 0.118 | 0.105 | 0.092 | 0.080 | 0.069 |
| 3.0 | 0.146 | 0.145 | 0.141 | 0.135 | 0.127 | 0.118 | 0.108 | 0.097 | 0.087 | 0.077 | 0.067 |
| 3.4 | 0.117 | 0.116 | 0.114 | 0.110 | 0.105 | 0.098 | 0.091 | 0.084 | 0.076 | 0.068 | 0.061 |
| 3.8 | 0.096 | 0.095 | 0.093 | 0.091 | 0.087 | 0.083 | 0.078 | 0.073 | 0.067 | 0.061 | 0.055 |
| 4.2 | 0.079 | 0.079 | 0.078 | 0.076 | 0.073 | 0.070 | 0.067 | 0.063 | 0.059 | 0.054 | 0.050 |
| 4.8 | 0.067 | 0.067 | 0.066 | 0.064 | 0.063 | 0.060 | 0.058 | 0.055 | 0.052 | 0.048 | 0.045 |
| 5.0 | 0.057 | 0.057 | 0.056 | 0.055 | 0.054 | 0.052 | 0.050 | 0.048 | 0.046 | 0.043 | 0.041 |
| 5.5 | 0.048 | 0.048 | 0.047 | 0.046 | 0.045 | 0.044 | 0.043 | 0.041 | 0.039 | 0.038 | 0.036 |
| 6.0 | 0.040 | 0.040 | 0.040 | 0.039 | 0.039 | 0.038 | 0.037 | 0.036 | 0.034 | 0.033 | 0.031 |

**【例题 4-9】** 有一圆形基础,半径 $R=1\text{m}$,其上作用中心荷载 $Q=200\text{kN}$,求基础边缘点下竖向应力 $\sigma_z$ 分布。

**【解】** 基础底面的压力为:$p=\dfrac{P}{A}=\dfrac{200}{\pi\times1^2}=63.7(\text{kPa})$

所求 $\sigma_z$ 按式(4-15)计算,结果列于表4-12。

**圆形荷载边缘点下竖向应力 $\sigma_z$ 计算表** 表4-12

| z(m) | z/R | r/R | $\alpha_r$ | $\sigma_z(\text{kPa})$ |
|------|-----|-----|------------|------------------------|
| 0 | 0 | 1 | 0.5 | 31.8 |
| 0.5 | 0.5 | 1 | 0.418 | 26.6 |
| 1.0 | 1.0 | 1 | 0.332 | 21.1 |
| 2.0 | 2.0 | 1 | 0.196 | 12.5 |
| 3.0 | 3.0 | 1 | 0.118 | 7.5 |
| 4.0 | 4.0 | 1 | 0.077 | 4.9 |
| 6.0 | 6.0 | 1 | 0.038 | 2.4 |

### 三、线荷载和条形荷载下的地基附加应力

1. 线荷载作用下的地基附加应力——弗拉曼(Flamant)解

线荷载是作用于半无限空间表面、宽度趋于零、沿无限长直线均布的荷载。如图 4-28 所示,设线荷载为 $p(\text{kN/m})$,在 $xOz$ 地基剖面上,任一点 $M(x,O,z)$ 的附加应力可根据布西奈斯克(J. V. Boussinesq)公式积分求得:

$$\sigma_z=\frac{2pz^3}{\pi(x^2+z^2)^2} \tag{4-16}$$

$$\sigma_x = \frac{2px^2z}{\pi(x^2+z^2)^2} \tag{4-17}$$

$$\tau_{xz} = \frac{2pxz^2}{\pi(x^2+z^2)^2} \tag{4-18}$$

式(4-16)~式(4-18)就是著名的弗拉曼(Flamant)解答。

### 2. 均布的竖向条形荷载

设均布的竖向条形荷载为 $p$,作用宽度为 $b$,如图4-29所示。应用式(4-16)~式(4-18)沿宽度 $b$ 积分,可求得地基中任意 $M$ 点的附加应力:

$$\sigma_z = \alpha_s^z p \tag{4-19}$$

$$\sigma_x = \alpha_s^x p \tag{4-20}$$

$$\tau_{xz} = \alpha_s^\tau p \tag{4-21}$$

式中:$\alpha_s^z$、$\alpha_s^x$、$\alpha_s^\tau$——应力系数,是 $\dfrac{x}{b}$ 及 $\dfrac{z}{b}$ 的函数,可查表4-13得到。

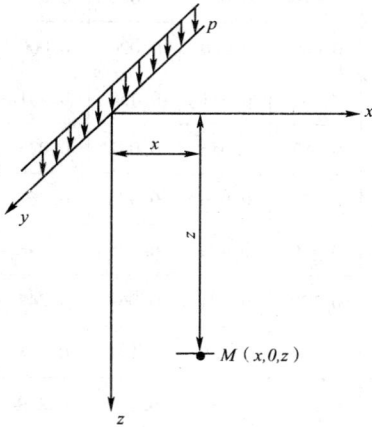

图4-28 均布线荷载作用时土中应力计算    图4-29 均布线荷载作用时土中应力计算

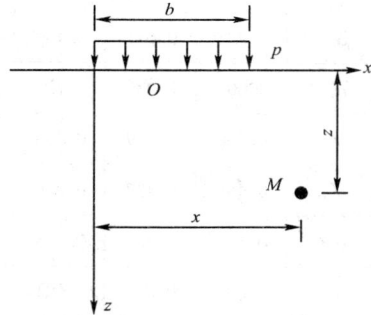

注意,坐标轴原点是在均布荷载的边界处。

实际工程中,当荷载长宽比 $l/b \geqslant 10$ 时,就可以当作条形荷载求解。

**均布竖向条形荷载作用下的应力系数值**                    表4-13

| x/b | | z/b | | | | | | | | | |
|---|---|---|---|---|---|---|---|---|---|---|---|
| | | 0.01 | 0.1 | 0.2 | 0.4 | 0.6 | 0.8 | 1.0 | 1.2 | 1.4 | 2.0 |
| −0.50 | $\alpha_s^z$ | 0.001 | 0.002 | 0.011 | 0.056 | 0.111 | 0.155 | 0.186 | 0.202 | 0.210 | 0.205 |
| | $\alpha_s^x$ | 0.008 | 0.082 | 0.147 | 0.208 | 0.204 | 0.177 | 0.146 | 0.117 | 0.094 | 0.049 |
| | $\alpha_s^\tau$ | 0.000 | −0.011 | −0.038 | −0.103 | −0.144 | −0.158 | −0.157 | −0.147 | −0.133 | −0.096 |
| −0.25 | $\alpha_s^z$ | 0.000 | 0.011 | 0.091 | 0.174 | 0.243 | 0.276 | 0.288 | 0.287 | 0.279 | 0.242 |
| | $\alpha_s^x$ | 0.021 | 0.180 | 0.270 | 0.274 | 0.221 | 0.169 | 0.127 | 0.096 | 0.073 | 0.035 |
| | $\alpha_s^\tau$ | −0.001 | −0.042 | −0.116 | −0.119 | −0.212 | −0.197 | −0.175 | −0.153 | −0.132 | −0.085 |

| $x/b$ | | $z/b$ | | | | | | | | | |
|---|---|---|---|---|---|---|---|---|---|---|---|
| | | 0.01 | 0.1 | 0.2 | 0.4 | 0.6 | 0.8 | 1.0 | 1.2 | 1.4 | 2.0 |
| 0.00 | $\alpha_s^z$ | 0.500 | 0.499 | 0.498 | 0.489 | 0.468 | 0.440 | 0.409 | 0.375 | 0.348 | 0.275 |
| | $\alpha_s^x$ | 0.494 | 0.437 | 0.376 | 0.269 | 0.188 | 0.130 | 0.091 | 0.067 | 0.047 | 0.020 |
| | $\alpha_s^\tau$ | $-0.318$ | $-0.315$ | $-0.306$ | $-0.274$ | $-0.234$ | $-0.194$ | $-0.159$ | $-0.131$ | $-0.108$ | $-0.064$ |
| 0.25 | $\alpha_s^z$ | 0.999 | 0.988 | 0.936 | 0.797 | 0.679 | 0.586 | 0.511 | 0.450 | 0.401 | 0.298 |
| | $\alpha_s^x$ | 0.935 | 0.685 | 0.469 | 0.215 | 0.143 | 0.087 | 0.055 | 0.037 | 0.026 | 0.010 |
| | $\alpha_s^\tau$ | $-0.001$ | $-0.039$ | $-0.103$ | $-0.159$ | 0.147 | $-0.121$ | $-0.096$ | $-0.078$ | $-0.061$ | $-0.034$ |
| 0.50 | $\alpha_s^z$ | 0.999 | 0.997 | 0.978 | 0.881 | 0.756 | 0.642 | 0.549 | 0.478 | 0.420 | 0.306 |
| | $\alpha_s^x$ | 0.849 | 0.752 | 0.538 | 0.260 | 0.129 | 0.070 | 0.040 | 0.026 | 0.017 | 0.006 |
| | $\alpha_s^\tau$ | 0.000 | 0.000 | 0.000 | 0.000 | 0.000 | 0.000 | 0.000 | 0.000 | 0.000 | 0.000 |
| 0.75 | $\alpha_s^z$ | 0.999 | 0.988 | 0.936 | 0.797 | 0.679 | 0.586 | 0.511 | 0.450 | 0.401 | 0.298 |
| | $\alpha_s^x$ | 0.935 | 0.685 | 0.469 | 0.215 | 0.143 | 0.087 | 0.055 | 0.037 | 0.026 | 0.010 |
| | $\alpha_s^\tau$ | 0.001 | 0.039 | 0.103 | 0.159 | 0.147 | 0.121 | 0.096 | 0.078 | 0.061 | 0.034 |
| 1.00 | $\alpha_s^z$ | 0.500 | 0.499 | 0.498 | 0.489 | 0.468 | 0.440 | 0.409 | 0.375 | 0.348 | 0.275 |
| | $\alpha_s^x$ | 0.494 | 0.437 | 0.376 | 0.269 | 0.188 | 0.130 | 0.091 | 0.067 | 0.047 | 0.020 |
| | $\alpha_s^\tau$ | 0.318 | 0.351 | 0.306 | 0.274 | 0.234 | 0.194 | 0.159 | 0.131 | 0.108 | 0.064 |
| 1.25 | $\alpha_s^z$ | 0.000 | 0.011 | 0.091 | 0.174 | 0.243 | 0.276 | 0.288 | 0.287 | 0.279 | 0.242 |
| | $\alpha_s^x$ | 0.021 | 0.180 | 0.270 | 0.274 | 0.221 | 0.169 | 0.127 | 0.096 | 0.073 | 0.035 |
| | $\alpha_s^\tau$ | 0.001 | 0.042 | 0.116 | 0.199 | 0.212 | 0.197 | 0.175 | 0.153 | 0.132 | 0.085 |

【例题 4-10】 某条形基础底面宽度 $b=1.4\mathrm{m}$，作用于基底的平均附加压力 $p=200\mathrm{kPa}$，求均布条形荷载中点 $O$ 下的地基附加应力 $\sigma_z$。

【解】 按式(4-19)计算，将结果列于表 4-14。

**条形荷载中点下竖向应力 $\sigma_z$ 计算表**　　　　表 4-14

| $z(\mathrm{m})$ | $x/b$ | $z/b$ | $\alpha_s^z$ | $\sigma_z(\mathrm{kPa})$ |
|---|---|---|---|---|
| 0 | 0.5 | 0 | 1.00 | 200 |
| 0.7 | 0.5 | 0.5 | 0.82 | 164 |
| 1.4 | 0.5 | 1.0 | 0.55 | 110 |
| 2.1 | 0.5 | 1.5 | 0.40 | 80 |
| 2.8 | 0.5 | 2.0 | 0.31 | 62 |

### 3. 三角形分布的竖向条形荷载

如图 4-30 所示,地基表面作用有三角形分布条形荷载,其最大值为 $p$,作用宽度为 $b$,按弗拉曼公式(4-16)~式(4-18)在宽度 $b$ 范围内积分可得地基中任意点 $M$ 的附加应力:

$$\sigma_z = \alpha_t^z p \qquad (4\text{-}22)$$

$$\sigma_x = \alpha_t^x p \qquad (4\text{-}23)$$

$$\tau_{xz} = \alpha_t^{\tau} p \qquad (4\text{-}24)$$

式中:$\alpha_t^z$、$\alpha_t^x$、$\alpha_t^{\tau}$——应力系数,是 $\dfrac{x}{b}$ 及 $\dfrac{z}{b}$ 的函数,可查表 4-15 得到。

注意,坐标轴原点是在三角形荷载的零点处。

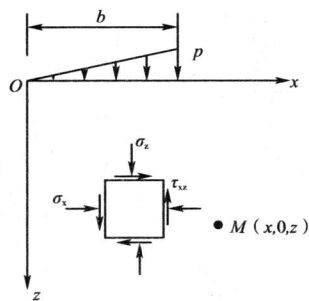

图 4-30 三角形分布竖向条形荷载
作用下地基附加应力

均布竖向三角形荷载作用下的应力系数值      表 4-15

| $x/b$ | | $z/b$ | | | | | | | | | |
|---|---|---|---|---|---|---|---|---|---|---|---|
| | | 0.01 | 0.1 | 0.2 | 0.4 | 0.6 | 0.8 | 1.0 | 1.2 | 1.4 | 2.0 |
| -0.50 | $\alpha_t^z$ | 0.000 | 0.000 | 0.002 | 0.014 | 0.031 | 0.049 | 0.065 | 0.076 | 0.084 | 0.089 |
| | $\alpha_t^x$ | 0.003 | 0.027 | 0.051 | 0.081 | 0.093 | 0.090 | 0.074 | 0.063 | 0.056 | 0.029 |
| | $\alpha_t^{\tau}$ | 0.000 | -0.003 | -0.011 | -0.032 | -0.051 | -0.063 | -0.068 | -0.067 | -0.064 | -0.050 |
| -0.25 | $\alpha_t^z$ | 0.000 | 0.002 | 0.009 | 0.036 | 0.066 | 0.089 | 0.104 | 0.111 | 0.114 | 0.108 |
| | $\alpha_t^x$ | 0.025 | 0.049 | 0.084 | 0.114 | 0.108 | 0.091 | 0.074 | 0.058 | 0.045 | 0.022 |
| | $\alpha_t^{\tau}$ | 0.000 | -0.008 | -0.025 | -0.060 | -0.080 | -0.085 | -0.083 | -0.077 | -0.069 | -0.048 |
| 0.00 | $\alpha_t^z$ | 0.003 | 0.032 | 0.061 | 0.010 | 0.140 | 0.155 | 0.159 | 0.154 | 0.151 | 0.127 |
| | $\alpha_t^x$ | 0.026 | 0.116 | 0.146 | 0.142 | 0.114 | 0.085 | 0.061 | 0.047 | 0.033 | 0.015 |
| | $\alpha_t^{\tau}$ | -0.005 | -0.044 | -0.075 | -0.108 | -0.112 | -0.104 | -0.091 | -0.081 | -0.066 | -0.041 |
| 0.25 | $\alpha_t^z$ | 0.249 | 0.251 | 0.255 | 0.263 | 0.258 | 0.243 | 0.244 | 0.204 | 0.186 | 0.143 |
| | $\alpha_t^x$ | 0.249 | 0.233 | 0.219 | 0.148 | 0.096 | 0.062 | 0.041 | 0.028 | 0.019 | 0.008 |
| | $\alpha_t^{\tau}$ | -0.010 | -0.078 | -0.129 | -0.138 | -0.123 | -0.100 | -0.079 | -0.065 | -0.051 | -0.028 |
| 0.50 | $\alpha_t^z$ | 0.500 | 0.498 | 0.489 | 0.441 | 0.378 | 0.321 | 0.275 | 0.239 | 0.210 | 0.153 |
| | $\alpha_t^x$ | 0.487 | 0.376 | 0.269 | 0.130 | 0.065 | -0.035 | 0.020 | 0.013 | -0.008 | 0.003 |
| | $\alpha_t^{\tau}$ | -0.010 | -0.075 | -0.108 | -0.104 | -0.077 | -0.056 | -0.040 | -0.030 | -0.023 | -0.012 |
| 0.75 | $\alpha_t^z$ | 0.750 | 0.737 | 0.682 | 0.534 | 0.421 | 0.343 | 0.286 | 0.246 | 0.215 | 0.155 |
| | $\alpha_t^x$ | 0.718 | 0.452 | 0.259 | 0.099 | 0.046 | 0.025 | 0.013 | 0.009 | 0.007 | 0.002 |
| | $\alpha_t^{\tau}$ | -0.009 | -0.040 | -0.016 | 0.020 | 0.025 | 0.021 | 0.017 | 0.014 | 0.010 | 0.006 |

| $x/b$ | | $z/b$ | | | | | | | | | |
|---|---|---|---|---|---|---|---|---|---|---|---|
| | | 0.01 | 0.1 | 0.2 | 0.4 | 0.6 | 0.8 | 1.0 | 1.2 | 1.4 | 2.0 |
| 1.00 | $\alpha_t^z$ | 0.497 | 0.468 | 0.437 | 0.379 | 0.328 | 0.285 | 0.250 | 0.221 | 0.198 | 0.147 |
| | $\alpha_t^x$ | 0.467 | 0.321 | 0.230 | 0.127 | 0.074 | 0.046 | 0.029 | 0.020 | 0.014 | 0.005 |
| | $\alpha_t^\tau$ | 0.313 | 0.272 | 0.231 | 0.167 | 0.122 | 0.090 | 0.068 | 0.053 | 0.042 | 0.023 |
| 1.25 | $\alpha_t^z$ | 0.000 | 0.010 | 0.050 | 0.137 | 0.177 | 0.188 | 0.184 | 0.176 | 0.165 | 0.134 |
| | $\alpha_t^x$ | 0.015 | 0.132 | 0.186 | 0.160 | 0.112 | 0.077 | 0.053 | 0.038 | 0.027 | 0.012 |
| | $\alpha_t^\tau$ | 0.001 | 0.034 | 0.091 | 0.139 | 0.132 | 0.112 | 0.092 | 0.076 | 0.062 | 0.037 |

【例题 4-11】 有一路堤如图 4-31a)所示,已知填土容重 $\gamma = 20\text{kN/m}^3$,求路堤中线下 $O$ 点 $(z = 0)$ 及 $M$ 点 $(z = 10\text{m})$ 的竖向应力 $\sigma_z$ 值。

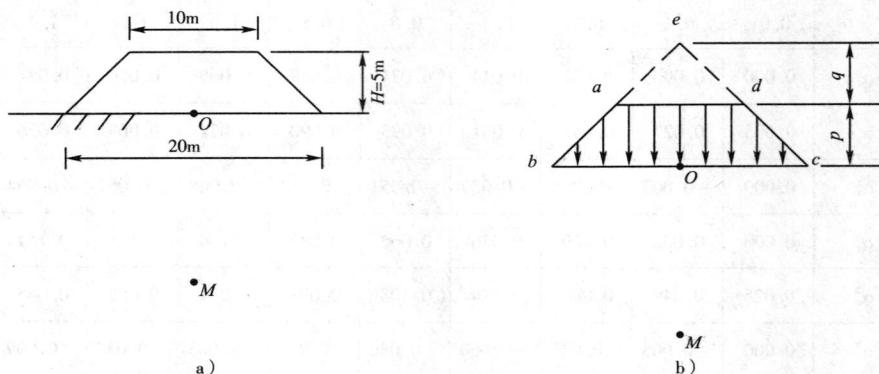

图 4-31 例题 4-11 图

【解】 路堤填土的重力所产生的荷载为梯形分布,如图 4-31b)所示。将梯形荷载($abcd$) 分解为两个三角形荷载($ebc$)及($ead$)之差,再用公式(4-22)进行叠加就可得到竖向应力 $\sigma_z$ 值。梯形荷载最大强度 $p = \gamma H = 20 \times 5 = 100\text{kPa}$,三角形荷载($ead$)最大强度 $q = p = 100\text{kPa}$。

$$\sigma_z = 2[\sigma_{z(ebo)} - \sigma_{z(eaf)}] = 2[\alpha_{t1}^z(p+q) - \alpha_{t2}^z q]$$

应力系数 $\alpha_{t1}^z$、$\alpha_{t2}^z$ 可由表 4-15 查得,将计算结果列于表 4-16 中。

三角形荷载($ebc$)及($ead$)作用下 $O$ 点及 $M$ 点的 $\sigma_z$ 计算表    表 4-16

| 荷载分布面积 | $\dfrac{x}{b}$ | $O$ 点($z=0$) | | | $M$ 点($z=10\text{m}$) | | |
|---|---|---|---|---|---|---|---|
| | | $z/b$ | $\alpha_{t1}^z$ | $\sigma_z = \alpha_{t1}^z(p+q)$ | $z/b$ | $\alpha_{t2}^z$ | $\sigma_z = \alpha_{t2}^z q$ |
| ($ebc$) | $\dfrac{10}{10} = 1$ | 0 | 0.500 | 100 | $\dfrac{10}{10} = 1$ | 0.241 | 48.2 |
| ($ead$) | $\dfrac{5}{5} = 1$ | 0 | 0.500 | 50 | $\dfrac{10}{5} = 2$ | 0.153 | 15.3 |

故得:$O$ 点竖向应力 $\sigma_z = 2 \times [100 - 50] = 100(\text{kPa})$

$M$ 点竖向应力 $\sigma_z = 2 \times [48.2 - 15.3] = 65.8(\text{kPa})$

#### 4. 均布的水平条形荷载

如图 4-32 所示，当地基表面作用有均布的水平条形荷载 $p$ 时（作用宽度为 $b$），地基下任一点的附加应力可利用弹性力学求得：

$$\sigma_z = \alpha_h^z p \qquad (4\text{-}25)$$

$$\sigma_x = \alpha_h^x p \qquad (4\text{-}26)$$

$$\tau_{xz} = \alpha_h^\tau p \qquad (4\text{-}27)$$

式中：$\alpha_h^z$、$\alpha_{ht}^x$、$\alpha_h^\tau$——应力系数，是 $\dfrac{x}{b}$ 及 $\dfrac{z}{b}$ 的函数，可查表 4-17 得到。

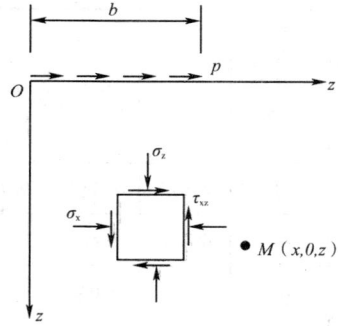

图 4-32 均布水平条形荷载作用下地基附加应力

均布水平条形荷载作用下的应力系数值        表 4-17

| x/b | | z/b | | | | | | | | | |
|---|---|---|---|---|---|---|---|---|---|---|---|
| | | 0.01 | 0.1 | 0.2 | 0.4 | 0.6 | 0.8 | 1.0 | 1.2 | 1.4 | 2.0 |
| -0.50 | $\alpha_h^z$ | 0.000 | -0.011 | -0.038 | -0.103 | -0.144 | -0.158 | -0.157 | -0.147 | -0.133 | -0.096 |
| | $\alpha_{ht}^x$ | -0.669 | -0.677 | -0.619 | -0.467 | -0.319 | -0.217 | -0.147 | -0.102 | -0.072 | -0.027 |
| | $\alpha_h^\tau$ | 0.008 | 0.082 | 0.147 | 0.208 | 0.204 | 0.177 | 0.146 | 0.117 | 0.094 | 0.049 |
| -0.25 | $\alpha_h^z$ | -0.001 | -0.042 | -0.116 | -0.199 | -0.212 | -0.197 | -0.175 | -0.153 | -0.132 | -0.085 |
| | $\alpha_{ht}^x$ | -1.204 | -0.935 | -0.756 | -0.453 | -0.270 | -0.167 | -0.105 | -0.068 | -0.045 | -0.017 |
| | $\alpha_h^\tau$ | 0.021 | 0.180 | 0.270 | 0.274 | 0.221 | 0.169 | 0.127 | 0.096 | 0.073 | 0.035 |
| 0.00 | $\alpha_h^z$ | -0.318 | -0.315 | -0.306 | -0.274 | -0.234 | -0.194 | -0.159 | -0.131 | -0.108 | -0.064 |
| | $\alpha_{ht}^x$ | -2.645 | -1.154 | -0.734 | -0.356 | -0.189 | -0.105 | -0.061 | -0.037 | -0.024 | -0.007 |
| | $\alpha_h^\tau$ | 0.494 | 0.437 | 0.376 | 0.269 | 0.188 | 0.130 | 0.091 | 0.067 | 0.047 | 0.020 |
| 0.25 | $\alpha_h^z$ | -0.001 | -0.039 | -0.103 | -0.159 | -0.147 | -0.121 | -0.096 | -0.078 | -0.061 | -0.034 |
| | $\alpha_{ht}^x$ | -0.697 | -0.618 | -0.459 | -0.216 | -0.101 | -0.050 | -0.027 | -0.013 | -0.009 | -0.003 |
| | $\alpha_h^\tau$ | 0.935 | 0.685 | 0.469 | 0.215 | 0.143 | 0.087 | 0.055 | 0.037 | 0.026 | 0.010 |
| 0.50 | $\alpha_h^z$ | 0.000 | 0.000 | 0.000 | 0.000 | 0.000 | 0.000 | 0.000 | 0.000 | 0.000 | 0.000 |
| | $\alpha_{ht}^x$ | 0.000 | 0.000 | 0.000 | 0.000 | 0.000 | 0.000 | 0.000 | 0.000 | 0.000 | 0.000 |
| | $\alpha_h^\tau$ | 0.848 | 0.752 | 0.538 | 0.260 | 0.129 | 0.070 | 0.040 | 0.026 | 0.017 | 0.006 |
| 0.75 | $\alpha_h^z$ | 0.001 | 0.039 | 0.103 | 0.109 | 0.147 | 0.121 | 0.096 | 0.078 | 0.061 | 0.034 |
| | $\alpha_{ht}^x$ | 0.697 | 0.618 | 0.459 | 0.216 | 0.101 | 0.050 | 0.027 | 0.013 | 0.009 | 0.003 |
| | $\alpha_h^\tau$ | 0.935 | 0.685 | 0.469 | 0.215 | 0.143 | 0.087 | 0.055 | 0.037 | 0.026 | 0.010 |

| x/b | | z/b | | | | | | | | | |
|---|---|---|---|---|---|---|---|---|---|---|---|
| | | 0.01 | 0.1 | 0.2 | 0.4 | 0.6 | 0.8 | 1.0 | 1.2 | 1.4 | 2.0 |
| 1.00 | $\alpha_h^z$ | 0.318 | 0.315 | 0.306 | 0.274 | 0.234 | 0.194 | 0.159 | 0.131 | 0.108 | 0.064 |
| | $\alpha_{ht}^z$ | 2.645 | 1.154 | 0.731 | 0.356 | 0.189 | 0.105 | 0.061 | 0.037 | 0.024 | 0.070 |
| | $\alpha_h^\tau$ | 0.494 | 0.437 | 0.376 | 0.269 | 0.188 | 0.130 | 0.091 | 0.067 | 0.047 | 0.020 |
| 1.25 | $\alpha_h^z$ | 0.001 | 0.042 | 0.116 | 0.199 | 0.212 | 0.197 | 0.175 | 0.153 | 0.132 | 0.085 |
| | $\alpha_{ht}^z$ | 1.024 | 0.937 | 0.759 | 0.456 | 0.272 | 0.167 | 0.105 | 0.068 | 0.045 | 0.015 |
| | $\alpha_h^\tau$ | 0.021 | 0.180 | 0.270 | 0.274 | 0.221 | 0.169 | 0.127 | 0.096 | 0.073 | 0.035 |

**【例题 4-12】** 混凝土挡墙底宽 $b = 6m$，单位长度墙重 $P = 2400kN$，墙背受水平土压力作用 $F = 400kN/m$，作用点如图 4-33 所示。试求图中 $M$ 点 $z = 7.2m$ 的垂直附加应力 $\sigma_z$。

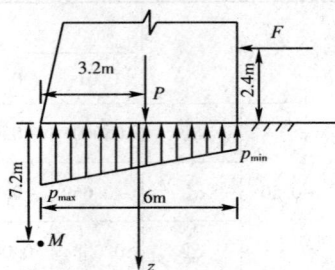

图 4-33　例题 4-12 图

**【解】**（1）求底面上合力偏心矩 $e_0$

$$e_0 = \frac{b}{2} - \frac{P \times 3.2 - F \times 2.4}{p} = \frac{6}{2} - \frac{2400 \times 3.2 - 400 \times 2.4}{2400} = 0.2(m)$$

（2）求基底压力

$$\frac{p_{max}}{p_{min}} = \frac{P}{b}\left(1 \pm \frac{6e_0}{b}\right) = \frac{2400}{6} \times \left(1 \pm \frac{6 \times 0.2}{6}\right) = \frac{480(kPa)}{320(kPa)}$$

（3）将基底压力分为均布荷载 $p = 320kPa$ 及三角形荷载 $p_t = 160kPa$，计算各种压力形式 $p$、$p_t$ 及 $p_h = \frac{400}{6} = 66.67kPa$ 引起的 $M$ 点的 $\sigma_z$，将计算结果列于表 4-18。

例题 4-12M 点的 $\sigma_z$ 计算表　　　　　　　表 4-18

| 压力形式 | $\dfrac{x}{b} = 1$　$z/b = 1.2$ | 附加应力（kPa） |
|---|---|---|
| | 应力系数 $\alpha$ | |
| $p = 320kPa$ | 0.375 | 120 |
| $p_t = 160kPa$ | 0.221 | 35.36 |
| $p_h = 66.67kN/m$ | 0.131 | 8.73 |

故 $M$ 点的垂直附加应力 $\sigma_z = 120 + 35.36 + 8.73 = 164.09(kPa)$。

# 第五节　影响土中附加应力分布的因素

本章是把地基土视为均质、各向同性的线弹性体，然后按弹性理论来计算附加应力的，实际工程中的地基土都在不同程度上与理想条件有所偏离，计算出的应力与实际土中的应力相比都有一定误差。如地基土的变形模量常随深度增加而增大，有的地基具有较明显的薄交互层状构造,有的则是由不同压缩性土层构成的成层地基等,这些因素都会影响附加应力的分布。这些问题考虑起来比较复杂,但从一些简单情况的解答中可以知道:对比非均质或各向异性地基和均质各向同性地基,对地基竖向附加应力 $\sigma_z$ 的影响,不外乎两种情况,一种是发生应力集中现象(见图 4-34a)),另一种则是发生应力扩散现象(见图 4-34b))。

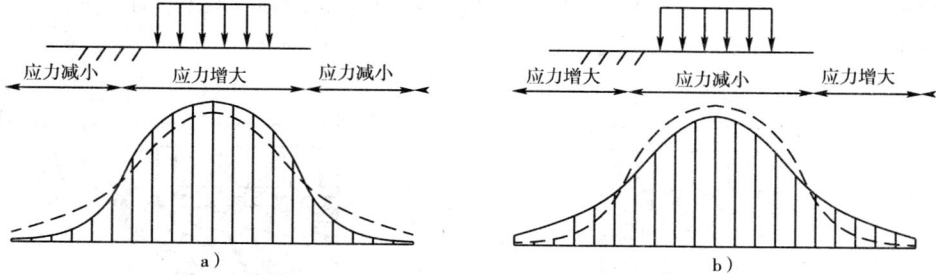

图 4-34　非均质和各向异性地基对附加应力的影响
(虚线表示均质地基中水平面上的附加应力分布)
a)发生应力集中;b)发生应力扩散

对于天然沉积形成的水平薄交互层地基,其水平向变形模量 $E_{0h}$ 常常大于竖向变形模量 $E_{0v}$。由于这一特性,这种地基土沿荷载中心线地基附加应力 $\sigma_z$ 分布将发生应力扩散现象(如图 4-32b)所示。

而对于天然形成的双层地基有两种可能的情况。

**1. 上软下硬土层**

基岩埋藏较浅,表层为可压缩土层。此时土层中的附加应力比均质土有所增加(见图 4-34a)),即存在应力集中现象。岩层埋藏越浅,应力集中现象越显著。当可压缩土层的厚度小于或等于荷载面积宽度的一半时,荷载面积下的附加应力几乎不扩散,即可认为中点下 $\sigma_z$ 不随深度变化。

**2. 上硬下软土层**

当土层出现上硬下软情况时,往往出现应力扩散现象(见图 4-34b))。坚硬上层厚度越大,应力扩散现象越显著。除此之外,还与双层地基的变形模量及泊松比有关,令参数

$$f = \frac{E_{01}(1 - \mu_2^2)}{E_{02}(1 - \mu_1^2)} \tag{4-28}$$

式中:$E_{01}$、$\mu_1$——坚硬上层的变形模量及泊松比;

$E_{02}$、$\mu_2$——软弱下层的变形模量及泊松比。

$f$ 越大,即应力扩散现象越显著。

在软土地区的表面有一层硬壳层,由于应力扩散作用,可以减少地基的沉降,所以设计时基础应该尽量浅埋,施工时也应采取保护措施,避免地基受到破坏。

# 第六节　有效应力原理

计算土中应力的目的是为了研究土体受力后的变形和强度问题。由于土是一种三相物质构成的散粒体,因此土体的变形和强度大小并不直接决定于土体所受的全部应力即总应力。

总应力的一部分由土颗粒间的接触面承担,称为有效应力;另一部分是由土体孔隙内的水及气体承担,称为孔隙应力(也称孔隙压力)。

考察图 4-35 所示的土体平衡条件,沿 $a-a$ 截面取脱离体,$a-a$ 截面是沿着截面上土颗粒间接触面截取的曲线状截面,在此截面上土颗粒接触面间的作用法向应力为 $\sigma_s$,各土颗粒间的接触面积之和为 $F_s$,孔隙内水压力为 $u_w$,气体压力为 $u_a$,相应面积分别是 $F_w$、$F_a$。由此建立平衡条件:

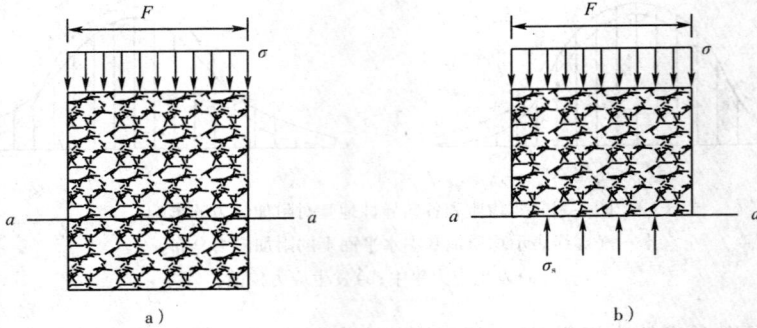

图 4-35　有效应力示意图

$$\sigma F = \sigma_s F_s + u_w F_w + u_a F_a \tag{4-29}$$

对于饱和土,式(4-26)中的 $u_a$、$F_a$ 均等于零,则

$$\sigma F = \sigma_s F_s + u_w F_w = \sigma_s F_s + u_w(F - F_s) \tag{4-30}$$

或

$$\sigma = \frac{\sigma_s F_s}{F} + u_w\left(1 - \frac{F_s}{F}\right) \tag{4-31}$$

由于土颗粒间的接触面积 $F_s$ 很小,毕肖普及伊尔定(Bishop and Eldin)根据粒状土的试验工作认为 $\dfrac{F_s}{F}$ 一般小于 0.03,有可能小于 0.01。因此式(4-31)中第二项中的 $\dfrac{F_s}{F}$ 可略去不计,而第一项中 $\sigma_s$ 很大,所以不能忽略。第一项 $\dfrac{\sigma_s F_s}{F}$ 实际上是土颗粒间的接触应力在截面积 $F$ 上的平均应力,称为土的有效应力,用 $\sigma'$ 表示,并用 $u$ 表示 $u_w$。故式(4-31)可写为

$$\sigma = \sigma' + u \tag{4-32}$$

式(4-32)就是有效应力公式。

土中任意点的孔隙水压力 $u$ 对各个方向的作用是相等的,因此它只能使土颗粒产生压缩(由于土颗粒本身的压缩量是很微小的,在土力学中均不考虑),而不能使土颗粒产生位移。土颗粒间的有效应力作用,则会引起土颗粒的位移,使孔隙体积改变,土体发生压缩变形。同时,有效应力的大小也影响土的抗剪强度。由此,得到土力学中很重要的有效应力原理:

(1)饱和土体的有效应力 $\sigma'$ 等于总应力 $\sigma$ 减去孔隙水压力 $u$;

(2)土的有效应力控制了土的变形(压缩)及强度。

对于非饱和土体来说,孔隙中既存在水,又存在气。由于水、气界面上的表面张力和弯液

面的存在,孔隙气压力 $u_a$ 往往大于孔隙水压力 $u_w$。对此,毕肖普等提出了修正公式:

$$\sigma = \sigma' + u_a - \chi(u_a - u_w) \tag{4-33}$$

式中,$\chi$ 是一个与饱和度有关的参数,对于饱和土体,$\chi = 1$;对于干土,$\chi = 0$。

由于有效应力是作用在土颗粒之间,很难直接测定,通常都是在已知总应力 $\sigma$ 和测定孔隙水压力 $u$ 之后,利用式(4-32)求得。

## 思 考 题

1. 什么是自重应力与附加应力?

2. 刚性基础与柔性基础的基底压力分布有何异同?

3. 基底压力在简化计算时需要哪些假定?

4. 在基底总压力不变的情况下,增大基础埋深度对土中应力分布有什么影响?

5. 有两个宽度不同的基础,其基底总压力相同,问在同一深度处,哪一个基础下产生的附加应力大,为什么?

6. 地下水位的升降,对土中应力分布有何影响?

7. 布西奈斯克课题假定荷载作用在地表面,而实际上基础都有一定的埋置,问这一假定将使土中应力的计算值偏大还是偏小?

## 习 题

1. 计算图 4-36 所示地基中的自重应力并绘出其分布图。已知各层土的性质:

细砂(水上):$\gamma = 17.5 \text{kN/m}^3$,$\gamma_s = 26.5 \text{kN/m}^3$,$w = 20\%$;

黏土:$\gamma = 18 \text{kN/m}^3$,$\gamma_s = 27.2 \text{kN/m}^3$,$w = 22\%$,$w_L = 48\%$,$w_P = 24\%$。

2. 图 4-37 所示基础为 L 形,基底附加压力为 $p = 200 \text{kPa}$,试求基础底面 $A$ 点下深 5m 处的竖向附加应力值。

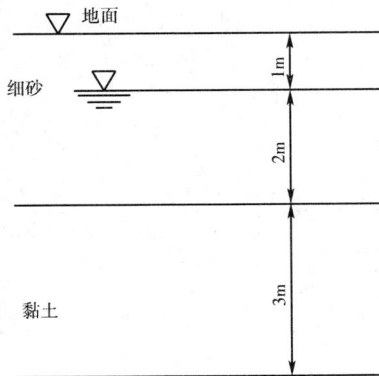

图 4-36  习题 1 图 习题 2 图

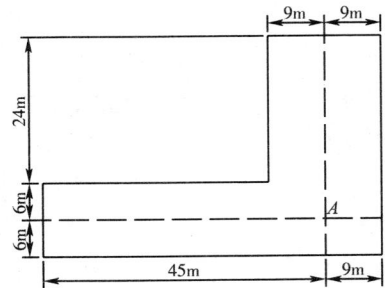

图 4-37  习题 2 图

3. 某条形基础的宽度为 2m,在梯形分布的条形附加压力荷载下,边缘处 $p_{max} = 200 \text{kPa}$,$p_{min} = 100 \text{kPa}$,试求基底中点下和边缘两点下各 4m 深度处的竖向附加应力。

4. 图 4-38 所示条形分布荷载 $p = 150 \text{kPa}$,计算 $G$ 点下深度 3m 处的竖向应力。

5. 图 4-39 表示某桥墩基础及土层剖面。已知基础底面尺寸 $b = 2\text{m}$,$l = 8\text{m}$。作用在基础底面中心处的荷载为:$N = 1120 \text{kN}$,$H = 0$,$M = 0$。计算在竖直荷载 $N$ 作用下,基础中心轴线上的土中自重应力及附加应力的分布。

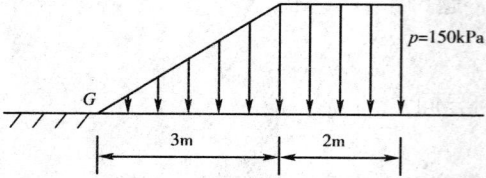

图 4-38　习题 5 图

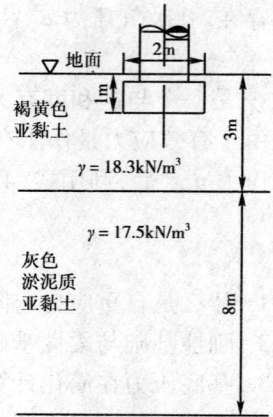

图 4-39　习题 4 图

# 第五章　土的变形特性与地基沉降计算

**教学内容:** 室内压缩试验,土的压缩性指标,地基沉降及计算,土的应力历史及其对地基沉降的影响,饱和土渗透固结理论,固结度、沉降与时间关系,沉降观测与分析。

**教学要求:** 掌握土的变形特性、地基沉降计算方法(分层总和法、应力面积法)、土的应力历史及土性判断、渗透固结理论、固结度计算以及沉降与时间关系计算。

**教学重点:** 土的压缩性指标,沉降计算方法,沉降与时间关系计算。

## 第一节　概　　述

当结构物通过它的基础将荷载传递到地基以后,在地基土中将产生附加应力和变形,从而导致结构物基础的下沉,工程上将荷载引起的基础下沉称为基础的沉降。土体受力后的变形可分为体积变形和形状变形。变形主要是由正应力引起,当剪应力超过一定范围时,土体将产生剪切破坏,此时的变形将不断发展。通常在地基中是不允许发生大范围剪切破坏的。本章讨论的基础沉降主要是由正应力引起的体积变形。如果基础的沉降量过大或产生过的不均匀沉降,不但降低结构物的使用价值,而且会导致墙体开裂、门窗歪斜、桥梁偏斜等破坏,严重时会造成结构物倾斜甚至倒塌。因此,为了保证结构的安全和正常使用,必须预先对结构物基础可能产生的最大沉降量和沉降差进行估算。如果结构物基础可能产生的最大沉降量和沉降差在规定的容许范围之内,那么该结构物的安全和正常使用一般是有保证的。因而,研究并合理地计算地基的变形,对保证结构物的安全和正常使用是极为重要的。

地基的变形计算,通常假定地基土压缩不允许侧向变形。本章首先介绍土体的压缩、变形特性;然后介绍饱和土的单向固结理论;最后介绍地基的沉降计算方法。

目前计算地基变形的方法,首先是把地基看成是均质的线性变形体,从而直接引用弹性力学公式来计算地基中的附加应力,然后利用某些简化的假设来解决成层土地基的沉降计算问题。

## 第二节　土的压缩性

### 一、基本概念

土体的变形或沉降是同土的压缩性能密切相关的。对于土体来说,体积变形通常表现为

体积缩小,我们把这种外力作用下土颗粒重新排列、土体体积缩小的特性称为土的压缩性。土的压缩性主要有两个特点:

(1)土的压缩主要是由于孔隙体积减小而引起,其中土颗粒本身的压缩量是非常小的,可不考虑,但土中水、气具有流动性,在外力作用下会沿着土中孔隙排出,从而引起土体积减小而发生压缩;

(2)饱和黏性土体中水体的排出需要时间,则由水体排出产生的压缩量是随时间变化的,这种土的压缩随时间增长的过程称为土的固结。

可以看出,土体的压缩性的研究主要包含了两方面的内容:一是压缩变形量的绝对大小,亦即沉降量大小,二是压缩变形随时间的变化,即所谓土体固结问题。

## 二、室内压缩试验与压缩性指标

### 1. 压缩试验与压缩曲线

室内压缩试验的主要目的是用压缩仪进行压缩试验,了解土的孔隙比随压力变化的规律,并测定土的压缩指标,评定土的压缩性高低。

在做压缩试验时,先用金属环刀切取原状土样,放入上下有透水石的压缩仪内,分级加载如图 5-1 所示。在每组荷载作用下(一般按 $p = 50$、$100$、$200$、$300$、$400$kPa 加载),压至变形稳定,测出土样的变形量,然后再加下一级荷载,测记每级压力下不同时间的土样竖向变形(压缩量)$\Delta h_t$ 以及压缩稳定时的变形量 $\Delta h$,据此计算并绘制不同压力 $p$ 时的 $\Delta h_t$—t 曲线和 $\Delta h$—$p$ 关系曲线或者孔隙比 $e$ 与压力 $p$ 的关系曲线,如图 5-2 所示。在压缩过程中,土样在金属环内不会有侧向膨胀,只有竖向变形,这种方法称为侧限压缩试验。

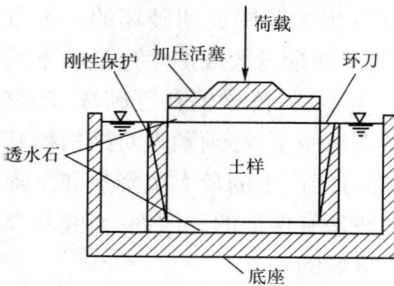

图 5-1　压缩仪简图

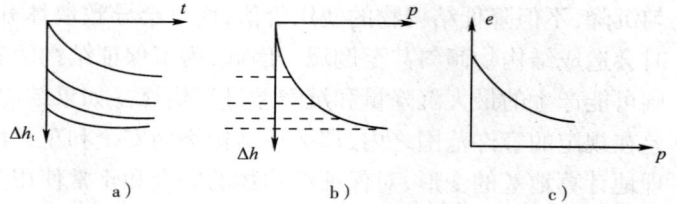

图 5-2　压缩试验曲线

a)$\Delta h_t$—t 关系曲线;b)$\Delta h$—$p$ 关系曲线;c)$e$—$p$ 关系曲线

土样在压缩荷载作用下的体积变形可表示为图 5-3。设土样原始高度为 $h_0$,土样的横截面面积为 $F$(即压缩仪容器的底面积),此时,土样的原始孔隙比 $e_0$ 和土颗粒体积 $V_s$ 可用下式表示:

$$e_0 = \frac{V_v}{V_s} = \frac{Fh_0 - V_s}{V_s} \tag{5-1}$$

$$V_s = \frac{Fh_0}{1 + e_0} \tag{5-2}$$

当压力达到某级荷载 $p_i$ 时,测出土样的稳定变形量为 $s_i$,此时土样高度为 $h_0 - s_i$,对应的孔隙比为 $e_i$,则土颗粒体积为:

90

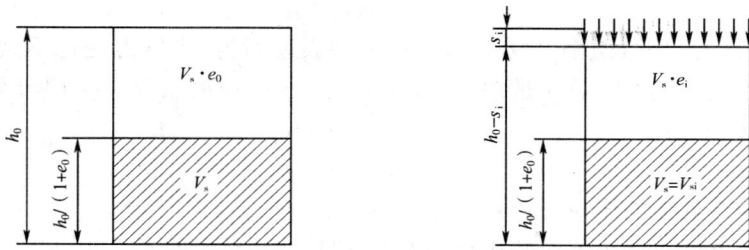

图 5-3 压缩试验中体积变化

$$V_{si} = \frac{F(h_0 - s_i)}{1 + e_i} \tag{5-3}$$

在实际地基常遇到的压力范围内,土颗粒本身的压缩量很小,常忽略不计,$V_s = V_{si}$,则有:

$$\frac{Fh_0}{1 + e_0} = \frac{F(h_0 - s_i)}{1 + e_i} \tag{5-4}$$

即

$$s_i = \frac{e_0 - e_i}{1 + e_0} h_0 \tag{5-5}$$

或

$$e_i = e_0 - \frac{s_i}{h_0}(1 + e_0) \tag{5-6}$$

整理压缩试验结果时,根据某级荷载下的变形量 $s_i$,按式(5-6)求得相应的孔隙比 $e_i$,然后以试验的压力 $p$ 为横坐标,孔隙比 $e$ 为纵坐标,绘制 $e$—$p$ 关系曲线图(图 5-4),称为压缩曲线图。

这是目前工程中常用的表示土体压缩特性的一种关系曲线,它是用普通尺度的直角坐标系统表示的。在实用中还有另一种表示压缩曲线的方法,即半对数直角坐标系统的 $e$—$\lg p$ 曲线(如图 5-5)。

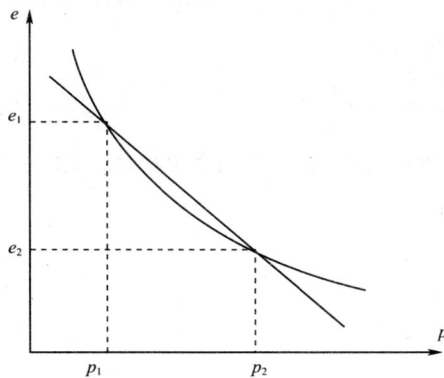

图 5-4　压缩曲线

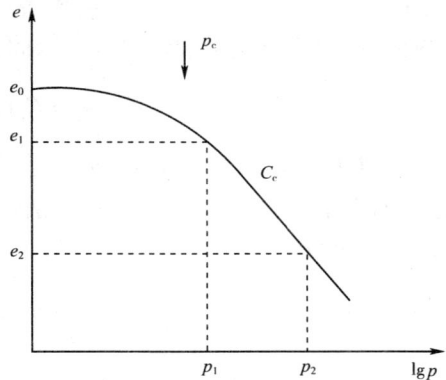

图 5-5　$e$—$\lg p$ 的曲线

## 2. 压缩性指标

### (1)土的压缩系数和压缩指数

不同的土体具有不同的压缩性,因而也就有形状不同的压缩曲线,它反映了土的孔隙比随压力的增大而减小的规律。在假定土体为各向同性的线弹性体前提下,压缩曲线所反映的非线性压缩规律被简化成线性的关系,即在一般的压力变化范围内,用一段割线近似地代替该段曲线(如图 5-4),此时则有:

$$e_1 - e_2 = a(p_2 - p_1) \qquad (5-7)$$

式(5-7)便是土的压缩定律的表达式。用文字表述即为：当压力变化不大时，孔隙比变化与压力变化成正比。比例常数 $a$ 是割线的斜率，称为土的压缩系数，量纲为 1/kPa 或 1/MPa。

$$a = -\frac{\Delta e}{\Delta p} = \frac{e_1 - e_2}{p_2 - p_1} \qquad (5-8)$$

式中：$a$——计算点处土的压缩系数；

$p_1$——计算点处土体压缩前的初始压力，一般取为土体的自重应力，kPa 或 MPa；

$p_2$——土体现有应力，一般取为土的自重应力与附加应力之和，kPa 或 MPa；

$e_1$——在 $p_1$ 作用下土体压缩稳定后的孔隙比；

$e_2$——在 $p_2$ 作用下土体压缩稳定后的孔隙比。

若压缩曲线越陡，压缩系数就越大，这意味着这种土体随着压力的增加，孔隙比的减小越显著，其压缩性就越高。

严格地说，压缩系数 $a$ 不是常数，在低应力状态下土的压缩性高，随着压力的增加，土体逐渐被压密，压缩性降低。工程实用上常以 $p = 100 \sim 200$kPa 时的压缩系数 $a_{1-2}$ 作为评价土层压缩性的标准，如表 5-1 所示。

土 的 压 缩 性                         表 5-1

| 压 缩 性 | $a_{1-2}$(1/MPa) | 压缩指数 $C_c$ |
|---|---|---|
| 高压缩性 | $\geq 0.5$ | $> 0.4$ |
| 中压缩性 | $0.1 \sim 0.5$ | $0.2 \sim 0.4$ |
| 低压缩性 | $\leq 0.1$ | $< 0.2$ |

土的压缩曲线也可用 $e-\lg p$ 曲线表示（如图 5-5）。从 $e-\lg p$ 曲线可见，当压力强度超过某一数值后，曲线近似呈线性关系。因此，压缩定律可写为：

$$e_1 - e_2 = C_c(\lg p_2 - \lg p_1) = C_c \lg\left(\frac{p_2}{p_1}\right) \qquad (5-9)$$

即孔隙比变化与压力的对数值变化成正比。比例常数 $C_c$ 是该直线段的斜率，称为压缩指数，是无因次量。它也是表征土的压缩性的重要指标。

从式(5-9)得

$$C_c = \frac{e_1 - e_2}{\lg \dfrac{p_2}{p_1}} \qquad (5-10)$$

显然，与土的压缩系数类似，压缩指数越大，则土的压缩性越高，具体评价标准见表 5-1。

（2）土体的压缩模量和体积压缩系数

压缩系数 $a$ 是土的一种重要的压缩性指标。在图 5-4 中，若在简化的一段直线段内，根据弹性力学的虎克定律原理可求出另一个压缩性指标压缩模量 $E_s$。

由式(5-1)可得某一级压力增量下的竖向应变 $\varepsilon_z$ 为

$$\varepsilon_z = \frac{\Delta h}{h_1} = \frac{\Delta e}{1 + e_1} \qquad (5-11)$$

综合式(5-8)、式(5-11)可得

$$p_2 - p_1 = \frac{1 + e_1}{a} \varepsilon_z$$

取
$$E_s = \frac{1 + e_1}{a} \tag{5-12}$$

$E_s$ 称为土的压缩模量,量纲为 kPa 或 MPa。它表示土体在无侧胀条件下竖向应力与竖向应变的比值。$E_s$ 越小,土体的压缩性越高,与土的压缩系数一样,当用 $a_{1-2}$ 代入式(5-12)求 $E_s$ 时,所得的压缩模量为 $E_{s(1-2)}$,实用上它常作为常数用于估算地基的沉降量。

土的体积压缩系数是与土的压缩模量相对应的另一压缩性指标,其定义是土在完全侧限条件下体积应变增量与使之产生的竖向应力增量的比值,即:

$$m_v = \frac{\Delta \varepsilon_v}{\Delta \sigma_z} \tag{5-13}$$

式中:$m_v$——体积压缩系数,$kPa^{-1}$ 或 $MPa^{-1}$;

$\Delta \varepsilon_v$——体积应变增量。

在有侧限条件下,土的体积应变应等于竖向应变,即 $\Delta \varepsilon_v = \Delta \varepsilon_z$,所以有

$$m_v = \frac{\Delta \varepsilon_z}{\Delta p} = \frac{1}{E_s} = \frac{a}{1 + e_1} \tag{5-14}$$

由此可见,土的体积压缩系数即为土的压缩模量的倒数,其值越大,则土的压缩性越高。相对而言,土的压缩模量在国内使用较多,而国外使用较多的是体积压缩系数。

(3)土的变形模量

除了土的压缩系数、压缩指数和压缩模量外,表征土的压缩性的指标还有土的变形模量,其定义是土在无侧限条件下的竖向应力增量与相应竖向应变增量之比,即

$$E_0 = \frac{\Delta \sigma_z}{\Delta \varepsilon_z} \tag{5-15}$$

由此可见,土的变形模量 $E_0$ 与弹性力学中材料的弹性模量 $E$ 的定义相同。然而,与连续介质材料不同,土的变形模量与试验条件,尤其是排水条件密切相关。对于不同排水条件,$E_0$ 具有不同的值。一般而言,土的不排水变形模量(此时式(5-15)中的应力为总应力)大于土的排水变形模量(此时式(5-15)中的应力为有效应力)。

土的排水变形模量与压缩模量理论上可以相互换算,即 $E_0$ 可通过 $E_s$ 来求得,其关系式为:

$$E_0 = \frac{(1 + \mu)(1 - 2\mu)}{1 - \mu} E_s = \beta E_s \tag{5-16}$$

一般情况下,$0 < \mu < 0.5$,故 $0 < \beta < 1$,$E_0 < E_s$,因此土的排水变形模量大于土的压缩模量。

# 第三节　地基的最终沉降量计算

地基沉降量包括两方面内容,一是最终沉降量,二是沉降量的时间过程(固结理论)。一般地说,地基最终沉降量也就是地基的最大沉降量,这是工程中首先需要关心的问题。本节将介绍计算最终沉降量的方法。

地基土在外力作用下的变形经历着三种不同的阶段,表现为三种类型的变形特征:瞬时变

形 $s_d$、固结变形 $s_c$ 以及次固结变形 $s_s$,则地基的总变形量 $s$ 应为:

$$s = s_d + s_c + s_s \qquad (5-17)$$

(1)瞬时变形(瞬时沉降)$s_d$:在加荷瞬间,土中孔隙水来不及排出,孔隙体积没有变化即土体不产生体积变化,但荷载使土产生偏斜变形。这一种变形与地基的侧向变形密切相关,是考虑了侧向变形的地基沉降计算,在实用上可以用弹性理论的公式计算。

(2)固结变形(固结沉降)$s_c$:即孔隙水排出,孔隙压力转换成有效应力,土体逐渐压密产生的体积压缩变形。计算方法可采用分层总和法。

(3)次固结变形(次固结沉降)$s_s$:这一变形阶段是在土中孔隙水完全排除,土固结已经结束以后发生的变形,目前认为这是土骨架黏滞蠕变所致。其变形量由下式计算:

$$s_s = \sum_1^n \frac{C_{ai}}{1 + e_{1i}} \lg\left(\frac{t_2}{t_1}\right) h_i \qquad (5-18)$$

式中:$C_{ai}$——第 $i$ 分层土的次固结系数,由试验确定;

$e_{1i}$——第 $i$ 层土的初始孔隙比;

$h_i$——第 $i$ 层土的厚度;

$t_1$、$t_2$——分别为排水固结所需的时间以及计算次固结所需的时间。

在这之前,人们已经提出了许多计算最终沉降量的方法。尽管它们在计算关系式的形式上各不相同,但其共同点或必须具备的条件都是需要已知地基土中由于外荷载所产生的应力和土的应力—应变关系(物理方程)以及相关的计算指标或参数。长期以来,为地基沉降计算所广泛采用的应力—应变关系仍是弹性力学中的虎克定律,亦即假定地基土是线弹性体。有了这个基本的假定,便可以方便地应用弹性力学中的有关解答,其中特别是半无限弹性空间的应力解答。

目前在众多的沉降计算方法有弹性力学方法、分层总和法、应力面积法等。

**一、计算地基最终沉降量的弹性力学方法计算**

地基最终沉降量的弹性力学计算方法是以布辛奈斯克问题的位移解为依据的,其假定地基为半无限的各向同性的直线变形体。如图5-6 所示,在弹性单空间表面作用有竖向集中荷载 $P$,荷载作用面上任意一点 $M(x,y)$ 的沉降可用表面位移 $w(x,y,0)$ 来表达,应用布西奈斯克的竖向位移解答即得

$$s = \frac{P(1-\mu^2)}{\pi r E} = \frac{P(1-\mu^2)}{\pi E \sqrt{x^2 + y^2}} \qquad (5-19)$$

图 5-6 集中力作用下地基表面的沉降曲线

式中:$\mu$——土的泊松比;

$E$——土的变形模量;

$r$——地基表面任意点到集中力 $P$ 作用点的距离。

对于局部荷载作用下的地基沉降量,则可利用式(5-19),并根据叠加原理求得。如图5-7所示,在荷载作用面积范围内进行积分得到计算地基最终沉降量。设荷载面积 $A$ 内 $N(\xi, \eta)$ 点处的分布荷载为 $p_0(\xi, \eta)$,则该点微面积上的分布荷载可用集中力 $P = p_0(\xi, \eta)\mathrm{d}\xi\mathrm{d}\eta$ 代替,于是,地面上与 $N$ 点距离 $r = \sqrt{(x-\xi)^2 + (y-\eta)^2}$ 的 $M(x,y)$ 点的沉降 $s(x,y)$ 可由式(5-19)积分求得

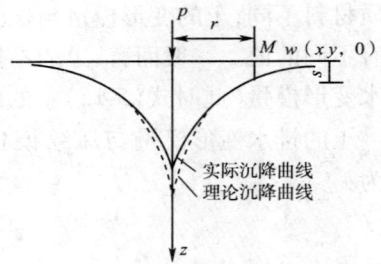

$$s(x,y) = \frac{(1-\mu^2)}{\pi E} \iint\limits_{A} \frac{p_0(\xi,\eta)\,\mathrm{d}\xi\,\mathrm{d}\eta}{\sqrt{(x-\xi)^2 + (y-\eta)^2}} \tag{5-20}$$

从式(5-20)可以看出,如果知道了应力分布就可以求得沉降;反之,若沉降已知也可反算出应力分布。

式(5-20)的求解与基础刚度、形状、尺寸大小及计算点位置等因素有关。

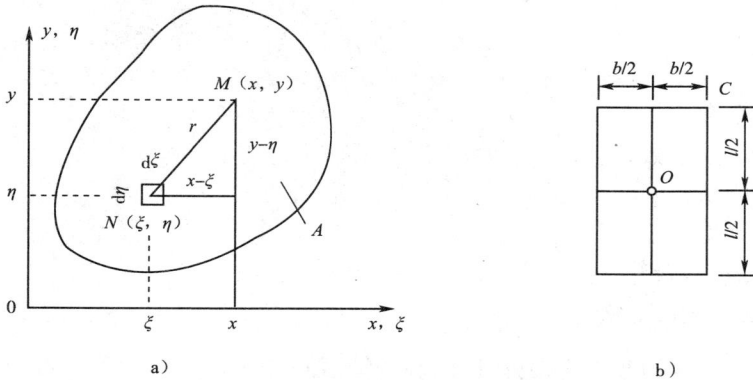

图 5-7  局部荷载下的地面沉降

## 二、计算最终沉降量的分层总和法

### 1. 一维压缩问题

在厚度为 $H$ 的均匀土层上面施加连续均匀荷载 $p$,如图 5-8a)所示,这时土层只能在竖直方向发生压缩变形,而不可能有侧向变形,这与侧限压缩试验中的情况基本一样,属一维压缩问题。

施加外荷载之前,土层中的自重应力为图 5-8b)中 $OBA$;施加 $p$ 之后,土层中引起的附加应力分布为 $OCDA$。对整个土层来说,施加外荷载前后存在于土层中的平均竖向应力分别为 $p_1 = \gamma H/2$ 和 $p_2 = p_1 + p$。从土的压缩试验曲线(如图 5-8c)可以看出,竖向应力从 $p_1$ 增加到 $p_2$,将引起土的孔隙比从 $e_1$ 减小为 $e_2$。因此,可求得一维条件下土层的压缩变形与土的孔隙比的变化之间存在如下关系:

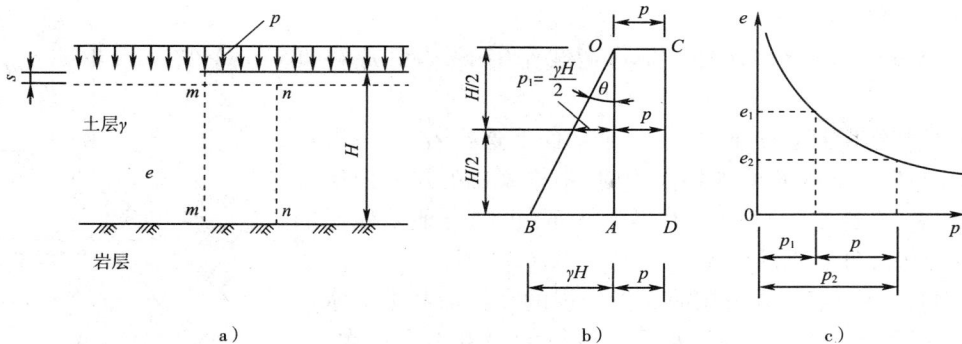

图 5-8  土层一维压缩

95

$$s = \frac{e_1 - e_2}{1 + e_1} H \qquad (5\text{-}21)$$

该式即为土层一维压缩变形量的基本计算公式。式(5-21)也可改写为

$$s = \frac{a}{1 + e_1}(p_2 - p_1)H = \frac{a}{1 + e_1}pH \qquad (5\text{-}22)$$

或

$$s = \frac{a}{1 + e_1}A = m_v A \qquad (5\text{-}23)$$

或

$$s = \frac{p}{E_s}H \qquad (5\text{-}24)$$

式中: $a$ ——压缩系数;

     $m_v$ ——体积压缩系数;

     $E_s$ ——压缩模量;

     $H$ ——土层厚度;

     $A$ ——附加应力面积。

**2. 沉降计算的分层总和法**

分层总和法是假定地基土为线弹性体,在外荷载作用下的变形只发生在有限厚度的范围内(即压缩层),将地基压缩层厚度内的基础中心点下地基土分层,分别求出各分层的应力,然后用土的应力—应变关系求出各分层的变形量 $s_i$,累加起来即为地基的沉降量。

即

$$s = \sum_{i=1}^{n} s_i \qquad (5\text{-}25)$$

式中: $n$ ——计算深度范围内土的分层数。

计算时,假设土层只发生竖向压缩变形,没有侧向变形, $s_i$ 可按式(5-21)~式(5-24)中任一式进行计算。

1)计算所需的基本资料

(1)基础(即荷载面积)的形状、尺寸大小以及埋置深度。

(2)荷载:来自上部结构传给基础以及地基的荷载(包括静载和活荷载),但沉降计算只考虑全部静载而不考虑活载对地基沉降的影响。根据总的静荷载(包括基础重力和基础台阶上土的重力,需要时还要加上相邻基础的影响荷载值)计算作用于基底的压力。

(3)地基土层剖面(包括地下水位)和各土层的物理力学指标以及压缩曲线。

2)计算过程

如图5-9所示桥墩基础,在条形荷载作用下,求其最终沉降量。

(1)选择沉降计算剖面,在每一个剖面上选择若干计算点,在计算基底压力和地基中附加应力时,根据基础的尺寸及所受荷载的性质,求得基底压力的大小和分布;再结合地基地层的性状,选择沉降计算点的位置。

(2)将地基分层。在分层时天然土层的交界面和地下水位面应为分层面,同时在同一类土层中分层的厚度不宜过大,一般取分层厚 $h_i \leqslant 0.4b$ 或 $h_i = 1 \sim 2\text{m}$, $b$ 为基础宽度。

(3)求得计算点垂线上各分层层面上土的自重应力 $\sigma_c$ (应

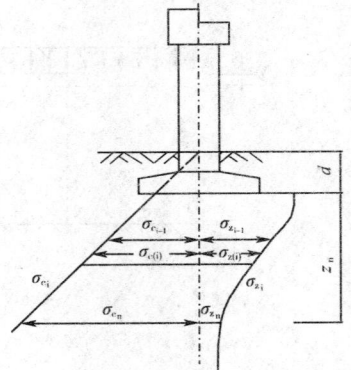

图5-9 分层总和法沉降计算

96

从地面算起)并绘制分布曲线,如图 5-9 所示。

(4)求出计算点垂线上各分层层面上土的竖向附加应力 $\sigma_z$ 并绘制分布曲线,取 $\sigma_{z_n} = 0.2\sigma_{c_n}$(中、低压缩土)或 $\sigma_{z_n} = 0.1\sigma_{c_n}$(高压缩土)处的土层深度为沉降计算的土层深度。

(5)求出各分层的平均自重应力 $\sigma_{c(i)}$ 和平均附加应力 $\sigma_{z(i)}$,如图 5-9 所示。

$$\sigma_{c(i)} = \frac{1}{2}(\sigma_{c_{i-1}} + \sigma_{c_i}) \tag{5-26}$$

$$\sigma_{z(i)} = \frac{1}{2}(\sigma_{z_{i-1}} + \sigma_{z_i}) \tag{5-27}$$

式中:$\sigma_{c_{i-1}}$、$\sigma_{c_i}$——分别为分层 $i$ 的顶面和底面的自重应力;

$\sigma_{z_{i-1}}$、$\sigma_{z_i}$——分别为分层 $i$ 的顶面和底面的附加应力。

(6)计算各分层土的压缩变形量 $s_i$,认为式(5-32)计算平均自重应力 $\sigma_{c(i)}$ 作为作用于分层 $i$ 上的初始压力 $p_{1i}$,将公式(5-33)计算的平均附加应力 $\sigma_{z(i)}$ 作为作用在分层 $i$ 上的压力增量 $\Delta p_i$,亦即:

$$p_{1i} = \sigma_{c(i)}$$

$$p_{2i} = p_{1i} + \Delta p_i = \sigma_{c(i)} + \sigma_{z(i)}$$

则由于附加应力增量所产生的变形量 $s_i$ 可由式(5-21)~式(5-24)中任一式进行计算。

(7)按式(5-25)总和计算基础各点的沉降量。基础中点沉降量可视为基础平均沉降量。

3. 分层总和法沉降计算示例

【例题 5-1】 计算图 5-10 所示桥墩基础中点处地基的最终沉降量。

已知桥墩基础构造和地基土层剖面如图 5-10 所示,土的物理力学性质指标如表 5-2 所列。

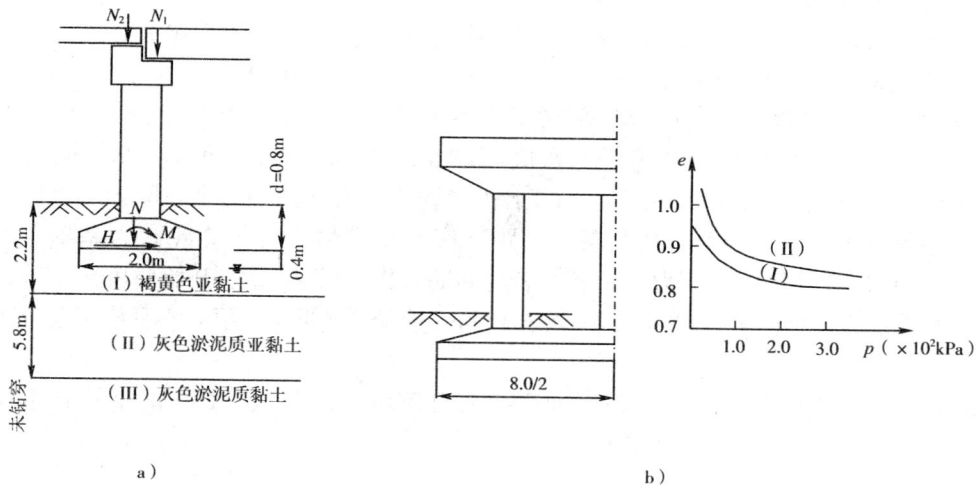

图 5-10　例题 5-1 图
a)桥墩构造及土层剖面;b)第(I)、(II)层土的压缩曲线

| 土层＼指标 | 土层厚(m) | 重度 $\gamma$ | 土粒重度 $\gamma_s$ | 含水率 $w(\%)$ | 孔隙比 $e_0$ | 塑性指数 $I_p$ | 压缩系数 $a_{1-2}$ ($\times 10^{-2}$/kPa) | 不同压力下的孔隙比 压力 $p(\times 10^2 \text{kPa})$ | | | |
|---|---|---|---|---|---|---|---|---|---|---|---|
| | | | | | | | | 0.5 | 1.0 | 2.0 | 3.0 |
| 褐黄色亚黏土 | 2.20 | 18.3 | 27.3 | 30.0 | 0.942 | 16.2 | 0.048 | 0.889 | 0.855 | 0.807 | 0.773 |
| 灰色淤泥质亚黏土 | 5.80 | 17.9 | 27.2 | 34.6 | 1.045 | 10.5 | 0.043 | 0.925 | 0.891 | 0.848 | 0.823 |
| 灰色淤泥质黏土 | 未钻穿 | 17.6 | 27.4 | 40.1 | 1.175 | 19.3 | 0.082 | — | — | — | — |

**【解】** 由图表数据可知:基础为矩形,尺寸:长 $L = 8\text{m}$,宽 $b = 2\text{m}$,面积 $F = 2 \times 8 = 16\text{m}^2$,埋深 $d = 0.8\text{m}$,地下水位在基底以下 0.4m 处,基础下的地基持力层是褐黄色亚黏土层,其下卧层为灰色淤泥质亚黏土层。这两层土的压缩曲线示于图 5-10b)中。

荷载[①]:桥墩左右两孔上部结构传来的静载分别是 $N_1 = 404.2\text{kN}$,$N_2 = 329.6\text{kN}$,桥墩的重力(包括基础与台阶上土的重力)$N_3 = 372.8\text{kN}$,则全部静载 $N = N_1 + N_2 + N_3 = 1106.6\text{kN}$。作用于基底的作用压力 $p$ 为

$$p = \frac{N}{F} = \frac{1106.6}{16} = 69.2(\text{kN/m}^2) = 69.2(\text{kPa})$$

根据上述基本资料,沉降计算步骤如下:

(1)绘制地基土层剖面和基础布置示意图,标明地下水位,即如图 5-10 所示。

(2)自基底往下作出计算所需分层。

一般每一分层厚度取 $h_i \leqslant 0.4b$。但对于土性有变化的位置(如土层分界面,地下水位处)宜作为分层面,为此,本例题第①分层底面取在地下水位处,厚度 $h_1 = 0.4\text{m}$,第②分层在土层(Ⅰ)(Ⅱ)之分界面处,厚度 $h_2 = 1\text{m}$(比 $0.4b = 0.8\text{m}$ 略大些)。往下分层进入(Ⅱ)土层,但第③分层仍可取 $h_3 = 1\text{m}$,则此层底面距离底的距离恰好等于 2.4m,为基础宽度 $b$ 的 1.2 倍,这样可以在计算附加应力时少做查表内插的工作,从第④分层开始便可按 $h_1 = 0.4b = 0.8\text{m}$ 继续划分下去。即 $h_4 = 0.8\text{m}, \cdots, h_9 = 0.8\text{m}$,恰至第(Ⅱ)土层(淤泥质亚黏土层)的底面。

(3)计算基础底面及每一分层顶面和底面的自重应力以及该分层 $i$ 的平均自重应力值(表 5-3),作出自重应力沿深度分布图。

---

[①]此处荷载按《公路桥涵地基与基础设计规范》(JTG 024—85),沉降计算仅考虑结构重力和土重,即仅计恒载。若根据《公路桥涵地基与基础设计规范》(JTG D63—2007)第 1.0.9 条,沉降计算的荷载效应按正常使用极限状态下荷载长期效应组合,即考虑永久荷载(仅指结构自重、土侧压力及浮力)和可变荷载(仅指汽车和人群荷载)。

## 用分层总和法计算地基最终沉降量表　　　表 5-3

| $z$ (m) | $h_i$ (m) | 自重应力 | $\dfrac{z}{b}$ | $a_0$ | 附加应力 | $\sigma_{c(i)}$ (kPa) | $\sigma_{z(i)}$ (kPa) | $\sigma_{(ci)}+\sigma_{z(i)}$ (kPa) | 孔隙比 | | $s_i$ (cm) |
|---|---|---|---|---|---|---|---|---|---|---|---|
| 0 | | 14.6 | 0 | 1.000 | 54.6 | | | | | | |
| | 0.4 | | | | | 18.4 | 53.9 | 72.2 | 0.922 | 0.873 | 1.02 |
| 0.4 | | 22.0 | 0.2 | 0.977 | 53.3 | | | | | | |
| | 1.0 | | | | | 26.5 | 45.6 | 72.1 | 0.914 | 0.873 | 2.14 |
| 1.4 | | 31.0 | 0.7 | 0.695 | 37.9 | | | | | | |
| | 1.0 | | | | | 35.3 | 31.5 | 66.5 | 0.960 | 0.913 | 2.40 |
| 2.4 | | 39.5 | 1.2 | 0.462 | 25.1 | | | | | | |
| | 0.8 | | | | | 41.9 | 22.0 | 63.9 | 0.945 | 0.915 | 1.23 |
| 3.2 | | 46.3 | 1.6 | 0.348 | 18.9 | | | | | | |
| | 0.8 | | | | | 49.7 | 16.8 | 66.5 | 0.925 | 0.914 | 0.46 |
| 4.0 | | 53.1 | 2.0 | 0.270 | 14.7 | | | | | | |
| | 0.8 | | | | | 56.5 | 13.2 | 69.7 | 0.920 | 0.911 | 0.375 |
| 4.8 | | 59.9 | 2.4 | 0.216 | 11.7 | | | | | | |
| | 0.8 | | | | | 63.3 | 10.5 | 73.8 | 0.916 | 0.909 | 0.29 |
| 5.6 | | 66.7 | 2.8 | 0.173 | 9.4 | | | | | | |
| | 0.8 | | | | | 70.1 | 8.5 | 78.6 | 0.911 | 0.906 | 0.21 |
| 6.4 | | 73.5 | 3.2 | 0.142 | 7.7 | | | | | | |
| | 0.8 | | | | | 76.9 | 7.05 | 83.9 | 0.907 | 0.902 | 0.21 |
| 7.2 | | 80.3 | 3.6 | 0.117 | 6.4 | | | | | | |

例如，基底处：$\sigma_{cz}=\gamma d=18.3\times0.8=14.6(\text{kPa})$

又如，第②分层中：

顶面处的 1 点，$z=0.4\text{m}$，$\gamma=18.3\text{kN/m}^3$

$$\sigma_{c_1}=14.6+18.3\times0.4=22.0(\text{kPa})$$

底面的 2 点，$z=2.2\text{m}$，但在地下水位以下

$$\gamma'=\frac{\gamma(\gamma_s-\gamma_w)}{\gamma_s(1+\omega)}=\frac{18.3(27.3-9.81)}{27.3\times1.3}=9.02(\text{kN/m}^3)$$

所以　　$\sigma_{c_2}=22.0+9.02\times1=31.0(\text{kPa})$

第②分层的平均自重应力

$$\sigma_{c(2)}=\frac{1}{2}(\sigma_{c_1}+\sigma_{c_2})=\frac{1}{2}(22.0+31.0)=26.5(\text{kPa})$$

其他分层计算类似，此处略。

（4）计算基底和每一分层的顶、底面处的附加应力以及该层的平均附加应力值（表 5-3）并确定压缩层计算深度。

例如，基底处：$p_0=p-\sigma_{c0}=69.2-14.6=54.6(\text{kPa})$

又如，第②分层的附加应力计算。可按前面所述，根据 $L/b$ 和 $z/b$ 查应力分布系数 $a$ 表求取 $a$ 值，则附加应力 $\sigma_z=ap_0$，所以对于第②分层：

顶面处的 1 点，$z=0.4\text{m}$，$z/b=0.2$，$a=0.977$

$$\sigma_{z_1} = 0.977 \times 54.6 = 53.3 (\text{kPa})$$

底面处的 2 点，$z = 1.4\text{m}, z/b = 0.7, a = 0.695$

$$\sigma_{z_2} = 0.695 \times 54.6 = 37.9 (\text{kPa})$$

第②分层的平均附加应力

$$\sigma_{z(2)} = \frac{1}{2}(\sigma_{z_1} + \sigma_{z_2}) = \frac{1}{2}(53.3 + 37.9) = 45.6 (\text{kPa})$$

其余分层计算类同，此略。

确定压缩层计算深度 $z_n$：

根据公式（4-32），若按 $\sigma_{z_n} \approx 0.1\sigma_{c_n}$ 条件时，从图 5-10 可以估计出压缩层下限深度将在第⑨分层中，取 $z_n = 7.2\text{m}$，则在第（Ⅱ）土层即淤泥质亚黏土层的底面处，此时有：

$$6.40(\text{kPa}) < 0.1 \times 80.3 = 8.03(\text{kPa})$$

显然，此时压缩层厚度已是多算了了，但偏于保守而已。

若按 $\sigma_{z_n} \approx 0.2\sigma_{c_n}$ 时，可以估计压缩层深度下限将在第⑥分层处，若取 $z_n = 4.8\text{m}$，此时得下列关系：

$$11.7(\text{kPa}) \approx 0.2 \times 59.92 = 11.98(\text{kPa})$$

则符合要求。

（5）计算各分层 $i$ 的沉降量 $\Delta s_i$：

从对应土层的压缩曲线上查出相应于某一分层 $i$ 平均自重应力（$\sigma_{c(i)} = p_{1i}$）以及平均附加应力与平均自重应力之和（$\sigma_{c(i)} + \sigma_{z(i)} = p_{2i}$）的孔隙比 $e_{1i}$ 和 $e_{2i}$ 代入公式（5-21）计算该分层 $i$ 的变形量 $\Delta s_i$

$$\Delta s_i = \frac{e_{1i} - e_{2i}}{1 + e_{1i}}h_i$$

式中：$h_i$ 是第 $i$ 层的厚度。

例如，第②分层（即 $i = 2$），$h_2 = 100\text{cm}$，$\sigma_{c(2)} = 26\text{kPa}$，从压缩曲线（Ⅰ）上查得 $e_{12} = 0.914$；$\sigma_{c(2)} + \sigma_{z(2)} = 72.1\text{kPa}$，从同一压缩曲线上查得 $e_{22} = 0.873$，

则

$$\Delta s_2 = \frac{0.914 - 0.873}{1 + 0.914} \times 100 = 2.14(\text{cm})$$

其余计算结果见表 5-3，此略。

（6）计算基础中点总沉降量 $s$：

将压缩层范围内各分层土的变形量 $\Delta s_i$ 总加起来，便得基础的总的最终沉降量 $s$，即公式（5-25）

$$s = \sum_{i=1}^{n} \Delta s_i$$

式中：$n$——压缩层厚度内分层的总数。

在本例中，以 $z_n = 7.2\text{m}$ 考虑，共有分层数 $n = 9$，所以从表 5-3 数据可得：

$$s = \sum_{i=1}^{9} \Delta s_i = 1.02 + 2.14 + 2.40 + 1.23 + 0.46 + 0.38 + 0.29 + 0.21 + 0.21 = 8.34(\text{cm})$$

若 $z_n = 4.8\text{m}$，$n = 6$，则得

$$s = \sum_{i=1}^{6} \Delta s_i = 7.63(\text{cm})$$

### 三、最终沉降量计算的应力面积法

分层总和法的计算条件与地层及其受力的实际条件有出入，因此基础沉降量计算值和实

测值往往不符,对于软土,计算值小于实测;对于坚硬土层,计算值大于实测值。为了简化计算,使基础沉降量计算值接近实测值,目前公路桥涵行业进行基础最终沉降量计算采用国家标准《建筑地基基础设计规范》(GB 50007—2002)规定的计算方法。沉降计算的规范法是一种简化了的分层总和法,由于本方法采用了应力面积的概念,所以又称应力面积法。规范法应从以下几个方面予以简化或改进。

(1)分层总和法要求按 $h_i \leqslant 0.4b$ 分层($h_i$ 为分层厚度,$b$ 为基础宽度),计算工作量较大;规范法基本上则要求每天然土层当作一层来计算沉降量。

(2)采用平均附加应力系数 $\overline{\alpha}$,而不采用附加应力系数。

**1. 土层压缩变形量 $\Delta s$ 的计算及应力面积的概念**

假设地基均匀,即在侧限条件下土的压缩模量不随深度变化,则深度 $z$ 范围内土的压缩量为:

$$s = \int_0^z \varepsilon_z \mathrm{d}z = \int_0^z \frac{\sigma_z}{E} \mathrm{d}z = \frac{A}{E_s} \tag{5-28}$$

式中:$\varepsilon_z$——土的侧限压缩应变,$\varepsilon_z = \dfrac{\sigma_z}{E}$;

  $A$——深度 $z$ 范围内的附加应力面积,$A = \int_0^z \sigma_z \mathrm{d}z$。

因为 $\sigma_z = K_z p_0$,$K_z$ 为基底下任意深度 $z$ 处的附加应力系数。因此,附加应力面积 $A$

$$A = \int_0^z \sigma_z \mathrm{d}z = p_0 \int_0^z K_z \mathrm{d}z \tag{5-29}$$

为了便于计算,引入一竖向平均附加应力(面积)系数 $\overline{\alpha} = A/(p_0 z)$。则式(5-28)改写为:

$$s' = \frac{p_0 \overline{\alpha} z}{E_s} \tag{5-30}$$

式(5-30)即为以附加应力面积等代值引出一个平均附加应力系数表达的从基底至任意深度 $z$ 范围内地基沉降量的计算公式。由此可得成层地基沉降量的计算公式(如图5-11):

$$s' = \sum_{i=1}^n \Delta s'_i = \sum_{i=1}^n \frac{A_i - A_{i-1}}{E_{si}} = \sum_{i=1}^n \frac{p_0}{E_{si}}(\overline{\alpha}_i z_i - \overline{\alpha}_{i-1} z_{i-1}) \tag{5-31}$$

式中:$p_0$——基底附加应力;

  $E_{si}$——基底下第 $i$ 层土的压缩模量;

  $z_i$、$z_{i-1}$——分别为基底至第 $i$、第 $i-1$ 层土底面的距离;

  $\overline{\alpha}_i$、$\overline{\alpha}_{i-1}$——分别为计算点至第 $i$、第 $i-1$ 层土底面范围内平均附加应力系数,可依据规范《建筑地基基础设计规范》(GB 50007—2002)查用表5-4。

均布矩形荷载中点下的平均附加应力系数 $\overline{\alpha}_i$

表5-4

| $z/b$ \ $l/b$ | 1.0 | 1.2 | 1.4 | 1.6 | 1.8 | 2.0 | 2.4 | 2.8 | 3.2 | 3.6 | 4.0 | 5.0 | ≥10.0 |
|---|---|---|---|---|---|---|---|---|---|---|---|---|---|
| 0.0 | 1.000 | 1.000 | 1.000 | 1.000 | 1.000 | 1.000 | 1.000 | 1.000 | 1.000 | 1.000 | 1.000 | 1.000 | 1.000 |
| 0.1 | 0.997 | 0.998 | 0.998 | 0.998 | 0.998 | 0.998 | 0.998 | 0.998 | 0.998 | 0.998 | 0.998 | 0.998 | 0.998 |
| 0.2 | 0.987 | 0.990 | 0.991 | 0.992 | 0.992 | 0.992 | 0.993 | 0.993 | 0.993 | 0.993 | 0.993 | 0.993 | 0.993 |
| 0.4 | 0.936 | 0.947 | 0.953 | 0.956 | 0.958 | 0.965 | 0.961 | 0.962 | 0.962 | 0.963 | 0.963 | 0.963 | 0.963 |
| 0.6 | 0.858 | 0.878 | 0.890 | 0.898 | 0.903 | 0.910 | 0.912 | 0.913 | 0.914 | 0.914 | 0.915 | 0.915 | 0.915 |

| $l/b$ $z/b$ | 1.0 | 1.2 | 1.4 | 1.6 | 1.8 | 2.0 | 2.4 | 2.8 | 3.2 | 3.6 | 4.0 | 5.0 | ≥10.0 |
|---|---|---|---|---|---|---|---|---|---|---|---|---|---|
| 0.8 | 0.775 | 0.801 | 0.810 | 0.831 | 0.839 | 0.844 | 0.851 | 0.855 | 0.857 | 0.858 | 0.859 | 0.860 | 0.860 |
| 1.0 | 0.698 | 0.728 | 0.749 | 0.764 | 0.775 | 0.783 | 0.792 | 0.798 | 0.801 | 0.803 | 0.804 | 0.806 | 0.807 |
| 1.4 | 0.573 | 0.605 | 0.629 | 0.648 | 0.661 | 0.672 | 0.687 | 0.696 | 0.701 | 0.704 | 0.708 | 0.711 | 0.714 |
| 1.8 | 0.482 | 0.513 | 0.537 | 0.556 | 0.571 | 0.588 | 0.600 | 0.611 | 0.619 | 0.624 | 0.629 | 0.633 | 0.638 |
| 2.0 | 0.446 | 0.475 | 0.499 | 0.518 | 0.533 | 0.545 | 0.563 | 0.575 | 0.584 | 0.590 | 0.594 | 0.600 | 0.606 |
| 2.4 | 0.387 | 0.414 | 0.436 | 0.454 | 0.469 | 0.481 | 0.500 | 0.513 | 0.523 | 0.530 | 0.535 | 0.543 | 0.551 |
| 2.8 | 0.341 | 0.366 | 0.387 | 0.404 | 0.418 | 0.449 | 0.449 | 0.463 | 0.472 | 0.480 | 0.486 | 0.495 | 0.506 |
| 3.2 | 0.305 | 0.328 | 0.348 | 0.364 | 0.377 | 0.389 | 0.407 | 0.420 | 0.431 | 0.439 | 0.445 | 0.455 | 0.468 |
| 3.6 | 0.276 | 0.297 | 0.315 | 0.330 | 0.343 | 0.354 | 0.372 | 0.385 | 0.395 | 0.403 | 0.410 | 0.421 | 0.436 |
| 4.0 | 0.251 | 0.271 | 0.288 | 0.302 | 0.311 | 0.325 | 0.342 | 0.335 | 0.365 | 0.373 | 0.379 | 0.391 | 0.408 |
| 4.4 | 0.231 | 0.250 | 0.265 | 0.278 | 0.290 | 0.300 | 0.316 | 0.329 | 0.339 | 0.347 | 0.353 | 0.365 | 0.384 |
| 4.8 | 0.214 | 0.231 | 0.245 | 0.258 | 0.269 | 0.279 | 0.294 | 0.306 | 0.316 | 0.324 | 0.330 | 0.342 | 0.362 |
| 5.0 | 0.206 | 0.223 | 0.237 | 0.249 | 0.260 | 0.269 | 0.284 | 0.296 | 0.306 | 0.313 | 0.320 | 0.332 | 0.352 |

注：$l,b$ 分别为矩形基础的长边（m）和短边（m）；$z$ 为从基础底面算起的土层深度（m）。

$p_0\bar{\alpha_i}z_i$ 和 $p_0\bar{\alpha}_{i-1}z_{i-1}$——$z_i$、$z_{i-1}$ 深度范围内竖向附加应力面积 $A_i$ 和 $A_{i-1}$ 的等代值。$p_0\bar{\alpha_i}z_i$ 可以看为图 5-11a）所示阴影线部分第 $i$ 层土的附加压应力面积 $A_{3456}$，而该压应力面积为：$A_{3456} = A_{1256} - A_{1234}$。

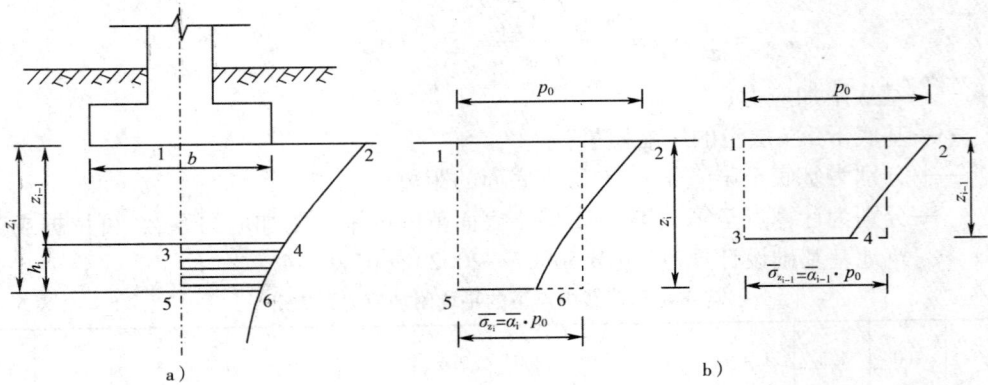

图 5-11  应力面积法计算基础沉降

为了提高计算精确度,规范法规定地基总沉降采用分层总和法得到的沉降量需要乘以沉降计算经验影响系数 $\psi_s$，$\psi_s$ 要从大量的工程实际沉降观测资料中,经数理统计分析得到,它综合反映了许多因素的影响。例如,侧限条件的假设;计算附加压力时对地基土均质的假设与地基土层实际成层的不一致对附加压力的影响;不同压缩性的地基土沉降计算值与实测值的差异等。$\psi_s$ 是根据地基附加压力 $P_0$ 及 $z_n$ 范围内压缩模量当量值 $\bar{E}_s$ 给出的。实际工作中,可根据规范方法实测、计算各地的 $\psi_s$ 值;无实地经验时,可从表 5-5 查得。

| $\overline{E}_s$ <br> 地基附加应力 | 2.5 | 4.0 | 7.0 | 15.0 | 20.0 |
|---|---|---|---|---|---|
| $p_0 \geq f_k$ | 1.4 | 1.3 | 1.0 | 0.4 | 0.2 |
| $p_0 \leq 0.75 f_k$ | 1.1 | 1.0 | 0.7 | 0.4 | 0.2 |

注：$f_k$ 为地基承载力特征值，$\overline{E}_s$ 为沉降计算范围内土体的压缩模量当量值。

这样，《建筑地基基础设计规范》(GB 50007—2002)推荐的地基最终沉降量 $s$ 的计算公式如下：

$$s = \psi_s \sum_{i=1}^{n} \frac{p_0}{E_{si}} (z_i \overline{\alpha}_i - z_{i-1} \overline{\alpha}_{i-1}) \tag{5-32}$$

**2. 地基沉降计算深度的确定**

对于地基沉降计算深度(包括存在相邻荷载影响)，以相对变形作为控制标准(简称变形法)，计算深度可通过试算确定，要求满足下式条件：

$$\Delta s_n' \leq 0.025 \sum_{i=1}^{n} \Delta s_i' \tag{5-33}$$

式中：$\Delta s_i'$——在计算深度 $z_n$ 范围内第 $i$ 层土的计算沉降量，mm；

$\Delta s_n'$——在计算深度 $z_n$ 处向上厚度为 $\Delta z$ 土层的计算沉降量，mm，$\Delta z$ 按表 5-6 采用。在确定的计算深度下面，如仍有软弱土层，应继续计算。

| 基底宽度 $b(m)$ | $b \leq 2$ | $2 < b \leq 4$ | $4 < b \leq 8$ | $b > 8$ |
|---|---|---|---|---|
| $\Delta z(m)$ | 0.3 | 0.6 | 0.8 | 1.0 |

当无相邻荷载影响，基底宽度在 $1 \sim 30m$ 范围内时，基底中心的地基沉降计算深度 $z_n$ 也可按下列简化公式计算：

$$z_n = b(2.5 - 0.4 \ln b) \tag{5-34}$$

式中：$b$——基础宽度，m。

在计算深度范围内存在基岩时，$z_n$ 可取至基岩表面；当存在较厚的坚硬黏土层，其孔隙比小于 0.5、压缩模量大于 50MPa，或存在较厚的密实砂卵石层，其压缩模量大于 80MPa 时，$z_n$ 可取至该土层表面。

**【例题 5-2】** 某柱基础，底面尺寸 $l \times b = 4m \times 2m$，埋深 $d = 1.5m$，传至基础顶面的竖向荷载 $N = 1192kN$，各土层计算指标如表 5-7 所示，试计算柱基础最终沉降量。假定地下水位深 $d_w = 2m$，设基础的重度 $P_G$ 为 $20kN/m^3$。

| 土层编号 | 土层名称 | 厚度(m) | $\gamma(kN/m^2)$ | $\alpha(MPa^{-1})$ | $E_s(MPa)$ |
|---|---|---|---|---|---|
| ① | 黏土 | 2.0 | 19.5 | 0.39 | 4.5 |
| ② | 粉质黏土 | 4.0 | 19.8 | 0.33 | 5.1 |
| ③ | 粉砂 | 1.5 | 19.0 | 0.37 | 5.0 |
| ④ | 粉土 | 10 | 19.2 | 0.52 | 3.4 |

**【解】** 基底平均压力

$$p = \frac{N + lbd \cdot P_G}{l \times b} = \frac{1192 + 4 \times 2 \times 1.5 \times 20}{4 \times 2} = 179(\text{kPa})$$

基底附加压力 $p_0$ 为

$$p_0 = p - \gamma d = 179 - 19.5 \times 1.5 = 150(\text{kPa})$$

取水的容重 $\gamma_w = 10\text{kN/m}^3$,有效重度 $\gamma' = \gamma - \gamma_w$,计算基础中心线下的自重应力和附加应力。

预取压缩层深度 $z = 7.5\text{m}$,即取基底以下 $z_n = 7.5\text{m}$,计算边长 $l = 4\text{m}$,宽度 $b = 2\text{m}$,各分层沉降计算结果见表 5-8。

各分层沉降量计算表　　　　　　　　　　　　　　　　表 5-8

| 分层 $i$ | 深度 $z(\text{m})$ | $l/b$ | $z/b$ | $\bar{\alpha}$ | $z_i\bar{\alpha}_i$ | $z_i\bar{\alpha}_i - z_{i-1}\bar{\alpha}_{i-1}$ | $p_0(z_i\bar{\alpha}_i - z_{i-1}\bar{\alpha}_{i-1})$ | $E_s(\text{MPa})$ | $s_i$ |
|---|---|---|---|---|---|---|---|---|---|
| 0 | 0 | 2 | 0 | 0 | 0 | | | | |
| 1 | 0.5 | 2 | 0.25 | 0.986 | 0.493 | 0.493 | 73.95 | 4.5 | 16.43 |
| 2 | 4.5 | 2 | 2.25 | 0.503 | 2.264 | 1.771 | 265.58 | 5.1 | 52.07 |
| 3 | 6.0 | 2 | 3.0 | 0.409 | 2.454 | 0.191 | 28.58 | 5.0 | 5.71 |

因此,$s' = \sum s_i = 74.22\text{mm}$

因为 $b = 2\text{m}$,根据表 5-8 应从 $z = 6.0\text{m}$ 上取 0.3m,计算 $z = 5.7 \sim 6.0\text{m}$ 土层的沉降量,以验算压缩层厚度是否满足要求,按 $l/b = 2$,$z/b = 2.85$ 查表 5-4 得 $\bar{\alpha}_{i-1} = 0.429$,因此,$z_{i-1}\bar{\alpha}_{i-1} = 5.7 \times 0.429 = 2.445$

$$\Delta s_n' = p_0(z_i\bar{\alpha}_i - z_{i-1}\bar{\alpha}_{i-1})/E_{si} = 150 \times (2.454 - 2.445)/5.0 = 0.26(\text{mm})$$

$$\Delta s_n'/s' = 0.26/74.22 = 0.004 < 0.25$$

则压缩层计算深度满足要求。

下面确定经验系数 $\psi_s$:

$$\sum A_i = 150 \times 2.454 = 368.1$$

$$\sum (A_i/E_{si}) = 73.95/4.5 + 265.58/5.1 + 28.58/5 = 74.22$$

$$\bar{E}_s = 368.1/74.22 = 4.96(\text{MPa})$$

查表 5-5 得 $\psi_s = 0.903$,则

$$s = \psi s' = 0.903 \times 74.22 = 67.02(\text{mm})$$

# 第四节　应力历史对地基沉降的影响

## 一、应力历史对土压缩性的影响

在讨论应力历史对黏性土压缩性的影响之前,先引进固结应(压)力的概念。所谓固结应力,就是指使土体产生固结或压缩的应力。对地基来说,使土体产生固结或压缩的应力主要有两种:一种是土的自重应力,另一种是外荷载在地基内部引起的附加应力。对于新近沉积的土或人工吹填土,起初土粒尚处于悬浮状态,土的自重应力由孔隙水承担,有效应力为零。随着

时间的推移,土在自重作用下逐渐沉降固结,最后自重应力全部转化为有效应力,则这类土的自重应力就是固结应力,但对大多数天然土,由于经历了漫长的地质年代,在自重作用下已固结,此时的自重应力已不再引起土体固结,能够进一步使土层产生固结的,只有外荷载引起的附加应力,故此时的固结应力仅指附加应力。如果回溯到土层形成期,则固结应力也应包括自重应力。

从以上表述可知,土层在历史时期曾受到过包括自重压力和其他荷载作用的多种应力作用,把土在历史上曾受到过的最大有效应力称为先期固结应力,又称前期固结压力。先期固结应力常用 $p_c$ 表示。通常将地基中土体的先期固结应力 $p_c$ 与现有上覆土层有效应力 $p_0'$ 进行对比。并把两者之比定义为超固结比 $OCR$,$OCR = p_c/p_0'$。对于天然土层来说,

当 $OCR > 1$ 时,该土是超固结土;

当 $OCR = 1$ 时,则该土是正常固结土。

土在自重应力作用下尚未完全固结,其现有有效应力 $p_0'$ 小于现有固结应力 $p_c$,这种土称为欠固结土。对于欠固结土,现有的有效应力即为历史上曾经受到过的最大有效应力,就此 $OCR = 1$,故欠固结土实际也是属于固结土一类,如图 5-12 所示。

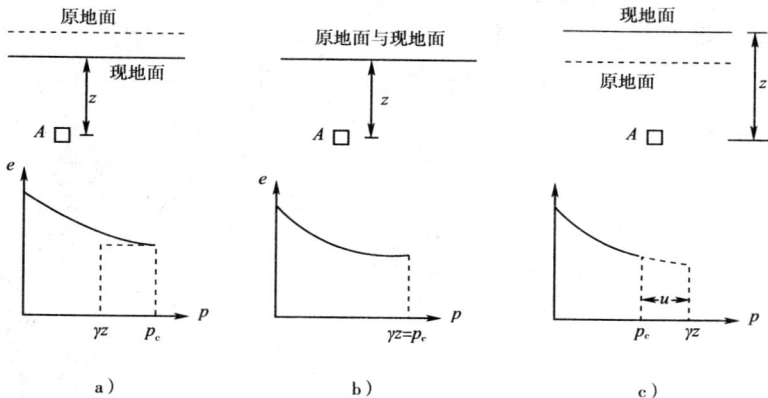

图 5-12 三种不同应力历史的土层示意图

当 $OCR > 1$ 时,$OCR$ 越大,该土所受到的超固结作用越强,在其他条件相同的情况下,其压缩性越低;而对于正常固结和欠固结土,其自重作用产生的有效应力即为最大固结应力,土体的压缩性能相同。根据土的固结状态可以对土的压缩性做出定性评价,相对而言,超固结土压缩性最低,而欠固结土则压缩性最高。

**二、现场压缩曲线的推求**

1. 室内压缩曲线的特征

要考虑三种不同应力历史对土层压缩性的影响,必须先解决下列两个问题:一是要确定该土层的先期固结应力 $p_c$,通过与现有固结应力 $p_0$ 的比较,借以判别该土层是正常固结的、欠固结的,还是超固结的;二是要得到能够反映土的原位特性的现场压缩曲线资料。但在绝大多数情况下,土的先期固结应力和现场压缩曲线都不能直接求得,通常只能根据试样的室内压缩试验求得的 $e$—$\lg p$ 曲线的特征近似推求。

图 5-13 为试样的室内压缩、回弹和再压缩曲线。根据大量的室内压缩试验,当把压缩试验结果绘在半对数坐标纸上时,$e$—$\lg p$ 压缩试验曲线具有下列特征:

105

（1）室内压缩曲线开始时平缓，随着压力的增大明显地向下弯曲，继而近乎直线向下延伸。

（2）不管试样的扰动程度如何，当压力较大时，它们的压缩曲线都近乎直线且大致交于一点 $C$，$C$ 点的纵坐标约为 $0.42e_0$，$e_0$ 为试样的初始孔隙比。

（3）扰动越剧烈，压缩曲线越低，曲率也就越不明显。

（4）卸荷点 $B$ 在再压缩曲线曲率最大的 $A$ 点右下侧。

由于土样取自地下，一个优质原状土样尽管能保持土的原位孔隙比不变，但应力释放是无法完全避免的。因此，室内压缩曲线实质上已是一条再压缩曲线（对现场压缩曲线而言）。而取样和试验操作中试样的扰动又导致室内压缩曲线的直线部分偏离现场压缩曲线。试样扰动越严重，偏离也越大。

**2. 先期固结压力的确定**

$e$—$\lg p$ 曲线所表达的压缩性规律比 $e$—$p$ 曲线有其独特的优点，试验研究已经证明，在图 5-14 的 $e$—$\lg p$ 曲线上，对应于曲线过渡到直线段的拐弯点的压力值就是土层的先期固结应力 $p_c$。目前确定 $p_c$ 的主要方法仍是先通过室内压缩试验作出 $e$—$\lg p$ 曲线，再用一种简便的作图方法确定 $p_c$，方法简述如下：

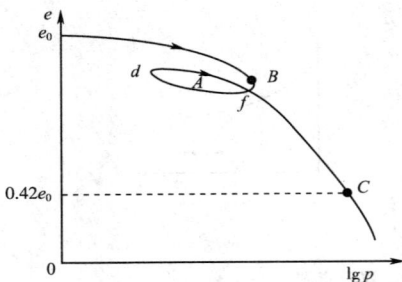

图 5-13 试样的室内压缩、回弹、再压缩曲线

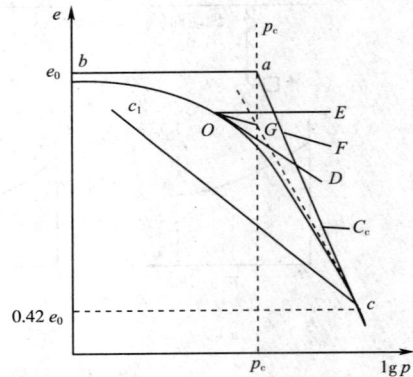

图 5-14 确定 $p_c$ 的方法

（1）在 $e$—$\lg p$ 曲线转弯处选取曲率半径最小的点 $O$，自 $O$ 点作切线 $OD$ 及水平线 $OE$，然后作 $\angle EOD$ 的平分线 $OF$。

（2）延长曲线后段的直线段与 $OF$ 交于 $G$ 点，此点所对应的压力 $p$ 即为所求的先期固结应力 $p_c$。

这一方法是由卡萨格兰德于 1936 年提出的，一直沿用至今。实践表明此方法优点是简便、明确、易行，缺点是它的准确性很大程度上取决于土样原状结构受扰动情况。另外，它所依据的 $e$—$\lg p$ 曲线需要用能施加较高压力的压缩仪进行试验。

**3. 现场压缩曲线的推求**

试样的前期固结应力确定之后，就可以将它与试样原位现有固结应力 $p_0$ 比较，从而判定该土是正常固结的、超固结的还是欠固结的。然后，依据室内压缩曲线的特征，即可推求出现场压缩曲线。

若 $p_c = p_0$，则试样是正常固结的，它的现场压缩曲线可如此推求：

一般可假定取样过程中试样不发生体积变化，即试样的初始孔隙比 $e_0$ 就是它的原位孔隙比,再由 $e_0$ 和 $p_c$ 值,在 $e$—$\lg p$ 坐标上定出 $b$ 点,此即试样在现场压缩的起点,然后由上述特征(2)的推论,从纵坐标 $0.42e_0$ 处作一水平线交室内压缩曲线于 $c$ 点,作 $b$ 点和 $c$ 点的连线即为所求的现场压缩曲线,如图 5-15 所示。

对于超固结土,$p_c > p'_0$,由于超固结土由先期固结应力减至现有有效应力 $p'_0$ 期间曾在原位经历了回弹。因此,当超固结土后来受到外荷引起的附加应力 $\Delta p$ 时,它开始将沿着现场再压缩曲线压缩。如果 $\Delta p$ 较大,超过 $p_c - p'_0$,它才会沿现场压缩曲线压缩。为了求出这条现场压缩曲线,应改变压缩试验的程序,并在试验过程中随时绘制 $e$—$\lg p$ 曲线,待压缩曲线出现急剧转折之后,立即逐级卸荷至 $p'_0$,使回弹稳定,再分级加荷。于是可求得图 5-16 中的曲线 $Adfc$,以备求出超固结土的现场压缩曲线之用。步骤如下:

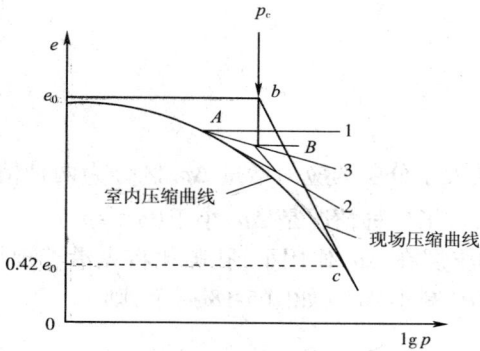

图 5-15　正常固结土现场压缩曲线的推求

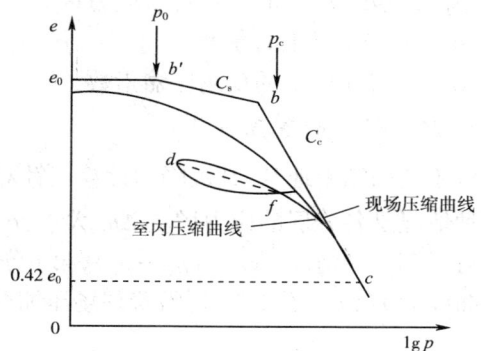

图 5-16　超固结土现场压缩曲线的推求

(1)按上述方法确定先期固结应力 $p'_0$ 的位置线和 $c$ 点的位置。

(2)按试样在原位的现有有效应力 $p'_0$(即现有自重应力 $p_0$)和孔隙比 $e_0$ 定出 $b'$ 点,此即试样在原位压缩的起点。

(3)假定现场再压缩曲线与室内回弹—再压缩曲线构成的滞回环的割线 $df$ 相平行,过 $b'$ 点作 $df$ 线的平行线交 $p_c$ 位置的竖直线于 $b$ 点,$b'b$ 线即为现场再压缩曲线。

(4)作 $b$ 点和 $c$ 点的连线,即得现场压缩曲线。

若 $p_c < p_0$,则试样是欠固结的。如前所述,欠固结土实质上属于正常固结土一类,所以它的现场压缩曲线的推求方法与正常固结土完全一样。

### 三、地基固结沉降的计算

按照 $e$—$\lg p$ 曲线法来计算地基的固结沉降与 $e$—$p$ 曲线法一样,都是以无侧向变形条件下压缩量的基本公式和分层总和法为前提的,即每一分层土压缩量计算公式仍为式(5-21),所不同的是 $\Delta e$ 应由现场压缩曲线来获得,初始孔隙比应取 $e_0$,压缩指数也应由现场压缩曲线求得。下面将分别介绍正常固结土、超固结土和欠固结土的计算方法。

#### 1. 正常固结土的沉降计算

设图 5-17 为某地基第 $i$ 分层由室内压缩试验曲线推出的现场压缩曲线。当第 $i$ 分层在平均应力增量(即平均附加应力)$\Delta p_i$ 作用下达到完全固结时,其孔隙比的改变量应为

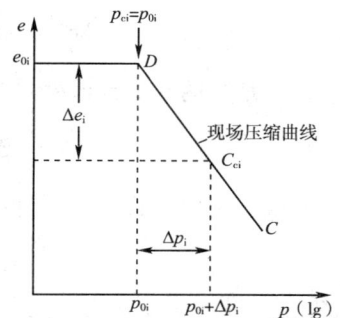

图 5-17　正常固结土沉降计算

$$\Delta e_i = -C_{ci}\left[\lg(p_{0i}+\Delta p_i) - \lg p_{0i}\right] = -C_{ci}\lg\left(\frac{p_{0i}+\Delta p_i}{p_{0i}}\right) \tag{5-35}$$

上式代入式(5-21),可得第 $i$ 层土的压缩量为:

$$s_i = \frac{H_i}{1+e_{0i}}C_{ci}\lg\left(\frac{p_{0i}+\Delta p_i}{p_{0i}}\right) \tag{5-36}$$

地基的固结沉降为各分层土压缩量之总和,即:

$$s = \sum_{i=1}^{n}s_i = \sum_{i=1}^{n}\frac{H_i}{1+e_{0i}}C_{ci}\lg\left(\frac{p_{0i}+\Delta p_i}{p_{0i}}\right) \tag{5-37}$$

式中: $e_{0i}$ ——第 $i$ 层土的初始孔隙比;

$\quad\quad p_{0i}$ ——第 $i$ 层土的平均自重应力;

$\quad\quad H_i$ ——第 $i$ 层土的厚度;

$\quad\quad C_{ci}$ ——第 $i$ 层土的现场压缩指数。

2. 超固结土的沉降计算

对于超固结土地基,其沉降的计算应针对不同大小分层的应力增量 $\Delta p_i$ 区分为两种情况:第一种情况是各分层的应力增量 $\Delta p_i$ 大于 $(p_{ci}-p_0)$,第二种情况是 $\Delta p_i$ 小于 $(p_{ci}-p_0)$。

对于第一种情况, $\Delta p_i > (p_{ci}-p_0)$,第 $i$ 分层的土层在 $\Delta p_i$ 作用下,孔隙比将先沿着现场再压缩曲线 $D'D$ 减小了 $\Delta e'_i$,再沿着现场压缩曲线 $DC$ 减小 $\Delta e''_i$,如图 5-18 所示,则

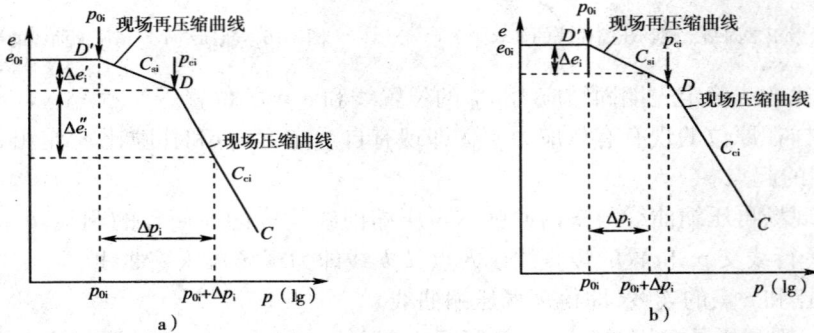

图 5-18 超固结土沉降计算

$$\Delta e'_i = -C_{si}\left(\lg p_{ci} - \lg p_{0i}\right) = -C_{si}\lg\left(\frac{p_{ci}}{p_{0i}}\right) \tag{5-38}$$

$$\Delta e''_i = -C_{ci}\left[\lg(p_{0i}+\Delta p_i) - \lg p_{ci}\right] = -C_{ci}\lg\left(\frac{p_{0i}+\Delta p_i}{p_{ci}}\right) \tag{5-39}$$

于是总的孔隙比改变量为

$$\Delta e_i = \Delta e'_i + \Delta e''_i = -\left[C_{si}\lg\left(\frac{p_{ci}}{p_{0i}}\right) + C_{ci}\lg\left(\frac{p_{0i}+\Delta p_i}{p_{ci}}\right)\right] \tag{5-40}$$

将上式代入式(5-21),则可得第 $i$ 分层土的压缩量为

$$s_i = \frac{H_i}{1+e_{0i}}\left[C_{si}\lg\left(\frac{p_{ci}}{p_{0i}}\right) + C_{ci}\lg\left(\frac{p_{0i}+\Delta p_i}{p_{ci}}\right)\right] \tag{5-41}$$

式中: $C_{si}$ ——第 $i$ 分层土的现场回弹指数;

$\quad\quad p_{ci}$ ——第 $i$ 分层土的先期固结应力。

于是,可得地基的总固结沉降等于各分层土压缩量之和。

对于第二种情况,第 $i$ 分层的土层在 $\Delta p_i$ 作用下,孔隙比的改变将只沿着现场再压缩曲线 $D'D$ 减小,如图 5-18b) 所示,

$$\Delta e_i = -C_{si}\left[\lg(p_{0i} + \Delta p_i) - \lg p_{0i}\right] = -C_{si}\lg\left(\frac{p_{0i} + \Delta p_i}{p_{0i}}\right) \tag{5-42}$$

第 $i$ 分层土的压缩量为

$$s_i = \frac{H_i}{1 + e_{0i}}C_{si}\lg\left(\frac{p_{0i} + \Delta p_i}{p_{0i}}\right) \tag{5-43}$$

地基的固结沉降为各分层土压缩量之和。

### 3. 欠固结土的沉降计算

欠固结土的沉降不仅包括地基受附加应力所引起沉降,而且还包括地基土在自重作用下尚未固结的那部分沉降。图 5-19 为欠固结土第 $i$ 分层的现场压缩曲线,由土的自重应力继续固结引起的孔隙比改变 $\Delta e'_i$ 和新增固结应力 $\Delta p_i$(即附加应力)所引起的孔比改变 $\Delta e''_i$ 之和为

$$\Delta e_i = \Delta e'_i + \Delta e''_i = -C_{ci}\lg\left(\frac{p_{0i} + \Delta p_i}{p_{ci}}\right) \quad (5\text{-}44)$$

将上式代入式(5-21),则可得第 $i$ 分层土的压缩量为

$$s_i = \frac{H_i}{1 + e_{0i}}C_{ci}\lg\left(\frac{p_{0i} + \Delta p_i}{p_{ci}}\right) \quad (5\text{-}45)$$

图 5-19　欠固结土沉降计算

于是,地基的固结沉降量为各分层土压缩量之和,表达为

$$s = \sum_{i=1}^{n} \frac{H_i}{1 + e_{0i}}C_{ci}\lg\left(\frac{p_{0i} + \Delta p_i}{p_{ci}}\right) \tag{5-46}$$

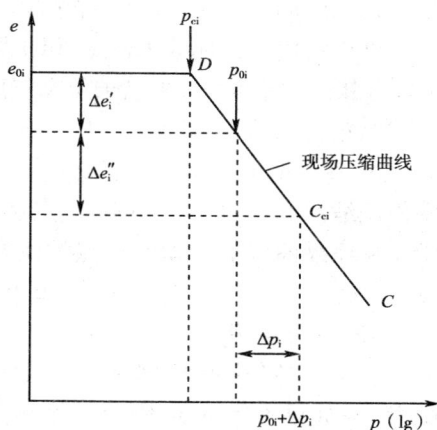

【例题 5-3】　一仓库面积为 $12.5\text{m} \times 12.5\text{m}$,堆荷为 $100\text{kPa}$,地基剖面见图 5-20a)。从黏土层中心部位取样做室内压缩试验得到压缩曲线,如图 5-20b)所示。土样的初始孔隙比 $e_0 = 0.67$。试求仓库中心处的沉降量(砂土压缩量不计)。

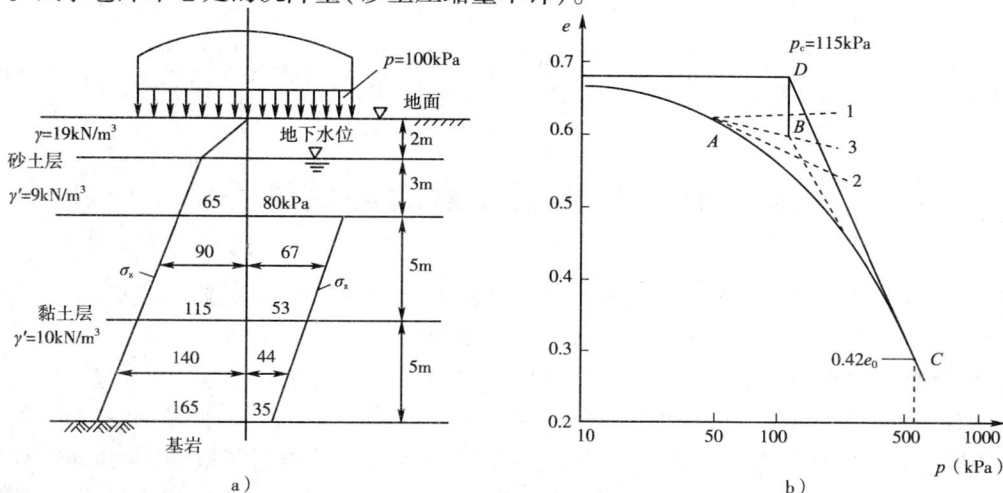

a)

b)

图 5-20　例题 5-4 图

109

**【解】**　（1）确定沉降计算点及基底压力：沉降计算点为基础中心点，基底压力 $p = 100\text{kPa}$。

（2）地基分层：砂土层及黏土层下的基岩的沉降量不计，故只需将黏土分层。取 $H_i = 0.4b = 0.4 \times 12.5 = 5(\text{m})$。

（3）计算自重应力并绘分布曲线。黏土层顶面的自重应力 $\sigma_{s1} = 2 \times 19 + 3 \times 9 = 65(\text{kPa})$。

黏土层中心处的自重应力为：$\sigma_{s2} = \sigma_{s1} + 10 \times 5 = 115(\text{kPa})$

黏土层底面的自重应力为：$\sigma_{s3} = \sigma_{s2} + 10 \times 5 = 165(\text{kPa})$

则两黏土层的平均自重应力分别为90kPa和140kPa。自重应力分布如图5-20a）所示。

（4）求地基中的附加应力并绘分布曲线。求得黏土层中各分层的附加应力 $\sigma_{zi}$，并标在图5-20a）上。由此得 $\Delta p_1 = 67\text{kPa}$，$\Delta p_2 = 44\text{kPa}$。

（5）确定前期固结应力，推求现场压缩曲线。

画出室内压缩曲线如图5-20b）所示。用卡萨格兰德的方法得到黏土层的前期固结压力 $p_c = 115\text{kPa}$。步骤（3）中已求得黏土层中心处的自重应力 $p_0 = 115\text{kPa}$。可见 $p_c = p_0$，所以该黏土层为正常固结土。

由 $e_0$ 与前期固结应力得交点 $D$，$D$ 点即为现场压缩曲线的起点；再由 $0.42e_0$（$= 0.28$）在室内压缩曲线上得交点 $C$，作 $D$ 点和 $C$ 点的连线，即为要求的现场压缩曲线，如图5-20b）所示。从压缩曲线上可读得 $C$ 点的横坐标为630kPa，所以现场压缩指数为

$$C_c = (0.67 - 0.28)/\lg(630/115) = 0.53$$

（6）计算沉降量。

黏土层各分层的沉降量可用式（5-21）求得。一般说来，对不同分层，如果土质相同，则取 $C_{ci}$ 相等；如果土质不同，则应对各分层分别求出其压缩指数。至于 $e_{0i}$，不同土质，各分层的 $e_0$ 当然不同。但对于相同土质的各分层，如果土质较厚，也应考虑初始孔隙比 $e_0$ 随深度的变化。如本例题中，试样是从黏土层中心取出并测得其 $e_0 = 0.67$，因而第1分层的 $e_0$ 应大于0.67，第二分层的 $e_0$ 应小于0.67。第1、2分层的初始孔隙比可用下式求得：

$$e_{01} = 0.67 - 0.53\lg(90/115) = 0.726$$

$$e_{02} = 0.67 - 0.53\lg(140/115) = 0.625$$

那么，仓库中心点的沉降量可叠加各层压缩量求得，计算为

$$s = \sum_{i=1}^{n} s_i = \sum_{i=1}^{n} \frac{H_i}{1 + e_{0i}} C_{ci} \lg\left(\frac{p_{0i} + \Delta p_i}{p_{0i}}\right)$$

$$= \frac{500}{1 + 0.726} \times 0.53\lg\left(\frac{90 + 67}{90}\right) + \frac{500}{1 + 0.625} \times 0.53\lg\left(\frac{140 + 44}{140}\right) = 56.5(\text{cm})$$

# 第五节　饱和土体渗流固结理论

前面讨论了地基最终沉降量的计算问题。实际上，地基的变形不是瞬时完成的，地基在结构物荷载作用下要经过相当长的时间才能达到最终沉降量。正如第四节已提及的，饱和土体的压缩完全是由于孔隙中的水逐渐向外排出，孔隙体积减小引起的。因此，排水速率将影响到土体压缩稳定所需的时间。而排水速率又直接与土的透水性有关，透水性越强，孔隙水排出越快，完成压缩所需时间越短。在工程设计中，除了要知道地基最终沉降量外，往往还需要知道沉降随时间的变化过程即沉降与时间的关系。此外，在研究地基或土体的稳定性时，还需要知

道土体中孔隙水压力有多大,特别是超静孔隙水压力。这两个问题需依赖于有效应力原理和土体渗流固结理论方能得以解决。下面将介绍渗流固结理论。

### 一、一维固结的力学模型

土体的固结是指土体在某一压力作用下与时间有关的压缩过程。就饱和土体而言,这是由于孔隙水的逐渐向外排出引起的。如果孔隙水只朝一个方向向外排出,土体的压缩也只有一个方向发生(一般均指竖直方向),那么,这种压缩过程就称为一维固结。在压力作用下,土体内孔隙水向外排出,体积减小只是一种现象,而它的本质是什么呢? 下面就以土的固结力学模型(水弹簧模型)来说明土体固结的力学机理。

土的一维固结力学模型是一个侧壁和底面均不能透水,其内部装置着多层活塞和弹簧的充水容器,如图 5-21 所示。其中,弹簧模拟土的骨架,容器中水模拟土体孔隙中的水,活塞上的小孔模拟排水条件,容器侧面的测压管用来说明模型中各分层孔隙水压力的变化,实际上测压管是不允许容器中的水排出的。

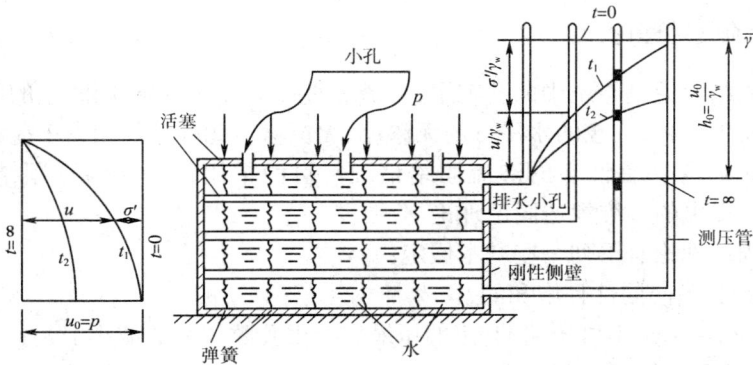

图 5-21　饱和土体的一维固结模型

现在来分析当模型顶面受到均布压力 $p$ 作用时,其内部的压力变化及弹簧的压缩过程,亦即土体的固结过程。

分析之前,首先回顾一下前面的有效应力原理。有效应力原理认为土中应力可表示为: $\sigma = \sigma' + u$,其中 $\sigma'$ 为土的有效应力,$u$ 为孔隙水压力,为此要讨论以下情况:

(1)当土体不受附加荷载作用,只受自重应力作用时,$\sigma'$ 为有效自重,$u$ 仅为静水压力;

(2)当土体受到附加荷载作用,$\sigma'$ 为有效自重与附加应力之和,$u$ 为静水压力与超静水压力之和。

土体在第(1)种情况下,只受到自重应力作用,由于土体已经在自重作用下固结完成,则此时不产生固结作用,只有在有附加应力作用的情况下,引起了附加应力和超孔隙水压力,才会产生固结作用。对模型来说,相当于模型在受压之前,弹簧受力、静水压力亦存在,但它们对今后的压缩变形并没有影响。

当模型受到外界压力 $p$ 作用时,由弹簧承担的压力将增加,它相当于土骨架所承担的附加有效应力 $\sigma'$。而由容器中水来承担的水压力亦将在静水压力的基础上增加超静水压力。假定活塞与容器侧壁的摩擦力忽略不计,那么,当模型顶层活塞上受到压力 $p$ 作用时,各分层的附加压力亦即固结应力将是相同的。在施加压力的瞬间,即 $t=0$ 时,由于容器中的水还来不及向外排出,加之水本身认为是不可压缩的,因而各分层的弹簧都没有压缩,附加有效应力 $\sigma'$

=0，固结应力全部由水来承担，故超静孔隙水压力 $u_0 = p$。此时，各测压管中的水位均将高出容器中的静水位，所高出的水柱高度为 $h_0 = p/\gamma_w$。所以此刻的应力可表达为 $u = \sigma, \sigma' = 0$。

经过时间 $t$ 后，容器中的水在水位差作用下，筒中水不断从活塞底部通过细孔，向活塞顶部流出使活塞下降，各分层的孔隙水压力将减小，测压管水位相继下降，$u_0 < p$。弹簧受到压缩而受力，即附加有效应力 $\sigma' > 0$。此阶段的应力可表述为：有效应力 $\sigma'$ 逐渐增大，超静孔隙水压力 $u$ 逐渐减小，$\sigma' + u = p$。

当时间 $t$ 经历很长时间后，$t \to \infty$，测压管水位都恢复到与容器中静水位齐平的位置，超静孔隙水压力全部消散，即 $u \to 0$，筒中水停止流出；外力 $p$ 完全作用在弹簧上。这时有效应力 $\sigma' = p$，而超静孔隙水压力 $u = 0$，土体渗流固结作用结束。

从这个过程可以看出，饱和土体受荷产生压缩（固结）过程实质就是：土体孔隙中自由水逐渐渗流排出；土体孔隙体积逐渐减小；孔隙水压力逐渐转移到土骨架来承受，成为有效应力这三者同时进行的过程。而求解地基沉降与时间关系的问题，实际上就变成求解在附加应力作用下，地基中各点的超静孔隙水压力（或附加有效应力）随时间变化的问题。

### 二、一维渗流固结理论

一维渗透固结理论是指土中的孔隙水，只沿竖直一个方向渗流，同时土的固体颗粒也只沿竖直一个方向发生位移，在土的水平方向无渗流，无位移。此种条件相当于荷载分布的面积很广阔。靠近地表的薄层黏性土的渗流固结情况。目前常用的一维渗透固结理论是太沙基（Terzaghi，1925）提出的一维渗透固结理论。

一维渗透固结理论有下列一些基本假定：

（1）土是均质、各向同性且饱和的；

（2）土粒和孔隙水是不可压缩的，土的压缩完全由孔隙体积的减小引起；

（3）土的压缩和固结仅在竖直方向发生；

（4）孔隙水的向外排出符合达西定律，土的固结快慢决定于它的渗流速度；

（5）在整个固结过程中，土的渗透系数 $k$，压缩系数 $a$ 等均视为常数；

（6）地面上作用着连续均布荷载并且是一次施加的。

图 5-22 为均质、各向同性的饱和黏土层，位于不透水的岩层上，黏土层的厚度为 $H$，在自重应力作用下已固结稳定，仅考虑外加荷载引起的固结。若在水平地面上施加无限连续均布压力，则在土层内部引起的竖向附加应力（即固结应力）沿高度的分布将是均匀的，且等于外加均布压力，即 $\sigma_z = p$。为了找出黏土层在固结过程中孔隙水压力的变化规律就要考察黏土层层面以下 $z$ 深度处厚度 $dz$、面积 $1 \times 1$ 的单元体的水量变化和孔隙体积压缩的情况（坐标取重力方向为正，先不考虑边界条件）。在地面加荷之前，单元体顶面和底面的测压管中水位均与地下水位齐平。而在加荷瞬间，即 $t$ 等于零时，根

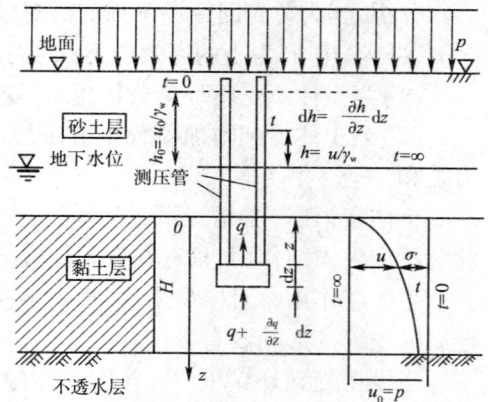

图 5-22 饱和土的固结过程

据上述固结模型，测压管中的水位都将升高 $h_0 = u_0/\gamma_w$，在固结过程中某一时刻 $t$，测压管中的水位将下降，设此时单元体顶面测压管中水位高出地下水位 $h = u/\gamma_w$。而顶面测压管中水位

又比底面测压管中水位低 $dh$，如图 5-22 所示。由于单元体顶面与底面存在着水位差 $dh$，因此单元体中将发生渗流并引起水量变化和孔隙体积的改变。

设在固结过程中的某一时刻 $t$，从单元顶面流出的流量为 $q$，从底面流入的流量将为 $q + \frac{\partial q}{\partial z}dz$。于是，在时间增量 $dt$ 内，流出与流入该单元体中的水量之差，即净流出的水量为

$$dQ = qdt - (q + \frac{\partial q}{\partial z}dz)dt = -\frac{\partial q}{\partial z}dzdt \qquad (5\text{-}47)$$

设在同一时间增量 $dt$ 内单元体上的有效应力增量为 $d\sigma'$，则单元体体积的减小为

$$dV = -m_v d\sigma' dz \qquad (5\text{-}48)$$

式中：$m_v$——土的体积压缩系数，$m_v = \alpha/(1 + e_0)$；

$\quad a$——土的压缩系数；

$\quad e_0$——土的天然孔隙比。

由于固结过程中外荷保持不变，因而在 $z$ 深度处的附加应力 $\sigma_z = p$ 也是常数，则有效应力的增加将等于孔隙水压力的减小，即

$$d\sigma' = d(p - u) = -du = -\frac{\partial u}{\partial t}dt \qquad (5\text{-}49)$$

将式(5-49)代入式(5-48)得

$$dV = -m_v \frac{\partial u}{\partial t}dzdt \qquad (5\text{-}50)$$

对于完全饱和的土体而言，由于孔隙被水充满，因此，在 $dt$ 时间内单元体积的减小应等于净流出的水量，即

$$-dV = dQ \qquad (5\text{-}51)$$

将式(5-47)、式(5-50)分别代入式(5-51)，可得

$$\frac{\partial q}{\partial z} = m_v \frac{\partial u}{\partial t} \qquad (5\text{-}52)$$

根据达西(Darcy)定律，在 $t$ 时刻通过单元体的流量可表示为

$$q = ki = k\frac{\partial h}{\partial z} = \frac{k}{\gamma_w}\frac{\partial u}{\partial z} \qquad (5\text{-}53)$$

将式(5-53)代入式(5-52)左边，即可得到一维固结微分方程式为

$$\frac{\partial u}{\partial t} = C_v \frac{\partial^2 u}{\partial z^2} \qquad (5\text{-}54)$$

式中：$C_v$——土体的竖向固结系数，$cm^2/$年，$C_v = \frac{k_v(1 + e_1)}{\gamma_w a}$；

$\quad k_v$——土的渗透系数，$cm/$年；

$\quad e_1$——土层固结过程中的平均孔隙比；

$\quad \gamma_w$——水的重度，$10kN/m^3$；

$\quad a$——土的压缩系数，$MPa^{-1}$。

要求解式(5-54)这样的微分方程，必须具备一定的初始条件和边界条件，这样就可以求解出任一深度 $z$ 处在任一时刻 $t$ 的孔隙水压力表达式。对图 5-22 所示的土层及在受荷条件下，其初始条件和边界条件为

当 $t = 0$ 及 $0 \leqslant z \leqslant H$ 时，$u = u_0 = p$ 常数；

$$0 < t < \infty \text{ 和 } z = 0 \text{ 时}, u = 0$$

$$0 < t < \infty \text{ 和 } z = H \text{ 时}, \frac{\partial u}{\partial z} = 0$$

$$t = \infty \text{ 及 } 0 \leqslant z \leqslant H \text{ 时}, u = 0$$

用分离变量法,可求得式(5-54)的傅立叶级数解

$$u = \frac{4\sigma}{\pi} \sum_{m=1}^{\infty} \frac{1}{m} \sin \frac{m\pi z}{2H} e^{-m^2 \frac{\pi^2}{4} T_v} \tag{5-55}$$

式中:$T_v$——时间因子,$T_v = \dfrac{C_v t}{H^2} = \dfrac{k(1 + e_1) t}{a \gamma_w H^2}$; $\qquad$ (5-56)

$\quad m$——奇数正整数,即 1,3,5…

$\quad t$——固结历时,年;

$\quad \sigma$——附加应力,不随深度变化;

$\quad H$——土层最大排水距离,cm,如为双面排水,$H$ 为土层厚度之半,单面排水时 $H$ 为土层总厚度。

### 三、固结度

理论上可以先根据式(5-55)求出土层中任意时刻孔隙水压力及相应的有效应力的大小和分布,再利用压缩量基本公式算出任意时刻的地基沉降量 $s_t$。但是这样求解会甚感不便,下面将引入固结度的概念,使问题得到简化。

在某一固结应力作用下,经历时间 $t$ 后,土体发生固结或孔隙水压力消散的程度,称为固结度。它表示土层在时间 $t$ 内完成的固结程度,可以表示为:

$$U = \frac{u_0 - u}{u_0} = 1 - \frac{u}{u_0} \tag{5-57}$$

式中:$u_0$——初始孔隙水压力,其大小即等于该点的固结应力;

$\quad u$——$t$ 时刻的孔隙水压力。

为方便解决工程实际问题,常常引入土层平均固结度的概念。土层的平均固结度的定义为 $t$ 时刻土骨架承担的全部有效应力与全部附加应力之比值。因此 $t$ 时刻土层的平均固结度 $U_t$,可表示为

$$U_t = 1 - \frac{\displaystyle\int_0^H u \, \mathrm{d}z}{\displaystyle\int_0^H u_0 \, \mathrm{d}z} \tag{5-58}$$

将式(5-55)代入上式积分后可得:

$$U_t = 1 - \frac{8}{\pi^2} \sum_{m=1}^{m=\infty} \frac{1}{m^2} \exp\left(-\frac{m^2 \pi^2}{4} T_v\right) \tag{5-59}$$

上式表明,土层的平均固结度是时间因数 $T_v$ 的单值函数,它与所加固结应力的大小无关,但与土层中固结应力的分布有关。

式(5-59)括号中的级数收敛速度很快,当 $U_t > 30\%$ 时可近似地取其中的第一项:

$$U_{t_1} = 1 - \frac{8}{\pi^2} e^{-\frac{\pi^2}{4} T_v} \tag{5-60}$$

对于固结度 $U_t$ 与时间系数 $T_v$ 间的关系,可以绘制出如图 5-23 所示的曲线。对于一维渗

流条件,其渗流固结的孔隙水压力分布有三种基本情况,见图5-24。式(5-60)所代表的关系可用曲线①来表示。

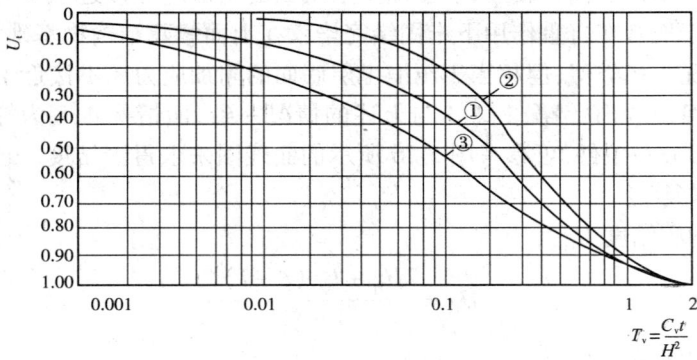

图5-23   $U_t$—$T_V$ 关系曲线

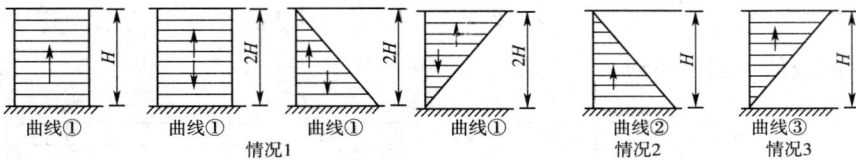

图5-24   一维渗流固结的三种基本情况

对情况2来说,其水压分布和关系曲线见图5-23、图5-24中的曲线②,这时可求得其固结度:

$$U_{t_2} = 1 - \frac{32}{\pi^3}\sum_{m=1}^{m=\infty}(-1)^n\frac{1}{m^3}exp\left(-\frac{m^2\pi^2}{4}T_V\right) \tag{5-61}$$

式中:$n = int(m/2)$(表示取 $m/2$ 的整数部分);

其余符号意义同前。

对情况3来说,其水压分布和关系曲线见图5-23、图5-24中的曲线③,其固结度可用下式表示:

$$U_{t_3} = 2U_{t_1} - U_{t_2} \tag{5-62}$$

实际工程中基础的工作情况比上述三种基本情况复杂,但实用上可以根据精度把实际可能遇到的起始超静水压分布近似地分为以下5种情况(如图5-25)。

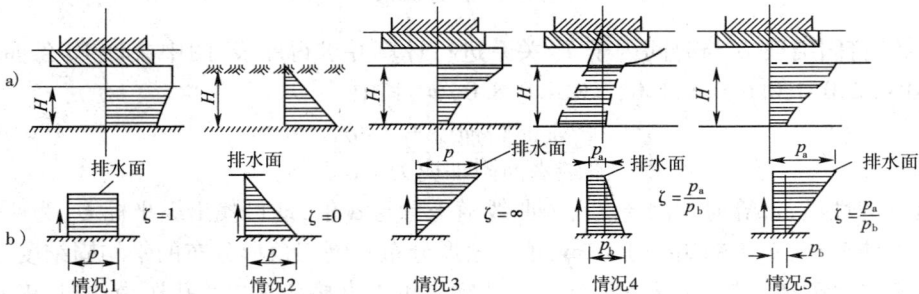

图5-25   固结土层中的起始压应力分布
a)实际分布图;b)简化分布图(箭头表示水流方向)

115

情况 1:基础底面积很大而压缩土层较薄的情况;

情况 2:相当于无限大面积的水力冲填土层,由于自重应力而产生固结的情况。

情况 3:相当于基础底面积较小,在压缩土层底面的附加应力接近于零的情况。

情况 4:相当于地基在自重作用下未固结完毕就在上面修建结构物基础的情况。

情况 5:与情况 3 相类似,但相当于压缩土层底面的附加应力还不接近于零的情况。

从图 5-25 中可以看出,情况 1、2、3 与上述的情况一致,而情况 4、5 为梯形分布。对于情况 4、5 这样的梯形分布条件,可参考图 5-26 所示的曲线图来求得固结度。也可按孔隙水压力分布图叠加方法求得。

情况 4 的平均固结度 $U_{t_4}$ 为

$$U_{t_4} = \frac{2U_{t_1} + U_{t_2}(\xi - 1)}{1 + \xi}$$ (5-63)

情况 5 的平均固结度 $U_{t_5}$ 为

$$U_{t_5} = \frac{2\xi U_{t_1} - (1 - \xi)U_{t_2}}{1 + \xi} = \frac{2\xi U_{t_1} + (1 - \xi)U_{t_3}}{1 + \xi}$$ (5-64)

式中,$\xi$ 的取值见式(5-65)。

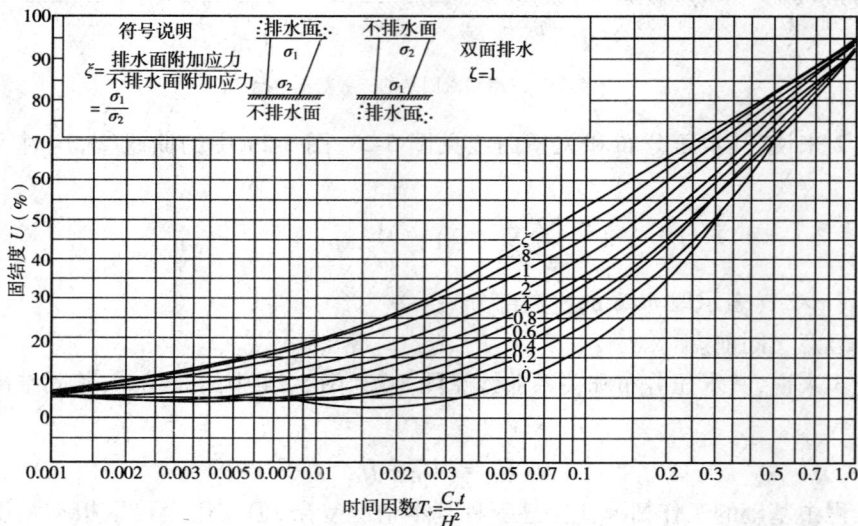

图 5-26  时间因子 $T_v$ 与固结度 $U$ 的关系图

图 5-26 将固结度 $U$ 与时间因子 $T_v$ 关系进行计算并求得曲线,图中共计 10 条曲线,由下至上 $\xi = 0, 0.2, 0.4, 0.6, 0.8, 1.0, 2.0, 4.0, 8.0, \infty$,其中

$$\zeta = \frac{透水面附加应力}{不透水面附加应力} = \frac{\sigma_1}{\sigma_2} = \frac{p_a}{p_b}$$ (5-65)

由地基的性质,计算时间因子 $T_v$,由曲线横坐标与 $\alpha$ 值,即可找出纵坐标 $U_0$ 为所求。

为了方便应用,对于初始孔压均布、正三角形分布及倒三角形分布的平均固结度与时间因子的对应关系已列成表格(如表 5-7)。表 5-7 除了可以直接计算初始孔压为均布、正三角形分布和倒三角形分布,还可以用于单面排水条件下初始孔压为梯形分布时地基土体的平均固结度的计算。

116

对于双面排水条件,不论初始孔压如何分布,只要将时间因子中最大排水距离 $H$ 取为 $\dfrac{H}{2}$,地基平均固结度计算式都可用式(5-60),在实际计算中,都查用表 5-9 中初始孔压为均布的平均固结度。

平均固结度与时间因子关系一览表

表 5-9

| 时间因子 $T_v$ | 平均固结度(%) | | | 时间因子 $T_v$ | 平均固结度(%) | | |
|---|---|---|---|---|---|---|---|
| | 初始孔压均布(情况1) | 初始孔压正三角形分布(情况2) | 初始孔压倒三角形分布(情况3) | | 初始孔压均布 | 初始孔压正三角形分布 | 初始孔压倒三角形分布 |
| 0.000 | 0.00 | 0.00 | 0.00 | 0.070 | 29.85 | 13.96 | 45.75 |
| 0.001 | 3.57 | 0.20 | 6.94 | 0.080 | 31.92 | 15.92 | 47.91 |
| 0.002 | 5.05 | 0.40 | 9.69 | 0.090 | 33.85 | 17.86 | 49.84 |
| 0.003 | 6.18 | 0.60 | 11.76 | 0.100 | 35.68 | 19.78 | 51.59 |
| 0.004 | 7.14 | 0.80 | 13.47 | 0.200 | 50.41 | 37.04 | 63.78 |
| 0.005 | 7.98 | 1.00 | 14.96 | 0.300 | 61.32 | 50.78 | 71.87 |
| 0.006 | 8.74 | 1.20 | 16.28 | 0.400 | 69.79 | 61.54 | 78.04 |
| 0.007 | 9.44 | 1.40 | 17.48 | 0.500 | 76.40 | 69.95 | 82.85 |
| 0.008 | 10.09 | 1.60 | 18.59 | 0.600 | 81.56 | 76.52 | 86.60 |
| 0.009 | 10.71 | 1.80 | 19.61 | 0.700 | 85.59 | 81.65 | 89.53 |
| 0.010 | 11.28 | 2.00 | 20.57 | 0.800 | 88.74 | 85.66 | 91.82 |
| 0.020 | 15.96 | 4.00 | 27.92 | 0.900 | 91.20 | 88.80 | 93.61 |
| 0.030 | 19.54 | 6.00 | 33.09 | 1.000 | 93.13 | 91.25 | 95.00 |
| 0.040 | 22.57 | 8.00 | 37.14 | 2.00 | 99.42 | 99.26 | 99.58 |
| 0.050 | 25.23 | 10.00 | 40.47 | 3.00 | 99.95 | 99.94 | 99.96 |
| 0.060 | 27.64 | 11.99 | 43.29 | | | | |

### 四、沉降与时间关系的计算

以时间 $t$ 为横坐标、沉降 $s_t$ 为纵坐标,可以绘出沉降与时间关系曲线。比较结构物不同点的沉降与时间关系曲线,就可以求出结构物各点在任一时刻 $t$ 的沉降差。

按土层平均固结度的定义,有

$$U = \frac{\text{有效应力分布图面积}}{\text{总附加应力分布图面积}} = \frac{\text{有效应力分布图面积/土层压缩模量}}{\text{总附加应力分布图面积/土层压缩模量}}$$

$$= \frac{t \text{ 时刻土层的沉降量}}{\text{土层的最终沉降量}} = \frac{s_t}{s_\infty}$$

因此
$$s_t = U_t s_\infty \tag{5-66}$$

即知道土层的最终沉降量 $s_\infty$ 和平均固结度 $U_t$。即求得地基在时间 $t$ 达到的沉降量 $s_t$。

有了式(5-66)就可以根据土层中的排水条件及固结应力分布,应用图 5-26 来进行沉降与时间的相互关系计算。具体方法主要有两类:

(1)已知土层的最终沉降量 $s_\infty$,求某一固结历时 $t$ 已完成的沉降 $s_t$

①由 $k$、$a_v$、$e_1$、$H$ 和给定的 $t$,算出 $C_v$ 和时间因数 $T_v$;

②利用图 5-26 中的曲线查出固结度 $U_t$;

③再由式(5-66)求得沉降量 $s_t = U_t s_\infty$。

(2)已知土层的最终沉降量 $s_\infty$,求土层产生某一沉降量 $s_t$ 所需的时间 $t$

①求得平均固结度 $U_t = s_t / s_\infty$;

②图 5-26 中查得时间因数 $T_v$;

③再按式 $t = \dfrac{T_v H^2}{C_v}$ 求出所需的时间。

**【例题 5-4】** 设饱和黏土层的厚度为 10m,位于不透水坚硬岩层上,由于基底上作用着竖直均布荷载,在土层中引起的附加应力的大小和分布如图 5-27 所示。若土层的初始孔隙比 $e_0$ 为 0.8,压缩系数 $a_v$ 为 $2.5 \times 10^{-4} \text{kPa}^{-1}$,渗透系数 $k$ 为 2.0cm/年。试问:

(1)加荷一年后,基础中心点的沉降量为多少?

(2)当基础的沉降量达到 20cm 时需要多少时间?

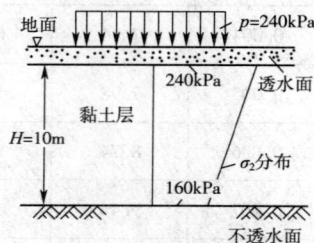

图 5-27 例题 5-4 图

**【解】** (1)该土层的平均附加应力为
$$\sigma_z = (240 + 160)/2 = 200 (\text{kPa})$$

则基础的最终沉降量为
$$s = \frac{a_v}{(1 + e_0)} \sigma_z H = \frac{2.5}{(1 + 0.8)} \times 10^{-4} \times 200 \times 1000 = 27.8 (\text{cm})$$

该土层的固结系数为
$$C_v = \frac{k(1 + e_0)}{a_v \gamma_w} = \frac{0.02 \times (1 + 0.8)}{2.5 \times 10^{-4} \times 10} = 14.4 (\text{m}^2/\text{年})$$

时间因数为
$$T_v = \frac{C_v t}{H^2} = \frac{14.4 \times 1}{10^2} = 0.144$$

土层的附加应力为梯形分布,其参数
$$\zeta = \sigma_1 / \sigma_2 = 240/160 = 1.5$$

由 $T_v$ 及 $\delta$ 值从图 5-26 查得土层的平均固结度为 0.45,则加荷一年后的沉降量为
$$s_t = U_t s_\infty = 0.45 \times 27.8 = 12.5 (\text{cm})$$

(2)已知基础的沉降为 $s_t = 20\text{cm}$,最终沉降量 $s = 27.8\text{cm}$,则土层的平均固结度为
$$U_t = s_t / s_\infty = 20/27.8 = 0.72$$

由 $U_t$ 及 $\sigma$ 值从图 5-26 查得时间因数为 0.43，则沉降达到 20cm 所需的时间为

$$t = \frac{T_V H^2}{C_V} = \frac{0.43 \times 10^2}{14.4} = 2.99(\text{年})$$

# 第六节　建筑物沉降变形观测与分析

## 一、建筑物沉降变形观测的目的、意义和内容

高层建筑、重要厂房和大型设备基础在施工期间和使用初期，由于建筑物基础的地质构造不均匀、土壤的物理性质不同、大气温度变化、地基的塑性变形、地下水位季节性和周期性的变化、建筑物本身的荷重、建筑物的结构及动荷载的作用，引起基础及其四周地基变形，沉降变形不可避免，而沉降变形所导致的基础变形及外部荷载与内部应力的作用，也将会引发建筑物的变形。这种变形在一定限度内应视为正常的现象，但如果超过了规定的限度，则会导致建筑物结构变形或开裂，影响其正常使用，严重的还会危及建筑物的安全。

因此在建筑物的施工和运营期间，为了建筑物的施工安全及正常使用，必须进行地基沉降变形观测，及时掌握变形情况，发现异常情况，以便及时处理。研究变形的原因和规律，为建筑物的设计、施工、管理和科学研究提供可靠的资料。

建筑物沉降观测是用水准测量的方法，周期性地观测建筑物上的沉降观测点和水准基点之间的高差变化值。比较不同周期的观测值即得沉降量。

对于建筑物沉降观测周期的确定，根据多年的实践经验，高层建筑物的施工出了地面后，即到了地坪标高后，每增长两层要观测一次，直至封顶。封顶后的第一年每季度要观测一次，第二年每二季度观测一次，第三年开始每年观测一次，直至沉降停止。如果，发生沉降异常，应酌情增加观测次数。

建筑物沉降观测成果数据采用本期沉降量、总沉降量、$v$—$t$—$s$（沉降速度、时间、沉降量）曲线图、$p$—$t$—$s$（荷载、时间、沉降量）曲线图等方式来体现。

## 二、考虑施工期的地基沉降与时间关系的修正

在上述讨论中，均假定基础荷载是一次全部加到地基上去的，而实际上，结构物荷载是在整个修建期间逐步加上去的。因此，按上述方法求得的沉降与时间关系曲线需作相应修正。如图 5-28 所示，图 5-28a）所示的加载曲线，通常用图 5-28b）所示的曲线来代替，即假设加载期间 $t_c$ 内荷载线性增长，并忽略 $o'$ 以前基坑开挖引起的土的变形。太沙基提出了考虑施工期影响的时间—沉降曲线的经验修正方法。

该方法假定：

（1）在加载期间 $t_c$ 终了时达到的沉降量等于荷载一次性加上去经过 $t_c/2$ 时间所达到的沉降量，根据这个假定，得点 $m$（图 5-28c）。

（2）加载期间内某一时间 $t_1$ 达到的沉降量（这里荷载为 $p$）等于全部荷载 $p'$ 一次加上去经过 $t_1/2$ 时间达到的沉降量乘以 $p/p'$ 值，在图 5-28c）中，沉降量 $(s_{t_1})_n = (s_{t_1/2})_{n_1} p/p'$。

（3）在加载期间以后任一时间 t 达到的沉降量等于荷载一次加上去经过 $(t-t_c)/2$ 时间达到的沉降量。

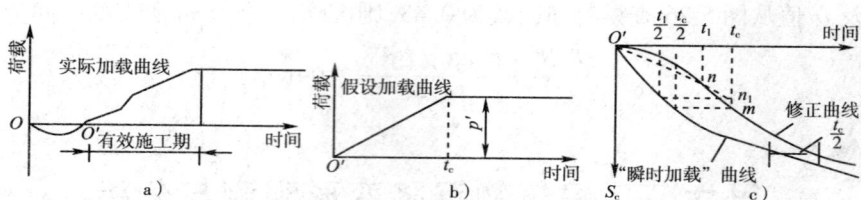

图 5-28 考虑施工期的沉降—时间关系曲线修正

由此可以看出,施工期随着时间的增长,荷载逐步加上去对沉降值的影响逐渐减小,这种修正方法虽然是挖的,但与实际观测结果比较,可以认为在实用上达到了准确的程度。

### 三、固结系数的测定

在前面的讨论中,式(5-59)表明土层的平均固结度是时间因数 $T_v$ 的单值函数,而 $T_v$ 又与固结系数 $C_v$ 成正比,$C_v$ 越大,土层的固结越快。固结系数是反映土体固结快慢的一个重要指标,需要通过试验测定。正确的测定固结系数 $C_v$ 的值对于基础沉降速率的计算有着十分重要的意义。从 $C_v = \dfrac{k(1 + e_0)}{a_v \gamma_w}$ 表达式来看,渗透系数与土体的渗透系数和压缩系数的直接关系,如果能测定某一孔隙比下土的渗透系数和压缩系数,就可计算出相应的固结系数。但这种方法较少采用,最常用的方法是根据室内固结试验,得到某一级荷载下的试样变形量与时间的关系曲线,然后与单向固结理论中的固结度与时间因数关系曲线(图5-23 中的曲线)进行比较拟合。

应当注意到,固结系数是对应某一级固结应力而言的,固结压力不同得出的固结系数也会有差别。因此,测定固结系数时,所加荷载级应尽可能与今后实际工程中产生的固结应力相一致。下面主要介绍目前最常用的两种方法,也是我国《土工试验方法标准》(GB 50123—1999)中推荐的方法。

### 1. 时间对数法(Casagrande 法)

对某一级压力以试样的变形为纵坐标,时间的对数为横坐标绘制变形与时间对数关系曲线图,如图 5-29 所示。图中理论曲线由三部分组成,起始部分接近于抛物线,中间部分接近于直线,水平轴线为末段曲线的渐近线($U = 100\%$)。在试验曲线上,相应于固结度 $U = 0$ 的点可由压缩量与时间关系的起始部分近似为抛物线的特征来确定。

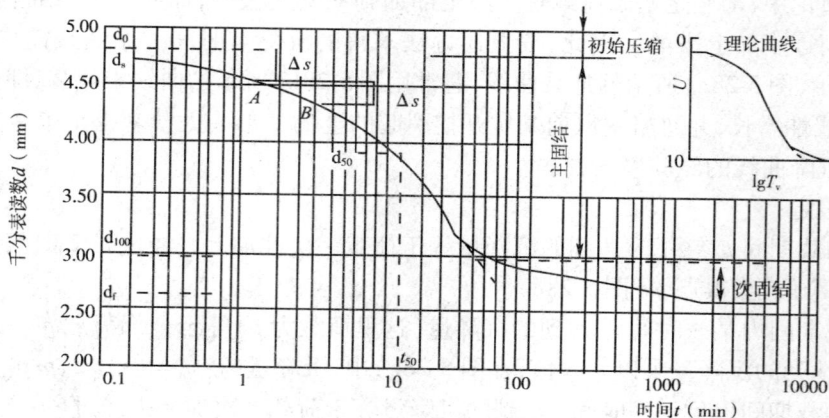

图 5-29 时间对数法求固结系数

120

在关系曲线的开始段,选任一时间 $t_1$,查得相对应的变形值 $d_1$,再取时间 $t = t_1/4$,查得相对应的变形值 $d_2$,则 $2d_2 - d_1$ 即为 $d_{01}$;另取一时间依同法求得 $d_{02}$、$d_{03}$、$d_{04}$ 等,取其平均值为理论零点 $d_s$。延长曲线中部的直线段和通过曲线尾部数点切线的交点即为理论终点 $d_{100}$,则 $d_{50} = (d_s + d_{100})/2$,对应于 $d_{50}$ 的时间即为试样固结度达 50% 所需的时间 $t_{50}$,某一级压力下的固结系数应按下式计算:

$$C_v = \frac{0.197H^2}{t_{50}} \tag{5-67}$$

式中:$H$——最大排水距离,它等于土样在一定压力增量范围内初始和终了高度平均值的一半(双面排水)。

2. 时间平方根法(Taylor 法)

图 5-30 为平均固结度理论曲线和固结试验曲线,横坐标为时间平方根 $\sqrt{t}$。平均固结度 $u < 60\%$ 时理论曲线为一条直线,平均固结度 $u = 90\%$ 所对应的横坐标($AC$)为理论曲线的直线部分延伸线 $B$ 点的横坐标($AB$)的 1.15 倍。这个特征可用来确定试验曲线上相应于 $U = 90\%$ 的点。

对于某一级压力的变形与时间平方根关系曲线,延长曲线开始段的直线交纵坐标于 $d_s$ 为理论零点 $D$,过 $d_s$($D$ 点)作另一直线令其横坐标为前一直线横坐标的 1.15 倍,则后一直线与 $d - \sqrt{t}$ 曲线交点 $E$ 所对应的时间的平方即为试样固结度达 90% 所需的时间 $t_{90}$,该点坐标为($d_{90}$,$\sqrt{t_{90}}$),此时对应的时间因数 $T_v = 0.848$,因此该级压力下的固结系数应按下式计算:

$$C_v = \frac{0.848H^2}{t_{90}} \tag{5-68}$$

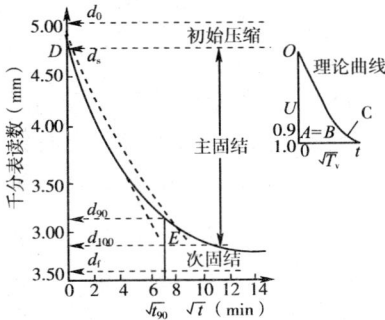

图 5-30 时间平方根法求固结系数

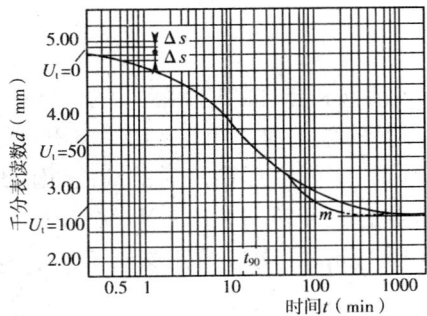

图 5-31 例题 5-6 的 $d - \lg t$ 曲线

【例题 5-6】 饱和土样做侧限压缩试验,当压力从 200kPa 增加到 400kPa 时,测得的千分表计数如表 5-10 所示:

千分表读数                                                                表 5-10

| 时间(min) | 0 | 0.25 | 0.5 | 1.0 | 2.0 | 4.0 | 9.0 | 16.0 | 25.0 |
|---|---|---|---|---|---|---|---|---|---|
| 读数(mm) | 5.00 | 4.82 | 4.77 | 4.64 | 4.51 | 4.32 | 4.00 | 3.72 | 3.49 |
| 时间(min) | 36.0 | 49.0 | 60.0 | 90.0 | 120.0 | 210.0 | 300.0 | 1440 | |
| 读数(mm) | 3.31 | 3.19 | 3.10 | 2.98 | 2.89 | 2.78 | 2.72 | 2.60 | |

经过 24h 以后,土样厚度为 14.10mm。试用时间对数法确定固结系数 $C_\mathrm{v}$。

【解】 相应于本级荷载增量,土样厚度变化为

$$s = 5.00 - 2.60 = 2.40(\mathrm{mm})$$

固结过程中土样的平均厚度为

$$2H = 14.10 + 2.40/2 = 15.30(\mathrm{mm})$$

最长渗径为

$$H = 15.30/2 = 7.65(\mathrm{mm})$$

绘制的 $d$—$\lg t$ 曲线如图 5-31 所示,从曲线上求得 $t_{50} = 13.0\mathrm{min}$,则

$$C_\mathrm{v} = \frac{0.197(0.765)^2}{13 \times 60} = 1.48 \times 10^{-4}(\mathrm{cm^2/s})$$

## 思 考 题

1. 简要叙述地基土变形计算的目的、意义与作用。

2. 试从基本概念、计算公式及适用条件等方面比较压缩模量、变形模量与弹性模量,它们与材料力学中的杨氏模量有什么区别?

3. 什么是先期固结应力?简要叙述其如何确定以及在沉降计算中作用。

4. 什么是超固结土、欠固结土和正常固结土。简要说明应力历史对土层压缩性的影响。

5. 在正常压密土层中,地下水位升降会对建筑物的沉降有什么影响?为什么?

6. 在地基土的沉降计算中,土中附加应力是指有效应力还是总应力?

7. 分层总和法计算沉降的基本概念是什么?

8. 固结度与孔隙水压力之间有什么关系?

9. 试按一维固结理论的基本假设和计算原理来分析,由室内试验结果得出的固结度与实际工程中现场观测得到的固结度不同的原因。

## 习 题

1. 某饱和土样的原始高度为 20mm,试样面积为 $3 \times 10^3\mathrm{mm}^2$,在固结仪中做压缩试验。土样与环刀的总重为 $175.6 \times 10^{-2}\mathrm{N}$,环刀重 $58.6 \times 10^{-2}\mathrm{N}$。当压力由 $p_1 = 100\mathrm{kPa}$ 增加到 $p_2 = 200\mathrm{kPa}$ 时,土样变形稳定后的高度相应地由 19.31mm 减小到 18.76mm。试验结束后烘干土样,称得土重为 $94.8 \times 10^{-2}\mathrm{N}$。试计算:

(1)与 $p_1$、$p_2$ 对应的孔隙比 $e_1$、$e_2$;

(2)土的压缩系数;

(3)评价该土的压缩性大小。

2. 受大面积均布荷载 $p_0 = 80\mathrm{kPa}$ 作用的某地基饱和黏土层厚 12m,$k = 1.6\mathrm{cm/年}$,$E_\mathrm{S} = 6\mathrm{MPa}$。试在单面和双面排水条件下分别求:

(1)加荷半年后黏土层的平均固结度;

(2)固结沉降量达 128mm 所需时间。

3. 某建筑物地基有一厚度为 5m 的饱和黏土层,其顶面和底面均为透水砂层。取厚度为 20mm 的土样进行压缩试验,压力施加后 4min 测得土样的压缩量已达到了总压缩量的 50%。预估在同样大的压力作用下原位黏土层固结沉降量达到其总沉降量的 90% 所需要的时间。

4. 某地基饱和黏土层受上部结构荷载作用,产生呈梯形分布的附加应力,顶面和底面附加应力值分别为 240kPa 和 160kPa。黏土层厚 8m,$k = 0.2\mathrm{cm/年}$,$E_\mathrm{S} = 4.82\mathrm{MPa}$,试在单面和双

面排水条件下分别计算：

（1）1 年后的固结沉降量；

（2）固结沉降达到 240mm 所需时间。

5. 计算沉降的普通分层总和法与规范法有何区别？

6. 条形基础宽度 2.0m，荷载为 1200kN/m，基础埋深为 1.0m，地下水位在基底下 1.0m，地基土层情况：土层 1：$\gamma = 18.2\text{kN/m}^3$，土层 2 为粉质黏土，$\gamma = 19.0\text{kN/m}^3$，$d_s = 2.7$，$w = 30\%$；土层 3 为淤泥质黏土：$\gamma = 17\text{kN/m}^3$，$d_s = 2.72$，$w = 42\%$ 压缩试验成果见表 5-11，用分层总和法计算基础中点的沉降量。

地基土层的 $e$—$p$ 曲线数据 表 5-11

| $e$   $p(\text{kPa})$<br>土层 | 0 | 50 | 100 | 150 | 200 |
|---|---|---|---|---|---|
| 土层 1 | 0.780 | 0.720 | 0.697 | 0.663 | 0.640 |
| 土层 2 | 0.875 | 0.812 | 0.785 | 0.742 | 0.721 |
| 土层 3 | 1.05 | 0.942 | 0.886 | 0.794 | 0.698 |

7. 某矩形基础长 3.5m，宽 2.5m，基础埋深 $d = 1$m，作用在基础上的荷载 $N = 900$kN，地基分上下两层，上层为粉质黏土，厚 7m，重度 $\gamma = 18\text{kN/m}^3$，$e_1 = 1.0$，$a = 0.4\text{MPa}^{-1}$，下层为基岩。用规范法求基础的沉降量（取 $\Psi_s = 1.0$）。

8. 某超固结土层厚 2m，前期固结压力为 $p_c = 300$kPa，原位压缩曲线压缩指数 $C_c = 0.5$，回弹指数 $C_e = 0.1$，土层的平均自重应力 $p_1 = 100$kPa，$e_0 = 0.70$。求下列两种情况下该黏土的最终沉降量。

（1）建筑物的荷载在土层中引起的平均竖向附加应力 $\Delta p = 400$kPa；

（2）建筑物的荷载在土层中引起的平均附加应力 $\Delta p = 180$kPa。

# 第六章　土的抗剪强度理论

**教学内容**：土体抗剪强度的概念，库仑强度定律，摩尔库仑强度理论，直剪试验、三轴剪切试验、十字板剪切试验、强度指标选用，有效抗剪强度指标概念，饱和黏性土的抗剪强度，无黏性土的抗剪强度。

**教学要求**：掌握土的抗剪强度的概念，掌握库仑强度定律；熟练运用土的极限平衡条件式判别土的状态；了解确定抗剪强度指标的试验方法、不同排水条件对强度指标的影响及指标的选用。

**教学重点**：摩尔库仑强度理论，饱和黏性土的抗剪强度。

## 第一节　概　　述

　　土的抗剪强度是指土体抵抗剪切破坏的极限能力，是土的重要力学性质之一。在外荷载作用下，建筑物地基或土工构筑物内部将产生剪应力和剪切变形，而土体具有抵抗剪应力的潜在能力——剪阻力或抗剪力，它相应于剪应力的增加而剪阻力逐渐发挥，当剪阻力完全发挥时，土就处于剪切破坏的极限状态，此时剪阻力也就到达极限。这个极限值就是土的抗剪强度。如果土体内某一局部范围的剪应力达到土的抗剪强度，在该局部范围的土体将就出现剪切破坏，但此时整个建筑物地基或土工构筑物并不因此而丧失稳定性；随着荷载的增加，土体的剪切变形将不断地增大，致使剪切破坏的范围逐渐扩大，并由局部范围的剪切发展到连续剪切，最终在土体中形成连续的滑动面，从而导致整个建筑物地基或土工构筑物丧失稳定性。

　　工程实践中，与土的抗剪强度直接相关的工程问题主要有三类（如图6-1）：第一，是土作为建筑材料构成的土工构筑物的稳定性问题，如土坝、路堤等填方边坡以及自然边坡的稳定性问题（如图 6-1a）；第二，是土作为工程构筑物的环境的问题，即土压力问题，如挡土墙、地下绉构等的周围土体，它的强度破坏将造成对墙体过大的侧向土压力，以致可能导致这些工程构

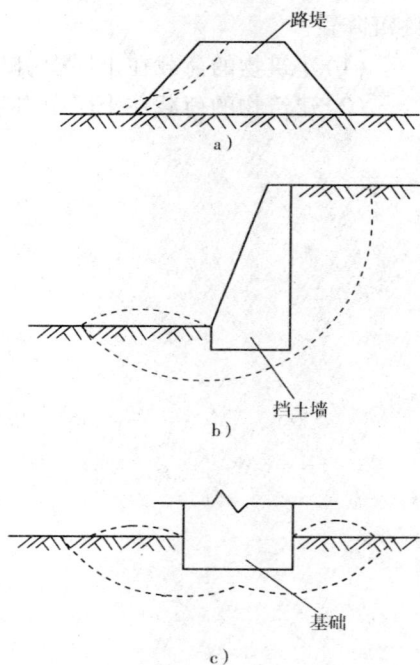

图6-1　工程中土的强度问题

a)土坡滑动;b)挡土墙倾覆;c)地基失稳

筑物发生滑动、倾覆等破坏事故（如图6-1b）；第三，是土作为建筑物地基的承载力问题，如果基础下的地基土体产生整体滑动或因局部剪切破坏而导致过大的地基变形，都会造成上部结构的破坏或影响其正常使用的事故（如图6-1c）。

本章将介绍土的抗剪强度理论、常用的室内剪切试验和现场试验以及饱和黏性土和无黏性土的抗剪强度性状等问题。必须指出，在初等土力学中，对土的抗剪强度的分析研究和应用是孤立进行的。这指的是只把土体作为刚塑性体（如图6-2）而与变形问题截然分开，即论及土的强度时，只考虑给定一种破坏准则而不进一步分析或计算所产生的变形大小。

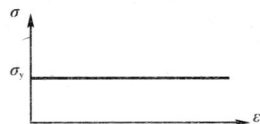

图 6-2　刚塑体的应力—应变关系

# 第二节　土的抗剪强度理论

## 一、库仑定律

1776 年，法国学者库仑（C. A. Coulomb）根据砂土的试验结果（如图6-3a），将土的抗剪强度表达为滑动面上法向应力的函数，即

$$\tau_f = \sigma \cdot \tan\varphi \qquad (6\text{-}1)$$

以后库仑又根据黏土的试验结果（如图6-3b），提出更为普遍的抗剪强度表达形式：

$$\tau_f = \sigma \cdot \tan\varphi + c \qquad (6\text{-}2)$$

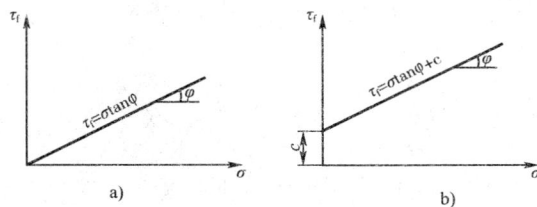

图 6-3　抗剪强度与法向应力之间的关系
a) 无黏性土；b) 黏性土

式中：$\tau_f$——土的抗剪强度，kPa；
　　　$\sigma$——剪切滑动面上的法向应力，kPa；
　　　$c$——土的黏聚力，kPa；
　　　$\varphi$——土的内摩擦角，(°)。

式(6-1)和式(6-2)就是土的强度规律的数学表达式，称为库仑强度定律或库仑强度公式。它表明对一般应力水平，土的抗剪强度与滑动面上的法向应力之间呈直线关系，如图 6-4 所示。其中 $c$ 为直线在纵坐标轴上的截距，$\varphi$ 为直线与水平线的夹角，$c$、$\varphi$ 称为土的抗剪强度指标或抗剪强度参数。

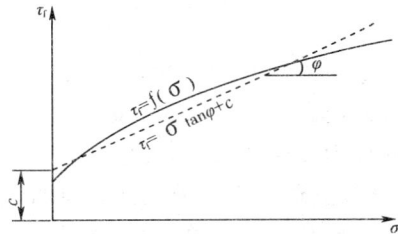

图 6-4　摩尔包线

由式(6-1)和式(6-2)可以看出，砂土的抗剪强度是由内摩阻力构成，而黏性土的抗剪强度则由内摩阻力和黏聚力两部分构成。

内摩阻力包括土粒之间的表面摩擦力和由于土粒之间的连锁作用而产生的咬合力。咬合力是指当土体相对滑动时，将嵌在其他颗粒之间的土粒拔出所需的力，土越密实，连锁作用则越强。

关于黏聚力，包括有原始黏聚力、固化黏聚力及毛细黏聚力。原始黏聚力主要是由于土粒间水膜受到相邻土粒之间的电分子引力而形成的，当土被压密时，土粒间的距离减小，原始黏聚力随之增大，当土的天然结构被破坏时，原始黏聚力将丧失一些，但会随着时间而恢复其中的一部分或全部。固化黏聚力是由于土中化合物的胶结作用而形成的，当土的天然结构被破坏时,则固化黏聚力随之丧失,而且不能恢复。至于毛细黏聚力,是由于毛细压力所引起的,一般可忽略不计。

砂土的内摩擦角 $\varphi$ 变化范围不是很大,中砂、粗砂、砾砂一般为 $32° \sim 40°$;粉砂、细砂一般为 $28° \sim 36°$。孔隙比越小,$\varphi$ 越大,但是,含水饱和的粉砂、细砂很容易失去稳定,因此对其内摩擦角的取值宜慎重,有时规定取 $20°$ 左右。砂土有时也有很小的黏聚力(约 $10kPa$ 以内),这可能是由于砂土中夹有一些黏土颗粒,也可能是由于毛细黏聚力的缘故。

黏性土的抗剪强度指标的变化范围很大,它与土的种类有关,并且与土的天然结构是否破坏、试样在法向压力下的排水固结程度及试验方法等因素有关。内摩擦角的变化范围大致为 $0° \sim 30°$;黏聚力则可从小于 $10kPa$ 变化到 $200kPa$ 以上。

需要注意的是,公式(6-1)和式(6-2)中的 $\sigma$ 是总应力。在第四章中介绍的饱和土有效应力原理中,我们知道"土的变形、强度是由有效应力 $\sigma'$ 控制的"。实际上,由于土中的孔隙水不能承受剪应力作用,土体的抗剪强度只能全部由固体颗粒提供,可以理解土颗粒骨架的变形和强度是不受总应力 $\sigma(\sigma = \sigma' + u)$ 而是有效应力 $\sigma'$ 控制的。因此,土体抗剪强度应该是剪切面上的有效法向应力的函数,可表示如下:

$$\tau_f = \sigma' \tan\varphi' \tag{6-1'}$$

$$\tau_f = \sigma' \tan\varphi' + c' \tag{6-2'}$$

式中:$c'$、$\varphi'$——有效黏聚力、有效内摩擦角。

常把 $c$、$\varphi$ 称作土的总应力抗剪强度指标;$c'$、$\varphi'$ 称作土的有效应力抗剪强度指标。

## 二、摩尔库仑强度条件

### 1. 土体中任一点的应力状态

土体内部的滑动可沿任何一个面发生,只要该面上的剪应力达到其抗剪强度。对于复杂应力状态,土体内任意单元体中的各个截面上的应力是相关的,对于平面问题,只要已知任意两个相互垂直的截面上的应力,其他截面上的应力可以用这两个相互垂直的截面上的应力描述。

土体受力后,土体内任意单元体所有截面上,一般都作用着法向应力(正应力)$\sigma$ 和切向应力(剪应力)$\tau$ 两个分量。如果该单元体的某一平面上只有法向应力,没有切向应力,则该平面称为主应力面,作用在主应力面上的法向应力就称为主应力。由材料力学知识可知,对于平面问题,通过任一单元体只有两个主应力面,且它们是正交的。

设某一土体单元体(如图6-5a)上作用有大、小主应力 $\sigma_1$ 和 $\sigma_3$,则作用在该单元内与大主应力 $\sigma_1$ 作用面成任意角 $\alpha$ 的平面 $mn$ 上的法向应力 $\sigma$ 和剪应力 $\tau$,可从隔离体 $abc$(如图6-5b)按静力平衡条件求得:

$$\sigma_3 ds\sin\alpha - \sigma ds\sin\alpha + \tau ds\cos\alpha = 0$$

$$\sigma_1 ds\cos\alpha - \sigma ds\cos\alpha - \tau ds\sin\alpha = 0 \tag{6-3}$$

联立求解以上方程得平面 $mn$ 上的应力为

$$\left. \begin{array}{l} \sigma = \dfrac{1}{2}(\sigma_1 + \sigma_3) + \dfrac{1}{2}(\sigma_1 - \sigma_3)\cos2\alpha \\[2mm] \tau = \dfrac{1}{2}(\sigma_1 - \sigma_3)\sin2\alpha \end{array} \right\} \tag{6-4}$$

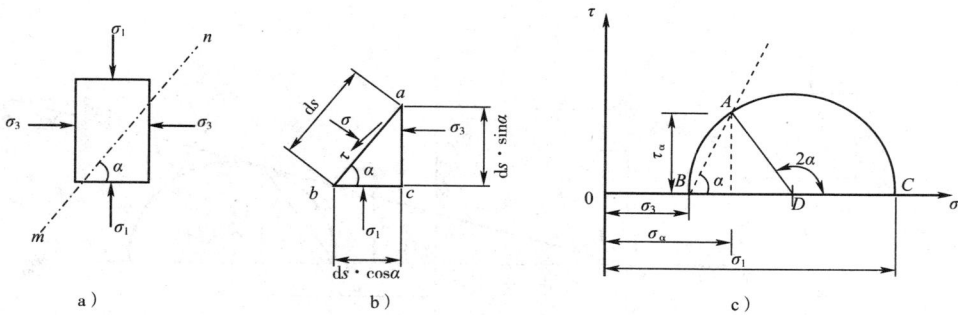

图 6-5　图中任意点的应力

a)微元体上的应力;b)隔离体 $abc$ 上的应力;c)摩尔圆

## 2. 摩尔应力圆

由式(6-4)可知,当平面 $mn$ 与大主应力 $\sigma_1$ 作用面的夹角 $\alpha$ 变化时,平面 $mn$ 上的 $\sigma$ 和 $\tau$ 亦相应变化。为了表达某一土体单元所有各方向平面上的应力状态,可以引用材料力学中有关表达一点的应力状态的摩尔应力圆方法(如图 6-5c),即在 $\sigma$—$\tau$ 坐标系中,按一定的比例尺,在横坐标上截取 $\sigma_3$ 和 $\sigma_1$ 的线段 $OB$ 和 $OC$,再以 $BC$ 为直径作圆,取圆心为 $D$,自 $DC$ 逆时针旋转 $2\alpha$ 角,使 $DA$ 与圆周交于 $A$ 点。不难证明,$A$ 点的横坐标即为平面 $mn$ 上的法向应力 $\sigma$,纵坐标即为剪应力 $\tau$。由此可见,摩尔应力圆圆周上的任一点都相应代表着与大主应力 $\sigma_1$ 作用面成一定角度的平面上的应力状态,因此,摩尔应力圆可以完整的表示一点的应力状态。

## 3. 摩尔库仑强度条件

按摩尔—库仑理论判断土中某点是否破坏时,可将摩尔应力圆与抗剪强度包线绘在同一 $\sigma$—$\tau$ 坐标图上,根据表达该点应力状态的摩尔圆与抗剪强度包线的相互位置关系,有以下三种情况(如图 6-6):

(1)整个摩尔圆位于抗剪强度包线的下方(圆 I),表明通过该点任意平面上的剪应力都小于相应面上的抗剪强度

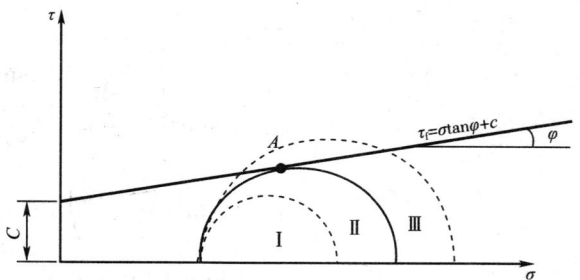

图 6-6　摩尔圆与抗剪强度包线的关系

($\tau < \tau_f$),故该点没有发生剪切破坏,而处于弹性状态;

(2)摩尔圆与抗剪强度包线相割(圆 III),说明该点某些平面上的剪应力已超过了相应面上的抗剪强度($\tau > \tau_f$),故该点早已破坏,实际上该应力圆所代表的应力状态是不存在的;

(3)摩尔圆与抗剪强度包线相切(圆 II),切点为 $A$,说明在 $A$ 点所代表的平面上,剪应力正好等于相应面上的抗剪强度($\tau = \tau_f$),因此,该点处于濒临剪切破坏的极限应力状态,称为极限平衡状态。与抗剪强度包线相切的圆 II 称为极限应力圆。

在分析和计算方面,一般常用大、小主应力 $\sigma_1$ 和 $\sigma_3$ 来表示土体中一点的剪切破坏条件,即土的极限平衡条件。为此,设土体某一单元微体(如图 6-7a)中,在与大主应力 $\sigma_1$ 作用平面成 $\alpha_f$ 角的平面 $mn$ 上,其应力条件处于极限平衡状态(如图 6-7b)。将抗剪强度包线延长与 $\sigma$ 轴相交于 $B$ 点,由图可知:根据直角三角形 $ABO_1$ 的几何关系得:

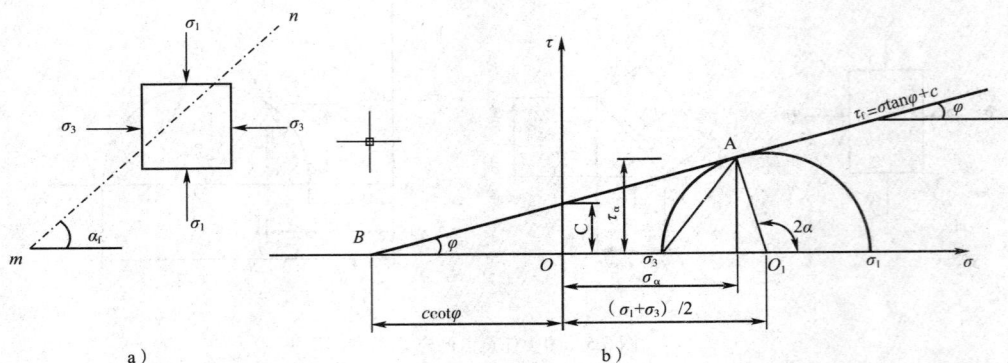

图 6-7　土体中一点达极限平衡状态时的摩尔圆

a) 微单元体；b) 极限平衡状态时的摩尔圆

$$\sin\varphi = \frac{\overline{O_1A}}{\overline{O_1B}} = \frac{\frac{1}{2}(\sigma_1 - \sigma_3)}{\frac{1}{2}(\sigma_1 + \sigma_3) + c \cdot \cot\varphi} = \frac{\sigma_1 - \sigma_3}{\sigma_1 + \sigma_3 + 2c \cdot \cot\varphi} \tag{6-5}$$

化简后得：

$$\sigma_1 = \sigma_3 \frac{1 + \sin\varphi}{1 - \sin\varphi} + 2c \frac{\cos\varphi}{1 - \sin\varphi} \tag{6-6}$$

或

$$\sigma_3 = \sigma_1 \frac{1 - \sin\varphi}{1 + \sin\varphi} - 2c \frac{\cos\varphi}{1 + \sin\varphi} \tag{6-7}$$

由三角函数可以证明：

$$\frac{1 + \sin\varphi}{1 - \sin\varphi} = \frac{\sin 90° + \sin\varphi}{\sin 90° - \sin\varphi} = \frac{2\sin(45° + \frac{\varphi}{2})\cos(45° - \frac{\varphi}{2})}{2\sin(45° - \frac{\varphi}{2})\cos(45° + \frac{\varphi}{2})}$$

$$= \frac{\sin^2(45° + \frac{\varphi}{2})}{\cos^2(45° + \frac{\varphi}{2})} = \tan^2(45° + \frac{\varphi}{2})$$

$$\frac{\cos\varphi}{1 - \sin\varphi} = \sqrt{\frac{1 - \sin^2\varphi}{(1 - \sin\varphi)^2}} = \sqrt{\frac{1 + \sin\varphi}{1 - \sin\varphi}} = \tan(45° + \frac{\varphi}{2})$$

$$\frac{1 - \sin\varphi}{1 + \sin\varphi} = \frac{1}{\tan^2(45° + \frac{\varphi}{2})} = \tan^2(45° - \frac{\varphi}{2})$$

$$\frac{\cos\varphi}{1 + \sin\varphi} = \sqrt{\frac{1 - \sin^2\varphi}{(1 + \sin\varphi)^2}} = \sqrt{\frac{1 - \sin\varphi}{1 + \sin\varphi}} = \tan(45° - \frac{\varphi}{2})$$

代入式(6-6)和式(6-7)，可得黏性土的极限平衡条件为：

$$\sigma_1 = \sigma_3 \tan^2(45° + \frac{\varphi}{2}) + 2c \cdot \tan(45° + \frac{\varphi}{2}) \tag{6-8}$$

或

$$\sigma_3 = \sigma_1 \tan^2(45° - \frac{\varphi}{2}) - 2c \cdot \tan(45° - \frac{\varphi}{2}) \tag{6-9}$$

对于无黏性土，由于黏聚力 $c = 0$，由式(6-5)、式(6-8)和式(6-9)可得无黏性土的极限平衡条件为：

$$\sin\varphi = \frac{\sigma_1 - \sigma_3}{\sigma_1 + \sigma_3} \tag{6-10}$$

或

$$\sigma_1 = \sigma_3 \tan^2(45° + \frac{\varphi}{2}) \tag{6-11}$$

或

$$\sigma_3 = \sigma_1 \tan^2(45° - \frac{\varphi}{2}) \tag{6-12}$$

从图6-7中三角形 $ABO_1$ 的外角与内角的关系可得：

$$2\alpha_f = 90° + \varphi$$

因此，土中出现的破裂面与大主应力 $\sigma_1$ 作用面的夹角 $\alpha_f$ 为：

$$\alpha_f = 45° + \frac{\varphi}{2} \tag{6-13}$$

极限平衡的表达式(6-5)、式(6-8)、式(6-9)以及式(6-10)~式(6-12)，并不是在任何应力状态下都能满足的恒等式，而是代表土体处于极限平衡状态时主应力间的相互关系。因此，以上公式可用来判断土体是否达到剪切破坏。例如，已知土中某一点的大、小主应力 $\sigma_1$ 和 $\sigma_3$ 以及抗剪强度指标 $c$ 和 $\varphi$，可将 $\sigma_1$、$c$ 和 $\varphi$ 值或 $\sigma_3$、$c$ 和 $\varphi$ 值代入这些公式的右侧，求出主应力的计算值 $\sigma_{1j}$ 或 $\sigma_{3j}$，它们代表该点处于极限平衡状态时所能承受的主应力极值。将此主应力计算值与已知的主应力值比较，即可判断出该点是否会发生剪切破坏。如果 $\sigma_{1j} < \sigma_1$（如图6-8a）或 $\sigma_{3j} > \sigma_3$（如图6-8b），表明该点已被剪坏；反之，则没有发生剪切破坏；若 $\sigma_{1j} = \sigma_1$ 或 $\sigma_{3j} = \sigma_3$，表明该点处于极限平衡状态。

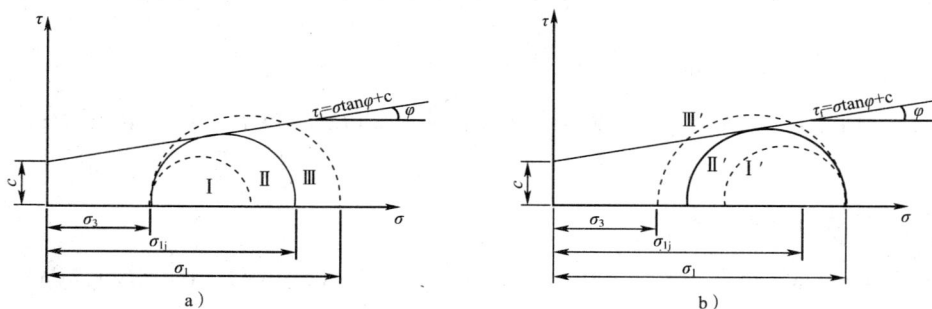

图6-8　用极限平衡条件判断土体中一点所处的状态

【例题6-1】　设砂土地基中某点的大主应力 $\sigma_1 = 400\text{kPa}$，小主应力 $\sigma_3 = 200\text{kPa}$，砂土的内摩擦角 $\varphi = 25°$，黏聚力 $c = 0$，试判断该点是否破坏？

【解】　为加深对本节内容的理解，以下用多种方法解题。

解法一：按某一平面上的 $\tau$ 和 $\tau_f$ 对比来判断：根据式(6-13)知，破坏时土中出现的破裂面与大主应力作用面的夹角 $\alpha_f = 45° + \frac{\varphi}{2}$。因此，作用在与大主应力作用面成 $45° + \frac{\varphi}{2}$ 角平面上的法向应力 $\sigma$、剪应力 $\tau$ 和抗剪强度 $\tau_f$，可按式(6-4)和式(6-1)计算：

$$\sigma = \frac{1}{2}(\sigma_1 + \sigma_3) + \frac{1}{2}(\sigma_1 - \sigma_3)\cos2(45° + \frac{\varphi}{2})$$

$$= \frac{1}{2}(400 + 200) + \frac{1}{2}(400 - 200)\cos2(45° + \frac{25°}{2}) = 257.7(\text{kPa})$$

$$\tau = \frac{1}{2}(\sigma_1 - \sigma_3)\sin2(45° + \frac{\varphi}{2})$$

$$= \frac{1}{2}(400 - 200)\sin2(45° + \frac{25°}{2}) = 90.6(kPa)$$

$$\tau_f = \sigma\tan\varphi = 257.7 \times \tan25° = 120.2(kPa) > \tau$$

由于破裂面上的抗剪强度 $\tau_f$ 大于剪应力 $\tau$,故可判断该点未发生剪切破坏。

解法二:用图解法按摩尔圆与抗剪强度包线的相对位置关系来判断,按一定比例作出摩尔圆,并在同一坐标图中绘出抗剪强度包线(如图 6-9a)。由图可知,摩尔圆与抗剪强度包线不相交,故可判断该点未发生剪切破坏。

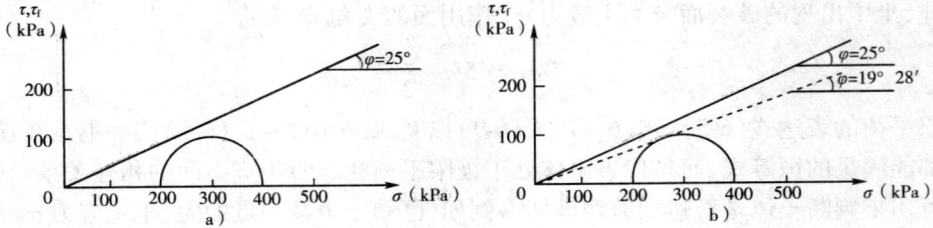

图 6-9

解法三:按式(6-10)判断,

$$\varphi_j = \arcsin\frac{\sigma_1 - \sigma_3}{\sigma_1 + \sigma_3} = \arcsin\frac{400 - 200}{400 + 200} = 19°28'$$

该计算值 $\varphi_j$ 为该点处于极限平衡状态时所需的内摩擦角,由于 $\varphi_j < \varphi$,故可判断该点未发生剪切破坏(如图 6-9b)。

解法四:按式(6-11)判断,

$$\sigma_{1j} = \sigma_3\tan^2(45° + \frac{\varphi}{2}) = 200\tan^2(45° + \frac{25°}{2}) = 492.8(kPa) > \sigma_1 = 400(kPa)$$

故该点未发生剪切破坏。

解法五:按式(6-12)判断,

$$\sigma_{3j} = \sigma_1\tan^2(45° - \frac{\varphi}{2}) = 400\tan^2(45° - \frac{25°}{2}) = 162.3(kPa) < \sigma_3 = 200(kPa)$$

故该点未发生剪切破坏。

# 第三节　土的抗剪强度指标的测定

地基承载力、土坡稳定及土压力大小等均与土的抗剪强度有关。因此,准确测定土的抗剪强度在工程中具有重要意义。

目前土的抗剪强度的测定,可用直接剪切试验、三轴压缩试验、无侧限抗压试验和十字板剪切试验等常用的试验方法进行。除十字板剪切试验在原位进行测试外,其他三种试验均需从现场取回土样,再在室内进行测试。

## 一、直接剪切试验

测定土的抗剪强度的最简单的方法是直接剪切试验。试验所使用的仪器称为直剪仪,按加荷方式的不同,直剪仪可分为应变控制式和应力控制式两种。前者是以等速水平推动试样产生位移并测定相应的剪应力;后者则是对试样分级施加水平剪应力,同时测定相应的位移。我国目前普遍采用的是应变控制式直剪仪,如图 6-10 所示。该仪器的主要部件由固定的上盒和活动的下盒组成,试样放在盒内上下两块透水石之间。

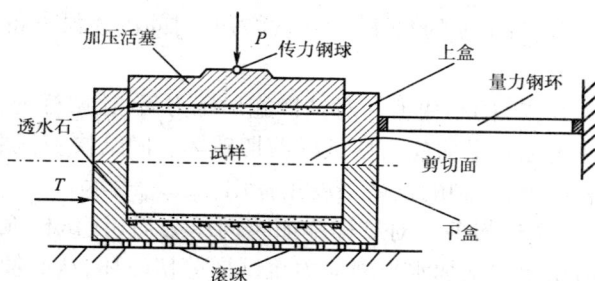

图 6-10　应变控制式直剪仪

试验时,由杠杆系统通过加压活塞和透水石对试样施加某一垂直压力 $P$(如土质松软,宜分次施加以防土样挤出),然后以规定的速率等速转动手轮来对下盒施加水平推力 $T$,使试样在沿上下盒之间的水平面上产生剪切变形,同时每隔一定时间测记量力环表读数,直至剪坏。根据实验记录,由量力环的变形值计算出剪切过程中剪应力的大小,并绘制出剪应力 $\tau$ 和剪切位移 $\delta$ 的关系曲线(如图 6-11a),通常取该曲线上的峰值点或稳定值作为该级垂直压力下的抗剪强度。

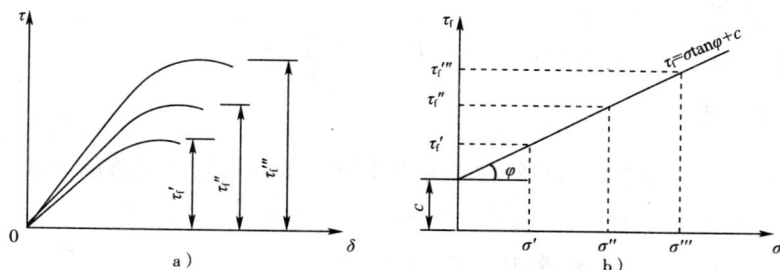

图 6-11　直剪试验成果
a)剪应力—剪切位移关系;b)抗剪强度—法向应力关系

对同一种土取 3～4 个试样,分别在不同的垂直压力下剪切破坏,可将试验结果绘制成以抗剪强度 $\tau_f$ 为纵坐标,法向应力 $\sigma$ 为横坐标的平面图上,通过图上各试验点绘一条直线,此即抗剪强度包线,如图 6-11b)所示。该直线与横轴的夹角为内摩擦角 $\varphi$,在纵轴上的截距为黏聚力 $c$,直线方程可用库仑公式(6-2)表示;对于砂性土,抗剪强度与法向应力之间的关系则是一条通过原点的直线,可用式(6-1)表示。

试验和工程实践都表明土的抗剪强度是与土受力后的排水固结状况有关,对同一种土,即使施加同一法向应力,但若剪切前试样的固结过程和剪切时试样的排水条件不同,其强度指标也不尽相同。因而在土工工程设计中所需要的强度指标试验方法必须与现场的施工加荷实际相结合。如软土地基上快速堆填路堤,由于加荷速度快,地基土体渗透性低,则这种条件下的强度和稳定问题是处于不能排水条件下的稳定分析问题,这就要求室内的试验条件能模拟实际加荷状况,即在不能排水的条件下进行剪切试验。但是直剪仪的构造无法做到任意控制土样是否排水的要求,为了近似模拟土体在现场受剪的排水条件,按剪切前的固结程度、剪切时的排水条件及加荷速率,把直接剪切试验分为快剪、固结快剪和慢剪三种试验方法。

(1)快剪。对试样施加竖向压力后,立即以 0.8mm/min 的剪切速率快速施加剪应力使试样剪切破坏。一般从加荷到剪坏只用 3～5min。由于剪切速率较快,可认为对于渗透系数小

于 $10^{-6}$ cm/s 的黏性土在这样短暂时间内还没来得及排水固结。得到的抗剪强度指标用 $c_q$、$\varphi_q$ 表示。

（2）固结快剪。对试样施加压力后，让试样充分排水，待固结稳定后，再以 0.8mm/min 快速施加水平剪应力使试样剪切破坏。固结快剪试验同样只适用于渗透系数小于 $10^{-6}$ cm/s 的黏性土，得到的抗剪强度指标用 $c_{cq}$、$\varphi_{cq}$ 表示。

（3）慢剪。对试样施加竖向压力后，让试样充分排水，待固结稳定后，再以 0.6mm/min 的剪切速率施加水平剪应力至试样剪切破坏，从而使试样在受剪过程中一直充分排水和产生体积变形。得到的抗剪强度指标用 $c_s$、$\varphi_s$ 表示。

直剪试验具有设备简单，土样制备及试验操作方便等优点，因而至今仍为国内一般工程所广泛应用。但也存在不少缺点，主要有：

①剪切面限定在上下盒之间的平面，而不是沿土样最薄弱的面剪切破坏；

②剪切面上剪应力分布不均匀，且竖向荷载会发生偏转（上下盒的中轴线不重合），主应力的大小及方向都是变化的；

③在剪切过程中，土样剪切面逐渐缩小，而在计算抗剪强度时仍按土样的原截面积计算；

④试验时不能严格控制排水，并且不能量测孔隙水压力；

⑤试验时上下盒之间的缝隙中易嵌入砂粒，使试验结果偏大。

### 二、三轴压缩试验

三轴压缩试验也称三轴剪切试验，是测定抗剪强度的一种较为完善的方法。

#### 1. 三轴试验的基本原理

三轴压缩仪主要由三部分组成：压力室、加压系统以及量测系统。图 6-12 是三轴压力室的示意图。它是一个由金属上盖、底座以及透明有机玻璃圆筒组成的密闭容器，压力室底座通常有三个小孔分别与稳压系统以及体积变形和孔隙水压力量测系统相连。试样为圆柱形，规范要求试样的高度与直径之比为 2～2.5。试样安装在压力室中，外用橡皮膜包裹，橡皮膜扎紧在试样帽和底座上，以防止压力室中的水进入试样。试样上、下两端放置透水石，试验时试样的排水条件由与顶部连通的排水阀来控制。

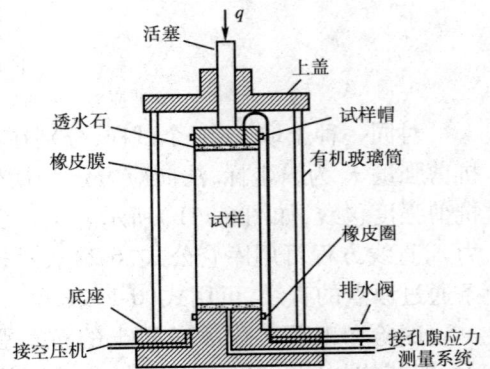

图 6-12　三轴压缩仪

加压系统由压力泵、调压阀和压力表等组成。试验时通过压力室对试样施加周围压力，并在试验过程中根据不同的试验要求对压力予以控制或调节，如保持恒压或变化压力等。试样的轴向压力增量，由与顶部试样帽直接接触的活塞杆来传递（轴向力的大小可由经过率定的量力环或压力传感器测定，轴向力除以试样的横断面积后为附加轴向压力 $q$，亦称偏应力或轴向应力增量 $\Delta\sigma_1$），附加轴向压力 $q$ 增加使试样受剪，直至剪坏。

量测系统由排水管、体变管和孔隙水压力量测装置等组成。试验时分别测出试样受力后土中排出的水量变化以及土中孔隙水压力的变化。对于试样的竖向变形，则利用置于压力室上方的测微表或位移传感器测读。

132

常规三轴试验的一般步骤是:将土样切制成圆柱体套在橡胶膜内,放在密闭的压力室中,然后向压力室内注入气压或液压,使试件在各向均受到周围压力 $\sigma_3$,并使该周围压力在整个试验过程中保持不变,这时试件内各向的主应力都相等,因此在试件内不产生任何剪应力(图 6-13a)。然后通过轴向加荷系统对试件施加竖向压力,当作用在试件上的水平压力保持不变,而竖向压力逐渐增大时,相应的应力圆也不断增大(图 6-13b)。当应力圆达到一定大小时,试件终因受剪而破坏,此时的应力圆为极限应力圆。设剪切破坏时轴向加荷系统加在试件上的竖向压应力为 $\Delta\sigma_1$,则试件上的大主应力为 $\sigma_1 = \sigma_3 + \Delta\sigma_1$,而小主应力为 $\sigma_3$,据此可作出一个摩尔极限应力圆,图 6-13c)中的圆 I,用同一种土样的若干个试件(三个以上)分别在不同的周围压力 $\sigma_3$ 下进行试验,可得一组摩尔极限应力圆,并作一条公切线,该线即为土的抗剪强度包线,通常取此包线为一条直线,由此可得土的抗剪强度指标 $c$、$\varphi$ 值。

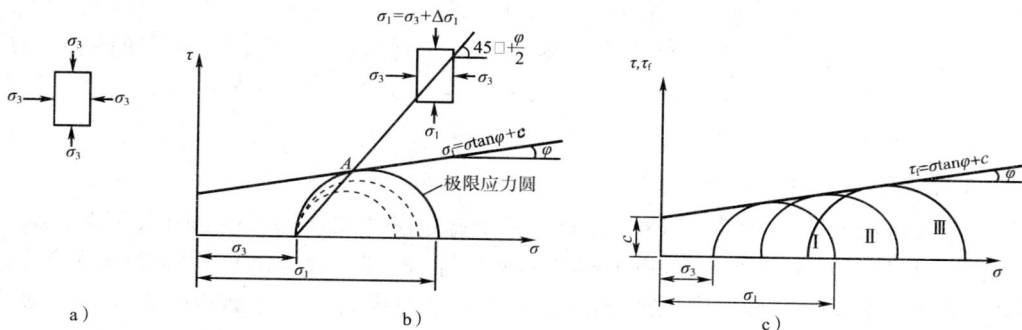

图 6-13　三轴压缩试验原理
a)试样受周围压力;b)破坏时试样的主应力和极限应力圆;c)摩尔破坏包线

如果要量测试验过程中的排水量,可以打开排水阀,让试样中的水排入排水管,根据排水管中水位的变化可算出试样的排水量;若测出了排水量随时间的变化,还可了解试样的固结过程。如果要量测试样中的孔隙水压力,可打开孔隙水压力阀,在试件上施加压力以后,由于土中孔隙水压力增加迫使零位指示器的水银面下降。为量测孔隙水压力,可用调压筒调整零位指示器的水银面始终保持原来的位置,这样,孔隙水压力表中的读数就是孔隙水压力值。

**2. 三轴试验方法**

根据土样在周围压力作用下固结的排水条件和剪切时的排水条件,三轴试验可分为以下三种试验方法:

1)不固结不排水剪(UU 试验)

试样在施加周围压力和随后施加偏应力直至剪坏的整个试验过程中都不允许排水,这样从开始加压直至试样剪坏,土中的含水率始终保持不变,孔隙水压力也不可能消散。这种试验方法所对应的实际工程条件相当于饱和软黏土中快速加荷的应力状况,得到的抗剪强度指标用 $c_u$、$\varphi_u$ 表示。

2)固结不排水剪(CU 试验)

在施加周围压力 $\sigma_3$ 时,将排水阀门打开,允许试样充分排水,待固结稳定后关闭排水阀门,然后再施加偏应力,使试样在不排水条件下剪切破坏。由于不排水,试将在剪切过程中没有任何体积变形。若要在受剪过程中量测孔隙水压力,则要打开试样与孔隙水压力量测系统间的管路阀门。得到的抗剪强度指标用 $c_{cu}$、$\varphi_{cu}$ 表示。

固结不排水剪试验是经常要做的工程试验,它适用的实际工程条件常常是一般正常固结土层在工程竣工或使用阶段受到大量、快速的活荷载或新增加的荷载的作用时所对应的受力情况。

3)固结排水剪(CD 试验)

在施加周围压力和随后施加偏应力直至剪坏的整个过程中都将排水阀门打开,并给予充分的时间让试样中的孔隙水压力能够完全消散。得到的抗剪强度指标用 $c_d$、$\varphi_d$ 表示。

三轴试验的突出优点是能够控制排水条件以及可以量测土样中孔隙水压力的变化。此外,三轴试验中试件的应力状态比较明确,剪切破坏时的破裂面在试件的最弱处,而不像直剪试验那样限定在上下盒之间。一般来说,三轴试验的结果还是比较可靠的,因此,三轴压缩仪是土工试验不可缺少的仪器设备。三轴压缩试验也存在一些缺点:仪器设备和试验操作较复杂;主应力方向固定不变;试验是在轴对称情况下(即 $\sigma_2 = \sigma_3$)进行的,这些与平面变形或三向应力状态的实际情况有所不符。目前已经制成的真三轴仪,可使试件在不同的三个主应力($\sigma_1 \neq \sigma_2 \neq \sigma_3$)作用下进行试验,并能独立改变三个主应力的大小,更好的模拟真实的平面变形或三向应力条件。

3. 三轴试验结果的整理与表达

从以上对试验方法的讨论可以看到,同一种土施加的总应力 $\sigma$ 虽然相同,但若试验方法不同,或者说控制的排水条件不同,则所得的强度指标就不同,故土的抗剪强度与总应力之间没有唯一的对应关系。有效应力原理指出,土中某点的总应力 $\sigma$ 等于有效应力 $\sigma'$ 与孔隙水压力 $u$ 之和,即 $\sigma = \sigma' + u$,因此,若在试验时量测土样的孔隙水压力,据此算出土中的有效应力,从而就可以用有效应力与抗剪强度的关系式表达试验结果。

$$\tau_f = c' + (\sigma - u) \cdot \tan\varphi' \tag{6-14}$$

式中 $c'$、$\varphi'$ 分别为有效黏聚力和有效摩擦角,统称为有效应力抗剪强度指标。

抗剪强度的有效应力法由于考虑了孔隙水压力的影响,因此,对于同一种土,不论采取哪一种试验方法,只要能够准确量测出土样破坏时的孔隙水压力,则均可用式(6-14)来表示土的强度关系,而且所得的有效抗剪强度指标应该是相同的。换言之,在理论上抗剪强度与有效应力应有对应关系,这一点已为许多试验所证实。

下面通过一个实例数据来说明如何用总应力法和有效应力法整理与表达三轴试验的成果。

【例题 6-2】 设有一组饱和黏土试样作固结不排水试验,3 个试验所分别施加的周围压力 $\sigma_3$、剪切破坏时的偏应力($\sigma_1 - \sigma_3$)和孔隙水压力 $u_f$ 等有关的数据以及计算结果详见表 6-1。

**三轴固结不排水试验结果**(单位:kPa)　　　　　　　　　表 6-1

| 土样编号 | 1 | 2 | 3 | 土样编号 | 1 | 2 | 3 |
|---|---|---|---|---|---|---|---|
| $\sigma_3$ | 50 | 100 | 150 | $u_f$ | 23 | 40 | 67 |
| $(\sigma_1 - \sigma_3)_f$ | 92 | 120 | 164 | $\sigma'_3 = \sigma_3 - u_f$ | 27 | 60 | 83 |
| $\sigma_1$ | 142 | 220 | 314 | $\sigma'_1 = \sigma_1 - u_f$ | 119 | 180 | 247 |
| $\frac{1}{2}(\sigma_1 + \sigma_3)_f$ | 96 | 160 | 232 | $\frac{1}{2}(\sigma'_1 + \sigma'_3)_f$ | 73 | 120 | 165 |
| $\frac{1}{2}(\sigma_1 - \sigma_3)_f$ | 46 | 60 | 82 | $\frac{1}{2}(\sigma'_1 - \sigma'_3)_f$ | 46 | 60 | 82 |

**【解】** 根据表 6-1 中的数据在 $\tau-\sigma$ 坐标图中分别作出一组总应力摩尔圆和一组有效应力摩尔圆(分别为图 6-14 中的实线圆和虚线圆),然后再作出总应力强度包线和有效应力强度包线(分别为图 6-14 中的实直线和虚直线),在图上可量得总应力强度指标 $c=10\text{kPa}$、$\varphi=18°$,有效应力抗剪强度指标 $c'=6\text{kPa}$、$\varphi'=27°$。从理论上讲,试验所得极限应力圆上的破坏点都应落在公切线即强度包线上,但由于土样的不均匀性以及试验误

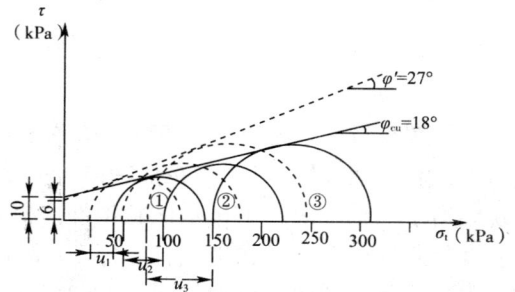

图 6-14　三轴试验的摩尔圆及强度包线

差等原因,作此公切线并不容易,因此往往需用经验来加以判断。此外,这里所作的强度包线是直线,由于土的强度特性会受某些因素如应力历史、应力水平等的影响,从而使得土的强度包线不一定是直线,这给通过作图确定 $c$、$\varphi$ 值带来困难,但非线性的强度包线目前仍未成熟到实用的程度,所以一般包线还是简化为直线。

从上例可知,若用有效应力法整理与表达试验成果时,可将试验所得的总应力摩尔圆利用 $\sigma'=\sigma-u_f$ 的关系,改绘成有效应力摩尔圆,即把图 6-14 实线圆中的对应点向左移动一个坐标值 $u_f$,圆半径保持不变便可得到虚线圆。例如总应力圆③的圆心坐标为 $\frac{1}{2}(\sigma_1+\sigma_3)_f=232\text{kPa}$,土样 3 的 $u_f=67\text{kPa}$,则有效应力圆③的圆心坐标为:

$$\frac{1}{2}(\sigma'_1+\sigma'_3)_f=\frac{1}{2}(\sigma_1-u+\sigma_3-u)_f=\frac{1}{2}(\sigma'_1+\sigma'_3)_f-u_f=232-67=165(\text{kPa})$$

由于

$$\frac{1}{2}(\sigma'_1-\sigma'_3)_f=\frac{1}{2}(\sigma_1-u-\sigma_3+u)_f=\frac{1}{2}(\sigma_1-\sigma_3)_f$$

所以有效应力摩尔圆的半径与总应力摩尔圆的半径是相同的。

### 三、无侧限抗压强度试验

无侧限抗压强度试验实际上是三轴压缩试验的一种特殊情况,即周围压力 $\sigma_3=0$ 的三轴试验,所以又称单轴试验。无侧限抗压强度试验所使用的是无侧限压力仪(如图 6-15a),但现在也常利用三轴仪作该种试验,试验时,在不加任何侧向压力的情况下(即 $\sigma_3=0$),对圆柱体试样施加轴向压力,直至试样剪切破坏为止。试样破坏时的轴向压力以 $q_u$ 表示,称为无侧限抗压强度。由于不能施加周围压力,因而根据试验结果,只能作一个极限应力圆,难以得到破坏包线,如图 6-15b)。

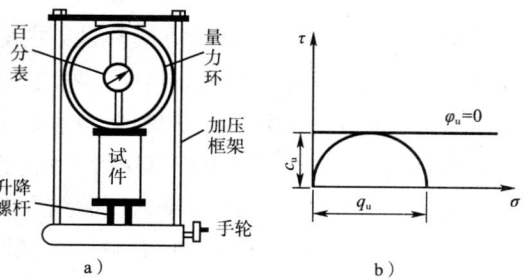

图 6-15　无侧限抗压强度试验

a)无侧限压力仪;b)无侧限抗压强度试验结果

根据试验破坏时的应力状态($\sigma_3=0$,$\sigma_1=q_u$),由式(6-8)知

$$\sigma_1=q_u=2c\cdot\tan(45°+\frac{\varphi}{2}) \tag{6-15}$$

则土的黏聚力为

$$c = \frac{q_u}{2 \cdot \tan\left(45° + \frac{\varphi}{2}\right)} \tag{6-16}$$

按照现行国家标准《土工试验方法标准》，无侧限抗压强度试验宜在 8 ~ 10min 内完成。由于试验时间较短，可认为在加轴向压力使试样受剪的过程中，土中水分没有明显的排出，这就相当于三轴不固结不排水试验条件。根据三轴不固结不排水试验结果，饱和黏性土的抗剪强度包线近似于一条水平线，即 $\varphi_u = 0$，因此，对无侧限抗压强度试验得到的极限应力圆所作的水平线就是抗剪强度包线式[图6-15b)]，即 $\varphi_u = 0$。因此，对于饱和黏性土的不排水抗剪强度，就可以利用无侧限抗压强度 $q_u$ 来得到，即

$$\tau_f = c_u = \frac{q_u}{2} \tag{6-17}$$

式中：$\tau_f$——土的不排水剪强度，kPa；

$\quad c_u$——土的不排水黏聚力，kPa；

$\quad q_u$——无侧限抗压强度，kPa。

利用无侧限抗压强度试验可以测定饱和黏性土的灵敏度 $S_t$。土的灵敏度是以原状土的强度与同一土经重塑后（完全扰动但含水率不变）的强度之比来表示的，即

$$S_t = \frac{q_u}{q_0} \tag{6-18}$$

式中：$q_u$——原状土的无侧限抗压强度，kPa；

$\quad q_0$——重塑土的无侧限抗压强度，kPa。

根据灵敏度的大小，可将饱和黏性土分为：低灵敏度（$1 < S_t \leqslant 2$）、中灵敏度（$2 < S_t \leqslant 4$）和高灵敏度（$S_t > 4$）三类。土的灵敏度越高，其结构性越强，受扰动后土的强度降低就越多。黏性土受扰动而强度降低的性质，一般来说对工程建设是不利的，如在基坑开挖过程中，因施工可能造成土的扰动而会使地基强度降低。

## 四、十字板剪切试验

前面所介绍的三种试验方法都是室内测定土的抗剪强度的方法，这些试验方法都要求事先取得原状土样，但由于试样在采取、运送、保存和制备等过程中不可避免地会受到扰动，土的含水率也难以保持天然状态，特别是对于高灵敏度的黏性土，因此，室内试验结果对土的实际情况的反映就会受到不同程度的影响。十字板剪切试验是一种土的抗剪强度的原位测试方法，这种试验方法适合于在现场测定饱和黏性土的原位不排水抗剪强度，特别适合于均匀饱和软黏土。

十字板剪切仪的构造如图 6-16 所示。试验时，先把套管打到要求测试的深度以上 75cm，并将套管内的土清除，然后通过套管将安装在钻杆下的十字板压入土中至测试的深度。由地面上的扭力装置对钻杆施加扭矩，使埋在土中的十字板扭转，直至土体剪切破坏，破坏面为十

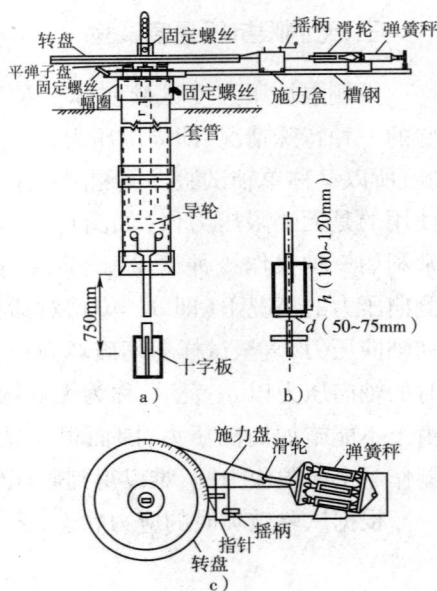

图 6-16　十字板剪力仪

a)剖面图；b)十字板；c)扭力设备

字板旋转所形成的圆柱面。

设土体剪切破坏时所施加的扭矩为 $M$,则它应该与剪切破坏圆柱面(包括侧面和上下面)上土的抗剪强度所产生的抵抗力矩相等,即

$$M = \pi DH \cdot \frac{D}{2} \tau_v + 2 \cdot \frac{\pi D^2}{4} \cdot \frac{D}{3} \cdot \tau_H = \frac{1}{2} \pi D^2 H \tau_v + \frac{1}{6} \pi D^3 \tau_H \qquad (6\text{-}19)$$

式中:$M$——剪切破坏时的扭矩,$kN \cdot m$;

$\quad\tau_v$、$\tau_H$——分别为剪切破坏时圆柱体侧面和上下面土的抗剪强度,kPa;

$\quad H$——十字板的高度,m;

$\quad D$——十字板的直径,m。

天然状态的土体是各向异性的,但实际上为了简化计算,假定土体为各向同性体,即 $\tau_v = \tau_H$,并记作 $\tau_+$,则式(6-19)可写成:

$$\tau_+ = \frac{2M}{\pi D^2 \left( H + \dfrac{D}{3} \right)} \qquad (6\text{-}20)$$

式中:$\tau_+$——十字板测定的土的抗剪强度,kPa。

十字板剪切试验主要用于测定饱和软黏土的原位不排水抗剪强度,所测得的抗剪强度相当于内摩擦角 $\varphi_u = 0$ 时的黏聚力。

应该指出的是,由于土的固结程度不同和受各向异性的影响,土在水平面和竖直面上的抗剪强度并不一致,因此,推导式(6-19)时假定圆柱体四周和上、下两个端面上土的抗剪强度相等是不够严密的;此外,软黏土在破坏时的变形一般较大,渐进破坏的现象十分显著,因而沿滑动面上的抗剪强度并不是同时达到峰值强度的,而是局部先破坏随变形的发展向周围扩展,因此,十字板剪切试验测得的强度偏高。尽管如此,由于十字板剪切试验是在土的天然应力状态下进行的,避免了取土扰动的影响,同时具有仪器构造简单、操作方便的优点,多年来在我国软土地区的工程建设中应用广泛。

十字板剪切试验也可用于测定饱和软黏土的灵敏度 $S_t$。

**【例题 6-3】** 一饱和黏性土试样在三轴仪中进行固结不排水试验,施加周围压力 $\sigma_3 = 200kPa$,试样破坏时的主应力差 $\sigma_1 - \sigma_3 = 300kPa$,测得孔隙水压力 $u_f = 180kPa$,整理试验结果得有效内摩擦角 $\varphi' = 30°$,有效黏聚力 $c' = 75.1kPa$。如果破坏面与水平面的夹角为 $60°$,试问:

(1)破坏面上的法向应力与剪应力以及试样中的最大剪应力;

(2)说明为什么破坏面发生在 $\alpha = 60°$ 的平面而不发生在最大剪应力的作用面。

**【解】** (1)由试验得

$$\sigma_1 = 300 + 200 = 500(kPa)$$

$$\sigma_3 = 200kPa$$

由式(6-4)计算破坏面上的法向应力 $\sigma$ 和剪应力 $\tau$:

$$\sigma = \frac{1}{2}(\sigma_1 + \sigma_3) + \frac{1}{2}(\sigma_1 - \sigma_3)\cos 2\alpha$$

$$= \frac{1}{2}(500 + 200) + \frac{1}{2}(500 - 200)\cos 120°$$

$$= 275(kPa)$$

$$\tau = \frac{1}{2}(\sigma_1 - \sigma_3)\sin 2\alpha = \frac{1}{2}(500 - 200)\sin 120°$$
$$= 129.9(\text{kPa})$$

最大剪应力发生在 $\alpha = 45°$ 的平面上,由式(6-4)得:

$$\tau_{\max} = \frac{1}{2}(\sigma_1 - \sigma_3) = \frac{1}{2}(500 - 200) = 150(\text{kPa})$$

(2)在破坏面上的有效法向应力

$$\sigma' = \sigma - u = 275 - 180 = 95(\text{kPa})$$

抗剪强度

$$\tau_f = \sigma'\tan\varphi' + c' = 75.1 + 95\tan 30° = 129.9(\text{kPa})$$

可见,在 $\alpha = 60°$ 的平面上的剪应力等于该面上土的抗剪强度,即 $\tau = \tau_f = 129.9\text{kPa}$,因此在该面上发生剪切破坏。

而在最大剪应力的作用面($\alpha = 45°$)上:

$$\sigma = \frac{1}{2}(500 + 200) + \frac{1}{2}(500 - 200)\cos 90° = 350(\text{kPa})$$

$$\sigma' = \sigma - u = 350 - 180 = 170(\text{kPa})$$

$$\tau_f = c' + \sigma'\tan\varphi' = 75.1 + 170\tan 30° = 173.2(\text{kPa})$$

由(1)算得在 $\alpha = 45°$ 的平面上最大剪应力 $\tau_{\max} = 150\text{kPa}$,可见,在该面上虽然剪应力比较大,但抗剪强度 $\tau_f(= 173.2\text{kPa})$ 大于剪应力 $\tau_{\max}(= 150\text{kPa})$,故在最大剪应力的作用平面上不发生剪切破坏。

### 五、抗剪强度指标的选用

黏性土的强度性状是很复杂的,它不仅随剪切条件不同而异,而且还受许多因素(例如土的各向异性、应力历史、蠕变等)的影响。此外对于同一种土,强度指标与试验方法以及试验条件都有关,实际工程问题的情况又是千变万化的,用实验室的试验条件去模拟现场条件毕竟还会有差别。因此,对于某个具体工程问题,如何确定土的抗剪强度指标并不是一件容易的事情。

首先要根据工程问题的性质确定分析方法,进而决定采用总应力或有效应力强度指标,然后选择测试方法。一般认为,由三轴固结不排水试验确定的有效应力强度 $c'_{cu}$、$\varphi'_{cu}$,宜用于分析地基的长期稳定性或长期承载力问题(例如土坡的长期稳定性分析,估计挡土结构物的长期土压力、位于软土地基上结构物的地基长期稳定分析等),即采用有效应力法进行分析;而对于饱和软黏土的短期稳定性或短期承载力问题,则宜采用不固结不排水试验的强度指标 $c_u$($\varphi_u = 0$),以总应力法进行分析。对于一般工程问题,如果对实际工程土体中的孔隙水压力的估计把握不大或缺乏这方面的数据,则可采用总应力强度指标以总应力法分析,分析时所需的指标应根据实际工程的具体情况,选择与现场土体受剪时的固结和排水条件最接近的试验方法进行测定。指标和测试方法的选择大致如下:

若建筑物施工速度较快,而地基土的透水性和排水条件不良时,可采用三轴仪不固结不排水试验或直剪仪快剪试验的结果;如果地基荷载增长速率较慢,地基土的透水性不太大(如低塑性的黏土)以及排水条件又较佳时(如黏土层中夹砂层),则可以采用固结排水或慢剪试验;如果介于以上两种情况之间,可用固结不排水或固结快剪试验结果。由于实际加荷情况和土的性质是复杂的,而且在建筑物的施工和使用过程中都要经历不同的固结状态,因此,在确定强度指标时还应结合工程经验。

# 第四节　土的强度特性

## 一、饱和黏性土的抗剪强度

从不固结不排水剪、固结不排水剪、固结排水剪三种实验结果简要叙述饱和黏性土的抗剪强度不仅受固结程度、排水条件的影响,而且还受到一定程度应力历史的影响。

如前所述,常规三轴试验的试验过程可分为两个阶段;第一阶段是固结阶段,即在压力室作用一定的水压,使试样在周围压力 $\sigma_3$ 条件下处于各向等压状态;第二阶段是剪切阶段,即通过传力杆对试样施加竖向压力 $\Delta\sigma_1(\Delta\sigma_1 = \sigma_1 - \sigma_3)$ 至试样受剪破坏。这两个阶段均可通过控制排水阀门的开或关,使试样处于排水或不排水状态。根据试验过程中排水情况的不同,常规三轴试验方法及其试验过程中试样含水率 $w$ 和孔隙水压力 $u$ 的变化见表6-2。

常规三轴试验方法及其试验过程中试样 $w$ 和 $u$ 的变化　　　表6-2

| 试验方法<br>加荷情况 | | 不固结不排水剪<br>（UU 试验） | 固结不排水剪<br>（CU 试验） | 固结排水剪<br>（CD 试验） |
|---|---|---|---|---|
| 固结阶段 | 施加周围压力 $\sigma_3$ | 排水阀:关<br>$w_1 = w_0$（含水率不变）<br>$\Delta u_1 = \sigma_3$（不固结） | 排水阀:开<br>$w_1 < w_0$（含水率减小）<br>$\Delta u_1 = 0$（固结） | 排水阀:开<br>$w_1 < w_0$（含水率减小）<br>$\Delta u_1 = 0$（固结） |
| 剪切阶段 | 施加竖向压力 $\Delta\sigma_1$ | 排水阀:关<br>$w_2 = w_0$（含水率不变）<br>$\Delta u_2 = A(\sigma_1 - \sigma_3)$<br>（不排水） | 排水阀:关<br>$w_2 = w_1$（含水率不变）<br>$\Delta u_2 = A(\sigma_1 - \sigma_3)$<br>（不排水） | 排水阀:开<br>$w_2 < w_1$（正常固结土排水）<br>$w_2 > w_1$（超固结土吸水）<br>$\Delta u_2 = 0$ |
| 孔隙水压力的总增量 | | $\begin{aligned} u &= \Delta u_1 + \Delta u_2 \\ &= \sigma_3 + A(\sigma_1 - \sigma_3) \end{aligned}$ | $u = \Delta u_2 = A(\sigma_1 - \sigma_3)$ | $u = 0$ |

由于不同的试验方法在试验过程中控制的排水条件不同,因此,同一土样在不同试验方法中的抗剪强度性状是不同的,所测得的总应力指标也是各异的。

1. 不固结不排水抗剪强度(不排水抗剪强度 UU)

图6-17 是饱和黏性土的不固结不排水试验结果。由于试件在周围压力作用下不允许排水固结,因此试样的含水率不变,体积不变,尽管三个试件施加的周围压力 $\sigma_3$ 不同,但周围压力的增加只能引起孔隙水压力增大同等数值,并不会改变试样中的有效应力,各试件在剪切前的有效应力始终相等;同时在施加竖向压力使试件剪切至破坏的过程中,不允许试件排水,因此试样的含水率、体积以及有效应力仍未改变,所以试样的抗剪强度不变,亦即各试件破坏时的主应力差相等,在 $\tau_f - \sigma$

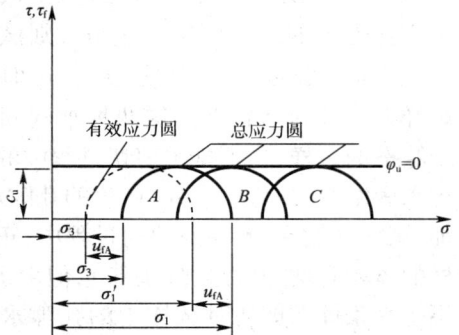

图6-17　饱和黏性土不固结不排水试验结果

图上表现为三个极限总应力圆 $A$、$B$、$C$ 的直径相等。于是，总应力强度包线成为一条水平线，由图可得：

$$\varphi_u = 0$$
$$\tau_f = c_u = \frac{1}{2}(\sigma_1 - \sigma_3) \tag{6-21}$$

式中：$\varphi_u$——不排水内摩擦角，(°)；

$c_u$——不排水抗剪强度，kPa。

在试验中如果分别量测试样破坏时的孔隙水压力 $u$，试验结果可以用有效应力法整理。由于在进行不排水剪切前各试件的有效应力相等，因此，三个试件只能得到同一个有效应力圆，如图 4-20 中虚线所示，并且有效应力圆的直径与三个总应力圆的直径相等，即

$$\sigma'_1 - \sigma'_3 = (\sigma_1 - \sigma_3)_A = (\sigma_1 - \sigma_3)_B = (\sigma_1 - \sigma_3)_C$$

由于一组试样的不固结不排水试验结果只能得到一个有效应力圆，因而用这种试验就不能得到有效应力破坏包线和 $c'$、$\varphi'$ 值。

需要注意的是，不固结不排水试验的"不固结"，是指试样施加周围压力 $\sigma_3$ 后的不再固结，而保持试样原来的有效应力不变，并不意味着有效应力为零。如果饱和黏性土未在一定压力下固结过，则将呈泥浆状，其有效应力为零，抗剪强度也必然等于零。天然土层中一定深度处的土，取出前在某一压力下已经固结，因而它具有一定的强度，不排水抗剪强度 $c_u$ 正是反映了这种在原有有效固结压力下所产生的天然强度。在天然土层中取出的土样，如果其有效固结压力较大，就会得出较大的不排水抗剪强度 $c_u$。对于正常固结黏性土，不排水抗剪强度大致随有效固结压力线性增加。由于天然土层的有效固结压力是随深度变化的，因此不排水抗剪强度也随深度变化。饱和的超固结黏性土，其不固结不排水强度包线也是一条水平线，即 $\varphi_u = 0$，由于超固结土的前期固结压力的影响，其 $c_u$ 值比正常固结土大。

工程实践中，土的不排水抗剪强度 $c_u$ 通常用于确定饱和黏性土的短期承载力或短期稳定性问题。

### 2. 固结不排水抗剪强度（CU 试验）

饱和黏性土的固结不排水抗剪强度在一定程度上受到应力历史的影响。这里，就来讨论正常固结与超固结黏性土在固结不排水条件下的强度特征。在三轴固结不排水试验中，如果试样所受到的周围固结压力 $\sigma_3$ 大于它曾受到的最大固结压力 $\sigma_c$，则试样处于正常固结状态；反之，$\sigma_3 < \sigma_c$ 时试样处于超固结状态。这两种不同固

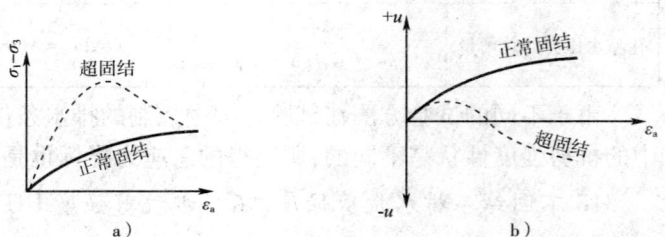

图 6-18 固结不排水试验的孔隙水压力

a)主应力差($\sigma_1 - \sigma_3$)与轴向应变 $\varepsilon_a$ 的关系；b)孔隙水压力 $u$ 与轴向应变 $\varepsilon_a$ 关系

结状态的试样，在不排水剪切过程中的性状是完全不同的。当试样在周围压力 $\sigma_3$ 作用下充分排水固结时，试样中由 $\sigma_3$ 产生的孔隙水压力完全消散为零($\Delta u_1 = 0$)，随着竖向压力 $\Delta \sigma_1$ 的增加，试样开始受剪，在此剪切过程中，正常固结试样的体积有减少的趋势（剪缩），而超固结试样的体积有增加的趋势（剪胀），但由于在剪切过程中不允许排水，试样的体积不变。因此，在不排水条件下剪切时试样中的孔隙水压力将随偏应力的增加而不断变化，即 $\Delta u_2 = A(\sigma_1 - \sigma_3)$，正常固结试样将产生正的孔隙水压力，而超固结试样开始时产生正的孔隙水压力，以后

转为负值，如图 6-18 所示。

图 6-19 表示正常固结饱和黏性土的固结不排水试验结果。由于试样是在周围压力 $\sigma_3$ 作用下待固结稳定后在不排水条件下施加竖向应力 $\Delta\sigma_1$ 至破坏，因此，试样的剪前固结压力将随 $\sigma_3$ 的增大而增大，从而试样的抗剪强度相应增加。在 $\tau_f$—$\sigma$ 图上表现为应力圆 $B$ 的直径比应力圆 $A$ 的直径大，图中实线表示的为总应力圆和总应力破坏包线。在试验中如果量测试样破坏时的孔隙水压力 $u_f$，试验结果可以用有效应力法整理。根据有效应力原理，$\sigma'_1 = \sigma_1 - u_f$，$\sigma'_3 = \sigma_3 - u_f$，因此 $\sigma'_1 - \sigma'_3 = \sigma_1 - \sigma_3$，即有效应力圆的直径与总应

图 6-19　正常固结饱和黏性土不排水试验结果

力圆的直径相等，但位置不同。由于正常固结试样在剪切破坏时产生正的孔隙水压力，故有效应力圆在总应力圆的左侧，两者之间的距离为 $u_f$，图中以虚线表示的为有效应力圆和有效应力破坏包线。前面已指出，未受过任何固结压力的饱和黏性土是泥浆状土，其抗剪强度为零，因此正常固结饱和黏性土固结不排水的总应力破坏包线和有效应力破坏包线都通过原点，即 $c_{cu} = c' = 0$。总应力破坏包线与水平线的夹角以 $\varphi_{cu}$ 表示，有效应力破坏包线与水平线的夹角 $\varphi'$ 称为有效内摩擦角，通常 $\varphi'$ 比 $\varphi_{cu}$ 大一倍左右。

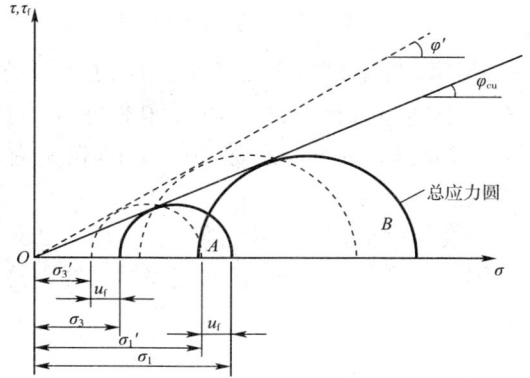

超固结土的固结不排水的总应力破坏包线如图 6-20a) 所示。由于前期固结压力的作用，在剪切前的固结压力小于前期固结压力时，强度将比正常固结土的强度大，总应力强度包线将如土中 $ab$ 段所示，与正常固结破坏包线 $bc$ 相交，$bc$ 线的延长线仍通过原点。实用上将 $abc$ 折线取为一条直线，如图 6-20b) 所示，从而可求得总应力强度指标 $c_{cu}$ 和 $\varphi_{cu}$。超固结土固结不排水的 $c_{cu} > 0$，且前期固结压力越大，$c_{cu}$ 就越大，而 $\varphi_{cu}$ 则比正常固结土的小。固结不排水剪的总应力破坏包线可表达为：

$$\tau_f = c_{cu} + \sigma\tan\varphi_{cu} \tag{6-22}$$

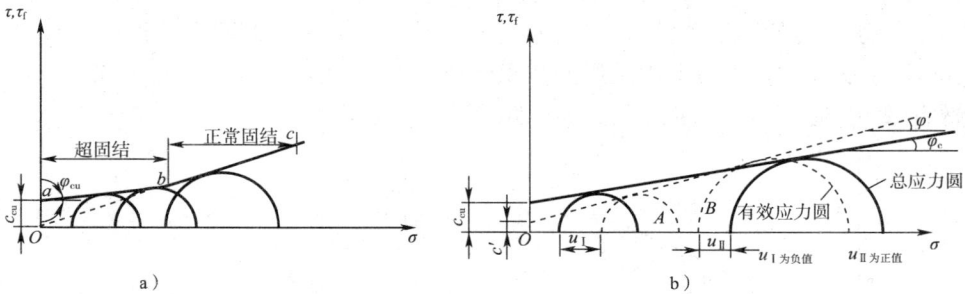

a )

b )

图 6-20　超固结土的固结不排水试验结果

如果在试验中量测试样破坏时的孔隙水压力 $u_f$，试验结果可用有效应力法整理。由于超固结土样在剪切破坏时产生负的孔隙水压力，有效应力圆在总应力圆的右侧（图中圆 $A$）；正常固结试验在剪切破坏时产生正的孔隙水压力，故有效应力圆在总应力圆的左方（图中圆 $B$）。有效应力圆和有效应力破坏包线如图中虚线所示，从而可求得固结不排水剪的有效应力强度指标 $c'$ 和 $\varphi'$。于是，有效应力强度包线可表达为：

$$\tau_f = c' + \sigma'\tan\varphi' \tag{6-23}$$

由图中可见,超固结土 $c' < c_{cu}$,$\varphi' > \varphi_{cu}$。

### 3. 固结排水抗剪强度(简称排水抗剪强度 CD)

固结排水试验在施加周围压力 $\sigma_3$ 和竖向应力 $\Delta\sigma_1$ 时均允许试样充分排水固结,因此,在整个试验过程中,试样中的孔隙水压力始终为零($u=0$),总应力最终全部转化为有效应力,即 $\sigma' = \sigma - u = \sigma$,故总应力圆就是有效应力圆,总应力破坏包线就是有效应力破坏包线。

在排水剪切过程中,随着竖向压力 $\Delta\sigma_1$ 的增加,试样的体积不断变化,如图 6-21 所示,正常固结试样将产生剪缩,而超固结试样则是先压缩,继而主要呈现剪胀的特性。

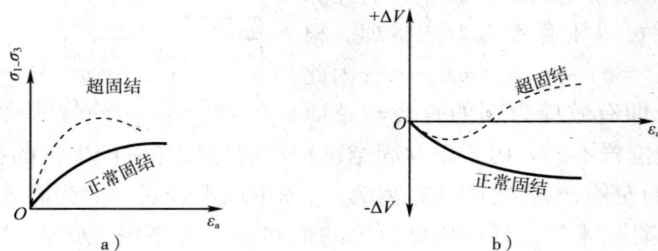

图 6-21　固结排水试验的体积变化

a)主应力差与轴向应变的关系;b)体积变化与轴向应变的关系

饱和黏性土在固结排水剪切试验中的强度规律与固结不排水剪切试验相似。图 6-22 为饱和黏性土固结排水剪切试验结果。正常固结土的破坏包线通过原点,如图 6-22a)所示,黏聚力 $c_d = 0$ 内摩擦角 $\varphi_d$ 在 20°~40°之间,塑性指数越大,$\varphi_d$ 就越小;而超固结土的破坏包线略弯曲,实用上近似取为一条直线,如图 6-22b)所示,黏聚力 $c_d > 0$,且前期固结压力越大,$c_d$ 亦越大,但 $\varphi_d$ 比正常固结土的内摩擦角要小。

为了保持固结排水试验中试样的孔隙水压力始终为零,剪切时的剪切速率极为缓慢,试验历时长达数天,甚至数星期。而试验结果证明,固结排水试验的强度指标 $c_d$、$\varphi_d$ 与固结不排水试验的有效应力强度指标 $c'$、$\varphi'$ 很接近,因此,除非有必要,一般情况下可不做固结排水试验,而做量测孔隙水压力的固结不排水试验,即用 $c'$、$\varphi'$ 代替 $c_d$、$\varphi_d$。但两者的试验条件是有差别的,固结不排水试验在剪切过程中试样的体积保持不变,而固结排水试验在剪切过程中试样的体积会发生变化,通常 $c_d$、$\varphi_d$ 略大于 $c'$、$\varphi'$,实用上可忽略不计。

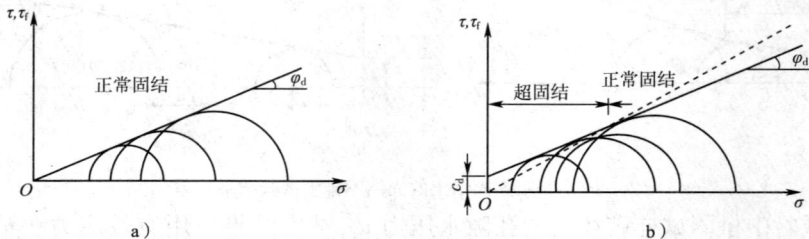

图 6-22　固结排水试验结果

a)正常固结土;b)超固结土

图 6-23 表示同一种黏性土分别在不同排水条件下的试验结果。由图可见,如果以总应力法表示,则总应力强度指标有 $c_u$、$\varphi_u$,$c_{cu}$、$\sigma_{cu}$,$c_d$、$\varphi_d$ 三套。按式(6-13),破坏面与最大主应力面 $\sigma_1$ 作用面的夹角 $\alpha_f = 45° + \varphi/2$,　因此,同一种黏性土在三种试验方法中将沿不同平面剪切

142

破坏,这与摩尔—库仑强度理论指出的土是沿最薄弱的面剪切破坏的观点不符。这三套总应力强度指标是在试样中存在不同孔隙水压力的情况下得出的,因此在实际工程中,当采用总应力法进行稳定分析时,应根据预估的土中孔隙水压力与三种试验方法中的哪一种最接近来决定采用哪一套总应力强度指标。而以有效应力法表示试验结果时,则不论采用哪种试验方法,都得到近

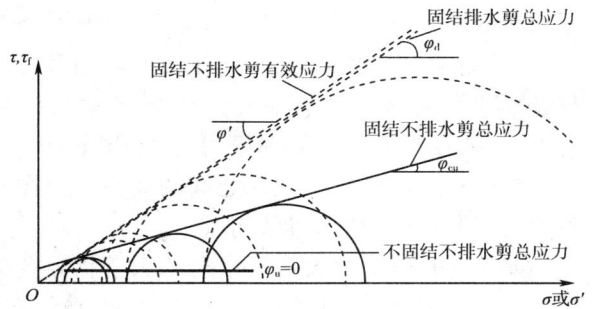

图 6-23　三种试验方法结果比较

乎同一条有效应力破坏包线(图中虚线所示)。由此可见,土的抗剪强度与总应力没有一一对应关系,而与有效应力有唯一的对应关系。

### 二、无黏性土的抗剪强度

影响无黏性土抗剪强度的主要因素是初始密实度,而初始密实状态可用孔隙比的大小来反映。一般说来,初始孔隙比越小,表明颗粒的接触越紧密,颗粒间的滑动与滚动摩擦和咬合摩阻力就越大,因而抗剪强度就越大。

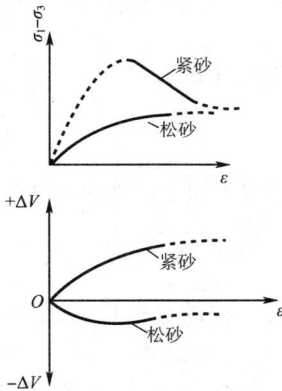

图 6-24　砂土受剪时的应力—应变—体变

图 6-24 表示不同初始孔隙比的同一种砂土在相同周围压力下受剪时的应力—应变关系和体积变化。由图可见,密实的紧砂初始孔隙比较小,其应力—应变关系有明显的峰值,超过峰值后,随应变的增加应力逐步降低,这种特性称为应变软化,曲线上相应于峰值(最大值)的强度为峰值强度,而最终稳定时的强度为残余强度。密砂受剪时其体积变化是开始稍有减少,继而明显增加(剪胀),超过了它的初始体积。这是由于较密实的砂土颗粒之间排列比较紧密,剪切时砂粒之间产生相对滚动,土颗粒之间的位置重新排列的结果,这一特性称为剪胀性。松砂的强度随轴向应变的增加而增大,一般不出现峰值应力,这种特性称为应变硬化。松砂受剪时其体积减小,这一特性称为剪缩性。

对同一种土,虽然由于其他因素的影响(如砂土的密实度),可能会产生两种类型的应力—应变曲线,但紧砂和松砂的强度最终趋向同一值。

砂土的剪胀性和剪缩性可用其结构的变化示意说明。图 6-25a)表示松砂的剪缩示意。松砂受剪时,颗粒滚落到平衡位置,将排列得更加紧密些,剪切过程中它的体积缩小,通常把这种因剪切而体积缩小的现象称为剪缩性;密砂颗粒排列紧密,剪切时砂粒要克服颗粒间的咬合,连锁作用,必须向上位移才能离

图 6-25　砂土的剪胀和剪缩
a)松砂;b)密砂

开它们原来的位置而发生剪切变形,这个过程将导致土体体积膨胀,如图 6-25b)所示,通常把这种因剪切而使体积膨胀的现象称为土的剪胀性。然而,应该注意到,随着周围压力的增加,密砂的剪胀趋势将逐渐消失。因此,在高周围压力下,不论砂土的松密如何,受剪时都将产生剪缩。

在低周围压力下,不同初始孔隙比的砂土剪切时其体积可能增加,也可能减小。因此,必然存在某一初始孔隙比,剪切时砂土的体积既不膨胀,也不产生收缩,这一初始孔隙比称为临界孔隙比 $e_{cr}$。研究表明,临界孔隙比与周围压力有关,图 6-26 为不同周围压力下砂土的初始孔隙比与体积变化之间的关系。由图可见,砂土的临界孔隙比随周围压力的增加而减小。

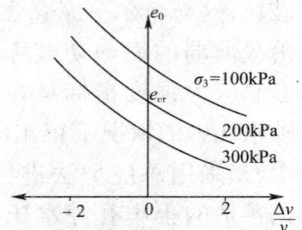

图 6-26　砂土的临界孔隙比

如果饱和砂土的初始孔隙比 $e_0$ 大于临界孔隙比 $e_{cr}$,在剪应力作用下由于剪缩将产生正的孔隙水压力,孔隙水压力增高,而有效应力降低,致使砂土的抗剪强度降低。当饱和松砂受到动荷载作用(例如地震),由于孔隙水来不及排出,孔隙水压力不断增加,就有可能使有效应力降低到零,因而使砂土像流体那样完全失去抗剪强度,这种现象称为砂土的液化,因此,临界孔隙比对研究砂土液化也具有重要意义。

无黏性土的抗剪强度决定于有效法向应力和内摩擦角。密实砂土的内摩擦角与初始孔隙比、土粒表面的粗糙度以及颗粒级配等因素有关。初始孔隙比小、土粒表面粗糙、级配良好的砂土,其内摩擦角较大。松砂的内摩擦角大致与干砂的天然休止角相等(天然休止角是指干燥砂土堆积起来所形成的自然坡角),可以在实验室用简单的方法测定。

近年来的研究表明,无黏性土的强度性状也十分复杂,它还受各向异性、试样的沉积方法、应力历史等因素影响。

### 三、影响抗剪强度的因素及软土地基在荷载作用下的强度变化规律

#### 1. 影响抗剪强度的因素

土的抗剪强度受到多种因素的影响,归纳起来,主要是土的性质(如土的颗粒组成、原始密度、黏性土的触变性等)和应力状态(如前期固结压力等)两个方面。

1)土的矿物成分、颗粒形状和级配的影响

就黏性土而言,主要是矿物成分的影响。不同的黏土矿物具有不同的晶格构造,它们的稳定性、亲水性和胶体特性也各不相同,因而对黏土的抗剪强度(主要是对黏聚力)产生显著的影响。一般来说,黏性土的抗剪强度随着黏粒和黏土矿物含量的增加而增大,或者说随着胶体活动的增强而增大。

就无黏性土而言,抗剪强度主要受颗粒的形状、大小及级配的影响。一般来说,在土颗粒越大、粗颗粒越多、形状越不规则、表面越粗糙、级配越好,则其内摩擦角越大,因而其抗剪强度也越高。

2)含水率的影响

含水率的增高一般将使土的抗剪强度降低。这种影响主要表现在两个方面,一是水分在较粗颗粒之间起着润滑作用,使摩阻力降低;二是黏土颗粒表面结合水膜的增厚使原始黏聚力减小。但试验研究表明,砂土在干燥状态时的内摩擦角 $\varphi$ 值与饱和状态时的内摩擦角 $\varphi$ 值差别很小(仅 $1° \sim 2°$),即含水率对砂土的抗剪强度的影响是很小的。而对黏性土来说,水分除在黏性土的较大土粒表面形成润滑剂而使摩阻力降低外,更为重要的是,土的含水率增加时,吸附于黏性土细小土粒表面的结合水膜变厚,使土的黏聚力变低。所以含水率对黏性土的抗剪强度有重大影响,一般随着含水率的增加,黏性土的抗剪强度降低。

3)原始密度的影响

一般来说,土的原始密度越大,其抗剪强度就越高。对于粗颗粒土(如砂土)来说,密度越

大则颗粒之间相互嵌锁的作用越强,因而受剪时须克服的咬合摩阻力就越大;对于细颗粒土(如黏性土)来说,原始密度越大则意味着颗粒之间的距离越小,结合水膜越薄,因而原始黏聚力也就越大。

4)土的结构的影响

当土的结构被破坏时,土粒间的联结强度(结构强度)将丧失或部分丧失,致使土的抗剪强度降低。由于无黏性土具有单粒结构,其颗粒较大,土粒间的分子吸引力相对较小,即颗粒间几乎没有联结强度,因此,土的结构对无黏性土的抗剪强度影响甚微;而黏性土具有蜂窝结构和絮状结构,其土粒间往往由于长期的压密和胶结作用而得到联结强度,所以,土的结构对黏性土的抗剪强度有很大影响。但黏性土的强度会因受扰动而削弱,经过静置又可得到一定程度的恢复,对黏性土的这一特性称为触变性。一方面,由于黏性土具有触变性,故在黏性土地基中进行钻探取样时,若土样受到明显的扰动,则试样就不能反映其天然强度,土的灵敏度越大,这种影响就越显著;又如在灵敏度较高的黏性土地基中开挖基坑,地基土也会因施工扰动而发生强度削弱。另一方面,当扰动停止后,黏性土的强度又会随时间而逐渐增长,如在黏性土中进行打桩时,桩侧土因受到扰动而导致强度降低,但在停止打桩以后,土的强度则逐渐恢复,桩的承载力也随之逐渐增加,这种现象就是受到土的触变性的影响的结果。

5)土的应力历史的影响

土的受压过程所造成的土体的应力历史不同,对土的抗剪强度也有影响,如图 6-27 所示,图 6-27a)表示孔隙比与有效应力的关系曲线,图 6-27b)则表示抗剪强度与有效应力的关系曲线。天然土层根据前期固结压力 $p_c$ 可分为正常固结土、超固结土和欠固结土三类,现假设由正常固结和超固结两个土层,在现有地面以下同一深度 $z$ 处的现有固结压力相同,均为 $\sigma'_c = \gamma' z$,但由于它们所经历的应力历史不同,在压缩曲线上将处于不同的位置,如图 6-27 中 1 点和 2 点所示。由此可见,正常固结土和超固结土在相同的有效应力下剪切破坏,得到的抗剪强度是不同的,超固结土的强度(2 点)大于正常固结土的强度(1 点)。这是因为超固结土在历史上受过比现有压力 $\sigma'_c$ 大的有效应力 $p_c$ 的压密,其孔隙比 $e$ 较相同压力 $\sigma'_c$ 的正常固结土小,这意味着超固结土的颗粒密度比相同压力 $\sigma'_c$ 的正常固结土大,因而土中摩阻力和黏聚力较大。

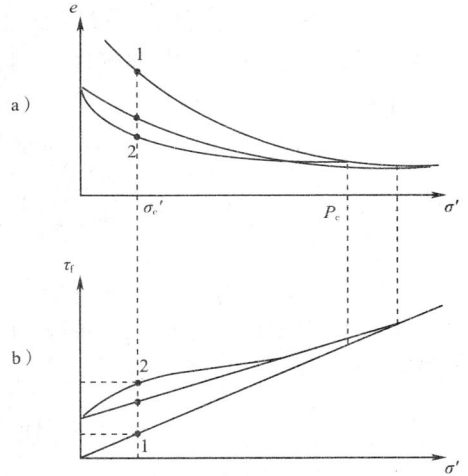

图 6-27 应力历史对土体强度的影响
1-正常压缩曲线;2-回弹曲线

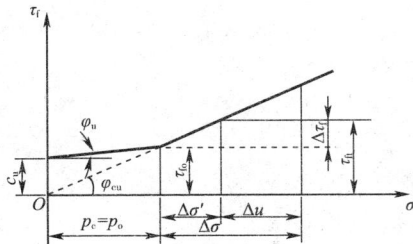

图 6-28 正常固结土的强度变化曲线

## 2. 软土地基在荷载作用下的强度变化规律

外荷载作用下的软土地基,随着加荷时间的推移,软土中孔隙水逐渐被挤出,孔隙水压力不断消散,有效应力不断增加,软土的抗剪强度随之而增加。图 6-28 表示正常固结土在自重应力 $p_0$ 作用下固结后,再受到附加应力作用时的抗剪强度变化规律。

若假设软土的天然强度(即软土的结构、含水率以及土中应力历史等都保持天然原有状态的强度)为$\tau_{f0}$,在外荷载作用$t$时间后,其抗剪强度的增量为$\Delta\tau_f$,则此时软土实际的抗剪强度为:

$$\tau_{ft} = \tau_{f0} + \Delta\tau_f \tag{6-24}$$

若荷载作用时间足够长,软土达到完全固结,则

$$\Delta\tau_f = \Delta\sigma \cdot \tan\varphi_{cu} \tag{6-25}$$

若$t$时刻软土的固结度为$U$,则

$$\Delta\tau_f = \Delta\sigma'\tan\varphi_{cu} = \frac{\Delta\sigma'}{\Delta\sigma} \cdot \Delta\sigma \cdot \tan\varphi_{cu} = U \cdot \Delta\sigma \cdot \tan\varphi_{cu} \tag{6-26}$$

式中:$\Delta\sigma'$——$t$时刻软土中有效附加应力;

$\quad\quad U$——$t$时刻土的固结度。

将式(6-26)代入式(6-24)便可得到$t$时刻软土中实际的抗剪强度另一表达式,即:

$$\tau_{ft} = \tau_{f0} + \Delta\tau_f = c_u + p_0\tan\varphi_u + U \cdot \Delta\sigma \cdot \tan\varphi_{cu} \tag{6-27}$$

式中:$c_u$、$\varphi_u$——不固结不排水剪抗剪强度指标;

$\quad\quad \varphi_{cu}$——固结不排水剪抗剪强度指标。

应该指出,式(6-27)中所用指标为总应力指标,只是一种近似的估算公式。若考虑到固结度的修正,比较正确的方法是应用有效强度指标估算强度的增长。以图6-29中的$O_1$圆表示天然状态下可能发挥的摩尔圆,则强度$\tau_{f0}$与半径$R_1$及大主应力$\sigma'$的关系为:

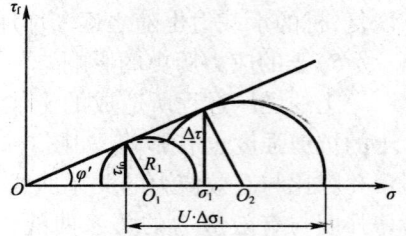

图6-29 强度增长与固结度的关系

$$\tau_{f0} = R_1\cos\varphi' = \overline{OO_1} \cdot \sin\varphi' \cdot \cos\varphi'$$

$$\sigma' = R_1 + \overline{OO_1} = \frac{\tau_{f0}}{\cos\varphi'}(1 + \frac{1}{\sin\varphi'})$$

因此

$$\tau_{f0} = \sigma'\frac{\sin\varphi'\cos\varphi'}{1 + \sin\varphi'} \tag{6-28}$$

若总应力增量为$\Delta\sigma_1$,某一时刻达到的固结度为$U$,则有效应力圆为图6-29中的$O_2$圆。从图中可得

$$\tau_{f0} + \Delta\tau_f = (\sigma'_1 + U\Delta\sigma_1)\frac{\sin\varphi'\cos\varphi'}{1 + \sin\varphi'} \tag{6-29}$$

以及强度增长规律

$$\Delta\tau_f = U \cdot \Delta\sigma_1 \cdot \frac{\sin\varphi'\cos\varphi'}{1 + \sin\varphi'} \tag{6-30}$$

实际工程中,如能通过实测得到土中孔隙压力,然后运用有效强度指标计算强度增长,是比较可靠的方法。

### 思 考 题

1. 简述土体强度的概念;研究土体强度的目的意义。

2. 初等土力学中研究土体强度时的基本假设是什么?

3. 试比较直剪试验和三轴试验的土样的应力状态有什么不同?

4. 试比较直剪试验的三种方法及其相互间的主要异同点。

5. 如何从库仑定律和摩尔应力圆原理说明:当$\sigma_1$不变,而$\sigma_3$变小时土可能破坏;反之,当$\sigma_3$不变,而$\sigma_1$变大时土也可能破坏的现象。

## 习 题

1. 已知地基中某点受到大主应力 $\sigma_1 = 460\text{kPa}$, 小主应力 $\sigma_3 = 220\text{kPa}$, 试:

(1)绘制摩尔应力圆;

(2)求最大剪应力值及最大剪应力作用面与大主应力面的夹角;

(3)计算作用在与小主应力面成 $30°$ 的面上的正应力和剪应力。

2. 已知作用在通过土体中某点的切面 A—A 上的法向应力为 $250\text{kPa}$, 剪应力为 $40.8\text{kPa}$, 作用在与它相垂直的切面 B—B 上的法向应力为 $50\text{kPa}$。该点处于极限平衡状态, 破坏面与小主应力面成 $30°$ 角。试用图解法求:

(1)作用在该点上的大主应力和小主应力;

(2)大主应力面与平面 B—B 的夹角(从大主应力面顺时针方向至平面 B—B);

(3)小主应力面与平面 A—A 的夹角(从小主应力面顺时针方向至平面 A—A);

(4)土的黏聚力 $c$ 和内摩擦角 $\varphi$。

3. 某土样进行直剪试验, 在法向应力为 100、200、300、400kPa 时, 测得抗剪强度 $\tau_f$ 分别为 51、87、124、161kPa, 求:

(1)用作图方法确定该土样的抗剪强度指标 $c$ 和 $\varphi$;

(2)如果在土中的某一平面上作用的法向应力为 $200\text{kPa}$, 剪应力为 $105\text{kPa}$, 该平面是否会剪切破坏? 为什么?

4. 某条形基础下地基土体中一点的应力为: $\sigma_z = 250\text{kPa}$, $\sigma_x = 100\text{kPa}$, $\tau_{xz} = 40\text{kPa}$, 已知土的 $\varphi = 30°$, $c = 0$, 问该点是否剪切破坏? 如 $\sigma_z$ 和 $\sigma_x$ 不变, $\tau_{xz}$ 增至 $60\text{kPa}$, 则该点又如何?

5. 某饱和黏性土无侧限抗压强度试验得不排水抗剪强度 $c_u = 30\text{kPa}$, 如果对同一土样进行三轴不固结不排水试验, 施加周围压力 $\sigma_3 = 300\text{kPa}$, 问试件将在多大的轴向压力作用下发生破坏?

6. 某黏土试样在三轴仪中进行固结不排水试验, 破坏时的孔隙水压力为 $u_f$, 两个试件的试验结果如下:

试件 I : $\sigma_3 = 200\text{kPa}$, $\sigma_1 = 350\text{kPa}$, $u_f = 140\text{kPa}$;

试件 II : $\sigma_3 = 400\text{kPa}$, $\sigma_1 = 700\text{kPa}$, $u_f = 280\text{kPa}$

试求:(1)用作图法确定该黏土试样的 $c_{cu}$、$\varphi_{cu}$ 和 $c'$、$\varphi'$;

(2)试件 II 破坏面上的法向有效应力和剪应力。

7. 某正常固结饱和黏性土试样进行不固结不排水试验得 $\varphi_u = 0$, $c_u = 30\text{kPa}$, 对同样的土进行固结不排水试验, 得有效应力指标 $c' = 0$, $\varphi' = 30°$。

(1)如果试样在不排水条件下破坏, 试求剪切破坏时的有效大主应力和小主应力。

(2)如果某一平面上的法向应力 $\sigma$ 突然增加到 $250\text{kPa}$, 法向应力刚增加时沿这个面的抗剪强度是多少? 经很长时间后这个面的抗剪强度又是多少?

8. 某黏性土进行三轴固结不排水试验得有效应力强度指标 $c' = 0$, $\varphi' = 30°$。如果对同一土样进行三轴不固结不排水试验, 施加的周围压力均为 $\sigma_3 = 300\text{kPa}$, 问:

(1)若不固结不排水试验中试样破坏时的孔隙水压力 $u_f = 150\text{kPa}$, 则试样破坏时的竖向压力 $\Delta\sigma_1$ 为多少?

(2)在固结不排水试验中, 试样在竖向压力 $\Delta\sigma_1 = 420\text{kPa}$ 下发生破坏, 则破坏时的孔隙水压力 $u_f$ 是多少?

# 第七章　土压力计算理论

**教学内容：**土压力的分类，静止土压力概念及计算，朗肯土压力理论，库仑土压力理论，特殊情况下的土压力计算。

**教学要求：**掌握土压力基本概念及土压力计算基本理论；弄清楚朗肯理论与库仑理论的区别与联系；能够熟练运用土压力计算理论进行土压力的计算。

**教学重点：**静止土压力及主动土压力的计算方法，朗肯土压力理论，库仑土压力理论。

## 第一节　概　　述

在土木、水利、交通等工程中，经常遇到修建挡土结构物的问题，它是用来支持天然或人工斜坡不致坍塌，保持土体稳定的一种建筑物，在工程中把这种建筑物称为"挡土墙"。例如，堤岸挡土墙、联结路堤与桥梁的桥台、隧道的侧墙、道路边坡的挡土墙、地下室的外墙等（如图7-1）。挡土墙的作用就在于挡住墙后填土并承受来自填土侧向的压力。

土压力（earth pressure）通常是指挡土墙后的填土因自重或外荷载作用对墙背产生的侧向压力。就像在水中作用有水压力一样，在土中也作用着土压力。水在静止状态下没有抗剪强度，所以水在任何方向的压力都相等。然而，因为土有抗剪强度，所以具有在不同的方向上，或者根据变形的不同，土压力的大小也不同这样奇妙的性质。

形成挡土结构物与土体界面上侧向压力的主要荷载包括：土体自重引起的侧向压力、水压力、影响区范围内的构筑物荷载、施工荷载以及必要时应考虑的地震荷载等引起的侧向压力。

土压力是设计挡土墙（retaining wall）结构物断面及验算其稳定性的主要外荷载，因此，设计挡土墙时首先要确定土压力的性质、大小、方向和作用点。土压力的计算是个比较复杂的问题，影响因素很多。土压力的大小和分布，除了与土的性质有关外，还和墙体的位移方向、位移量、土体与结构物间的相互作用以及挡土墙的结构类型有关，在影响土压力的诸多因素中，墙体位移条件是最主要的因素。墙体位移的方向和位移量决定着所产生的土压力的性质和大小，因此，根据挡土墙的位移方向、大小及墙后填土所处的应力状态，将土压力分为静止土压力、主动土压力、被动土压力三种。

（1）静止土压力（earth pressure at rest）：当挡土墙在墙后填土的推力作用下，不产生任何移动或转动时，墙后土体没有破坏，而处于弹性平衡状态，此时，作用于墙背上的土压力称为静止土压力，用 $E_0$ 表示，如图7-2a）所示。

（2）主动土压力（active earth pressure）：挡土墙在土压力作用下背离填土方向移动或转动

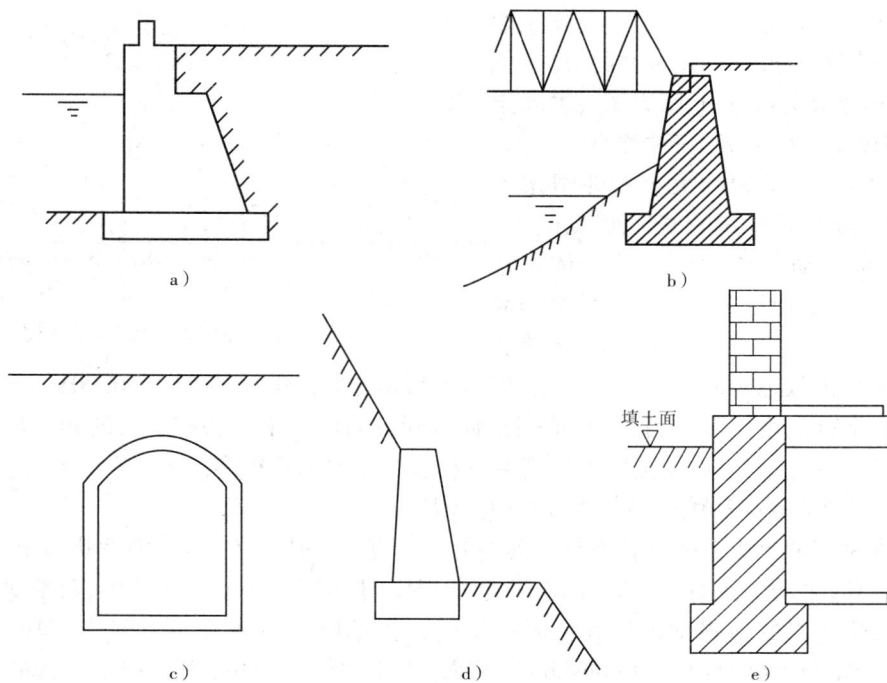

图 7-1  挡土结构物

a)堤岸挡土墙;b)桥台;c)隧道侧墙;d)道路边坡的挡土墙;e)地下室的外墙

时,墙后土体由于侧面所受限制的放松而有下滑趋势,为阻止其下滑,土体内潜在的滑动面上的剪应力将逐渐增加,从而使作用在墙背上的土压力逐渐减小,当墙的移动或转动达到一定数值时,滑动面上的剪应力等于土的抗剪强度,墙后土体达到主动极限平衡状态,此时作用在墙背上的土压力达到最小值,称为主动土压力,用 $E_a$ 表示,如图 7-2b)所示。

(3)被动土压力(passive earth pressure):当挡土墙在外力作用下,向着填土方向移动或转动时,墙后土体由于受到挤压,有上滑趋势,为阻止其上滑,土体内滑动面上的剪应力反向增加,使得作用在墙背上的土压力逐渐增加,当墙的移动量足够大时,滑动面上的剪应力又等于抗剪强度,墙后土体达到被动极限平衡状态,这时作用在墙背上的土压力达到最大值,称为被动土压力,用 $E_p$ 表示,如图 7-2c)所示。

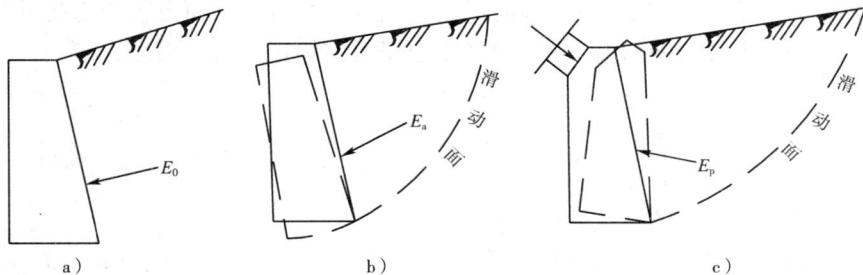

图 7-2  作用在挡土墙上的三种土压力

a)静止土压力;b)主动土压力;c)被动土压力

太沙基于 1929 年通过挡土墙模型试验,研究了土压力与墙体位移之间的关系,得到了如图 7-3 所示的关系曲线,由图可知:

149

（1）挡土墙所受的土压力类型首先取决于墙体是否发生位移以及位移的方向，据此可将土压力分为静止土压力 $E_0$、主动土压力 $E_a$ 和被动土压力 $E_p$ 三种类型。

（2）墙所受土压力的大小并非恒定不变，而是随着墙体位移量的变化而变化。

（3）产生主动土压力所需的墙体位移量很小，而产生被动土压力则需要较大的墙体位移量。经验表明：土推墙前移，土体达到主动极限平衡状态所需的相对位移量（墙体位移量与墙高的比值）约为 $0.001 \sim 0.005$；而墙在外力作用下推向土体（墙后移），使墙后土体达到被动极限平衡状态所需的相对位移量约为 $0.01 \sim 0.05$。可见，产生被动土压力比产生主动土压力要困难得多。

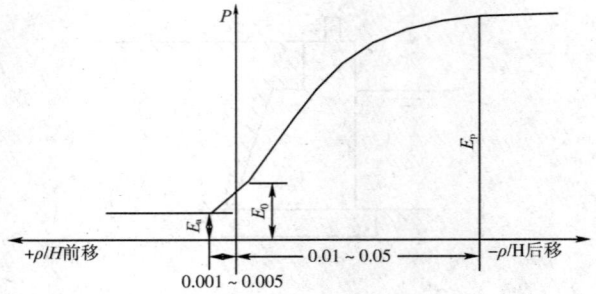

图7-3　墙体位移与土压力关系曲线

（4）在相同的墙高和填土条件下，$E_p > E_0 > E_a$。

本章将对三种土压力的计算进行详细的介绍。静止土压力 $E_0$ 属于弹性状态土压力，可用弹性理论计算；主动土压力 $E_a$ 和被动土压力 $E_p$ 则属于极限平衡状态土压力，目前对这两种土压力的计算仍是以抗剪强度理论和极限平衡理论为基础的古典土压力理论，即朗肯土压力（Rankine）和库仑土压力理论（Coulomb）。然而，由于实际工程中，很多挡土结构的位移量并未达到土体发生主动或被动极限平衡状态所需的位移量，因而，其土压力的大小可能介于主动与被动之间的某一数值，这主要取决于墙体、土体和地基三者的变形、强度特性以及相互作用。为了比较真实准确的反映任意墙体位移下的土压力的大小，可根据土的实际应力—应变关系，利用有限元方法来确定墙体位移量与土压力大小的定量关系。

# 第二节　静止土压力

静止土压力只发生在挡土墙为刚性、墙体不发生任何位移的情况下。在实际工程中，作用在深基础侧墙或者 U 形桥台上的土压力，可近似看作静止土压力。

静止土压力的计算较为简单，由于墙静止不动，土体无侧向位移，墙后土体处于侧限压缩应力状态，与土的自重应力状态相同，因此可按第四章介绍的水平向自重应力的计算公式来确定，若墙后填土为均质体，则单位面积上的静止土压力即静止土压力强度 $p_0$ 为

$$p_0 = K_0 \gamma z \tag{7-1}$$

式中：$K_0$——静止土压力系数；

　　　$\gamma$——土的重度，$kN/m^3$；

　　　$z$——土压力计算点的深度，m。

由上式可以看出，静止土压力强度 $p_0$ 沿深度呈线性变化，其分布规律如图7-4a)所示。作用在每延米挡墙上的静止土压力合力为

$$E_0 = \frac{1}{2} K_0 \gamma H^2 \tag{7-2}$$

式中：$H$——挡墙高度，合力的作用点位于土压力分布图形的形心位置，即合力作用于 $H/3$ 处。

静止土压力计算的关键是静止土压力系数 $K_0$ 的确定。理论上，可根据弹性理论进行计算，$K_0 = \mu/(1-\mu)$，$\mu$ 为泊松比。实际 $K_0$ 由试验确定，室内可由三轴仪或应力路径三轴仪测得，在原位可用自钻式旁压仪测得。由于 $K_0$ 的测试较为困难，也可采用经验公式估算。研究证明，$K_0$ 除与土性及密度有关外，黏性土的 $K_0$ 还与应力历史有关系。下列经验公式可用于 $K_0$ 的估算：

砂性土：$K_0 = 1 - \sin\varphi'$；

黏性土 $K_0 = 0.95 - \sin\varphi'$；

超固结土：$K_0 = OCR^{0.5}(1 - \sin\varphi')$。

式中：$\varphi'$——土的有效内摩擦角；

$OCR$——土的超固结比。

当无试验条件时，对砂土可取 0.34～0.45，对黏性土可取 0.5～0.7。

对于特殊情况下的静止土压力计算，可按下述方法进行：

**1. 成层土和填土表面有无限均布荷载的情况**

对于成层土和有超载的情况，静止土压力强度可按下式计算：

$$p_0 = K_0(\sum \gamma_i h_i + q) \tag{7-3}$$

式中：$\gamma_i$——计算点以上第 $i$ 层土的重度；

$h_i$——计算点以上第 $i$ 层土的厚度；

$q$——填土面以上的均布荷载。

**2. 墙后填土中有地下水**

对于墙后填土有地下水情况计算静止土压力时，地下水位以下对于透水性的土应采用有效重度 $\gamma'$ 计算，同时考虑作用于挡土墙上的静水压力，如图 7-4b) 所示。

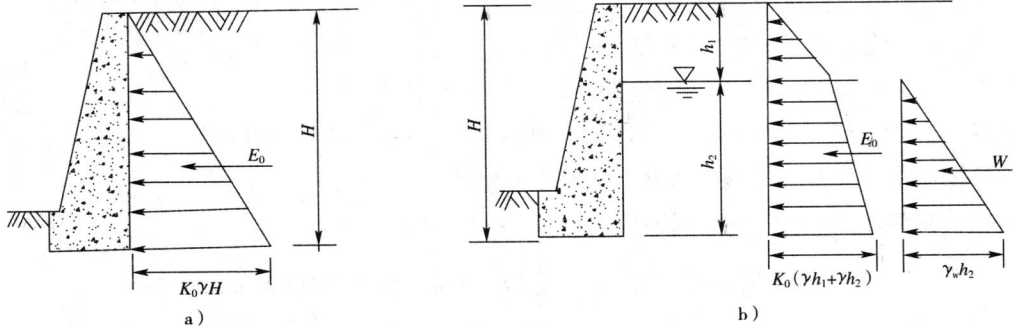

a)

b)

图 7-4　静止土压力的分布
a)均匀土；b)有地下水时

**3. 墙背倾斜的情况**

对于墙背倾斜情况，作用在单位长度上的静止土压力 $E_0'$ 为 $E_0$ 和土楔体 $ABB'$ 自重的合力，如图 7-5 所示。

静止土压力的计算通常采用下面的步骤：

(1)计算静止土压力系数 $K_0$；

(2)计算各土层界面上(包括地下水位线)的静止土压力强度 $p_{0i}$；

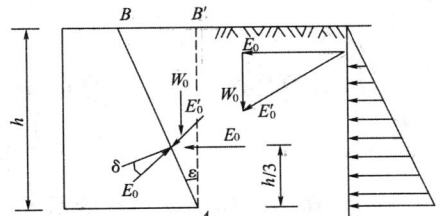

图 7-5　墙背倾斜时的静止土压力

（3）根据计算的 $p_{0i}$ 绘出土压力强度分布曲线图；

（4）计算土压力强度分布图的面积即静止土压力的合力 $E_0$；

（5）计算土压力分布图的形心位置即静止土压力的合力作用点。

【例题 7-1】 计算作用在如图 7-6 所示挡土墙上的静止土压力的大小和分布。图中 $q$ 为无限均布荷载。

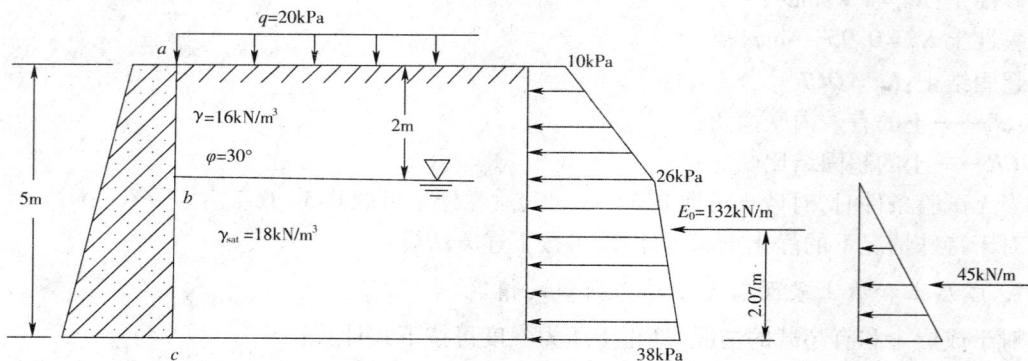

图 7-6 例题 7-1 图

【解】 （1）计算静止土压力系数：

$$K_0 = 1 - \sin\varphi' = 1 - \sin 30° = 0.5$$

（2）计算土中各点静止土压力强度：

由已知条件：$q = 20\text{kPa}$，$\gamma_1 = \gamma = 16\text{kN/m}^3$，$\gamma_2 = \gamma' = \gamma_{\text{sat}} - \gamma_{\text{w}} = 18 - 10 = 8(\text{kN/m}^3)$，$h_1 = 2\text{m}$，$h_2 = 3\text{m}$，则根据公式（7-3）有

$a$ 点：$p_{0a} = K_0 q = 0.5 \times 20 = 10(\text{kPa})$

$b$ 点：$p_{0b} = K_0(q + \gamma_1 h_1) = 0.5 \times (20 + 16 \times 2) = 26(\text{kPa})$

$c$ 点：$p_{0a} = K_0(q + \gamma_1 h_1 + \gamma_2 h_2) = 0.5 \times (20 + 16 \times 2 + 8 \times 3) = 38(\text{kPa})$

（3）绘制静止土压力强度分布图（如图 7-6 所示）。

（4）计算静止土压力的合力 $E_0$：

$$E_0 = \frac{1}{2}(p_{0a} + p_{0b})h_1 + \frac{1}{2}(p_{0b} + p_{0c})h_2 = 132(\text{kN/m})$$

（5）求土压力合力 $E_0$ 作用点位置：

$E_0$ 的作用点离墙底的距离 $y_0$ 为

$$y_0 = \frac{1}{E_0}\left[p_{0a}h_1\left(\frac{h_1}{2} + h_2\right) + \frac{1}{2}(p_{0b} - p_{0a})h_1\left(\frac{h_1}{3} + h_2\right) + p_{0b} \times \frac{h_2^2}{2} + \frac{1}{2}(p_{0c} - p_{0b})\frac{h_2^2}{3}\right]$$

$$= 2.07(\text{m})$$

（6）计算作用于挡墙上的静水压力 $P_{\text{w}}$：

$$P_{\text{w}} = \frac{1}{2}\gamma_{\text{w}}h_2^2 = 0.5 \times 10 \times 9 = 45(\text{kN/m})$$

静水压力分布如图 7-6 所示。

# 第三节　朗肯土压力理论

朗肯土压力理论是土压力计算中两个著名的古典土压力理论之一,由英国科学家朗肯(W. J. M RanKine)于1857年提出。它是根据墙后填土处于极限平衡状态,应用极限平衡条件,推导出主动土压力和被动土压力的计算公式。

朗肯土压力理论的基本假设条件是:挡土墙墙背竖直、光滑,墙后填土面水平。

## 一、基本理论

朗肯研究自重应力作用下,半无限土体内各点的应力从弹性平衡状态发展为极限平衡状态的条件,提出计算挡土墙土压力的理论,其分析方法如下:

考察半无限土体中深度 z 处一点的应力状态。由于土体内任一竖直面都是对称面,对称面上的剪应力均为零,按照剪应力互等定理,可知任意水平面上的剪应力也等于零。因此,竖直面和水平面上的剪应力都等于零,相应截面上的法向应力 $\sigma_z$ 和 $\sigma_x$ 都是主应力,大主应力 $\sigma_1 = \sigma_z = \gamma z$,小主应力 $\sigma_3 = \sigma_x = K_0 \gamma z$。此时的应力状态用摩尔圆表示为图7-7c)和图7-7d)所示的圆①,由于该点处于弹性平衡状态,故摩尔圆没有和抗剪强度包线相切。

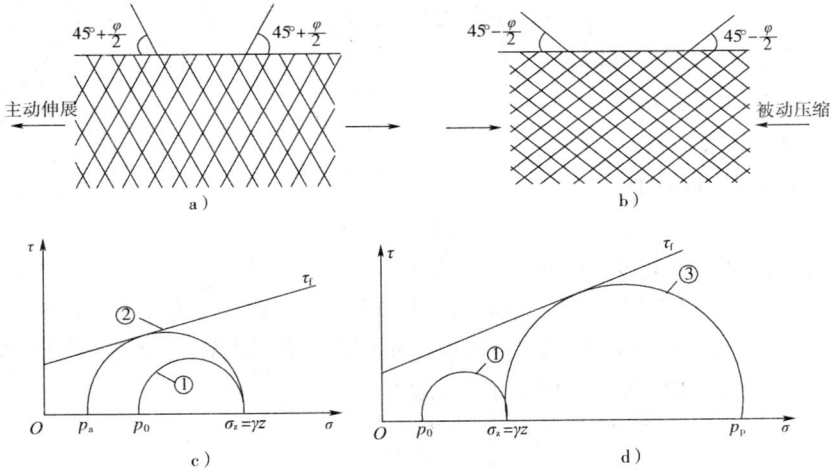

图7-7　半空间的极限平衡状态

a)主动朗肯状态的剪切破坏面;b)被动朗肯状态的剪切破坏面
c)用摩尔圆表示主动朗肯状态;d)用摩尔圆表示被动朗肯状态

若由于某种原因使整个土体在水平方向均匀地伸展,即墙体背离土体移动,如图7-7a)所示,则作用在微分体上的竖向应力 $\sigma_z$ 保持不变,而水平向应力 $\sigma_x$ 逐渐减小,直至土体达到主动极限平衡状态(称为主动朗肯状态),此时 $\sigma_x$ 达最小值 $p_a$。此时,应力圆与土的抗剪强度线相切,如图7-7c)中的圆②所示,$p_a$ 是小主应力,而 $\sigma_z$ 是大主应力。若土体继续伸展,土压力也不会进一步减少,这时土体进入破坏状态,土体中的抗剪强度已全部发挥出来。土体达到极限平衡时形成的剪切破坏面与水平线的夹角为($45° + \varphi/2$),形成图7-7a)所示的两簇互相平行的破坏面。

反之,如果土体在水平方向压缩,即墙体向土体方向移动,这时作用在微分体上的竖向应力 $\sigma_z$ 保持不变,而水平向应力 $\sigma_x$ 则由静止土压力逐渐增大,直至土体达到极限平衡状态(称为被动朗肯状态），此时，$\sigma_x$ 达最大值 $p_p$，应力圆与土的抗剪强度线相切，如图 7-7d)中的圆③所示，$p_p$ 是大主应力，$\sigma_z$ 是小主应力。土体破坏后，若土体继续压缩，土压力也不会进一步增大。土体达到极限平衡时形成的剪切破坏面与水平面的夹角为$(45° - \varphi/2)$（如图 7-7b），形成两簇互相平行的破坏面。

朗肯将上述原理应用于挡土墙土压力计算中，若忽略墙背与填土之间的摩擦作用（为了满足剪应力为零的边界条件），对于挡土墙墙背竖直、墙后填土面水平的情况（为了满足水平面与竖直面上的正应力分别为大、小主应力），作用于其上的土压力大小可用朗肯理论计算。

### 二、主动土压力

根据上述分析，当墙后土体处于主动极限平衡状态时，作用于任意深度 $z$ 处土体单元上的大主应力等于竖向应力，小主应力等于主动土压力强度，即

$$\sigma_1 = \sigma_z = \gamma z, \sigma_3 = p_a \tag{7-4}$$

根据极限平衡条件下大小主应力的关系（前面第六章所讲述），有

$$\sigma_3 = \sigma_1 \tan^2(45° - \varphi/2) - 2c\tan(45° - \varphi/2) \tag{7-5}$$

将式(7-4)代入式(7-5)，可得朗肯主动土压力强度计算公式

$$p_a = \gamma z \tan^2(45° - \varphi/2) - 2c\tan(45° - \varphi/2) = \gamma z K_a - 2c\sqrt{K_a} \tag{7-6}$$

式(7-6)适合于墙后土体为黏性土的情况，对于无黏性土，由于 $c = 0$，则有

$$p_a = \gamma z \tan^2(45° - \varphi/2) = \gamma z K_a \tag{7-7}$$

式中：$p_a$——主动土压力强度，kPa；

$\gamma$——土的重度，kN/m³；

$z$——计算点深度，m；

$c$——土的黏聚力，kPa；

$\varphi$——内摩擦角，(°)；

$K_a$——主动土压力系数，$K_a = \tan^2(45° - \varphi/2)$。

对于无黏性土，由式(7-7)可知，主动土压力强度 $p_a$ 沿深度 $z$ 呈线性分布，如图 7-8b)所示，从图可见，作用在墙背上单位长度挡墙的主动土压力 $E_a$ 即为 $p_a$ 分布图形的面积，其作用点位置在主动土压力强度分布图形的形心处，故有

$$E_a = \frac{1}{2}\gamma K_a H^2 \tag{7-8}$$

$E_a$ 作用于距墙底 $H/3$ 处。

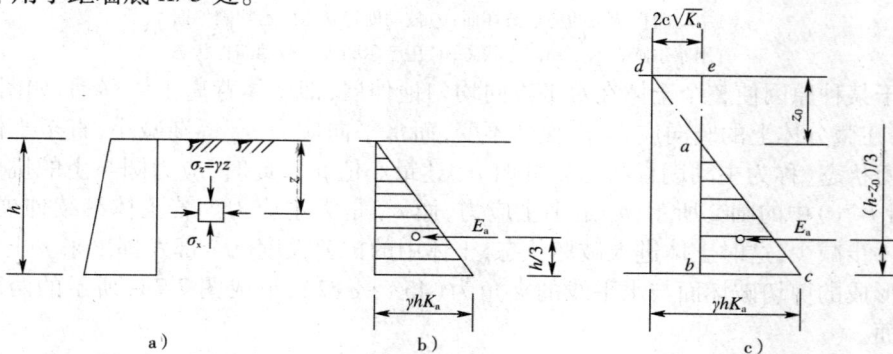

图 7-8 朗肯主动土压力

a)主动土压力计算条件；b)无黏性土主动土压力分布；c)黏性土主动土压力分布

对于黏性土,由式(7-6)可知,主动土压力强度由两部分组成:一部分是由于土体自重引起的土压力强度 $\gamma z K_a$,沿墙高呈三角形分布;另一部分是由于黏聚力 $c$ 引起的负侧压力 $2c\sqrt{K_a}$,沿墙高呈矩形分布。这两部分叠加的结果如图7-8c)所示。正是由于黏聚力的存在,使得主动土压力在某一深度范围内会出现负值,即存在拉力区,拉力区的深度 $z_0$ 为 $p_a = 0$ 的 $z$ 值,令式(7-6)中 $p_a = 0$,得到

$$z_0 = \frac{2c}{\gamma \sqrt{K_a}} \qquad (7\text{-}9)$$

由于土体不能承受拉力,所以主动土压力强度分布图形为图7-8c)所示的下部阴影三角形,单位墙长的土压力即为该三角形的面积

$$E_a = \frac{1}{2}(H - z_0)(\gamma H K_a - 2c\sqrt{K_a}) \qquad (7\text{-}10)$$

将式(7-9)代入式(7-10),得

$$E_a = \frac{1}{2}\gamma H^2 K_a - 2cH\sqrt{K_a} + \frac{2c^2}{\gamma} \qquad (7\text{-}11)$$

$E_a$ 作用于离墙底 $(H - z_0)/3$ 处。

【例题7-2】 如图7-9所示,挡墙墙高4m,墙背直立光滑、填土水平、填土的物理力学性能指标为 $\gamma = 17\text{kN/m}^3$, $\varphi = 22°$, $c = 6\text{kPa}$。试计算其主动土压力。

【解】 (1)计算主动土压力系数:

$$K_a = \tan^2(45° - \varphi/2) = \tan^2(45° - 22°/2) = 0.45$$

(2)计算主动土压力强度:

由已知条件: $\gamma = 17\text{kN/m}^3$, $H = 4\text{m}$, $c = 6\text{kPa}$,则根据公式(7-6)有

$$p_a = \gamma H K_a - 2c\sqrt{K_a} = 17 \times 4 \times 0.45 - 2 \times 6 \times \sqrt{0.45} = 22.8(\text{kPa})$$

(3)计算临界深度 $z_0$:

$$z_0 = \frac{2c}{\gamma \sqrt{K_a}} = \frac{2 \times 6}{17 \times \sqrt{0.45}} = 1.05(\text{m})$$

(4)绘出主动土压力强度分布图(如图7-9所示)。

(5)计算主动土压力:

主动土压力在数值上等于 $p_a$ 分布图的面积

$$E_a = 0.5 \times (4 - 1.05) \times 22.8 = 33.7(\text{kN/m})$$

(6)计算主动土压力作用点位置:

$E_a$ 距墙底的距离

$$y_a = (H - z_0)/3 = 0.98(\text{m})$$

### 三、被动土压力

当墙后土体达到被动极限平衡状态时,水平压力比竖直压力大,此时,作用于任意深度 $z$ 处土体单元上的大主应力等于被动土压力强度 $p_p$,小主应力等于 $\sigma_z$,即

$$\sigma_1 = p_p, \quad \sigma_3 = \sigma_z = \gamma z \qquad (7\text{-}12)$$

根据极限平衡条件下大小主应力的关系,有

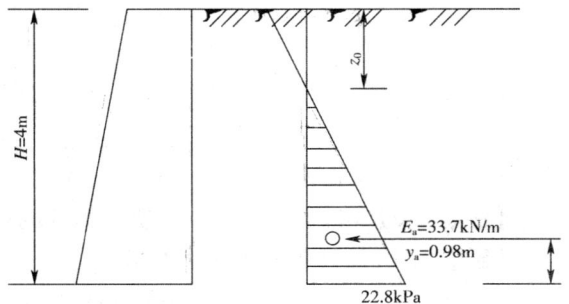

图7-9 例题7-2图

$$\sigma_1 = \sigma_3 \tan^2(45° + \varphi/2) + 2c\tan(45° + \varphi/2) \tag{7-13}$$

将式(7-12)代入式(7-13),可得朗肯被动土压力强度计算公式:

$$p_p = \gamma z \tan^2(45° + \varphi/2) + 2c\tan(45° + \varphi/2) = \gamma z K_p + 2c\sqrt{K_p} \tag{7-14}$$

式(7-14)适合于墙后土体为黏性土的情况,对于无黏性土,由于 $c = 0$,则有

$$p_a = \gamma z \tan^2(45° + \varphi/2) = \gamma z K_p \tag{7-15}$$

式中: $p_p$ ——被动土压力强度,kPa;

$K_p$ ——被动土压力系数, $K_p = \tan^2(45° + \varphi/2)$。

由式(7-14)和式(7-15)可知,无黏性土的被动土压力强度 $p_p$ 沿深度 $z$ 呈三角形分布(如图7-10b)所示);而黏性土的被动土压力强度仍旧由两部分组成,土体自重引起的土压力强度 $\gamma z K_p$ 和黏聚力引起的正侧压力 $2c\sqrt{K_p}$,二者叠加使 $p_p$ 沿深度呈梯形分布(如图7-10c)。单位墙长的被动土压力 $E_p$ 在数值上等于 $p_p$ 分布图的面积,即

对于无黏性土,有

$$E_p = \frac{1}{2}\gamma K_p H^2 \tag{7-16}$$

对于黏性土,有

$$E_p = \frac{1}{2}\gamma K_p H^2 + 2cH\sqrt{K_p} \tag{7-17}$$

被动土压力 $E_p$ 的作用方向垂直于墙背,作用点位于 $p_p$ 分布图形的形心,可通过一次求矩得到。 $E_p$ 合力作用点到墙底的距离 $y_p$ 通过下式进行计算

$$y_p = \frac{H}{3}\frac{2p_{p上} + p_{p下}}{p_{p上} + p_{p下}} \tag{7-18}$$

式中: $p_{p上}$、$p_{p下}$ ——分别为作用于墙背顶面和底面的被动土压力强度,kPa。

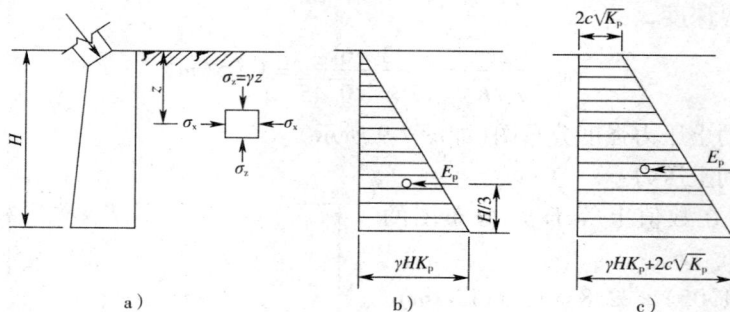

图7-10　朗肯被动土压力

a)被动土压力计算条件;b)无黏性土被动土压力分布;c)黏性土被动土压力分布

【**例题 7-3**】　计算例题 7-2 中所示挡墙的被动土压力。

【**解**】　(1)计算被动土压力系数:

$$K_p = \tan^2(45° + \varphi/2) = \tan^2(45° + 22°/2) = 2.20$$

(2)计算墙背土体中各点的被动土压力强度:

由已知条件: $\gamma = 17\text{kN/m}^3$,$H = 4\text{m}$,$c = 6\text{kPa}$,则根据公式(7-14)有

$$p_{p上} = 2c\sqrt{K_p} = 2 \times 6 \times \sqrt{2.20} = 17.80(\text{kPa})$$

$$p_{p下} = \gamma H K_p + 2c\sqrt{K_p} = 17 \times 4 \times 2.20 + 2 \times 6 \times \sqrt{2.20}$$

$$= 167.39(\text{kPa})$$

（3）绘出被动土压力强度分布图（如图 7-11 所示）。

（4）计算被动土压力：

被动土压力在数值上等于 $p_p$ 分布图的面积，由式（7-17）

$$E_p = \frac{1}{2}\gamma K_p H^2 + 2cH\sqrt{K_p} = 0.5 \times 17 \times 2.20 \times$$

$$4^2 + 2 \times 6 \times 4 \times \sqrt{2.20} = 370.40 (\text{kN/m})$$

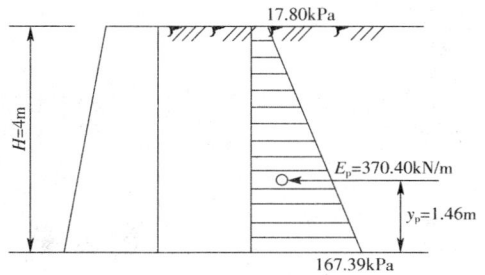

图 7-11　例题 7-3 图

（5）计算被动土压力作用点位置：

根据式（7-18），$E_p$ 距墙底的距离

$$y_p = \frac{H}{3}\frac{2p_{p\perp} + p_{p\top}}{p_{p\perp} + p_{p\top}} = \frac{4}{3} \times \frac{2 \times 17.80 + 167.39}{17.80 + 167.39} = 1.46 (\text{m})$$

### 四、关于朗肯土压力理论的适用条件的讨论

朗肯土压力理论根据弹性半空间的应力状态和极限平衡理论分析来确定土压力，概念明确，计算简单。正是由于其基于弹性半空间应力状态的假定，故有一定的适用范围，在计算挡土墙土压力时，必须针对实际情况具体分析，否则会造成不同程度的误差。

朗肯理论的基本假设条件是，挡土墙墙背竖直、光滑，墙后填土面水平。只有当墙后土体出现朗肯状态，才可选用朗肯理论进行土压力计算，朗肯理论的适用范围与填土面的形状、墙背的倾角和粗糙度等因素有关。以下是朗肯土压力公式的适用范围（如图 7-12 所示）：

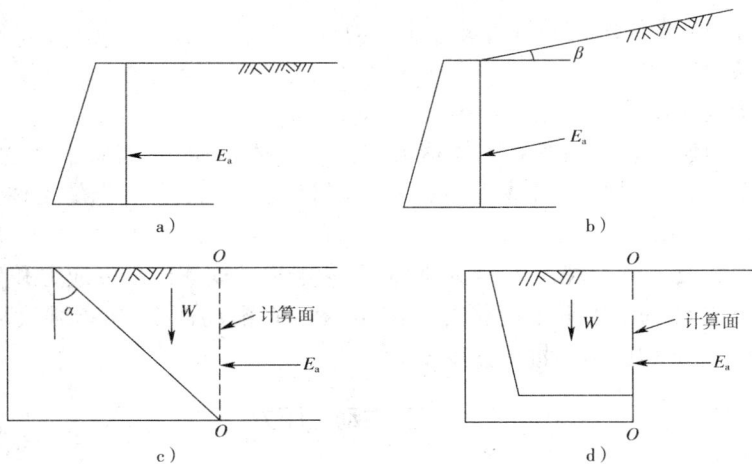

图 7-12　朗肯公式的适用范围

（1）墙背竖直、光滑、墙后填土面水平，即 $\alpha = 0$，$\delta = 0$，$\beta = 0$（如图 7-12a）；

（2）墙背竖直，填土面为倾斜平面，即 $\alpha = 0$，$\beta \neq 0$，但 $\beta < \varphi$ 且 $\delta > \beta$（如图 7-12b）；

（3）坦墙，$\alpha > \alpha_{cr}$，计算面如图 7-12c）所示；

（4）L 形钢筋混凝土挡墙，计算面如图 7-12d）所示。

其中 $\alpha$ 为墙背倾角，$\delta$ 为墙背与土的摩擦角，$\beta$ 为填土坡度，$\varphi$ 为土的内摩擦角，$\alpha_{cr}$ 为临界倾斜角。研究表明：$\alpha_{cr}$ 为 $\delta$、$\beta$、$\varphi$ 的函数，$\alpha_{cr} = f(\delta, \varphi, \beta)$。当 $\delta = \varphi$ 时，$\alpha_{cr}$ 通过下式

确定

$$\alpha_{cr} = 45° - \varphi/2 + \beta/2 - \sin^{-1}(\sin\beta/\sin\varphi)/2 \qquad (7\text{-}19)$$

朗肯公式对于无黏性土与黏性土均可采用,除情况(2)且填土为黏性土外,均有公式直接求解。

# 第四节　库仑土压力理论

库仑土压力理论是由法国科学家库仑(C. A. Coulomb)于1776年提出的。它是根据墙后土体处于极限平衡状态并形成一滑动土楔体,根据楔体的静力平衡条件得出的土压力计算理论。

## 一、基本理论

与朗肯理论相比,库仑理论在其推导的出发点上有两个主要的区别:首先,在挡土墙的边界条件上,库仑理论考虑的挡土墙,可以是墙背倾斜,具有倾角 $\alpha$;墙背粗糙,与填土之间存在摩擦力,摩擦角为 $\delta$;墙后填土面有倾角 $\beta$,如图7-13所示。其次,库仑理论不是从土体中一点的应力状态出发,而是从考虑墙后某个楔形滑体(楔体 $ABC$)的整体平衡条件出发,直接求作用在墙背上的总土压力。

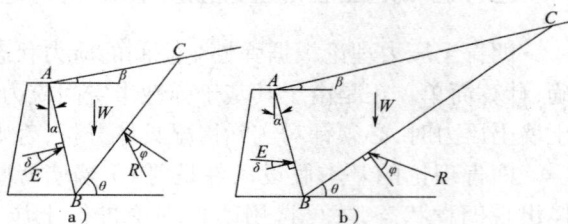

图7-13　库仑土压力理论
a)主动状态;b)被动状态

库仑理论的基本假设为:

(1)墙后填土是均质的无黏性土,$c = 0$。

(2)平面滑裂面假设。当墙背离土体移动或推向土体移动,使墙后土体达到极限平衡状态时,填土将沿两个平面同时下滑或上滑,一个是墙背 $AB$ 面,另一个是土体内某一滑动面 $BC$,$BC$ 与水平面成 $\theta$ 角。

(3)刚体滑动假设。将土楔 $ABC$ 视为刚体,不考虑滑动楔体内部的应力和变形。

(4)楔体 $ABC$ 整体处于极限平衡状态。在 $AB$ 和 $BC$ 滑动面上,抗剪强度均已充分发挥,即滑动面上的剪应力 $\tau$ 均已达到抗剪强度 $\tau_f$。

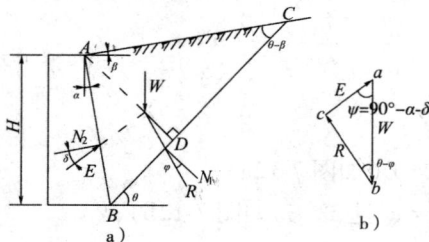

图7-14　库仑主动土压力计算图式
a)土楔体 $ABC$ 上的作用力;b)力矢三角形

## 二、主动土压力

取单位长度挡土墙进行分析,设挡土墙高为 $H$,墙背俯斜与垂线夹角为 $\alpha$,墙后填土为砂土,填土重度为 $\gamma$,内摩擦角为 $\varphi$,填土表面与水平面成 $\beta$ 角,墙背与土的摩擦角为 $\delta$。

挡土墙在土压力作用下将向前位移,当墙后填土处于极限平衡状态时,墙后填土形成一滑动土楔 $ABC$,其滑裂面为平面 $BC$,与水平线成 $\theta$ 角(如图7-14a)。土楔 $ABC$ 在其自重 $W$ 和反力 $R$、$E$ 的作用下平衡,组成力矢三角形(如图7-14b)。

根据楔体静力平衡条件,取处于极限平衡状态的滑动楔体△ABC 作为隔离体来进行分析,可得库仑主动土压力计算公式,其表达式为

$$E_a = \frac{1}{2}\gamma H^2 K_a \tag{7-20}$$

其中,

$$K_a = \frac{\cos^2(\varphi - \alpha)}{\cos^2\alpha\cos(\alpha + \delta)\left[1 + \sqrt{\dfrac{\sin(\varphi + \delta)\sin(\varphi - \beta)}{\cos(\alpha + \delta)\cos(\alpha - \beta)}}\right]^2} \tag{7-21}$$

式中:$K_a$——库仑主动土压力系数,由式(7-21)计算或者查表 7-1 确定;

$H$——挡土墙高度,m;

$\gamma$——墙后填土重度,kN/m³;

$\varphi$——墙后填土的内摩擦角,(°);

$\alpha$——墙背与竖直线之间的夹角,(°),以竖直线为准,逆时针为正,称为俯斜墙背,顺时针为负,称为仰斜墙背;

$\beta$——墙后填土面的倾角,(°);

$\delta$——墙背与填土之间的摩擦角,(°),其值可由试验确定,无试验资料时,可按表 7-2 选用。

**库仑主动土压力系数 $K_a$ 值**　　　　表 7-1

| $\delta$ | $\alpha$ | $\beta$ \ $\varphi$ | 15° | 20° | 25° | 30° | 35° | 40° | 45° | 50° |
|---|---|---|---|---|---|---|---|---|---|---|
| 0° | −20° | 0° | 0.497 | 0.380 | 0.287 | 0.212 | 0.153 | 0.106 | 0.070 | 0.043 |
| | | 10° | 0.595 | 0.439 | 0.323 | 0.234 | 0.166 | 0.114 | 0.074 | 0.045 |
| | | 20° | | 0.707 | 0.401 | 0.274 | 0.188 | 0.125 | 0.080 | 0.047 |
| | | 30° | | | | 0.498 | 0.239 | 0.147 | 0.090 | 0.051 |
| | −10° | 0° | 0.540 | 0.433 | 0.344 | 0.270 | 0.209 | 0.158 | 0.117 | 0.083 |
| | | 10° | 0.644 | 0.500 | 0.389 | 0.301 | 0.229 | 0.171 | 0.125 | 0.088 |
| | | 20° | | 0.785 | 0.482 | 0.353 | 0.261 | 0.190 | 0.136 | 0.094 |
| | | 30° | | | | 0.614 | 0.331 | 0.226 | 0.155 | 0.104 |
| | 0° | 0° | 0.589 | 0.490 | 0.406 | 0.333 | 0.271 | 0.271 | 0.172 | 0.132 |
| | | 10° | 0.704 | 0.569 | 0.462 | 0.374 | 0.300 | 0.238 | 0.186 | 0.142 |
| | | 20° | | 0.883 | 0.573 | 0.441 | 0.344 | 0.267 | 0.204 | 0.154 |
| | | 30° | | | | 0.750 | 0.436 | 0.318 | 0.235 | 0.172 |
| | 10° | 0° | 0.562 | 0.560 | 0.478 | 0.407 | 0.343 | 0.288 | 0.238 | 0.194 |
| | | 10° | 0.784 | 0.655 | 0.550 | 0.461 | 0.384 | 0.318 | 0.261 | 0.211 |
| | | 20° | | 1.015 | 0.685 | 0.548 | 0.444 | 0.360 | 0.291 | 0.231 |
| | | 30° | | | | 0.925 | 0.566 | 0.433 | 0.337 | 0.262 |
| | 20° | 0° | 0.736 | 0.648 | 0.569 | 0.498 | 0.434 | 0.375 | 0.322 | 0.274 |
| | | 10° | 0.896 | 0.768 | 0.663 | 0.572 | 0.492 | 0.421 | 0.358 | 0.302 |
| | | 20° | | 1.205 | 2.834 | 0.688 | 0.576 | 0.484 | 0.405 | 0.337 |
| | | 30° | | | | 1.169 | 0.740 | 0.586 | 0.474 | 0.385 |
| 10° | −20° | 0° | 0.427 | 0.330 | 0.252 | 0.188 | 0.137 | 0.096 | 0.064 | 0.039 |
| | | 10° | 0.529 | 0.388 | 0.286 | 0.209 | 0.149 | 0.103 | 0.068 | 0.041 |
| | | 20° | | 0.675 | 0.364 | 0.248 | 0.170 | 0.114 | 0.073 | 0.044 |
| | | 30° | | | | 0.475 | 0.220 | 0.135 | 0.082 | 0.047 |

| $\delta$ | $\alpha$ | $\beta$ \ $\varphi$ | 15° | 20° | 25° | 30° | 35° | 40° | 45° | 50° |
|---|---|---|---|---|---|---|---|---|---|---|
| 10° | −10° | 0° | 0.477 | 0.385 | 0.309 | 0.245 | 0.191 | 0.146 | 0.109 | 0.078 |
| | | 10° | 0.590 | 0.455 | 0.354 | 0.275 | 0.211 | 0.159 | 0.116 | 0.082 |
| | | 20° | | 0.773 | 0.450 | 0.328 | 0.242 | 0.177 | 0.127 | 0.088 |
| | | 30° | | | | 0.605 | 0.313 | 0.212 | 0.146 | 0.098 |
| | 0° | 0° | 0.533 | 0.447 | 0.373 | 0.309 | 0.253 | 0.204 | 0.163 | 0.127 |
| | | 10° | 0.664 | 0.531 | 0.431 | 0.350 | 0.282 | 0.225 | 0.177 | 0.136 |
| | | 20° | | 0.897 | 0.549 | 0.420 | 0.326 | 0.254 | 0.195 | 0.148 |
| | | 30° | | | | 0.762 | 0.423 | 0.306 | 0.226 | 0.166 |
| | 10° | 0° | 0.603 | 0.520 | 0.448 | 0.384 | 0.326 | 0.275 | 0.230 | 0.185 |
| | | 10° | 0.759 | 0.626 | 0.524 | 0.440 | 0.369 | 0.307 | 0.253 | 0.206 |
| | | 20° | | 1.064 | 0.674 | 0.534 | 0.432 | 0.351 | 0.284 | 0.227 |
| | | 30° | | | | 0.969 | 0.564 | 0.427 | 0.332 | 0.258 |
| | 20° | 0° | 0.695 | 0.615 | 0.543 | 0.478 | 0.419 | 0.365 | 0.316 | 0.271 |
| | | 10° | 0.890 | 0.752 | 0.646 | 0.558 | 0.482 | 0.414 | 0.354 | 0.300 |
| | | 20° | | 1.308 | 0.844 | 0.687 | 0.573 | 0.481 | 0.403 | 0.337 |
| | | 30° | | | | 1.268 | 0.758 | 0.594 | 0.478 | 0.388 |
| 15° | −20° | 0° | 0.405 | 0.314 | 0.240 | 0.180 | 0.132 | 0.093 | 0.062 | 0.038 |
| | | 10° | 0.509 | 0.372 | 0.275 | 0.201 | 0.144 | 0.100 | 0.066 | 0.040 |
| | | 20° | | 0.667 | 0.352 | 0.239 | 0.164 | 0.110 | 0.071 | 0.042 |
| | | 30° | | | | 0.470 | 0.214 | 0.131 | 0.080 | 0.046 |
| | −10° | 0° | 0.458 | 0.371 | 0.298 | 0.237 | 0.186 | 0.142 | 0.106 | 0.076 |
| | | 10° | 0.576 | 0.442 | 0.344 | 0.267 | 0.205 | 0.155 | 0.114 | 0.081 |
| | | 20° | | 0.776 | 0.441 | 0.320 | 0.237 | 0.174 | 0.125 | 0.087 |
| | | 30° | | | | 0.607 | 0.308 | 0.209 | 0.143 | 0.097 |
| | 0° | 0° | 0.518 | 0.434 | 0.363 | 0.301 | 0.248 | 0.201 | 0.160 | 0.125 |
| | | 10° | 0.656 | 0.522 | 0.423 | 0.343 | 0.277 | 0.222 | 0.174 | 0.135 |
| | | 20° | | 0.914 | 0.546 | 0.415 | 0.323 | 0.251 | 0.194 | 0.147 |
| | | 30° | | | | 0.777 | 0.422 | 0.305 | 0.225 | 0.165 |
| | 10° | 0° | 0.592 | 0.511 | 0.441 | 0.378 | 0.323 | 0.273 | 0.228 | 0.189 |
| | | 10° | 0.760 | 0.623 | 0.520 | 0.437 | 0.366 | 0.305 | 0.252 | 0.206 |
| | | 20° | | 1.103 | 0.679 | 0.535 | 0.432 | 0.351 | 0.284 | 0.228 |
| | | 30° | | | | 1.005 | 0.571 | 0.430 | 0.334 | 0.260 |
| | 20° | 0° | 0.690 | 0.611 | 0.540 | 0.476 | 0.419 | 0.366 | 0.317 | 0.273 |
| | | 10° | 0.904 | 0.757 | 0.649 | 0.560 | 0.484 | 0.416 | 0.357 | 0.303 |
| | | 20° | | 1.383 | 0.862 | 0.697 | 0.579 | 0.486 | 0.408 | 0.341 |
| | | 30° | | | | 1.341 | 0.778 | 0.606 | 0.487 | 0.395 |
| 20° | −20° | 0° | | | 0.231 | 0.174 | 0.128 | 0.090 | 0.061 | 0.038 |
| | | 10° | | | 0.266 | 0.195 | 0.140 | 0.097 | 0.064 | 0.039 |
| | | 20° | | | 0.344 | 0.233 | 0.160 | 0.108 | 0.069 | 0.042 |
| | | 30° | | | | 0.468 | 0.210 | 0.129 | 0.079 | 0.045 |
| | −10° | 0° | | | 0.291 | 0.232 | 0.182 | 0.140 | 0.105 | 0.076 |
| | | 10° | | | 0.337 | 0.262 | 0.202 | 0.153 | 0.113 | 0.080 |
| | | 20° | | | 0.437 | 0.316 | 0.233 | 0.171 | 0.124 | 0.086 |
| | | 30° | | | | 0.614 | 0.306 | 0.207 | 0.142 | 0.096 |
| | 0° | 0° | | | 0.357 | 0.297 | 0.245 | 0.199 | 0.160 | 0.125 |
| | | 10° | | | 0.419 | 0.340 | 0.275 | 0.220 | 0.174 | 0.135 |
| | | 20° | | | 0.547 | 0.414 | 0.322 | 0.251 | 0.193 | 0.147 |
| | | 30° | | | | 0.798 | 0.425 | 0.306 | 0.225 | 0.166 |

| $\delta$ | $\alpha$ | $\beta$\\$\varphi$ | 15° | 20° | 25° | 30° | 35° | 40° | 45° | 50° |
|---|---|---|---|---|---|---|---|---|---|---|
| 20° | 10° | 0° | | | 0.438 | 0.377 | 0.322 | 0.273 | 0.229 | 0.190 |
| | | 10° | | | 0.521 | 0.438 | 0.367 | 0.306 | 0.254 | 0.208 |
| | | 20° | | | 0.690 | 0.540 | 0.436 | 0.354 | 0.286 | 0.230 |
| | | 30° | | | | 1.051 | 0.582 | 0.437 | 0.338 | 0.264 |
| | 20° | 0° | | | 0.543 | 0.479 | 0.422 | 0.370 | 0.321 | 0.277 |
| | | 10° | | | 0.659 | 0.568 | 0.490 | 0.423 | 0.363 | 0.309 |
| | | 20° | | | 0.891 | 0.715 | 0.592 | 0.496 | 0.417 | 0.349 |
| | | 30° | | | | 1.434 | 0.807 | 0.624 | 0.501 | 0.406 |

**墙背与填土之间的摩擦角 $\delta$ 值**　　　　　　　　　　　　表 7-2

| 挡土墙情况 | 摩擦角 $\delta$ | 挡土墙情况 | 摩擦角 $\delta$ |
|---|---|---|---|
| 墙背平滑,排水不良 | $(0 \sim 0.33)\varphi_k$ | 墙背很粗糙,排水良好 | $(0.50 \sim 0.67)\varphi_k$ |
| 墙背粗糙,排水良好 | $(0.33 \sim 0.50)\varphi_k$ | 墙背与填土间不可能滑动 | $(0.67 \sim 1.00)\varphi_k$ |

注:$\varphi_k$ 为墙背填土的内摩擦角标准值。

当挡土墙满足朗肯理论假设,即墙背垂直($\alpha = 0$)、光滑($\delta = 0$),填土面水平($\beta = 0$)时,式(7-20)改写为

$$E_a = \frac{1}{2}\gamma H^2 \tan^2\left(45° - \frac{\varphi}{2}\right) \qquad (7\text{-}22)$$

这样,该公式和朗肯主动土压力计算公式(7-8)完全相同,可见,满足朗肯理论假设时,朗肯理论是库仑理论的特殊情况。

关于土压力强度沿墙高的分布形式,可通过对式(7-20)求导得出,即

$$p_a = \frac{dE_a}{dH} = \frac{d}{dH}\left(\frac{1}{2}\gamma H^2 K_a\right) = \gamma H K_a \qquad (7\text{-}23)$$

由式(7-23)可见,库仑主动土压力强度沿墙高呈三角形分布(如图 7-15b)。值得注意的是,这种分布形式只表示土压力大小,并不代表实际作用于墙背上的土压力方向。土压力合力 $E_a$ 的作用方向仍在墙背法线上方,并与法线和水平面的夹角分别为 $\delta$ 和 $\alpha + \delta$,如图 7-15a)所示;$E_a$ 作用点在距墙底 $H/3$ 处。

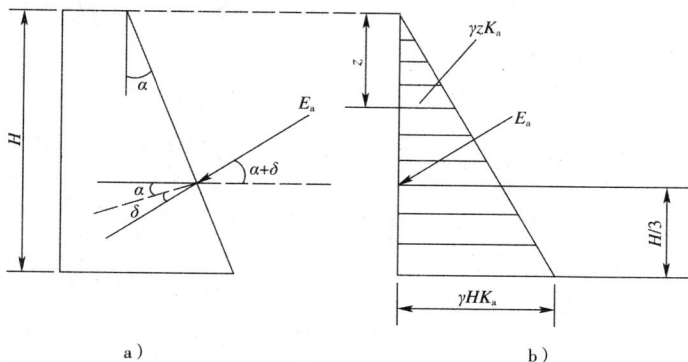

图 7-15 库仑主动土压力强度分布图

【**例题 7-4**】　某重力式挡墙,$H = 4.0\text{m}$,$\alpha = 10°$,$\beta = 10°$,墙后回填砂土,$c = 0$,$\varphi = 30°$,$\gamma = 18\text{kN/m}^3$,试分别求出当 $\delta = \varphi/2$ 和 $\delta = 0$ 时,作用在墙背上的总主动土压力。

**【解】** (1)求 $\delta = \varphi/2$ 时的 $E_{a1}$。用库仑土压力理论计算。根据 $\alpha = 10°, \beta = 10°, \varphi = 30°$, $\delta = \varphi/2 = 15°$,查表 7-1,得库仑主动土压力系数

$$K_{a1} = 0.437$$

由公式(7-22)有

$$E_{a1} = \frac{1}{2}\gamma H^2 K_{a1} = \frac{1}{2} \times 18 \times 4^2 \times 0.437 = 62.9(\text{kN/m})$$

$E_{a1}$ 作用点位置距墙底的距离为 $y_{a1} = H/3 = 1.33\text{m}$,$E_{a1}$ 作用方向与墙背法线成 $\delta = 15°$ 角,如图 7-16 所示。

(2)求 $\delta = 0$ 时的 $E_{a2}$。根据 $\alpha = 10°, \beta = 10°, \varphi = 30°, \delta = 0°$,查表 7-1,得库仑主动土压力系数

$$K_{a2} = 0.461$$

由公式(7-22)有

$$E_{a2} = \frac{1}{2}\gamma H^2 K_{a2} = \frac{1}{2} \times 18 \times 4^2 \times 0.461 = 66.4(\text{kN/m})$$

$E_{a2}$ 作用点位置距墙底的距离为 $y_{a2} = H/3 = 1.33\text{m}$, $E_{a2}$ 作用方向与墙背垂直。

可见,当 $\delta$ 减小时,作用于墙背上的主动土压力 $E_a$ 将增大。

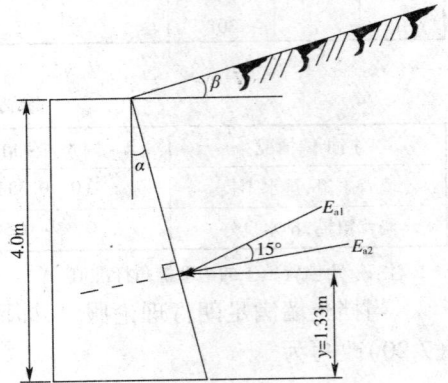

图 7-16 例题 7-4 图

### 三、被动土压力

与产生主动土压力情况相反,当挡土墙受到外力向填土方向移动直至墙后土体达到被动极限平衡状态,产生沿平面 $BC$ 向上滑动的土楔 $ABC$(如图 7-17a),此时土楔 $ABC$ 在其自重 $W$ 和反力 $R$、$E$ 的作用下平衡,组成力矢三角形(如图 7-17b)。为阻止楔体上滑,土压力 $E$ 和反力 $R$ 均位于法线的上侧。与库仑主动土压力的推导方法相同,可求得被动土压力 $E_p$ 的表达式为

$$E_p = \frac{1}{2}\gamma H^2 K_p \tag{7-24}$$

其中,

$$K_p = \frac{\cos^2(\varphi + \alpha)}{\cos^2\alpha\cos(\alpha - \delta)\left[1 - \sqrt{\dfrac{\sin(\varphi + \delta)\sin(\varphi + \beta)}{\cos(\alpha - \delta)\cos(\alpha - \beta)}}\right]^2} \tag{7-25}$$

式中,$K_p$ 为库仑被动土压力系数。

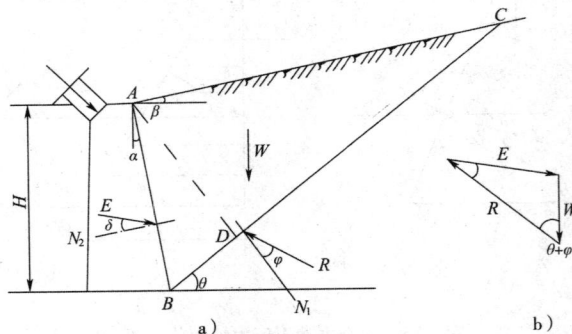

图 7-17 库仑被动土压力计算图式

a)土楔体 $ABC$ 上的作用力;b)力矢三角形

162

当挡土墙满足朗肯理论假设时,式(7-24)改写为

$$E_p = \frac{1}{2}\gamma H^2 \tan^2\left(45° + \frac{\varphi}{2}\right) \tag{7-26}$$

显然,此时,库仑理论与朗肯理论的被动土压力的计算公式也相同。

对式(7-24)求导,同样可得土压力强度 $p_p$ 沿墙高的分布形式

$$p_p = \frac{\mathrm{d}E_p}{\mathrm{d}H} = \frac{\mathrm{d}}{\mathrm{d}H}\left(\frac{1}{2}\gamma H^2 K_p\right) = \gamma H K_p \tag{7-27}$$

可见,被动土压力强度 $p_p$ 沿墙高也呈三角形分布,合力 $E_p$ 的作用方向在墙背法线下方,与法线的夹角为 $\delta$,与水平面的夹角为 $\delta - \alpha$,如图7-18所示,作用点在距墙底 H/3 处。

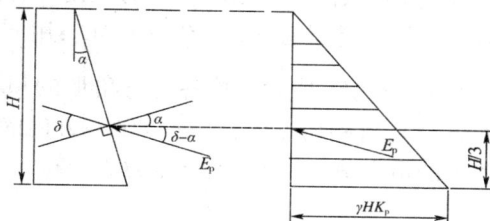

图7-18 库仑被动土压力强度分布

【例题7-5】 计算作用在例题7-4所示挡墙墙背的被动土压力。

【解】 (1)求 $\delta = \varphi/2$ 时的 $E_{p1}$。用库仑土压力理论计算。由已知 $\alpha = 10°, \beta = 10°, \varphi = 30°, \delta = \varphi/2 = 15°$,根据公式(7-25),得库仑被动土压力系数

$$K_{p1} = \frac{\cos^2(\varphi + \alpha)}{\cos^2\alpha\cos(\alpha - \delta)\left[1 - \sqrt{\dfrac{\sin(\varphi + \delta)\sin(\varphi + \beta)}{\cos(\alpha - \delta)\cos(\alpha - \beta)}}\right]^2}$$

$$= \frac{\cos^2(30° + 10°)}{\cos^2 10°\cos(10° - 15°)\left[1 - \sqrt{\dfrac{\sin(30° + 15°)\sin(30° + 10°)}{\cos(10° - 15°)\cos(10° - 10°)}}\right]^2}$$

$$= 5.77$$

由公式(7-24)有

$$E_{p1} = \frac{1}{2}\gamma H^2 K_{p1} = \frac{1}{2} \times 18 \times 4^2 \times 5.77 = 830.9\,(\mathrm{kN/m})$$

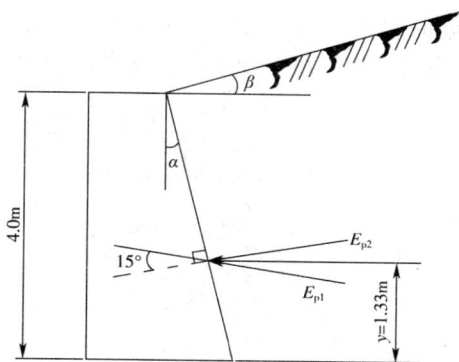

图7-19 例题7-5图

$E_{p1}$ 作用点位置距墙底的距离为 $y_{p1} = H/3 = 1.33\mathrm{m}$,$E_{p1}$ 作用方向在墙背法线下方,与墙背法线的夹角 $\delta = 15°$,如图7-19所示。

(2)求 $\delta = 0$ 时的 $E_{p2}$。根据 $\alpha = 10°, \beta = 10°, \varphi = 30°, \delta = 0°$,由公式(7-25)计算得库仑被动土压力系数

$$K_{p2} = 3.34$$

由公式(7-24)有

$$E_{p2} = \frac{1}{2}\gamma H^2 K_{p2} = \frac{1}{2} \times 18 \times 4^2 \times 3.34 = 480.96\,(\mathrm{kN/m})$$

$E_{p2}$ 作用点位置距墙底的距离为

$$y_{p2} = H/3 = 1.33\mathrm{m},$$

$E_{p2}$ 作用方向与墙背垂直。

可见,当 $\delta$ 减小时,作用于墙背上的被动土压力 $E_p$ 将减小。

### 四、图解法确定库仑主动土压力

设挡土墙及其填土条件如图 7-20a)所示。根据库仑土压力理论,若在墙后填土中任选一与水平面夹角为 $\theta_1$ 的滑裂面 $AC_1$,则可求出土楔 $ABC_1$ 重量 $W_1$ 的大小及方向,以及反力 $E_1$ 及 $R_1$ 的方向,从而可绘出闭合的力三角形,并进而求出 $E_1$ 的大小,如图 7-20b)所示。然后任选多个不同的滑裂面 $AC_2$,$AC_3$,$\cdots$,$AC_n$;用同样方法可连续绘出多个闭合的力三角形,并得出相应的 $E_2$、$E_3$、$E_n$ 值。连接各力三角形的顶点得到曲线 $\overset{\frown}{m_1 m_n}$,作曲线 $\overset{\frown}{m_1 m_n}$ 的竖直切线(平行于 $W$ 方向),得到切点 $m$,自 $m$ 点作 $E$ 方向的平行线交 $OW$ 于 $n$ 点,则 $mn$ 所代表的 $E$ 值为诸多 $E$ 值中的最大值,即为主动土压力 $E_a$ 值。

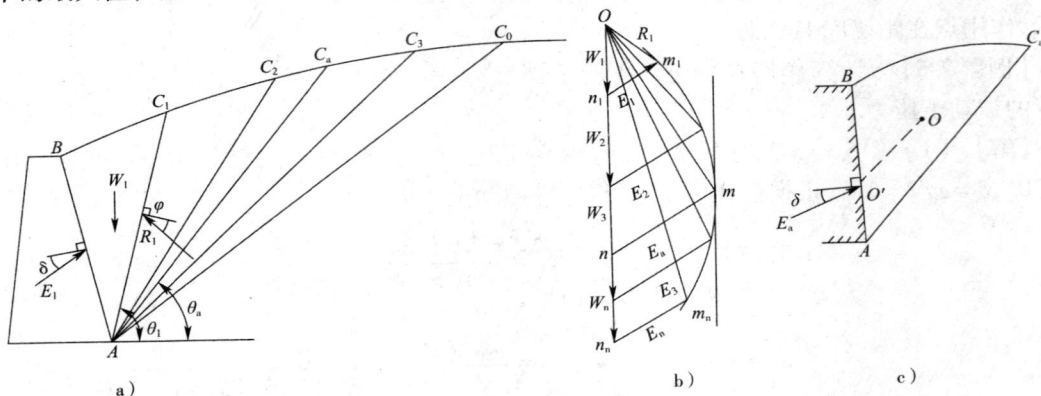

图 7-20　图解法求库仑主动土压力的原理

为找出填土中真正滑裂面的位置,考虑图 7-20b)中的力三角形 $Omn$,由图 7-14 可知,对应于土压力 $E_a$ 的 $R_a(Om)$ 与 $W_a(On)$ 之间的夹角应为 $\theta_a - \varphi$,土的内摩擦角 $\varphi$ 已知,故可求出 $\theta_a$ 角,从而可在图 7-20a)中确定出滑裂面 $\overline{AC_a}$。

值得注意的是,由图解法只能确定总土压力 $E_a$ 的大小和滑裂面的位置,而不能求出 $E_a$ 的作用点位置。为此,太沙基(1943)提出了作用点位置的近似确定方法:如图 7-20c)所示,在得到滑裂面位置 $\overline{AC_a}$ 后,找出滑裂体 $ABC_a$ 的重心 $O$,过 $O$ 点做滑裂面 $\overline{AC_a}$ 的平行线,交墙背于 $O'$ 点,可以认为 $O'$ 点就是 $E_a$ 的作用点。

库尔曼(C. Culmann)对上述基本方法进行改进与简化,即所谓库尔曼图解法,其简化之处在于库尔曼把图 7-20b)中的闭合三角形的顶点 $O$ 直接放在墙根 $A$ 处,并使之逆时针方向旋转 $90° + \varphi$ 角度,使得力三角形中矢量 $R$ 的方向与所假定的滑裂面相一致,如图 7-21a)所示。此时矢量 $W$ 的方向与水平线之间的夹角应为 $\varphi$;$W$ 与 $E$ 之间夹角应为 $\psi$,均为常数。然后沿 $W$ 方向即可画出图 7-21b)所示的一系列闭合三角形,从而使上述基本图解法得到简化。库尔曼图解法的具体步骤为:

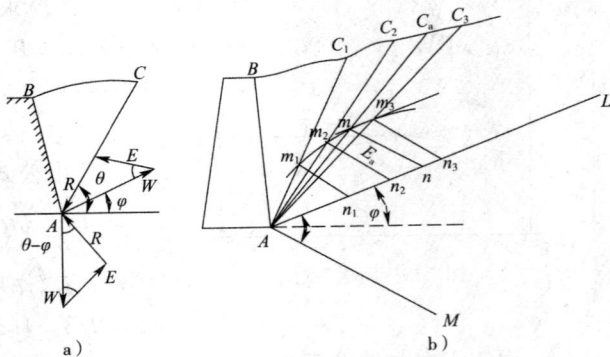

图 7-21　库尔曼图解法求主动土压力

（1）过 $A$ 点作两条辅助线：一条为 $AL$，令其与水平线成夹角 $\varphi$，代表矢量 $W$ 的方向；另一条为 $AM$，与 $AL$ 线成夹角 $\psi$，代表矢量 $E$ 的方向。

（2）任意假定一破裂面 $AC_1$，算出滑裂体 $ABC_1$ 的重量 $W_1$，并按一定比例在 $AL$ 线上截取 $An_1$ 代表 $W_1$，自 $n_1$ 点作 $AM$ 的平行线交破裂面于 $m_1$ 点，则 $m_1n_1A$ 即为滑裂体 $ABC_1$ 的闭合力三角形，$m_1n_1$ 的长度就等于破裂面为 $AC_1$ 时的土压力 $E_1$。

（3）同理，再任意假定其他破裂面 $AC_2$，$AC_3$，…求得 $n_2$，$n_3$，…各点，并得出 $m_2n_2$，$m_3n_3$，…等线。

（4）连接 $m_1m_2m_3$ 各点得到一曲线，此线即称为库尔曼线。作该曲线与 $AL$ 平行的切线，得切点 $m$，过切点 $m$ 引 $AM$ 平行线交 $AL$ 于 $n$，线段 $mn$ 就是所求的主动土压力 $E_a$。

（5）连接 $\overline{Am}$，并延长与填土面交于 $C_a$，则 $\overline{AC_a}$ 即为真正的破裂面。

### 五、黏性填土的库仑土压力理论

库仑理论假设墙后填土是均质的无黏性土，也就是填土只有内摩擦角而没有内聚力 $c$。但在实际工程中墙后土体有时为黏性土，为了考虑黏性土的内聚力 $c$ 对土压力数值的影响，就必须采取一些办法进行修正，使库仑土压力理论公式也可用来计算黏性土土压力。目前已提出了多种修正方法，下面对以下两种方法进行简要介绍。

#### 1. 等值内摩擦角法

这是一种近似计算方法，即把原具有 $c$、$\varphi$ 值的黏性填土代换成仅具有等值内摩擦角 $\varphi_D$ 的无黏性土，然后用库仑公式求解。这样，计算简单，但关键在于怎样确定等值内摩擦角。在理论上，该法是解释不通的；实用上，对于一般黏性土，地下水位以上常取 $35°$ 或 $30°$，地下水位以下用 $30° \sim 25°$。但是，等值内摩擦角并非是一个定值，随墙高而变化，墙高越小，等值内摩擦角越大。如墙高为定值，则等值内摩擦角将随黏聚力的增加而迅速递增。计算表明：对于高墙而填土土质较差时，用 $\varphi_D = 35°$ 计算偏于不安全；对于低墙而填土土质较好时，用 $\varphi_D = 35°$ 计算，却又偏于保守。可见用一个等值内摩擦角来代替填土的实际抗剪强度，不能很好符合实际情况，也并不都偏于安全。

#### 2. 图解法——楔体试算法

楔体试算法假设填土中的破裂面是平面，以简化代替实际的曲面破裂面，这可以计算黏性填土的库仑主动土压力而不致引起太大的误差，但在计算库仑被动土压力时误差较大。

由朗肯理论可知，在无荷载作用的黏性土半无限体表层 $z_0$ 深度内，由于存在拉应力，将导致裂缝出现（如图 7-22a），故在 $z_0$ 深度内的墙背面上和破裂面上无黏聚力 $c$ 的作用。

假设破裂面为 $ADC$，作用在滑动楔体上的力有：

（1）滑动土楔体 $BEADC$ 自重 $W$，大小已知，方向向下。

（2）滑动面 $AD$ 上的反力 $R$，与 $\overline{AD}$ 面的法线成 $\varphi$ 角。

（3）$AD$ 面上的总黏聚力 $C = c\,\overline{AD}$，$c$ 为填土内单位面积上的黏聚力，方向沿接触面。

（4）沿墙背 $AE$ 上的总黏聚力 $\overline{C} = c\,\overline{AE}$，$c$ 为墙背与填土接触面上单位面积黏聚力，方向沿

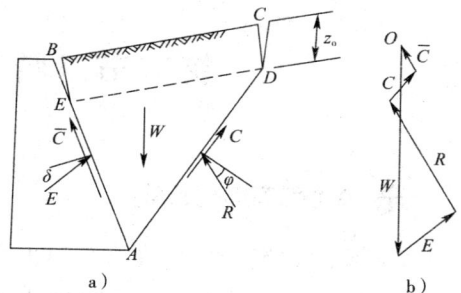

图 7-22　用图解法求黏性土主动土压力

165

妾触面。

(5)墙背对填土的反力 $E$，与墙背法线方向成 $\delta$ 角。

上述 5 个力的作用方向均为已知，且 $W$、$\bar{C}$ 和 $C$ 的大小也已知。根据力系平衡的力多边形闭合的条件，即可确定出 $E$ 的大小，如图 7-22b) 所示。

试算多个滑裂面，根据矢量 $E$ 与 $R$ 的交点的轨迹，画出一条光滑曲线，找到最大 $E$ 值，即为主动土压力 $E_a$。

### 六、关于库仑土压力理论的适用条件的讨论

库仑理论根据墙背和滑裂面之间的土楔处于极限平衡状态，用静力平衡条件，推导出的土压力计算公式，考虑了墙背与填土间的摩擦力，可用于墙背倾斜、填土面倾斜的情况。由于该理论假设填土是无黏性土，故不能用库仑理论直接计算黏性土的土压力；同时，其假定滑动面为平面，而实际上却是曲面，该平面假定往往使计算结构产生很大误差。以下是库仑理论的应用范围：

(1)可用于包括朗肯条件在内的各种倾斜墙背的陡墙（$\alpha < \alpha_{cr}$），填土面不限（如图 7-23a），即 $\alpha$、$\delta$、$\beta$ 可以不为零，但也可以等于零，故较朗肯公式应用范围更广；

(2)坦墙、填土形式不限、计算面为第二滑裂面，如图 7-23b) 所示，具体计算见相关文献。

(3)数解法一般只用于无黏性土，黏性土的数解法由于表达式过于复杂，目前很少应用。图解法则对于无黏性土或黏性土均可方便应用。

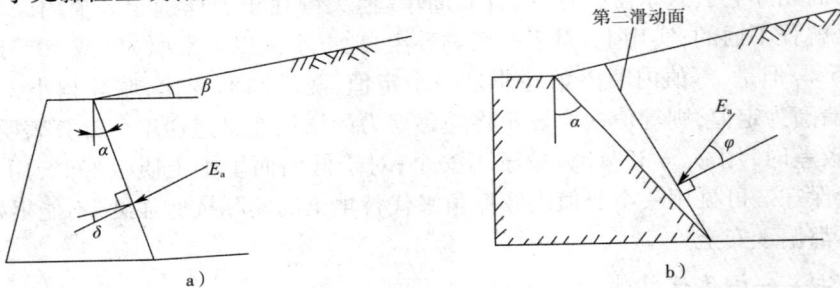

图 7-23 库仑公式的适用范围

# 第五节 特殊情况下的土压力计算

### 一、填土面有均布超载

若挡土墙墙背垂直，在水平填土面上有连续均布荷载 $q$ 作用时（如图 7-24a），也可用朗肯理论计算主动土压力。此时填土面下，墙背面 $z$ 深度处土体单元所受的应力 $\sigma_1 = q + \gamma z$，则

$$\sigma_3 = p_a = \sigma_1 K_a$$

即

$$p_a = qK_a + \gamma z K_a \tag{7-28}$$

由上式可以看出,作用在墙背面的土压力 $p_a$ 由两部分组成:一部分由均布荷载 $q$ 引起,是常数,其分布与深度 $z$ 无关;另一部分由土重引起,与深度 $z$ 成正比。总土压力 $E_a$ 即为图 7-24a)所示的梯形分布图的面积。

若挡土墙墙背及填土面均为倾斜平面,如图 7-24b)所示,为了求解作用在墙背上的总土压力 $E_a$,可以采用库仑图解法。此时可认为滑裂面位置不变,仍与没有荷载 $q$ 作用时相同,只是在计算每一滑动楔体重量 $W$ 时,应将该滑动楔体范围内的总荷载重 $G = ql$ 考虑在内(如图 7-24d),然后即可按照图解法求解总主动土压力 $E_a$。

此外,也可用数解法,直接由库仑理论在计入作用于滑动楔体上的荷载 $G = ql$ 后,推导出计算总土压力 $E_a$ 的公式。

$$E_a = E'_a + \Delta E_a = \frac{1}{2}\gamma H^2 K_a + qHK_a \frac{\cos\alpha}{\cos(\alpha - \beta)} \qquad (7\text{-}29)$$

土压力沿墙高的分布如图 7-24c)所示。

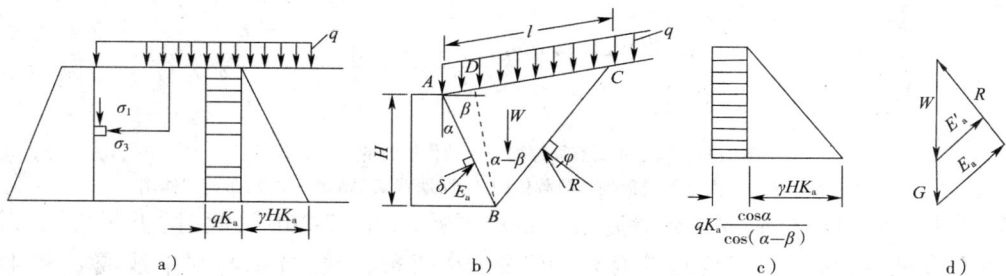

图 7-24　填土面上有连续均布荷载作用

【例题 7-6】　如图 7-25 所示,挡墙墙高 4m,墙背直立光滑、填土水平、填土表面作用一无限均布荷载 $q = 20\text{kPa}$,填土的物理力学性能指标 $\gamma = 20\text{kN/m}^3$,$\varphi = 30°$,$c = 0\text{kPa}$。试计算其主动土压力。

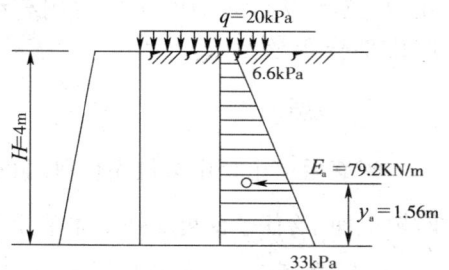

图 7-25　例题 7-6 图

【解】　(1)计算主动土压力系数:

$K_a = \tan^2(45° - \varphi/2) = \tan^2(45° - 30°/2) = 0.33$

(2)计算主动土压力强度:

根据公式(7-28),有

$$p_{a1} = qK_a = 6.6\text{kPa}$$

$$p_{a2} = qK_a + \gamma z K_a = 33\text{kPa}$$

(3)绘出的土压力强度分布图如图 7-25 所示。

(4)计算主动土压力:

$$E_a = \frac{1}{2}(p_{a1} + p_{a2})H = \frac{1}{2} \times (6.6 + 33) \times 4 = 79.2(\text{kN/m})$$

(5)计算土压力作用点位置:

$$y_p = \frac{H}{3}\frac{2p_{a1} + p_{a2}}{p_{a1} + p_{a2}} = \frac{4}{3} \times \frac{2 \times 6.6 + 33}{6.6 + 33} = 1.56(\text{m})$$

## 二、填土表面有局部均布荷载

若填土表面有局部荷载 $q$ 作用(如图 7-26a),则对墙背产生的附加土压力强度值仍可用朗肯公式计算,但其分布范围缺乏在理论上的严格分析。一种近似方法认为,地面局部荷载产生的土压力是沿平行于破裂面的方向传递至墙背上的,故可按下述方法进行计算:自局部荷载 $q$ 的两个端点 $O$、$O'$ 分别作与水平面成 $\theta = 45° + \varphi/2$ 的斜线交墙背于 $C$、$D$ 两点,$C$ 点以上和 $D$ 点以下的土压力都不受局部荷载 $q$ 的影响,荷载 $q$ 仅在墙背 $CD$ 范围内引起附加土压力,$C$、$D$ 之间的土压力按均布荷载计算,作用于 $AB$ 墙背的土压力分布如图 7-26a)中的阴影部分所示。

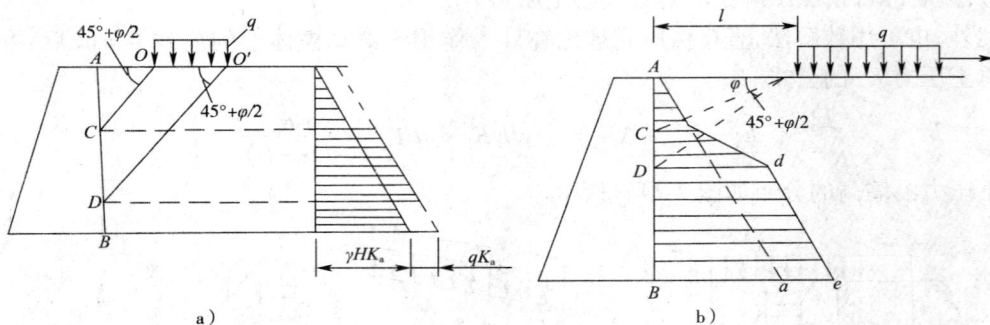

图 7-26 填土表面有局部均布荷载作用时的土压力计算

a)距墙背某个距离外的局部均布荷载作用;b)距墙背某个距离外的均布荷载作用

若填土表面的均布荷载 $q$ 从墙后某一距离开始(如图 7-26b),此时,土压力的计算可按下述方法进行:从均布荷载起点 $O$ 作 $OC$ 及 $OD$ 两条直线,分别与水平线成 $\varphi$ 和 $45° + \varphi/2$ 角,交墙背于 $C$、$D$ 点。$C$ 点以上不考虑均布荷载 $q$ 的作用,$D$ 点以下全部考虑的作用,$C$ 点和 $D$ 点之间的土压力用直线连接,其主动土压力强度分布图形如图 7-26b)中的阴影部分所示。

### 三、成层填土

当墙后填土是由多层不同种类的水平分布的土层组成时,可用朗肯理论计算土压力。此时填土面下,任意深度 $z$ 处土体单元所受的竖向应力为其上覆土的自重应力之和,即 $\sum_{i=1}^{n} \gamma_i h_i$,其中,$\gamma_i$、$h_i$ 为第 $i$ 层土的重度和厚度。以无黏性土为例,成层土产生的主动土压力强度为 $p_a = \sigma_1 K_a$,$\sigma_1$ 为任意深度处土体单元所受的竖向应力。图 7-27 所示的挡土墙各层面的主动土压力强度为:

第一层土:填土表面 $A$ 处 $p_{aA} = 0$

层底 $B$ 处　$p_{aB}^{上} = \gamma_1 h_1 K_{a1}$

第二层土:$p_{aB}^{下} = \gamma_1 h_1 K_{a2}$

$p_{aC}^{上} = (\gamma_1 h_1 + \gamma_2 h_2) K_{a2}$

第三层土:$p_{aC}^{下} = (\gamma_1 h_1 + \gamma_2 h_2) K_{a3}$

$p_{aD} = (\gamma_1 h_1 + \gamma_2 h_2 + \gamma_3 h_3) K_{a3}$

由于各层土的性质不同,主动土压力系数也不同,因此在土层的分界面处,主动土压力强度会出现两个值。图 7-27 所示为 $\varphi_2 > \varphi_1$、$\varphi_2 > \varphi_3$ 时土压力强度分布图。

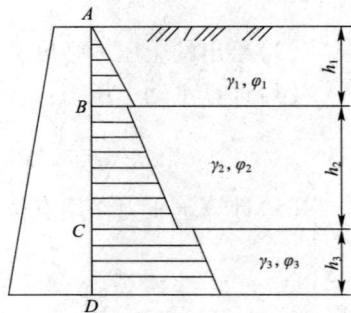

图 7-27 成层填土的土压力计算

#### 四、墙后填土中存在地下水

挡土墙后的填土常会部分或全部处于地下水位以下,此时要考虑地下水位对土压力的影响,具体表现在:

(1)地下水位以下填土重量将因受到水的浮力而减小,计算土压力时用浮重度 $\gamma'$;

(2)由于地下水的存在将使土的含水率增加,抗剪强度降低,而使土压力增大;

(3)地下水对墙背产生静水压力。

当墙后填土有地下水时,作用在墙背上的侧压力有土压力和水压力两部分,计算土压力时,假设水位上下土的内摩擦角、黏聚力都相同,水位以下取有效重度进行计算。以图7-28所示的挡土墙为例,若墙后填土为无黏性土,地下水位在填土表面下 $H_1$ 处,作用在墙背上的水压力 $E_w = \gamma_w H_2^2 / 2$,其中 $\gamma_w$ 为水的重度,$H_2$ 为水位以下的墙高。作用在挡土墙上的总压力为主动土压力 $E_a$ 与水压力 $E_w$ 之和。

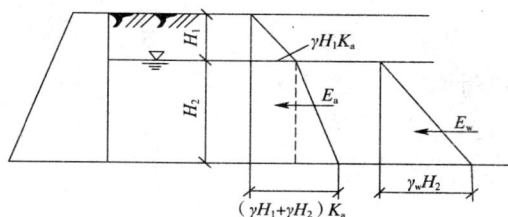

图7-28 墙后有地下水时的土压力计算

#### 五、墙后填土面不规则情况

当填土表面为折线时,按照《建筑边坡工程技术规范》(GB 50330—2002),主动土压力可按(如图7-29)下列公式进行计算。

(1)对于图7-29a)所示的情况,墙上的主动土压力可按下式计算:

$$e_a = \gamma z \cos\beta \frac{\cos\beta - \sqrt{\cos^2\beta - \cos^2\varphi}}{\cos\beta + \sqrt{\cos^2\beta - \cos^2\varphi}}$$

$$e'_a = K_a \gamma (z + h) - 2c \sqrt{K_a}$$

式中:$\beta$——填土表面倾角,(°);

　　$c$——土体的黏聚力,kPa;

　　$\varphi$——土体的内摩擦角,(°);

　　$\gamma$——土体重度,kN/m³;

　　$K_a$——主动土压力系数;

$e_a$、$e'_a$——主动土压力强度,kPa;

　　$z$——计算点深度,m;

　　$h$——地表水平面与填土面和挡墙顶点相交点的距离,m。

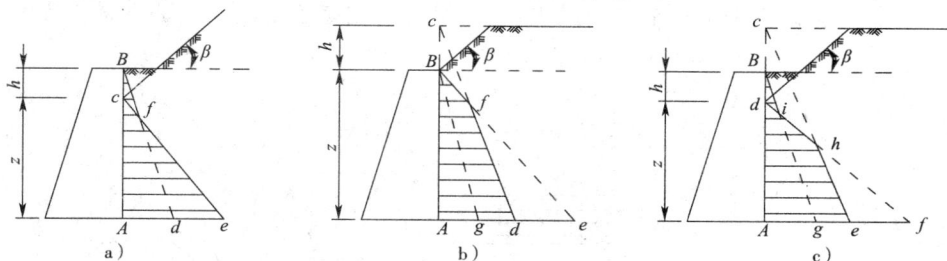

图7-29 填土面为折线时土压力计算

（2）对于图 7-29b）所示的情况，计算墙上的主动土压力时，可将填土斜面延长至 $c$ 点，则 $BAdfB$ 为主动土压力的近似分布图形。

（3）对于图 7-29c）所示的情况，可按图 7-29a）和图 7-29b）所示的方法叠加计算，$BAehiB$ 为主动土压力的近似分布图形。

### 六、异形挡土墙

#### 1. 折线形墙背

当挡土墙墙背不是一个平面而是折面时（如图 7-30a），可以墙背转折点为界，分成上墙与下墙，然后分别按库仑理论计算主动土压力 $E_a$。

首先将上墙 $AB$ 当作独立挡土墙，计算出主动土压力 $E_{a1}$，这时不考虑下墙的存在，然后计算下墙的土压力。计算时，可将下墙墙背 $BC$ 向上延长交地面线于 $D$ 点，以 $DBC$ 为假想墙背，算出墙背土压力，如图 7-30b）中 $DCE$ 所示。再截取 $BC$ 段相应的部分，即 $BCEF$ 部分，算出其合力，即为作用于下墙 $BC$ 段的总主动土压力 $E_{a2}$。

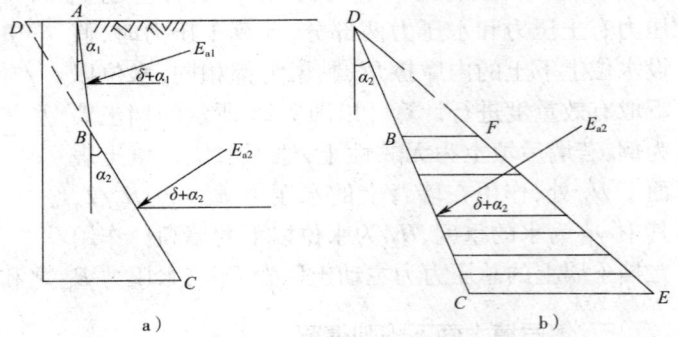

图 7-30　折线墙背土压力计算

#### 2. 墙背设置卸荷平台

为了减少作用在墙背上的主动土压力，有时采用在墙背中部加设卸荷平台的办法，如图 7-31a）所示。此时，平台以上 $H_1$ 高度内，可按朗肯理论计算作用在 $AB$ 面上的土压力，其分布如图 7-31b）所示。由于平台上土重 $W$ 已由卸荷台 $BCD$ 承载，故平台下 $C$ 点处土压力变为零，从而起到减小平台下 $H_2$ 段内土压力的作用。减压范围，一般认为至滑裂面与墙背交点 $E$ 处为止。连接图 7-31b）中相应的 $C'$ 和 $E'$，则图中阴影部分即为减压后的土压力分布。显然卸荷平台伸出越长，则减压作用越大。

#### 3. 悬臂式钢筋混凝土挡墙

工程中经常采用悬臂式钢筋混凝土挡墙（又称 L 形挡墙），如图 7-32 所示，当墙底板足够宽，使得由墙顶 $D$ 与墙踵 $B$ 的连线形成的夹角 $\alpha$ 大于 $\alpha_{cr}$ 时，作用在挡土墙上的土压力通常采用的计算方法是：根据朗肯理论求出作用在经过墙踵 $B$ 点的竖直面 $AB$ 上的土压力 $E_a$。在进行稳定分析时，底板以上 $DCEA$ 范围内的土重 $W$，可作为墙身重量的一部分来考虑。

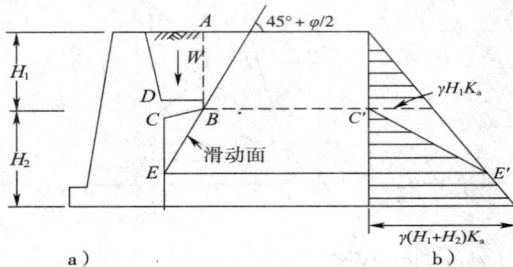

图 7-31　带卸荷平台的挡土墙土压力计算　　　图 7-32　悬臂式钢筋混凝土挡墙土压力计算

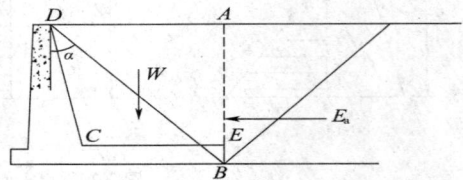

### 七、车辆荷载引起的土压力

在挡土墙或桥台设计时,应考虑车辆荷载引起的土压力。《公路桥涵设计通用规范》(JTG D60—2004)中对车辆荷载引起的土压力计算方法,作出了具体规定。计算原理是按照库仑土压力理论,把填土破坏棱体范围内的车辆荷载,换算成等代均布土层厚度 $h_e$ 来计算,然后用库仑土压力公式计算。

#### 1. 汽车荷载

《公路桥涵设计通用规范》(JTG D60—2004)中的汽车荷载分为公路-Ⅰ级和公路-Ⅱ级两个等级,汽车荷载由车道荷载和车辆荷载组成,在计算桥台和挡土墙的土压力时采用车辆荷载,公路-Ⅰ级和公路-Ⅱ级汽车荷载采用相同的车辆荷载标准值。

#### 2. 等代均布土层厚度

等代均布土层厚度由下式计算:

$$h_e = \frac{\sum G}{B l_0 \gamma} \tag{7-30}$$

式中:$\gamma$——土的重度,kN/m³;

$l_0$——桥台或挡土墙墙后填土的破坏棱体长度,m;

$B$——桥台的计算宽度或挡土墙的计算长度,m;

$\sum G$——布置在 $B \times l_0$ 面积内的车轮的总重力,kN。

1)破坏棱体长度 $l_0$

破坏棱体长度按下式计算:

$$l_0 = H(\tan\varepsilon + \cot\alpha) \tag{7-31}$$

式中:$\varepsilon$——墙背倾角;

$\alpha$——滑动面的倾角;

$H$——挡土墙高度。

对于墙顶以上有填土的路堤式挡土墙,$l_0$ 为破坏棱体范围内的路基宽度部分。

2)桥台的计算宽度或挡土墙的计算长度 $B$

《公路桥涵设计通用规范》对桥台计算宽度或挡土墙计算长度作了如下规定:

(1)桥台的计算宽度。桥台的计算宽度为桥台横桥向全宽。

(2)挡土墙的计算长度。挡土墙的计算长度可按以下情况计算(如图7-33):

①当挡土墙分段长度小于13m时,破坏棱体内的车轮应按最不利情况布置,这些车轮全部由挡土墙承受。

②当挡土墙分段长度大于13m时,则车轮重应作分布,视扩散长度取挡土墙的计算长度:扩散长度不超过分段长度时取扩散长度;扩散长度超过分段长度时取分段长度。扩散长度按下式计算

$$B = 13 + H\tan 30° \tag{7-32}$$

式中,$H$ 为挡土墙高度,对墙顶以上有填土的挡土墙,为两倍填土厚度加墙高。

3)车轮重力 $\sum G$

计算挡土墙时,汽车荷载的布置规定如下:

纵向:当取用挡土墙分段长度时,为分段长度内可能布置的车轮;当取用一辆重车的扩散

长度时为一辆重车。

横向:破坏棱体长度 $l_0$ 范围内可能布置的车轮。车辆外侧车轮中线距路面(或硬路肩)或安全带边缘的距离为 0.5m。

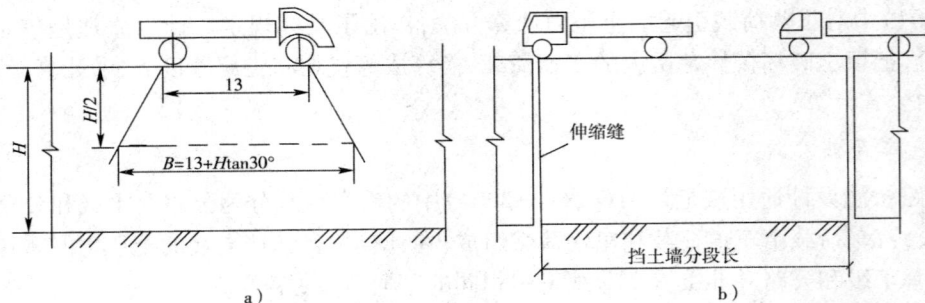

图 7-33　挡土墙计算长度 $B$ 的计算
a)重车的扩散长度;b)挡土墙的分段长度

### 3. 主动土压力计算

墙后填土和汽车荷载引起的土压力由下式计算:

$$E_a = \frac{1}{2}\gamma H(H + 2h_e)K_a \qquad (7-33)$$

$$E_{ax} = E_a\cos\theta \qquad (7-34)$$

$$E_{ay} = E_a\sin\theta \qquad (7-35)$$

式中:$\theta$——$E_a$ 与水平线的夹角,$\theta = \delta + \varepsilon$;$\delta$ 为墙背的外摩擦角;

$K_a$——主动土压力系数。

$E_{ax}$ 的作用点距墙脚的竖直距离

$$C_y = \frac{H}{3}\frac{H + 3h_e}{H + 2h_e} \qquad (7-36)$$

$E_{ay}$ 的作用点距墙脚的水平距离

$$C_x = C_y\tan\varepsilon \qquad (7-37)$$

【例题 7-7】 某公路路肩挡土墙如图 7-34a)所示。路面宽为 7m,汽车荷载为公路－Ⅱ级,填土重度为 18kN/m³。内摩擦角为 35°,黏聚力为 0,挡土墙高度为 8m,墙背摩擦角为 $2\varphi/3$,伸缩缝间距为 10m,计算作用于挡土墙上的土压力。

【解】 (1)计算破坏棱体长度 $l_0$。滑动面的倾角为 $\alpha$,则

$$\cot\alpha = -\tan(\varphi + \delta + \varepsilon) + \sqrt{[\cot\varphi + \tan(\varphi + \delta + \varepsilon)][\tan(\varphi + \delta + \varepsilon) - \tan\varepsilon]} = 0.487$$

破坏棱体长度 $l_0 = H(\tan\varepsilon + \cot\alpha) = 8 \times (\tan15° + 0.487) = 6.04(m)$

(2)求挡土墙的计算长度 $B$。当挡土墙分段长度小于 13m 时,取挡土墙的分段长度。已知挡土墙的分段长度为 10m,故 $B = 10m$。

(3)求等代均布土层厚度 $h_e$。$l_0 = 6.04m$ 长度范围内可布置两列汽车,而在挡土墙的长度方向,仅可布置重车的中轴和后轴,如图 7-36b)所示。所以在 $B \times l_0$ 面积内可布置的车轮重力

$$\sum G = 2 \times (2 \times 120 + 2 \times 140) = 1040(kN)$$

$$h_e = \frac{\sum G}{Bl_0\gamma} = \frac{1040}{10 \times 6.04 \times 18} = 0.96$$

（4）求主动土压力。由 $\varphi = 35°$，$\varepsilon = 15°$，$\delta = 2\varphi/3$，$\beta = 0$ 计算主动土压力系数 $K_a = 0.372$，则

$$E_a = \frac{1}{2}\gamma H(H + 2h_e)K_a = 265.70\text{kN/m}$$

土压力与水平向的夹角

$$\theta = \delta + \varepsilon = 23.3° + 15° = 38.3°$$

水平方向及垂直分量分别为

$$E_{ax} = E_a\cos\theta = 265.70 \times \cos38.3° = 208.52(\text{kN/m})$$
$$E_{ay} = E_a\sin\theta = 265.70 \times \sin38.3° = 164.68(\text{kN/m})$$

作用点位置分别为

$$C_x = \frac{H}{3}\frac{H + 3h_e}{H + 2h_e} = \frac{8 \times (8 + 3 \times 0.96)}{3 \times (8 + 2 \times 0.96)} = 2.92(\text{m})$$

$$C_y = C_x\tan\varepsilon = 2.92 \times \tan15° = 0.78(\text{m})$$

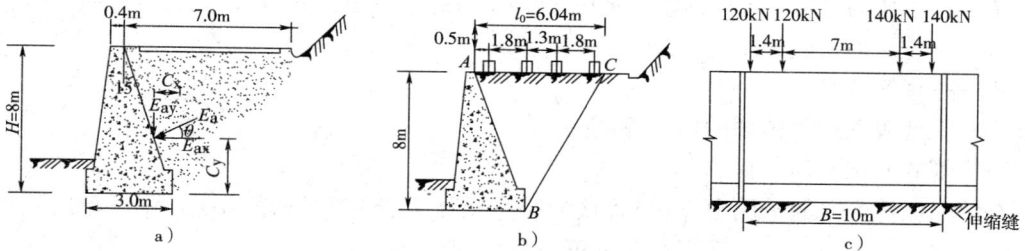

图7-34　例题7-7图

## 八、埋管土压力

地下埋管用途广泛，如水利工程中的坝下埋管，市政工程和能源工程中的给排水管、煤气管、输油管等。为了分析地下埋管的内力，从而选择合理地设计断面，必须首先计算四周填土作用于埋管上的土压力。埋置方法不同，受力特点不同，作用于埋管上的土压力计算方法也不相同。涵管的埋置方法主要有沟埋式与上埋式两种。

### 1. 沟埋式管道的土压力

沟埋式埋置方法是先在天然场地中开挖沟槽至设计高程，放置涵管后，再用土回填沟槽至地面高程。分析这类埋管所受的竖直向土压力时，沟槽外原有的土体，可以认为不再发生变形，而沟内管顶上回填的新土，在自重及外荷载作用下要产生沉降变形。因此，槽壁将对新填土的下沉产生摩阻力，方向向上，如图7-35a）所示。这样，沟内回填土的一部分重量将被两旁沟壁的摩阻力所抵消，从而使得作用于管顶上的竖直土压力 $\sigma_z$，一般均小于涵管之上沟内回填土柱

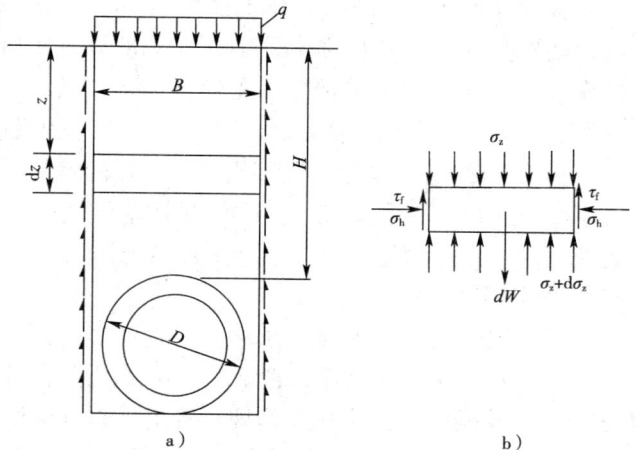

图7-35　沟埋式土压力计算模型

173

的重量，即 $\sigma_z < \gamma H$。这是沟埋式埋管上土压力的一个重要特点。

1）沟埋式竖直土压力计算

马斯顿（A. Marston）1913 年利用散体极限平衡条件提出一个计算沟内埋管上竖直土压力的简单模型（如图 7-35）。该模型深度 $z$ 处竖直土压力 $\sigma_z$ 表达式为

$$\sigma_z = \frac{B\left(\gamma - \dfrac{2c}{B}\right)}{2K\tan\varphi}\left(1 - e^{-2K\frac{z}{B}\tan\varphi}\right) + q e^{-2K\frac{z}{B}\tan\varphi} \tag{7-38}$$

由 $\sigma_z$ 可知，作用在管顶的竖直向总土压力

$$G = \sigma_z D = D\frac{\gamma B - 2c}{2K\tan\varphi}\left(1 - e^{-2K\frac{H}{B}\tan\varphi}\right) + q e^{-2K\frac{H}{B}\tan\varphi} \tag{7-39}$$

式中：$\gamma$——沟中填土容重；

$c$、$\varphi$——填土与沟壁之间的黏聚力与内摩擦角；

$B$——沟槽宽度；

$K$——土压力系数，介于主动土压力系数 $K_a$ 与静止土压力系数 $K_0$ 之间，马斯顿采用主动土压力系数 $K_a$；

$D$——埋管直径；

$H$——地表到埋管顶部的填土深度。

2）沟埋式侧向土压力计算

作用在埋管侧向的土压力 $\sigma_h$ 与管顶的竖直土压力 $\sigma_z$ 密切相关，$\sigma_h = K\sigma_z$，马斯顿建议：对于刚性埋管土压力系数可采用主动土压力系数，即 $K = K_a$，则

$$\sigma_h = \frac{B\left(\gamma - \dfrac{2c}{B}\right)}{2\tan\varphi}\left(1 - e^{-2K\frac{z}{B}\tan\varphi}\right) + Kq e^{-2K\frac{z}{B}\tan\varphi} \tag{7-40}$$

**2. 上埋式管道的土压力**

上埋式埋置方法是将管道直接敷设在天然地面或浅沟内，然后再在上面回填土至设计地面。这时，作用在管顶的土压力特点与沟埋式不同。由于地面以上都是新填土，在自重及外荷载作用下，都要产生沉降。但管道直径（或宽度）以外的填土厚度大于管顶填土厚度，且涵管填土的压缩性又较刚性管本身的压缩性大得多，因而使得直接位于涵管上部土柱的沉降量小于涵管以外土柱的沉降量。在土柱界面 $aa'$、$bb'$ 上就要产生向下的摩擦力如图 7-36b）所示。由于这种向下的摩擦力，使得埋管所受到的垂直土压力，除了管顶以上的土柱重量外，还应包括靠近 $aa'$、$bb'$ 面以外的部分土重通过摩擦力传到管顶上的附加压力。因此，竖直土压力 $\sigma_z$ 将大于管上回填土柱的重量，即 $\sigma_z > \gamma H$。这是上埋式埋管土压力的重要特点。

应该指出，管顶填土与其四周填土沉降的差异，是随填土厚度的增加而逐渐减小的。当填土厚度到达某一界限值 $H_e$ 后，这种沉降差异已可忽略，$H_e$ 以上，土体的沉降均一，相应于 $H_e$ 的平面，称为等沉面。因此，在计算管顶土压力时，只需考虑等沉面以下，$aa'$、$bb'$ 范围内的摩擦力（如图 7-36b）。

1）上埋式竖直土压力计算

图 7-38a）所示为上埋式管道。马斯顿假定：管上土体与周围土体发生相对位移的滑动面为竖直平面 $aa'$、$bb'$。采用与沟埋式管道受力分析相同的方法，即可导出作用于上埋式涵管顶部的竖直向土压力公式，所不同的只是作用于假定滑动面 $aa'$、$bb'$ 上的剪切力 $\tau_f$ 方向向下。其

$\sigma_z$ 表达式为

$$\sigma_z = \frac{D\left(\gamma + \dfrac{2c}{D}\right)}{2K\tan\varphi}\left(e^{2K\frac{H}{D}\tan\varphi} - 1\right) + qe^{2K\frac{H}{D}\tan\varphi} \tag{7-41}$$

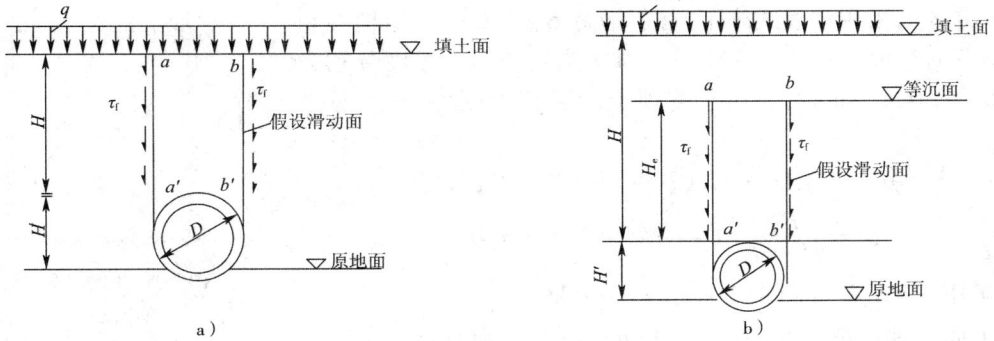

图 7-36 上埋式土压力计算模型

同样,根据式(7-41)可求出作用在理管顶部的总土压力 $G = \sigma_z D$。

式(7-41)适用于埋管顶部填土厚度较小的情况。若填土厚度 $H$ 较大,等沉面将在填土面以下,即发生相对位移的土层厚度 $H_e < H$,滑动面为 $aa'$ 和 $bb'$,如图 7-36b)所示。这时,作用于埋管上的垂直土压力 $\sigma_z$ 应为

$$\sigma_z = \frac{D\left(\gamma + \dfrac{2c}{D}\right)}{2K\tan\varphi}\left(e^{2K\frac{H_e}{D}\tan\varphi} - 1\right) + \left[q + \gamma(H - H_e)\right]e^{2K\frac{H_e}{D}\tan\varphi} \tag{7-42}$$

式中,$H_e$ 可按下式计算:

$$e^{2K\frac{H_e}{D}\tan\varphi} - 2K\tan\varphi\,\frac{H_e}{D} = 2K\tan\varphi\,\gamma_{sd}\zeta + 1 \tag{7-43}$$

式中:$\gamma_{sd}$——沉降比,为一实验系数,对于埋设在一般土基上的刚性管,可取 $0.5 \sim 0.8$;

$\zeta$——突出比,指埋管顶部突出于原地面以上的高度 $H'$ 与埋管外径 $D$ 之比,即 $\zeta = H'/D$。

2)上埋式侧向土压力计算

根据马斯顿的建议,上埋式埋管的侧向土压力为

$$\sigma_h = \frac{D\left(\gamma + \dfrac{2c}{D}\right)}{2\tan\varphi}\left(e^{2K\frac{z}{D}\tan\varphi} - 1\right) + Kqe^{2K\frac{z}{D}\tan\varphi} \tag{7-44}$$

需要特别提出的是,由于精确计算埋管侧向土压力比较困难,在实际工程中常采用简化计算,即不论对沟埋式还是上埋式刚性埋管,均近似按朗肯主动土压力计算。这样,对于直壁涵管的侧向土压力的分布如图 7-37a)所示。

对于圆形涵管(如图 7-37b),由于曲线形管壁的影响,其侧压力不按直线分布,上部要比用朗肯公式计算值大,

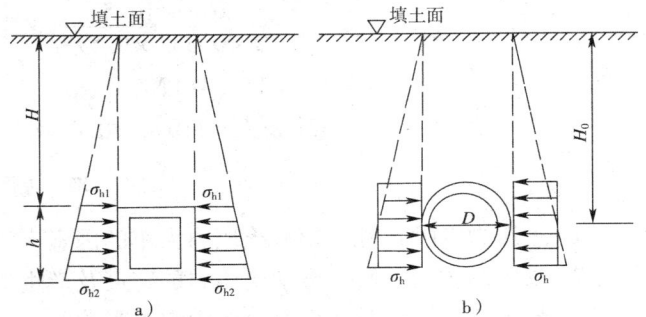

图 7-37 埋管的侧向土压力

下部则要比朗肯计算值小。为简化计算,通常假定圆形涵管侧压力按矩形均布分布,其侧压力

强度值 $\sigma_h$ 取涵管中心处的 $\sigma_h$ 值,即

$$\sigma_h = \gamma H_0 \tan^2(45° - \varphi/2) \tag{7-45}$$

式中: $H_0$——填土表面至涵管中心距离。

**【例题 7-8】** 已知某输水渠道涵管如图 7-38 所示,涵管外径 $D = 0.8\text{m}$,采用沟埋式施工方法,槽宽 $B = 2.0\text{m}$,回填稍湿黏土,$c = 0$,$\varphi = 30°$,$\gamma = 16.5\text{kN/m}^3$。试求当管顶填土厚度分别为 $H = 2.0$、$3.0$、$4.0\text{m}$ 时,作用于管顶上的竖直土压力 $\sigma_z$ 及总土压力 $G$。

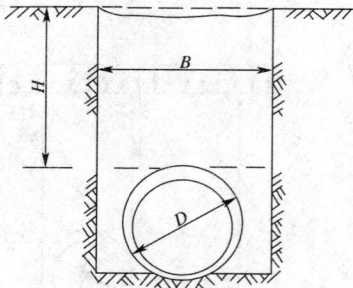

**【解】** 由已知条件,按式(7-38)和式(7-39)可得

$$\sigma_z = \frac{B\gamma}{2K\tan\varphi}(1 - e^{-2K\frac{H}{B}\tan\varphi}),\ G = \sigma_z D$$

图 7-38　例题 7-8 图

采用 $K = K_a = \tan^2(45° - \varphi/2) = 0.333$。

下面分别计算 $H = 2.0$、$3.0$、$4.0\text{m}$ 时的 $\sigma_z$ 和 $G$。

(1) $H = 2.0\text{m}$ 时:

$$\sigma_z = \frac{2 \times 16.5}{2 \times 0.333 \times \tan30°}(1 - e^{-2 \times 0.333 \times \frac{2.0}{2.0} \times \tan30°}) = 27.4(\text{kN/m}^2)$$

$$G = 27.4 \times 0.8 = 21.9(\text{kN/m})$$

(2) $H = 3.0\text{m}$ 时:

$$\sigma_z = \frac{2 \times 16.5}{2 \times 0.333 \times \tan30°}(1 - e^{-2 \times 0.333 \times \frac{3.0}{2.0} \times \tan30°}) = 37.64(\text{kN/m}^2)$$

$$G = 37.64 \times 0.8 = 30.11(\text{kN/m})$$

(3) $H = 4.0\text{m}$ 时:

$$\sigma_z = \frac{2 \times 16.5}{2 \times 0.333 \times \tan30°}(1 - e^{-2 \times 0.333 \times \frac{4.0}{2.0} \times \tan30°}) = 46.1(\text{kN/m}^2)$$

$$G = 46.1 \times 0.8 = 36.9(\text{kN/m})$$

**【例题 7-9】** 若上题中的涵管采用上埋式施工方法铺设,且填土性质相同时,计算 $H = 3.0\text{m}$ 时,作用于管顶上的竖直土压力 $\sigma_z$ 及总土压力 $G$。

**【解】** 由已知条件,按式(7-41)可得

$$\sigma_z = \frac{D\gamma}{2K\tan\varphi}(e^{2K\frac{H}{D}\tan\varphi} - 1)$$

$$= \frac{0.8 \times 16.5}{2 \times 0.333 \times 0.577}(e^{2 \times 0.333 \times \frac{3.0}{0.8} \times 0.577} - 1)$$

$$= 110.4(\text{kN/m}^2)$$

$$G = \sigma_z D = 110.4 \times 0.8 = 88.3(\text{kN/m})$$

## 思　考　题

1. 土压力有哪几种?影响土压力大小的因素有哪些?其中最主要的影响因素是什么?
2. 试阐述主动、静止、被动土压力的定义及产生的条件,并比较三者的数值大小。
3. 挡土墙的位移及变形对土压力有何影响?
4. 试比较朗肯土压力理论和库仑土压力理论的基本假定、计算原理及适用条件。
5. 分别指出下列变化对主动土压力和被动土压力各有什么影响?

（1）内摩擦角 $\varphi$ 变大；

（2）外摩擦角 $\delta$ 变小；

（3）填土面倾角 $\beta$ 增大；

（4）墙背倾斜角 $\alpha$ 减小。

6. 朗肯土压力理论和库仑土压力理论是如何建立土压力计算公式的？它们在什么条件下具有相同的计算结果？

## 习 题

1. 已知一挡土墙，墙背竖直光滑，墙后填土面水平，土的 $c=0$，$\varphi=25°$，$K_0=1-\sin\varphi$，土的重度 $\gamma=18\text{kN/m}^3$。

（1）若挡土墙的位移为 0；

（2）若挡土墙被土推动，发生一微小位移；

（3）若挡土墙向着土发生一微小位移；试求上述三种情况下离地面以下 4m 处的土压力。

2. 挡土墙高 6m，墙背竖直、光滑，墙后填土面水平，填土的重度 $\gamma=18\text{kN/m}^3$，$c=0$，$\varphi=30°$。试求：

（1）墙后无地下水时的总主动土压力；

（2）当地下水位离墙底 2m 时，作用在挡土墙上的总压力（包括土压力和水压力），地下水位下填土的饱和重度 $\gamma_{\text{sat}}=19\text{kN/m}^3$。

3. 某挡土墙墙高 5m，墙背直立、光滑、墙后填土水平，填土重度 $\gamma=19\text{kN/m}^3$，$c=10\text{kPa}$，$\varphi=30°$，试确定：

（1）主动土压力强度沿墙高的分布；

（2）主动土压力的大小和作用点位置。

4. 某挡土墙高 4m，填土面倾角 $\beta=10°$，填土的重度 $\gamma=20\text{kN/m}^3$，$c=0$，$\varphi=30°$，填土与墙背的摩擦角 $\delta=10°$，试用库仑理论分别计算墙背倾角 $\alpha=10°$ 和 $\alpha=-10°$ 时的主动土压力并绘图表示其分布与合力作用点的位置和方向。

5. 如图 7-39 所示，一挡土墙墙背竖直光滑，填土面水平，且作用一条形均布荷载，计算作用在墙背的主动土压力。

6. 计算如图 7-40 所示 U 形桥台上的主动土压力值。考虑台后填土上有汽车荷载作用。已知：

（1）桥面净宽—7，两侧各设 0.75m 人行道，台背宽度 $B=9\text{m}$；

（2）荷载等级为汽车—Ⅱ级；

（3）台后填土性质：$\gamma=18\text{kN/m}^3$，$\varphi=30°$，$c=0$；

（4）桥台构造如图，台背摩擦角 $\delta=15°$。

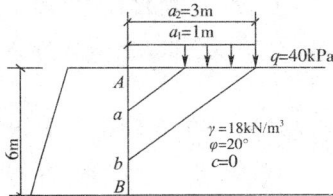

图 7-39 习题 5 图

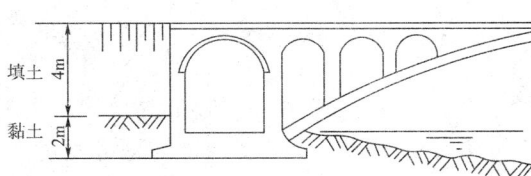

图 7-40 习题 6 图

# 第八章 土坡稳定性分析与计算

---

**教学内容**：无黏性土坡的稳定分析，黏性土坡的稳定分析，饱和黏性土坡稳定性分析。

**教学要求**：掌握无黏性土坡与黏性土坡的概念、黏性土坡稳定分析的各种条分法及不平衡推力传递系数法；了解填挖方土坡及邻近土坡有加载时的稳定性分析方法、土坡稳定分析时强度指标的选用以及土坡容许安全系数的确定。

**教学重点**：无黏性土坡的稳定分析，黏性土坡的稳定分析。

---

## 第一节 概　述

　　土坡是指具有倾斜坡面的土体，通常可分为天然土坡（由于地质作用自然形成的土坡，如山坡，江河岸坡等）和人工土坡（经人工开挖的土坡和填筑的土工建筑物边坡，如基坑，渠道，土坝，路堤等）。当土坡的顶面和底面都是水平的，并延伸至无穷远，且由均质土组成时，则称为简单土坡。图 8-1 给出了简单土坡的外形和各部分名称。由于

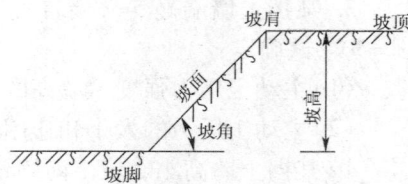

图 8-1　简单土坡

土坡表面倾斜，在土体自重及外荷载作用下，土体将出现自上而下的滑动趋势。土坡上的部分岩体或土体在自然或人为因素的影响下沿某一明显界面发生剪切破坏向坡下运动的现象称为滑坡。

　　影响土坡滑动的因素复杂多变，但其根本原因在于土体内部某个面上的剪应力达到了抗剪强度，使稳定平衡遭到破坏。因此，导致土坡滑动失稳的原因可能有以下两种：

　　（1）外界荷载作用或土坡环境变化等导致土体内部剪应力加大，例如路堑或基坑的开挖，堤坝施工中上部填土荷重的增加，降雨导致土体饱和重度增加，土体内地下水的渗流力，坡顶荷载过量或由于地震、打桩等引起的动力荷载等；

　　（2）外界各种因素影响导致土体抗剪强度降低，促使土坡失稳破坏，例如超静孔隙水压力的产生，气候变化产生的干裂、冻融，黏土夹层因雨水等侵入而软化，以及黏性土蠕变导致的土体强度降低等。

　　土坡稳定性是高速公路、铁路、机场、高层建筑深基坑开挖以及露天矿井和土坝等土木工程建筑中十分重要的问题。土坡稳定性问题可通过土坡稳定性分析解决，但有待研究的不确定因素较多，如滑动面形式的确定，土体抗剪强度参数的合理选取，土的非均质性以及土坡水渗流时的影响等。

　　本章将主要介绍稳定性分析的基本原理和方法。

# 第二节　无黏性土坡的稳定分析

任一坡度为 $\beta$ 的均质无黏性土坡(如图 8-2a)。假设坡体及其地基为同一种土,并且完全干燥或完全浸水,即不存在渗流作用。由于无黏性土土粒间缺少黏聚力,因此,只要位于坡面上的土单元体能保持稳定,则整个土坡就是稳定的。

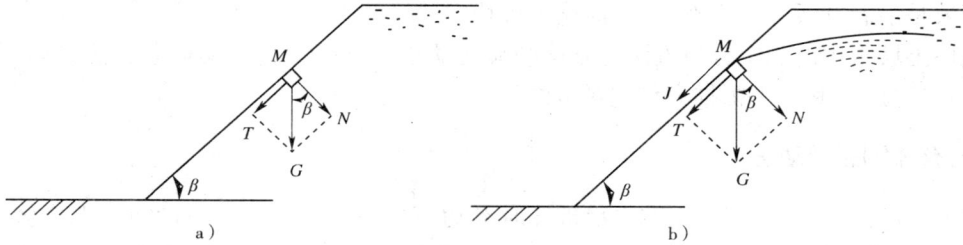

图 8-2　无黏性土坡的稳定分析
a)重力作用;b)重力和渗流作用

在坡面上任取一侧面竖直,底面与坡面平行的土单元微体 $M$,不计微单元体两侧应力对稳定性的影响,设单元体的自重为 $G$,土的内摩擦角为 $\varphi$ 时,故使单元体下滑的剪切力 $T$ 为 $G$ 在顺坡方向的分力,即 $T = G\sin\beta$;而阻止土体下滑的力则为单元体与下面土体之间的抗剪力 $T_f$,其等于单元体的自重在坡面法线方向的分力 $N$ 引起的摩擦力,即

$$T_f = N\tan\varphi = G\cos\beta\tan\varphi$$

抗滑力和滑动力的比值称为稳定性系数,用 $K$ 表示,亦即:

$$K = \frac{T_f}{T} = \frac{G\cos\beta\tan\varphi}{G\sin\beta} = \frac{\tan\varphi}{\tan\beta} \tag{8-1}$$

由上可见,对于均质无黏性土坡,理论上土坡的稳定性与坡高无关,只要坡角小于土的内摩擦角($\beta < \varphi$),$K > 1$,土坡就是稳定的。当坡角与土的内摩擦角相等($\beta = \varphi$)时,稳定性系数 $K = 1$,此时抗滑力等于滑动力,土坡处于极限平衡状态,相应的坡角就等于松散无黏性土的内摩擦角,故称为自然休止角。通常为了保证土坡具有足够的安全储备,可取 $K \geqslant 1.3 \sim 1.5$。

土坡(或土石坝)在很多情况下,会受到由于水位差的改变所引起的水力坡降或水头梯度,从而在土坡(或土石坝)内形成渗流场,对土坡稳定性带来不利影响,如图 8-2b)所示。此时在坡面上渗流溢出处以下取一单元体,它除了本身重量外,还受到渗流力 $J = \gamma_w i$($i$ 是水头梯度,$i = \sin\beta$)的作用。若渗流为顺坡出流,则溢出处渗流及渗流力方向与坡面平行,此时使土单元体下滑的剪切力为

$$T + J = G\sin\beta + \gamma_w i$$

且此时对于单位土体来说,土体自重 $G$ 就等于有效重度 $\gamma'$,故土坡的稳定性系数变为

$$K = \frac{T_f}{T + J} = \frac{\gamma'\cos\beta\tan\varphi}{(\gamma' + \gamma_w)\sin\beta} = \frac{\gamma'\tan\varphi}{\gamma_{sat}\tan\beta} \tag{8-2}$$

可见,与式(8-2)相比,相差 $\gamma'/\gamma_{sat}$ 倍,此值约为 1/2。因此,当坡面有顺坡渗流作用时,无黏性土坡的稳定性系数约降低一半。

# 第三节 黏性土坡的稳定分析

黏性土坡的滑动和当地的工程地质条件有关,其实际滑动面位置总是发生在受力情况最不利或者土性最薄弱的地方。大量的观察调查证实,均质黏性土坡失稳破坏时,其滑动面常常是一曲面,通常近似于圆柱面,在横断面上则呈现圆弧形,因而在分析黏性土坡稳定性时,常常假定土坡是沿着圆弧破裂面滑动,以简化土坡稳定验算的方法。

黏性土坡常用的稳定分析方法有整体圆弧滑动法、条分法(包括瑞典条分法、毕肖普条分法和杨布条分法)和不平衡推力传递系数法等。

## 一、整体圆弧滑动法

对于均质简单土坡,假定土坡失稳破坏时滑动面为一圆柱面。将滑动面以上土体视为刚体,并以其为脱离体,分析在极限平衡条件下其上作用的各种力,而以整个滑动面上的平均抗剪强度与平均剪应力之比来定义土坡的稳定性系数,即

$$K = \frac{\tau_f}{\tau} \tag{8-3}$$

若以滑动面上的最大抗滑力矩与滑动力矩之比来定义,其结果完全一致,一土坡(如图 8-3),$AC$ 为假定的滑动面,圆心为 $O$,半径为 $R$。当土体 $ABC$ 保持稳定时必须满足力矩平衡条件(滑弧上的法向反力 $N$ 通过圆心),故稳定性系数 $K$ 为

$$K = \frac{抗滑力矩}{滑动力矩} = \frac{\tau_f \overline{AC} \cdot R}{Ga} \tag{8-4}$$

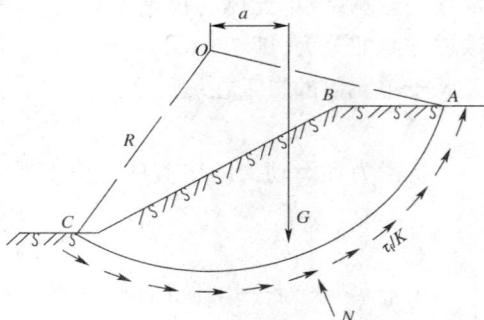

图 8-3 均质土坡的整体圆弧滑动

式中:$\overline{AC}$——滑弧弧长;

$a$——土体重心离弧圆心的水平距离。

一般情况下,土的抗剪强度由黏聚力和摩擦力 $\sigma\tan\varphi$ 两部分组成,土体中法向应力 $\sigma$ 沿滑动面并非常数,因此土的抗剪强度亦随滑动面的位置不同而变化。但对饱和黏土来说,在不排水剪条件下,$\varphi_u = 0$,故 $\tau_f = c_u$,因此上式可写为

$$K = \frac{c_u \overline{AC} \cdot R}{Ga} \tag{8-5}$$

此分析方法通常称为 $\varphi_u = 0$ 分析法。

由于计算上述稳定性系数时,滑动面为任意假定,并不一定是最危险的滑动面,因此,所求结果并非最小稳定性系数,通常在计算时需假定一系列的滑动面,进行多次试算,计算工作量颇大,为此,W. 费伦纽斯(Fellenius,1927)通过大量计算分析提出了确定最危险滑动面圆心的经验方法,一直沿用至今,该法主要内容如下:

对于均质黏性土坡,当土的内摩擦角 $\varphi = 0$ 时,其最危险滑动面常通过坡脚。其圆心位置可由 $BO$ 与 $CO$ 两线的交点确定(如图 8-4a),图中 $\beta_1$、$\beta_2$ 的值可根据坡角由表 8-1 查出。当 $\varphi > 0$ 时,最危险滑动面的圆心位置可能在 $EO$ 的延长线上(如图 8-4b)。自 $O$ 点向外取圆心

$O_1, O_2, \cdots$，分别作滑弧，并求出相应的抗滑稳定性系数 $K_1, K_2, \cdots$ 然后绘曲线找出最小值，即为所求最危险滑动面的圆心 $O_m$ 和土坡的最小稳定性系数 $K_{min}$。

不同边坡的 $\beta_1$、$\beta_2$ 数据表

表 8-1

| 坡比 | 坡角 | $\beta_1$ | $\beta_2$ | 坡比 | 坡角 | $\beta_1$ | $\beta_2$ |
|------|------|-----------|-----------|------|------|-----------|-----------|
| 1:0.58 | 60° | 29° | 40° | 1:3 | 18.43° | 25° | 35° |
| 1:1 | 45° | 28° | 37° | 1:4 | 14.04° | 25° | 37° |
| 1:1.5 | 33.79° | 26° | 35° | 1:5 | 11.32° | 25° | 37° |
| 1:2 | 26.57° | 25° | 35° | | | | |

当土坡非均质，或坡面形状及荷载情况比较复杂时，其最危险滑动面圆心位置，有时并不在 $EO$ 延长线上，而可能在其左右附近，因此，还需自 $O_m$ 作 $OE$ 线的垂直线，并在垂线上再取若干点为圆心进行计算比较，才能找出最危险滑动面的圆心和相应土坡最小稳定性系数。

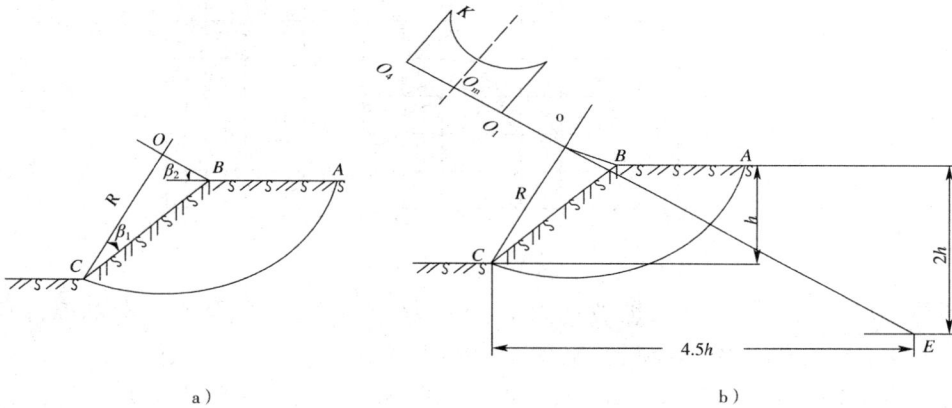

图 8-4　确定最危险滑动面圆心位置示意图

当土坡外形和土层分布都比较复杂时，最危险滑动面不一定通过坡脚，此时费伦纽斯法不一定可靠。目前电算分析表明，无论多么复杂的土坡，其最危险滑弧圆心的轨迹都是一根类似于双曲线的曲线，位于土坡坡线中心的竖直线与法线之间。若采用电算，可在此范围内有规律地选取若干圆心坐标，结合不同的滑弧弧脚，求出相应滑弧的稳定性系数，再通过比较求得最小值 $K_{min}$。但需注意，对于成层土土坡，其低值区不止一个，可能存在多个 $K_{min}$ 值。

如上所述，土坡的稳定分析大都需经过试算，计算工作量颇大，因此，不少学者提出简化的图表计算法。根据计算资料整理得到的极限状态时均质土坡内摩擦角 $\varphi$、坡角 $\beta$ 与稳定数 $N_s$（数值范围 $0 \sim 0.25$）之间的关系曲线（如图 8-5），其中

$$N_s = \frac{c}{\gamma h} \tag{8-6}$$

式中：$c$——土坡的黏聚力；

$\gamma$——土的重度；

$h$——土坡的高度。

从图中可直接由已知的 $c$、$\varphi$、$\gamma$、$\beta$ 确定土坡极限高度 $h$，也可由已知的 $c$、$\varphi$、$\gamma$、$h$ 及稳定性系数 $K$ 确定土坡的坡角 $\beta$。

（1）求极限坡高：根据坡角和土体的内摩擦角，查得稳定数，按 $H_{max} = \dfrac{c}{\gamma N_s}$ 计算；

（2）求极限坡角：根据已知条件计算稳定数，然后查图求得极限坡角；

（3）求最小稳定性系数：由已知数据查得稳定数，根据 $c_1 = N_s \gamma H$，$K_{min} = \dfrac{c}{c_1}$ 求得。

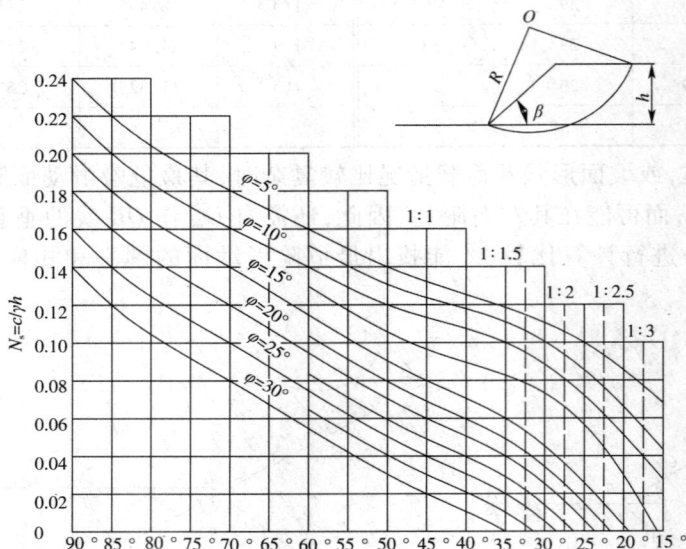

图 8-5　土坡稳定计算图

**【例题 8-1】**　已知某土坡边坡坡比为 $1:1$（$\beta$ 为 $45°$），土的黏聚力 $c = 12\text{kPa}$，内摩擦角 $\varphi = 20°$，重度 $\gamma = 17.0\text{kN/m}^3$，试确定该土坡的极限高度 $h$。

**【解】**　根据 $\beta = 45°$ 和 $\varphi = 20°$ 查图 8-5 得 $N_s = 0.065$ 再由式（8-6）得土坡的极限高度为

$$h = \frac{c}{\gamma N_s} = \frac{12}{17 \times 0.065} = 10.9(\text{m})$$

## 二、瑞典条分法

实际工程中土坡轮廓形状比较复杂，由多层土构成，$\varphi > 0$，有时尚存在某些特殊外力（如渗流力，地震力作用等），此时滑弧上各区段土的抗剪强度各不相同，并与各点法向应力有关。为此，常将滑动土体分成若干条块，分析每一条块上的作用力，然后利用每一条块上的作用力，然后利用每一土条上的力和力矩的静力平衡条件，求出稳定性系数表达式，其统称为条分法（slice method），可用于圆弧或非圆弧滑动面情况。

瑞典条分法（Swedish slice method）是条分法中最古老而又最简单的方法，是由瑞典的贺尔汀（H. Hultin）和彼得森（Petterson）于 1916 年首先提出，后经费兰纽斯（W. Fellenius）等人不断修改，在工程上得到了广泛应用。除假定滑动面为圆柱面及滑动土体为不变形的刚体外，并忽略土条两侧面上的作用力，因此其未知量个数为（$n+1$），然后利用土条底面法向 $N_i$ 的大小和土坡的稳定性系数 $K$ 的表达式。

当为均质土坡时（如图 8-6），设滑动面为 $AC$，圆心为 $O$，半径为 $R$，并将滑动土体 $ABC$ 分成若干土条（第 $i$ 条）分析其受力情况，则土条上作用的力有：

（1）土条自重 $G_i$，方向竖直向下，其值为：

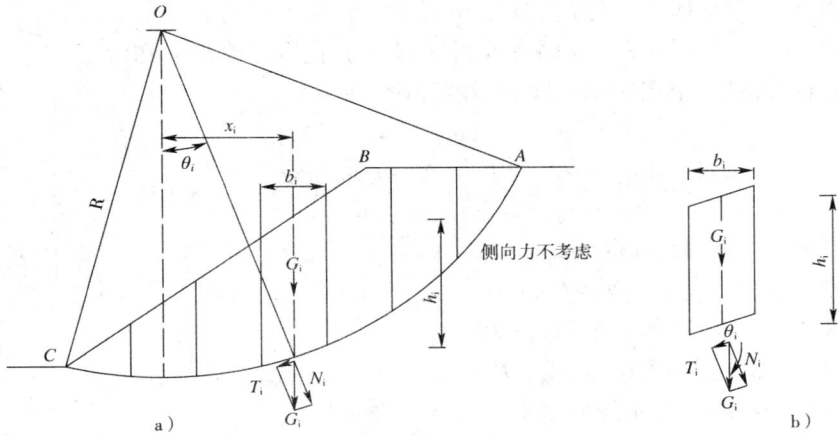

图 8-6　瑞典条分法计算图式

$$G_i = \gamma b_i h_i$$

式中 $\gamma$ 为土的重度，$b_i$、$h_i$ 分别为该土条的宽度和平均高度。将 $G_i$ 引至分条滑动面上，可分解为通过滑弧圆心的法向力 $N_i$ 和与滑弧相切的剪切力 $T_i$。若以 $\theta_i$ 表示该土条底面中点的法线与竖直线的交角，则有：

$$N_i = G_i \cos\theta_i$$

$$T_i = G_i \sin\theta_i$$

（2）作用于土条底面的法向力 $N_i$ 与反力 $N'_i$ 大小相等，方向相反。

（3）作用于土体底面的抗剪力 $T'_i$，可能发挥的最大值等于土条底面上土的抗剪强度与滑弧长度的乘积，方向与滑动方向相反。当土坡处于稳定状态，并假定各土条底部滑动面上的稳定性系数均等于整个滑动面上的稳定性系数时，其抗剪力为

$$T_{fi} = \frac{\tau_{fi} l_i}{K} = \frac{(c + \sigma_i \tan\varphi) l_i}{K} = \frac{c l_i + N'_i \tan\varphi}{K} \tag{8-7}$$

若将整个滑动土体内各土条对圆心 $O$ 取力矩平衡，则

$$\sum T_i R = \sum T_{fi} R$$

故稳定性系数

$$K = \frac{\sum (c l_i + N'_i \tan\varphi)}{\sum T_i} = \frac{\sum (c l_i + G_i \cos\theta_i \tan\varphi)}{\sum G_i \sin\theta_i} = \frac{\sum (c l_i + \gamma b_i h_i \cos\theta_i \tan\varphi)}{\sum \gamma b_i \sum h_i \sin\theta_i} \tag{8-8}$$

若取各土条宽度相等，上式可简化为

$$K = \frac{c \hat{L} + \gamma b \tan\varphi \sum h_i \cos\theta_i}{\gamma b \sum h_i \sin\theta_i} \tag{8-9}$$

式中：$\hat{L}$——滑弧的弧长。

此外，计算时尚需注意土条的位置（如图 8-6a），当土条底面中心在滑弧圆心 $O$ 的垂线右侧时，剪切力 $T_i$ 方向与滑动方向相同，起抗剪作用，取正号；而当土条底面中心在圆心的垂线左侧时，$T_i$ 方向与滑动方向相反，其抗剪作用，取负号。$\overline{T_i}$ 则无论何处其方向均与滑动方向相反。

需要指明的是，使用瑞典条分法仍然要假设很多滑动面并通过试算分析，求出不同的 $K$ 值，其中最小的 $K$ 值即为土坡的稳定性系数。

当土坡中有孔隙水压力作用时,且已知第 $i$ 个土条在滑动面上的孔隙水压力为 $u_i$ 时(如图 8-7),要用有效指标 $c'$ 及 $\varphi'$ 代替原来的 $c$ 和 $\varphi$。考虑土的有效强度,根据摩尔—库仑强度理论,有

$$\tau_{fi} = c' + (\sigma_i - u_i)\tan\varphi'$$

$$T_i = \tau l_i = \frac{\tau_{fi}}{K} l_i = \frac{c' l_i}{K} + \frac{(cl_i - u_i l_i)\tan\varphi'}{K} = \frac{c' l_i}{K} + \frac{(N_i - u_i l_i)\tan\varphi'}{K} \quad (8\text{-}10)$$

取法线方向力的平衡,可得

$$N_i = G_i \cos\theta_i$$

各土条对圆弧中心 $O$ 的力矩和为 0,即

$$\sum G_i x_i - \sum T_i R = 0$$

式中:$x_i$——圆心 $O$ 至 $G_i$ 作用线的水平距离,$x_i = R\sin\theta_i$。

将式(8-10)代入上式,可得

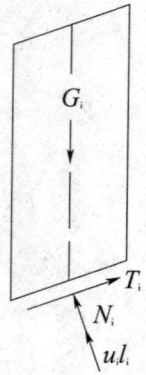

图 8-7　土条有孔隙水压力时的计算图式

$$K = \frac{\sum[c' l_i + (G_i\cos\theta_i - u_i l_i)\tan\varphi']}{\sum G_i \sin\theta_i} \quad (8\text{-}11)$$

式(8-11)就是用有效应力方法表示的瑞典条分法计算 $K$ 的公式。

经过多年工程实践,对瑞典条分法已积累了大量的经验。用该法计算的稳定性系数一般比其他较严格的方法低 10% ~ 20%;在滑动面圆弧半径较大并且孔隙水压力较大时,稳定性系数计算值估计会比其他较严格的方法小一半。因此,这种方法是偏于安全的。

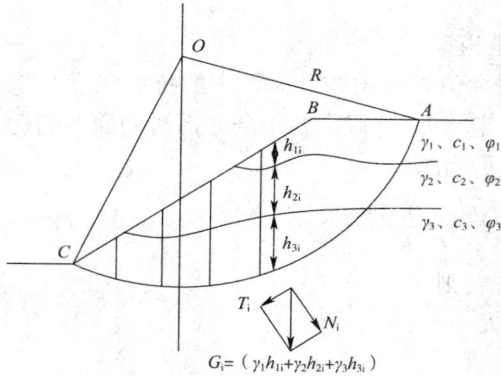

图 8-8　土成层时的计算图式

坡顶有超载和土成层时,就要作相应的修正。如当土坡由多层土构成(如图 8-8),在使用公式(8-8)时应作如下修正:

(1)如果同一土条跨越多层土,计算其重量时应分层取相应的高度和厚度,计算相应重量后叠加。如第 $i$ 个土条包括 $k$ 层土,则

$$G_i = b_i(\gamma_{1i}h_{1i} + \gamma_{2i}h_{2i} + \cdots + \gamma_{ki}h_{ki}) \quad (8\text{-}12)$$

(2)计算滑动面上的抗剪强度时,所用的土条参数 $c$、$\varphi$ 应按土条滑动面所在的具体土层位置来选取相应的数值。如当第 $i$ 个土条的滑动面在第 $m$ 层内时,则

$$T_{fi} = c_{mi}l_{mi} + N_i\tan\varphi_{mi} \quad (8\text{-}13)$$

当第 $i$ 个土条的滑动面跨越 $m$ 层土时,则

$$T_{fi} = (c_{1i}l_{1i} + c_{2i}l_{2i} + \cdots + c_{mi}l_{mi}) + N_i(\tan\varphi_{1i} + \tan\varphi_{2i} + \cdots + \tan\varphi_{mi}) \quad (8\text{-}14)$$

值得注意的是,$N_i$ 是第 $i$ 条土滑动面上的法向反力之和,$N_i = G_i\cos\theta_i$,与土条自重有关,而与滑动面上土层土性没有直接关系。因此,对于成层土坡,可用式(8-15)计算其稳定性系数。

$$K = \frac{\sum T_{fi}}{\sum T_i} \quad (8\text{-}15)$$

式中:$T_{fi}$——根据实际情况按式(8-13)或式(8-14)计算;

$T_i = G_i\sin\theta_i$,$G_i$ 按式(8-12)取值。

如果在土坡坡顶作用着超载 $q$,如图 8-9 所示,计算的基本原则和程序不变,只是在土条受

力分析时,需要将土条上作用的超载加进土条的自重中去考虑;如果超载作用在坡面上,处理方法相似。当然可能某些土条并没有超载,则该土条仅考虑自重。当仅在坡顶有超载时,按式(8-16)计算稳定性系数,即

$$K = \frac{\sum\left[cl_i + (G_i + qb_i)\cos\theta_i\tan\varphi_i\right]}{\sum(G_i + qb_i)\sin\theta_i} \tag{8-16}$$

**【例题 8-2】** 某一均质黏性土土坡,高 20m,坡比为1:2,填土黏聚力 $c$ 为 10kPa,内摩擦角 $\varphi$ 为 20°,重度 $\gamma$ 为 18kN/m³。试用瑞典条分法计算土坡的稳定性系数。

**【解】** (1)选择滑弧圆心,作出相应的滑动圆弧。按一定比例画出土坡剖面(如图 8-10)。因均质土坡,可由表 8-1 查得 $\beta_1 = 25°,\beta_2 = 35°$,作 $BO$ 及 $CO$ 线得交点 $O$。再求得点 $E$,作 $EO$ 之延长线,在该延长线上任取一点 $O_1$ 作为第一次试算的滑弧圆心,通过坡脚作相应的滑动圆弧,量得其半径 $R$ 为 40m。

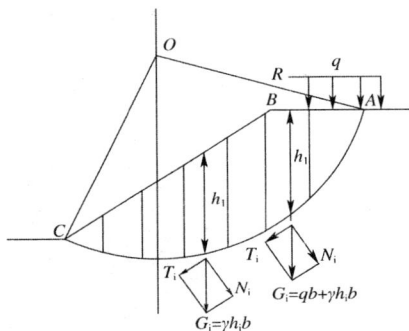

图 8-9 坡顶有超载时的计算图式    图 8-10 例题 8-2 图

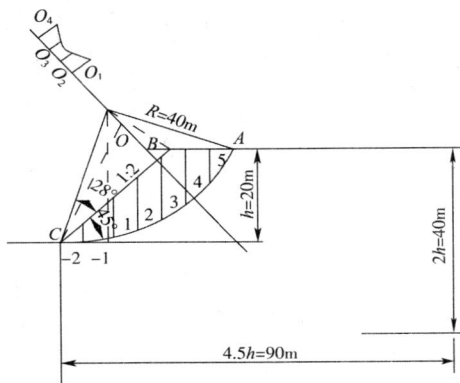

(2)将滑动土条分成若干条并编号。为计算方便,土条宽度 $b$ 取等宽为 $0.2R = 8$m。土条编号以滑弧圆心的垂线开始为0,逆滑动方向的土条依次为 0、1、2、3…等,顺滑动方向的土条依次为 −1、−2、−3…等。

(3)量出各土条中心高度 $h_i$,并列表计算 $\sin\theta_i$、$\cos\theta_i$ 及 $\sum h_i\sin\theta_i$、$\sum h_i\cos\theta_i$ 等值(见表 8-2)。尚应注意:取等宽度时,土体两端土条的宽度不一定恰好等于 $b$,此时需将土条的实际高度折算成相应于 $b$ 时的高度,对 $\sin\theta$ 亦应按实际宽度计算,见表 8-2 备注栏所示。

**瑞典法计算表**(圆心编号:$O_1$,$H$:40m,土条宽:8m)    表 8-2

| 土条编号 | $h_i$(m) | $\sin\theta_i$ | $\cos\theta_i$ | $h_i\sin\theta_i$ | $h_i\cos\theta_i$ |
|---|---|---|---|---|---|
| −2 | 3.3 | −0.383 | 0.924 | −1.26 | 3.05 |
| −1 | 9.5 | −0.2 | 0.980 | −1.90 | 9.31 |
| 0 | 14.6 | 0 | 1 | 0 | 14.60 |
| 1 | 17.5 | 0.2 | 0.980 | 3.50 | 17.15 |
| 2 | 19.0 | 0.4 | 0.916 | 7.60 | 17.40 |
| 3 | 17.9 | 0.6 | 0.800 | 10.20 | 13.60 |
| 4 | 9.0 | 0.8 | 0.600 | 7.20 | 5.40 |
| Σ | | | | 25.34 | 80.51 |

(4)量出滑动圆弧的中心角 $\theta$ 为 98°,计算滑弧弧长

185

$$\widehat{L} = \frac{\pi}{180} \times \theta \times R = \frac{\pi}{180} \times 98 \times 40 = 68.4 \, (\text{m})$$

若考虑裂缝,滑弧长度只能算到裂缝为止。

(5)计算稳定性系数,根据式(8-9)

$$K = \frac{c\widehat{L} + \gamma b \tan\varphi \sum h_i \cos\theta_i}{\gamma b \sum h_i \sin\theta_i} = \frac{10 \times 68.4 + 18 \times 8 \times 0.364 \times 80.51}{18 \times 8 \times 25.34} = \frac{4904.0}{3650.4} = 1.34$$

(6)在 $EO$ 延长线上重新选择滑弧圆心 $O_1$、$O_2$、$O_3$……,重复上述计算,即可求出最小稳定性系数,即该土坡的稳定性系数。

### 三、毕肖普条分法

A. W. 毕肖普(Bishop,1955)假定各土条底部滑动面上的抗滑稳定性系数均相同,即等于整个滑动面的平均稳定性系数,取单位长度土坡按平面问题计算(如图8-11)。设可能滑动面为一圆弧 $AC$,圆心为 $O$,半径 $R$。将滑动土体 $ABC$ 分成若干土条,而取其中任一条(第 $i$ 条)分析其受力情况。作用在该土条上的力有:

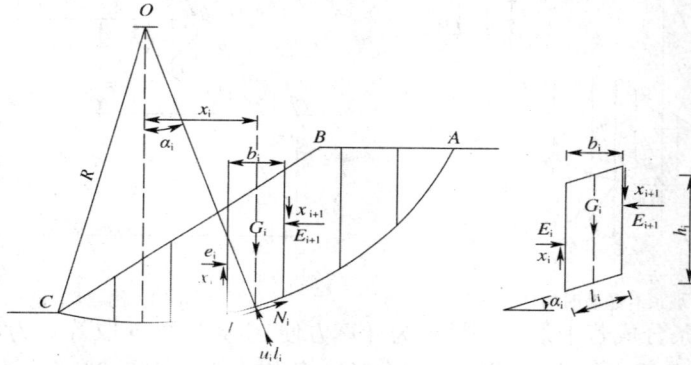

图 8-11　毕肖普条分法的计算图式

(1)土条自重 $G_i = \gamma b_i h_i$,其中 $b_i$、$h_i$ 分别为该土条的宽度与平均高度;

(2)作用于土条底面的抗剪力 $T_{fi}$、有效法向反力 $N'_i$ 及孔隙水压力 $u_i l_i$,其中 $u_i$、$l_i$ 分别为该土条底面中点处孔隙水压力和滑弧弧长;

(3)作用于该土条两侧的法向力 $E_i$ 和 $E_{i+1}$ 及切向力 $x_i$ 和 $x_{i+1}$,$\Delta x_i = (x_{i+1} - x_i)$。且 $G_i$、$T_{fi}$、$N'_i$ 及 $u_i l_i$ 的作用均在土条底面中点。

对 $i$ 土条竖向取力的平衡得:

$$G_i + \Delta x_i - T_{fi} \sin\alpha_i - N'_i \cos\alpha_i - u_i l_i \cos\alpha_i = 0$$

或

$$N'_i \cos\alpha_i = G_i + \Delta x_i - T_{fi} \sin\alpha_i - u_i b_i \tag{8-17}$$

当土坡尚未破坏时,土条滑动面上的抗剪强度只发挥了一部分,若以有效应力表示,土条滑动面上的抗剪力为

$$T_{fi} = \frac{\tau_{fi} l_i}{K} = \frac{c' l_i}{K} + N'_i \frac{\tan\varphi'}{K} \tag{8-18}$$

式中:$c'$——土的有效黏聚力;

$\varphi'$——土的有效内摩擦角;

$K$——稳定性系数。

代入式(8-17),可解得 $N'$ 为

$$N'_i = \frac{1}{m_{\alpha i}}\left(G_i + \Delta x_i - u_i b_i - \frac{c'l_i}{K}\sin\alpha_i\right) \tag{8-19}$$

式中

$$m_{\alpha i} = \cos\alpha_i\left(1 + \frac{\tan\varphi'\tan\alpha_i}{K}\right)$$

然后就整个滑动土体对圆心 $O$ 求力矩平衡,此时相邻土条之间侧壁作用力的力矩将互相抵消,而各土条的 $N'_i$ 及 $u_i l_i$ 的作用线均通过圆心,故有

$$\sum G_i x_i - \sum T_{fi} R = 0 \tag{8-20}$$

将式(8-19)、式(8-20)代入式(8-18),且 $x_i = R\sin\alpha_i$, $b = b_i = l_i\cos\alpha_i$,可得

$$K = \frac{\sum \frac{1}{m_{\alpha i}}[c'b + (G_i - u_i b + \Delta x_i)\tan\varphi']}{\sum G_i \sin\alpha_i} \tag{8-21}$$

此为毕肖普条分法计算土坡稳定性系数的普遍公式,但 $\Delta x_i$ 仍为未知。为了求出 $K$,须估算 $\Delta x_i$ 值,可通过逐次逼近法求解,而 $x_i$ 及 $E_i$ 的试算值均应满足每个土条的平衡条件,且整个滑动土体的 $\sum \Delta x_i$ 及 $\sum \Delta E_i$ 均等于零。毕肖普证明,若令各土条的 $\Delta x_i = 0$,所产生的误差仅为1%,由此可得国内外使用相当普遍的毕肖普简化公式:

$$K = \frac{\sum \frac{1}{m_{\alpha i}}[c'b + (G_i - u_i b)\tan\varphi']}{\sum G_i \sin\alpha_i} \tag{8-22}$$

由于式(8-19)中 $m_{\alpha i}$ 的计算式含有稳定性系数 $K$,故上述稳定性系数 $K$ 仍需试算。通常试算时可先假定 $K = 1$,求出 $m_{\alpha i}$,再按式(8-22)求出 $K$,若计算的 $K$ 与假定 $K$ 值不等,则以计算的 $K$ 值代入 $m_{\alpha i}$ 计算式再求出新的 $m_{\alpha i}$ 和 $K$,如此反复迭代,直至前后两次 $K$ 值满足所要求的精度为止。通常迭代 3~4 次即可满足工程精度要求,且迭代总是收敛的。

尚需注意,当 $\alpha_i$ 为负时,$m_{\alpha i}$ 有可能趋近于零,此时 $N'_i$ 将趋近于无限大,显然不合理,故此时简化毕肖普法不能应用。国外某些学者建议,当任一土条的 $m_{\alpha i} \leqslant 0.2$ 时,简化毕肖普法计算的 $K$ 值误差较大,最好采用其他方法。此外,当坡顶土条的 $\alpha_i$ 很大时,$N'_i$ 可能出现负值,此时可取 $N'_i = 0$。

为了求得最小的稳定性系数 $K$,同样必须假定若干个滑动面,其最危险滑动面圆心位置的确定,仍可采用前述费伦纽斯经验法。

毕肖普条分法考虑了土条两侧的作用力,计算结果比较合理。分析时先后利用每一土条竖向力的平衡及整个滑动土体的力矩平衡条件,避开了 $E_i$ 及其作用点的位置,并假定所有的 $\Delta X_i$ 均等于零,使分析过程得到了简化,但同样不能满足所有的平衡条件,还不是一个严格的方法,由此产生的误差约为 2%~7%。同时,毕肖普条分法也可用于总应力分析,即在上述公式中略去孔隙水压力 $u_i l_i$ 的影响,并采用总应力强度 $c$、$\varphi$ 计算即可。

【例题 8-3】 某均质黏性土坡,高 10m,坡比 1∶1,填土黏聚力 $c = 15$kPa,内摩擦角 $\varphi = 20°$,重度 $\gamma = 18$kN/m³,坡内无地下水影响,试用毕肖普条分法(总应力法)计算土坡的稳定性系数。

【解】 (1)选择滑弧圆心,作出相应的滑动圆弧。按一定比例画出土坡剖面,如图 8-11 所示。由于是均质土坡,可按表 8-1 查得 $\beta_1 = 28°$,$\beta_2 = 37°$,作 $BO$ 线及 $CO$ 线得交点 $O$。再求得 $E$ 点(如图 8-12),作 $EO$ 的延长线,在 $EO$ 延长线上取一点 $O_1$ 作为第一次试算的滑弧圆心,过坡脚作相应的滑动圆弧,可量得半径 $R = 16.56$m。

（2）将滑动土体分成若干土条，并对土条编号。取土条宽度 $b$ 为2m。土条编号从滑弧圆心的垂线开始作为 $O$，逆滑动方向的土条依次编为 $1,2,3,\cdots,7$。

（3）量出各土条中心高度 $h_i$，并列表计算 $\sin\alpha_i$、$\cos\alpha_i$、$G_i$、$G_i\sin\alpha_i$、$G_i\tan\varphi$ 以及 $cb$。

（4）稳定性系数计算公式为：

$$K = \frac{\sum \dfrac{1}{m_{\alpha_i}}(cb + G_i\tan\varphi)}{\sum G_i\sin\alpha_i}$$

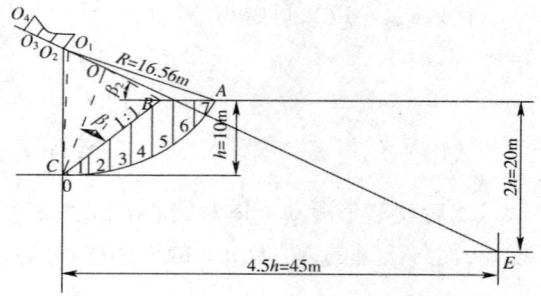

图 8-12 例题 8-3 图

例题 8-3 计算表                                          表 8-3

| 土条编号 | No | 0 | 1 | 2 | 3 | 4 | 5 | 6 | 7 | Σ |
|---|---|---|---|---|---|---|---|---|---|---|
| $h_i$(m) | 1 | 0.970 | 2.786 | 4.351 | 5.640 | 6.612 | 6.188 | 4.202 | 1.520 | |
| $b$(m) | 2 | 2.0 | 2.0 | 2.0 | 2.0 | 2.0 | 2.0 | 2.0 | 1.709 | |
| $G_i(=\gamma h_i b)$ | 3 | 34.92 | 100.3 | 156.6 | 203.0 | 238.0 | 222.8 | 151.3 | 46.76 | |
| $\sin\alpha_i$ | 4 | 0.03 | 0.151 | 0.272 | 0.393 | 0.514 | 0.636 | 0.758 | 0.950 | |
| $\cos\alpha_i$ | 5 | 1.00 | 0.988 | 0.962 | 0.919 | 0.857 | 0.772 | 0.652 | 0.313 | |
| $G_i\sin\alpha_i$ | 6 | 1.05 | 15.15 | 42.61 | 79.79 | 122.4 | 141.7 | 114.7 | 44.42 | 561.7 |
| $G_i\tan\varphi$ | 7 | 12.71 | 36.51 | 57.01 | 73.90 | 86.64 | 81.08 | 55.06 | 17.02 | |
| $cb$ | 8 | 30.0 | 30.0 | 30.0 | 30.0 | 30.0 | 30.0 | 30.0 | 25.64 | |
| $m_{\alpha_i}(K=1)$ | 9 | 1.011 | 1.043 | 1.061 | 1.062 | 1.044 | 1.003 | 0.928 | 0.659 | |
| [(7)+(8)]/(9) | 10 | 42.25 | 63.77 | 82.01 | 97.83 | 111.7 | 110.8 | 91.66 | 64.73 | 664.7 |
| $m_{\alpha_i}(K=1.1834)$ | 11 | 1.009 | 1.034 | 1.046 | 1.040 | 1.015 | 0.968 | 0.885 | 0.605 | |
| [(7)+(8)]/(11) | 12 | 42.33 | 64.32 | 83.18 | 99.90 | 114.9 | 114.8 | 96.11 | 70.51 | 686.0 |
| $m_{\alpha_i}(K=1.2213)$ | 13 | 1.009 | 1.033 | 1.043 | 1.036 | 1.010 | 0.962 | 0.878 | 0.596 | |
| [(7)+(8)]/(13) | 14 | 42.33 | 64.39 | 83.42 | 100.3 | 115.5 | 115.5 | 96.88 | 71.58 | 689.9 |
| $m_{\alpha_i}(K=1.2281)$ | 15 | 1.009 | 1.033 | 1.043 | 1.035 | 1.009 | 0.961 | 0.877 | 0.595 | |
| [(7)+(8)]/(15) | 16 | 42.33 | 64.39 | 83.42 | 100.4 | 115.6 | 115.6 | 96.99 | 71.70 | 690.4 |

第一次试算时，假定 $K=1$，求得 $K=\dfrac{664.72}{561.71}=1.1834$

第二次试算时，假定 $K=1.1834$，求得 $K=\dfrac{686.02}{561.71}=1.2213$

第三次试算时，假定 $K=1.2213$，求得 $K=\dfrac{689.85}{561.71}=1.2281$

第四次试算时，假定 $K=1.2281$，求得 $K=\dfrac{690.41}{561.71}=1.2291$

满足精度要求，故取 $K=1.23$。应当注意：这仅是一个滑弧的计算结果，为了求出最小的 $K$ 值，需假定若干个滑动面，按前法进行试算。

### 四、杨布条分法

在实际工作中常常会遇到非圆弧滑动面的土坡稳定性分析，如土坡下面有软弱夹层，或土坡位于倾斜面上,滑动面形状受到夹层或硬层影响而呈非圆弧形状。此时若采用前述圆弧滑动面法分析就不再适用。下面介绍 N·杨布(Janbu,1954,1972)提出的非圆弧普遍条分法(GPS)。

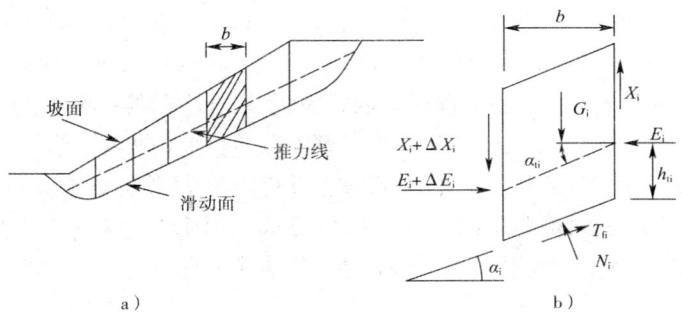

图 8-13　杨布的普遍条分法

某土坡(如图 8-13a),滑动面任意,划分土条后假设:

(1)滑动面上的切向力 $T_i$ 等于滑动面上土所发挥的抗剪强度 $\tau_{fi}$,即 $T_i = \tau_{fi} l_i = (N_i \tan\varphi_i + c_i l_i)/K$;

(2)土条两侧法向力 $E$ 的作用点位置为已知,且一般假定作用于土条底面以上 $1/3$ 高度处。

分析表明,条间力作用点的位置对土坡稳定性系数影响不大。

取任一土条(如图 8-13b),$h_{ti}$ 为条间力作用点的位置,$\alpha_{ti}$ 为推力线与水平线的夹角。需求的未知量有:土条底部法向反力 $N_i$($n$ 个),法向条间力之差 $\Delta E$($n$ 个);切向条间力 $x_i$($n-1$ 个)及稳定性系数 $K$。可通过对每一土条力和力矩平衡建立 $3n$ 个方程求解。

对每一土条取竖向力的平衡,则

$$N_i \cos\alpha_i = G_i + \Delta x_i - T_{fi} \sin\alpha_i$$

或

$$N_i = (G_i + \Delta X_i)\sec\alpha_i - T_{fi}\tan\alpha_i \tag{8-23}$$

再取水平方向力的平衡,有

$$\Delta E_i = N_i \sin\alpha_i - T_{fi}\cos\alpha_i = (G_i + \Delta x_i)\tan\alpha_i - T_{fi}\sec\alpha_i \tag{8-24}$$

对土条中点取力矩平衡,并略去高阶微量,则

$$x_i b = -E_i b \tan\alpha_{ti} + h_{ti}\Delta E_i$$

或

$$x_i = -E_i \tan\alpha_{ti} + h_{ti}\Delta E_i / b \tag{8-25}$$

再由整个土坡 $\sum \Delta E_i = 0$ 可得

$$\sum (G_i + \Delta x_i)\tan\alpha_i - \sum T_{fi}\sec\alpha_i = 0 \tag{8-26}$$

根据稳定性系数的定义和摩尔—库仑破坏准则

$$T_{fi} = \frac{\tau_{fi} l_i}{K} = \frac{cb\sec\alpha_i + N_i \tan\varphi}{K} \tag{8-27}$$

联立求解式(8-23)及式(8-27),得

$$T_{fi} = \frac{1}{K}\big[ cb + (G_i + \Delta x_i)\tan\varphi \big]\frac{1}{m_{\alpha i}} \tag{8-28}$$

式中

$$m_{\alpha i} = \cos\alpha_i \Big(1 + \frac{\tan\varphi\tan\alpha_i}{K}\Big)$$

将式(8-28)代入式(8-26)得

$$K = \frac{\sum \dfrac{1}{\cos\alpha_i m_{\alpha i}}\big[ cb + (G_i + \Delta x_i)\tan\varphi \big]}{\sum (G_i + \Delta x_i)\tan\alpha_i} \tag{8-29}$$

显见,上述公式的求解仍需采用迭代法,可按以下步骤进行:

(1)先假设 $\Delta x_i = 0$(相当于简化的毕肖普法总应力法),并假定 $K = 1$,算出 $m_{\alpha i}$ 代入式中(8-26)求得 $K$,若计算 $K$ 值与假定值相差较大,则由新的 $K$ 值再求 $m_{\alpha i}$ 和 $K$,反复逼近至满足要求,求出 $K$ 的第一次近似值。

（2）由式（8-28）、式（8-24）及式（8-25）分别求出每一土条 $T_{fi}$、$\Delta E_i$ 及 $x_i$，并计算出 $\Delta x_i$。

（3）用新求出的 $\Delta x_i$ 重复步骤 1，求出 $K$ 的第二次近似值，并以此值重复上述计算每一土条的 $T_{fi}$、$\Delta E_i$、$\Delta x_i$，直到前后计算的 $K$ 值达到某一要求的计算精度。

（4）再重复步骤（2）及步骤（3），直到 $K$ 收敛于给定的容许误差值以内。

杨布条分法基本可以满足所有的静力平衡条件，所以是"严格"方法之一，但其推力线的假定必须符合条间力的合理性要求（即满足土条间不产生拉力和不产生剪切破坏）。目前在国内外应用较广，但也须注意，在某些情况下，其计算结果有可能不收敛。

### 五、不平衡推力传递系数法

山区一些土坡往往覆盖在起伏变化的岩基面上，土坡失稳多数沿这些界面发生，形成折线滑动面。对于岩质边坡，坡面沿断层或裂隙发生，一般也为折线滑动面。对这类边坡的稳定性分析可采用不平衡推力传递系数法。

在滑体中取第 $i$ 块土条（如图 8-14），假定第 $i-1$ 块土条传来的推力 $P_{i-1}$ 的方向平行于第 $i-1$ 块土条的底滑面，而第 $i$ 块土条传送给第 $i+1$ 块土条的推力 $P_i$ 平行于第 $i$ 块土条的底滑面。就是说，假定每一分界上推力的方向平行于上一土条的底滑面，第 $i$ 块土条承受的各种作用力都标在图 8-14 中。将各作用力投影到底滑面上，其平衡方程如下：

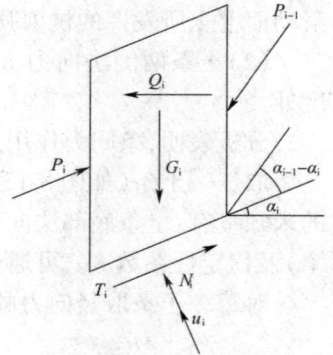

图 8-14 传递系数法图示

$$P_i = (G_i\sin\alpha_i + Q_i\cos\alpha_i) - \left[\frac{c_i l_i}{K} + \frac{(W_i\cos\alpha_i - u_i l_i + Q_i\sin\alpha_i)\tan\varphi'_i}{K}\right] + P_{i-1}\Psi_{i-1}$$

$$(8\text{-}30)$$

式中

$$\Psi_{i-1} = \cos(\alpha_{i-1} - \alpha_i) - \frac{\varphi'_i}{K}\sin(\alpha_{i-1} - \alpha_i) \qquad (8\text{-}31)$$

式（8-30）中第 1 项表示本土条的下滑力，第 2 项表示土条的抗滑力，第 3 项表示上一土条传下来的不平衡下滑力的影响，$\Psi_{i-1}$ 称为传递系数。在进行计算分析时，需利用式（8-30）进行试算。即假定一个 $K$ 值，从边坡顶部第 1 块土条算起求出它的不平衡下滑力 $P_1$（求 $P_1$ 时，式中右端第 3 项为零），即为第 1 和第 2 块土条之间的推力。再计算第 2 块土条在原有荷载和 $P_1$ 作用下的不平衡下滑力 $P_2$，作为第 2 块土条与第 3 块土条之间的推力。依此计算到第 $n$ 块（最后一块），如果该块土条在原有荷载及推力 $P_{n-1}$ 作用下，求得的推力 $P_n$ 刚好为零，则所设的 $K$ 即为所求的稳定性系数。如 $P_n$ 不为零，则重新设定 $K$ 值，按上述步骤重新计算，直到满足 $P_n = 0$ 的条件为止。一般可取 3 个 $K$ 同时试算，求出对应的 3 个 $P_n$ 值，作出 $P_n$—$K$ 曲线，从曲线上找出 $P_n = 0$ 时的 $K$ 值，该 $K$ 值即为所求。

为了使计算工作更加简化，在工程单位常采用快捷的简化方法，即对每一块土条用下式计算不平衡下滑力：

$$\text{不平衡下滑力} = \text{下滑力} \times K - \text{抗滑力}$$

由此，式（8-30）可改写为

$$P_i = K(W_i\sin\alpha_i + Q_i\cos\alpha_i) - [c'_i l_i + (G_i\cos\alpha_i - Q_i\sin\alpha_i - u_i l_i)\tan\varphi'_i] + P_{i-1}\Psi_{i-1}$$

$$(8\text{-}32)$$

上式中，传递系数 $\Psi_{i-1}$ 改用下式计算

190

$$\Psi_{i-1} = \cos(\alpha_{i-1} - \alpha_i) - \tan\varphi'_i \sin(\alpha_{i-1} - \alpha_i) \qquad (8-33)$$

求解 $F_s$ 的条件仍是 $P_n = 0$。由此可得出一个含 $K$ 的一次方程,故可以直接算出 $K_s$ 而不用试算。所得结果与前述复杂的试算方法有时相差不大,但计算却大为简化了。

如果采用总应力法,式(8-32)中可略去 $u_i l_i$ 项,$c$、$\varphi$ 值可根据土的性质和当地经验,采用勘测试验和滑坡反算相结合的方法来确定。$K$ 值可根据滑坡现状及其对工程的影响等因素确定,一般取 $1.05 \sim 1.25$。另外,要注意土条之间不能承受拉力,当任何土条的推力 $P_i$ 如果出现负值,则意味着 $P_i$ 不再向下传递,而在计算下一块土条时,上一块土条对其的推力取 $P_{i-1} = 0$。

各土条分界面上的 $P_i$ 求出后,可求出此分界面上的抗剪稳定性系数:

$$K_{vi} = \left[ c'_i h_i + (P_i \cos\alpha_i + u_{P_c}) \tan\varphi'_i \right] \frac{1}{P_i \sin\alpha_i} \qquad (8-34)$$

式中:$u_{P_c}$——作用土条侧面的孔隙水压力;

$h_i$——土条侧面高度;

$c'_i$、$\varphi'_i$——土条侧面各土层的平均抗剪强度指标。

传递系数法能够计及土条界面上剪力的影响,计算也不繁杂,具有适用而又方便的优点,在我国的铁路部门得到广泛采用。但传递系数法中 $P_i$ 的方向被硬性规定为与上分块土条的底滑面(底坡)平行,所以有时会出现矛盾,当 $\alpha$ 较大时,求出的 $K_{vi}$ 可能小于1。同时,本法只考虑了力的平衡,对力矩平衡没有考虑,这也存在不足。尽管如此,传递系数法因为计算简捷,在很多实际工程问题中,大部分滑裂面都较为平缓,对应垂直分界面上的 $c$、$\varphi$ 值也相对较大,基本上能满足式(8-34)的要求。即使滑体顶部一、二块土条可能满足不了式(8-34)的要求,但也不致对 $K$ 产生很大影响。所以,该方法还是为广大工程技术人员所乐于采用。

【例题 8-4】 如图 8-15 所示的边坡坡高 20m,软土层在坡底以下 10m 深,$L$ 等于 40m,土体的重度为 $20\text{kN/m}^3$,黏聚力 $c$ 为 10kPa,内摩擦角 $\varphi$ 为 30°,软土层的不排水强度 $c_u$ 为 12.5kPa,$\varphi_u$ 等于零,试求该土坡沿复合滑动面的稳定性系数。

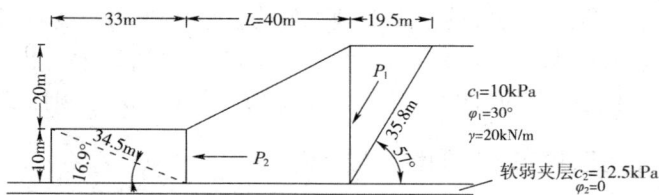

图 8-15 例题 8-4 图

【解】 采用不平衡推力法的公式(8-30)和式(8-31)计算。计算过程和结果见表 8-4。

**平衡推力法计算过程与结果** 表 8-4

| 土条编号 | $W_i$ (kN) | $K=2.0$ $P_j$(kN) | $K=2.5$ $P_i$(kN) | $K=2.6$ $P_j$(kN) | $K=2.59$ $P_j$(kN) | $K=2.59$ $P_j$(kN) | 计算结果 |
|---|---|---|---|---|---|---|---|
| 1 | 5850 | 4797.5 | 4027.2 | 4061.2 | 4057.7 | 4054.5 | |
| 2 | 16000 | 2362.7 | 993.2 | 2019.3 | 2016.8 | 2014.3 | $K = 2.58 + \dfrac{3.38}{3.38 + 2.64} \times 0.01$ $= 2.586$ |
| 3 | 3300 | -451.5 | -53.2 | 8.6 | 2.64 | -3.38 | |

# 第四节　饱和黏性土土坡稳定性分析的讨论

## 一、填方土坡的稳定性问题

假设土坡由同一种饱和黏性土组成。土中 $A$ 点的应力状态(如图 8-16)。$A$ 点的剪应力随填土高度增加而增大,并在竣工时达到最大值。初始的孔隙水压力 $u_0$。等于静水压力 $h_0\gamma_w$,由于黏土具有低渗透性,假定在施工过程中不发生排水,孔隙水压力 $u$ 也不消散。一直到竣工前孔隙水压力随填土增高而增大(如图 8-16b)。按照复杂应力状态下孔隙水压力计算式:$u = B[\Delta\sigma_3 + A(\Delta\sigma_1 - \Delta\sigma_3)]$($A$、$B$ 为孔隙水压力系数。对饱和土,$B = 1$),除非 $A$ 具有较大的负值,孔隙水压力 $u$ 总是正值。竣工时土的抗剪强度继续保持与施工开始时的不排水强度 $c_u$ 相等。

竣工以后,总应力保持常数,而超静孔隙水压力 $u$ 则由于固结而消散。固结使孔隙水压力下降,同时使有效应力与抗剪强度增加。只要孔隙水压力已知,任何时间的抗剪强度就可由有效应力指标 $c'$ 和 $\varphi'$ 估计而得。由于在时间 $t_2$ 时超静孔隙水压力为零,因此,有效应力可从外荷载、土体重力和静水压力算出。

竣工时土坡的稳定性用总应力法和不排水强度 $c_u$ 来分析;而土坡的长期稳定性则用有效应力法和有效应力指标 $c'$ 和 $\varphi'$ 来分析。可清楚地看出,在时间 $t_1$ 即施工刚结束时,土坡的稳定性是最小的(图 8-16b)。如果超过了这个状态,则稳定性系数会迅速增加。

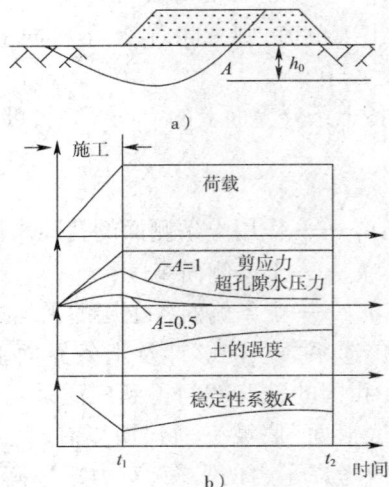

图 8-16　填方土坡的稳定分析

a)饱和黏性土上的土堤;b)土堤的稳定性条件

## 二、挖方土坡的稳定性问题

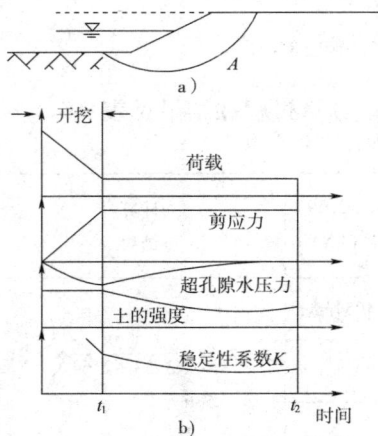

图 8-17　挖方土坡的稳定性分析

a)饱和黏性土中的挖方;b)开挖的稳定性条件

假设土坡由同一种饱和黏性土组成。挖土使 $A$ 点的平均土覆压力减小,并引起孔隙水压力的降低,即出现负值的超静孔隙水压力(如图 8-17)。这种下降取决于孔隙压力系数 $A$ 以及应力变化的大小,因土体完全饱和,$B = 1$,因此,孔隙水压力的变化量 $\Delta u = \Delta\sigma_3 + A(\Delta\sigma_1 - \Delta\sigma_3)$。开挖过程中土中的小主应力 $\Delta\sigma_3$ 要比大主应力 $\Delta\sigma_1$ 下降得多。于是,$\Delta\sigma_3$ 为负值,而 $(\Delta\sigma_1 - \Delta\sigma_3)$ 为正值。

$A$ 点的剪应力在施工结束时达到最大值。假定施工期间土处于不排水状态,则竣工时土的抗剪强度等于土的不排水强度 $c_u$。负的超静孔隙水压力随时间增长而消散,同时伴随着黏性土的膨胀和抗剪强度的下降。在开挖后较长时间土中负的超静孔隙水压力完全消散，$\Delta u = 0$。因此，竣工时土坡的稳定性用总应力法和不排水强度 $c_u$ 来分析；而土坡的长期稳定性则用有效应力法和有效应力指标 $c'$ 和 $\varphi'$ 来分析。但是，最不利的条件是土坡的长期稳定性。

### 三、邻近土坡加载引起的土坡稳定性问题

土坡的稳定性条件如图 8-18 所示。假设有一饱和黏性土土坡，在离坡顶一定距离处作用有荷载 $q$。由于荷载 $q$ 作用在一定距离处，故它并不改变沿滑弧上的应力，且剪应力随时间恒为常数。荷载 $q$ 的施加使 $B$ 点的孔隙水压力瞬时上升，又随固结而消散。$A$ 点的孔隙水压力由于从 $B$ 点开始的辐射向排水而暂时增大；孔隙水压力的增大使土的抗剪强度和稳定性系数下降。可以看到，在某一中间时间 $t_2$，抗滑稳定性系数达到最小值。这种情况潜伏着很大的危险，因为，不管土坡具有足够的瞬时或长期的稳定性，土坡的滑动仍然有可能会发生。

图 8-18b）说明了一种孔隙水压力随时间而先增大后减小的情况，这种条件产生在由于建造建筑物或打桩引起超静孔隙水压力的情况。在荷载 $q$ 作用

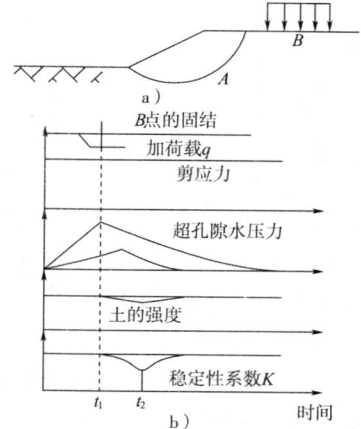

图 8-18　邻近土坡加载引起的土坡稳定性条件
a）邻近土坡的荷载；b）受荷土坡的稳定性条件

下的超静孔隙水压力沿辐射向排水而消散，从而使水从 $B$ 点向 $A$ 点流动，并使 $A$ 点的孔隙水压力增加。

### 四、土坡稳定分析时强度指标的选用和容许安全系数

#### 1. 强度指标的选用

用稳定性系数 $K$ 作为衡量土坡稳定性的指标从理论上讲，当最小稳定性系数大于 1 时，土坡稳定；最小稳定性系数小于 1 时，则土坡不稳定；而当稳定性系数等于 1 时，则土坡正好处于极限平衡状态。但在实际工程中，有时会出现一些反常的现象，即当计算稳定性系数小于 1 时，土坡稳定；当计算稳定性系数等于 1 时，则土坡正好处于极限平衡状态；而当稳定性系数大于 1 时，土坡反而产生了滑动现象。造成这种现象的原因是多方面的，如设计、稳定分析方法和管理等方面。但就设计方面而言，主要有稳定分析方法和计算条件的确定及强度指标的选择等原因。稳定分析法虽然存在一些问题，例如常用的瑞典条分法或 Bishop 法，由于它们都作了这样或那样的假定，都不能完全满足力的平衡条件，但大多认为计算方法本身不是主要的，而主要在于如何模拟现场实际，正确地选择土的抗剪强度指标 $c$、$\varphi$ 值的问题。因为同一种计算方法，由于强度指标选择不当所引起的误差远远超过方法本身之间的差别。

强度指标的选择较为复杂，受计算方法、土质情况、施工速率以及排水条件等多种因素的影响。选用时总的原则是，一方面应与计算方法相配合，例如，当采用有效应力分析时，应采用有效强度指标 $c'$ 和 $\varphi'$ 值；当采用总应力分析时，应选用不同的总应力强度指标；另一方面应考虑工程的施工阶段，合理选用强度指标。表 8-5 列出的情况可供实际边坡稳定分析强度指标选择时参考。

| 控制稳定的时期 | 强度计算方法 | 土 类 | | 使用仪器名称 | 试验方法 | 采用的强度指标 | 试样初始状态 |
|---|---|---|---|---|---|---|---|
| 施工期 | 有效应力法 | 无黏性土 | | 直剪 | 慢剪 | $c'、\varphi'$ | 填土的含水率和填筑密度,地基用原状土 |
| | | | | 三轴 | 排水剪 | | |
| | | 黏性土 | 饱和度小于80% | 直剪 | 慢剪 | | |
| | | | | 三轴 | 不排水剪测孔隙应力 | | |
| | | | 饱和度大于80% | 直剪 | 慢剪 | | |
| | | | | 三轴 | 固结不排水剪测孔隙应力 | | |
| | 总应力法 | 黏性土 | 渗透系数小于 $10^{-7}$ cm/s | 直剪 | 快剪 | $c_u、\varphi_u$ | |
| | | | 任何渗透系数 | 三轴 | 不排水剪 | | |
| 稳定渗流期和水库水位降落期 | 有效应力法 | 无黏性土 | | 直剪 | 慢剪 | $c'、\varphi'$ | 同上,但要预先饱和 |
| | | | | 三轴 | 排水剪 | | |
| | | 黏性土 | | 直剪 | 慢剪 | | |
| 水库水位降落期 | 总应力法 | 黏性土 | | 三轴 | 固结不排水剪测孔隙应力 | $c_{cu}、\varphi_{cu}$ | |

2. 容许安全系数

容许安全系数是指为了边坡工程或其他土工结构物安全可靠和正常使用的最低稳定性系数值,以 $[K]$ 表示。土坡稳定分析时的最小稳定性系数 $K_{min}$ 必须满足下列条件,即

$$K_{min} > [K]$$

由上式可知,为保证土坡的安全可靠和正常使用,除了应合理选择强度指标、计算出 $K_{min}$ 值以外,如何合理确定稳定性系数的容许值也是极为重要的。关于容许安全系数的确定,目前尚无统一标准,且各个部门所考虑的因素也不尽相同。但总的来说,容许安全系数的确定应综合考虑稳定分析所采用的方法、结构物的重要性(或等级)、强度指标的选择以及施工等因素的影响。

《公路路基设计规范》(JTG D30—2004)要求土坡稳定性系数大于 1.25,但由于试验方法不同,强度指标差异较大,所得稳定性系数亦不相同。表 8-6 和表 8-7 分别是原水利电力部《水电枢纽工程等级划分及设计安全标准》(DL/T 5180—2003)和交通部《港口工程技术规范》第五篇地基部分(1978 试行)规定的容许安全系数值。这两个表中所列的容许安全系数值,除表中有说明外,均适用于总应力分析时的瑞典条分法。

在设计过程中,若初步采用的土坡断面其稳定性不足,即 $K_{min}$ 不能满足大于 $[K]$ 要求,则应根据具体情况进行技术经济比较,或修改原设计、放缓边坡,或采取其他措施,例如,设置减载平台,分期施加坡顶堆载以及设置防渗棱体或减压井等措施,以保证土坡安全和正常使用。若在施工期土坡的稳定性不足,则应采取增加稳定性的临时措施并在施工中加强监测,以便及时发现可能出现的失稳现象。这些临时措施包括:控制施工速率、分期或间歇填筑、坡脚压载、打抗滑板桩、坡顶减载和削坡等。

表 8-6

| 运 用 条 件 | | 坝 的 级 别 | | | |
|---|---|---|---|---|---|
| | | 1 | 2 | 3 | 4 |
| | | 安 全 系 数 | | | |
| 正常运用条件 | | 1.30 | 1.25 | 1.20 | 1.15 |
| 非常运用条件 | I | 1.20 | 1.15 | 1.10 | 1.05 |
| | II | 1.10 | 1.05 | 1.05 | 1.00 |

注:正常运用条件系指:

(1)水库水位处于正常高水位(或设计洪水位)与死水位之间的各种水位下的稳定渗流期;

(2)水库水位在上述范围内的经常性的正常降落;

(3)抽水蓄能电站的水库水位的经常性变化和降落。

非常运用条件 I 系指:

(1)施工期;

(2)校核洪水位下有可能形成稳定渗流的情况;

(3)水库水位的非常降落,如自校核洪水降落、降落至死水位以下、大流量快速泄空等;

(4)正常运用条件遇地震。

非常运用条件 II 系指以上非常运用条件(1)~(3)再遇地震的情况。

港口工程边坡容许安全系数 表 8-7

| 抗剪强度指标 | 容许安全系数 | 说　明 |
|---|---|---|
| 固结快剪 | 1.1~1.3 | 采用简化毕肖普法使用期考虑因固结而增长的强度,$K$ 可增加 10% |
| 有效剪 | 1.3~1.5 | |
| 十字板剪 | 1.1~1.3 | |
| 快剪 | 1.0~1.2 | |

## 思 考 题

1. 土坡稳定有何实际意义？影响土坡稳定的因素有哪些？

2. 何谓无黏性土坡的自然休止角？无黏性土坡的稳定性与哪些因素有关？

3. 土坡圆弧滑动面的整体稳定分析的原理是什么？如何确定最危险圆弧滑动面？

4. 简述毕肖普条分法确定稳定性系数的试算过程。

5. 试比较整体圆弧法、毕肖普条分法及杨布条分法的异同。

6. 土坡稳定性系数的意义是什么？在本章中有哪几种表达形式？

7. 分析土坡稳定性时应如何根据工程情况选取土体抗剪强度指标及容许安全系数？

## 习 题

1. 已知某挖方土坡,土的物理力学指标为 $\gamma = 18.93 \mathrm{kN/m^3}, \varphi = 10°, c = 12\mathrm{kPa}$,若取容许安全系数 $K = 1.5$,试问:

(1)将坡角做成 $\beta = 60°$ 时边坡的最大高度;

(2)若挖方的开挖高度为 6m,坡角最大能做成多大？

2. 某均质黏性土坡，$h = 20\text{m}$，坡比为 $1:2$，填土重度 $\gamma = 18\text{kN/m}^3$，黏聚力 $c' = 10\text{kPa}$，内摩擦角 $\varphi' = 36°$，若取土条平均孔隙压力系数 $\overline{B} = 0.6$，即 $u_i b = \overline{G}_i B$，试用简化毕肖普条分法计算该土坡的稳定性系数。

3. 一均匀黏性土边坡，$\varphi = 0$，$c = 20\text{kPa}$，土的重度为 $19\text{kN/m}^3$，采用如图 8-19 所示滑弧，其滑动土体的重量为 $346\text{kN}$，并作用于距转动中心垂线 $5\text{m}$ 处，求边坡稳定性系数。若将阴影部分的土体移去后，则边坡的稳定性系数是多少？

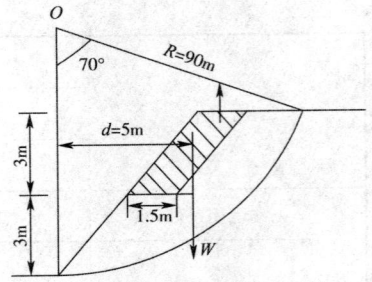

图 8-19　习题 3 图

# 第九章 地基承载力及其确定

**教学内容**：地基承载力概念，地基破坏模式和破坏过程，理论公式法确定临界荷载和极限承载力，规范法确定地基容许承载力。

**教学要求**：了解地基破坏模式和破坏过程；掌握地基承载力概念，掌握理论公式法确定临界荷载和极限承载力；能够熟练运用规范确定地基容许承载力。

**教学重点**：理论公式法确定临界荷载和极限承载力，规范法确定地基容许承载力。

## 第一节 概　述

地基承载力是指地基土单位面积上所能承受荷载的能力，以 kPa 计。研究地基承载力的目的是在工程设计中必须限制建筑物底面的应力，使其不超过地基的容许承载力，以保证地基土不会发生剪切破坏而失去稳定，同时也使建筑物不致因基础产生过大的沉降和差异沉降而影响其正常使用。因此，确定地基承载力是工程实践中迫切需要解决的问题，也是工程勘察和地基设计的主要内容。

### 一、地基的破坏模式

太沙基(1943)根据试验研究提出两种典型的地基破坏形式，即整体剪切破坏和局部剪切破坏。

整体剪切破坏的特征是：当基础上荷载较小时，基础下形成一个三角形压密区 Ⅰ，随同基础压入土中，这时 $p$—$S$ 曲线呈直线关系。随着荷载增加，压密区 Ⅰ 向两侧挤压，土中产生塑性区，塑性区先在基础边缘产生，然后逐步扩大形成图 9-2 中的塑性区 Ⅱ、Ⅲ。这时基础的沉降增长率较前一阶段增大，故 $p$—$S$ 曲线呈曲线状。当荷载达到最大值后，土中形成连续滑动面，并延伸到地面，土从基础两侧挤出并隆起，基础沉降急剧增加，整个地基失稳破坏，如图 9-2 所示。这时 $p$—$S$ 曲线上出

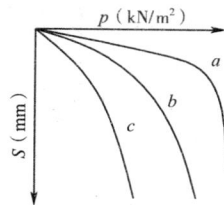

图 9-1　载荷试验所得的 $p$—$S$ 曲线
a) 整体剪切破坏；b) 局部剪切破坏；
c) 刺入剪切破坏

现明显的转折点，其相应的荷载称为极限荷载 $p_u$，见图 9-1 曲线 $a$。整体剪切破坏常发生在浅埋基础下的密砂或硬黏土等坚实地基中。

局部剪切破坏的特征是：随着荷载的增加，基础下也产生压密区及塑性区，但塑性区仅发展到地基某一范围内，土中滑动面并不延伸到地面，见图 9-2b)，基础两侧地面微微隆起，没有出现明显的裂缝。其 $p$—$S$ 曲线如图 9-1 中的曲线 b) 所示，曲线也有一个转折点，但不像整体

剪切破坏那么明显。$p$—$S$ 曲线在转折点后,其沉降量增长率虽较前一阶段为大,但不像整体剪切破坏那样急剧增加,在转折点之后,$p$—$S$ 曲线还是呈线性关系。局部剪切破坏常发生于中等密实砂土中。

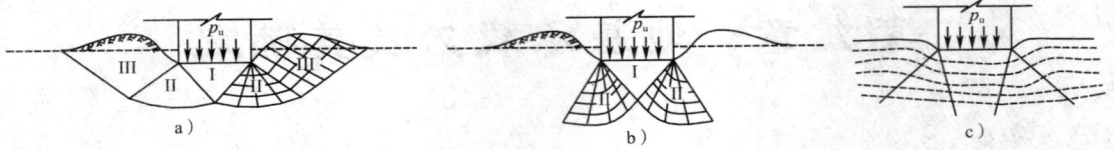

图9-2 地基破坏模式
a)整体剪切破坏;b)局部剪切破坏;c)刺入剪切破坏

魏锡克(A. S. Vesic,1963)提出除上述两种破坏形式外,还有一种刺入剪切破坏。这种破坏形式发生在松砂及软土中,其破坏的特征是,随着荷载的增加,基础下土层发生压缩变形,基础随之下沉,当荷载继续增加,基础周围附近土体发生竖向剪切破坏,使基础刺入土中。基础两边的土体没有移动,如图9-2c)。刺入剪切破坏的 $p$—$S$ 曲线如图9-1中曲线 $c$,沉降随着荷载的增大而不断增大,但 $p$—$S$ 曲线上没有明显的转折点,没有明显的比例界限及极限荷载。

地基的剪切破坏形式,除了与地基土的性质有关外,还同基础埋置深度、加荷速度等因素有关。如在密砂地基中,一般会出现整体剪切破坏,但当基础埋置很深时,密砂在很大荷载作用下也会产生压缩变形而出现刺入剪切破坏;在软性土中,当加荷速度较慢时产生压缩变形而出现刺入剪切破坏,但当加荷很快时,由于土体不能产生压缩变形,就可能发生整体剪切破坏。

格尔谢万诺夫(Н. М. Герсеванов,1948)根据载荷试验结果,提出地基破坏的过程经历3个阶段,见图9-3。

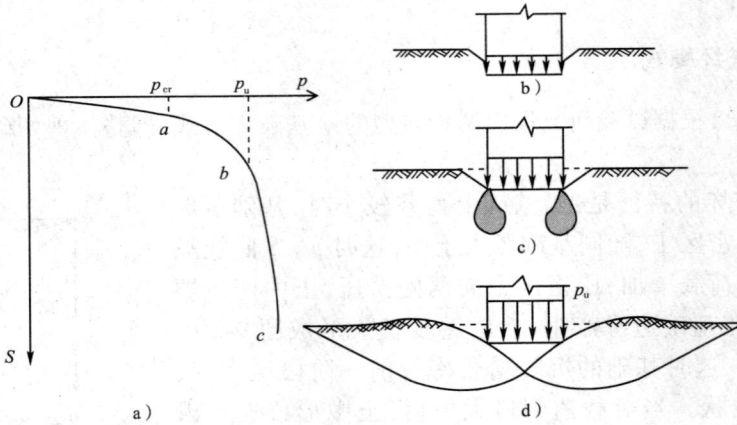

图9-3 地基破坏过程的三个阶段
a)$p$—$S$ 曲线;b)压密阶段;c)剪切阶段;d)破坏阶段

## 1. 压密阶段(或称直线变形阶段)

相当于 $p$—$S$ 曲线上的 $oa$ 段。在这一阶段 $p$—$S$ 曲线接近于直线,土中各点的剪应力均小于土的抗剪强度,土体处于弹性平衡状态。在这一阶段,载荷板的沉降主要是由于土的压密变形引起的,见图9-3b)。把 $p$—$S$ 曲线上相应于 $a$ 点的荷载称为比例界限 $p_{cr}$。

## 2. 剪切阶段

相当于 $p$—$S$ 曲线上的 $ab$ 段。在这一阶段 $p$—$S$ 曲线已不再保持线性关系,沉降的增长率 $\frac{\Delta s}{\Delta p}$ 随荷载的增大而增加。在这个阶段,地基土中局部范围内(首先在基础边缘处)的剪应力达到土的抗剪强度,土体发生剪切破坏,这些区域也称塑性区。随着荷载的继续增加,土体塑性区的范围也逐步扩大[如图 9-3c)所示],直到土中形成连续的滑动面,由载荷板两侧挤出而破坏。因此,剪切阶段也是地基中塑性区的发生与发展阶段。相应于 $p$—$S$ 曲线上 $b$ 点的荷载称为极限荷载 $p_u$。

## 3. 破坏阶段

相当于 $p$—$S$ 曲线上的 $bc$ 段。当荷载超过极限荷载后,荷载板急剧下沉,即使不增加荷载,沉降也不能稳定,因此,$p$—$S$ 曲线陡直下降。在这一阶段,由于土中塑性区范围的不断扩展,最后在土中形成连续滑动面,土从载荷板四周挤出隆起,地基土失稳而破坏。

### 二、确定地基容许承载力的方法

地基容许承载力是指在建筑物荷载作用下,能够保证地基不发生失稳破坏,同时也不产生建筑物所不容许的沉降时的最大基底应力。因此,地基容许承载力既要考虑土的强度性质,同时还要考虑不同建筑物对沉降的要求。确定地基容许承载力的方法,一般有下述几种:

### 1. 根据荷载试验 $p$—$S$ 曲线来确定

如果 $p$—$S$ 曲线是典型的如图 9-3a)所示的曲线,曲线上能够明显地分为三个阶段,则在确定地基容许承载力时,一方面可要求地基容许承载力不超过比例界限,这时地基土是处于压密阶段,地基变形较小;但有时为了提高地基容许承载力,在满足建筑物沉降要求的前提下,也可超过比例界限,允许土中产生一定范围的塑性区。另一方面又要求地基容许承载力对极限荷载 $p_u$ 有一定的安全度,即地基容许承载力小于极限荷载除以安全系数。而安全系数的大小,取决于建筑物的重要性和试验资料的可靠程度,同时还要满足建筑物对沉降的要求。

如果 $p$—$S$ 曲线是非典型性的,在曲线上没有明显的三个阶段,也很难直接从曲线上得到比例界限,这时根据实践经验,可以取相应于沉降 $s$ 等于载荷板宽度(或直径)$B$ 的 2% 时的荷载作为地基容许承载力。

### 2. 根据设计规范确定

在《公路桥涵地基与基础设计规范》(JTG D63—2007)中给出了各种土类的地基容许承载力表,这些表是根据在各类土上所做的大量的载荷试验资料以及工程经验总结经过统计分析而得到的。使用时可根据现场土的物理力学性质指标,以及基础的宽度和埋置深度,按规范中的表格和公式得到地基容许承载力。

### 3. 根据地基承载力的理论公式

地基承载力的理论公式是根据地基极限平衡条件导得的,公式计算的结果只表明地基的强度及稳定性得到满足时的地基承载力,对于沉降方面,理论公式并未予以考虑。因此按地基承载力理论公式确定地基容许承力时,还必须结合建筑物对沉降的要求才能得到恰当的结果。

从上述可知,地基极限承载力与地基容许承载力具有不同的含义。地基极限承载力只考虑了地基强度的要求,而地基容许承载力除满足地基强度及稳定性的要求外,还必须满足建筑物容许沉降的要求。因此可以看到,地基容许承载力不是一个常量,它是和建筑物的容许变形值密切联系在一起的。建筑物对变形的要求高时,容许承载力就应该控制得小一些,反之,就可以大一些。例如大跨度的超静定结构的桥梁,对不均匀沉降比较敏感,地基容许承载力就要用得小一些,而路堤、土坝等对变形的要求较低,其地基容许承载力就可以用得高一些。

# 第二节 临塑荷载和塑性荷载

在荷载作用下地基变形的发展要经历三个阶段,即压密阶段、剪切阶段和破坏阶段。地基变形的剪切阶段也是土中塑性区范围随着作用荷载的增加而不断发展的阶段,我们把土中塑性区开展到不同深度时,其相应的荷载称为临界荷载。

在图9-4中表示条形基础上作用均布荷载时地基土中发生的塑性区示意图,塑性区开展的最大深度为 $z_{max}$(注意:$z$ 是从基底计起)。我们把 $z_{max}=0$ 时相应的基底荷载称为临塑荷载,用 $p_{cr}$ 表示(相当于前述的比例界限)。若允许地基中塑性区开展到一定范围,这时相应荷载为塑性荷载,如相应于 $z_{max}=\dfrac{b}{4}$ 时,用塑性荷载 $p_{\frac{1}{4}}$ 表示。

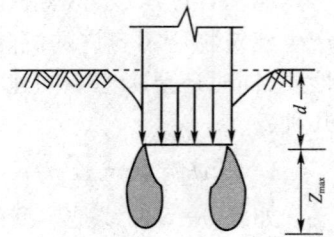

图9-4 条形均布荷载作用下土中的塑性区

在实践中,可以根据建筑物的不同要求用临塑荷载或塑性荷载作为地基容许承载力。

下面介绍临塑荷载及塑性荷载的理论计算公式。

## 一、地基塑性区边界方程

如图9-5所示,在地基表面作用条形均布荷载 $p$,计算土中任意点 $M$ 由 $p$ 引起的最大与最小主应力 $\sigma_1$ 和 $\sigma_3$ 时,可按第4章中公式计算:

$$\left.\begin{array}{c}\sigma_1\\\sigma_3\end{array}\right\}=\frac{p}{\pi}(2\alpha\pm\sin2\alpha) \tag{9-1}$$

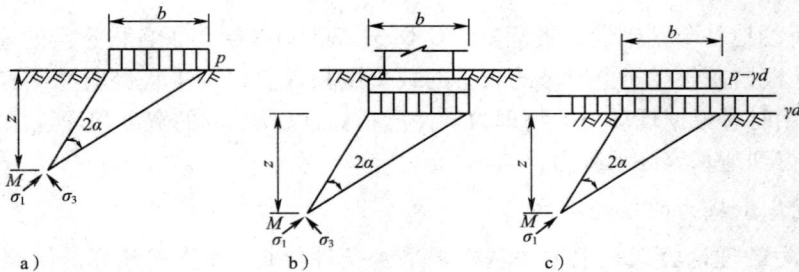

a)　　　　　b)　　　　　c)

图9-5 塑性区边界方程的推导

若考虑土体重力的影响时,则 $M$ 点由土体重力产生的竖向应力为 $\sigma_{cz} = \gamma z$,水平向应力为 $\sigma_{cx} = K_0 \gamma z$。若假定土的侧压力系 $K_0 = 1$,则土的重力产生的压应力将如同静水压力一样,在各个方向上相等,均为 $\gamma z$。这样,对于如图 9-5a)所示情况,当考虑土的重力时,$M$ 点的最大及最小主应力为:

$$\left.\begin{array}{c}\sigma_1\\\sigma_3\end{array}\right\} = \frac{p}{\pi}(2\alpha \pm \sin 2\alpha) + \gamma z \qquad (9\text{-}2)$$

若条形基础的埋置深度为 $d$ 时(如图 9-5b),计算基底下深度 $z$ 处 $M$ 点的主应力时,可将作用在基底水平面上的荷载(包括作用在基底的均布荷载 $p$,以及基础两侧埋置深度 $d$ 范围内土的自重压力 $\gamma d$),分解为图 9-5c)所示两部分,即无限均布荷载 $\gamma d$ 以及基底范围内的均布荷载 $(p - \gamma d)$。这样,由土自重作用在 $M$ 点产生的主应力为 $\gamma(d + z)$。由此可得,当基础埋置深度为 $d$ 时,土中任意点 $M$ 的主应力为

$$\left.\begin{array}{c}\sigma_1\\\sigma_3\end{array}\right\} = \frac{p - \gamma d}{\pi}(2\alpha \pm \sin 2\alpha) + \gamma(d + z) \qquad (9\text{-}3)$$

若 $M$ 点位于塑性区的边界上,它就处于极限平衡状态,其主应力间满足下述条件:

$$\sin\varphi = \frac{\dfrac{1}{2}(\sigma_1 - \sigma_3)}{\dfrac{1}{2}(\sigma_1 + \sigma_3) + c \cdot \cot\varphi}$$

将公式(9-3)代入上式得

$$\sin\varphi = \frac{\dfrac{p - \gamma d}{\pi}\sin 2\alpha}{\dfrac{p - \gamma d}{\pi} \cdot 2\alpha + \gamma(d + z) + c \cdot \cot\varphi} \qquad (9\text{-}4)$$

整理后得

$$z = \frac{p - \gamma d}{\gamma\pi}\left(\frac{\sin 2\alpha}{\sin\varphi} - 2\alpha\right) - \frac{c \cdot \cot\varphi}{\gamma} - d \qquad (9\text{-}5)$$

式(9-5)就是土中塑性区边界线的表达式。若已知条形基础的宽 $b$ 和埋深 $d$、荷载 $p$,以及土的指标 $\gamma$、$c$、$\varphi$ 时,假定不同的视角 $2\alpha$ 值代入公式(9-5),求出相应的深度 $z$ 值,把一系列由相应的 $2\alpha$ 与 $z$ 值决定其位置的点连接起来,就得到条形均布荷载 $p$ 作用下土中塑性区的边界线,也即绘得土中塑性区的发展范围。

**二、临塑荷载及塑性荷载计算**

在条形均布荷载 $p$ 作用下,计算地基中塑性区开展的最大深度 $z_{max}$ 值时,式(9-5)对 $a$ 求导数,并令此导数等于零,即

$$\frac{dz}{da} = \frac{2(p - \gamma d)}{\gamma\pi}\left(\frac{\cos 2\alpha}{\sin\varphi} - 1\right) = 0 \qquad (9\text{-}6)$$

由此解得

$$\cos 2\alpha = \sin\varphi \qquad (9\text{-}7)$$

或

$$2\alpha = \frac{\pi}{2} - \varphi \qquad (9\text{-}8)$$

将公式(9-8)中的 $2\alpha$ 代入公式(9-5),即得地基中塑性区开展最大深度的表达式:

$$z_{\max} = \frac{p - \gamma d}{\gamma \pi} \left[ \cot\varphi - \left( \frac{\pi}{2} - \varphi \right) \right] - \frac{c \cdot \cot\varphi}{\gamma} - d \qquad (9\text{-}9)$$

由式(9-9)也可得到相应的基底均布荷载 $p$ 的表达式(式 9-10)：

$$p = \frac{\pi}{\cot\varphi + \varphi - \frac{\pi}{2}} \gamma z_{\max} + \frac{\cot\varphi + \varphi + \frac{\pi}{2}}{\cot\varphi + \varphi - \frac{\pi}{2}} \gamma d + \frac{\pi \cdot \cot\varphi}{\cot\varphi + \varphi - \frac{\pi}{2}} \cdot c \qquad (9\text{-}10)$$

式(9-10)是计算临界荷载的基本公式。

如令 $z_{\max} = 0$ 代入式(9-10)，此时的基底压力 $p$ 即为临塑荷载 $p_{cr}$，得其计算公式为：

$$p_{cr} = N_q \gamma d + N_c \cdot c \qquad (9\text{-}11)$$

式中

$$N_q = \frac{c\tan\varphi + \varphi + \frac{\pi}{2}}{c\tan\varphi + \varphi - \frac{\pi}{2}}$$

$$N_c = \frac{\pi \cdot \cot\varphi}{\cot\varphi + \varphi - \frac{\pi}{2}}$$

若地基中允许塑性区开展的深度 $z_{\max} = \dfrac{b}{4}$（$b$ 为基础宽度），则代入公式(9-10)，即得到相应的塑性荷载 $p_{\frac{1}{4}}$ 的计算式：

$$p_{\frac{1}{4}} = \frac{1}{2} \gamma_1 b N_\gamma + \gamma_2 d N_q + c N_c \qquad (9\text{-}12)$$

式中：

$$N_\gamma = \frac{\pi}{4 \left( \cot\varphi + \varphi - \frac{\pi}{2} \right)}$$

$N_q$、$N_\gamma$、$N_c$ 称为承载力系数，它只与土的内摩擦角 $\varphi$ 有关，可从表 9-1 查用；
其他符号意义同前。

通过上述临塑荷载及塑性荷载计算公式的推导过程，可以看到这些公式是建立在下述假定基础上的：

（1）计算公式适用于条形基础。这些计算公式是从平面问题的条形均布荷载情况下导得的，若将它近似地用于矩形基础，其结果是偏于安全的。

（2）计算土中由自重产生的主应力时，假定土的侧压力系数 $K_0 = 1$，这是与土的实际情况不符，但这样可使计算公式简化。

（3）在计算塑性荷载 $p_{\frac{1}{4}}$ 时土中已出现塑性区，但这时仍按弹性理论计算土中应力，这在理论上是相互矛盾的，其所引起的误差是随着塑性区范围的扩大而加大。

临塑荷载 $p_{cr}$ 及塑性荷载 $p_{\frac{1}{4}}$ 的承载力系数 $N_r$、$N_q$、$N_c$ 值                表 9-1

| $\varphi(°)$ | $N_\gamma$ | $N_q$ | $N_c$ | $\varphi(°)$ | $N_\gamma$ | $N_q$ | $N_c$ |
|---|---|---|---|---|---|---|---|
| 0 | 0 | 1.00 | 3.14 | 8 | 0.14 | 1.55 | 3.93 |
| 2 | 0.03 | 0.12 | 3.352 | 10 | 0.18 | 1.73 | 4.17 |
| 4 | 0.06 | 1.25 | 3.51 | 12 | 0.23 | 1.94 | 4.42 |
| 6 | 0.10 | 1.39 | 3.71 | 14 | 0.29 | 2.17 | 4.69 |

| $\varphi(°)$ | $N_\gamma$ | $N_q$ | $N_c$ | $\varphi(°)$ | $N_\gamma$ | $N_q$ | $N_c$ |
|---|---|---|---|---|---|---|---|
| 16 | 0.36 | 2.43 | 5.00 | 30 | 1.15 | 5.59 | 7.95 |
| 18 | 0.43 | 2.72 | 5.31 | 32 | 1.34 | 6.35 | 8.55 |
| 20 | 0.51 | 3.06 | 5.66 | 34 | 1.55 | 7.21 | 9.22 |
| 22 | 0.61 | 3.44 | 6.04 | 36 | 1.81 | 8.25 | 9.97 |
| 24 | 0.72 | 3.37 | 6.45 | 38 | 2.11 | 9.44 | 10.80 |
| 26 | 0.84 | 4.37 | 6.90 | 40 | 2.46 | 10.84 | 11.73 |
| 28 | 0.98 | 4.93 | 7.40 | 45 | 3.66 | 15.64 | 14.64 |

【例题9-1】 有一条形基础,基础宽度 $b = 3\text{m}$,埋置深度 $d = 2\text{m}$。已知土中的内摩擦角 $\varphi = 15°$,黏聚力 $c = 15\text{kPa}$,重度 $\gamma = 18\text{kN/m}^3$。求此条形基础的临塑荷载 $p_{cr}$ 及塑性荷载 $p_{\frac{1}{4}}$。

【解】 已知土的内摩擦角 $\varphi = 15°$,由表9-1查得承载力系数 $N_\gamma = 0.33, N_q = 2.30, N_c = 4.85$。由公式(9-11)得临塑荷载为

$$p_{cr} = N_q \gamma d + N_c \cdot c = 2.3 \times 18 \times 2 + 4.85 \times 15 = 155.6 (\text{kPa})$$

由公式(9-12)得塑性荷载 $p_{\frac{1}{4}}$ 为

$$p_{\frac{1}{4}} = \frac{1}{2} N_\gamma \gamma b + N_q \gamma d + N_c \cdot c$$

$$= \frac{1}{2} \times 0.33 \times 18 \times 3 + 2.3 \times 18 \times 2 + 4.85 \times 15 = 173.4 (\text{kPa})$$

# 第三节 地基的极限承载力

采用理论方法计算极限荷载的公式很多,它们基本上分成两种类型:按照极限平衡理论求解和按照假定滑动面方法求解。

## 一、极限平衡理论原理

根据极限平衡理论,假定地基土是刚塑体,计算土中各点达到极限平衡时的应力及滑动面方向,由此解得基底的极限荷载。此方法由于在求解时数学上遇到很大困难,目前尚无严格的一般解析解,仅能对某些边界条件比较简单的情况求得其解析解。

对于平面问题,土中任一点微分体上的应力分量为 $\sigma_x, \sigma_z, \tau_{xz} = \tau_{zx}$,考虑微分土体的重力 $\gamma \text{d}z\text{d}x$ 时,得到微分体的静力平衡方程为:

$$\begin{cases} \dfrac{\partial \sigma_x}{\partial x} + \dfrac{\partial \tau_{zx}}{\partial z} = 0 \\ \dfrac{\partial \sigma_z}{\partial z} + \dfrac{\partial \tau_{xz}}{\partial x} = \gamma \end{cases} \tag{9-13}$$

若地基土中某点位于塑性区范围内,则该点就处于极限平衡状态。土中某点达到极限平衡时,其最大、最小主应力 $\sigma_1$ 及 $\sigma_3$ 之间满足下述关系式:

$$\sin\varphi = \frac{\frac{1}{2}(\sigma_1 - \sigma_3)}{\frac{1}{2}(\sigma_1 + \sigma_3) + c \cdot \cot\varphi} \tag{9-14}$$

同时土中塑性区内任一点的应力分量也可以用两个变量 $\sigma$ 及 $\theta$ 确定,其中 $\sigma$ 是土中某点处于极限平衡状态时应力圆的圆心坐标与 $c \cdot \cot\varphi$ 之和,即

$$\sigma = \frac{1}{2}(\sigma_1 + \sigma_3) + c \cdot \cot\varphi \tag{9-15}$$

若 $\theta$ 角是最大主应力 $\sigma_1$ 的作用方向与 $x$ 轴间的夹角。则应力分量 $\sigma_x$,$\sigma_z$ 及 $\tau_{xz}$ 的表达式如下:

$$\begin{cases} \sigma_x = \frac{1}{2}(\sigma_1 + \sigma_3) + \frac{1}{2}(\sigma_1 - \sigma_3) \cdot \cos2\theta = \sigma(1 + \sin\varphi\cos2\theta) - c \cdot \cot\varphi \\ \sigma_z = \sigma(1 - \sin\varphi\cos2\theta) - c \cdot \cot\varphi \\ \tau_{xz} = \sigma\sin\varphi\sin2\theta \end{cases} \tag{9-16}$$

将公式(9-16)代入公式(9-13)得到两个偏微分方程组,根据实际边界条件即可解得 $\sigma$ 及 $\theta$ 值。两组滑动面与最大主应力作用面的夹角为 $\pm(45° + \frac{\varphi}{2})$,所以两组滑动面与 $x$ 轴的夹角为 $\theta \pm (45° + \frac{\varphi}{2})$。由此即可求得塑性区内任一点的应力分量及滑动面的方向。

通常直接求解上述偏微分方程组尚存在许多困难,目前仅在比较简单的边界条件下才能求得其解析解。如普朗特尔解(L. Prandtl,1920)就是其中一例。

## 二、普朗特尔极限承载力公式

### 1. 普朗特尔解

普朗特尔按上述极限平衡理论,当不考虑土的重力时,置于地基表面的条形基础,假定基础底面光滑无摩擦力时的极限荷载公式如下:

$$p_u = c\left[e^{\pi\tan\varphi} \cdot \tan^2\left(\frac{\pi}{4} + \frac{\varphi}{2}\right) - 1\right] \cdot \cot\varphi = c \cdot N_c \tag{9-17}$$

式中:承载力系数 $N_c = \left[e^{\pi\tan\varphi} \cdot \tan^2\left(\frac{\pi}{4} + \frac{\varphi}{2}\right) - 1\right] \cdot \cot\varphi$,是土内摩擦角 $\varphi$ 的函数,可从表9-2中查得。

普朗特尔解得到的地基滑动面的形状如图9-6所示。地基的极限平衡区可分为3个区:在基底下的Ⅰ区,因为假定基底无摩擦力,故基底平面是最大主应力面,两组滑动面与基底底面间呈 $(45° + \frac{\varphi}{2})$ 角,也就是说Ⅰ区是朗金主动状态区;随着基础下沉,Ⅰ区土楔向两侧挤压,因此Ⅲ区为朗金被动状态区,滑动面也是由两组平面组成,由于地基表面为最小主应力平面,故滑动

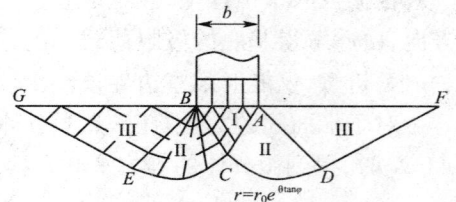

图9-6 普朗特尔公式滑动面形状

面与地基表面呈 $(45° - \frac{\varphi}{2})$ 角;Ⅰ区与Ⅲ区的中间是过渡区Ⅱ,第Ⅱ区的滑动面内一组是辐射线,另一组是对数螺旋曲线,如图9-6中的 $CD$ 及 $CE$,其方程式为:

$$r = r_0 e^{\theta \tan\varphi} \tag{9-18}$$

普朗特尔公式是假定基础设置于地基的表面,但一般基础有一定的埋置深度。若埋置深度较浅时,为简化起见,可忽略基础底面以上土的抗剪强度,而将这部分土作为分布在基础两侧的均布荷载 $q = \gamma d$ 作用在 GF 面上,见图 9-7。雷斯诺( H. Reissner,1924 )在普朗特尔假定的基础上,导得了由超载 $q$ 产生的极限荷载公式:

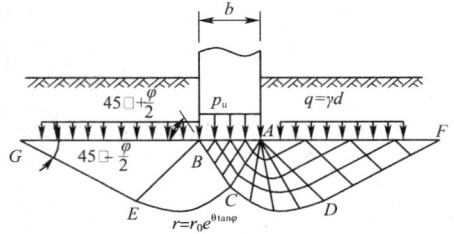

图 9-7　基础埋置深度为 $D$ 时的雷斯诺解

$$p_u = q e^{\pi \tan\varphi} \cdot \tan^2\left(\frac{\pi}{4} + \frac{\varphi}{2}\right) = q \cdot N_q \tag{9-19}$$

式中:承载力系数 $N_q = e^{\pi \tan\varphi} \cdot \tan^2\left(\frac{\pi}{4} + \frac{\varphi}{2}\right)$,是土内摩擦角 $\varphi$ 的函数,可从表 9-2 查得。

将公式(9-18)及式(9-19)合并,得到当不考虑土重力时,埋置深度 $D$ 的条形基础的极限荷载公式:

$$p_u = q \cdot N_q + c \cdot N_c \tag{9-20}$$

承载力系数 $N_q$、$N_c$ 可按土的内摩擦角 $\varphi$ 值,由表 9-2 查得。

普朗特尔公式的承载力系数表　　　　　　　　　　　　表 9-2

| $\varphi$ | 0° | 5° | 10° | 15° | 20° | 25° | 30° | 35° | 40° | 45° |
|---|---|---|---|---|---|---|---|---|---|---|
| $N_c$ | 0 | 0.62 | 1.75 | 3.82 | 7.71 | 15.2 | 30.1 | 62.0 | 135.5 | 322.7 |
| $N_q$ | 1.00 | 1.57 | 2.47 | 3.94 | 6.40 | 10.7 | 18.4 | 33.3 | 64.2 | 134.9 |

注:该表适用于公式(9-17)、式(9-19)、式(9-20)、式(9-21)。

上述普朗特尔及雷斯诺导得的公式,均是假定土的重度 $\gamma = 0$,但是由于土的强度很小,同时内摩擦角 $\varphi$ 又不等于 0,因此不考虑土的重力作用是不妥当的。若考虑土的重力时,普朗特尔导得的滑动面 II 区 $CD$、$CE$(见图 9-6、图 9-7)就不再是对数螺旋曲线了,其滑动面形状很复杂,目前尚无法按极限平衡理论求得其解析解,只能采用数值计算方法求得。

2. 普朗特尔—雷斯诺极限荷载公式

现考虑一个宽度为 $b$ 的条形基础,埋置深度为 $d$,把基础底面以上的覆盖土层用均布荷载 $q = \gamma d$ 代替,如图 9-8a)所示。当基底作用的荷载达到极限荷载 $p_u$ 时,地基中形成的滑动面将分成三个区(主动应力状态区 I、被动应力状态区 III 及过渡区 II),见图 9-8a)。在滑动土体中取隔离体 $OCDI$,如图 9-8b)所示,根据隔离体 $OCDI$ 上的力系平衡条件,可求得极限荷载。不考虑土体重力时普朗特尔—雷斯诺极限荷载公式,即前述公式(9-20):

$$p_u = q e^{\pi \tan\varphi} \cdot \tan^2\left(\frac{\pi}{4} + \frac{\varphi}{2}\right) + c \cdot \cot\varphi \left[ e^{\pi \tan\varphi} \cdot \tan^2\left(\frac{\pi}{4} + \frac{\varphi}{2}\right) - 1 \right]$$
$$= q \cdot N_q + c \cdot N_c \tag{9-21}$$

### 三、太沙基极限承载力公式

因为在实际中遇到的情况比较复杂,按极限平衡理论计算极限荷载时,无法求得其解析解,而只能用数值计算方法来求解,这就使计算的工作量很大,在实践中应用很不方便。而按照假定滑动面法得到的极限荷载公式在应用上就比较方便。这类极限荷载计算公式很多,目前也没有得到一致公认比较完美的公式,对这些公式的评价,一方面要看它所假定的滑动面与

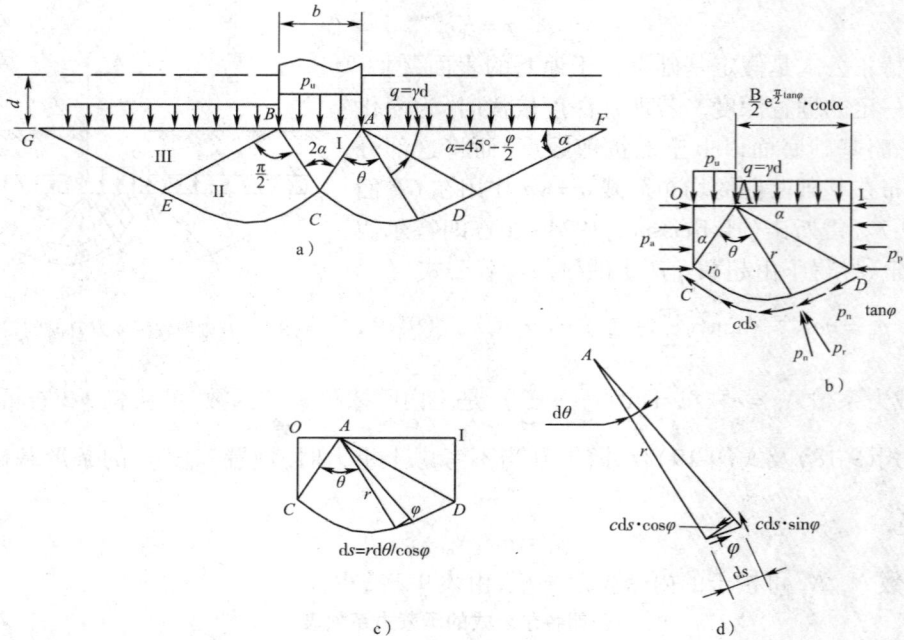

图 9-8　普朗特尔 - 雷斯诺极限荷载公式的推导

实际是否相符,另外还牵涉如何选用土的强度指标。本节仅介绍几种较常应用的极限荷载公式。

这种方法是先假定在极限荷载作用时土中滑动面的形状,然后根据滑动土体的静力平衡条件解析极限荷载。按这种方法得到的极限荷载公式比较简单,使用方便,目前在实践中得到了较多地应用。

太沙基在 1943 年提出了确定条形基础的极限荷载公式。太沙基认为从实用考虑,当基础的长宽比 $\frac{l}{b} \geqslant 5$ 及基础的埋置深度 $d \leqslant b$ 时,就可视为是条形浅基础。基底以上的土体看作是作用在基础两侧的均布荷载 $q = \gamma d$。

太沙基假定基础底面是粗糙的,地基滑动面内的形状如图 9-9 所示,也可分成三个区:Ⅰ区即在基础底面下的土楔 $ABC$,由于假定基底是粗糙的,具有很大的摩擦力,因此 $AB$ 面不会发生剪切位移,Ⅰ区内土体不是处于朗金主动状态,而是处于弹性压密状态,它与基础底面一起移动。太沙基假定滑动面 $AC$(或 $BC$)与水平面成 $\varphi$ 角。Ⅱ区:假定与普朗特尔公式一样,滑

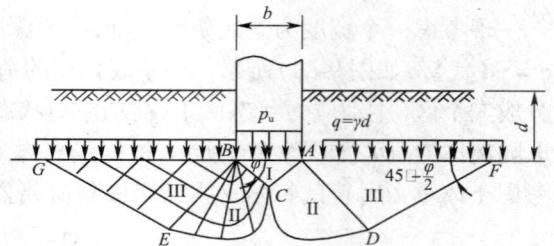

图 9-9　太沙基公式的滑动面形状

动面一组是通过 $A$、$B$ 点的辐射线,另一组是对数螺旋曲线 $CD$、$CE$。前面已经指出,如果考虑二的重度时,滑动面就不会是对数螺旋曲线,目前尚不能求得滑动面的解析解。因此,太沙基是忽略了土的重度对滑动面形状的影响,是一种近似解。由于滑动面 $AC$ 与 $AD$ 间的夹角应该等于 $(\frac{\pi}{2} + \varphi)$,所以对数螺旋曲线在 $C$ 点的切线是竖直的。Ⅲ区是朗金被动状态区,滑动面

206

$AF$ 及 $DF$ 与水平面呈 $(45° - \dfrac{\varphi}{2})$ 角。

若地基发生整体剪切破坏时,太沙基的极限荷载公式:

$$p_u = c\tan\varphi + \frac{2}{B}\left[\frac{1}{8}\gamma B^2 \tan^2\varphi K_\gamma + \frac{1}{2}cb\tan\varphi K_c + \frac{1}{2}qb\tan\varphi K_q\right] - \frac{1}{4}\gamma b\tan\varphi$$

$$= \frac{1}{2}\gamma b\left[\tan\varphi(K_\gamma\tan\varphi - 1)\right] + q\tan\varphi K_q + c\tan\varphi(K_c + 1)$$

$$= \frac{1}{2}\gamma b N_\gamma + q N_q + c N_c \tag{9-22}$$

式中:$K_\gamma$、$K_c$、$K_q$——由土的重度 $\gamma$、黏聚力 $c$ 和超载 $q$ 引起的被动土压力系数。

$N_\gamma$、$N_q$、$N_c$——承载力系数。太沙基导得其表达式如公式(9-23),它们都是无量纲系数,仅与土的内摩擦角 $\varphi$ 有关。

$$\begin{cases} N_\gamma = \frac{1}{2}\tan\varphi(K_\gamma\tan\varphi - 1) \\[2mm] N_q = \dfrac{\exp(\frac{3}{2}\pi - \varphi)\cdot\tan\varphi}{2\cos^2(\frac{\pi}{4} + \frac{\varphi}{2})} \\[2mm] N_c = (N_q - 1)\cdot\cot\varphi \end{cases} \tag{9-23}$$

太沙基在推导 $N_q$、$N_c$ 表达式时,是令 $\gamma = 0$,则滑动面 $CD$、$CE$ 是对数螺旋曲线,其中心点在 $A$ 点(如同普朗特尔解)。在计算 $N_\gamma$ 时,是令 $c = 0$ 及 $q = 0$(也即埋置深度 $d = 0$),这时假定滑动面 $CD$、$CE$ 是对数螺旋曲线,但其中心点位置需试算确定,故公式(9-23)中的 $N_\gamma$ 表达式内的 $K_\gamma$ 值需试算确定。$N_\gamma$ 太沙基建议的半经验公式为:

$$N_\gamma = 1.8N_c\tan^2\varphi \tag{9-24}$$

在表9-3中列出了太沙基得到的 $N_\gamma$、$N_q$、$N_c$ 值。

太沙基公式承载力系数

表9-3

| $\varphi$ | 0 | 5° | 10° | 15° | 20° | 25° | 30° | 35° | 40° | 45° |
|---|---|---|---|---|---|---|---|---|---|---|
| $N_\gamma$ | 0 | 0.51 | 1.20 | 1.80 | 4.0 | 11.0 | 21.8 | 45.4 | 125 | 326 |
| $N_q$ | 1.0 | 1.64 | 2.69 | 4.45 | 7.42 | 12.7 | 22.5 | 41.4 | 81.3 | 173.3 |
| $N_c$ | 5.71 | 7.32 | 9.58 | 12.9 | 17.6 | 25.1 | 37.2 | 57.7 | 95.7 | 172.2 |

上面的公式(9-22)只适用于条形基础,对于圆形或方形基础太沙基提出了半经验的极限荷载公式。

对于圆形基础: $$p_u = 0.6\gamma R N_\gamma + q N_q + 1.2c N_c \tag{9-25}$$

式中:$R$——圆形基础的半径,其余符号意义同前。

对于方形基础: $$p_u = 0.4\gamma b N_\gamma + q N_q + 1.2c N_c \tag{9-26}$$

上述公式(9-22)、式(9-25)、式(9-26)只适用于地基土是整体剪切破坏情况,即地基土较密实,其 $p$—$s$ 曲线有明显的转折点,破坏前沉降不大等情况。对于松软土质,地基破坏是局部剪切破坏,沉降较大,其极限荷载较小。太沙基建议在这种情况下采用较小的 $\varphi'$、$c'$ 值代入上列各式计算极限荷载。即令

$$\tan\varphi' = \frac{2}{3}\tan\varphi \qquad c' = \frac{2}{3}c \tag{9-27}$$

根据 $\varphi'$ 值从表 9-3 中查承载力系数,并用 $c'$ 代入公式计算。

用太沙基极限荷载公式计算地基承载力时,其安全系数应取为 2~3。

### 四、汉森极限承载力公式

在实际工程中,理想中心荷载作用的情况不多,在许多时候荷载是偏心的,甚至是倾斜的,这时情况相对复杂一些,基础可能会整体剪切破坏,也可能水平滑动破坏。其理论破坏形式见图 9-10。

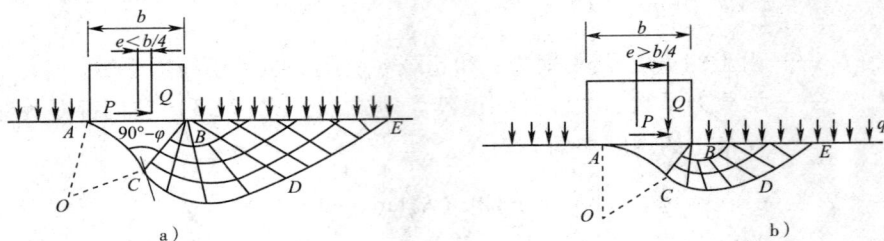

图 9-10  偏心和倾斜荷载下的理论滑动图式

与中心荷载下不同的是,有水平荷载作用时地基的整体剪切破坏沿水平荷载作用方向一侧发生滑动,弹性区的边界面也不对称,滑动方向一侧为平面,另一侧为圆弧,其圆心即为基础转动中心。随着荷载偏心距的增大,滑动面明显缩小。

汉森(J. B. Hansen)和魏锡克(A. S. Vesic)在太沙基理论基础上假定基底光滑,考虑荷载倾斜、偏心、基础形状、地面倾斜、基底倾斜等的影响,对承载力计算提出了修正公式如下:

$$p_{\mathrm{u}} = \frac{1}{2}\gamma b N_r S_r d_r i_r g_r b_r + r d N_q S_q d_q i_q g_q b_q + c N_c S_c d_c i_c g_c b_c \tag{9-28}$$

式中:(1) $S_\gamma$、$S_q$、$S_c$ 为基础的形状系数:

$$S_\gamma = 1 - 0.4\frac{b}{l}i_\gamma \geq 0.6 \qquad\qquad S_c = 1 + \frac{N_q b}{N_c l}$$

取 $\qquad\qquad S_q = 1 + \frac{b}{l}i_q \sin\varphi \qquad$ 或 $\qquad S_q = 1 + \frac{b}{l}\tan\varphi$

$$S_c = 1 + 0.2\frac{b}{l}i_c \qquad\qquad S_\gamma = 1 - 0.4\frac{b}{l}$$

(2) $i_r$、$i_q$、$i_c$ 为荷载倾斜系数:

对于倾斜基底:$i_\gamma = 1 - \dfrac{0.7P}{Q + cA\cot\varphi} > 0$

对于水平基底:$i_\gamma = \left(1 - \dfrac{(0.7 - \eta/45°)P}{Q + cA\cot\varphi}\right)^5 > 0$

$$i_q = \left(1 - \frac{0.5P}{Q + cA\cot\varphi}\right)^5 > 0$$

当 $\varphi = 0$ 时,$i_c = 0.5 + 0.5\sqrt{1 - \dfrac{P}{cA}}$;当 $\varphi > 0$ 时,$i_c = i_q - \dfrac{1 - i_q}{N_q - 1}$。

(3) $d_r$、$d_q$、$d_c$ 深度修正系数:

$$d_r = 1$$

$$d_q = 1 + 2\tan\varphi(1 - \sin\varphi)^2\frac{d}{b}$$

$$d_c = 1 + 0.4 \frac{d}{b}$$

（4）$g_r$、$g_q$、$g_c$ 地面倾斜系数：

$$g_r = g_q = (1 - 0.5\tan\beta)^5$$

$$g_c = 1 - \frac{\beta}{14.7}$$

（5）$b_r$、$b_q$、$b_c$ 基底倾斜系数：

$$b_r = \exp(-2.7\eta\tan\varphi)$$

$$b_q = \exp(-2\eta\tan\varphi)$$

$$b_c = 1 - \eta/14.7$$

上式中 $\beta$ 和 $\eta$ 分别为地面和基底的倾角。

（6）$N_\gamma$、$N_c$、$N_q$ 承载力系数，由下式表示：

$$N_q = e^{\pi\tan\varphi}\tan^2\left(45 + \frac{\varphi}{2}\right)$$

$$N_c = (N_q - 1)\cot\varphi$$

$$N_\gamma = 1.8N_c\tan^2\varphi$$

几点说明：

（1）应用公式时，应满足 $p \leqslant cA + Q\tan\delta$，以保证基底不因水平力过大而产生水平滑动。
其中：$P$——作用在基底上的水平分力；

$Q$——作用在基底上的垂直分力；

$c$——基底与土之间的黏滞力；

$\delta$——基底与土之间的摩擦角；

$A$——基础底面积，$A = l \times b$。

（2）当基底受到偏心荷载作用时，先将其换成有效的基底面积，然后按中心荷载情况下的极限承载力公式进行计算。

若条形基础，其荷载的偏心距为 $e$，则用有效宽度 $b' = b - 2e$ 来代替原来的宽度 $b$。

若是矩形基础，并且在两个方面均有偏心，则用有效面积 $A' = b' \times l'$ 来代替原来的面积 $A$。其中 $b' = b - 2e_b$，$l' = l - 2e_1$。

（3）对于成层土所组成的地基，当各土层的强度相差不大的情况下，汉森建议按下式近似确定持力层的深度。

$$z_{\max} = \lambda b$$

式中：$\lambda$——系数，根据土层平均内摩擦角和荷载的倾角 $\beta$ 从下表查出；

$b$——基础的原宽度。

$\lambda$ 值                       表9-4

| $\varphi(°)$ <br> $\tan\beta$ | $\leqslant 20$ | $21 \sim 35$ | $36 \sim 45$ |
|---|---|---|---|
| $\leqslant 0.2$ | 0.6 | 1.20 | 2.00 |
| $0.21 \sim 0.30$ | 0.4 | 0.90 | 1.60 |
| $0.31 \sim 0.40$ | 0.2 | 0.60 | 1.20 |

持力层范围内土的容重和强度指标按层厚求其平均值：

$$\bar{r} = \frac{\sum \gamma_i h_i}{\sum h_i}, \quad \bar{c} = \frac{\sum c_i h_i}{\sum h_i}, \quad \bar{\varphi} = \frac{\sum \varphi_i h_i}{\sum h_i}$$

式中，$\gamma_i$、$c_i$、$\varphi_i$ 分别为第 $i$ 土层的重度、黏聚力和内摩擦角，$h_i$ 为第 $i$ 层的厚度。

# 第四节　地基容许承载力

地基容许承载力是指在保证地基不发生剪切破坏且基础沉降量不超过允许值时，地基土单位面积上所能承受荷载的能力，单位为 kPa，用 $[f_a]$ 表示。地基容许承载力是和土的性质，基础宽度以及基础埋置深度这三个因素有关。下面介绍《公路桥涵地基与基础设计规范》（JTG D63—2007，下简称《公桥基规》）提供的经验公式和数据确定地基容许承载力方法，其步骤是：

1. 确定土的分类名称

根据塑性指数、粒径、工程地质特性等通常把地基土分为 6 类，即黏性土、粉土、砂土、碎石土、岩石及特殊性岩土。

2. 确定土的状态

土的状态是指土层所处的天然松密和稠度状况。黏性土的天然状态是按液性指数（即稠度指数）分为坚硬、硬塑、可塑、软塑和流塑 5 个状态；砂土和碎卵石土则按密实度分为密实、中密、稍松及松散 4 个状态。

3. 确定地基土的基本容许承载力 $[f_{a0}]$

当基础最小边宽度为 $b \leqslant 2m$、埋置深度 $d \leqslant 3m$ 时，各类地基土的基本容许承载力 $[f_{a0}]$，首先考虑由载荷试验或其他原位试验取得，对中小桥、涵洞地基，也可直接自规范查取。一般黏性和砂土可从表 9-5 和表 9-6 中查取 $[f_{a0}]$。

一般性黏土的基本容许承载力 $[f_{a0}]$（kPa）　　表 9-5

| $[f_{a0}]$ ＼ $I_L$ ＼ $e$ | 0 | 0.1 | 0.2 | 0.3 | 0.4 | 0.5 | 0.6 | 0.7 | 0.8 | 0.9 | 1.0 | 1.1 | 1.2 |
|---|---|---|---|---|---|---|---|---|---|---|---|---|---|
| 0.5 | 450 | 440 | 430 | 420 | 400 | 380 | 350 | 310 | 270 | 240 | 220 | — | — |
| 0.6 | 420 | 410 | 400 | 380 | 360 | 340 | 310 | 280 | 250 | 220 | 200 | 180 | — |
| 0.7 | 400 | 370 | 350 | 330 | 310 | 290 | 270 | 240 | 220 | 190 | 170 | 160 | 150 |
| 0.8 | 380 | 330 | 300 | 280 | 260 | 240 | 230 | 210 | 180 | 160 | 150 | 140 | 130 |
| 0.9 | 320 | 280 | 260 | 240 | 220 | 210 | 190 | 180 | 160 | 140 | 130 | 120 | 100 |
| 1.0 | 250 | 230 | 220 | 210 | 190 | 170 | 160 | 150 | 140 | 120 | 110 | — | — |
| 1.1 | — | — | 160 | 150 | 140 | 130 | 120 | 110 | 100 | 90 | — | — | — |

注：1. 一般黏性土是指第四纪全新世（$Q_4$）（文化期以前）沉积的黏性土，一般为正常的黏性土。

　　2. 土中含有粒径大于 2mm 的颗粒重量超过全部重量 30% 以上的，$[f_{a0}]$ 可酌量提高。

　　3. 当 $e < 0.5$ 时，取 $e = 0.5$；$I_L < 0$ 时，取 $I_L = 0$。此外，超过表列范围的一般黏性土，$[f_{a0}]$ 可按公式 $[f_{a0}] = 57.22 E_a^{0.57}$ 计算。

砂土的容许承载力[$f_{a0}$]（kPa）　　　　　表 9-6

| 土名 | [$\sigma_0$] / 湿度 | 密　实 | 中　密 | 松　散 |
|---|---|---|---|---|
| 砾砂、粗砂 | 与湿度无关 | 550 | 400 | 200 |
| 中砂 | 与湿度无关 | 450 | 350 | 150 |
| 细砂 | 水上 | 350 | 250 | 100 |
| 细砂 | 水下 | 300 | 200 | — |
| 粉砂 | 水上 | 300 | 200 | — |
| 粉砂 | 水下 | 200 | 100 | — |

### 4. 地基容许承载力[$f_a$]的确定

当基础宽度 $b$ 超过 2m，基础埋置深度 $h$ 超过 3m，且 $h/b \leqslant 4$ 时，地基的容许承载力，按下式计算：

$$[f_a] = [f_{a0}] + k_1\gamma_1(b-2) + k_2\gamma_2(h-3) \tag{9-29}$$

式中：$[f_a]$——地基土修正后的容许承载力，kPa；

$[f_{a0}]$——地基土的基本容许承载力，kPa；

$b$——基础底面的最小边宽（或直径），当 $b < 2$m 时，取 $b = 2$m；当 $b > 10$m 时，按 10m 计算；

$h$——基础底面的埋置深度，m，自天然地面起算，对于受水流冲刷的基础，由一般冲刷线算起；当 $h < 3$m 时，取 $h = 3$m；当 $h/b > 4$ 时，取 $h = 4b$；

$\gamma_1$——基底下持力层土的天然重度，kN/m³。如持力层在水面以下且为透水者，应采用浮重度 $\gamma'$；

$\gamma_2$——基底以上土的重度，kN/m³ 或不同土层的加权平均重度。如持力层在水面以下，且为不透水者，不论基底以上土的透水性质如何，应一律采用饱和重度；如持力层为透水者，水中部分土层采用浮重度；

$k_1$、$k_2$——地基土容许承载力随基础宽度、深度的修正系数，按持力层土决定，见表 9-7。

当基础位于水中不透水地层上时，[$f_a$] 按平均常水位至一般冲刷线的水深每米再增大 10kPa。

地基土容许承载力宽度、深度修正系数　　　　　表 9-7

| 土的类别 | 特　性　土 | | | | | 黄　土 | | | 砂　土 | | | | | | | | 碎石土 | | | |
|---|---|---|---|---|---|---|---|---|---|---|---|---|---|---|---|---|---|---|---|---|
| | 老黏性土 | 一般性黏土 | | 新近沉积黏性土 | 残积黏性土 | 新近堆积黄土 | 一般新黄土 | 老黄土 | 粉砂 | | 细砂 | | 中砂 | | 砾砂粗砂 | | 碎石角砾圆砾 | | 卵石 | |
| | | $I_l \geqslant 0.5$ | $I_l < 0.5$ | | | | | | 中密 | 密实 | 中密 | 密实 | 中密 | 密实 | 中密 | 密实 | 中密 | 密实 | 中密 | 密实 |
| $k_1$ | 0 | 0 | 0 | 0 | 0 | 0 | 0 | 0 | 1.0 | 1.2 | 1.5 | 2.0 | 2.0 | 3.0 | 3.0 | 4.0 | 3.0 | 4.0 | 3.0 | 4.0 |
| $k_2$ | 2.5 | 1.5 | 2.5 | 1.0 | 1.5 | 1.0 | 1.5 | 1.5 | 2.0 | 2.5 | 3.0 | 4.0 | 4.0 | 5.5 | 5.0 | 6.0 | 5.0 | 6.0 | 6.0 | 10.0 |

注：1. 对于稍松状态的砂土和松散状态的碎石土，$k_1$、$k_2$ 值可采用列表中数值的 50%。

2. 节理不发育或较发育的岩石不作宽、深修正，节理发育或很发育的岩石，$k_1$、$k_2$ 可参照碎石的系数。但对已风化成砂、土状者，则参照砂土、黏性土的系数。

3. 冻土的 $k_1 = 0$；$k_2 = 0$。

还应指出:列入规范的地基承载力表,实际是一种工程经验的总结,对工程实践有重要的参考价值。但是将地基容许承载力的取用方法归结为查表,不能考虑更多的因素,不利于人们对地基承载力复杂的客观规律的认识,理论上是有害的。实践上,应总结结合工程要求确定地基承载力的经验,根据工程实际情况进行必要的试验综合分析来确定地承载力。

## 思 考 题

1. 何谓地基承载力? 地基土的破坏模式有哪几种? 各有何特征? 影响地基土的破坏模式的因素有哪些?

2. 何谓塑性区? 地基临塑荷载和地基临界荷载物理意义是什么? 怎样计算地基临塑荷载和地基临界荷载? 有何工程意义?

3. 如何根据土体极限平衡理论确定浅基础的地基极限承载力?

4. 什么是地基的极限荷载? 极限荷载常用的计算公式有哪些? 各公式的适应条件?

5. 临塑荷载、塑性荷载及极限荷载三者有什么关系?

## 习 题

1. 一条形基础宽 10m,埋深 2m,地基土为匀质黏土,土的黏聚力 $c = 12$kPa,内摩擦角 $\varphi = 15°$,地下水与基础底面平齐,该面以上土的天然重度为 18kN/m³,以下土的饱和重度为 19kN/m³,试计算地基临塑荷载 $p_{cr}$ 和塑性荷载 $p_{\frac{1}{4}}$。

2. 某条形基础,宽 $b = 3.5$m,基础埋深 $d = 2.4$m。地基土为黏性土,土的天然重度为 18.0kN/m³,土的内摩擦角 $\varphi = 18°$,土的黏聚力 $c = 10$kPa,孔隙比 $e_0 = 0.9$,液性指数 $I_L = 0.8$。地下水位深 7.8m。

(1)地基若发生整体剪切破坏,试采用太沙基公式计算地基的极限荷载和地基容许承载力?

(2)采用《公路桥涵地基与基础设计规范》计算地基容许承载力。

3. 某条形基础基底宽度 $b = 3.0$m,基础埋深 $d = 2.0$m,地下水位接近地面。地基为砂土,饱和重度 $\gamma_{sat} = 21$kN/m³,内摩擦角 $\varphi = 30°$,荷载为中心荷载。求:

(1)地基的临界荷载 $p_{cr}$ 和塑性荷载 $p_{\frac{1}{4}}$;

(2)若基础埋深 $d$ 不变,基底宽度 $b$ 加大一倍,求地基的临界荷载 $p_{cr}$ 和塑性荷载 $p_{\frac{1}{4}}$;

(3)若基底宽度 $b$ 不变,基础埋深加大一倍,求地基的临界荷载 $p_{cr}$ 和塑性荷载 $p_{\frac{1}{4}}$;

(4)从上述计算结果可以发现什么规律?

# 第十章　天然地基上的浅基础设计

**教学内容**：作用及其效应组合，浅基础的类型及适用条件，刚性扩大基础的设计与计算。
**教学要求**：掌握作用的计算及作用效应组合，掌握刚性扩大基础的设计与计算方法。
**教学重点**：刚性扩大基础的设计计算方法。

## 第一节　概　　述

地面上的任何结构物都要建造在一定的地层上，结构物的全部作用都要由它下面的地层来承担。受结构物影响的那一部分地层称为地基，结构物与地基接触的部分称为基础。桥梁上部结构为桥跨结构，而下部结构包括桥墩、桥台及其基础。基础工程包括结构物的地基与基础的设计与施工。

地基与基础承受各种作用后，其本身将产生附加的应力和变形。为了确保建筑物的使用与安全，地基与基础必须具有足够的强度和稳定性，且变形也必须在允许范围内。根据地层变化情况、上部结构的要求、作用特点和施工技术水平，可采用不同类型的地基与基础。

地基可分为天然地基与人工地基。直接放置基础的天然土层称为天然地基。若天然地层土质过于软弱或者有不良的工程地质问题，需要经过人工加固或处理后才能修筑基础，这种地基称为人工地基。

基础根据埋置深度分为浅基础和深基础。将埋置深度较浅（一般不超过5m或者埋深小于基础的宽度），且施工简单的基础称为浅基础；由于土质不良，需将基础置于较深的强度较高的土层上，且施工较复杂的基础称为深基础（通常大于5m）。基础埋置在土层内深度虽较浅，但在水下部分较深，如深水中桥墩基础，称为深水基础，设计和施工中有些问题需要作为深基础考虑。公路桥梁及人工构造物常用天然地基上的浅基础，当受各种因素的影响需要设置深基础时，常采用桩基础或沉井基础。我国公路桥梁设计和施工中，最常用的深基础是桩基础。

### 一、基础工程设计与施工所需资料

桥梁的地基与基础在设计及施工开始之前，除了应掌握有关全桥的资料，包括上部结构形式、跨径、作用、墩台结构等及国家颁发的桥梁设计和施工技术规范外，还应注意地质、水文资料的搜集和分析，重视土质和建筑材料的调查与试验。主要应掌握的地质、水文、地形等资料如表10-1所列，其中各项资料内容范围可根据桥梁工程规模、重要性及建桥地点工程地质、水文条件的具体情况和设计阶段确定取舍。资料取得的方法和具体规定可参阅《公路工程地质》、《土质学与土力学》及《桥涵水文》等有关教材和手册。

### 1. 桥位(包括桥头引道)平面图及拟建上部结构及墩台形式、总体构造及有关设计资料

大中型桥梁基础在进行初步设计时,应掌握经过实地测绘和调查取得的桥位地形、地貌、洪水泛滥线、河道主河槽和河床位置等资料及绘成的地形平面图,比例为1:500~1:5000,测绘范围应根据桥梁工程规模、重要性和河道情况确定。若桥址有不良工程地质现象,如滑坡、崩坍和泥石流等以及河道弯曲、主支流会合、河岔、河心滩和活动沙洲等,均应在图上标示出。

桥梁上部结构的形式、跨径和墩台的结构形式、高度、平面尺寸等对地基与基础设计方案的选择和具体的设计计算都有很大的制约作用,如超静定结构的上部结构对地基、基础的沉降有较严格的要求,上部结构、墩台的永久作用和可变作用是地基基础的主要作用,除了特殊情况,基础工程的设计作用标准、等级应与上部结构一致,因此应全面获得上部结构及墩台的总体设计资料。

### 2. 桥位工程地质勘测报告及桥位地质纵剖面图

对桥位地质构造进行工程评价的主要资料,包括河谷的地质构造、桥位及附近地层的岩性,如地质年代、成因、层序、分布规律及其工程性质(产状、构造、结构、岩层完整及破碎程度、风化程度等),以及覆盖层厚度和土层变化关系等资料,应说明建桥地点一定范围各种不良工程地质现象或特殊地貌(如溶洞、冲沟、陡崖等)的成因、分布范围、发展规律及其对工程的影响(小型桥梁及地质条件单一的地点,勘测报告可以省略)。

### 3. 地基土质调查试验报告

在进行施工详图及施工设计时,应掌握地基土层的类别及物理力学性质。可通过工程地质勘测时调查、钻(挖)取各层地基上足够数量的原状土(岩)样,用室内或原位试验方法得到各层土的物理力学指标,如颗粒级配、塑性指数、液性指数、天然含水率、密度、孔隙比、抗剪强度指标、压缩特性、渗透性指标以及必要时的荷载试验、岩石抗压强度试验等的结果。将这些结果编制成表,在绘制成的土(岩)柱状剖面图中予以说明。

因为需要根据土质调查试验报告评定各土层的强度和稳定性,报告中应有各层土的颜色、结构、密实度和状态等的描述资料,对岩石还应包括有关风化、节理、裂隙和胶结等情况的说明。地基土质调查资料还应包括地下水及其随季节升降的标高,在冰冻地区应掌握土层的冻结深度、冻融情况及有关冻土力学数据。

如地基内遇到湿陷性黄土、多年冻土、软黏土、含大量有机质土或膨胀土、盐碱土时,对这些土层的特性还应有专门的试验资料,如湿陷性指标、冻土强度、可溶盐和有机质含量等。

### 4. 河流水文调查资料

设计桥梁墩台的基础,要有通过计算和调查取得的比较可靠的设计冲刷深度数据,并了解设计洪水频率的最高洪水位、低水位和常年水位及流量、流速、流向变化情况,河流的下蚀、侵蚀和河床的稳定性,架桥地点河槽、河滩、阶地淹没情况,并应注意收集河流变迁情况和水利设施及规划,如表10-1所示。在沿海地区尚应了解潮汐、潮流有关资料及对桥梁的影响。还应有河水及地下水侵蚀性的检验资料。

**基础工程有关设计和施工需要的地质、水文、地形及现场各种调查资料**　　　　表 10-1

| 资料种类 | | 资料主要内容 | 资料用途 |
|---|---|---|---|
| 桥位平面图（或桥址地形图） | | 1. 桥位地形；<br>2. 桥位附近地貌、地物；<br>3. 不良工程地质现象的分布位置；<br>4. 桥位与两端路线平面关系；<br>5. 桥位与河道平面关系 | 1. 桥位的选择，下部结构位置的研究；<br>2. 施工现场的布置；<br>3. 地质概况的辅助资料；<br>4. 河岸冲刷及水流方向改变的估计；<br>5. 墩台、基础防护构造物的布置 |
| 桥位工程地质勘测报告及工程地质纵剖面图 | | 1. 桥位地质勘测调查资料，包括河床地层分层土（岩）类及岩性，层面标高，钻孔位置及钻孔柱状图；<br>2. 地质、地史资料的说明；<br>3. 不良工程地质现象及特殊地貌的调查勘测资料 | 1. 桥位、下部结构位置的选定；<br>2. 地基持力层的选定；<br>3. 墩台高度、结构形式的选定；<br>4. 墩台、基础防护构造物的布置 |
| 地基土质调查试验报告 | | 1. 钻孔资料；<br>2. 覆盖层及地基土（岩）层状生成分布情况；<br>3. 分层土（岩）质物理、力学试验资料；<br>4. 荷载试验报告；<br>5. 地下水位调查 | 1. 分析和掌握地基的层状；<br>2. 地基持力层及基础埋置深度的研究与确定；<br>3. 地基各土层强度及有关计算参数的选定；<br>4. 基础类型和构造的确定；<br>5. 基础沉降计算 |
| 河流水文调查报告 | | 1. 桥位附近河道纵横断面图；<br>2. 有关流速、流量、水位调查资料；<br>3. 各种冲刷深度的计算资料；<br>4. 通航等级、漂浮物、流冰调查资料； | 1. 确定根据冲刷要求基础的埋置深度；<br>2. 桥墩身水平作用计算；<br>3. 施工季节、施工方法的研究 |
| 其他调查资料 | 地震 | 1. 地震记录；<br>2. 震害调查 | 1. 确定抗震设计强度；<br>2. 抗震设计方法和抗震措施的确定；<br>3. 地基土振动液化和岸坡滑移分析研究 |
| | 建筑材料 | 1. 就地可采取、可供应的建筑材料种类、数量、规格、质量、运距等；<br>2. 当地工业加工能力、运输条件；<br>3. 工程用水调查 | 1. 下部结构采用材料种类的确定；<br>2. 就地供应材料的计算和计划安排 |
| | 气象 | 1. 当地气象台有关气温变化、降水量、风向风力等记录资料；<br>2. 实地调查采访记录 | 1. 气温变化的确定；<br>2. 基础埋置深度的确定；<br>3. 风压的确定；<br>4. 施工季节和方法的确定 |
| | 附近桥梁的调查 | 1. 附近桥梁结构形式、设计书、图纸、现状；<br>2. 地质、地基土（岩）性质；<br>3. 河道变动、冲刷、淤积情况；<br>4. 营运情况及墩台变形情况 | 1. 掌握架桥地点地质、地基土情况；<br>2. 基础埋置深度的参考；<br>3. 河道冲刷和改道情况的参考 |
| | 施工调查资料 | | 1. 施工方法及施工适宜季节的确定；<br>2. 工程用地的布置；<br>3. 工程材料、设备供应、运输方案拟订；<br>4. 工程动力及临时设备的规划；<br>5. 施工临时结构的规划 |

## 二、作用与作用效应组合

在我国现行的公路桥梁设计规范中,作用分为永久作用、可变作用和偶然作用。永久作用(恒载)是指结构在设计使用期内其值不随时间变化,或其变化与平均值相比可忽略不计的作用;可变作用是指结构在设计使用期内其值随时间变化,且其变化与平均值相比不可忽略的作用;偶然作用是指结构在设计使用期内不一定出现,但一旦出现,其值很大,且持续时间很短的作用。

作用在桥梁墩台上的永久作用包括结构自重、预应力、土的重力、土侧压力、混凝土收缩及徐变作用、水的浮力及基础变位作用等;可变作用包括汽车荷载、汽车冲击力、汽车离心力、汽车引起的土侧压力、人群荷载、汽车制动力、风荷载、流水压力、冰压力、温度作用和支座摩阻力等;偶然作用包括地震作用、船舶或漂浮物的撞击作用、汽车撞击作用。

各种作用和外力并非同时作用于桥梁上,它们发生的几率也各不相同,因此在设计桥涵的时候,应根据结构物的特性,考虑它们同时作用的可能性进行适当的组合。

基础结构设计的效应组合采用下列规定方式:

### 1. 基本组合和偶然组合

按承载能力极限状态设计时,结构构件自身承载力及稳定性应采用作用效应基本组合和偶然组合进行验算。

1)基本组合

承载力极限状态设计时,永久作用设计值效应与可变作用设计值效应的组合,其效应组合表达式为:

$$\gamma_0 S_{ud} = \gamma_0 \left( \sum_{i=1}^{m} \gamma_{Gi} S_{Gik} + \gamma_{Q1} S_{Q1k} + \psi_c \sum_{j=2}^{n} \gamma_{Qj} S_{Qjk} \right) \tag{10-1}$$

或

$$\gamma_0 S_{ud} = \gamma_0 \left( \sum_{i=1}^{m} S_{Gid} + S_{Q1d} + \psi_c \sum_{j=2}^{n} S_{Qjd} \right) \tag{10-2}$$

式中: $S_{ud}$ ——承载力极限状态下作用基本组合的效应组合设计值;

$\gamma_0$ ——结构重要性系数,对应于设计安全等级一级、二级和三级分别取 1.1、1.0 和 0.9;

$\gamma_{Gi}$ ——第 $i$ 个永久作用效应的分项系数,按《公路桥涵设计通用规范》(JTG D60—2004)取用;

$S_{Gik}$、$S_{Gid}$ ——第 $i$ 个永久作用效应的标准值和设计值;

$\gamma_{Q1}$ ——汽车荷载效应(含汽车冲击力、离心力)的分项系数,取 1.4;

$S_{Q1k}$、$S_{Q1d}$ ——汽车荷载效应(含汽车冲击力、离心力)的标准值和设计值;

$\gamma_{Qj}$ ——在作用效应组合中除汽车荷载效应、风荷载外的其他第 $j$ 个可变作用效应的分项系数,取 $\gamma_{Qj} = 1.4$,但风荷载的分项系数取 $\gamma_{Qj} = 1.1$;

$\psi_c$ ——在作用效应组合中除汽车荷载效应外的其他可变作用效应的组合系数。

$S_{Qjk}$、$S_{Qjd}$ ——在作用效应组合中除汽车荷载效应(含汽车冲击力、离心力)外的其他第 $j$ 个可变作用效应的标准值和设计值。

2)偶然组合

承载力极限状态设计时,永久作用标准值效应与可变作用某种代表值效应、一种偶然作用标准值效应的组合。偶然作用效应的分项系数取 1.0。

### 2. 短期效应组合和长期效应组合

当基础结构需要进行正常使用极限状态设计时,可采用作用短期效应组合和长期效应组合。

1)短期效应组合

正常使用极限状态设计时,永久作用标准值效应与可变作用频遇值效应的组合,其效应组合表达式为:

$$S_{sd} = \sum_{i=1}^{m} S_{Gik} + \sum_{j=1}^{n} \psi_{1j} S_{Qjk} \tag{10-3}$$

式中:$S_{sd}$——作用短期效应组合设计值;

$\psi_{1j}$——第 $j$ 个可变作用效应的频遇值系数,汽车荷载(不计冲击力)$\psi_1 = 0.7$,人群荷载 $\psi_1 = 1.0$,风荷载 $\psi_1 = 0.75$,其他作用 $\psi_1 = 1.0$。

$\psi_{1j} S_{Qjk}$——第 $j$ 个可变作用效应的频遇值。

2)长期效应组合

正常使用极限状态设计时,永久作用标准值效应与可变作用准永久值效应的组合,其效应组合表达式为:

$$S_{ld} = \sum_{i=1}^{m} S_{Gik} + \sum_{j=1}^{n} \psi_{2j} S_{Qjk} \tag{10-4}$$

式中:$S_{ld}$——作用长期效应组合设计值;

$\psi_{2j}$——第 $j$ 个可变作用效应的准永久值系数,汽车荷载(不计冲击力)$\psi_2 = 0.4$,人群荷载 $\psi_2 = 0.4$,风荷载 $\psi_2 = 0.75$,其他作用 $\psi_2 = 1.0$。

$\psi_{2j} S_{Qjk}$——第 $j$ 个可变作用效应的准永久值。

### 三、作用计算

公路桥涵设计时,对不同的作用应取不同的代表值。

永久作用应采用标准值作为代表值;可变作用应根据不同的极限状态分别采用标准值、频遇值或准永久值作为其代表值。承载力极限状态设计及按弹性阶段计算结构强度时应采用标准值作为可变作用的代表值;正常使用极限状态按短期效应(频遇)组合设计时,应采用频遇值作为可变作用的代表值;按长期效应(准永久)组合设计时,应采用准永久值作为可变作用的代表值。偶然作用取其标准值作为代表值。

永久作用的标准值,对结构自重(包括结构附加重力),可按结构构件的设计尺寸与材料的重度计算确定。

主要可变作用的标准值可分别按下列方法计算:

#### 1. 汽车荷载

汽车荷载分为公路—Ⅰ级和公路—Ⅱ级两个等级。

汽车荷载由车道荷载和车辆荷载组成。

车道荷载由均布荷载和集中荷载组成,桥梁结构的整体计算采用车道荷载,其计算图式见《公路桥涵设计通用规范》(JTG D60—2004)。车道荷载的均布荷载标准值应满布于使结构产生最不利效应的同号影响线上,集中荷载标准值只作用于相应影响线中一个最大影响线峰值处。公路—Ⅱ级车道荷载的均布荷载标准值和集中荷载标准值按公路—Ⅰ级车道荷载的0.75倍采用。

桥梁结构的局部加载、涵洞、桥台和挡土墙土压力等的计算采用车辆荷载,其立面、平面尺寸见《公路桥涵设计通用规范》(JTG D60—2004),公路—Ⅰ级和公路—Ⅱ级采用相同的车辆荷载标准值。车辆荷载与车道荷载的作用不得叠加。

## 2. 汽车荷载冲击力

汽车荷载冲击力标准值为汽车荷载标准值乘以冲击系数 $\mu$，冲击系数可按以下方法计算：

当 $f < 1.5\,Hz$ 时，$\qquad\qquad \mu = 0.05$

当 $1.5\,Hz \leqslant f \leqslant 14\,Hz$ 时，$\qquad \mu = 0.1767\ln f - 0.0157$

当 $f > 14\,Hz$ 时，$\qquad\qquad \mu = 0.45$

式中：$f$——结构基频，Hz。

汽车荷载的局部加载及在 T 梁、箱梁悬臂板上的冲击系数采用 1.3。

## 3. 汽车荷载离心力

当弯道桥的曲线半径等于或小于 250m 时，应计算汽车荷载引起的离心力。汽车荷载离心力标准值为车辆荷载标准值乘以离心力系数。计算多车道桥梁汽车荷载离心力时应乘以横向折减系数；离心力的着力点在桥面以上 1.2m 处（为计算方便也可移至桥面上，不计由此引起的作用效应）。

## 4. 人群荷载

当桥梁计算跨径小于或等于 50m 时，人群荷载标准值为 3.0kN/m²；当桥梁计算跨径等于或大于 150m 时，人群荷载标准值为 2.5kN/m²；当桥梁计算跨径 50～150m 时，可线性内插得到人群荷载标准值。人群荷载在横向应布置在人行道的净宽度内，在纵向施加于使结构产生最不利荷载效应的区段内。

## 5. 汽车荷载制动力

汽车荷载制动力按同向行驶的汽车荷载（不计冲击力）计算。一个设计车道上由汽车荷载产生的制动力标准值按车道荷载标准值在加载长度上计算的总重力的 10% 计算，但公路—Ⅰ级汽车荷载的制动力标准值不得小于 165kN；和公路—Ⅱ级汽车荷载的制动力标准值不得小于 90kN。同向行驶双车道的汽车荷载制动力标准值为一个设计车道制动力标准值的 2 倍，同向行驶三车道为一个设计车道制动力标准值的 2.34 倍；同向行驶四车道为一个设计车道制动力标准值的 2.68 倍。制动力的着力点在桥面以上 1.2m 处，为计算方便也可移至支座铰中心或支座底座面上，不计由此引起的竖向力合力矩效应。

## 6. 作用在桥墩上的流水压力

作用在桥墩上的流水压力标准值可按下式计算：

$$F_w = KA \frac{\gamma w V^2}{2g} \tag{10-5}$$

式中：$F_w$——流水压力标准值；

$K$——桥墩形状系数，具体取值见《公路桥涵设计通用规范》；

$A$——桥墩阻水面积，计算至一般冲刷线；

$V$——设计流速。

流水压力合力的着力点，假定在设计水位以下 0.3 倍水深处。

## 7. 支座摩阻力

支座摩阻力标准值按下式计算：

$$F = \mu W \tag{10-6}$$

式中：$W$——作用于活动支座上由上部结构重力产生的效应；

218

$\mu$——支座的摩擦系数,无实测数据时,可按《公路桥涵设计通用规范》规定采用。

可变作用频遇值为可变作用标准值乘以频遇值系数 $\psi_1$。可变作用准永久值为可变作用标准值乘以准永久值系数 $\psi_2$。

偶然作用应根据调查、试验资料,结合工程经验确定其标准值。

作用的设计值规定为作用的标准值乘以相应的作用分项系数。

### 四、基础工程设计计算步骤与原则

地基、基础、墩台和上部结构是共同工作且相互影响的,地基的任何变形都必定引起基础、墩台和上部结构的变形;不同类型的基础也会影响上部结构的受力和工作;上部结构的力学特征也必然对基础的类型与地基的强度、变形和稳定条件提出相应的要求,地基和基础的不均匀沉降对于超静定的上部结构的影响较大,较小的基础沉降差就会引起上部结构产生较大的内力。同时合理的上部结构、墩台结构形式也具有调整地基基础的受力,改善位移情况的能力。因此,基础工程应紧密结合上部结构、墩台特性和要求进行;上部结构的设计也应充分考虑地基的特点,把整个结构物作为一个整体,考虑其整体作用和各个组成部分的共同作用。全面分析结构物整体和各组成部分的设计可行性、安全性和经济性;把强度、变形和稳定性与现场条件、施工条件紧密地结合起来,全面分析,综合考虑。

基础工程设计计算的目的是设计一个安全、经济和可行的地基基础,以保证结构物的安全和正常使用,因此,基础工程设计计算的基本原则是:

(1)基础底面的应力小于地基的容许承载力;

(2)地基及基础的变形值小于结构物要求的沉降值;

(3)地基及基础整体稳定有足够保证;

(4)基础本身的强度满足要求。

地基与基础方案的确定主要取决于地基土层的工程性质与水文地质条件、作用特性、上部结构的结构形式及使用要求,以及材料的供应和施工技术等因素。方案选择的原则是:力求使用上安全可靠、施工技术上简便可行和经济上合理。因此,必要时应作不同方案的比较,从中选出较为适宜与合理的设计方案和施工方案。

天然地基上浅基础的设计通常按如下步骤进行:

(1)阅读和分析建筑物场地的地质勘察资料和建筑物的设计资料,开展相应的现场勘察和调查;

(2)选择基础的结构类型和建筑材料;

(3)选择持力层,确定合适的基础埋置深度;

(4)初步拟定基础的尺寸,确定地基的承载力和作用在基础上的作用效应组合;

(5)进行地基与基础的计算,包括地基强度验算、地基变形和稳定性以及基础的合力偏心距、基础的稳定性验算等。

## 第二节　浅基础的类型与构造

浅基础由于埋入地层较浅,设计计算时可以忽略基础侧面土体对基础的影响,如不计基础侧边与土间的摩阻力等;施工方法也较简单,而深基础则在设计计算中需考虑侧面土体对基础的影响,施工方法也稍复杂。

## 一、浅基础的类型和适用条件

天然地基上的浅基础是较经济、方便、最常用的基础类型。

天然地基上的浅基础,根据受力条件及构造可分为刚性基础和柔性基础两大类。

### 1. 刚性基础

刚性基础具有非常大的抗弯刚度,受荷后基础不发生挠曲。因此,原来是平面的基底,沉降后仍然保持为平面。如果基础的合力通过基底形心,则沿基底的沉降处处相同。而当作用偏心时,沉降后基底为一倾斜平面。当基础在外力(包括基础自重)作用下,基底承受着强度为 $\sigma$ 的反力,基础的悬出部分(如图 10-1b)即 $a—a$ 断面左端,相当于承受着强度为 $\sigma$ 的均布作用的悬臂梁,在荷载作用下,$a—a$ 断面将产生弯曲拉应力和剪应力。当基础圬工具有足够的截面使材料的容许应力大于由地基反力产生的弯曲拉应力和剪应力时,$a—a$ 断面不会出现裂缝,这时,基础内不需配置受力钢筋,这种基础称为刚性基础。它是桥梁、涵洞和房屋建筑常用的基础类型。其形式有刚性扩大基础、柱下单独基础、条形基础等。

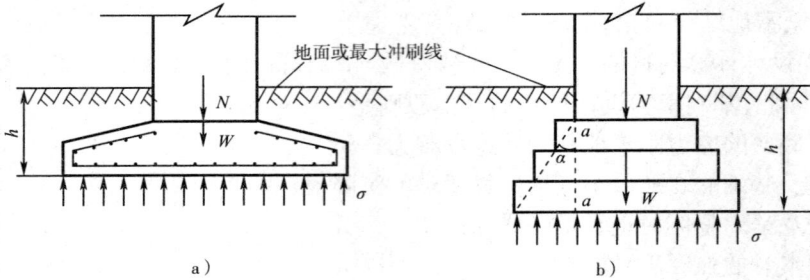

图 10-1 柔性基础和刚性基础示例

刚性基础的特点是稳定性好,施工简便,能承受较大的作用。所以只要地基基础强度能满足要求,它是桥涵、房屋、公共设施等结构物首先考虑的基础形式。它的主要缺点是自重大,并且在持力层为软弱土时,由于基础底面积受一定限制,需要对地基进行处理或加固后才能采用,否则会因所受的压力超过地基强度而影响结构物的正常使用。因此对于作用大、上部结构对差异变形量较为敏感的结构物,当持力层土质较差又较厚时,刚性基础作为浅基础是不适宜的。

刚性基础的材料都具有较好的抗压性能,但抗拉、抗剪强度不高。设计时必须保证发生在基础内的拉应力和剪应力不超过相应材料的强度设计值。设自柱身(或墩、台身)边缘处的垂线与基础边缘连线间的夹角为 $\alpha$(如图 10-1b),既能保证基础安全,又能充分发挥材料强度的最大夹角 $\alpha_{max}$ 称为刚性角。刚性基础只要满足刚性角的要求(即 $\alpha \leqslant \alpha_{max}$),就是安全的。刚性角的正切值称为容许宽高比。设计时,基础的悬出长度与高度之比以及每个台阶的宽度与厚度之比,都要满足容许宽高比的要求。

图 10-2 所示为房屋建筑中常用的两种刚性基础(无筋扩展基础)形式,一般只可以用于 6 层及 6 层以下的民用建筑和砌体重的厂房。设计时,一般先选择适当的基础埋置深度 $d$ 和基础底面尺寸。设基底宽为 $b$,基础顶面处的上部砌体宽度为 $b_0$,则满足刚性角 $\alpha$ 要求的基础构造高度 $H_0$ 有下式关系:

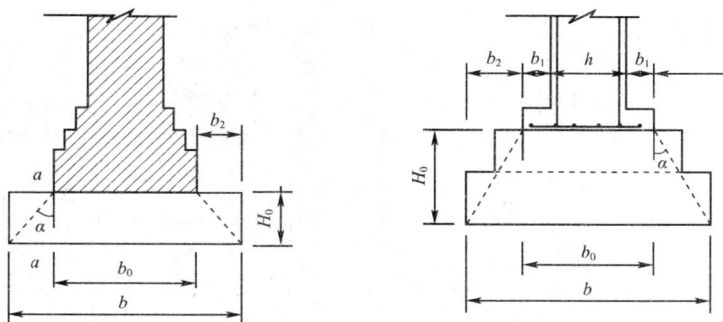

图 10-2 无筋扩展基础构造示意图

$$H_0 \geqslant \frac{b - b_0}{2\tan\alpha} \tag{10-7}$$

**2. 柔性基础**

理论上的柔性基础好比放在地上的柔软薄膜,可以随着地基的变形而任意弯曲。基础上任一点的荷载传递到基底时不可能向旁扩散,就像直接作用在地基上一样。所以,基底反力分布与作用于基础上的荷载分布一致。在实际工程中这样的基础是不存在的。工程上的柔性基础是指钢筋混凝土基础,如图 10-1a)所示。这是因为基础在基底反力作用下,在 $a$-$a$ 断面会开裂甚至断裂,必须在基础中配置足够数量的钢筋。

柔性基础整体性能较好,抗弯刚度较大。如筏板和联合基础在外力作用下只产生均匀沉降或整体倾斜,这样对上部结构产生的附加应力比较小,基本上消除了由于地基沉降不均匀引起结构损坏的影响。所以,在土质较差的地基上修建高层建筑时,采用这种基础形式是适宜的。但上述基础形式的钢筋和水泥用量较大,施工技术要求也较高,采用时应与其他基础方案(如桩基础)比较后再行确定。

**二、浅基础的构造**

**1. 刚性扩大基础**

由于地基强度一般较墩台或墙柱圬工的强度低,因而需要将其基础平面尺寸扩大以满足地基强度的要求。这种刚性基础又称刚性扩大基础,如图 10-3 所示。它是桥涵、房屋及其他构造物常用的基础形式,其平面形状常为矩形。其每边扩大的尺寸最小为 0.2 ~ 0.5m,视土质、基础厚度、埋置深度和施工方法而定,每边扩大的最大尺寸受到材料刚性角的限制。当基础较厚时,可在纵横两个剖面上都做成台阶形,以减少基础自重,节省材料。

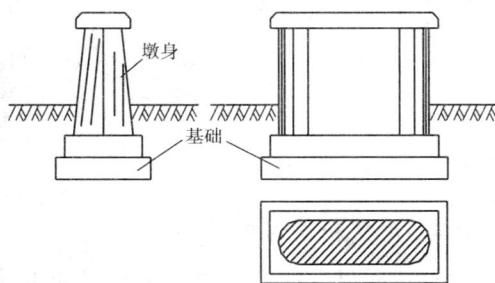

图 10-3 刚性扩大基础

**2. 单独和联合基础**

单独基础是立柱式桥墩和房屋建筑常用的基础形式之一。它的纵横剖面均可砌成台阶式,但柱下单独基础用石或砖砌筑时,则在柱子与基础之间用混凝土墩连接。当柱下基础用钢筋混凝土浇筑时,其剖面可浇筑成多种形式,如图10-4所示。

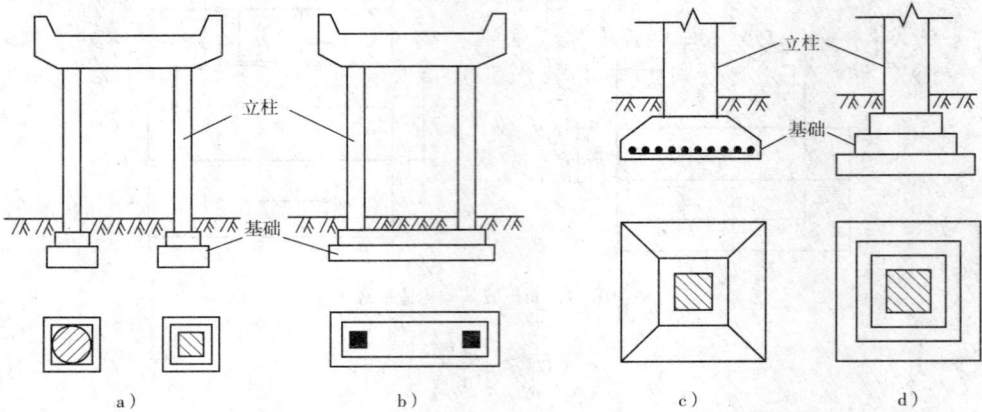

图10-4 单独和联合基础

为了满足地基强度要求必须扩大基础平面尺寸,而扩大结果使相邻的单独基础在平面上相接甚至重叠时,可将它们联在一起成为联合基础。

3. 条形基础

条形基础分为墙下条形基础(如图10-5)和柱下条形基础(如图10-6)。墙下条形基础是挡土墙或涵洞常用的基础形式,其横剖面可以是矩形,也可筑成台阶形或锥形,见图10-5。如果挡土墙很长,为了避免沿墙长度方向因沉降不均而开裂,可根据土质和地形予以分段,设置沉降缝。设计时,可取单位长度进行受力分析。

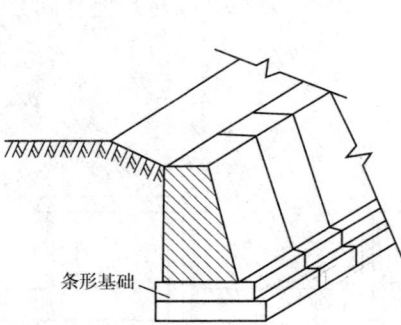

图10-5 墙下条形基础

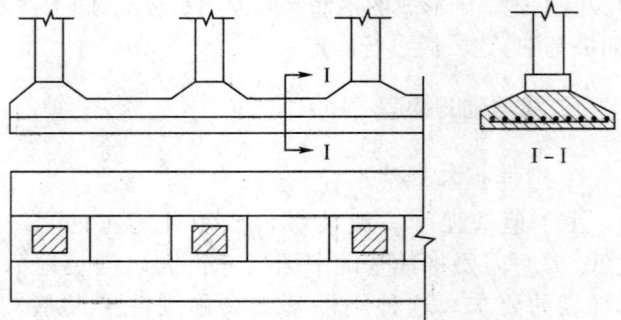

图10-6 柱下条形基础

4. 片筏和箱形基础

片筏基础在构造上类似于倒置的钢筋混凝土楼盖,俗称满堂基础,如图10-7所示。箱形基础有顶板和底板,如图10-8所示,因酷似箱子而得名,通常中间还设有隔墙,甚至可以作成多层。这两种基础形式一般用在建筑物荷载很大而地基又较软的情况下,尤其是高层建筑常用的基础形式。在必要时,还可以和桩基础联合使用,组成筏桩基础或箱桩基础,从而大大提高地基和基础的承载能力,减少沉降量和不均匀沉降,增强建筑物的稳定性和抗振能力,在对沉降敏感或者重要的高层建筑中得到了广泛应用。

222

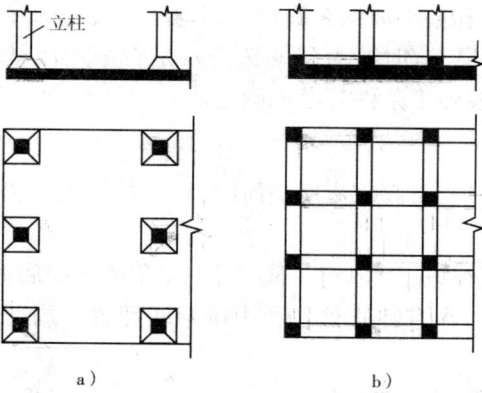

图 10-7　筏板基础

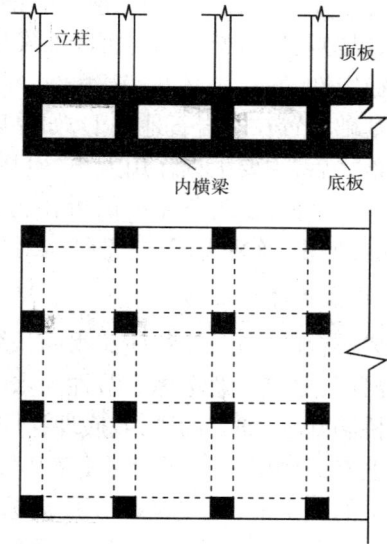

图 10-8　箱形基础

# 第三节　刚性扩大基础的设计与计算

在基础埋置深度和构造尺寸确定后,应先根据最不利而且有可能的作用效应组合,计算出基底的应力,然后进行基础的合力偏心距、稳定性以及地基的强度(包括持力层、软弱下卧层的强度)的验算,需要时还应进行地基变形的验算。现以桥梁墩台基础为例介绍如下。

## 一、基础埋置深度的确定

刚性扩大基础是公路桥涵及其他人工构造物天然地基上的浅基础中最广泛采用的一种基础类型,因此本章以刚性扩大基础为主介绍天然地基上浅基础的设计和施工原理及方法,其中的基本内容对其他类型的基础也是适用的。

确定基础的埋置深度是地基基础设计中的重要步骤,它涉及结构物建成后的牢固、稳定及正常使用问题。在确定基础的埋置深度时,必须考虑把基础设置在变形较小,而强度又比较大的持力层上,以保证地基强度满足要求,而且不致产生过大的沉降或沉降差。此外还要使基础有足够的埋置深度,以保证基础的稳定性,确保基础的安全。确定基础的埋置深度时,必须综合考虑地基的地质、地形条件、河流的冲刷程度、当地的冻结深度、上部结构形式,以及保证持力层稳定所需的最小埋深和施工技术条件等因素。对于某一具体工程来说,往往是一、二种因素起决定性作用,所以设计时,必须从实际出发,抓住主要因素进行分析研究,确定合适的埋置深度。

### 1. 工程地质条件

地质条件是确定基础埋置深度的重要因素之一。覆盖土层较薄(包括风化岩层)的岩石地基,一般应清除覆盖土和风化层后,将基础直接修建在新鲜岩面上;如岩石的风化层很厚难以全部清除时,基础放在风化层中的埋置深度应根据其风化程度、冲刷深度及相应的容许承载力来确定。如岩层表面倾斜时应尽可能避免将基础的一部分置于岩层上,而另一部分则置于土层上,以防基础由于不均匀沉降而发生倾斜甚至断裂。在陡峭山坡上修建桥台时,还应注意岩体的稳定性。

当基础埋置在非岩石地基上,如受压层范围内为均质土,基础埋置深度可在排除冲刷、冰冻等因素之后,主要根据作用大小、地基土的承载力和最小埋深来确定。当地层为交错的多层土组成时,也许会出现不止一层可作为持力层的土层,这时持力层的选定及是否采用浅基础等,应综合冲刷、冻深要求、上部结构对地基要求以及施工条件等考虑确定。

### 2. 河流的冲刷深度

桥梁墩台的修建,往往使流水面积缩小,流速增加,引起水流冲洗河床,特别是在山区和丘陵地区河流,更应注意考虑季节性洪水的冲刷作用。

小桥涵基础,如有冲刷,基底埋深应在局部冲刷线以下不少于1m;小桥、涵洞的基础底面,如河床上有铺砌层时,宜设置在铺砌层顶面以下1m;在有冲刷处,大、中桥基底埋置在局部冲刷线以下的安全值,应按表10-2规定选用。

考虑冲刷时大、中桥基底最小埋深安全值　　　　　　　　表10-2

| 冲刷总深度(m) | | 0 | <3 | ≥3 | ≥8 | ≥15 | ≥20 |
|---|---|---|---|---|---|---|---|
| 安全值(m) | 一般桥梁 | 1.0 | 1.5 | 2.0 | 2.5 | 3.0 | 3.5 |
| | 技术复杂修复困难的大桥和重要大桥 | 1.5 | 2.0 | 2.5 | 3.0 | 3.5 | 4.0 |

注:1. 冲刷总深度,即一般冲刷(不计水深)加局部冲刷深度,由河床面算起。

2. 表中数值为最小值,如水文资料不足,且河床为变迁性、游荡性等不稳定河段时,安全值应适当加大。

3. 建于抗冲刷能力强的岩石上的基础,不受上表数值限制。

修筑在岩石上的一般桥台,如风化层较厚,河流冲刷不太大,全部清除风化层有困难时,在保证安全条件下,基础可考虑设在风化层内,其埋置深度可根据风化程度、冲刷情况及其相应的承载力确定。

对于大桥的墩台基础,如建筑在岩石上且河流冲刷比较严重时,除应清除风化层外,尚应根据基岩强度嵌入岩石连成整体。

墩台基础顶面不宜高于最低水位,如地面高于最低水位且不受冲刷时,则不宜高于地面。

### 3. 当地的冻结深度

在寒冷地区,应该考虑由于季节性的冰冻和融化对地基土引起的冻胀影响。

产生冻胀的原因是由于冬季气温下降,当地面下一定深度内土中的温度达到冰冻温度时,土孔隙中的水分开始冻结,体积增大,使土体产生一定的隆胀;对于冻胀性土,如气温在较长时间内保持在冻结温度以下,水分能从未冻结区不断地向冻结区迁移,引起地基的冻胀和隆起,这些都可能使基础遭受损坏。为了保证结构物不受地基土季节性冻胀的影响,除地基为非冻胀土外,基础底面应埋置在天然最大冻结线以下一定的深度。

当墩台基础设置在季节性冻胀土层中时,基底的最小埋置深度可按下式计算:

$$d_{min} = z_d - h_{max} \tag{10-8}$$

式中:$d_{min}$——基底最小埋置深度,m;

$z_d$——设计冻深，m，确定方法参照《公路桥涵地基与基础设计规范》(JTG D63—2007)
（以下简称《公桥基规》）；

$h_{max}$——基础底面下容许最大冻层厚度，m，按《公桥基规》查取。

我国幅员辽阔，地理气候不一。因此各地的标准冻结深度应根据当地资料，参照有关标准冻结线图结合实地调查确定。

4. 上部结构形式

上部结构的形式不同，对基础产生的位移要求也不同。对中、小跨度的简支梁桥来说，这项因素对确定基础的埋置深度影响不大。但对超静定结构即使基础发生较小的不均匀位移也会使内力产生一定的变化。例如拱桥桥台，为了减少可能产生的水平位移和沉降差值，有时须将基础设置在埋藏较深的坚实土层上。

5. 当地的地形条件

如果墩台、挡土墙等结构物位于较陡的土坡上，在确定基础的埋置深度时，还要考虑土坡连同结构物基础一起滑动的稳定性。由于在确定地基承载力时，一般是按地面为水平的情况下确定的，所以如地基为倾斜的土坡时，应结合实际情况，予以适当的折减并按表10-3所示关系采取措施：

**斜坡上基础的埋深与持力层土类关系**　　　　　　　　　　　表 10-3

| 持力层土类 | $h$(m) | $l$(m) | 示　意　图 |
|---|---|---|---|
| 较完整的坚硬岩石 | 0.25 | 0.25 ~ 0.50 | |
| 一般岩石（如砂页岩互层等） | 0.60 | 0.60 ~ 1.50 | |
| 松软岩石（如千枚岩等） | 1.00 | 1.00 ~ 2.00 | |
| 砂类砾石及土层 | ≥1.00 | 1.50 ~ 2.50 | |

6. 保证持力层稳定所需的最小埋置深度

地表土在温度和湿度的影响下，会产生一定的风化作用，其性质是不稳定的。加上人类和动物的活动以及植物的生长作用，也会破坏地表土的结构，影响其强度和稳定，所以地表土不宜作为持力层。为了保证地基和基础的稳定性，基础的埋置深度（除岩石地基外）应在天然地面或无冲刷河流的河底以下不小于1m。

除此以外，在确定基础埋置深度时，还应考虑相邻结构物基础的影响，新结构物基础如比原有结构物基础深，施工挖土有可能影响原有基础的稳定。施工技术条件（施工设备、排水条件、支撑要求、经济性）对基础采用的埋置深度也有一定的影响，这些也应该考虑。

**二、刚性扩大基础尺寸的拟定**

拟定基础的尺寸也是基础设计中重要内容之一，拟定的尺寸恰当，可以减少重复的设计工作。刚性扩大基础需要拟定的尺寸应根据台身结构形式、作用大小和选用的基础材料等来确定。基底标高，应按上述埋置深度要求确定，水中基础顶面一般不高于最低水位，在季节性流水的河流或旱地上桥梁墩、台基础，则不宜高出地面，以防碰损。这样，基础的厚度可按上述要求所确定的基础底面和顶面标高求得。在一般情况下，大、中桥墩、台混凝土基础的厚度为1.0 ~ 2.0m。

基础的平面尺寸:基础平面形式一般应考虑墩、台身底面的形状而确定,实体桥墩身截面常用的是矩形或圆端形。基础底面长宽尺寸与高度有如下的关系式(图10-9):

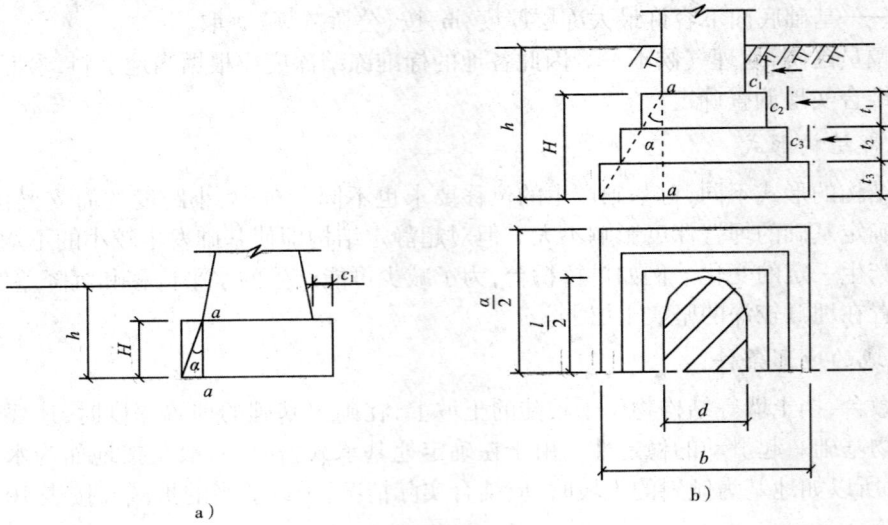

a)

b)

图10-9　刚性扩大基础剖面、平面图

$$长度(横桥向) \qquad a = l + 2H\tan\alpha$$
$$宽度(顺桥向) \qquad b = d + 2H\tan\alpha \qquad (10\text{-}9)$$

式中:$l$——墩、台身底截面的长度,m;

$d$——墩、台身底截面的宽度,m;

$H$——基础高度,m;

$\alpha$——墩、台身底面截面边缘至基础边缘的连线与垂线间的夹角。

基础的剖面尺寸:刚性扩大基础的剖面形状一般是做成矩形或台阶形,如图10-9所示。自墩、台身底边缘至基顶边缘的距离 $c_1$ 称为襟边,其作用一方面是扩大基底面积增加基础承载力,同时也便于对基础施工时在平面尺寸上可能发生的误差进行调整,也为了支立墩、台身模板的需要。其值根据基础厚度及施工方法而定。一般房屋基础的最小值为 50～150mm;桥梁墩、台基础的襟边最小值为 200～500mm。

基础较厚(超过1m以上)时,可将基础的剖面浇砌成台阶形,如图10-9b)所示。

基础悬出总长度(包括襟边与台阶宽之和)按前面刚性基础的定义,应使悬出部分在基底反力 $\sigma$ 作用下,在 $a$-$a$ 截面(如图10-9b)所产生的弯曲拉应力和剪应力不超过基础圬工的容许应力。满足上述要求时,就可得到自墩、台身边缘处的垂线与底边缘的连线间的最大夹角 $\alpha_{max}$(刚性角)。在设计时,应使每个台阶宽度 $c_i$ 与厚度 $t_i$ 保持在一定的比例内,使其夹角满足 $\alpha_i \leq \alpha_{max}$ 要求,这时可认为属刚性基础,不必对基础进行弯曲拉应力和剪应力的强度验算,在基础中也不需配置钢筋。刚性角 $\alpha_{max}$ 的数值是与基础所用的圬工材料强度有关。根据实验,常用的基础材料的刚性角 $\alpha_{max}$ 值可按下面提供的数值取用:

砖、片石、块石、粗料石砌体,当用 5 号以下砂浆砌筑时,$\alpha_{max} \leq 30°$;

砖、片石、块石、粗料石砌体,当用 5 号以上砂浆砌筑时,$\alpha_{max} \leq 35°$;

混凝土浇筑时,$\alpha_{max} \leq 40° \sim 45°$。

基础每层台阶高度 $t_i$,通常为 $0.50 \sim 1.00m$(在一般情况下各层台阶宜采取相同厚度)。所拟定的基础尺寸,应是在可能的最不利作用效应组合的条件下,能保证基础本身足够的结构

226

强度,并能使地基与基础的承载力和稳定性均能满足规定的要求。

### 三、地基承载力验算

地基承载力验算包括持力层强度验算和软弱下卧层强度验算。

#### 1. 持力层强度验算

(1)基底应力计算

计算由于外力(包括基础自重)在基底上产生的应力。基底应力分布,用弹性理论可得到较精确的解。当前实践中采用简化方法即按材料力学中心或偏心受压公式来计算基底的应力,其计算方法见第四章。

基底的应力计算,在桥梁工程中由于基础顺桥向的宽度 $b$ 常比横桥向的长度 $a$ 要小,同时上部结构在横桥向的布置常是对称的,所以一般由顺桥向控制计算。

如河流中有漂流物(如木筏、大的冰块等)时,也应计算横桥向基底的应力,并与顺桥向基底应力值比较,取其大者作为控制值。

在曲线上修筑的弯桥,除顺桥向引起力矩 $M_x$ 外,尚有离心力(它系横桥向水平力)在横桥向产生力矩 $M_y$ 时,则竖直力在基底两个中心轴上均有偏心距,如图10-10所示。在计算基底应力时,应采用的计算式为

$$p_{\substack{max\\min}} = \frac{N}{A} \pm \frac{M_x}{W_x} \pm \frac{M_y}{W_y}(kPa) \tag{10-10}$$

式中:$M_x$、$M_y$——分别为偏心竖直力对基底中心轴 $x$ 和 $y$ 的力矩,$M_x = N \cdot e_y$,$M_Y = N \cdot e_x$;

$W_x$、$W_y$——分别为基础底面对 $x$、$y$ 轴的截面模量。

在式(10-10)中 $N$ 和 $M$ 值,应按能产生最大力矩 $M_{max}$ 值时的可变作用布置及与此相对应的 $N$ 值,和能产生最大竖直力 $N_{max}$ 值时的可变作用布置及与此对应的 $M$ 值,分别进行计算基底应力,并取其大者作为控制值。

(2)地基容许承载力确定

地基承载力是确定基础平面和埋置深度的重要依据。正确确定地基承载力是工程勘察和地基设计的主要内容。

目前实践中确定地基容许承载力一般采用以下列三种方法:

①根据现场作用或触探试验资料;

②按地基承载力理论公式予以计算;

③按现行规范提供的经验公式计算。

地基容许承载力确定办法详见第9章。

(3)持力层强度验算

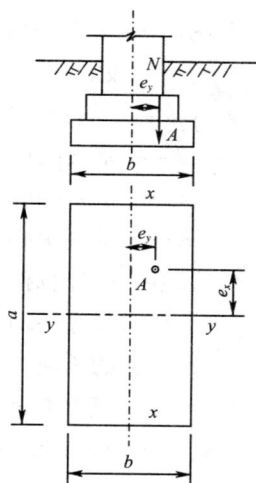

图10-10　竖向力作用于任意点

持力层是指直接与基底相接触的土层,持力层承载力验算要求作用在基底产生的地基应力不超过持力层的地基容许承载力。

当基础只受轴心作用时:

$$p = \frac{N}{A} \leqslant [f_a] \tag{10-11}$$

当基础单向偏心受压时:

$$p_{max} = \frac{N}{A} + \frac{M}{W} \leqslant \gamma_R [f_a] \tag{10-12}$$

当基础双向偏心受压时：

$$p_{\max} = \frac{N}{A} + \frac{M_x}{W_x} + \frac{M_y}{W_y} \leqslant \gamma_R [f_a] \tag{10-13}$$

式中：$\gamma_R$——抗力系数，按《公路桥涵地基与基础设计规范》（JTG D63—2007），根据地基受荷阶段和受荷情况取用。其余符号同前。

当设置在基岩上的基底承受单向偏心荷载，其偏心距超过核心半径时，可仅按受压区计算基底最大压应力，基底为矩形截面时，持力层承载力按下式验算：

$$P_{\max} = \frac{2N}{3a\left(\dfrac{b}{2} - e_0\right)} \leqslant \gamma_R [f_a] \tag{10-14}$$

式中：$a$、$b$——分别为基底的长度和宽度，m；

其余符号同前。

### 2. 软弱下卧层强度验算

当受压层范围内地基为多层土（主要指地基强度有差异而言）组成，且持力层以下有软弱下卧层（指强度小于持力层强度的土层），如图 10-11 所示。这时，还须验算软弱下卧层的承载力。验算时先计算出软弱土层顶面处 $A$（在基底形心轴下）的应力，不得大于该处地基土的容许承载力。即

$$p_z = \gamma_1 (d + z) + \alpha (p - \gamma_2 d) \leqslant \gamma_R [f_a] \tag{10-15}$$

式中：$\gamma_1$——相应于深度 $d + z$ 以内土的换算重度，$kN/m^3$；

$\gamma_2$——为深度 $d$ 范围内土的换算重度，$kN/m^3$；

$d$——基础的埋置深度，m；

$z$——从基础底面到软弱土层层面的距离，m；

$\alpha$——基底中心下土中附加应力系数；

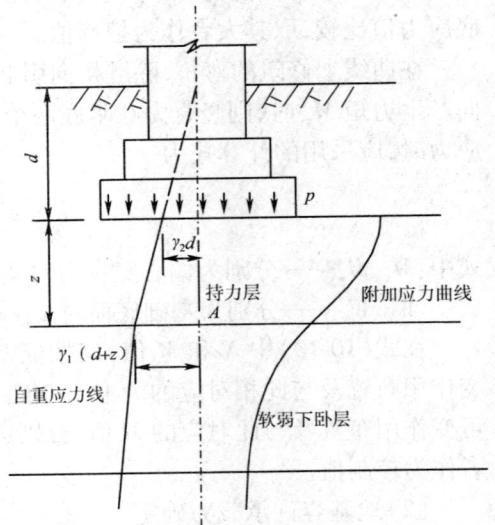

图 10-11　软弱下卧层强度计算

$p$——由计算作用产生的基底压应力，kPa，当基底压力为不均匀分布且 $z/b > 1$ 时，$p$ 为基底平均压应力；当 $z/b \leqslant 1$ 时，$p$ 按基底应力图形采用距最大应力边 $b/3 \sim b/4$ 处的压应力值，对于梯形图形前后端压应力差值较大时，可采用上述 $b/4$ 点处的压应力值；反之，则采用上述 $b/3$ 点处的压应力值，以上 $b$ 为矩形基底的宽度；

$[f_a]$——软弱下卧层顶面处的容许承载力，kPa。

### 四、基底合力偏心距验算

墩、台基础的设计计算中，必须控制合力的偏心距，其目的是尽可能使基底应力分布比较均匀，以免基底两侧应力相差过大，使基础产生较大的不均匀沉降，墩、台发生倾斜影响正常使用。若使合力通过基底的中心，虽然可得均匀的应力，但这样做非但不经济，往往也是不可能的，所以在设计时，对非岩石地基以不出现拉应力为原则。基底以上外力作用点对基底重心轴的偏心距 $e_0$ 按下式验算：

$$e_0 = \frac{M}{N} \leqslant [e_0] \tag{10-16}$$

式中:$N$、$W$——作用于基底的竖向力和所有外力对基底截面重心的弯矩。

根据作用性质对容许偏心距的控制有不同的要求:

仅受永久作用标准值效应时的墩台基础,其容许偏心距$[e_0]$分别不大于基底核心半径$\rho$的0.1倍(桥墩)和0.75倍(桥台);当基础上承受着作用标准值效应组合或偶然作用标准值效应组合时,对偏心距的要求可以放宽,在非岩石地基上只要容许偏心距$[e_0]$不超过核心半径$\rho$即可;对于修建在岩石地基上的基础,可以允许出现拉应力,根据岩石的强度,容许偏心距$[e_0]$可为基底核心半径的1.2~1.5倍,以保证必要的安全储备。

当外力合力作用点不在基底两个对称轴任一对称轴上,或当基底截面为不对称时,可直接按下式求$e_0$与$\rho$的比值,使其满足规定的要求:

$$\frac{e_0}{\rho} = 1 - \frac{p_{min}A}{N} \tag{10-17}$$

式中符号意义同前。

### 五、基础稳定性和地基稳定性验算

#### 1. 基础倾覆稳定性验算

基础倾覆或倾斜除了地基的强度和变形原因外,往往发生在承受较大的单向水平推力而其合力作用点又离基础底面较高的结构物上,如挡土墙或高桥台受侧向土压力作用,大跨径拱桥在施工中墩、台受到不平衡的推力,以及在多孔拱桥中一孔被毁等,此时在单向恒载作用下,均可能引起墩、台连同基础的倾覆和倾斜。

理论和实践证明,基础倾覆稳定性与合力的偏心距有关。合力偏心距越大,则基础抗倾覆的安全储备能力越小,如图10-12所示。因此,在设计时,可以用限制合力偏心距$e_0$来保证基础的倾覆稳定性。

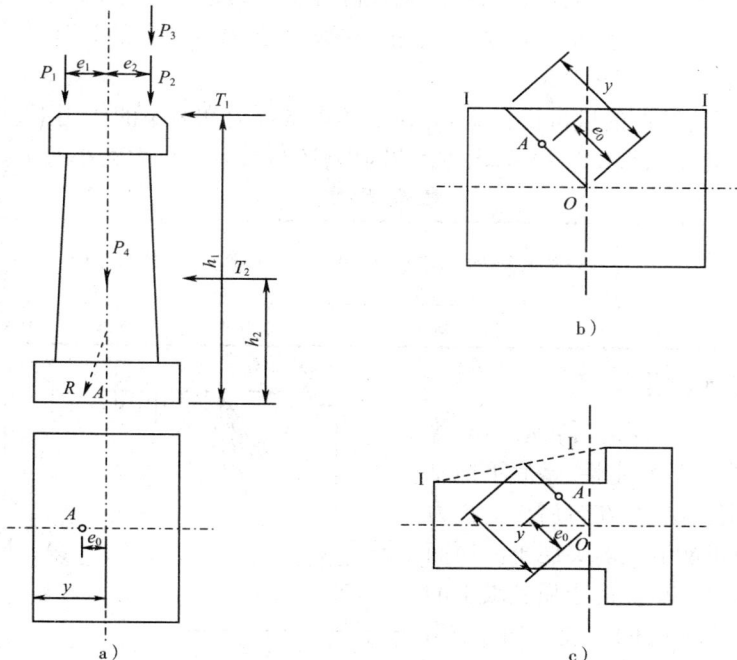

图10-12 基础倾覆稳定性计算

设基底截面重心至压力最大一边的边缘的距离为 $y$(荷载作用在重心轴上的矩形基础 $y = \frac{b}{2}$,见图 10-12a),外力合力偏心距为 $e_0$,则两者的比值 $K_0$ 可反映基础倾覆稳定性的安全度,$K_0$ 称为抗倾覆稳定系数。即

$$K_0 = \frac{y}{e_0} \tag{10-18}$$

式中:$e_0 = \dfrac{\sum P_i e_i + \sum T_i h_i}{\sum P_i}$ 其中:$P_i$ 为各竖直分力;$e_i$ 为相应于各竖直分力 $P_i$ 作用点至基础底面重心轴的距离;$T_i$ 为各水平分力;$h_i$ 为相应于各水平分力作用点至基底的距离。

如外力合力不作用在重心轴上(如图 10-12b)或基底截面有一个方向不对称,而合力又不作用在重心轴上(如图 10-12c),其压力最大一边的边缘线应是外包线,如图 10-12b)、图 10-12c)中的 I-I 线,$y$ 值应是通过中心与合力作用点的连线并延长与外包线相交点至重心的距离。

对抗倾覆稳定系数 $k_0$ 对于不同的作用效应组合有不同的要求值。一般 $k_0 \geqslant 1.2 \sim 1.5$。

## 2. 基础滑动稳定验算

为了验算基础在水平推力作用下沿基础底面滑动的可能性,令抗滑动稳定系数为 $K_c$。即

$$K_c = \frac{f \sum P_i + \sum T_{iP}}{\sum T_{ia}} \tag{10-19}$$

式中:$f$——基础底面(圬工材料)与地基土之间的摩擦系数,在无实测资料时,可参照表 10-4 采用;

$\sum P_i$——意义同前;

$\sum T_{iP}$——抗滑稳定水平力总和;

$\sum T_{ia}$——滑动水平力总和。

验算桥台基础的滑动稳定性时,如台前填土保证不受冲刷,可同时考虑计入与桥台后土压力方向相反的桥台前土压力,其数值可按主动或静止土压力进行计算。

按式(10-19)求得的抗滑动稳定系数 $K_c$ 值,必须大于规范规定的设计要求值。一般根据作用效应不同可取 $K_c \geqslant 1.2 \sim 1.3$。

修建在非岩石地基上的拱桥桥台基础,在拱的水平推力和力矩的作用下,基础可能向路堤方向滑移或转动,此项水平位移和转动发生的因素,还与台后土抗力大小有关。

**摩 擦 系 数 $f$** 表 10-4

| 土类 | 黏 土 | | 亚黏土、亚砂土、半坚硬黏土 | 砂类土 | 碎卵石类土 | 岩 石 | |
|---|---|---|---|---|---|---|---|
| | 软塑 | 硬塑 | | | | 软质 | 硬质 |
| $f$ | 0.25 | 0.3 | 0.3 ~ 0.4 | 0.4 | 0.5 | 0.4 ~ 0.5 | 0.6 ~ 0.7 |

## 3. 地基稳定性验算

处于软土地基上较高的桥台必须验算桥台沿滑裂曲面滑动的稳定性,基底下地基如在不深处有软弱夹层时,在台后土的推力作用下,基础也有可能沿软弱夹层土的层面滑动(如图 10-13a);在较陡的土质斜坡上的桥台、挡土墙也有滑动的可能(如图 10-13b)。这种地基稳定验算方法可按土坡稳

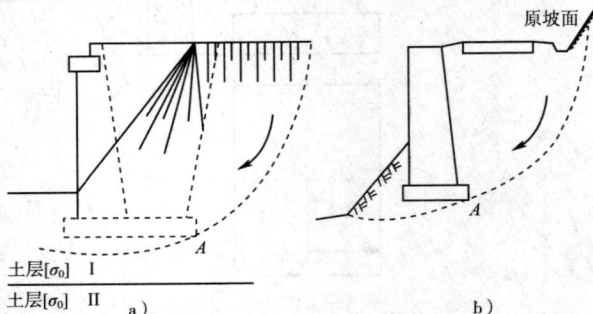

图 10-13 地基稳定性验算

定分析方法,即用圆弧滑动面法来进行验算。在验算时一般假定滑动面通过填土一侧基础剖面角点 $A$(如图 10-13),但在计算滑动力矩时,应计入桥台上作用的外荷载(包括上部结构自重和可变作用等)以及桥台和基础的自重的影响,然后求出稳定系数满足规定的要求值。

### 六、基础沉降验算

基础的沉降验算包括沉降量、相邻基础沉降差以及基础由于地基不均匀沉降而发生的倾斜等。

基础的沉降主要由竖直荷载作用下土层的压缩变形引起。沉降量过大将影响结构的正常使用和安全,应加以限制。在确定一般土质的地基容许承载力时,已考虑这一变形的因素,所以修建在一般土质条件下的中、小型桥梁的基础,只要满足了地基的强度要求,地基(基础)的沉降也就满足要求。但对于下列情况,必须验算基础的沉降,使其不大于规定的容许值:

(1)修建在地质情况复杂、地层分布不均匀或强度较小的软黏土地基上的基础;

(2)修建在非岩石地基上的拱桥、连续梁桥等超静定结构的基础;

(3)当相邻基础下地基土强度有显著不同或相邻跨度相差悬殊而必须考虑其沉降差时;

(4)对于跨线(主要指跨铁路)桥、跨线渡槽要保证桥(或槽)下净空高度时。

地基土的沉降可根据土的变形特性指标按第 5 章介绍的方法计算。对于桥梁基础来说,传至基础底面的作用效应应按长期效应组合采用,即仅为施加于结构上的永久作用标准值和可变作用准永久值(仅指汽车荷载和人群荷载)引起的效应。

# 第四节　刚性扩大基础计算算例

## 一、设计资料

(1)上部构造:25m 装配式预应力钢筋混凝土 T 形梁,大梁全长 24.96m,计算跨径 24.4m。行车道 9m,人行道 2×1.5m。上部构造(梁与桥面铺装)恒重所产生的支座反力为 1500kN;

(2)支座:活动支座采用摆动支座,摩擦系数为 0.05;

(3)设计荷载:公路—Ⅰ级,人群荷载 3.0kN/m²;

(4)桥墩形式:采用双柱式加悬挑盖梁墩帽(如图 10-14);

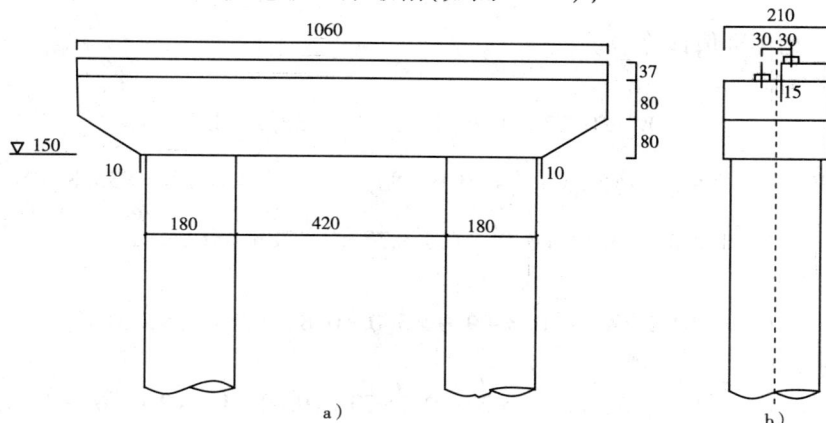

图 10-14　桥墩构造图(尺寸单位:cm)

a)横桥向;b)顺桥向

（5）设计基准风压：$0.6 \text{kN/m}^2$；

（6）其他：本桥跨越的河为季节性河流，不通航，不考虑漂浮物；地基土质：第一层：粉质黏土，$\gamma_{\text{sat}} = 19.2 \text{kN/m}^3$，$I_L = 0.8$，$e_0 = 0.8$，$f_{a0} = 180 \text{kPa}$；第二层：中密中砂，$e_0 = 0.62$，$\gamma_{\text{sat}} = 20 \text{kN/m}^3$，$f_{a0} = 300 \text{kPa}$；第三层：粉质黏土，$\gamma_{\text{sat}} = 19.5 \text{kN/m}^3$，$I_L = 0.9$，$e_0 = 0.8$，$f_{a0} = 160 \text{kPa}$。

## 二、确定基础埋置深度

从地质条件看，表层土在最大冲刷线以下只有$0.5\text{m}$，而且是软塑状粉质黏土，地基容许承载力$[f_{a0}] = 180 \text{kPa}$，故选用第二层土（中密中砂）作为持力层，$[f_{a0}] = 350 \text{kPa}$，初步拟定基础底面在最大冲刷线以下$1.8\text{m}$处，标高为$142.2\text{m}$，基础埋深$2.8\text{m}$，如图10-15所示。

## 三、基础的尺寸拟定

基础分两层，每层厚度$0.8\text{m}$，襟边取$0.60\text{m}$，基础用C15，刚性角$\alpha_{\text{max}} = 40°$，基础的刚性角验算为：

$$\alpha = \tan^{-1}\frac{2 \times 0.6}{2 \times 0.8} = 36.9° < \alpha_{\text{max}}$$，满足刚性扩大基础的刚性角要求。

即基础的剖面尺寸$a \times b$为：

$$a = 7.8 + 4 \times 0.60 = 10.2(\text{m})$$
$$b = 1.8 + 4 \times 0.60 = 4.2(\text{m})$$

基础厚度：

$$H = 2 \times 0.8 = 1.6(\text{m})$$

基础顶面高程为$143.8\text{m}$，墩柱高为$150 - 143.8 = 6.2(\text{m})$。

## 四、作用效应计算

1）永久作用标准值计算

（1）桥墩自重

$$W_1 = 0.37 \times 0.9 \times 10.6 \times 25 = 88.25(\text{kN})$$

$$W_2 = \left[0.8 \times 10.6 \times 2.1 + \frac{1}{2}(10.6 + 8) \times 0.8 \times 2.1\right] \times 25 = 835.8(\text{kN})$$

$$W_3 = 3.14 \times 0.9^2 \times 6.2 \times 25 \times 2 = 788.45(\text{kN})$$

（2）基础自重

$$W_4 = (10.2 \times 4.2 \times 0.8 + 9.0 \times 3.0 \times 0.8) \times 25 = 1396.8(\text{kN})$$

（3）上覆土重

$$W_5 = (0.60 \times 4.2 \times 2 + 0.60 \times 3.0 \times 2) \times 0.5 \times 20 + (0.60 \times 4.2 \times 2 + 0.60 \times 3.0 \times 2) \times$$
$$0.3 \times 19.2 + (3.0 \times 9.0 - 2 \times 3.14 \times 0.9^2) \times 1.2 \times 19.2 = 641.05(\text{kN})$$

（4）浮力

232

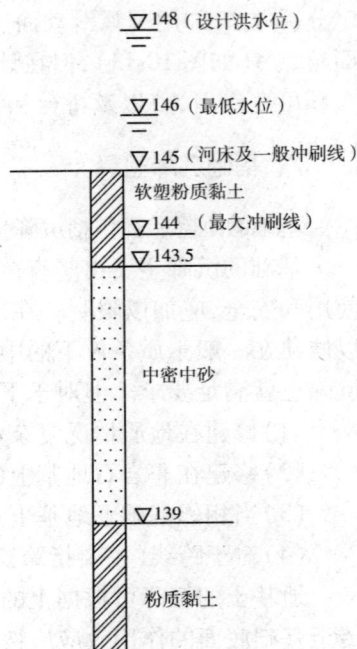

图10-15 地质水文情况

▽148（设计洪水位）

▽146（最低水位）

▽145（河床及一般冲刷线）

软塑粉质黏土

▽144（最大冲刷线）

▽143.5

中密中砂

▽139

粉质黏土

低水位浮力：

$$F_1 = (10.2 \times 4.2 \times 0.8 + 9.0 \times 3.0 \times 0.8 + 2 \times 3.14 \times 0.9^2 \times 2.2) \times 10 = 670.63(\text{kN})$$

设计洪水位浮力：

$$F_1 = (10.2 \times 4.2 \times 0.8 + 9.0 \times 3.0 \times 0.8 + 2 \times 3.14 \times 0.9^2 \times 4.2) \times 10 = 772.37(\text{kN})$$

2）可变作用标准值计算

（1）汽车和人群支座反力

对于汽车荷载与人群荷载，支座反力按以下两种情况考虑：

①单孔里有汽车和人群（单孔双行，未考虑汽车冲击力，如图 10-16 所示）

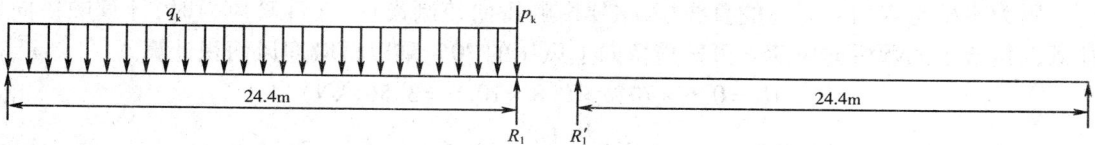

图 10-16　单孔汽车荷载

对于桥墩基础的设计，汽车荷载采用车道荷载，车道荷载包括均布荷载 $q_k$ 和集中荷载 $p_k$ 两部分组成。对于公路—I 级汽车荷载，$q_k = 10.5\text{kN/m}$，集中荷载 $p_k$ 与计算跨径有关，计算跨径小于或等于 5m 时，$p_k = 180\text{kN}$；桥涵计算跨径等于或大于 50m 时，$p_k = 360\text{kN}$，桥涵计算跨径大于 5m 小于 50m 时 $p_k$ 值采用直线内插求得。本算例中，$p_k = 257.6\text{kN}$。

$$R_1 = \left(\frac{10.5 \times 24.4}{2} + 257.6\right) \times 2 = 771.4(\text{kN}) \qquad R'_1 = 0$$

人群支座反力为 $R_2$ 和 $R'_2$

$$R_2 = \frac{25 \times 1.5 \times 3}{2} \times 2 = 112.5(\text{kN}) \qquad R'_2 = 0$$

②双孔里有汽车和人群（双孔双行即满布，考虑汽车冲击力，冲击力系数 $\mu = 0.05$，如图 10-17 所示）

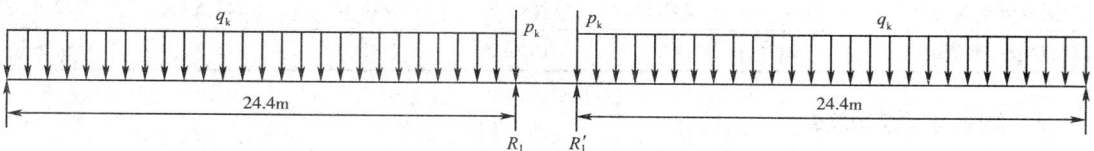

图 10-17　双孔汽车荷载

$$R_1 = R'_1 = \left(\frac{10.5 \times 24.4}{2} + 275.6\right) \times 2 \times 1.05 = 809.97(\text{kN})$$

$$R_2 = R'_2 = \frac{25 \times 1.5 \times 3}{2} \times 2 = 112.5(\text{kN})$$

（2）汽车制动力

一个车道上由汽车荷载产生的制动力按加载长度上计算的总荷载的 10%，作用于固定支座上的制动力为

$$H'_1 = 771.4 \times 10\% = 77.1(\text{kN})$$

作用于摆动支座上的制动力为：

$$H''_1 = 771.4 \times 10\% \times 0.25 = 19.3(\text{kN})$$

桥墩承受的制动力为固定支座与活动支座上的制动力之和,但公路—Ⅰ级取值不得小于165kN。综合以上可得汽车制动力为:

$$H_1 = 165(\text{kN})$$

(3)支座摩阻力

$$H_2 = 0.05 \times 1500 = 75(\text{kN})$$

因为汽车制动力和支座摩阻力不能同时组合,汽车制动力大于支座摩阻力,所以荷载效应组合时,只组合汽车制动力

(4)风力

因为本桥是双向双车道的直线桥,主要由顺桥向控制设计,在计算风力时,计算顺桥向风荷载。桥墩上的顺桥向风荷载可按横桥向上风压的70%乘以桥墩迎风面积计算。

$$H_3 = 0.6 \times 70\% \times 0.8 \times 10.6 = 3.56(\text{kN})$$

$$H_4 = 0.6 \times 70\% \times 0.8 \times \frac{1}{2} \times (10.6 + 8) = 3.12(\text{kN})$$

$$H_5 = 0.6 \times 70\% \times 2 \times 1.8 \times 4 = 6.05(\text{kN})$$

## 五、作用效应组合

按承载能力极限状态时,结构构件自身承载力和稳定性应采用作用效应基本组合和偶然组合;此算例不作地基沉降验算,暂不进行长期效应组合计算;另外,基础的稳定性验算,由于要利用《公路桥涵地基与基础设计规范》(JTG D63—2007)规范的稳定系数,在其基本组合中,要求结构重要性系数及作用的各项系数均取为1.0,本算例中称其为标准值组合,因此,本算例进行作用效应的基本组合和作用效应的标准值组合见表10-5。

作用效应组合汇总表      表10-5

| 作用效应组合 | 单孔汽车与人群作用 | | | 双孔汽车与人群作用 | | |
|---|---|---|---|---|---|---|
| | $N(\text{kN})$ | $T(\text{kN})$ | $M(\text{kN} \cdot \text{m})$ | $N(\text{kN})$ | $T(\text{kN})$ | $M(\text{kN} \cdot \text{m})$ |
| 作用效应基本组合 | 8620.0 | 243.5 | 2646.3 | 9814.0 | 243.5 | 2322.3 |
| 作用效应标准值组合 | 6861.90 | 177.7 | 1918.0 | 7745.8 | 177.7 | 1686.6 |

## 六、地基承载力验算

进行地基承载力验算时,采用作用短期效应组合

### 1. 持力层强度验算

1)基底应力计算

$$p_{\max} = \frac{N}{A} + \frac{M}{W} = \frac{9814.0}{10.2 \times 4.2} + \frac{2322.3}{\frac{1}{6} \times 10.2 \times 4.2^2} = 306.5(\text{kPa})$$

$$p_{\min} = \frac{N}{A} - \frac{M}{W} = \frac{9814.0}{10.2 \times 4.2} - \frac{2322.3}{\frac{1}{6} \times 10.2 \times 4.2^2} = 151.6(\text{kPa})$$

2)地基容许承载力确定

$$[f_a] = [f_{a0}] + k_1 y_1 (b - 2) + k_2 y_2 (h - 3) = 350 + 2.0 \times 10 \times (4.2 - 2) = 392(\text{kPa})$$

3)持力层强度验算

持力层强度验算时,要求 $p_{max} \leqslant \gamma_R [f_a]$

$p_{max} = 306.5 < 1.25 [f_a]$,持力层强度满足要求。

2. 软弱下卧层强度验算

1)计算软弱下卧层顶部应力

$$p_z = \gamma_1 (h+z) + a(p - \gamma_2 h) \leqslant \gamma_R [f_a] = 58.8 + 0.6328 \times (267.8 - 26.8) = 210.3 (kPa)$$

式中 $\sigma$ 取距最大应力边为 $b/4$ 处的压应力值。

2)计算软弱下卧层顶部的容许承载力

$$[f_a] = [f_{a0}] + k_1 \gamma_1 (b-2) + k_2 \gamma_2 (h-3) = 160 + 1.5 \times 9.8 \times (6-3) = 204.1 (kPa)$$

3)软弱下卧层强度验算

软弱下卧层强度验算时,要求 $p_z \leqslant \gamma_R [f_a]$,$p_z = 210.3 < 1.25 [f_a]$,则软弱下卧层强度满足要求。

### 七、基底合力偏心距验算

当基础上承受着作用标准值效应组合或偶然作用标准值效应组合时,在非岩石地基上只要偏心距 $e_0$ 不超过核心半径 $\rho$ 即可。

基底合力偏心距
$$e_0 = \frac{M}{N} = \frac{1918.0}{6861.9} = 0.28 (m)$$

$$\rho = \frac{b}{6} = 0.7m$$

$e_0 < \rho$,则偏心距满足要求。

### 八、基础稳定性验算

对于基础稳定性验算时,采用作用效应的标准值组合,其基础构造图如图 10-18 所示。

1)基础抗倾覆稳定性验算
$$e_0 = \frac{M}{N} = \frac{1918.0}{6861.9} = 0.28 (m)$$

基础抗倾覆稳定系数 $K_0 = \frac{y}{e_0} = \frac{2.1}{0.28} = 7.5 > 1.3$,则基础抗倾覆稳定性满足要求。

2)基础滑动稳定验算

$K_c = \frac{fN}{T} = \frac{0.3 \times 6861.9}{177.7} = 11.6 > 1.2$,则基础滑动稳定性满足要求。

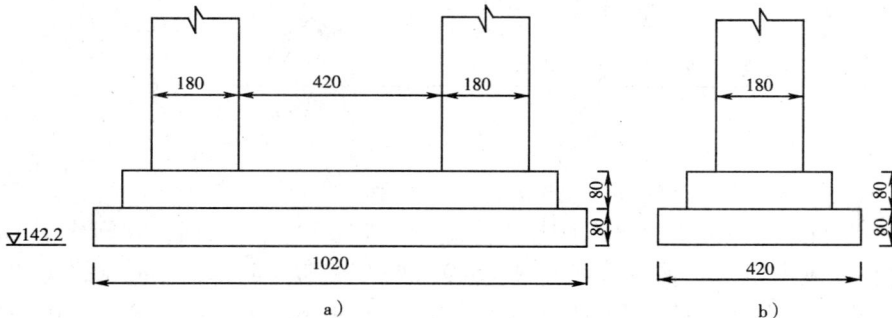

图 10-18 基础构造图(尺寸单位:cm)

a)横桥向;b)顺桥向

# 思 考 题

1. 浅基础与深基础有哪些区别？
2. 何谓刚性基础，刚性基础有什么特点？
3. 确定基础埋置深度应考虑哪些因素？基础埋置深度对地基承载力、沉降有什么影响？
4. 何谓刚性角，它与什么因素有关？
5. 刚性扩大基础为什么要验算基底合力偏心距？
6. 地基(基础)沉降计算包括哪些步骤？在什么情况下应验算桥梁基础的沉降？

# 习 题

1. 某桥墩为混凝土实体墩刚性扩大基础，荷载标准值如下：支座反力840kN及930kN；桥墩及基础自重5480kN；设计水位以下墩身及基础浮力1200kN；制动力165kN；墩帽与墩身风力分别为2.1kN和16.8kN。结构尺寸及地质，水文资料见图10-19(基底宽3.1m，长9.9m)，要求验算：

(1)基承载力；
(2)基底合力偏心距；
(3)基础稳定性。

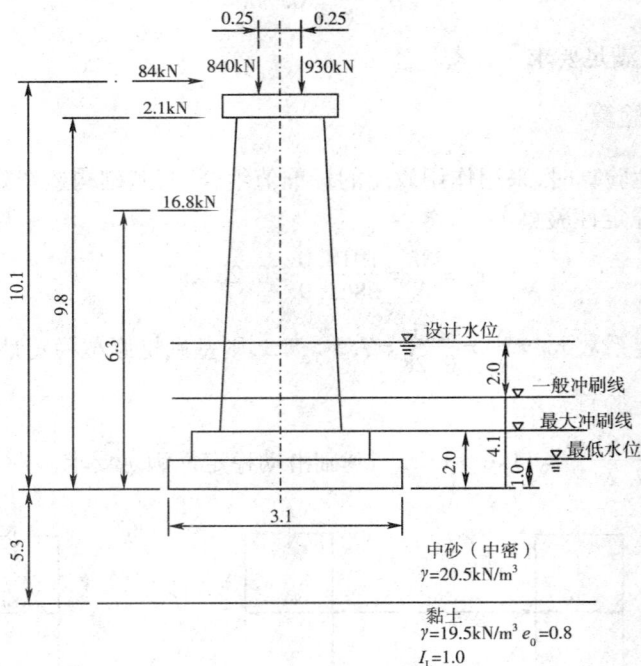

图 10-19　结构尺寸及地质水文图(尺寸单位：m)

2. 一桥墩墩底为矩形 $2m \times 8m$，刚性扩大基础(C20 混凝土)顶面设在河床下1m，作用于基础顶面荷载(基本组合)：轴心垂直力 $N = 5200kN$，弯矩 $M = 840kN \cdot m$，水平力 $H = 165kN$。地基土为一般黏性土，第一层厚2m(自河床算起) $\gamma = 19.5kN/m^3$，$e = 0.9$，$I_L = 0.8$；第二层厚5m，$\gamma = 19.5kN/m^3$，$e = 0.45$，$I_L = 0.45$，低水位在河床下1m(第二层下为泥质页岩)，请确定基础埋置深度及尺寸，并经过验算说明其合理性。

236

# 第十一章　桩基础设计与计算

**教学内容**：桩与桩基础的类型与构造，桩基础的适用条件，桩的承载力、桩的内力与位移计算，
　　　　　群桩基础的竖向分析和承载力，承台的计算，桩基础的设计程序。
**教学要求**：掌握桩基础的类型、构造和适用条件，掌握单桩承载力、负摩阻力、群桩效应、群桩承
　　　　　载力、地基水平向抗力系数的比例系数、桩的变形系数、弹性桩、刚性桩等基本概念，
　　　　　掌握桩基础设计基本内容和程序；能够熟练运用相关公式计算单桩承载力、桩身内
　　　　　力和位移。
**教学重点**：单桩轴向受压承载力计算，桩身内力和位移计算，群桩承载力计算。

## 第一节　概　　述

　　当地基浅层土质不良，采用浅基础无法满足建筑物对地基强度、变形和稳定性方面的要求
时，往往需要采用深基础。

　　桩基础是一种历史悠久而应用广泛的深基础形式。近年来，随着工程建设和现代科学技
术的发展，桩的类型和成桩工艺、桩的承载力与桩体结构完整性的检测、桩基的设计理论和计
算方法等各方面均有较大的发展和提高，使桩与桩基础的应用更为广泛，更具有生命力。它不
仅可作为建筑物的基础，而且还广泛用于软弱地基的加固和地下支挡结构物。

### 一、桩基础组成与特点

　　桩基础可以是单根桩（如一柱一桩的情况），
也可以是单排桩或多排桩。对于双（多）柱式桥墩
单排桩基础，当桩外露在地面上较高时，桩间以横
系梁相连，以加强各桩的横向联系。多数情况下
桩基础是由多根桩组成的群桩基础，基桩可全部
或部分埋入地基土中。群桩基础中所有桩的顶部
由承台连成一整体，在承台上再修筑墩身或台身
及上部结构，如图 11-1 所示。承台的作用是将外
力传递给各桩，并将各桩联成一整体共同承受外
荷载。基桩的作用在于穿过软弱的高压缩性土层
或水，使桩底坐落在更密实的地基持力层上。各
桩所承受的荷载由桩通过桩侧土的摩阻力及桩端

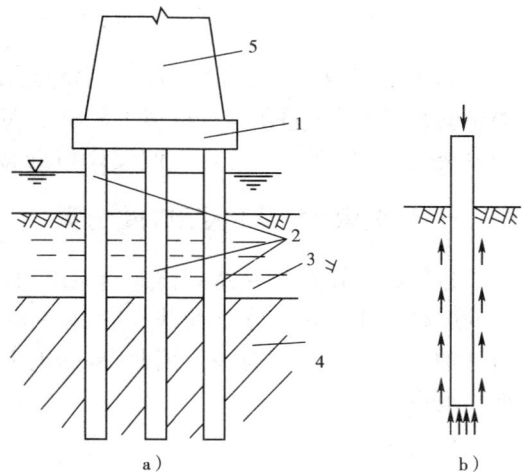

图 11-1　桩基础
1-承台；2-基桩；3-松软土层；4-持力层；5-墩身

土的抵抗力将荷载传递到桩周土及持力层中,如图 11-1 所示。

桩基础具有承载力高、稳定性好、沉降量小而均匀,在深基础中具有耗用材料少、施工简便等特点。在深水河道中,可避免(或减少)水下工程,简化施工设备和技术要求,加快施工速度并改善工作条件。近代在桩基础的类型、沉桩机具和施工工艺以及桩基础理论等方面都有了很大发展,不仅便于机械化施工和工厂化生产,而且能以不同类型的桩基础适应不同的水文地质条件、荷载性质和上部结构特征。因此,桩基础具有较好的适应性,是目前应用最为广泛的深基础类型。

### 二、桩基础的适用条件

在下列情况下可采用桩基础:

(1)荷载较大,地基上部土层软弱,适宜的地基持力层位置较深,采用浅基础或人工地基在技术上、经济上不合理时;

(2)河床冲刷较大,河道不稳定或冲刷深度不易计算正确,位于基础或结构物下面的土层有可能被侵蚀、冲刷,如采用浅基础不能保证基础安全时;

(3)当地基计算沉降过大或建筑物对不均匀沉降等敏感时,采用桩基础穿过松软(高压缩)土层,将荷载传递到较坚实(低压缩性)土层,以减少建筑物的水平位移和倾斜时;

(4)当建筑物承受较大的水平荷载,需要减少建筑物的水平位移和倾斜时;

(5)当施工水位或地下水位较高,采用其他深基础施工不便或经济上不合理时;

(6)地震区,在可液化地基中,采用桩基础可增加建筑物抗震能力,桩基础穿越可液化土层并伸入下部密实稳定土层,可消除或减轻地震对建筑物的危害。

当上层软弱土层很厚,桩底不能达到坚实土层时,此时桩长较大,桩基础稳定性稍差,沉降量也较大;而当覆盖层很薄,桩的入土深度不能满足稳定性要求时,则不宜采用桩基础。

设计时应综合分析上部结构特征、作用效应组合、使用要求、场地水文地质条件、施工环境及技术力量等,经多方面比较,以确定适宜的基础方案。

# 第二节  桩和桩基础的类型与构造

为满足建筑物的要求,适应地基特点,随着科学技术的发展,在工程实践中已形成了各种类型的桩基础,它们在本身构造上和桩土相互作用性能上具有各自的特点。了解桩和桩基础的分类,目的是掌握其特点以便设计和施工时更好地发挥桩基础的特长。

### 一、桩按承载性状和使用功能分类

建筑物作用通过桩基础传递给地基,其中垂直荷载一般由桩底土层抵抗力和桩侧与土产生的摩阻力来支承。水平荷载一般由桩和桩侧土水平抗力来承担,而桩承受水平荷载的能力与桩轴线方向及斜度有关。因此,根据桩土相互作用特点,基桩可分为竖向受荷桩、横向受荷桩和桩墩。

1. 竖向受荷桩

(1)摩擦桩

桩穿过并支承在各种压缩性土层中,在竖向荷载作用下,基桩所发挥的承载力以桩侧摩阻力为主时,统称为摩擦桩,如图 11-2b)所示。当桩端无坚实持力层且不扩底时;当桩的长径比很大,即使桩端置于坚实持力层上,由于桩身直接压缩量过大,传递到桩端的荷载较小时;当预制桩沉桩过程由于桩距小、桩数多、沉桩速度快,使已沉入桩上涌,桩端阻力明显降低时。

（2）端承桩或柱桩

桩穿过较松软土层,桩底支承在坚实土层(砂、砾石、卵石、坚硬老黏土等)或岩层中,且桩的长径比不太大时,在竖向荷载作用下,基桩所发挥的承载力以桩底土层的抵抗力为主时,称为端承桩或柱桩,如图 11-2a)所示。

柱桩承载力较大,较安全可靠,基础沉降也小,但如岩层埋置很深,就需采用摩擦桩。

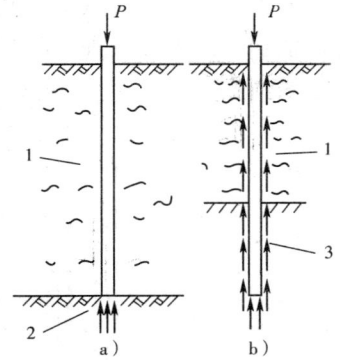

图 11-2　端承桩和摩擦桩
1－软弱土层;2－岩层或硬土层;
3－中等土层

## 2. 横向受荷桩

（1）主动桩

桩顶受横向荷载,桩身轴线偏离初始位置,桩身所受土压力因桩主动变位而产生。风力、地震力、车辆制动力等作用下的建筑物桩基属于主动桩。

（2）被动桩

沿桩身一定范围内承受侧向压力,桩身轴线受该土压力作用而偏离初始位置。深基坑支挡桩、坡体抗滑桩、堤岸护桩等均属于被动桩。

（3）竖直桩与斜桩

按桩轴方向可分为竖直桩、单向斜桩和多向斜桩等（如图 11-3）。在桩基础中是否需要设置斜桩,斜度如何确定,应根据作用的具体情况而定。一般结构物基础承受的水平力常较竖直力小得多,且现已广泛采用的大直径钻、挖孔灌注桩具有一定的抗剪强度和较大的刚度,因此,桩基础常全部采用竖直桩。拱桥桥台等结构物桩基础往往需设斜桩以承受上部结构传来的较大水平推力,减小桩身弯矩、剪力和整个基础的侧向位移。

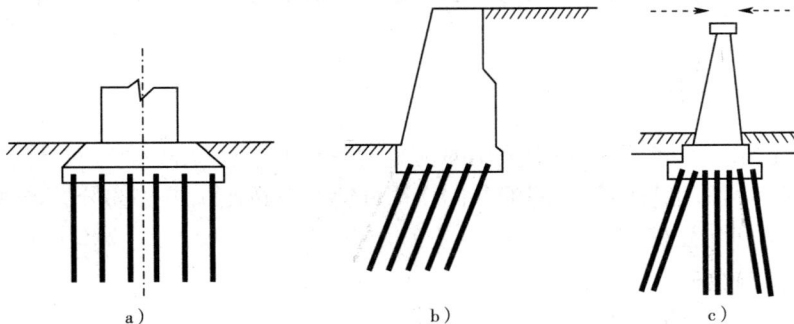

图 11-3　横向受荷桩

斜桩的桩轴线与竖直线所成倾斜角的正切不宜小于 1/8,否则斜桩施工斜度误差将显著地影响桩的受力情况。目前为了适应拱台推力,有些拱台基础已采用倾斜角大于 45° 的斜桩。

## 3. 桩墩

桩墩是通过在地基中成孔后灌注混凝土形成的大口径断面柱形深基础,即以单个桩墩代替群桩及承台。桩墩基础底端可支承于基岩之上也可嵌入基岩或较坚硬土层之中,分为端承桩墩和摩擦桩墩两种,如图11-4所示。

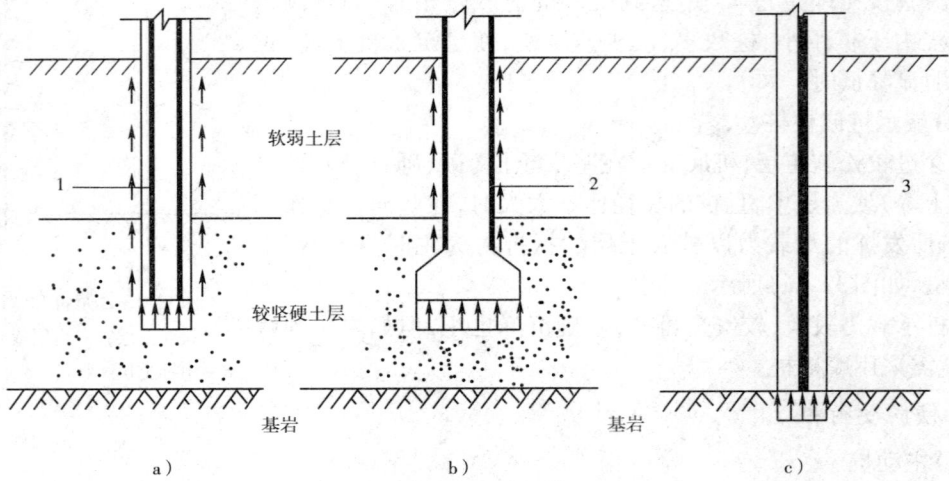

图11-4　桩墩示意图
a)、b)摩擦桩墩;c)端承桩墩
1－钢筋;2－钢套筒;3－钢核

桩墩一般为直柱形,在桩墩底土较坚硬的情况下为使桩墩底承受较大的荷载,也可将桩墩底端尺寸扩大而做成扩底桩墩(图11-4b)。桩墩断面形状常为圆形,其直径不小于0.8m。桩墩一般为钢筋混凝土结构,当桩墩受力很大时也可用钢套筒或钢核桩墩,见图11-4b)、图11-4c)。

桩墩的受力分析与基桩相类似,但桩墩的断面尺寸较大而且有较高的竖向承载力和可承受较大的水平荷载。对于扩底桩墩还具有抵抗较大上拔力的能力。

对于上部结构传递的荷载较大且要求基础墩身面积较小时的情况,可考虑桩墩深基础方案。桩墩的优点在于墩身面积小、美观、施工方便、经济,但外力太大时,纵向稳定性较差,对地基要求也高,所以在选定方案时尤其受较大船撞力的河流中应用此类型桥墩更应注意。

**二、桩按施工方法分类**

基桩的施工方法不同,不仅在于采用的机具设备和工艺过程的不同,而且将影响桩与桩周土接触边界处的状态,也影响桩土间的共同作用性能。桩按施工方法的分类较多,但基本形式为沉桩(预制桩)和灌注桩。

**1. 沉桩(预制桩)**

沉桩可按设计要求在地面良好条件下制作(长桩可在桩端设置钢板、法兰盘等接桩构造,分节制作),桩体质量高,可大量工厂化生产,加快施工进度。

(1)打入桩(锤击桩)

打入桩是通过锤击(或以高压射水辅助)将各种预先制好的桩(主要是钢筋混凝土实心桩或管桩,也有木桩或钢桩)打入地基内达到所需要的深度。这种施工方法适应于桩径较小(一般直径在0.60m以下),地基土质为砂性土、塑性土、粉土、细砂,以及松散的不含大卵石或漂石的碎卵石类土的情况。

（2）振动下沉桩

振动下沉桩是将大功率的振动打桩机安装在桩顶（预制的钢筋混凝土桩或钢管桩），利用振动力以减少土对桩的阻力，使桩沉入土中。它对于较大桩径，土的抗剪强度受振动时有较大降低的砂土等地基效果更为明显。

（3）静力压桩

在软塑黏性土中利用重力将桩压入土中，称为静力压桩。这种压桩施工方法免除了锤击的振动影响，是软土地区特别是在不允许有强烈振动的条件下桩基础施工的一种有效方法。

2. 灌注桩

灌注桩是在现场地基中钻挖桩孔，然后在孔内放入钢筋骨架，再灌注桩身混凝土而成的桩。针对不同类型的地基土可选择适当的钻具设备和施工方法。

（1）钻、挖孔灌注桩

钻孔灌注桩系指用钻（冲）孔机具在土中钻进，边破碎土体边出土渣而成孔，然后在孔内放入钢筋骨架，灌注混凝土而形成的桩。钻孔灌注桩的特点是施工设备简单、操作方便，适应于各种砂性土、黏性土，也适应于碎、卵石类土层和岩层。但对淤泥及可能发生流砂或承压水的地基，施工较困难，施工前应做试桩以取得经验。我国已施工的钻孔灌注桩的最大入土深度已达百余米。

依靠人工（用部分机械配合）在地基中挖出桩孔，然后与钻孔桩一样灌注混凝土而成的桩称为挖孔灌注桩。它不受设备限制，施工简单；桩径较大，一般大于 1.4m；适应于无水或渗水量小的地层；对可能发生流砂或含较厚的软黏土层的地基施工较困难（需要加强孔壁支撑）；在地形狭窄、山坡陡峻处可以代替钻孔桩或较深的刚性扩大基础。因能直接检验孔壁和孔底土质，所以能保证桩的质量。还可采用开挖办法扩大桩底以增大桩底的支承力。

（2）沉管灌注桩

沉管灌注桩系指采用锤击或振动的方法把带有钢筋混凝土桩尖或带有活瓣式桩尖（沉桩时桩尖闭合，拔管时活瓣张开）的钢套管沉入土层中成孔，然后在套管内放置钢筋笼，并边灌混凝土边拔套管而形成的灌注桩，也可将钢套管打入土中挤土成孔后向套管中灌注混凝土并拔出套管成桩。它适用于黏性土、砂性土、砂土地基。由于采用了套管，可以避免钻孔灌注桩施工中可能产生的流砂、坍孔的危害和由泥浆护壁所带来的排渣等弊病。但桩的直径较小，常用的尺寸在 0.6m 以下，桩长常在 20m 以内。在软黏土中由于沉管对邻桩有挤压影响，且挤压时产生的孔隙水压力易使拔管时出现混凝土桩缩颈现象。

各类灌注桩有如下共同优点：

（1）施工过程无大的噪声和振动（沉管灌注桩除外）。

（2）可根据土层分布情况任意变化桩长；根据同一建筑物的荷载分布与土层情况可采用不同桩径；对于承受侧向荷载的桩，可设计成有利于提高横向承载力的异形桩，还可设计成变截面桩，即在受弯矩较大的上部采用较大的断面。

（3）可穿过各种软、硬夹层，将桩端置于坚实土层和嵌入基岩，还可扩大桩底以充分发挥桩身强度和持力层的承载力。

（4）桩身钢筋可根据荷载性质及荷载沿深度的传递特征以及土层的变化配置。无需像预制桩那样配置起吊、运输、打击应力筋。其配筋率远低于预制桩，造价约为预制桩的

40% ~70%。

### 3. 管柱基础

大跨径桥梁的深水基础,或在岩面起伏不平的河床上的基础,可采用振动下沉施工方法建造管柱基础。它是将预制的大直径(直径为 1~5m)钢筋混凝土或预应力钢筋混凝土或钢管桩(实质上是一种巨型的管桩,每节长度根据施工条件决定,一般采用 4m、8m 或 10m,接头用法兰盘和螺栓连接),用大型的振动沉桩锤,沿导向结构将其振动下沉到基岩(一般以高压射水和吸泥机配合帮助下沉),然后在管柱内钻岩成孔,下放钢筋笼骨架,灌注混凝土,将管柱与岩盘牢固连接,如图 11-5 所示。管柱基础施工可以在深水及各种覆盖层条件下进行,不受季节限制,但施工需要有振动沉桩锤、凿岩机、起重设备等大型机具,动力要求也高,所以在一般公路桥梁中很少采用。

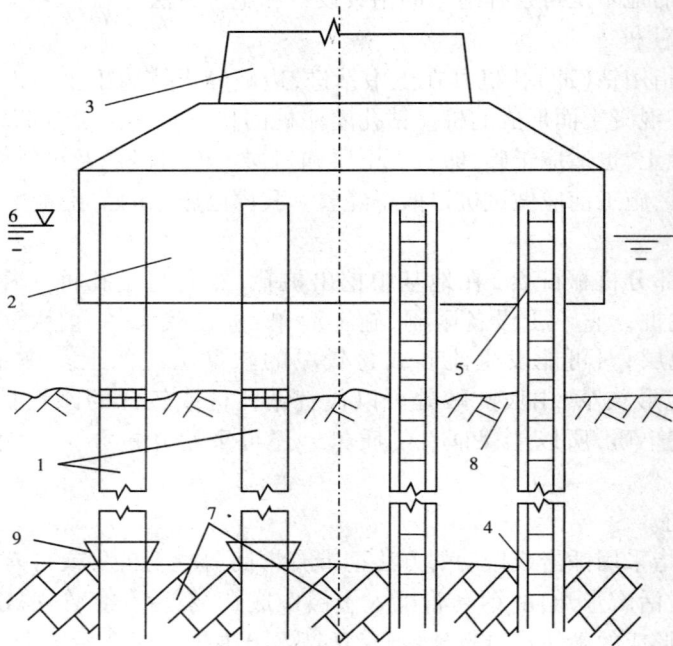

图 11-5　管柱基础

1－管柱;2－承台;3－墩身;4－嵌固于岩层;5－钢筋骨架;6－低水位;7－岩层;8－覆盖层;9－钢管靴

### 4. 钻埋空心桩

将预制桩壳预拼连接后,吊放沉入已成的桩孔内,然后进行桩侧填石压浆和桩底填石压浆而形成的预应力钢筋混凝土空心桩叫钻埋空心桩。

它适用于大跨径桥梁大直径($D \geqslant 1.5$m)桩基础,通常与空心墩相配合,形成无承台大直径空心桩墩。由于质量得到保证,在设计中就可以放心地采用大直径空心桩结构,取消承台,省去小直径群桩基础所需要的昂贵的围堰,可较大幅度地降低工程造价。

桩基础除以上分类外,还有其他分类方法:

桩基础按承台位置可分为高桩承台基础和低桩承台基础(简称高桩、低桩承台);桩按桩身材料分类有钢桩和钢筋混凝土桩;根据成桩方法,将桩分为挤土桩、部分挤土桩和非挤土桩三类。

### 三、桩基础的构造

不同材料、不同类型的桩基础具有不同的构造特点,为了保证桩的质量和桩基础的正常工作能力,在设计桩基础时应满足其构造的基本要求。现仅以目前国内桥梁工程中最常用的桩与桩基础的构造特点及要求简述如下。

1. 各种基桩的构造

(1)钢筋混凝土灌注桩

钢筋混凝土灌注桩,如图 11-6 所示。

钻孔桩设计直径不宜小于 0.8m;挖孔桩直径或最小边宽度不宜小于 1.2m;钢筋混凝土管桩直径可采用 0.4~0.8m,管壁最小厚度不宜小于 80mm。

桩身混凝土强度等级:钻(挖)孔桩、沉桩不应低于 C25;管桩填芯混凝土不应低于 C15。

钢筋混凝土沉桩的桩身,应按运输、沉入和使用各阶段内力要求通长配筋。桩的两端和接桩区箍筋或螺旋筋的间距须加密,其值可取 40~50mm。

钻(挖)孔桩应按桩身内力大小分段配筋。当内力计算表明不需配筋时,应在桩顶 3.0~5.0m 内设构造钢筋。桩内主筋直径不应小于 16mm,每桩的主筋数量不应少于 8 根,其净距不应小于 80mm,且不应大于 350mm;如配筋较多,可采用束筋;钢筋保护层净距不应小于 60mm;闭合式箍筋或螺旋筋直径不应小于主筋直径的 1/4,且不应小于 8mm,其中距不应大于主筋直径的 15 倍且不应大于 300mm;钢筋笼骨架上每隔 2.0~2.5m 设置直径 16~22mm 的加劲箍一道;钢筋笼四周应设置突出的定位钢筋、定位混凝土块,或采用其他定位措施;钢筋笼底部的主筋宜稍向内弯曲,作为导向。钻孔灌注桩常用的含筋率为 0.2%~0.6%,较一般预制钢筋混凝土实心桩、管桩与管柱均低。

钻(挖)孔桩的柱桩根据桩底受力情况如需嵌入岩层时,嵌入深度应根据计算确定,并不得小于 0.5m。

(2)钢筋混凝土预制桩

沉桩(打入桩和振动下沉桩)采用的预制钢筋混凝土桩,有实心的圆桩和方桩(少数为矩形桩),有空心的管桩,另外还有管柱(用于管柱基础)。

普通钢筋混凝土方桩可以就地灌注预制。通常当桩长在 10m 以内时横断面为 0.30m × 0.30m,桩身混凝土强度不低于 C25,桩身配筋应按制造、运输、施工和使用各阶段的内力要求配筋。主筋直径一般为 19~25mm;筋直径为 6~8mm,间距为 0.10~0.20m(在两端处一般减少 0.05m)。由于桩尖穿过土层时直接受到正面阻力,应在桩尖处把所有的主筋弯在一起并焊在一根芯棒上。桩头直接受到锤击,故在桩顶需设方格网片三层以增加桩头强度。钢筋保护层厚度不小于 35mm。桩内需预埋直径为 20~25mm 的钢筋吊环,吊点位置通过计算确定。如图 11-7 所示。

管桩由工厂以离心旋转机生产,有普通钢筋混凝土或预应力钢筋混凝土两种,直径为

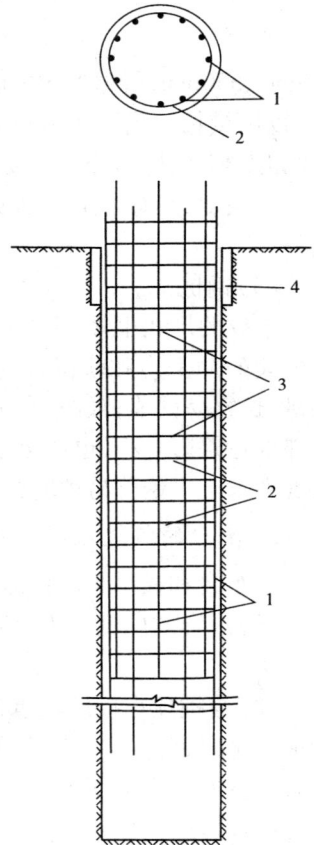

图 11-6　钢筋混凝土灌注桩
1-主筋;2-箍筋;3-加劲箍;4-护筒

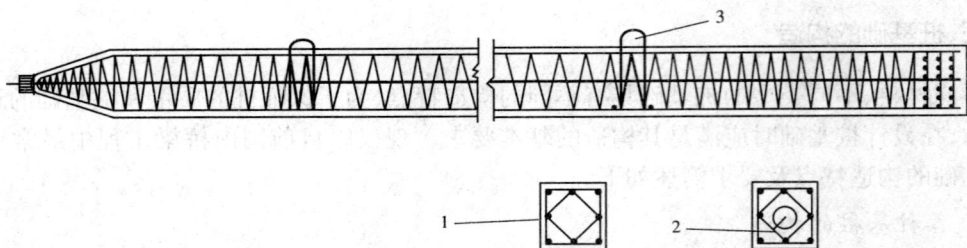

图 11-7　预制钢筋混凝土方桩

1－实心方桩;2－空心方桩;3－吊环

400mm、550mm,管壁厚80mm,混凝土强度为 C25～C40,每节管桩两端装有连接钢盘(法兰盘)以供接长。我国常用的管柱直径为 1.50～5.80m,一般采用预应力钢筋混凝土管柱。预制钢筋混凝土桩柱的分节长度,应根据施工条件决定,并应尽量减少接头数量。接头强度不应低于桩身强度,并有一定的刚度以减少锤振能量的损失。接头法兰盘的平面尺寸不得突出管壁之外。

(3)钢桩

钢桩的形式很多,主要的有钢管形和 H 形钢桩,常用的是钢管桩。钢桩具有强度高,能承受最大的冲击力和获得较高的承载力;其设计的灵活性大,壁厚、桩径的选择范围大,便于割接,桩长容易调节;轻便,易于搬运;沉桩时贯入能力强、速度较快,可缩短工期,且排挤土量小,对邻近建筑影响小,也便于小面积内密集的打桩施工。其主要缺点是用钢量大,成本昂贵,在大气和水土中钢材易被腐蚀。目前,我国只在一些重要工程中使用钢桩。

2. 承台的构造及桩与承台的连接

1)承台和横系梁的构造

(1)承台的厚度宜为桩直径的 1.0 倍及以上,且不宜小于 1.5m,混凝土强度等级不应低于C25。

(2)当桩顶直接埋入承台连接时,应在每根桩的顶面上设 1～2 层钢筋网。当桩顶主筋伸入承台时,承台在桩身混凝土顶端平面内须设一层钢筋网,在每米内(按每一方向)设钢筋网 1200～1500mm$^2$,钢筋直径采用 12～16mm,钢筋网应通过桩顶且不应截断。承台的顶面和侧面应设置表层钢筋网,每个面在两个方向的截面面积均不宜小于 400mm$^2$/m,钢筋间距不应大于 400mm。

(3)当用横系梁加强桩之间的整体性时,横系梁的高度可取 0.8～1.0 倍桩的直径,宽度可取为 0.6～1.0 倍桩的直径。混凝土的强度等级不应低于 C25。纵向钢筋不应少于横系梁截面面积的 0.15%;箍筋直径不应小于 8mm,其间距不应大于 400mm。

2)桩与承台、横系梁的连接应符合下列要求

(1)桩顶直接埋入承台连接:当桩径(或边长)小于 0.6m 时,埋入长度不应小于 2 倍桩径(或边长);当桩径(或边长)为 0.6～1.2m 时,埋入长度不应小于 1.2m;当桩径(或边长)大于1.2m 时,埋入长度不应小于桩径(或边长)。

(2)桩顶主筋伸入承台连接:桩身嵌入承台内的深入可采用 100mm;伸入承台内的桩顶主筋可做成喇叭形(与竖直线夹角大约为 15°)。伸入承台内的主筋长度,光圆钢筋不应小于 30倍钢筋直径(设弯钩),带肋钢筋不应小于 35 倍钢筋直径(不设弯钩)。

(3)对于大直径灌注桩,当采用一柱一桩时,可设置横系梁或将桩与柱直接连接。

（4）管桩与承台连接时，伸入承台内的纵向钢筋如采用插筋，插筋数量不应少于 4 根，直径不应小于 16mm，锚入承台长度不宜少于 35 倍钢筋直径，插入管桩顶填芯混凝土长度不宜小于 1.0m。

（5）横系梁的主钢筋应伸入桩内，其长度不小于 35 倍主筋直径。

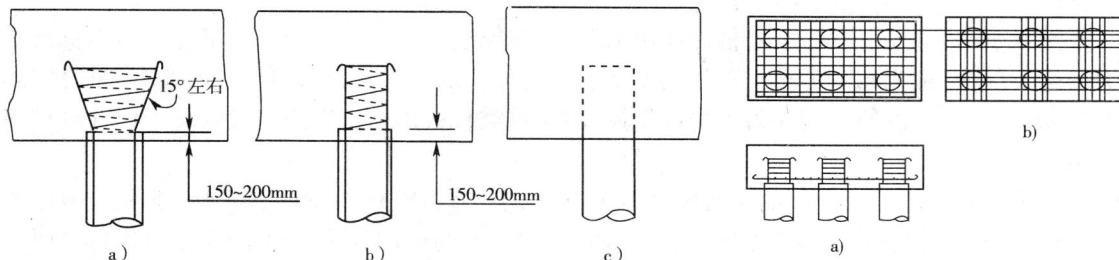

图 11-8　桩和承台的连接

图 11-9　承台底钢筋网

承台的受力情况比较复杂，为了使承台受力较为均匀并防止承台因桩顶荷载作用发生破碎和断裂，应在承台底部桩顶平面上设置一层钢筋网，如图 11-9）所示。钢筋纵桥向和横桥向每 1m 宽度内可采用钢筋截面积 1200～1500mm²（此项钢筋直径为 14～18mm，应按规定锚固长度弯起锚固），钢筋网在越过桩顶钢筋处不应截断，并应与桩顶主筋连接。钢筋网也可根据基桩和墩台的布置，按带状布设，如图 11-9）所示。低桩承台有时也可不设钢筋网。

对于双柱式或多柱式墩（台）单排桩基础，在桩之间为加强横向联系而设有横系梁时，一般认为横系梁不直接承受外力，可不作内力计算，按横断面的 0.1% 配置构造钢筋。

# 第三节　桩的承载力

单桩承载力是指单桩在荷载作用下，地基土和桩本身的强度和稳定性均能得到保证，变形也在容许范围内，以保证结构物的正常使用所能承受的最大荷载。一般情况下，桩受到轴向力、横轴向力及弯矩作用，因此需分别研究和确定单桩的轴向承载力和横轴向承载力。

## 一、单桩轴向荷载传递机理和特点

桩的承载力是桩与土共同作用的结果，了解单桩在轴向荷载下桩土间的传力途径、单桩承载力的构成特点以及单桩受力破坏形态等基本概念，将对正确确定单桩承载力有指导意义。

### 1. 荷载传递过程与土对桩的支承力

当竖向荷载逐步施加于单桩桩顶，桩身上部受到压缩而产生相对于土的向下位移，与此同时桩侧表面就会受到土的向上摩阻力。桩顶荷载通过所发挥出来的桩侧摩阻力传递到桩周土层中去，致使桩身轴力和桩身压缩变形随深度递减。在桩土相对位移等于零处，其摩阻力尚未开始发挥作用而等于零。随着荷载增加，桩身压缩量和位移量增大，桩身下部的摩阻力随之逐步调动起来，桩底土层也因受到压缩而产生桩端阻力。桩端土层的压缩加大了桩土相对位移，从而使桩身摩阻力进一步发挥到极限值,而桩端极限阻力的发挥则需要比发生桩侧极限摩阻力大得多的位移值,这时总是桩侧摩阻力先充分发挥出来。当桩身摩阻力全部发挥出来达到极限后,若继续增加荷载,其荷载增量将全部由桩端阻力承担。由于桩端持力层的大量压缩和塑性挤出,位移增长速度显著加大,直至到桩端阻力达到极限,位移迅速增大而破坏。此时桩所受的荷载就是桩的极限承载力。

端承桩由于桩底位移很小,桩侧摩阻力不易得到充分发挥。对于柱桩,桩底阻力占桩支承力的绝大部分,桩侧摩阻力很小常忽略不计。但对较长的柱桩且覆盖层较厚时,由于桩身的弹性压缩较大,也足以使桩侧摩阻力得以发挥,对于这类柱桩国内已有规范建议可予以计算桩侧摩阻力。

桩侧摩阻力除与桩土间的相对位移有关,还与土的性质、桩的刚度、时间因素和土中应力状态以及桩的施工方法等因素有关。影响桩侧摩阻力的诸因素中,土的类别、性状是主要因素。在分析基桩承载力时,各因素对桩侧摩阻力大小与分布的影响,应分情况予以注意。桩侧摩阻力的大小及其分布决定着桩身轴向力随深度的变化及数值,因此掌握、了解桩侧摩阻力的分布规律,对研究和分析桩的工作状态有重要作用。

桩底阻力与土的性质、持力层上覆荷载(覆盖土层厚度)、桩径、桩底作用力、时间及桩底进入持力层深度等因素有关,其主要影响因素仍为桩底地基土的性质。桩底地基土的受压刚度和抗剪强度大则桩底阻力也大,桩底极限阻力取决于持力层土的抗剪强度和上覆荷载及桩径大小。由于桩底地基土层的受压固结作用是逐渐完成的,因此随着时间的增长,桩底土层的固结强度和桩底阻力也相应增长。

**2. 单桩在轴向受压荷载作用下的破坏模式**

轴向受压荷载作用下,单桩的破坏是由地基土强度破坏或桩身材料强度破坏所引起。而以地基土强度破坏居多,以下介绍工程实践中常见的几种典型破坏模式(如图11-10)。

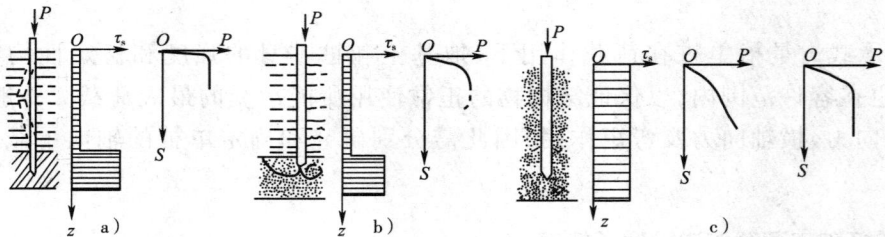

图 11-10  土强度对桩破坏模式的影响

(1)当桩底支承在很坚硬的地层,桩侧土为软土层,其抗剪强度很低时,桩在轴向受压荷载作用下,如同一受压杆件呈现纵向挠曲破坏,如图11-10a)所示。在荷载—沉降($P$-$S$)曲线上呈现出明确的破坏荷载。桩的承载力取决于桩身的材料强度。

(2)当具有足够强度的桩穿过抗剪强度较低的土层而达到强度较高的土层时,桩在轴向受压荷载作用下,由于桩底持力层以上的软弱土层不能阻止滑动土楔的形成,桩底土体将形成滑动面而出现整体剪切破坏,如图11-10b)所示。在$P$-$S$曲线上可见明确的破坏荷载。桩的承载力主要取决于桩底土的支承力,桩侧摩阻力也起一部分作用。

(3)当具有足够强度的桩入土深度较大或桩周土层抗剪强度较均匀时,桩在轴向受压荷载作用下,将出现刺入式破坏,如图11-10c)所示。根据荷载大小和土质不同,其$P$-$S$曲线通常无明显的转折点。桩所受荷载由桩侧摩阻力和桩底反力共同承担,一般摩擦桩或纯摩擦桩多为此类破坏,且基桩承载力往往由桩顶所允许的沉降量控制。

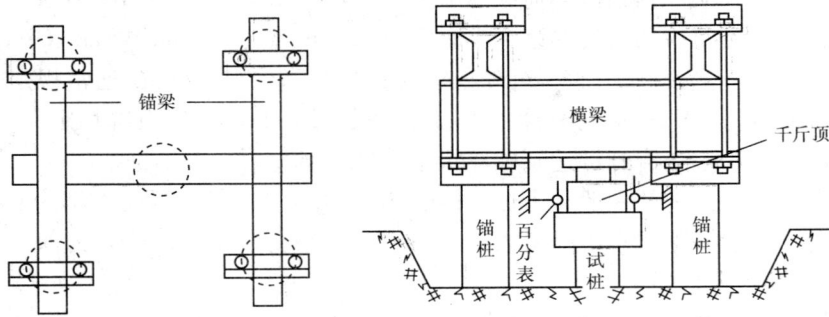

图 11-11　锚桩法试验装置

因此,桩的轴向受压承载力,取决于桩周土的强度或桩本身的材料强度。一般情况下桩的轴向承载力都是由土的支承能力控制的,对于柱桩和穿过土层土质较差的长摩擦桩,则两种因素均有可能是决定因素。

### 二、单桩轴向容许承载力的确定

在工程设计中,单桩轴向容许承载力系指单桩在轴向荷载作用下,地基土和桩本身的强度和稳定性均能得到保证,变形也在容许范围之内所容许承受的最大荷载,它是以单桩轴向极限承载力(极限桩侧摩阻力与极限桩底阻力之和)考虑必要的安全度后求得。

单桩轴向容许承载力的确定方法较多,考虑到地基土具有多变性、复杂性和地域性等特点,往往需选用几种方法作综合考虑和分析,以合理确定单桩轴向容许承载力。

#### 1. 静载试验法

垂直静载试验法即在桩顶逐级施加轴向荷载,直至桩达到破坏状态为止,并在试验过程中测量每级荷载下不同时间的桩顶沉降,根据沉降与荷载及时间的关系,分析确定单桩轴向容许承载力。

试桩可在已打好的工程桩中选定,也可专门设置与工程桩相同的试验桩。考虑到试验场地的差异及试验的离散性,试桩数目应不小于基桩总数的 2%,且不应少于 2 根;试桩的施工方法以及试桩的材料和尺寸、入土深度均应与设计桩相同。

#### (1)试验装置

试验装置主要有加载系统和观测系统两部分组成。加载方法有堆载法与锚桩法(如图 11-11)两种。堆载法是在荷载平台上堆放重物,一般为钢锭或砂包,也有在荷载平台上置放水箱,向水箱中充水作为荷载。堆载法适用于极限承载力较小的桩。锚桩法是在试桩周围布置 4~6 根锚桩,常利用工程桩群。锚桩深度不宜小于试桩深度,且与试桩有一定距离,一般应大于 $3d$ 且不小于 1.5m($d$ 为试桩直径或边长),以减少锚桩对试桩承载力的影响。观测系统主要对桩顶位移和加载数值进行观测,位移通过安装在基准梁上的位移计或百分表量测,加载数值通过油压表或压力传感器观测。每根基准梁固定在两个无位移影响的支点或基准点上,支点或基准桩与试桩中心距应大于 $4d$ 且不小于 2m($d$ 为试桩直径或边长)。锚桩法的优点是适应桩的承载力的范围广,当试桩极限承载力较大时,加荷系统相对简单。但锚桩一般须事先确定,因为锚桩一般需要通长配筋,且配筋总抗拉强度要大于其负担的上拔力的 1.4 倍。

（2）试验方法

试桩加载应分析进行，每级荷载约为预估破坏荷载的 1/10～1/15；有时也采用递变加载方式，开始阶段每级荷载取预估破坏荷载的 1/2.5～1/5，终了阶段取 1/10～1/15。

测读沉降时间，在每级加荷后的第一小时内，在 2min、5min、15min、45min、60min 时各测读一次，以后每隔 30min 测读一次，直至沉降稳定为止。沉降稳定的标准，通常规定为对砂性土为 30min 内沉降不超过 0.1mm，对黏性土为 1h 内不超过 0.1mm。待沉降稳定后，方可施加下一级荷载。循此加载观测，直到桩达到破坏状态，终止试验。

当出现下列情况之一时，一般认为桩已达破坏状态，所相应施工的荷载即为破坏荷载。

①桩的沉降量突然增大，总沉降量大于 40mm，且本级荷载下的沉降量为前一级荷载下沉降量的 5 倍。

②本级荷载下桩的沉降量为前一级荷载下沉降量的 2 倍，且 24h 桩的沉降未趋稳定。

（3）极限荷载和轴向容许承载力的确定

破坏荷载求得以后，可将其前一级荷载作为极限荷载，从而确定单桩轴向容许承载力

$$[R_a] = \frac{P_j}{K}$$ (11-1)

式中：$[R_a]$——单桩轴向受压容许承载力，kN；

$\quad\quad P_j$——试桩的极限荷载，kN；

$\quad\quad K$——安全系数，一般为 2。

实际上，在破坏荷载下，处于不同土层中的桩，其沉降量及沉降速率是不同的，人为地统一规定某一沉降值或沉降速率作为破坏标准，难以正确评价基桩的极限承载力。因此，宜根据试验曲线采用多种方法分析，以综合评定基桩的极限承载力。

①$p$—$S$ 曲线明显转折点法

在 $p$—$S$ 曲线上，以曲线出现明显下弯转折点所对应的荷载作为极限荷载，如图 11-12 所示。因为当荷载超过该荷载后，桩底土体达到破坏阶段发生大量塑性变形，引起桩发生较大或较长时间仍不停滞的沉降，所以在 $P$—$S$ 曲线上呈现出明显的下弯转折点。然而，若 $P$—$S$ 曲线转折点不明显，则极限荷载难以确定，需借助其他辅助判定，例如用对数坐标绘制 $\lg P$—$\lg S$ 曲线，可能使转折点显得明确些。

②$S$—$\lg t$ 法（沉降速率法）

该方法是根据沉降随时间的变化特征来确定极限荷载，大量试桩资料分析表明，桩在破坏荷载以前的每级下沉量（$S$）与时间（$t$）的对数呈线性关系（如图 11-13 所示），可用公式表示为：

$$S = m\lg t$$ (11-2)

直线的斜率 $m$ 在某种程度上反映了桩的沉降速率。$m$ 值不是常数，它随着桩顶荷载的增加而增大，$m$ 越大，则桩的沉降速率越大。当桩顶荷载继续增大时，如发现绘得的 $S$—$\lg t$ 线不是直线而是折线时，则说明在该级荷载作用下桩沉降骤增，即地基土塑性变形骤增，桩破坏。因此可将相应于 $S$—$\lg t$ 线型由直线变为折线的那一级荷载定为该桩的破坏荷载，其前一级荷载即为桩的极限荷载。

采用静载试验法确定单桩容许承载力直观可靠，但费时、费力，通常只在大型、重要工程或地质较复杂的桩基工程中进行试验。

248

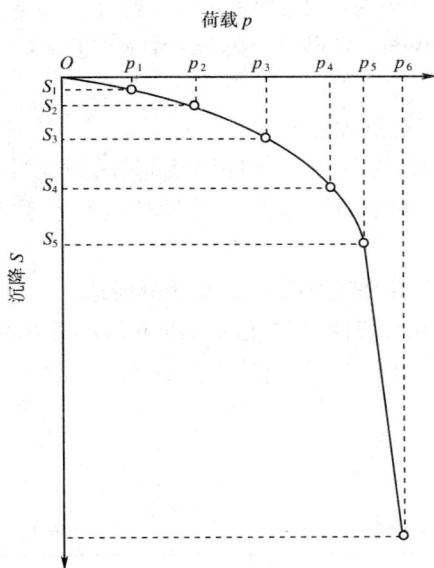

图 11-12 单桩荷载—沉降($p$—$S$)曲线

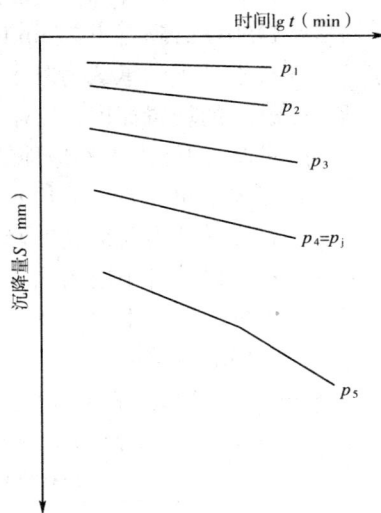

图 11-13 单桩 $S$—lg$t$ 曲线

## 2. 经验公式法

我国现行各设计规范都规定了以经验公式计算单桩轴向容许承载力的方法,这是一种简化计算方法。规范根据全国各地大量的静载试验资料,经过理论分析和统计整理,给出不同类型的桩,按土的类别、密实度、稠度、埋置深度等条件下有关桩侧摩阻力及桩底阻力的经验系数、数据及相应公式。下面以《公路桥涵地基与基础设计规范》(JTG D63—2007)为例简介如下(以下各经验公式除特殊说明者外均适用于钢筋混凝土桩、混凝土桩及预应力混凝土桩)。

(1)摩擦桩轴向受压承载力

摩擦桩单桩轴向受压承载力容许值[$R_a$],可按下列公式计算:

单桩竖向容许承载力的基本形式为:

$$单桩容许承载力[R_a] = [桩侧极限摩阻力 + 桩底极限阻力]/安全系数 \tag{11-3}$$

打入桩与钻(挖)孔灌注桩,由于施工方法不同,根据试验资料所得桩侧摩阻力和桩底阻力数据不同,所给出的计算式和有关数据也不同。现分述如下:

①钻(挖)孔灌注桩的承载力容许值:

$$[R_a] = \frac{1}{2}u\sum_{i=1}^{n}q_{ik}l_i + A_p q_r \tag{11-4}$$

$$q_r = m_0\lambda\big[[f_{a0}] + k_2\gamma_2(h-3)\big] \tag{11-5}$$

式中:[$R_a$]——单桩轴向受压承载力容许值,kN,桩身自重与置换土重(当自重计入浮力时,置换土重也计入浮力)的差值作为荷载考虑;

    $u$——桩身周长,m;

    $A_p$——桩端截面面积,m²,对于扩底桩,取扩底截面面积;

    $n$——土的层数;

    $l_i$——承台底面或局部冲刷线以下各土层的厚度,m,扩孔部分不计;

    $q_{ik}$——与 $l_i$ 对应的各土层与桩侧的摩阻力标准值,kPa,宜采用单桩摩阻力试验确定,当无试验条件时按表 11-1 选用;

$q_r$——桩端处土的承载力容许值,kPa,当持力层为砂土、碎石土时,若计算值超过下列值,宜按下列值采用;粉砂 1000kPa;细砂 1150kPa;中砂、粗砂、砾砂 1450kPa;碎石土 2750kPa;

$[f_{a0}]$——桩端处土的承载力基本容许值,kPa,按规范确定;

$h$——桩端的埋置深度,m,对于有冲刷的桩基,埋深由一般冲刷线起算;对无冲刷的桩基,埋深由天然地面线或实际开挖后的地面线起算;$h$ 的计算值不大于 40m,当大于 40m 时,按 40m 计算。

$k_2$——容许承载力随深度的修正系数,根据桩端处持力层土类按规范表选用;

$\gamma_2$——桩端以上各土层的加权平均重度,kN/m³,若持力层在水位以下且不透水时,不论桩端以上土层的透水性如何,一律取饱和重度,当持力层透水时则水中部分土层取浮重度;

$\lambda$——修正系数,按表 11-2 选用;

$m_0$——清底系数,按表 11-3 选用。

**钻孔桩桩侧土的摩阻力标准值 $q_{ik}$**  表 11-1

| 土　类 | | $q_{ik}$(kPa) |
|---|---|---|
| 中密炉渣、粉煤灰 | | 40～60 |
| 黏性土 | 流塑 $I_L > 1$ | 20～30 |
| | 软塑 $0.75 < I_L \leqslant 1$ | 30～50 |
| | 可塑、硬塑 $0 < I_L \leqslant 0.75$ | 50～80 |
| | 坚硬 $I_L \leqslant 0$ | 80～120 |
| 粉土 | 中密 | 30～55 |
| | 密实 | 55～80 |
| 粉砂、细砂 | 中密 | 35～55 |
| | 密实 | 55～70 |
| 中砂 | 中密 | 45～60 |
| | 密实 | 60～80 |
| 粗砂、砾砂 | 中密 | 60～90 |
| | 密实 | 90～140 |
| 圆砾、乐砾 | 中密 | 120～150 |
| | 密实 | 150～180 |
| 碎石、卵石 | 中密 | 160～220 |
| | 密实 | 220～400 |
| 漂石、块石 | | 400～600 |

注:挖孔桩的摩阻力标准值可参照本表采用。

| l/d　　　　桩端土情况 | 4~20 | 20~25 | >25 |
|---|---|---|---|
| 透水性土 | 0.70 | 0.70~0.85 | 0.85 |
| 不透水性土 | 0.65 | 0.65~0.72 | 0.72 |

②沉桩的承载力容许值

$$[R_a] = \frac{1}{2}\left(u\sum_{i=1}^{n}a_i l_i q_{ik} + a_r A_p q_{rk}\right)　　　　　　(11-6)$$

式中:$[R_a]$——单桩轴向受压承载力容许值,kN;桩身自重与置换土重(当自重计入浮力时,置换土重也计入浮力)的差值作为荷载考虑;

　　　　$u$——桩身周长,m;

　　　　$n$——土的层数;

　　　　$l_i$——承台底面或局部冲刷线以下各土层的厚度,m;

　　　　$q_{ik}$——与 $l_i$ 对应的各土层与桩侧摩阻力标准值,kPa,宜采用单桩摩阻力试验确定或通过静力触探试验测定,当无试验条件时按表11-4选用;

　　　　$q_{rk}$——桩端处土的承载力标准值,kPa,宜采用单桩试验确定或通过静力触探试验测定,当无试验条件时近期内表11-5选用;

　　　　$a_i$、$a_r$——分别为振动沉桩对各土层桩侧摩阻力和桩端承载力的影响系数,按表11-6采用;对于锤击、静压沉桩其值均取为1.0。

清底系数 $m_0$ 值　　　　　　　表 11-3

| t/d | 0.3~0.1 |
|---|---|
| $m_0$ | 0.7~1.0 |

注:1. $t$、$d$ 为桩端沉渣厚度和桩的直径。

　　2. $d \leqslant 1.5m$ 时,$t \leqslant 300mm$;$d > 1.5m$ 时,$t \leqslant 500mm$,且 $0.1 < t/d < 0.3$。

沉桩桩侧土的摩阻力标准值 $q_{ik}$　　　　　　　表 11-4

| 土　类 | 状　态 | $q_{ik}$(kPa) |
|---|---|---|
| 黏性土 | $1.5 \geqslant I_L \geqslant 1$ | 15~30 |
| | $1 > I_L \geqslant 0.75$ | 30~45 |
| | $0.75 > I_L \geqslant 0.5$ | 45~60 |
| | $0.5 > I_L \geqslant 0.25$ | 60~75 |
| | $0.25 > I_L \geqslant 0$ | 75~85 |
| | $0 > I_L$ | 85~95 |
| 粉土 | 稍密 | 20~35 |
| | 中密 | 35~65 |
| | 密实 | 65~80 |
| 粉、细砂 | 稍密 | 20~35 |
| | 中密 | 35~65 |
| | 密实 | 65~80 |

| 土 类 | 状 态 | $q_{ik}$(kPa) |
|---|---|---|
| 中砂 | 中密 | 55～75 |
| | 密实 | 75～90 |
| 粗砂 | 中密 | 70～90 |
| | 密实 | 90～105 |

注:表中土的液性指数 $I_L$,系按76g平衡锥测定的数值。

**沉桩桩端处土的承载力标准值 $q_{rk}$** 表11-5

| 土 类 | 状 态 | 桩端承载力标准值 $q_{rk}$(kPa) | | |
|---|---|---|---|---|
| 黏性土 | $I_L \geqslant 1$ | 1000 | | |
| | $1 > I_L \geqslant 0.65$ | 1600 | | |
| | $0.65 > I_L \geqslant 0.35$ | 2200 | | |
| | $0.35 > I_L$ | 3000 | | |
| 黏性土 | | 桩尖进入持力层的相对深度 | | |
| | | $1 > h_c/d$ | $4 > h_c/d \geqslant 1$ | $h_c/d \geqslant 4$ |
| 粉土 | 中密 | 1700 | 2000 | 2300 |
| | 密实 | 2500 | 3000 | 3500 |
| 粉砂 | 中密 | 2500 | 3000 | 3500 |
| | 密实 | 5000 | 6000 | 7000 |
| 细砂 | 中密 | 3000 | 3500 | 4000 |
| | 密实 | 5500 | 6500 | 7500 |
| 中、粗砂 | 中密 | 3500 | 4000 | 4500 |
| | 密实 | 6000 | 7000 | 8000 |
| 圆砾石 | 中密 | 4000 | 4500 | 5000 |
| | 密实 | 7000 | 8000 | 9000 |

注:表中 $h_c$ 为桩端进入持力层的深度(不包括桩靴);$d$ 为桩的直径或边长。

**系 数 $a_i$、$a_r$ 值** 表11-6

| 系数 $a_i$、$a_r$ 土类<br>桩径或边长 $d$(m) | 黏 土 | 粉质黏土 | 粉 土 | 砂 土 |
|---|---|---|---|---|
| $0.8 \geqslant d$ | 0.6 | 0.7 | 0.9 | 1.1 |
| $2.0 \geqslant d > 0.8$ | 0.6 | 0.7 | 0.9 | 1.0 |
| $d > 2.0$ | 0.5 | 0.6 | 0.7 | 0.9 |

(2)嵌岩桩轴向受压承载力

①支承在基岩上或嵌入基岩的钻(挖)孔桩、沉桩的单桩轴向受压承载力容许值[$R_a$],可按下式计算:

$$[R_a] = c_1 A_p f_{rk} + u \sum_{i=1}^{m} c_{2i} h_i f_{rki} + \frac{1}{2} \xi_s u \sum_{i=1}^{n} l_i q_{ik} \tag{11-7}$$

式中:[$R_a$]——单桩轴向受压承载力容许值,kN,桩身自重与置换土重(当自重计入浮力时,置换土重也计入浮力)的差值作为荷载考虑;

$c_1$——根据清孔情况、岩石破碎程度等因素而定的端阻发挥系数,按表 11-7 采用;

$A_p$——桩端截面面积,$m^2$,对于扩底桩,取扩底截面面积;

$f_{rk}$——桩端岩石饱和单轴抗压强度标准值,kPa,黏土质岩取天然湿度单轴抗压强度标准值,当 $f_{rk}$ 小于 2MPa 时按摩擦桩计算 $f_{rki}$ 为第 $i$ 层的 $f_{rk}$ 值);

$c_{2i}$——根据清孔情况、岩石破碎程度等因素而定的第 $i$ 层岩层的侧阻发挥系数,按表 11-7 采用;

$u$——各土层或各岩层部分的桩身周长,m;

$h_i$——桩嵌入各岩层部分的厚度,m,不包括强风化层和全风化层;

$m$——岩层的层数,不包括强风化层和全风化层;

$\xi_s$——覆盖层土的侧阻力发挥系数,根据桩端 $f_{rk}$ 确定,当 $2MPa \leqslant f_{rk} < 15MPa$ 时,$\xi_s = 0.8$;当 $15MPa \leqslant f_{rk} < 30MPa$ 时,$\xi_s = 0.5$;当 $f_{rk} > 30MPa$ 时,$\xi_s = 0.2$;

$l_i$——各土层的厚度,m;

$q_{ik}$——桩侧第 $i$ 层土的侧阻力标准值,kPa,宜采用单桩摩阻力试验值,当无试验条件时,对于钻(挖)孔桩按表 11-1 选用,对于沉桩按本规范表 11-4 选用;

$n$——土层的层数,强风化和全风化岩层按土层考虑。

系 数 $c_1$、$c_2$ 值　　　　　　　　　表 11-7

| 岩石层情况 | $c_1$ | $c_2$ |
|---|---|---|
| 完整、较完整 | 0.6 | 0.05 |
| 较破碎 | 0.5 | 0.04 |
| 破碎、极破碎 | 0.4 | 0.03 |

注:1. 当入岩深度小于或等于 0.5m 时,$c_1$ 乘以 0.75 的折减系数,$c_2 = 0$。

2. 对于钻孔桩,系数 $c_1$、$c_2$ 值应降低 20% 采用;桩端沉渣厚度 $t$ 应满足以下要求:$d \leqslant 1.5m$ 时,$t \leqslant 50mm$;$d > 1.5m$ 时,$t \leqslant 100mm$

3. 对于中风化层作为持力层的情况,$c_1$、$c_2$ 应分别乘以 0.75 的折减系数。

②当河床岩层有冲刷时,桩基须嵌入基岩,嵌岩桩按桩底嵌固设计。其应嵌入基岩中的深度,可按下列公式计算。

a. 圆形桩:

$$h = \sqrt{\frac{M_H}{0.065\,5\beta f_{rk}d}} \qquad (11-8)$$

b. 矩形桩:

$$h = \sqrt{\frac{M_H}{0.083\,3\beta f_{rk}b}} \qquad (11-9)$$

以上两式中:$h$——桩嵌入基岩中(不计强风化层和全风化层)的有效深度,m,不应小于 0.5m;

$M_H$——在基岩顶面处的弯矩,$kN \cdot m$;

$f_{rk}$——岩石饱和单轴抗压强度标准值,kPa,黏土质岩取天然湿度单轴抗压强度标准值;

$\beta$——系数,$\beta = 0.5 \sim 1.0$,根据岩层侧面构造而定,节理发育的取小值;不发育的取大值;

$d$——桩身直径,m;

$b$——垂直于弯矩作用平面桩的边长,m。

### 三、单桩横向(水平)承载力

桩的横向承载力,是指桩在与桩轴线垂直方向受力时的承载力。桩在横向力(包括弯矩)作用下的工作情况较轴向受力时要复杂些,但仍然是从保证桩身材料和地基强度与稳定性以及桩顶水平位移满足使用要求来分析和确定桩的横轴向承载力。

1. 在横向荷载作用下桩的破坏机理和特点

桩在横向荷载作用下,桩身产生横向位移或挠曲,并与桩侧土协调变形。桩身对土产生侧向压应力,同时桩侧土反作用于桩,产生侧向土抗力。桩土共同作用,互相影响。

为了确定桩的横向承载力,应对桩在横向荷载作用下的工作性状和破坏机理作一分析。通常有下列两种情况:

第一种情况:当桩径较大,入土深度较小或周围土层较松软,即桩的刚度远大于土层刚度,受横向力作用时桩身挠曲变形不明显,如同刚体一样围绕桩轴某一点转动,如图11-14a)所示。如果不断增大横向荷载,则可能由于桩侧土强度不够而失稳,使桩丧失承载的能力或破坏。因此,基桩的横向容许承载力可能由桩侧土的刚度及稳定性决定。

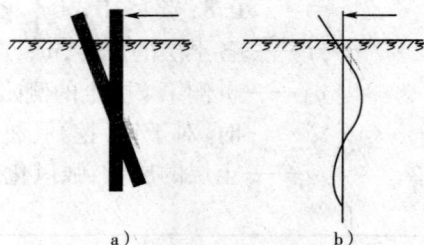

图11-14 桩在横向力作用下变形示意图
a)刚性桩;b)弹性桩

第二种情况:当桩径较小,入土深度较大或周围土层较坚实,即桩的相对刚度较小时,由于桩侧土有足够大的抗力,桩身发生挠曲变形,其侧向位移随着入土深度增大而逐渐减小,以至达到一定深度后,几乎不受荷载影响。形成一端嵌固的地基梁,桩的变形呈如图11-14b)所示的波状曲线。如果不断增大横向荷载,可使桩身在较大弯矩处发生断裂或使桩发生超过桩或结构物的容许变形值的侧向位移。因此,基桩的横向容许承载力将由桩身材料的抗剪强度或侧向变形条件决定。

以上是桩顶自由的情况,当桩顶受约束而呈嵌固条件时,桩的内力和位移情况以及桩的横向承载力仍可由上述两种条件确定。

2. 单桩横向容许承载力的确定方法

确定单桩横向容许承载力有水平静载试验和分析计算法两种途径。

(1)单桩水平静载试验

桩的水平静载试验是确定桩的横向承载力的较可靠的方法,也是常用的研究分析试验方法。试验是在现场进行,所确定的单桩水平承载力地基土的水平抗力系数最符合实际情况。如果预先已在桩身埋有量测元件,则可测定出桩身应力变化,并由此求得桩身弯矩分布。

(2)分析计算法

此法是根据作了某些假定而建立的理论(如弹性地基梁理论),计算桩在横向荷载作用下桩身内力与位移及桩对土的作用力,验算桩身材料和桩侧土的强度与稳定以及桩顶或墩台顶位移等,从而可评定桩的横向容许承载力。

一般说来,桩的竖向承载力往往由土对桩的支承能力控制。但当桩穿过极软弱土层,支承(或嵌固)于岩层或坚硬的土层上时,单桩竖向承载力往往由桩身材料强度控制。此时,基桩就像一根受压杆件,在竖向荷载作用下,将发生纵向挠曲破坏而丧失稳定性,而且这种破坏往往发生于截面承压强度破坏以前,因此验算时尚需考虑纵向挠曲影响。

#### 四、桩的负摩阻力

在一般情况下,桩受轴向荷载作用后,桩相对桩侧土体作向下位移,土对桩产生向上作用的摩阻力,称正摩阻力。但当桩周土体因某种原因发生下沉,其下沉和变形大于桩身的沉降变形时,在桩侧表面将出现向下作用的摩阻力,称其为负摩阻力(如图 11-15b)。

桩的负摩阻力的发生将使桩侧土的部分重力传递给桩,因此,负摩阻力不但不能成为桩承载力的一部分,反而变成施加在桩上的外荷载,对入土深度相同的桩来说,若有负摩力发生,则桩的外荷载增大,桩的承载力相对降低,桩基沉降加大,这在确定桩的承载力和桩基设计中应予以注意。对于桥梁工程特别要注意桥头路堤高填土的桥台桩基础的负责摩阻力问题,因路堤高填土是一个很大的地面荷载且位于桥台的一侧,若产生负摩阻力时还会有桥台背和路堤填土间的摩阻问题和影响桩基础的不均匀沉降问题。

图 11-15 桩的正、负摩阻力

桩的负摩阻力能否产生,主要是看桩与桩周土的相对位移发展情况。桩的负摩阻力产生的原因有:

(1)在桩附近地面大量堆载,引起地面沉降;

(2)土层中抽取地下水或其他原因,地下水位下降,使土层产生自重固结下沉;

(3)桩穿过欠压密土层(如填土)进入硬持力层,土层产生自重固结下沉;

(4)桩数很多的密集群桩打桩时,使桩周土中产生很大的超孔隙水压力,打桩停止后桩周土的再固结作用引起下沉;

(5)在黄土、冻土中的桩,因黄土湿陷、冻土融化产生地面下沉。

由此可见,当桩穿过软弱高压缩性土层而支承在坚硬持力层上时最易发生桩的负摩阻力问题。要确定桩身负摩阻力的大小,就要先确定土层产生负摩阻力的范围和负摩阻力强度的大小。

为确保桩基工程质量,应对桩基进行必要的检测,验证能否满足设计要求,保证正常使用。桩基工程为地下隐蔽工程,建成后在某些方面难以检测。为控制和检验桩基质量,施工一开始就应按工序严格监测,推行全面的质量管理(TQC),每道工序均应检验,及时发现和解决问题,并认真做好施工和检测记录,以备最后综合对桩基质量作出评价。

桩的类型和施工方法不同,所需检验的内容和侧重点也有不同,但纵观桩基质量检验,通常均涉及下述三方面内容:桩的几何受力条件检验、桩身质量检验、桩身强度与单桩承载力检验。

## 第四节　桩的内力与位移计算

横向荷载作用下桩身内力与位移的计算方法国内外已有不少,我国普遍采用的是将桩作为弹性地基上的梁,按文克尔假定(梁身任一点的土抗力和该点的位移成正比)进行求解,简称弹性地基梁法。根据求解的方法不同,通常有半解析法(幂级数解、积分方程解、微分算子解等)、有限差分法和有限元解等。以文克尔假定为基础的弹性地基梁解法从土力学的观点

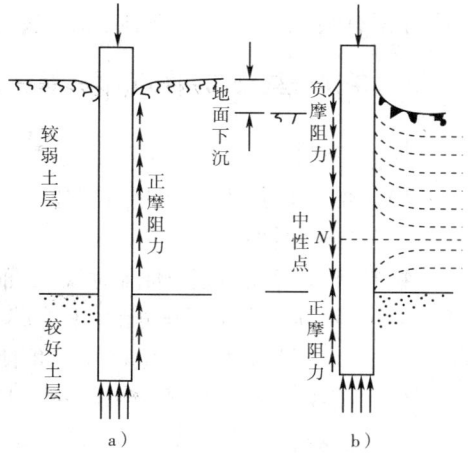

认为不够严密。但其基本概念明确,方法较为简单,所得结果一般较安全,故国内外使用较为普遍。我国铁路、水利、公路及房屋建筑等领域在桩的设计中常用的 $m$ 法以及 $K$ 法、常数法(或称张有龄法)、$C$ 法等均属于此种方法。

## 一、单排桩基桩内力和位移计算

1. 基本概念

1)土的弹性抗力及其分布规律

(1)土的弹性抗力

桩基础在荷载(包括轴向荷载、横轴向荷载和力矩)作用下产生位移(包括竖向位移、水平位移和转角),桩的竖向位移引起桩侧土的摩阻力和桩底土的抵抗力。桩身的水平位移及转角使桩挤压桩侧土体,桩侧土必然对桩产生一横向土拉力 $\sigma_{zx}$(见图 11-16 及图 11-17),它起抵抗外力和稳定桩基础的作用,土的这种作用力称为土的弹性抗力。$\sigma_{zx}$ 即指深度为 $z$ 处的横向($x$ 轴向)土抗力,其大小取决于土体性质、桩身刚度、桩的入土深度、桩的截面形状、桩距及荷载等因素。假定土的横向土抗力符合文克尔假定,即

$$\sigma_{zx} = Cx_z \tag{11-10}$$

式中:$\sigma_{zx}$——横向土抗力,$kN/m^2$;

$C$——地基系数,$kN/m^3$;

$x_z$——深度 $z$ 处桩的横向位移,m。

(2)地基系数

地基系数 $C$ 表示单位面积土在弹性限度内产生单位变形时所需要的力。它的大小与地基土的类别、物理力学性质有关。如能测得 $x_z$ 并知道 $C$ 值,$\sigma_{zx}$ 值即可解得。

地基系数 $C$ 值是通过对试桩在不同类别土质及不同深度进行实测 $x_z$ 及 $\sigma_{zx}$ 后反算得到。大量试验表明,地基系数 $C$ 值不仅与土的类别及其性质有关,而且也随深度而变化。由于实测的客观条件和分析方法不尽相同等原因,所采用的 $C$ 值随深度的分布规律也各有不同。常用的几种地基系数分布规律如图 11-17 所示,相应的基桩内力和位移计算方法如下所述:

①$m$ 法

假定地基系数 $C$ 随深度呈线性增长,即 $C = mz$,如图 11-17a)所示。$m$ 称为非岩石地基水平向抗力系数的比例系数($kN/m^4$)。

②$K$ 法

假定地基系数 $C$ 随深度呈折线变化即在桩身第一挠曲变形零点(图 11-17 所示深度 $t$ 处)以上地基系数 $C$ 随深度呈凹形抛物线增加,该点以下,地基系数 $C = K(kN/m^3)$,为常数,如图 11-17b)所示。

③$C$ 法

假定地基系数 $C$ 随深度呈抛物线增加,即 $C = cz^{0.5}$,当无量纲入土深度达 4 后为常数,如图 11-17c)所示。$C$ 为地基系数的比例系数($kN/m^{3.5}$)。

④常数法,又称张有龄法

假定地基系数 $C$ 沿深度为均匀分布,不随深度而变化,即 $C = K_0(kN/m^3)$ 为常数,如图 11-17d)所示。

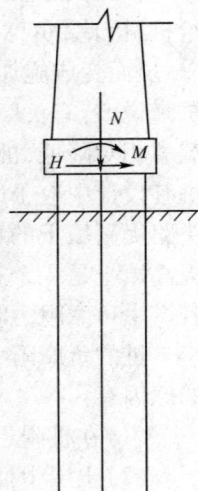

图 11-16

256

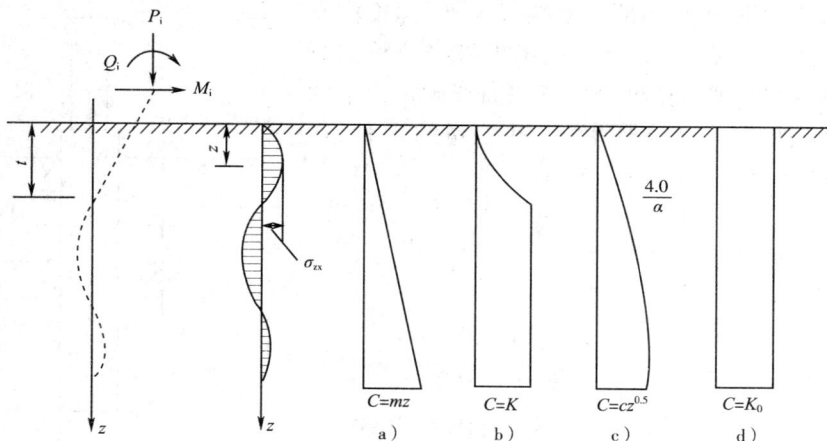

图 11-17　地基系数变化规律

上述 4 种方法各自假定的地基系数随深度分布规律不同,其计算结果有所差异。实测资料分析表明,对桩的变位和内力起主要影响的为上部土层,故宜根据土质特性来选择恰当的计算方法。对于超固结黏土和地面为硬壳层的情况,可考虑选用常数法;对于其他土质一般可选用 $m$ 法或 $C$ 法;当桩径大、容许位移小时宜选用 $C$ 法。由于 $K$ 法误差较大,现较少采用。本节介绍目前应用较广并列入《公路桥涵地基与基础设计规范》(JTG D63—2007)中的 $m$ 法。

按 $m$ 法计算时,非岩石地基水平向抗力系数的比例系数 $m$ 值可根据试验实测确定,无实测数据时可参考表 11-8 中的数值选用;对于岩石地基抗力系数 $C_0$,认为不随岩层面的埋藏深度而变,可参考表 11-9 采用。

非岩石类土的比例系数 $m$ 值和 $m_0$ 值

表 11-8

| 序　　号 | 土 的 分 类 | $m$ 或 $m_0$（kN/m⁴） |
|---|---|---|
| 1 | 流塑性黏土 $I_L>1.0$,软塑性黏土 $1.0 \geqslant I_L > 0.75$,淤泥 | 3000 ~ 5000 |
| 2 | 可塑黏性土 $0.75 \geqslant I_L > 0.25$、粉砂,稍密粉土 | 5000 ~ 10000 |
| 3 | 硬塑黏性土 $0.25 \geqslant I_L \geqslant 0$、细砂,中砂,中密粉土 | 10000 ~ 20000 |
| 4 | 坚硬、半坚硬黏性土 $I_L \leqslant 0$、粗砂,密实粉土 | 20000 ~ 30000 |
| 5 | 砾砂、角砾、圆砾、碎石、卵石 | 30000 ~ 80000 |
| 6 | 密实卵石夹粗砂、密实漂、卵石 | 80000 ~ 120000 |

岩 石 $C_0$ 值

表 11-9

| $f_{rk}$（kPa） | $C_0$（kN/m³） | $f_{rk}$（kPa） | $C_0$（kN/m³） |
|---|---|---|---|
| 1000 | 300 000 | ≥25 000 | 15 000 000 |

注:$f_{rk}$ 为岩石的单轴饱和抗压强度标准值。对于无法进行饱和的试样,可采用天然含水率单轴抗压强度标准值;当 $f_{rk}$ 为中间值时,可采用内插法确定 $C_0$。

（3）关于 $m$ 值

①由于桩的水平荷载与位移关系是非线性的,即 $m$ 值随荷载与位移增大而有所减少,因此,$m$ 值的确定要与桩的实际荷载相适应。一般结构在地面处最大位移不超过 10mm,对位移敏感的结构及桥梁结构为 6mm。位移较大时,应适当降低表列 $m$ 值;当基础侧面设有斜坡或台阶,且其坡度(横:竖)或台阶总宽与深度之比大于 1:20 时,表中 $m$ 值应减小 50% 取用。

②当基础侧面地面或局部冲刷线以下 $h_m$ 深度内有两种不同的土层时（见图11-18），应考虑桩身位移的影响对 $m$ 值进行换算，即根据桩身位移挠曲线确定上下两层土的加权值，按式（11-11）换算为一个当量的 $m$ 值，作为整个深度的 $m$ 值。

$$m = \gamma m_1 + (1 - \gamma) m_2 \qquad (11\text{-}11)$$

$$h_m = \begin{cases} 2(d+1) & h > 2.5/\alpha \\ h & h \leqslant 2.5/\alpha \end{cases}$$

$$\gamma = \begin{cases} 5(h_1/h_m)^2 & h_1/h_m \leqslant 0.2 \\ 1 - 1.25(1 - h_1/h_m)^2 & h_1/h_m > 0.2 \end{cases} \qquad (11\text{-}12)$$

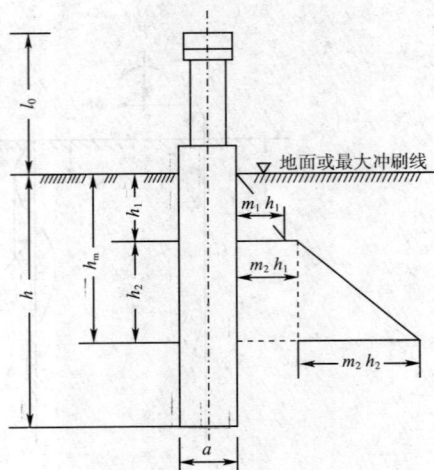

图11-18 比例系数 $m$ 的换算

式中：$m$——非岩石地基水平向抗力系数的比例系数；

$d$——桩的直径；

$\alpha$——桩的变形系数（见后述）。

当 $h_m$ 深度内存在三种不同的土层时，可视土质情况将上两层或下两层当作一种土层计算。

③桩底面地基土竖向地基系数 $C_0$ 为：

$$C_0 = m_0 h \qquad (11\text{-}13)$$

式中：$m_0$——桩底面地基土竖向抗力系数的比例系数，近似取 $m_0 = m$；

$h$——桩的入土深度，当 $h \geqslant 10\text{m}$ 时，按 $10\text{m}$ 计算。

2）单桩、单排桩与多排桩

计算基桩内力先应根据作用在承台底面的外力 $N$、$H$、$M$，计算出作用在每根桩顶的荷载 $P_i$、$Q_i$、$M_i$ 值，然后才能计算各桩在荷载作用下的各截面的内力与位移。桩基础按其作用力 $H$ 与基桩的布置方式之间的关系可归纳为单桩、单排桩及多排桩两类来计算各桩顶的受力，如图11-19所示。

所谓单桩、单排桩是指在与水平外力 $H$ 作用面相垂直的平面上，由单根或多根桩组成的单根（排）桩的桩基础，如图11-19a）、图11-19b）所示。对于单桩来说，上部荷载全由它承担；对于单排桩（如图11-20所示，桥墩作纵向验算时），若作用于承台底面中心的荷载为 $N$、$H$、$M_y$，当 $N$ 在承台横桥向无偏心时，则可以假定它是平均分布在各桩上的，即

$$P_i = \frac{N}{n} \qquad Q_i = \frac{H}{n} \qquad M_i = \frac{M_y}{n} \qquad (11\text{-}14)$$

式中：$n$——桩的根数。

当竖向力 $N$ 在承台横桥向有偏心距 $e$ 时，如图11-20b）所示，即 $M_x = N_e$，因此每根桩上的竖向作用力可按偏心受压计算，即

$$p_i = \frac{N}{n} \pm \frac{M_x \cdot y_i}{\sum y_i^2} \qquad (11\text{-}15)$$

当按上述公式求得单排桩中每根桩桩顶作用力后，即可以单桩形式计算桩的内力。

多排桩如图11-19c）所示，是指在水平外力作用平面内有一根以上的桩的桩基础（对单排桩作横桥向验算时也属此情况），不能直接应用上述公式计算各桩顶作用力，须应用结构力学方法另行计算，所以要另列一类。

3）桩的计算宽度

258

试验研究分析可得,桩在水平外力作用下,除了桩身宽度范围内桩侧土受挤压外,在桩身宽度以外的一定范围内的土体受到一定程度的影响(空间受力),且对不同截面形状的桩,土受到的影响范围大小也不同。

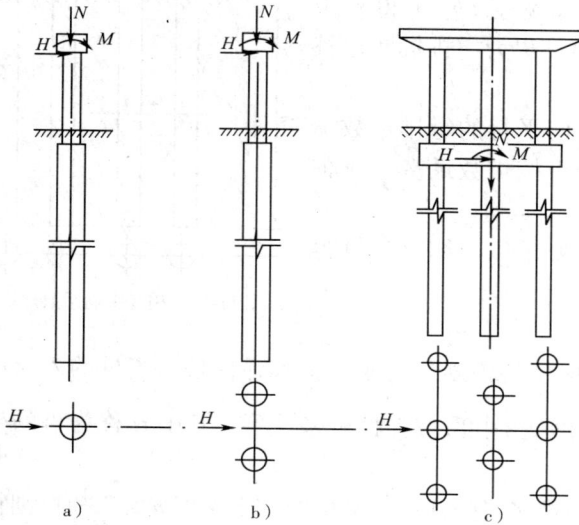

图 11-19　单桩、单排桩及多排桩

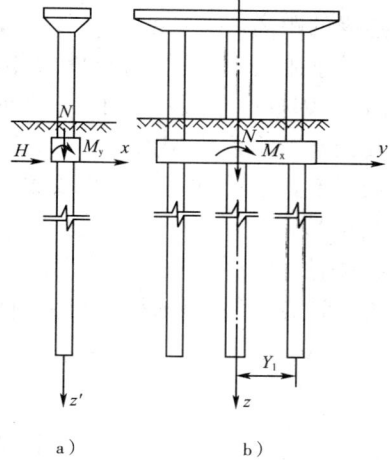

图 11-20　单排桩的计算

为了将空间受力简化为平面受力,并综合考虑桩的截面形状及多排桩桩间的相互遮蔽作用,将桩的设计宽度(直径)换算成相当实际工作条件下矩形截面桩的宽度 $b_1$, $b_1$ 称为桩的计算宽度。根据已有的试验资料分析,现行规范认为计算宽度的换算方法可用下式表示:

$$d \geqslant 1.0\text{m 时} \qquad b_1 = K_f \cdot K \cdot (1 + d) \tag{11-16a}$$

$$d < 1.0\text{m 时} \qquad b_1 = K_f \cdot K \cdot (1.5d + 0.5) \tag{11-16b}$$

式中:$d$——桩径或垂直于水平外力 $H$ 作用方向桩的宽度;

$K_f$——桩形状换算系数,即在受力方向将各种不同截面形状的桩宽度,乘以 $K_f$ 换算为相当于矩形截面宽度,其值见表 11-10;

$K$——平行于水平力作用方向的桩间的相互影响系数。

计算宽度换算表　　　　表 11-10

| 名　　称 | 符　号 | 基　础　形　状 | | | |
|---|---|---|---|---|---|
| | |  |  |  |  |
| 形状换算系数 | $K_f$ | 1.0 | 0.9 | $1 - 0.1\dfrac{d}{B}$ | 0.9 |

当 $L_1 \geqslant 0.6h_1$ 时(如图 11-21), $\qquad K = 1.0$

当 $L_1 < 0.6h_1$ 时, $\qquad K = b_2 + \dfrac{(1 - b_2)}{0.6} \cdot \dfrac{L_1}{h_1}$

式中:$L_1$——平行于水平力作用方向上的桩间净距;

$h_1$——桩在地面或最大冲刷线下的计算深度,可取 $h_1 = 3(d + 1)$(m),但不得大于 $h$;关于 $d$ 值;对于钻孔桩为设计直径,对于矩形桩可采用受力面桩的边宽;

$b_2$——与平行于水平力作用方向的一排中的桩数 $n$ 有关的系数:当 $n=1$ 时,$b_2=1.0$;$n=2$ 时,$b_2=0.6$;$n=3$ 时,$b_2=0.5$;$n \geqslant 4$ 时,$b_2=0.45$。

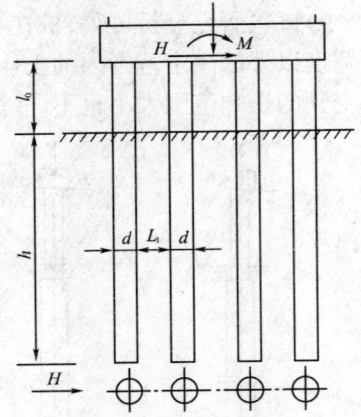

但每个墩台基础的每一排桩的计算总宽度 $nb_1$ 不得大于 $(B'+1)$,当 $nb_1$ 大于 $B'+1$ 时,取 $(B'+1)$。$B'$ 为一排桩两边桩外侧边缘的距离。

当桩基础平面布置中,与外力作用方向平行的每排桩数不等,并且相邻桩中心距不小于 $b+1$ 时,则可按桩数最多一排桩计算其相互影响系数 K 值。

为了不致使计算宽度发生重叠现象,要求以上综合计算得出的 $b_1 \leqslant 2b$。

图 11-21 相互影响系数计算

4)刚性桩与弹性桩

为了计算方便,可根据桩与土的相对刚度将桩划分为刚性桩和弹性桩。当桩的入土深度 $h > \dfrac{2.5}{\alpha}$ 时,桩的相对刚度小,必须考虑桩的实际刚度,按弹性桩来计算。其中 $\alpha$ 称为桩的变形系数,$\alpha = \sqrt[5]{\dfrac{mb_1}{EI}}$ 一般情况下,桥梁桩基础的桩多属弹性桩。当桩的入土深度 $h \leqslant \dfrac{2.5}{\alpha}$ 时,则桩的相对刚度较大,可按刚性桩计算(第 12 章中的沉井基础就可看作刚性桩构件)。

2. m 法弹性单排桩基桩内力和位移计算

如前所述,m 法的基本假定是认为桩侧土为文克尔离散线性弹簧,不考虑桩土之间的黏着力和摩阻力,桩作为弹性构件考虑,当桩受到水平外力作用后,桩土协调变形,任一深度 z 处所产生的桩侧土水平抗力与该点水平位移 $x_z$ 成正比,即 $\sigma_{zx} = CX_z$,且地基系数 C 随深度成线性增长,即 $C = mz$。

基于这一基本假定,进行桩的内力和位移的理论公式推导和计算。

在公式推导和计算中,取图 11-22 和图 11-23 所示的坐标系统,对力和位移的符号作如下规定:横向位移顺 x 轴正方向为正值,转角逆时针方向为正值,变矩当左侧纤维受拉时为正值,横向力顺 x 轴正方向为正值。

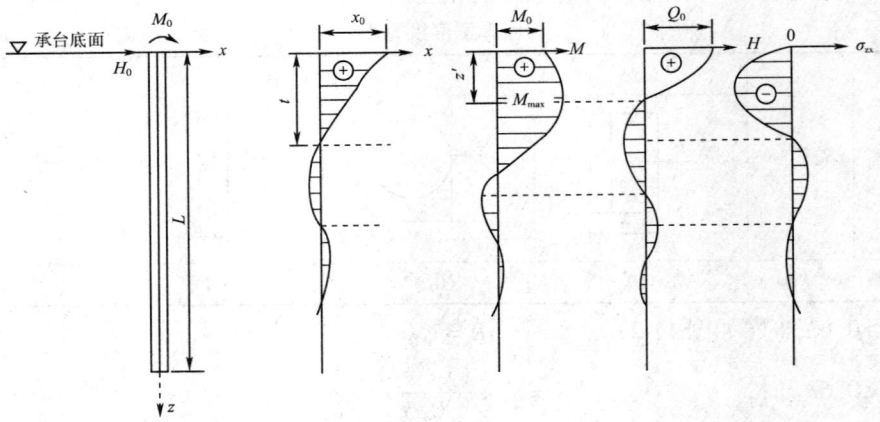

图 11-22 桩身受力图示

260

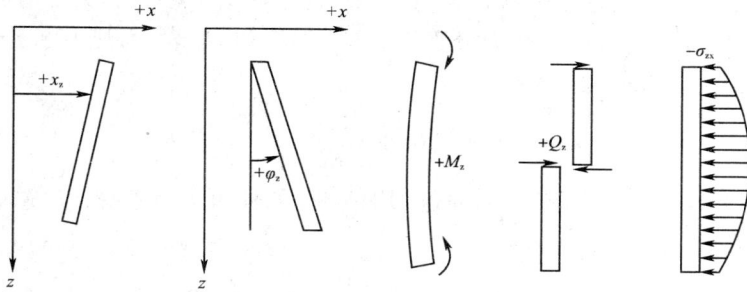

图 11-23 力与位移的符号规定

1）桩的挠曲微分方程的建立及其解

桩顶若与地面平齐（$z=0$），且已知桩顶作用有水平荷载 $Q_0$ 及弯矩 $M_0$，此时桩将发生弹性挠曲，桩侧土将产生横向抗力 $\sigma_{zx}$，如图 11-22 所示。从材料力学中知道，梁轴的挠度与梁上分布荷载 $q$ 之间的关系式，即梁的挠曲微分方程为

$$EI \frac{\mathrm{d}^4 x}{\mathrm{d}z^4} = -q \qquad (11\text{-}17)$$

式中：$E$、$I$——梁的弹性模量及截面惯性矩。

因此可以得到图 11-23 所示桩的挠曲微分方程为

$$EI \frac{\mathrm{d}^4 x_z}{\mathrm{d}z^4} = -q = -\sigma_{zx} \cdot b_1 = -mz x_z \cdot b_1 \qquad (11\text{-}18)$$

式中：$E$、$I$——桩的弹性模量及截面惯性矩；

$\sigma_{zx}$——桩侧土抗力，$\sigma_{zx} = C \cdot x_z = mz x_z$，$C$ 为地基系数；

$b_1$——桩的计算宽度；

$x_z$——桩的深度 $z$ 处的横向位移（即桩的挠度）。

将上式整理可得：

$$\frac{\mathrm{d}^4 x_z}{\mathrm{d}z^4} + \frac{mb_1}{EI} z x_z = 0$$

或

$$\frac{\mathrm{d}^4 x_z}{\mathrm{d}z^4} + \alpha^5 z x_z = 0 \qquad (11\text{-}19)$$

式中：$\alpha$——桩的变形系数 $\alpha = \sqrt[5]{\dfrac{mb_1}{EI}}$。

从桩的挠曲微分方程式（11-19）中，不难看出桩的横向位移与截面所在深度、桩的刚度（包括桩身材料和截面尺寸）以及桩周土的性质等有关。

式（11-19）为四阶线性变系数齐次常微分方程，在求解过程中注意运用材料力学中有关梁的挠度 $x_z$ 与转角 $\varphi_z$、弯矩 $M_z$ 和剪力 $Q_z$ 之间的关系，即

$$\left. \begin{aligned} \varphi_z &= \frac{\mathrm{d}x_z}{\mathrm{d}z} \\[2mm] M_z &= EI \frac{\mathrm{d}^2 x_z}{\mathrm{d}z^2} \\[2mm] Q_z &= EI \frac{\mathrm{d}^3 x_z}{\mathrm{d}z^3} \end{aligned} \right\} \qquad (11\text{-}20)$$

可用幂级数展开的方法求解桩挠曲微分方程(具体解法可参考有关专著)。若地面处($z=0$)桩的水平位移、转角、弯矩和剪力分别以 $x_0$、$\varphi_0$、$M_0$ 和 $Q_0$ 表示,则基桩挠曲微分方程式(11-19)的水平位移 $x_z$ 的表达式为:

$$x_z = x_0 A_1 + \frac{\varphi_0}{\alpha} B_1 + \frac{M_0}{\alpha^2 EI} C_1 + \frac{Q_0}{\alpha^3 EI} D_1 \tag{11-21}$$

利用式(11-19)关系,对 $x_z$ 求异,并通过归纳整理后,便可求得桩身任一截面的转角 $\varphi_z$、弯距 $M_z$ 及剪力 $Q_z$ 的计算公式:

$$\frac{\varphi_z}{\alpha} = x_0 A_2 + \frac{\varphi_0}{\alpha} B_2 + \frac{M_0}{\alpha^2 EI} C_2 + \frac{Q_0}{\alpha^3 EI} D_2 \tag{11-22}$$

$$\frac{M_z}{\alpha^2 EI} = x_0 A_3 + \frac{\varphi_0}{\alpha} B_3 + \frac{M_0}{\alpha^2 EI} C_3 + \frac{Q_0}{\alpha^3 EI} D_3 \tag{11-23}$$

$$\frac{Q_z}{\alpha^3 EI} = x_0 A_4 + \frac{\varphi_0}{\alpha} B_4 + \frac{M_0}{\alpha^2 EI} C_4 + \frac{Q_0}{\alpha^3 EI} D_4 \tag{11-24}$$

根据土抗力的基本假定,$\sigma_{zx} = C x_z = mz x_z$ 可求得桩侧土抗力的计算公式:

$$\sigma_{zx} = mz x_z = mz \left( x_0 A_1 + \frac{\varphi_0}{\alpha} B_1 + \frac{M_0}{\alpha^2 EI} C_1 + \frac{Q_0}{\alpha^3 EI} D_1 \right) \tag{11-25}$$

上述式中:$A_1$,$B_1$,$\cdots$,$C_4$、$D_4$——16 个无量纲系数,根据不同的无量纲深度 $\bar{z} = az$ 可将其制成表格供查用(参见《公路桥涵地基与基础设计规范》(JTG D63—2007))。

以上求算桩的内力位移和土抗力的 5 个基本公式中均含有 $x_0$、$\varphi_0$、$M_0$、$Q_0$ 这 4 个参数。其中 $M_0$、$Q_0$ 可由已知的桩顶受力情况确定,而另外两个参数 $x_0$、$\varphi_0$ 则需根据桩底边界条件确定。由于不同类型桩,其桩底边界条件不同,现根据不同的边界条件求解 $x_0$、$\varphi_0$ 如下:

(1)摩擦桩、支承桩 $x_0$、$\varphi_0$ 的计算

摩擦桩、支承桩在外荷作用下,桩底将产生位移 $x_h$、$\varphi_h$。当桩底产生转角位移 $\varphi_h$ 时,柱底的土抗力情况如图 11-24 所示,与之相应的桩底弯矩值 $M_h$ 为

$$M_h = \int_{A0} x \mathrm{d} N_x = -\int_{A0} x \cdot x \cdot \varphi_h \cdot C_0 \mathrm{d} A_0$$

$$= -\varphi_h C_0 \int_{A0} x^2 \mathrm{d} A_0 = -\varphi_h C_0 I_0$$

式中:$A_0$——柱底面积;

$I_0$——柱底面积对其重心轴的惯性矩;

$C_0$——基底土的竖向地基系数,$C_0 = m_0 h$。

这是一个边界条件,此外由于忽略桩与桩底土之间的摩阻力,所以认为 $Q_h = 0$,这为另一个边界条件。

将 $M_h = -\varphi_h C_0 I_0$ 及 $Q_h = 0$ 分别代入式(11-23)和式(11-24)中得

$$M_h = \alpha^2 EI \left( x_0 A_3 + \frac{\varphi_0}{\alpha} B_3 + \frac{M_0}{\alpha^2 EI} C_3 + \frac{Q_0}{\alpha^3 EI} D_3 \right) = -C_0 \varphi_h I_0$$

$$Q_h = \alpha^3 EI \left( x_0 A_4 + \frac{\varphi_0}{\alpha} B_4 + \frac{M_0}{\alpha^2 EI} C_4 + \frac{Q_0}{\alpha^3 EI} D_4 \right) = 0$$

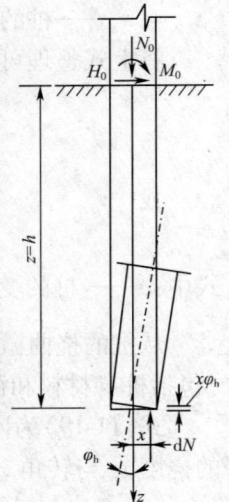

图 11-24

又

$$\varphi_{\mathrm{h}} = \alpha\left(x_0 A_2 + \frac{\varphi_0}{\alpha}B_2 + \frac{M_0}{\alpha^2 EI}C_2 + \frac{Q_0}{\alpha^3 EI}D_2\right) = 0$$

解以上联立方程，并令 $\dfrac{C_0 I_0}{\alpha EI} = K_{\mathrm{h}}$，则得

$$\left.\begin{aligned} x_0 &= \frac{Q_0}{\alpha^3 EI}A_{\mathrm{x}}^0 + \frac{M_0}{\alpha^3 EI}B_{\mathrm{x}}^0 \\ \varphi_0 &= -\left(\frac{Q_0}{\alpha^2 EI}A_{\varphi}^0 + \frac{M_0}{\alpha^3 EI}B_{\varphi}^0\right) \end{aligned}\right\} \tag{11-26}$$

其中：

$$A_{\mathrm{x}}^0 = \frac{(B_3 D_4 - B_4 D_3) + K_{\mathrm{h}}(B_2 D_4 - B_4 D_2)}{(A_3 B_4 - A_4 B_3) + K_{\mathrm{h}}(A_2 B_4 - A_4 B_2)}$$

$$B_{\mathrm{x}}^0 = \frac{(B_3 C_4 - B_4 C_3) + K_{\mathrm{h}}(B_2 C_4 - B_4 C_2)}{(A_3 B_4 - A_4 B_3) + K_{\mathrm{h}}(A_2 B_4 - A_4 B_2)}$$

$$A_{\varphi}^0 = \frac{(A_3 D_4 - A_4 D_3) + K_{\mathrm{h}}(A_2 D_4 - A_4 D_2)}{(A_3 B_4 - A_4 B_3) + K_{\mathrm{h}}(A_2 B_4 - A_4 B_2)}$$

$$B_{\varphi}^0 = \frac{(A_3 C_4 - A_4 C_3) + K_{\mathrm{h}}(A_2 C_4 - A_4 C_2)}{(A_3 B_4 - A_4 B_3) + K_{\mathrm{h}}(A_2 B_4 - A_4 B_2)}$$

根据分析，摩擦桩且 $\alpha h > 2.5$ 或支承桩且 $\alpha h \geqslant 3.5$ 时，$M_{\mathrm{h}}$ 几乎为零，且此时 $K_{\mathrm{h}}$ 对 $A_{\mathrm{x}}^0$、$B_{\mathrm{x}}^0$ ……等影响极小，可以认为 $K_{\mathrm{h}} = 0$，则式（11-26）可简化为

$$\left.\begin{aligned} x_0 &= \frac{Q_0}{\alpha^3 EI}A_{x_0} + \frac{M_0}{\alpha^2 EI}B_{x_0} \\ \varphi_0 &= -\left(\frac{Q_0}{\alpha^2 EI}A_{\varphi_0} + \frac{M_0}{\alpha^3 EI}B_{\varphi_0}\right) \end{aligned}\right\} \tag{11-27}$$

$$A_{x_0} = \frac{B_3 D_4 - B_4 D_3}{A_3 B_4 - A_4 B_3} \qquad\qquad B_{x_0} = \frac{B_3 C_4 - B_4 C_3}{A_3 B_4 - A_4 B_3}$$

$$A_{\varphi_0} = \frac{A_3 D_4 - A_4 D_3}{A_3 B_4 - A_4 B_3} \qquad\qquad b_{\varphi_0} = \frac{A_3 C_4 - A_4 C_3}{A_3 B_4 - A_4 B_3}$$

$A_{x_0}$、$B_{x_0}$、$A_{\varphi_0}$、$B_{\varphi_0}$ 均为 $\alpha z$ 的函数，已根据 $\alpha z$ 值制表格，可参考《公路桥涵地基与基础设计规范》（JTG D63—2007）。

（2）嵌岩桩 $\varphi_0$、$x_0$ 的计算

如果桩底嵌固于未风化岩层内有足够的深度，可根据柱底 $x_{\mathrm{h}}$、$\varphi_{\mathrm{h}}$ 等于零这两个边界条件，将式（11-21）、式（11-22）写成

$$x_{\mathrm{h}} = x_0 A_1 + \frac{\varphi_0}{\alpha}B_1 + \frac{M_0}{\alpha^2 EI}C_1 + \frac{Q_0}{\alpha^3 EI}D_1 = 0$$

$$\varphi_{\mathrm{h}} = \alpha\left(x_0 A_2 + \frac{\varphi_0}{\alpha}B_2 + \frac{M_0}{\alpha^2 EI}C_2 + \frac{Q_0}{\alpha^3 EI}D_2\right) = 0$$

联立解得

$$\left.\begin{aligned} x_0 &= \frac{Q_0}{\alpha^3 EI}A_{x_0}^{0.} + \frac{M_0}{\alpha^2 EI}B_{x_0}^{0.} \\ \varphi_0 &= -\left(\frac{Q_0}{\alpha^2 EI}A_{\varphi}^{0.} + \frac{M_0}{\alpha EI}B_{\varphi}^0\right) \end{aligned}\right\} \tag{11-28}$$

263

其中：$A_{x_0}^0$、$B_{x_0}^0$、$A_{\varphi_0}^0$、$B_{\varphi_0}^0$ 也都是 $\alpha z$ 的函数，已根据 $\alpha z$ 值制表格，可查阅有关规范。

大量计算表明，$\alpha h \geqslant 4.0$ 时，桩身在地面处的位移 $x_0$、转角 $\varphi_0$ 与桩底边界条件无关，此时嵌岩桩与摩擦桩（或支承桩）计算公式均可通用。

求得 $x_0$、$\varphi_0$ 后，便可连同已知的 $M_0$、$Q_0$ 一起代入式（11-21）、式（11-22）、式（11-23）、式（11-24）计算 $x_z$、$\varphi_z$、$M_z$、$Q_z$，但计算工作量相当繁重。若桩的支承条件及入土深度符合一定要求，可采用无量纲法进行计算，即直接由已知的 $M_0$、$Q_0$ 求解。

① $\alpha h > 2.5$ 的摩擦桩及 $\alpha h \geqslant 3.5$ 的支承桩

将式（11-27）代入式（11-21）得

$$x_z = \left( \frac{Q_0}{\alpha^3 EI} A_{x_0}^. + \frac{M_0}{\alpha^2 EI} B_{x_0}^. \right) A_1 - \frac{B_1}{\alpha} \left( \frac{Q_0}{\alpha^2 EI} A_{\varphi_0}^. + \frac{M_0}{\alpha EI} B_{\varphi_0}^. \right) + \frac{M_0}{\alpha^2 EI} C_1 + \frac{Q_0}{\alpha^3 EI} D_1$$

$$= \frac{Q_0}{\alpha^3 EI} (A_1 A_{x_0}^. - B_1 A_{\varphi_0}^. + D_1) + \frac{M_0}{\alpha^2 EI} (A_1 B_{x_0}^. - B_1 B_{\varphi_0}^. + C_1) \tag{11-29a}$$

$$= \frac{Q_0}{\alpha^3 EI} A_x^. + \frac{M_0}{\alpha^2 EI} B_x^.$$

其中：$\qquad A_x = (A_1 A_{x_0}^. - B_1 A_{\varphi_0}^. + D_1) \qquad B_x = (A_1 B_{x_0}^. - B_1 B_{\varphi_0}^. + C_1)$

同理，将式（11-27）分别代入式（11-22）、式（11-23）、（式 11-24）再经整理归纳即可得

$$\varphi_z = \frac{Q_0}{\alpha^2 EI} A_{\varphi}^. + \frac{M_0}{\alpha EI} B_{\varphi}^. \tag{11-29b}$$

$$M_z = \frac{Q_0}{\alpha} A_M^. + M_0 B_M^. \tag{11-29c}$$

$$Q_z = Q_0 A_Q^. + \alpha M_0 B_Q^. \tag{11-29d}$$

② $\alpha h > 2.5$ 的嵌岩桩

将式（11-28）分别代入式（11-21）、式（11-22）、式（11-23）、式（11-24），整理得

$$x_z = \frac{Q_0}{\alpha^3 EI} A_x^{0.} + \frac{M_0}{\alpha^2 EI} B_x^{0.} \tag{11-30a}$$

$$\varphi_z = \frac{Q_0}{\alpha^2 EI} A_{\varphi}^0 + \frac{M_0}{\alpha EI} B_{\varphi}^0 \tag{11-30b}$$

$$M_z = \frac{Q_0}{\alpha} A_M^{0.} + M_0 B_M^{0.} \tag{11-30c}$$

$$Q_z = Q_0 A_Q^{0.} + \alpha M_0 B_Q^{0.} \tag{11-30d}$$

式（11-29）、式（11-30）即为桩在地面下位移及内力的无量纲计算公式，其中 $A_x$、$B_x$、$A_{\varphi}$、$B_{\varphi}$、$A_M$、$B_M$、$A_Q$、$B_Q$ 及 $A_x^0$、$B_x^0$、$A_{\varphi}^0$、$B_{\varphi}^0$、$A_M^0$、$B_M^0$、$A_Q^0$、$B_Q^0$ 为无量纲系数，均为 $\alpha h$ 和 $\alpha z$ 的函数，已将其制成表格供查用（见附表 1～附表 12）。使用时，应根据不同的桩底支承条件，选择不同的计算公式，然后按 $\alpha h$、$\alpha z$ 查出相应的无量纲系数，再将这些系数代入式（11-29）、式（11-30）求出所需的未知量。

当 $\alpha h \geqslant 4.0$ 时，无论桩底支承情况如何，均可采用式（11-29）或式（11-30）及相应的系数来计算。其计算结果极为接近。

由式（11-29）及式（11-30）可较迅速地求得桩身各截面的水平位移、转角、弯矩、剪力，以及桩侧土抗力。从而就可验算桩身强度、决定配筋量，验算桩侧土抗力及桩上墩台位移等。

2）桩身最大弯矩位置 $Z_{M_{\max}}$ 和最大弯矩 $M_{\max}$ 的确定

计算桩身各截面处弯矩 $M_z$ ，主要用于检验桩的截面强度和配筋计算（关于配筋的具体计算方法，见结构设计原理教材内容）。为此要找出弯矩最大的截面所在的位置 $Z_{M_{max}}$ 及相应的最大弯矩 $M_{max}$ 值。一般可将各深度 $z$ 处的 $M_z$ 值求出后绘制 $z$—$M_z$ 图，即从图中求得，也可用数解法求得 $Z_{M_{max}}$ 及 $M_{max}$ 值如下：

在最大弯矩截面处，其剪力 $Q$ 等于零，因此 $Q_z = 0$ 处的截面即为最大弯矩所在的位置 $Z_{M_{max}}$ 。

由式(11-29d)，令 $Q_z = Q_0 A_Q + \alpha M_0 B_Q = 0$ ，则

$$\frac{\alpha M_0}{Q_0} = -\frac{A_Q}{B_Q} = C_Q \qquad (11\text{-}31)$$

式中 $C_Q$ 为与 $az$ 有关的系数，可按附表13采用。$C_Q$ 值从式(11-31)求得后即可从附表13中求得相应的 $az$ 值，因为 $\alpha = \sqrt[5]{\dfrac{mb_1}{EI}}$ 为已知，所以最大弯矩所在的位置 $z = Z_{M_{max}}$ 值即可求得。

由式(11-31)可得

$$M_0 = \frac{Q_0}{a} C_Q \qquad (11\text{-}32)$$

将式(11-31)代入式(11-29c)则得

$$M_{max} = \frac{M_0}{C_Q} A_M + M_0 B_M = M_0 K_M \qquad (11\text{-}33)$$

式中：$K_M = \dfrac{A_M}{C_Q} + B_M$ ，亦为无量纲系数，同样可由附表13查取。

3）桩顶位移的计算公式

如图11-25为置于非岩石地基中的桩，已知桩露出地面长 $l_0$ ，若桩顶为自由，其上作用了 $Q$ 及 $M$ ，顶端的位移可应用叠加原理计算。设桩顶的水平位移为 $x_1$ ，它是由桩在地面处的水平位移 $x_0$ 、地面处转角 $\varphi_0$ 所引起在桩顶的位移 $\varphi_0 l_0$ 、桩露出地面段作为悬臂梁桩顶在水平力 $Q$ 作用下产生的水平位移 $x_Q$ 以及在 $M$ 作用下产生的水平位移 $x_M$ 组成，即

$$x_1 = x_0 - \varphi_0 l_0 + x_Q + x_M \qquad (11\text{-}34a)$$

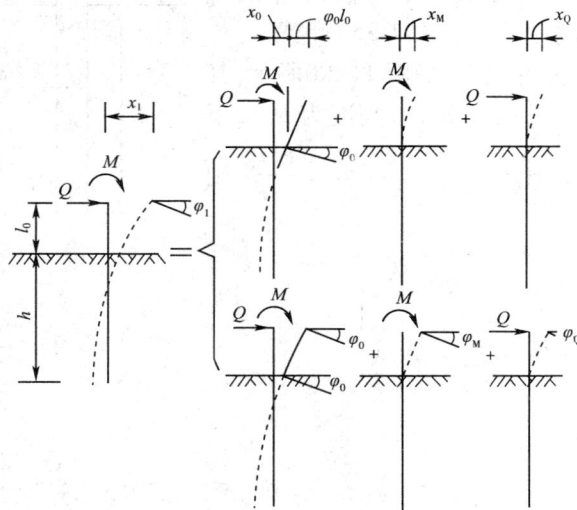

图 11-25　桩顶位移计算

265

因 $\varphi_0$ 逆时针为正,故式中用负号。

桩顶转角 $\varphi_1$ 则由地面处的转角 $\varphi_0$,桩顶在水平力 $Q$ 作用下引起的转角 $\varphi_Q$ 及弯矩作用下所引起的转角 $\varphi_M$ 组成,即

$$\varphi_1 = \varphi_0 + \varphi_Q + \varphi_M \tag{11-34b}$$

上两式中的 $x_0$ 及 $\varphi_0$ 可按计算所得的 $M_0 = Ql_0 + M$ 及 $Q_0 = Q$ 分别代入式(11-29a)及式(11-29b)(此时式中的无量纲系数均用 $z = 0$ 时的数值)求得,即

$$x_0 = \frac{Q}{\alpha^3 EI}A_x + \frac{M + Ql_0}{\alpha^2 EI}B_x \tag{11-34c}$$

$$\varphi_0 = -\left( \frac{Q}{\alpha^2 EI}A_\varphi + \frac{M + Ql_0}{\alpha EI}B_\varphi \right) \tag{11-34d}$$

式(11-34a)、式(11-34b)中的 $x_Q$、$x_M$、$\varphi_Q$、$\varphi_M$ 是把露出段作为下端嵌固、跨度为 $l_0$ 的悬臂梁计算而得,即

$$\left. \begin{array}{ll} x_Q = \dfrac{Ql_0^3}{3EI}; & x_M = \dfrac{Ml_0^3}{2EI} \\[3mm] \varphi_Q = \dfrac{-Ql_0^2}{2EI}; & \varphi_M = \dfrac{-Ml_0}{EI} \end{array} \right\} \tag{11-35}$$

由式(11-34c)、式(11-34d)及式(11-35)算得 $x_0$、$x_M$ 及 $x_Q$、$x_M$、$\varphi_Q$、$\varphi_M$,代入式(11-34a)、式(11-34b)再经整理归纳,便可写成如下表达式:

$$\left. \begin{array}{l} x_1 = \dfrac{Q}{a^3 EI}A_{x_1} + \dfrac{M}{a^2 EI}B_{x_1} \\[3mm] \varphi_1 = -\left( \dfrac{Q}{a^2 EI}A_{\varphi_1} + \dfrac{M}{aEI}B_{\varphi_1} \right) \end{array} \right\} \tag{11-36}$$

式中: $A_{x_1}$、$B_{x_1} = A_{\varphi_1}$、$B_{\varphi_1}$ 均为 $\bar{h} = \alpha h$ 及 $\bar{l}_0 = \alpha h_0$ 的函数,列于附表 14 ~ 附表 16。

对桩底嵌固于岩基中,桩顶为自由端的桩顶位移计算,只要按式(11-30a)、式(11-30b)计算出 $z = 0$ 时的 $x_0$、$\varphi_0$ 即可按上述方法求出桩顶水平位移 $x_1$ 及转角 $\varphi_1$,其中 $x_Q$、$x_M$、$\varphi_Q$、$\varphi_M$ 仍可按式(11-35)计算。

当桩露出地面部分为变截面,如图 11-26 所示,其上部截面抗弯刚度为 $E_1 I_1$(直径为 $d_1$,高度为 $h_1$),下部截面抗弯刚度为 $EI$(直径 $d$,高度 $h_2$)设 $n = \dfrac{E_1 I_1}{EI}$,则桩顶 $x_1$ 和 $\varphi_1$ 分别为:

$$\left. \begin{array}{l} x_1 = \dfrac{1}{\alpha^2 EI}\left( \dfrac{Q}{\alpha}A'_{x_1} + MB'_{x_1} \right) \\[3mm] \varphi_1 = -\dfrac{1}{\alpha EI}\left( \dfrac{Q}{\alpha}A'_{\varphi_1} + MB'_{\varphi_1} \right) \end{array} \right\} \tag{11-37}$$

其中:

$$A'_{x_1} = A_{x_1} + \frac{\bar{h}_2^3}{3n}(1 - n) \qquad B'_{x_1} = A'_{\varphi_1} = A_{\varphi_1} + \frac{\bar{h}_2^2}{2n}(1 - n)$$

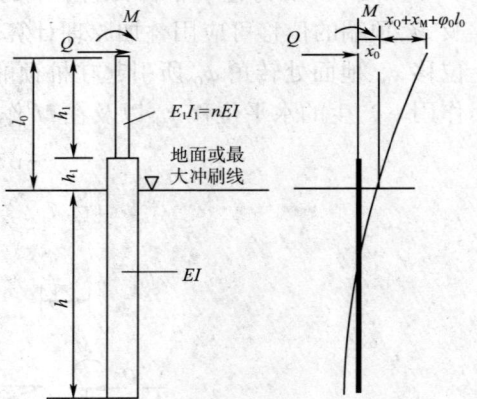

图 11-26

266

$$B'_{\varphi_1} = B_{\varphi_1} + \frac{\overline{h}_2}{n}(1-n) \qquad \overline{h}_2 = \alpha h_2$$

4）单桩及单排桩桩顶按弹性嵌固的计算

前述的单桩、单排桩露出地面段的桩顶点是假定为自由端，但对一些中小跨径的简支梁或板式桥梁其支座采用切线、平板、橡胶支座或油毛毡垫层时，桩顶就不应作为完全自由端考虑，由于梁或板的弹性约束作用，在受水平外力作用时，限制了桩墩盖梁转动，甚至不能产生转动，而仅产生水平位移，形成了所谓弹性嵌固。若采用桩顶弹性嵌固的假定，则可使桩入土部分的桩身弯矩减少，从而可减少桩身的钢筋用量。

如所要计算的单桩或单排桩基础桩顶符合上述弹性嵌固条件，在桩顶受水平力 $H$ 作用时，它就只产生水平位移，而不产生转动（如图 11-27 所示），则

$$\varphi_A = 0, x_A \neq 0$$

式中：$x_A$——$A$ 截面的水平位移；

$\varphi_A$——$A$ 截面的转角。

可将弹性嵌固端用双连杆支点表示，并以未知弯矩 $M_A$（使顶端不产生转运的弯矩）代替连杆的约束转动作用后，利用前述的无量纲法，即可求出 $M_A$ 和 $x_A$。

令式（11-36）中 $\varphi_1 = 0$，其相应的 $M$ 即为 $M_A$，故

$$M_A = -\frac{HA'_{\varphi_1}}{\alpha B'_{\varphi_1}} \qquad (11\text{-}38)$$

同理 $x_A = -\dfrac{H}{\alpha^3 EI}\left(A'_{x_1} - \dfrac{A'_{\varphi_1} \cdot B'_{x_1}}{B'_{\varphi_1}}\right)$ （11-39）

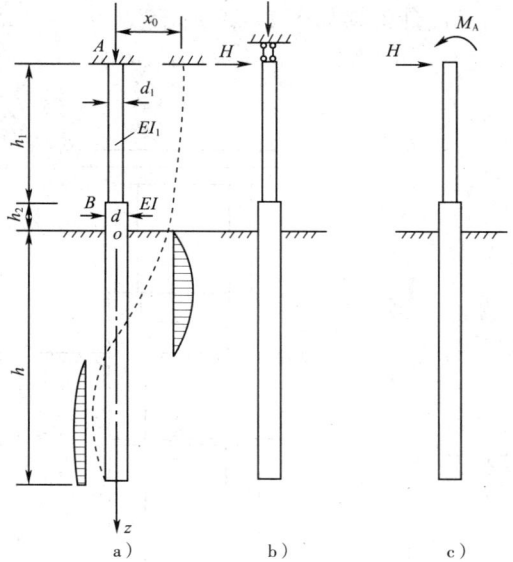

图 11-27

当桩墩为等截面：

$$x_A = \frac{H}{\alpha^3 EI} A_{xA} \qquad (11\text{-}40)$$

式中：$A_{xA} = A_{x_1} - \dfrac{A_{\varphi_1} B_{x_1}}{B_{\varphi_1}}$ 亦为无量纲系数，可由附表 20 查取。

5）单桩、单排桩计算步骤及验算要求

综上所述，对单桩及单排桩基础的设计计算，首先应根据上部结构的类型、作用效应、地质与水文资料、施工条件等情况，初步拟定出桩的直径、承台位置、桩的根数及排列等，然后进行如下计算：

（1）计算各桩桩顶所承受的荷载 $P_i$、$Q_i$、$M_i$。

（2）确定桩在最大冲刷线下的入土深度（桩长的确定），一般情况可根据持力层位置、荷载大小、施工条件等初步确定，通过验算予以修改；在地基土较单一，桩底端位置不易根据土质判断时，也可根据已知条件用单桩容许承载力公式计算桩长。

（3）验算单桩轴向承载力。

（4）确定桩的计算宽度 $b_1$。

267

（5）计算桩的变形系数 $\alpha$ 值。

（6）计算地面处桩截面的作用力 $Q_0$、$M_0$，并验算桩在地面或最大冲刷线处的横向位移 $x_0$（不大于 6mm）。然后求算桩身各截面的内力，进行桩身配筋及桩身截面强度和稳定性验算。

（7）计算桩顶位移和墩台顶位移，并进行验算。

（8）弹性桩桩侧最大土抗力 $\sigma_{zx_{max}}$ 是否验算，目前无一致意见。

## 二、单排桩基础算例

### 1. 设计资料

设计资料如图 11-28 所示。

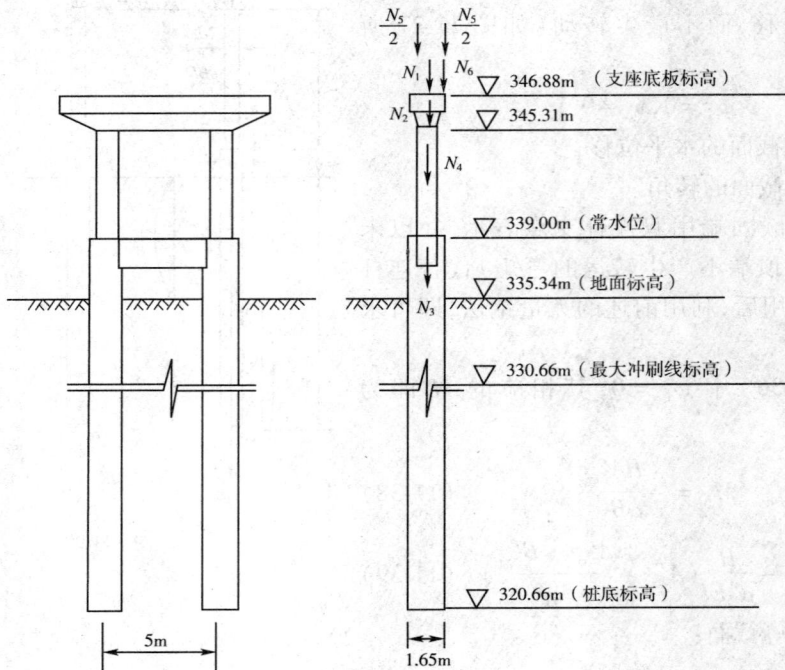

图 11-28

1）地质与水文资料

地基土为密实粗砂夹砾石，地基土水平向抗力系数的比例系数 $m = 10000\text{kN/m}^4$；

桩侧土的摩阻力标准值 $q_{ik} = 80\text{kPa}$；

地基土内摩擦角 $\varphi = 40°$，黏聚力 $c = 0$；

地基土容许承载力 $[f_{a0}] = 450\text{kPa}$；

土重度 $\gamma' = 11.80\text{kN/m}^3$（已考虑浮力）；

地面标高为 335.34m，常水位标高为 339.00m，最大冲刷线标高为 330.66m，一般冲刷线标高为 335.34m。

2）桩、墩尺寸与材料

墩帽顶标高为 346.88m，桩顶标高为 339.00m，墩柱顶标高为 345.31m。

墩柱直径 1.50m，桩直径 1.65m。

桩身混凝土强度等级为 C30，其抗压弹性模量 $E_c = 3.0 \times 10^4\text{MPa}$

268

3）作用效应情况

桥墩为单排双柱式，桥面宽 7m，设计荷载公路—I 级，标准跨径 25.0m，人行荷载 3kN/$m^2$，两侧人行道各宽 1.5m。

（1）永久作用

上部为 30m 预应力钢筋混凝土梁，每一根柱承受的荷载：

两跨恒载反力 $N_1 = 1376.00$kN；

盖梁自重反力 $N_2 = 256.50$kN；

系梁自重反力 $N_3 = 76.40$kN；

一根墩柱（直径 1.5m）自重 $N_4 = 279.00$kN；

桩（直径 1.65m）自重每延米 $q = \dfrac{\pi \times 1.65^2}{4} \times 15 = 32.10$（kN）（已扣除浮力）。

（2）可变作用

对于桥墩基础的设计，汽车荷载采用车道荷载，车道荷载包括均布荷载 $q_k$ 和集中荷载 $p_k$ 两部分组成。对于公路—I 级荷载，$q_k = 10.5$kN/m，集中荷载 $p_k$ 采用直线内插求得。本算例中，$p_k = 277.6$kN。

两跨活载反力 $N_5 = 1042.7$kN；

一跨活载反力 $N_6 = 521.35$kN；

车辆荷载反力已按偏心受压原理考虑横向分布的分配影响。

$N_6$ 在顺桥向引起的弯矩 $M = 156.4$kN；

制动力 $H = 45.88$kN。

纵向风力：

盖梁部分 $W_1 = 3.00$kN，对桩顶力臂 7.06m；

墩身部分 $W_2 = 2.70$kN，对桩顶力臂 3.15m；

桩基础要用冲抓锥钻孔灌注桩基础，为摩擦桩。

2. 计算

1）桩长的计算

由于地基土层单一，用确定单桩容许承载力《公路桥涵地基与基础设计规范》（JTG D63—2007）经验公式初步反算桩长，该桩埋入最大冲刷线以下深度为 $h$，一般冲刷线以下深度为 $h_3$，则

$$N_h = [R_a] = \frac{1}{2} u \sum_{i=1}^{n} q_{ik} l_i + A_p q_r$$

式中：$N_h$——一根桩受到的全部竖直荷载，kN；

其余符号同前，最大冲刷线以下桩身自重与置换土重（当自重计入浮力时，置换土重也计入浮力）的差值作为外荷载考虑。

当两跨活载时

$$N_h = N_1 + N_2 + N_3 + N_4 + N_5 + l_0 q + h(\gamma'_{混凝土} - \gamma')A$$

$$= 1376.00 + 256.50 + 76.40 + 279.00 + 1042.7 + (339.00 - 330.66)$$

$$\times 32.10 + (15 - 11.80) \times \frac{\pi \times 1.65^2}{4} \times h = 3298.31 + 6.85h$$

计算 $[R_a]$ 时取以下数据：桩的设计桩径 1.65m，冲抓锥成孔直径 1.80m，桩周长 $U = \pi \times$

$1.80 = 5.65\text{m}, A = \dfrac{\pi \times 1.65^2}{4} = 2.14\text{m}^2, \lambda = 0.7, m_0 = 0.8, K_2 = 4.0, [f_{a0}] = 450.00\text{kPa}, \gamma_2 =$

$11.80\text{kN/m}^3$（已扣除浮力）$, q_{ik} = 80\text{kPa}$。所以得

$$[R_a] = \frac{1}{2}(\pi \times 1.8 \times h \times 80) + 0.7 \times 0.8 \times 2.14 \times [450 + 4.0 \times 11.8(h + 4.68 - 3)]$$

$$= N_h = 3298.31 + 6.85h$$

所以                                                $h = 9.66\text{m}$

现取 $h = 10\text{m}$，桩底标高为 320.66；上式计算中 4.68 为一般冲刷线到最大冲刷线的高度。取 $h = 10\text{m}$，桩的轴向承载力符合要求。

2) 桩的内力及位移计算

（1）确定桩的计算宽度 $b_1$

$$b_1 = k_f(d + 1) = 0.9(1.65 + 1) = 2.385(\text{m})$$

（2）计算桩的土变形系数 $\alpha$

$$\alpha = \sqrt[5]{\frac{mb_1}{EI}} = \sqrt[5]{\frac{10000 \times 2.385}{0.8 \times 3.0 \times 10^7 \times 0.64}} = 0.2743(\text{m}^{-1})$$

其中                    $I = 0.049087 \times 1.65^4 = 0.364\text{m}^4; EI = 0.8E_cI$

桩的换算深度 $\bar{h} = \alpha h = 0.2743 \times 10 = 2.743 > 2.5$，所以按弹性桩计算。

（3）计算墩柱顶外力 $P_i$、$Q_i$、$M_i$ 及最大冲刷线处桩上外力 $P_0$、$Q_0$、$M_0$

墩帽顶的外力（按一跨活载计算）：

$$P_i = 1376.00 + 521.35 = 1897.35(\text{kN})$$

$$Q_i = 45.88 + 3.00 = 48.88(\text{kN})$$

$$M_i = 156.4 + 45.88 \times 1.57 + 3.00 \times (7.06 - 6.31) = 230.68(\text{kN} \cdot \text{m})$$

换算到最大冲刷线处

$P_0 = 1897.35 + 256.50 + 76.40 + 279.00 + (32.1 \times 8.34) = 2776.96(\text{kN})$

$Q_0 = 45.88 + 3.00 + 2.70 = 51.58(\text{kN})$

$M_0 = 156.4 + 45.88 \times (346.88 - 330.66) + 3 \times 15.40 + 2.7 \times 11.49$

$\quad = 978.07(\text{kN} \cdot \text{m})$

（4）桩身最大弯矩位置及最大弯矩计算

由 $Q_z = 0$ 得：          $C_q = \dfrac{\alpha M_0}{Q_0} = \dfrac{0.2743 \times 978.07}{51.58} = 5.2$

由 $C_q = 5.2$ 及 $\bar{h} = 2.743$，查附表 13 得：$\bar{z}_{M_{max}} = 0.4642$，故 $z_{M_{max}} = \dfrac{0.4642}{0.2743} = 1.69(\text{m})$

由 $\bar{z}_{M_{max}} = 0.4642$ 及 $\bar{h} = 2.743$，查附表 13 得：

$$K_M = 1.054$$

$$M_{max} = K_M M_0 = 1.054 \times 978.07 = 1030.88(\text{kN} \cdot \text{m})$$

（5）配筋计算及桩身材料截面强度验算

配筋计算及桩身材料截面强度验算参见《公路钢筋混凝土及预应力混凝土桥涵设计规范》。

（6）桩顶纵向水平位移验算：

桩在最大冲刷线处水平位移 $x_0$ 和转角 $\varphi_0$ 的计算：

$$x_0 = \frac{Q_0}{a^3 EI} A_x + \frac{M_0}{a^2 EI} B_x$$

$$= \frac{51.58}{0.8 \times 3.0 \times 10^7 \times 0.2743^3 \times 0.364} \times 2.979 + \frac{978.07}{0.8 \times 3.0 \times 10^7 \times 0.2743^2 \times 0.364} \times 1.920$$

$$= 3.71 \times 10^{-3} (\text{m}) = 3.71 (\text{mm}) < 6 (\text{mm})$$

符合规范要求。

$$\varphi_0 = \frac{Q_0}{a^2 EI} A_\varphi + \frac{M_0}{a EI} B_\varphi$$

$$= \frac{51.58}{0.8 \times 3.0 \times 10^7 \times 0.2743^2 \times 0.364} \times (-1.92) + \frac{987.07}{0.8 \times 3.0 \times 10^7 \times 0.2743 \times 0.364} \times (-1.924)$$

$$= -9.43 \times 10^{-4} (\text{rad})$$

由 $I_1 = \pi \times \frac{(1.5)^4}{64} = 0.28 (\text{m}^4)$，$E_1 = E$，$I = \frac{\pi 1.65^4}{64} = 0.364 (\text{m}^4)$

得
$$n = \frac{E_1 I_1}{EI} = \frac{(1.5)^4}{(1.65)^4} = 0.683$$

墩顶纵桥向水平位移的计算：

$$l_o = 14.65 \text{m}, \alpha l_o = 4.0, h_2 = 8.34 \text{m}, \alpha h_2 = 2.29$$

查附表 14 和附表 15 得：

$$A_{x_1} = 70.458, A_{\varphi_1} = 17.616, A'_{x_1} = 72.316, B'_{x_1} = 18.833$$

故由式(11-37)得
$$x_1 = \frac{1}{\alpha^2 EI}\left(\frac{Q}{\alpha} A'_{x_1} + M B'_{x_1}\right)$$

$$x_1 = 0.0262 (\text{m}) = 26.28 (\text{mm})$$

水平位移容许值：$[\Delta] = 0.5\sqrt{30} = 2.74 = 27.4 (\text{mm}) > x_1$
墩顶位移符合要求。

### 三、多排桩基桩内力与位移计算

多排桩基础具有一个对称面的承台，如图 11-29 所示，且外力作用于此对称平面内，在外力作用面内由几根桩组成，并假定承台与桩头的联结为刚性的。由于各桩与荷载的相对位置不尽相同，桩顶在外荷载作用下其变位也就不同，外荷载分配到桩顶上的 $P_i$、$Q_i$、$M_i$ 也各异，因此，$P_i$、$Q_i$、$M_i$ 的值就不能用简单的单排桩计算方法进行计算。此时，可将外力作用平面内的桩作为一平面框架，用结构位移法算出各桩顶上的作用力 $P_i$、$Q_i$、$M_i$ 后，再应用单桩的计算方法来进行桩的承载力与位移验算。

1. 桩顶荷载的计算

1)计算公式及其推导

为计算群桩在外荷载 $N$、$H$、$M$ 作用下各桩桩顶的 $P_i$、$Q_i$、$M_i$ 的数值，先要求得承台的变位，并确定承台变位与桩顶变位的关系，然后再由桩顶的变位来求得各桩顶受力值。

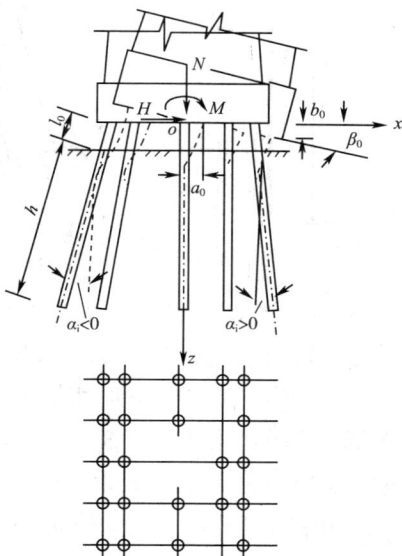

图 11-29

271

假设承台为一绝对刚性体,桩头嵌固于承台内,当承台在外荷载作用下产生变位后,各桩顶之间的相对位置不变,各桩桩顶的转角与承台的转角相等,现设承台底面中心点 $O$ 在外荷载 $N$、$H$、$M$ 作用下,产生横轴向位移 $a_0$、竖轴向位移 $b_0$ 及转角 $\beta_0$($a_0$、$b_0$ 以坐标轴正方向为正,$\beta_0$ 以顺时针转动为正),则可得第 $i$ 排桩桩顶(与承台联结处)洞 $x$ 轴和 $z$ 轴方向的线位移 $a_{i0}$、$b_{i0}$ 和桩顶的转角 $\beta_{i0}$:

$$\left.\begin{aligned} a_{i0} &= a_0 \\ b_{i0} &= b_0 + x_i\beta_0 \\ \beta_{i0} &= \beta_0 \end{aligned}\right\} \tag{11-41}$$

式中:$x_i$——第 $i$ 排桩桩顶的 $x$ 坐标。

若以 $b_i$、$a_i$、$\beta_i$ 分别代表第 $i$ 排档桩顶处沿桩轴向的轴向位移、横轴向位移及转角,则桩顶轴和横向向位移为

$$\left.\begin{aligned} b_i &= a_{i0}\sin\alpha_i + b_{i0}\cos\alpha_i = a_0\sin\alpha_i + (b_0 + x_i\beta_0)\cos\alpha_i \\ a_i &= a_{i0}\cos\alpha_i - b_{i0}\sin\alpha_i = a_0\cos\alpha_i - (b_0 + x_i\beta_0)\sin\alpha_i \end{aligned}\right\} \tag{11-42}$$

桩顶转角为
$$\beta_i = \beta_{i0} = \beta_0$$

式中:$\alpha_i$——第 $i$ 根桩桩轴线与竖直线夹角即倾斜角,如图 11-29 所示。

若第 $i$ 根桩桩顶产生的作用力为 $P_i$、$Q_i$、$M_i$,如图 11-30 所示,则可以利用图 11-31 中桩的变位图式计算 $P_i$、$Q_i$、$M_i$ 值。假设:

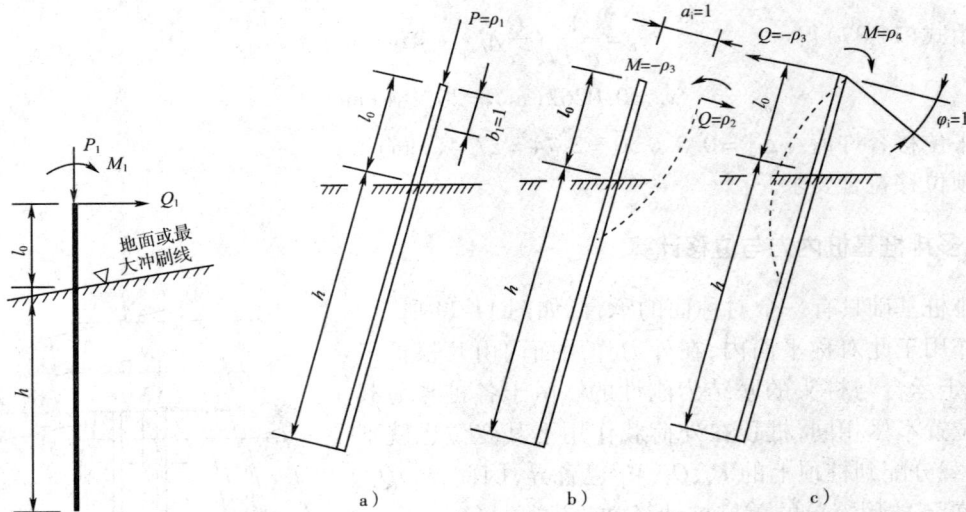

图 11-30　　　　　　　　　　图 11-31

(1)当第 $i$ 根桩桩顶处仅产生单位轴向位移(即 $b_i = 1$)时,在桩顶引起的轴向力为 $\rho_1$;

(2)当第 $i$ 根桩桩顶处仅产生单位轴向位移(即 $a_i = 1$)时,在桩顶引起的横轴向力为 $\rho_2$;

(3)当第 $i$ 根桩桩顶处仅产生单位横向位移(即 $a_i = 1$)时,在桩顶引起的弯矩为 $\rho_3$;或当桩顶产生单位转角(即 $\beta_i = 1$),在桩顶引起的横轴向力为 $\rho_3$;

(4)当第 $i$ 根桩桩顶处仅产生单位转角(即 $\beta_i = 1$)时,在桩顶引起的弯矩为 $\rho_4$。

由此,当承台产生变位 $a_0$、$b_0$、$\beta_0$ 时,当第 $i$ 根桩桩顶引起的轴向力 $P_i$、横轴向力 $Q_i$ 及弯矩 $M_i$ 值为

272

$$P_i = \rho_i b_i = \rho_i \left[ a_0 \sin\alpha_i + (b_0 + x_i\beta_0)\cos\alpha_i \right]$$
$$Q_i = \rho_2 a_i - \rho_3\beta_i = \rho_2 \left[ a_0\cos\alpha_i - (b_0 + x_i\beta_0)\sin\alpha_i \right] - \rho_3\beta_0 \quad\Bigg\}\qquad (11\text{-}43)$$
$$M_i = \rho_4\beta_i - \rho_3 a_i = \rho_1\beta_0 - \rho_3 \left[ a_0\cos\alpha_i - (b_0 + x_i\beta_0)\sin\alpha_i \right]$$

只要解出 $a_0$、$b_0$、$\beta_0$ 及 $\rho_1$、$\rho_2$、$\rho_3$、$\rho_4$(单桩的桩顶刚度系数)后,即可从式(11-43)求解出任意一根桩桩顶的 $P_i$、$Q_i$、$M_i$ 值,然后就可以利用单桩的计算方法求出桩的内力与位移。

2)$\rho_1$ 的求解

桩顶受轴向力 $P$ 而产生的轴向位移包括桩身材料的弹性压缩变形 $\delta_C$ 及桩底地基土的沉降 $\delta_K$ 两部分。

计算桩身弹性压缩变形时应考虑桩侧土摩阻力影响。对于打入摩擦桩和的振动下沉摩擦桩,考虑到由于打入和振动会使侧土越往下越挤密,所以可近似地假设桩侧土的摩阻力随深度成三角形分布,如图11-32a)所示。对于钻、挖孔桩则假定桩侧土摩阻力在整个入土深度内近似地沿桩身成均匀分布,如图11-32b)所示。对端承桩则不考虑桩侧土摩阻力的作用。

当桩侧土的摩阻力按三角形分布时,设桩底平面 $A_0$ 处摩阻力为 $\tau_h$,桩身周长为 $U$,令桩底承受的荷载与总荷载 $P$ 之比值为 $\gamma'$,则

$$\tau_h = \frac{2P(1-\gamma')}{Uh}$$

作用于地面以下深度 $z$ 处桩身截面上的轴向力 $P_z$ 为

$$P_z = P - \frac{z^2}{h^2}P(1-\gamma') \qquad (11\text{-}44)$$

因此桩身的弹性压缩变形 $\delta_C$ 为

$$\delta_C = \frac{Pl_0}{EA} + \frac{1}{EA}\int_0^h P_z \mathrm{d}z = \frac{Pl_0}{EA} + \frac{P}{EA}\cdot h\cdot\frac{2}{3}\left(1 + \frac{\gamma'}{2}\right) \qquad (11\text{-}45)$$

$$= \frac{Pl_0}{EA}\left[ l_0 + \frac{2}{3}h\left(1 + \frac{\gamma'}{2}\right) \right] = \frac{l_0 + \xi h}{EA}\cdot P$$

式中:$\xi$——系数,$\xi = \frac{2}{3}\left(1 + \frac{\gamma'}{2}\right)$,摩阻力均匀分布时 $\xi = \frac{1}{2}(1+\gamma')$;

$A$——桩身的横截面积;

$E$——桩身的受压弹性模量。

桩底平面处地基沉降的计算,假定外力借桩侧土的摩阻力和桩身作用由地面以 $\frac{\varphi}{4}$ 角扩散至桩底平面处的面积 $A_0$ 上($\varphi$ 为土的内摩擦角),如此面积大于以相邻底面中心距为直径所得的面积,则 $A_0$ 采用相邻桩底面中心距为直径所得的面积(见图11-33)。因此桩底

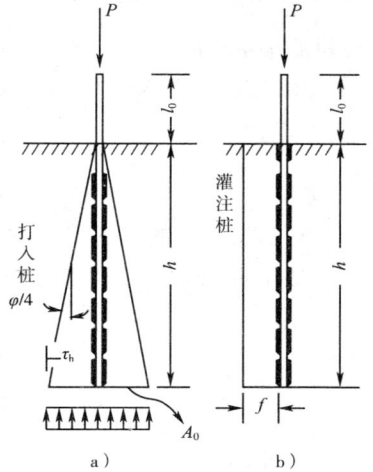

图 11-32

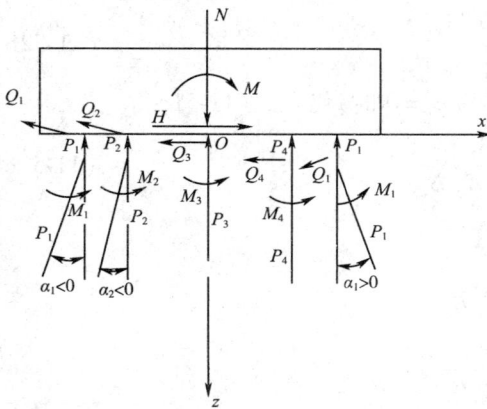

图 11-33

地基土沉降 $\delta_K$ 即为

$$\delta_K = \frac{P}{C_0 A_0} \tag{11-46}$$

式中：$C_0$——桩底平面的地基土竖向地基系数，$C_0 = m_0 h$，比例系数 $m_0$ 按 $m$ 法规定取用。

因此桩顶的轴向变形 $\qquad b_i = \delta_0 + \delta_K$

$$b_i = \frac{P(l_0 + \xi h)}{AE} + \frac{P}{C_0 A_0} \tag{11-47}$$

式(11-45)中 $\gamma'$ 一般认为可暂不考虑。《公路桥涵地基与基础设计规范》(JTG D63—2007)对于打入桩和振动桩由于桩侧摩阻力假定为三角形分布取 $\xi = \frac{2}{3}$，钻挖孔桩采用 $\xi = \frac{1}{2}$，柱桩则取 $\xi = 1$。

由式(11-47)知，当 $b_i = 1$ 时，求得的 $P$ 值即为 $\rho_1$，因此可得

$$\rho_1 = \frac{1}{\dfrac{l_0 + \xi h}{AE} + \dfrac{1}{C_0 A_0}} \tag{11-48}$$

3) $\rho_2$、$\rho_3$、$\rho_4$ 的求解

从单桩的计算公式中得到桩顶的横轴向位移 $x_1$ 及转角 $\varphi_1$ 为

$$a_i = x_1 = \frac{Q}{\alpha^3 EI} A_{x_1} + \frac{M}{\alpha^2 EI} B_{x_1} \tag{11-49}$$

$$\beta_i = \varphi_1 = \frac{Q}{\alpha^2 EI} A_{\varphi_1} + \frac{M}{\alpha EI} B_{\varphi_1} \tag{11-50}$$

解此两式，得

$$Q = \frac{\alpha^3 EI B_{\varphi_1} a_i - \alpha^2 EI B_{x_1} \beta_i}{A_{x_1} B_{\varphi_1} - A_{\varphi_1} B_{x_1}}$$

$$M = \frac{\alpha EI A_{x_1} \beta_i - \alpha^2 EI A_{\varphi_1} a_i}{A_{x_1} B_{\varphi_1} - A_{\varphi_1} B_{x_1}} \tag{11-51}$$

当桩顶仅产生单位横向位移 $a_i = 1$，而转角 $\beta_i = 0$ 时，代入上式得

$$\rho_2 = Q = \frac{\alpha^3 EI B_{\varphi_1}}{A_{x_1} B_{\varphi_1} - A_{\varphi_1} B_{x_1}} \tag{11-52a}$$

$$-\rho_3 = M = \frac{-\alpha^2 EI A_{\varphi_1}}{A_{x_1} B_{\varphi_1} - A_{\varphi_1} B_{x_1}} \tag{11-52b}$$

又当桩顶仅产生的单位转角，$\beta_i = 1$，而横轴向位移 $a_i = 0$ 时，代入式(11-51)得

$$\rho_4 = M = \frac{\alpha EI A_{x_1}}{A_{x_1} B_{\varphi_1} - A_{\varphi_1} B_{x_1}} \tag{11-52c}$$

这里

$$x_Q = \frac{B_{\varphi_1}}{A_{x_1} B_{\varphi_1} - A_{\varphi_1} B_{x_1}}$$

$$x_M = \frac{A_{\varphi_1}}{A_{x_1} B_{\varphi_1} - A_{\varphi_1} B_{x_1}}$$

$$\varphi_M = \frac{A_{x_1}}{A_{x_1} B_{\varphi_1} - A_{\varphi_1} B_{x_1}}$$

则式(11-52a)、式(11-52b)、式(11-52c)可简化为

$$
\left.
\begin{array}{l}
\rho_2 = \alpha^3 EI x_Q \\[2mm]
\rho_3 = \alpha^2 EI x_M \\[2mm]
\rho_4 = \alpha EI \varphi_M
\end{array}
\right\}
\tag{11-52d}
$$

上述式中,$x_Q$、$x_M$、$\varphi_M$ 也是无量纲系数,均是 $\bar{h} = \alpha h$ 及 $\bar{l}_0 = \alpha l_0$ 的函数,可查阅附表17、18、19。当设计的桩符合下列条件之一时可查用:

(1)$\alpha h > 2.5$ 的摩擦桩;

(2)$\alpha h > 3.5$ 的支承桩;

(3)$\alpha h > 4$ 的嵌岩桩。

对于 $2.5 \leqslant \alpha h \leqslant 4$ 的嵌岩桩另有表格,可在有关设计手册中查用。

(4)$a_0$、$b_0$、$\beta_0$ 的计算

$a_0$、$b_0$、$\beta_0$ 可按结构力学的位移法求得。沿承台底面取隔离体(如图 11-33 所示),考虑作用力的平衡,即 $\sum N = 0$,$\sum H = 0$,$\sum M = 0$(对 $O$ 点取矩),可列出位移法的典型方程如下:

$$
\left.
\begin{array}{l}
a_0 \gamma_{ba} + b_0 \gamma_{bb} + \beta_0 \gamma_{b\beta} - N = 0 \\[2mm]
a_0 \gamma_{aa} + b_0 \gamma_{ab} + \beta_0 \gamma_{a\beta} - H = 0 \\[2mm]
a_0 \gamma_{\beta a} + b_0 \gamma_{\beta b} + \beta_0 \gamma_{\beta\beta} - M = 0
\end{array}
\right\}
\tag{11-53}
$$

式中:$\gamma_{ba}$,$\gamma_{aa}$,$\cdots$,$\gamma_{\beta\beta}$——9 个系数为桩群刚度系数。

即当承台产生单位横轴向位移时($a_0 = 1$),所有桩顶对承台作用的竖轴向反力之和、横轴向反力之和及反弯矩之和为 $\gamma_{ba}$、$\gamma_{aa}$、$\gamma_{\beta a}$:

$$
\left.
\begin{array}{l}
\gamma_{ba} = \displaystyle\sum_{i=1}^{n} (\rho_1 - \rho_2) \sin\alpha_i \cos\alpha_i \\[4mm]
\gamma_{aa} = \displaystyle\sum_{i=1}^{n} (\rho_1 \sin^2\alpha_i + \rho_2 \cos^2\alpha_i) \\[4mm]
\gamma_{\beta a} = \displaystyle\sum_{i=1}^{n} \left[ (\rho_1 - \rho_2) x_i \sin\alpha_i \cos\alpha_i - \rho_3 \cos\alpha_i \right]
\end{array}
\right\}
\tag{11-54}
$$

式中:$n$——桩的根数。

承台产生单位竖向位移时($b_0 = 1$),所有桩顶对承台作用的竖轴向反力之和、横轴向反力之和及反弯矩之和为 $\gamma_{bb}$、$\gamma_{ab}$、$\gamma_{\beta b}$:

$$
\left.
\begin{array}{l}
\gamma_{bb} = \displaystyle\sum_{i=1}^{n} (\rho_1 \cos^2\alpha_i - \rho_2 \sin^2\alpha_i) \\[4mm]
\gamma_{ab} = \gamma_{ba} \\[4mm]
\gamma_{\beta b} = \displaystyle\sum_{i=1}^{n} (\rho_1 \cos^2\alpha_i + \rho_2 \sin^2\alpha_i) x_i + \rho_3 \sin\alpha_i
\end{array}
\right\}
\tag{11-55}
$$

承台绕坐标原点产生单位转角($\beta_0 = 1$),所有桩顶对承台作用的竖轴向反力之和、横轴向反力之和 $\gamma_{bb}$、$\gamma_{ab}$、$\gamma_{\beta\beta}$:

$$
\left.
\begin{array}{l}
\gamma_{b\beta} = \gamma_{\beta b} \\[2mm]
\gamma_{a\beta} = \gamma_{\beta a} \\[2mm]
\gamma_{\beta\beta} = \displaystyle\sum_{i=1}^{n} (\rho_1 \cos^2\alpha_i + \rho_2 \sin^2\alpha_i) x_i^2 + 2x_i \rho_3 \sin\alpha_i + \rho_4
\end{array}
\right\}
\tag{11-56}
$$

联解式(11-66)则可得承台位移 $a_0$、$b_0$、$\beta_0$ 各值。

求得 $a_0$、$b_0$、$\beta_0$ 及 $\rho_1$、$\rho_2$、$\rho_3$、$\rho_4$ 后,可一并代入式(11-43)即可求出各桩桩顶所受作用力

$P_i$、$Q_i$、$M_i$ 值,然后则可按单桩来计算桩身内力与位移。

2. 竖直对称多排桩的计算

上面讨论的桩可以是斜的,也可以是直的。目前钻孔灌注桩常采用全部为竖直桩,且设置成对称型,这样计算就可简化。将坐标原点设于承台底面竖向对称轴上,此时 $\gamma_{ab} = \gamma_{ba} = \gamma_{b\beta} = \gamma_{\beta b} = 0$,代入式(11-53)可得

$$b_0 = \frac{N}{\gamma_{bb}} = \frac{N}{\sum\limits_{i=1}^{n} \rho_1} \qquad (11\text{-}57)$$

$$a_0 = \frac{\gamma_{bb} H - \gamma_{a\beta} M}{\gamma_{aa} \gamma_{\beta\beta} - \gamma_{a\beta}^2} = \frac{\left(\sum\limits_{i=1}^{n} \rho_4 + \sum\limits_{i=1}^{n} x_i^2 \rho_1\right) H + \sum\limits_{i=1}^{n} \rho_3 M}{\sum\limits_{i=1}^{n} \rho_2 \left(\sum\limits_{i=1}^{n} \rho_4 + \sum\limits_{i=1}^{n} x_i^2 \rho_1\right) - \left(\sum\limits_{i=1}^{n} \rho_3\right)^2} \qquad (11\text{-}58)$$

$$\beta_0 = \frac{\gamma_{aa} M - \gamma_{a\beta} H}{\gamma_{aa} \gamma_{\beta\beta} - \gamma_{a\beta}^2} = \frac{\sum\limits_{i=1}^{n} \rho_2 M + \sum\limits_{i=1}^{n} \rho_3 H}{\sum\limits_{i=1}^{n} \rho_2 \left(\sum\limits_{i=1}^{n} \rho_4 + \sum\limits_{i=1}^{n} x_i^2 \rho_1\right) - \left(\sum\limits_{i=1}^{n} \rho_3\right)^2} \qquad (11\text{-}59)$$

当桩基中各桩直径相同时,则

$$b_0 = \frac{N}{n\rho_1} \qquad (11\text{-}60)$$

$$a_0 = \frac{\left(n\rho_4 + \rho_1 \sum\limits_{i=1}^{r} x_i^2\right) H + n\rho_3 M}{n\rho_2 \left(n\rho_4 + \rho_1 \sum\limits_{i=1}^{n} x_i^2\right) - n^2 \rho_3^2} \qquad (11\text{-}61)$$

$$\beta_0 = \frac{n\rho_2 M + n\rho_3 H}{n\rho_2 \left(n\rho_4 + \rho_1 \sum\limits_{i=1}^{n} x_i^2\right) - n^2 \rho_3^2} \qquad (11\text{-}62)$$

因为桩均为竖直且对称,式(11-43)可写成

$$\left.\begin{array}{l} P_i = \rho_1 b_i = \rho_1 (b_0 + x_i \beta_0) \\ Q_i = \rho_2 a_0 - \rho_3 \beta_0 \\ M_i = \rho_4 \beta_0 - \rho_3 a_0 \end{array}\right\} \qquad (11\text{-}63)$$

求得桩顶作用力后,桩身任一截面内力与位移即可按前述单桩计算方法计算。

### 四、多排桩基础算例

如图 11-34 所示为双排式钢筋混凝土钻孔灌注桩桥墩基础。

1. 设计资料

(1)地质及水文资料

河床土质为卵石,粒径 $50 \sim 60\text{mm}$ 约占 $60\%$,$20 \sim 30\text{mm}$ 约占 $30\%$,石质坚硬,孔隙大部分由砂密实填充,卵石层深度达 $58.6\text{m}$。地基水平向抗力系数的比例系数 $m = 120000\text{kN/m}^4$(密实卵石);

地基承载力基本容许值 $[f_{a0}] = 1000\text{kPa}$;

桩周土摩阻力标准值 $q_{ik} = 400\text{kPa}$;

土的重度 $\gamma = 20.00\text{kN/m}^3$(未计浮力);

土内摩擦角 $\varphi = 40°$。

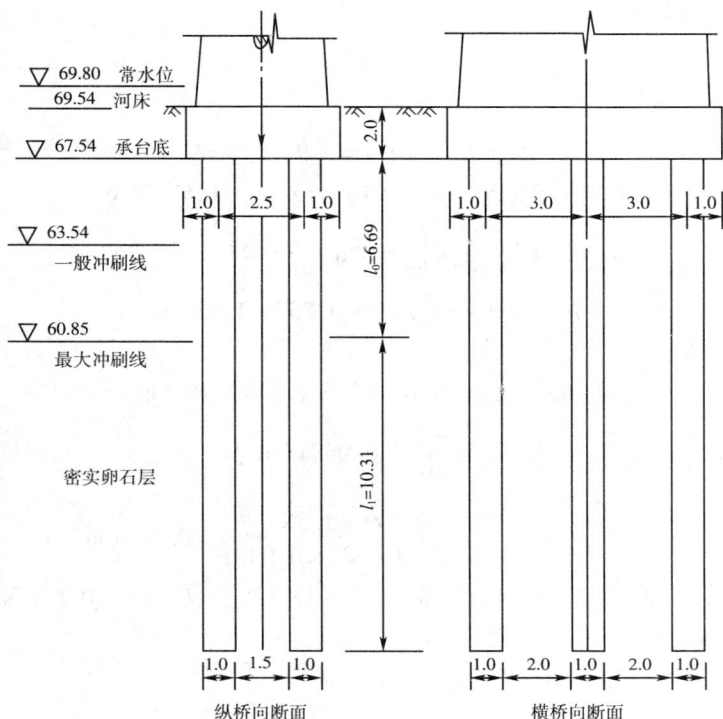

图 11-34　双排桩计算例题图(尺寸单位:m)

地面(河床)标高 69.54m;一般冲刷线标高 63.54m;最大冲刷线标高 60.85m;承台底标高 67.54m;常水位标高 69.80m。

(2)作用效应

上部为等跨 30m 的钢筋混凝土预应力梁桥,荷载为纵向控制设计,作用于混凝土桥墩承台顶面纵桥向的荷载如下。

永久作用及一孔可变作用时:

$\sum N = 6791.40$ kN

$\sum H = 358.60$ kN(制动力及风力)

$\sum M = 4617.30$ kN·m(竖直反力偏心距、制动力、风力等引起的弯矩)

永久作用及二孔可变作用时:

$$\sum N = 7798.00 \text{kN}$$

承台用 C20 混凝土,尺寸为 2.0m × 4.5m × 8.0m。作用在承台底面中心的荷载如下:

永久作用加一孔可变作用(控制桩截面强度荷载)时

$$\sum N = 6791.40 + 2.0 \times 4.5 \times 8.0 \times 25.00 = 8591.40(\text{kN})$$

$$\sum H = 358.60 \text{kN}$$

$$\sum M = 4617.30 + 358.60 \times 2.0 = 5334.50(\text{kN} \cdot \text{m})$$

永久作用加二孔可变作用(控制桩入土深度荷载)时

$$\sum N = 7798.00 + (2.0 \times 4.5 \times 8.0 \times 25) = 9598.00(\text{kN})$$

(3)桩基础采用高桩承台式摩擦桩,根据施工条件,桩拟采用直径 $d = 1.0$m,以冲抓锥施工。桩群布置经初步计算拟采用 6 根灌注桩,其排列见图 11-34 所示,为对称竖直双排桩基

277

础,经试算桩底标高拟采用 50.54m。

2. 计算

(1)桩的计算宽度 $b_1$

$$b_1 = K_f \cdot K \cdot d = 0.9(d+1)K$$

已知: $L_1 = 1.5m; h_1 = 3(d+1) = 6m; n = 2; b' = 0.6$。

$$K = b' + \frac{1-b'}{0.6} \times \frac{L_1}{h_1} = 0.6 + \frac{0.4}{0.6} \times \frac{1.5}{6} = 0.767$$

所以 $$b_1 = 0.9 \times (1+1) \times 0.767 = 1.38(m)$$

(2)桩的变形系数 $\alpha$

$$E = 0.8E_c = 0.8 \times 3.0 \times 10^7 = 1.742 \times 10^7 (kN/m^2)$$

$$I = \frac{\pi d^4}{64} = 0.0491(m^4)$$

所以 $$\alpha = \sqrt[5]{\frac{mb_1}{EI}} = \sqrt[5]{\frac{120000 \times 1.38}{0.8 \times 3.0 \times 10^7 \times 0.0491}} = 0.675(m^{-1})$$

桩在最大冲刷线以下深度 $h = 10.31m$,其计算长度则为: $\bar{h} = \alpha h = 0.675 \times 10.31 = 6.96(> 2.5)$,故按弹性桩计算。

(3)桩顶刚度系数 $\rho_1$、$\rho_2$、$\rho_3$、$\rho_4$ 值计算

$$l_0 = 6.69m; h = 10.31m; \xi = \frac{1}{2}; A = \frac{nd^2}{4} = 0.785m^2$$

$$C_0 = m_0 h = 120000 \times 10.31 = 1.237 \times 10^6 (kN/m^3)$$

$$A_0 = \pi \left(\frac{1.0}{2} + 10.31 \times \tan\frac{40°}{4}\right)^2 = 16.88(m^2)$$

按桩中心距计算面积,故取 $A_0 = \frac{\pi}{4} \times 2.5^2 = 4.91m^2$

所以 $$\rho_1 = \frac{1}{\dfrac{l_0 + \xi h}{AE_h} + \dfrac{1}{C_0 A_0}} = \left[\frac{6.69 + \frac{1}{2} \times 10.31}{0.785 \times 2.6 \times 10^7} + \frac{1}{1.237 \times 10^6 \times 4.91}\right]^{-1}$$

$$1.34 \times 10^6 = 1.567EI$$

已知: $\bar{h} = \alpha h = 0.675 \times 10.31 = 6.96(>4)$,取用 4,

$$\bar{l}_0 = \alpha l_0 = 0.675 \times 6.69 = 4.52$$

查附表 17、18、19 得: $x_Q = 0.0467; x_M = 0.147, \varphi_M = 0.62217$。由式(11-52d)得

所以 $$\rho_2 = \alpha^3 EIx_Q = 0.0144EI$$

$$\rho_3 = \alpha^2 EIx_M = 0.0670EI$$

$$\rho_4 = \alpha EI\varphi_M = 0.420EI$$

(4)计算承台底面原点 $O$ 处位移 $a_0$、$b_0$、$\beta_0$(单孔可变作用 + 永久作用等)

由式(11-60)、式(11-61)、式(11-62)得

$$b_0 = \frac{N}{n\rho_1} = \frac{8591.40}{6 \times 1.567EI} = \frac{913.78}{EI}$$

$$n\rho_4 + \rho_1 \sum_{i=1}^{n} x_i^2 = 6 \times 0.420EI + 1.567EI \times 6 \times 1.25^2 = 17.21EI$$

278

$$n\rho_2 = 6 \times 0.0144EI = 0.0864EI$$

$$n\rho_3 = 6 \times 0.0670EI = 0.402EI, \quad n^2\rho_3^2 = 0.11616(EI)^2$$

$$a_0 = \frac{(n\rho_4 + \rho_1 \sum_{i=1}^{n} x_i^2)H + n\rho_3 M}{n\rho_2(n\rho_4 + \rho_1 \sum_{i=1}^{n} x_i^2) - n^2\rho_3^2}$$

$$= \frac{17.21EI \times 358.60 + 0.402EI \times 5334.50}{0.0864EI \times 17.21EI - 0.11616(EI)^2} = \frac{6066.58}{EI}$$

$$\beta_0 = \frac{n\rho_2 M + n\rho_3 H}{n\rho_2(n\rho_4 + \rho_1 \sum_{i=1}^{n} x_i^2) - n^2\rho_3^2} = \frac{0.0864EI \times 5334.50 + 0.402EI \times 358.60}{0.0864EI \times 17.21EI - 0.11616(EI)^2} = \frac{441.4}{EI}$$

（5）计算作用在每根桩顶上作用力 $P_i$、$Q_i$、$M_i$

按式（11-63）计算：

竖向力 $P_i = \rho_1(b_0 + x_i\beta_0) = 1.567EI\left(\dfrac{913.78}{EI} \pm 1.25 \times \dfrac{441.4}{EI}\right) = \begin{cases} 2296.48(\text{kN}) \\ 567.30(\text{kN}) \end{cases}$

水平力 $Q_i = \rho_2 a_0 - \rho_3 \beta_0 = 0.0144EI \cdot \dfrac{6066.58}{EI} - 0.0670EI \cdot \dfrac{441.4}{EI} = 57.78(\text{kN})$

弯矩 $M_i = \rho_4 \beta_0 - \rho_3 a_0 = 0.420EI \cdot \dfrac{441.4}{EI} - 0.0670EI \cdot \dfrac{6066.58}{EI} = -221.07(\text{kN} \cdot \text{m})$

校核：

$$nQ_i = 6 \times 57.78 = 346.72(\text{kN}) \approx \sum H = 358.60(\text{kN})$$

$$\sum_{i=1}^{n} x_i P_i + nM_1 = 3 \times (2296.48 - 567.30) \times 1.25 + 6 \times (-221.07)$$

$$= 5158.0\text{kN} \cdot \text{m} \approx \sum M = 5334.50(\text{kN} \cdot \text{m})$$

$$\sum_{i=1}^{n} nP_i = 3 \times (2296.48 + 567.3) = 8591.34(\text{kN}) \approx 8591.30(\text{kN})$$

（6）计算最大冲刷线处桩身变矩 $M_0$、水平力 $Q_0$ 及轴向力 $P_0$。

$$M_0 = M_i + Q_i l_0 = -221.07 + 57.78 \times 6.69 = 165.48(\text{kN} \cdot \text{m})$$

$$Q_0 = 57.78\text{kN}, \quad P_0 = 2296.48 + 0.786 \times 6.69 \times 15 = 2375.35(\text{kN})$$

求得 $M_0$、$Q_0$、$P_0$ 后就可按单桩进行计算和验算，然后进行群桩基础承载力和沉降验算。

# 第五节　群桩基础竖向分析及承载力

## 一、群桩基础的工作性状及其特点

群桩基础的竖向分析主要取决于荷载的传递特征，不同受力条件下的基桩有着不同的荷载传递特征，这也就决定了不同类型基桩的群桩基础呈现出不同的工作性状与特点。

### 1. 端承型群桩基础

端承型群桩基础通过承台分配到各基桩桩顶的荷载，绝大部分或全部由桩身直接传递到桩底，由桩底岩层（或坚硬土层）支承。由于桩底持力层刚硬，桩的贯入变形小，低桩承台的承台底面地基反力与桩侧摩阻力和桩底反力相比所占比例很小，可忽略不计。因此承台分担荷载的作用和桩侧摩阻力的扩散作用一般均不予以考虑。桩底压力分布面积较小，各桩的压力

279

叠加作用也小(只可能发生在持力层深部),群桩基础中的各基桩的工作状态近同于独立单桩,如图11-35所示,可以认为端承型群桩基础的承载力等于各单桩承载力之和,其沉降量等于单桩沉降量。

2. 摩擦型群桩基础

由摩擦桩组成的群桩基础,在竖向荷载作用下,桩顶荷载主要通过桩侧土的摩阻力传递到桩周和桩端土层中。由于桩侧摩阻力引起的土中附加应力通

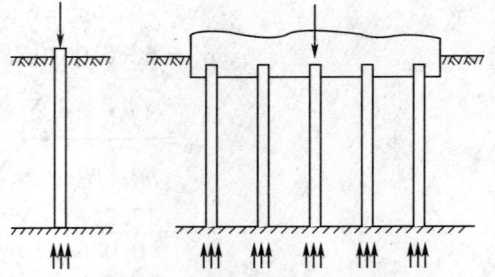

图11-35 端承型桩桩底平面的应力分布

过桩周土体的扩散作用,使桩底处的压力分布范围要比桩身截面积大得多(如图11-36所示),以致群桩中各桩传递到桩底处的应力可能叠加,群桩桩底处地基土受到的压力比单桩大。同时由于群桩基础的尺寸大,荷载传递的影响范围也比单桩深(如图11-37所示),因此桩底下地基土层产生的压缩变形和群桩基础的沉降都比单桩大。在桩的承载力方面,群桩基础的承载力也绝不是等于各单桩承载力总和的简单关系。工程实践表明,摩擦型群桩基础的承载力常小于各单桩承载力之和,但有时也可能会大于或等于各单桩承载力之和。桩基础除了上述桩底应力的叠加和扩散影响外,桩群对桩侧土的摩阻力也必然会有影响。总之,摩擦型群桩基础受竖向荷载后,由于承台、桩、土的相互作用使其桩侧阻力、桩端阻力、沉降等性状发生变化而与单桩明显不同,这种群桩不同于单桩的工作性状所产生的效应,称其为群桩效应,它主要表现在对桩基承载力和沉降的影响上。

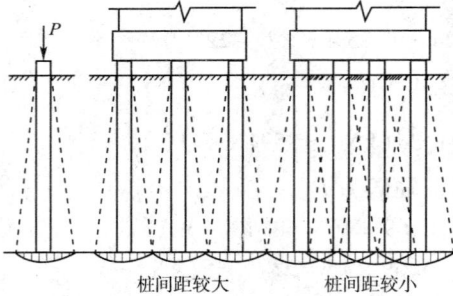

图11-36 摩擦型桩桩底平面的应力分布

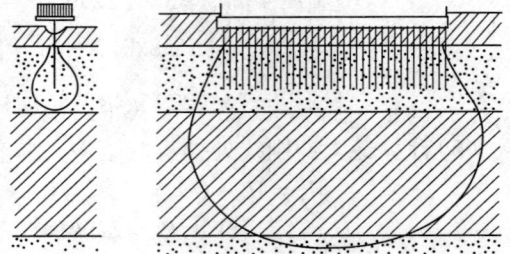

图11-37 群桩和单桩应力传递深度比较

影响群桩基础承载力和沉降的因素很复杂,与土的性质、桩长、桩距、桩数、群桩的平面排列和承台尺寸大小等因素有关。模型试验研究和现场测定结果表明,上述诸因素中,桩距大小的影响是主要的,其次是桩数。同时发现,当桩距较小、土质较坚硬时,在荷载作用下,桩间土与桩群作为一个整体而下沉,桩底下土层受压缩,破坏时呈"整体破坏",即指桩、土形成整体,破坏状态类似一个实体深基础。而当桩距足够大、土质较软时,桩与土之间产生剪切变形,桩群呈"刺入破坏"。在一般情况下,群桩基础兼有这两种性状。现通常认为当桩间中心距离 > $6b_1$($b_1$ 为单桩的计算宽度)时,可不考虑群桩效应。

对于低桩承台群桩基础,承台底面土有可能会参与工作,和桩共同起作用。但此问题比较复杂,目前各学者仍持不同的见解。

二、群桩基础承载力验算

由柱桩组成的群桩基础,群桩承载力等于单桩承载力之和,群桩基础沉降等于单桩沉降,群桩效应可以忽略不计,不需要进行群桩承载力验算。即使由摩擦桩组成的群桩基础,在一定

条件下也不需要验算群桩基础的承载力。例如,建筑桩基础规定,根数少于 3 根的群桩基础,桥梁工程规定桩距≥6 倍桩径时,只要验算单桩的承载力就可以了。但当不满足相应规范要求时,除了验算单桩承载力外,还需要验算桩底持力层的承载力,持力层下有软弱土层时,还应验算软弱下卧层的承载力。

## 1. 桩底持力层承载力验算

摩擦型群桩基础当桩间中心距小于 6 倍桩径时,如图 11-38 所示,将桩基础视为相当于 $cdef$ 范围内的实体基础,认为桩侧外力以 $\varphi/4$ 角向下扩散,可按下式验算桩底平面处土层的承载力:

$$p_{\max} = \bar{\gamma}l + \gamma h - \frac{BL\gamma h}{A} + \frac{N}{A}\left(1 + \frac{eA}{W}\right) \leqslant \gamma_R[f_a] \tag{11-64}$$

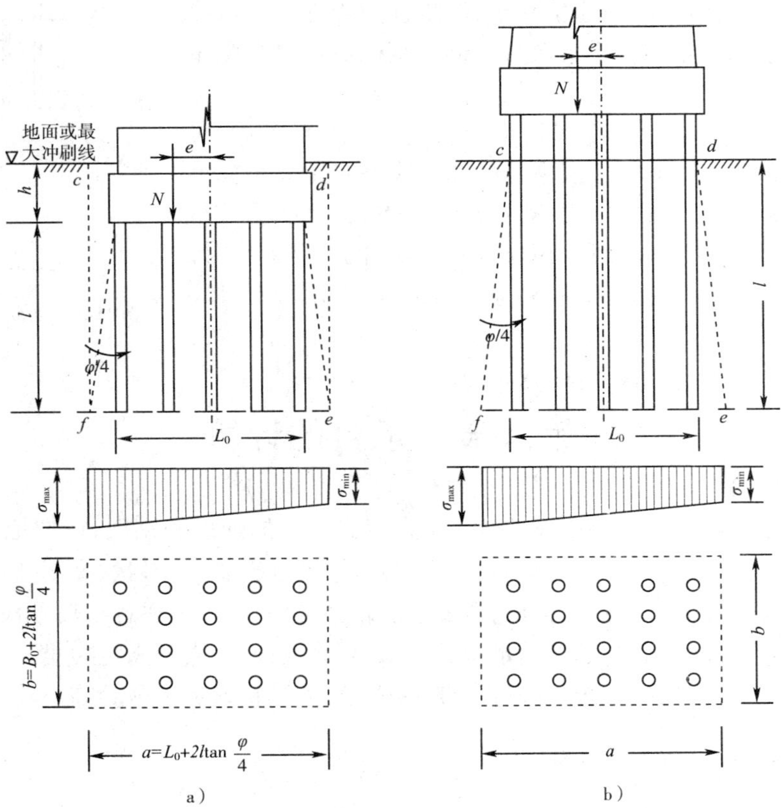

图 11-38 摩擦群桩应力分布

$L_0$、$B_0$ - 承台底面处桩基平面轮廓的长度和宽度

式中:$p_{\max}$——桩底平面处的最大压应力,kPa;

　　$\bar{\gamma}$——桩底以上土的平均重度(包括桩的重力在内),kN/m³;

　　$\gamma$——承台底面以上土的重度,kN/m³;

　　$N$——作用于承台底面合力的竖直分力,kN;

　　$e$——作用于承台底面合力的竖直分力对桩底平面处计算面积重心轴的偏心距,m;

　　$A$——假想的实体基础在桩底平面处的计算面积,m²,即 $a \times b$(图 11-38);

　　$W$——假想的实体基础在桩底平面处的截面模量,m³;

　　$L$、$B$——承台的长度、宽度,m;

$[f_a]$——桩底平面处土的容许承载力,应经过埋深$(h+l)$修正;

　　　$l$——承台底面到桩端的距离,m;

　　　$h$——承台底面到地面(或最大冲刷线)的距离。对于如图11-47所示的高承台桩基,$h$=0,埋置深度即为$l$。

## 2. 软弱下卧层强度验算

按土力学中的土应力分布规律计算出软弱土层顶面处的总应力不得大于该处地基土的容许承载力,详细内容可参见第十章有关部分。

### 三、群桩基础沉降验算

对于超静定结构桥梁,或建于软土、湿陷性黄土地基或沉降较大的其他土层的静定结构桥梁墩台的群桩基础应计算沉降量并进行验算。

当柱桩或桩的中心距大于6倍桩径的摩擦型群桩基础,可以认为其沉降量等于在同样土层中静载试验的单桩沉降量。

如图11-39所示,当桩的中心距小于6倍桩径的摩擦型群桩基础,则作为实体基础考虑,可采用分层总和法计算沉降量。墩台基础的沉降应满足《公路桥涵地基与基础设计规范》(JTG D63—2007)规定。

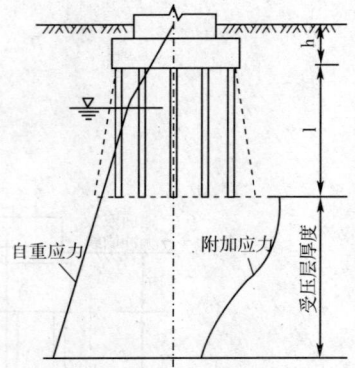

图11-39　群桩地基变形计算

# 第六节　承台的计算

承台是桩基础的一个重要组成部分。承台应有足够的强度和刚度,以便把上部结构的荷载传递给各桩,并将各单桩联结成整体。承台设计包括承台材料、形状、高度、底面标高和平面尺寸的确定以及强度验算,并要符合构造要求。除强度验算外,上述各项均可根据本章前述有关内容初步拟定,经验算后若不能满足有关要求,须修改设计,直至满足为止。

承台按极限状态设计,一般应进行局部受压、抗冲剪、抗弯和抗剪验算。

### 一、承台底面单桩竖向力计算

承台底面单桩竖向力设计值可按下列公式计算(如图11-40):

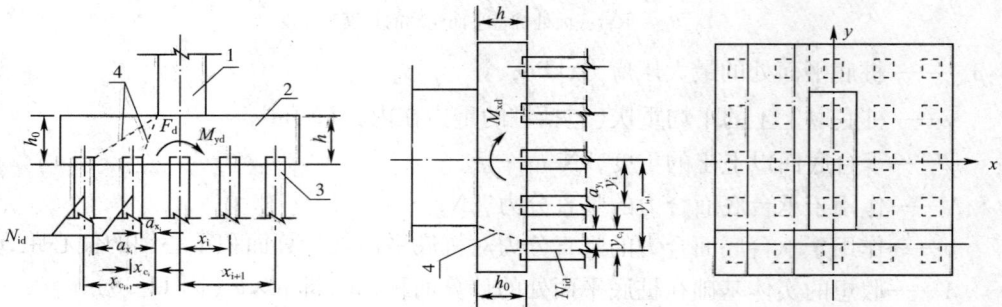

图11-40　桩基承台计算

1 – 墩身;2 – 承台;3 – 桩;4 – 剪切破坏斜截面

$$N_{id} = \frac{F_d}{n} \pm \frac{M_{xd}y_i}{\sum y_i^2} \pm \frac{M_{yd}x_i}{\sum x_i^2} \qquad (11\text{-}65)$$

式中：$N_{id}$——第 $i$ 根桩的单桩竖向力设计值；

$\quad\quad F_d$——由承台底面以上的作用（或荷载）产生的竖向力组合设计值；

$M_{xd}$、$M_{yd}$——由承台底面以上的作用（或荷载）绕通过桩群形心的 $x$ 轴、$y$ 轴的弯矩组合设计值；

$\quad\quad n$——承台下面桩的总根数；

$\quad\quad x_i$、$y_i$——第 $i$ 排桩中心至 $y$ 轴、$x$ 轴的距离。

### 二、承台正截面抗弯承载力计算

当承台下面外排桩中心距墩台身边缘大于承台高度时，其正截面（垂直于 $x$ 轴和 $y$ 轴的竖向截面）抗弯承载力可作为悬臂梁按《公路钢筋混凝土及预应力混凝土桥涵设计规范》第 5.2.2 条"梁式体系"进行计算。

1. 承台截面计算宽度

（1）当桩中距不大于三倍桩边长或桩直径时，取承台全宽；

（2）当桩中距大于三倍桩边长或桩直径时

$$b_s = 2a + 3D(n-1) \qquad (11\text{-}66a)$$

式中：$b_s$——承台截面计算宽度；

$\quad\quad a$——平行于计算截面的边桩中心距承台边缘距离；

$\quad\quad D$——桩边长或桩直径；

$\quad\quad n$——平行于计算截面的桩的根数。

2. 承台计算截面弯矩设计值

承台计算截面弯矩设计值应按下列公式计算（参见《公路钢筋混凝土及预应力混凝土桥涵设计规范》图 8.5.1）：

$$M_{xcd} = \sum N_{id}y_{ci} \qquad (11\text{-}66b)$$

$$M_{ycd} = \sum N_{id}x_{ci} \qquad (11\text{-}66c)$$

式中：$M_{xcd}$、$M_{ycd}$——计算截面外侧各排桩竖向力产生的绕 $x$ 轴在计算截面处的弯矩组合设计值；

$\quad\quad N_{id}$——计算截面外侧第 $i$ 排桩的竖向力设计值，取该排桩根数乘以该排桩中最大单桩竖向力设计值；

$\quad\quad x_{ci}$、$y_{ci}$——垂直于 $y$ 轴和 $x$ 轴方向，自第 $i$ 排桩中心线至计算截面的距离。

### 三、承台撑杆抗压承载力和系杆抗拉承载力计算

当外排桩中心距墩台身边缘等于小于承台高度时，承台短悬臂可按"撑杆—系杆体系"计算撑杆的抗压承载力和系杆的抗拉承载力（如图 11-41）。

（1）撑杆抗压承载力可按下列规定计算：

$$\gamma_0 D_{id} \leqslant tb_s f_{cd,s} \qquad (11\text{-}67a)$$

$$f_{cd,s} = \frac{f_{cu,k}}{1.43 + 304\varepsilon_1} \leqslant 0.48 f_{cu,k} \qquad (11\text{-}67b)$$

$$\varepsilon_1 = \left(\frac{T_{id}}{A_s E_s} + 0.002\right)\cot^2\theta_i \qquad (11\text{-}67\text{c})$$

$$t = b\sin\theta_i + h_a\cos\theta_i \qquad (11\text{-}67\text{d})$$

$$h_a = s + 6d \qquad (11\text{-}67\text{e})$$

式中：$D_{id}$——撑杆压力设计值,包括 $D_{1d} = N_{1d}/\sin\theta_1$，$D_{2d} = N_{2d}/\sin\theta_2$,其中 $N_{1d}$ 和 $N_{2d}$ 分别为承台悬臂下面"1"排桩和"2"排桩内该排桩的根数乘以该排桩中最大单桩竖向力设计值,单桩竖向力按式(11-65)计算;按公式(11-66-1)计算撑杆抗压承载力时,式中 $D_{id}$ 取 $N_{1d}$ 和 $N_{2d}$ 两者较大者;

$f_{cd,s}$——撑杆混凝土轴心抗压强度设计值;

$t$——撑杆计算高度;

$b_s$——撑杆计算宽度,按《公路钢筋混凝土及预应力混凝土桥涵设计规范》(JTG D62—2004)有关正截面抗弯承载力计算时对计算宽度的规定取用;

$b$——桩的支撑宽度,方形截面桩取截面边长,圆形截面桩取直径的0.8倍;

$f_{cu,k}$——边长为150mm的混凝土立方体抗压强度标准值;

$T_{id}$——与撑杆相应的系杆拉力设计值,包括 $T_{id}$,$T_{1d} = N_{1d}/\tan\theta_1$;

$A_s$——在撑杆计算宽度 $b_s$(系杆计算宽度)范围内系杆钢筋截面面积;

$s$——系杆钢筋的顶层钢筋中心至承台底的距离;

$d$——系杆钢筋直径,当采用不同直径的钢筋时,$d$ 取加权平均值;

$\theta_i$——撑杆压力线与系杆拉力线的夹角,包括 $\theta_1 = \tan^{-1}\dfrac{h_0}{a+x_1}$，$\theta_2 = \tan^{-1}\dfrac{h_0}{a+x_2}$,其中 $h_0$ 为承台有效高度;$a$ 为撑杆压力线在承台顶面的作用点至墩台边缘的距离,取 $a = 0.15h_0$;$x_1$ 和 $x_2$ 为桩中心至墩台边缘的距离。

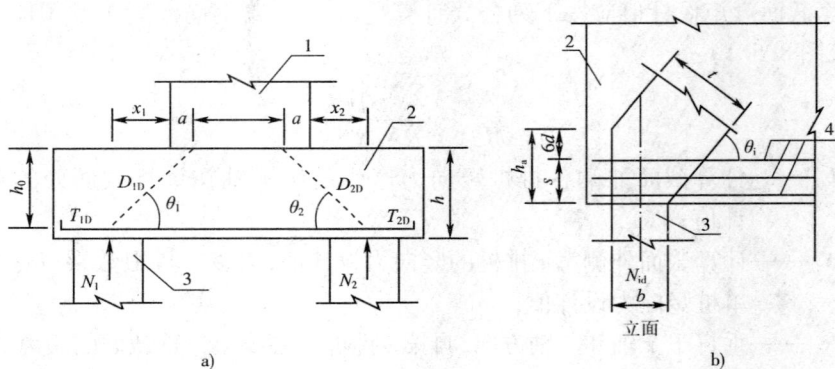

图 11-41　承台按"撑杆—系杆体系"计算
a)"撑杆—系杆"力系 ;b)撑杆计算高度
1 - 墩台身;2 - 承台;3 - 桩;4 - 系杆钢筋

(2)系杆抗拉承载力可按下列规定计算:

$$\gamma_0 T_{id} \leqslant f_{sd}A_s \qquad (11\text{-}67\text{f})$$

式中：$T_{id}$——系杆拉力设计值,取 $T_{1d}$ 与 $T_{2d}$ 两者较大者;

$f_{sd}$——系杆钢筋抗拉强度设计值;

$A_s$——在撑杆计算宽度 $b_s$（系杆计算宽度）范围内系杆钢筋截面面积。

在垂直于系杆的承台全宽内，系杆钢筋应按有关规范布置。在系杆计算宽度 $b_s$ 内的钢筋截面面积应符合有关规范规定的受弯构件受拉钢筋最小配筋百分率。

### 四、承台斜截面抗剪承载力计算

承台的斜截面抗剪承载力计算应符合下列规定（见图 11-40）：

$$\gamma_0 V_d \leqslant \frac{0.9 \times 10^{-4} (2 + 0.6P) \sqrt{f_{cu,k}}}{m} b_s h_0 \quad (\text{kN}) \qquad (11\text{-}68)$$

式中：$V_d$——由承台悬臂下面桩的竖向力设计值产生的计算斜截面以外各排桩最大剪力设计值的总和，kN；每排桩的竖向力设计值，取其中一根最大值乘以该排桩的根数；

$f_{cu,k}$——边长为 150mm 的混凝土立方体抗压强度标准值，MPa；

$P$——斜截面内纵向受拉钢筋的配筋百分率，$P = 100\rho$，$\rho = A_s/bh_0$，当 $p > 2.5$ 时，取 $P = 2.5$，其中 $A_s$ 为承台截面计算宽度内纵向受拉钢筋截面面积；

$m$——剪跨比，$m = a_{xi}/h_0$ 或 $m = a_{yi}/h_0$，当 $m < 0.5$ 时，取 $m = 0.5$，其中 $a_{xi}$ 和 $a_{yi}$ 分别为沿 $x$ 轴和 $y$ 轴墩台边缘至计算斜截面外侧第 $i$ 排桩边缘的距离；当为圆形截面桩时，可换算为边长等于 0.8 倍圆桩直径的方形截面桩；

$b_s$——承台计算宽度，mm；

$h_0$——承台有效高度，mm。

当承台的同方向可作出多个斜截面破坏面时，应分别对每个斜截面进行抗剪承载力计算。

### 五、承台冲切承载力验算

承台应按下列规定进行冲切承载力验算：

（1）桩或墩台向下冲切的破坏锥体应采用自柱或墩台边缘至相应桩顶边缘连线构成的锥体；桩顶位于承台顶面以下一倍有效高度 $h_0$ 处。锥体斜面与水平面的夹角，不应小于 45°，当小于 45°时，取用 45°。

桩或墩台向下冲切承台的冲切承载力按下列规定计算：

$$\gamma_0 F_{ld} \leqslant 0.6 f_{td} h_0 [2a_{px}(b_y + a_y) + 2a_{py}(b_x + a_x)] \qquad (11\text{-}69a)$$

$$a_{px} = \frac{1.2}{\lambda_x + 0.2} \qquad (11\text{-}69b)$$

$$a_{py} = \frac{1.2}{\lambda_y + 0.2} \qquad (11\text{-}69c)$$

式中：$F_{ld}$——作用于冲切破坏锥体上的冲切力设计值，可取柱或墩台的竖向力设计值减去锥体范围内桩的反力设计值；

$b_x$、$b_y$——柱或墩台作用面积的边长（如图 11-42a）；

$a_x$、$a_y$——冲跨，冲切破坏锥体侧面顶边与底边间的水平距离，即柱或墩台边缘到桩边缘的水平距离，其值不应大于 $h_0$（如图 11-42a）；

$\lambda_x$、$\lambda_y$——冲跨比，$\lambda_x = a_x/h_0$，$\lambda_y = a_y/h_0$，当 $a_x < 0.2h_0$ 或 $a_y < 0.2h_0$ 时，取 $a_x = 0.2h_0$ 或 $a_y = 0.2h_0$；

$a_{px}$、$a_{py}$——分别与冲跨比 $\lambda_x$、$\lambda_y$ 对应的冲切承载力系数；

$f_{td}$——混凝土轴心抗拉强度设计值。

（2）对于柱或墩台向下的冲切破坏锥体以外的角桩和边桩，其向上冲切承台的冲切承载力按下列规定计算：

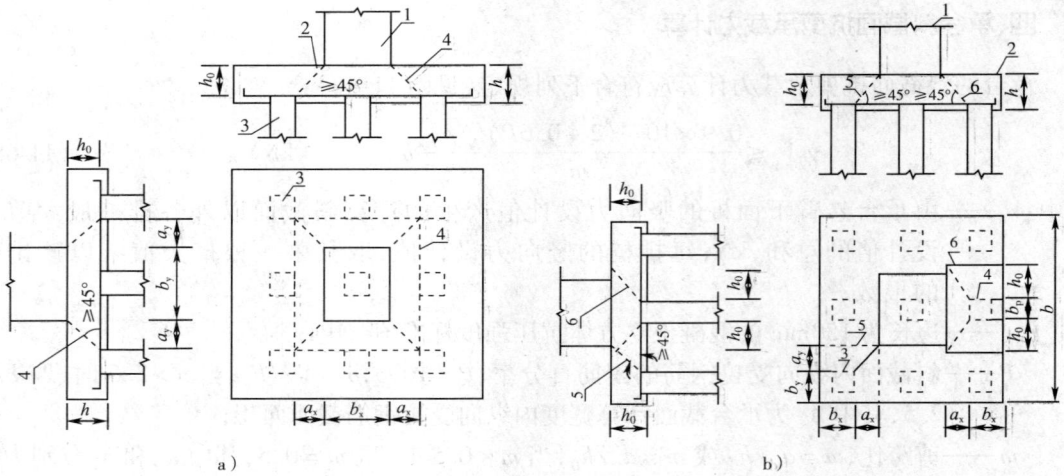

图 11-42 承台冲切破坏锥体

a）柱、墩台下冲砌破坏锥体；b）角桩和边桩上冲砌破坏锥体

1－柱、墩台；2－承台；3－桩；4－破坏锥体

1－柱、墩台；2－承台；3－角桩；4－边桩；5－角桩上破坏锥体；6－边桩上冲砌破坏锥体

① 角桩

$$\gamma_0 F_{ld} \leq 0.6 f_{td} h_0 \left[ a'_{px} \left( b_y + \frac{a_y}{2} \right) + a'_{py} \left( b_x + \frac{a_x}{2} \right) \right] \qquad (11\text{-}69d)$$

$$a'_{px} = \frac{0.8}{\lambda_x + 0.2} \qquad (11\text{-}69e)$$

$$a'_{py} = \frac{0.8}{\lambda_y + 0.2} \qquad (11\text{-}69f)$$

式中：$F_{ld}$——角桩竖向力设计值；

$b_x$、$b_y$——承台边缘至桩内边缘的水平距离（如图 11-42b）；

$a_x$、$a_y$——冲跨，为桩边缘至相应柱或墩台边缘的水平距离，其值不应大于 $h_0$（如图 11-42b）；

$\lambda_x$、$\lambda_y$——冲跨比，$\lambda_x = a_x/h_0$，$\lambda_y = a_y/h_0$，当 $a_x < 0.2h_0$ 或 $a_y < 0.2h_0$ 时，取 $a_x = 0.2h_0$ 或 $a_y = 0.2h_0$；

$a'_{px}$、$a'_{py}$——分别与冲跨比 $\lambda_x$、$\lambda_y$ 对应的冲切承载力系数。

② 边桩

当 $b_p + 2h_0 \leq b$ 时（如图 11-42b）

$$\gamma_0 F_{ld} \leq 0.6 f_{td} h_0 \left[ a'_{px} (b_p + a_y) + 0.667 \times (2b_x + a_x) \right] \qquad (11\text{-}69g)$$

式中：$F_{ld}$——边桩竖向力设计值；

$b_p$——方桩的边长；

其余符号同上。

按上述各款计算时，圆形截面桩可换算为边长等于 0.8 倍圆桩直径的方形截面桩。

### 六、承台局部承压承载力验算

承台在承受局部荷载的部位,应按有关规范进行局部承压承载力的验算。限于篇幅,这里不再赘述。另外,承台可不进行裂缝宽度和挠度验算。

# 第七节　桩基础的设计

设计桩基础时,首先应该搜集必要的资料包括:上部结构形式与使用要求、荷载的性质与大小、地质和水文资料,以及材料供应和施工条件等。据此拟定出设计方案(包括选择桩基类型、桩长、桩径、桩数、桩的布置、承台位置与尺寸等),然后进行基桩和承台以及桩基础整体的强度、稳定、变形检验,经过计算、比较、修改,以保证承台、基桩和地基在强度、变形及稳定性方面满足安全和使用上的要求,并同时考虑技术和经济上的可能性与合理性,最后确定较理想的设计方案。

## 一、桩基础类型的选择

选择桩基础类型时,应根据设计要求和现场的条件,并考虑各种类型桩基础具有的不同特点,综合分析选择。

### 1. 承台底面标高的考虑

承台底面的标高应根据桩的受力情况、桩的刚度和地形、地质、水流、施工等条件确定。承台低稳定性较好,但在水中施工难度较大,因此可用于季节性河流、冲刷小的河流或旱地上其他结构物的基础。当承台埋设于冻胀土层中时,为了避免由于土的冻胀引起桩基础损坏,承台底面应位于冻结线以下不少于 0.25m,对于常年有流水、冲刷较深或水位较高、施工排水困难的情况下,在受力条件允许时,应尽可能采用高桩承台。承台如在水中或有流冰的河道,承台底面也应适当放低,以保证基桩不会直接受到撞击,否则应设置防撞装置。当作用在桩基础上的水平力和弯矩较大,或桩侧土质较差时,为减少桩身所受的内力,可适当降低承台底面标高。有时为节省墩台身污工数量,则可适当提高承台底面标高。

### 2. 柱桩桩基和摩擦桩桩基的考虑

柱桩和摩擦桩的选择主要根据地质和受力情况确定。柱桩桩基础承载力大,沉降量小,较为安全可靠,因此当基岩埋深较浅时,应考虑采用柱桩桩基。若岩层埋置较深或受施工条件的限制不宜采用柱桩,则可采用摩擦桩,但在同一桩基础中不宜同时采用柱桩和摩擦桩,同时也不宜采用不同材料、不同直径和长度相差过大的桩,以避免桩基产生不均匀沉降或丧失稳定性。

当采用柱桩时,除桩底支承在基岩上(即支承桩)外,如覆盖层较薄,或水平荷载较大,还需将桩底端嵌入基岩中一定深度成为嵌岩桩,以增加桩基的稳定性和承载能力。为保证嵌岩桩在横向荷载作用下的稳定性,需嵌入基岩的深度与桩嵌固处的内力及桩周岩石强度有关,应分别考虑弯矩和轴力要求,由要求较高的来控制设计深度。

3. 桩型与施工方法的考虑

桩型与施工方法的选择应按照基础工程的方案选择原则,根据地质情况、上部结构要求、桩的使用功能和施工技术设备等条件来确定。

## 二、桩径、桩长的拟定

桩径与桩长的设计,应综合考虑荷载的大小、土层性质与桩周土阻力状况、桩基类型与结构特点、桩的长径比以及施工设备与技术条件等因素后确定,力求做到既满足使用要求,又造价经济,最有效地利用和发挥地基土和桩身材料的承载性能。

设计时,首先拟定尺寸,然后通过基桩计算,验算所拟定的尺寸是否经济合理,再作最后确定。

1. 桩径拟定

桩的类型选定后,桩的横截面(桩径)可根据各类桩的特点与常用尺寸选择确定。

2. 桩长拟定

确定桩长的关键在于选择桩端持力层,因为桩端持力层对于桩的承载力和沉降有着重要影响。设计时,可先根据地质条件选择适宜的桩端持力层初步确定桩长,并应考虑施工的可行性(如钻孔灌注桩钻机钻进的最大深度等)。

一般应将桩底置于岩层或坚硬的土层上,以得到较大的承载力和较小的沉降量。如在施工条件容许的深度内没有坚硬土层存在,应尽可能选择压缩性较低、强度较高的土层作为持力层,要避免使桩底坐落在软土层上或离软弱下卧层的距离太近,以免桩基础发生过大的沉降。

对于摩擦桩,有时桩底持力层可能有多种选择,此时确定桩长与桩数两者相互牵连,遇此情况,可通过试算比较,选择较合理的桩长。摩擦桩的桩长不应拟定太短,一般不应小于4m。因为桩长过短达不到把荷载传递到深层或减小基础下沉量的目的,且必然增加桩数,扩大承台尺寸,也影响施工的进度。此外,为保证发挥摩擦桩桩底土层支承力,桩底端部应尽可能达到该土层的桩端阻力的临界深度,一般不宜小于1m。

## 三、确定基桩根数及其平面布置

1. 桩的根数估算

一个基础所需桩的根数可根据承台底面上的竖向荷载和单桩容许承载力按下式估算:

$$n \geqslant \mu \frac{N}{[R_a]} \tag{11-70}$$

式中:$n$——桩的根数;

$N$——作用在承台底面上的竖向荷载,kN;

$[R_a]$——单桩轴向容许承载力,kN;

$\mu$——考虑偏心荷载时各桩受力不均而适当增加桩数的经验系数,可取 $\mu = 1.1 \sim 1.2$。

估算的桩数是否合适,在验算各桩的受力状况后即可确定。

桩数的确定还需考虑满足桩基础水平承载力的要求。若有水平静载试验资料,可用各单桩水平承载力之和作为桩基础的水平承载力(为偏安全考虑),来校核按式(11-73)估算的桩数。

此外,桩数的确定与承台尺寸、桩长及桩的间距的确定相关联,确定时应综合考虑。

2. 桩间距的确定

为了避免桩基础施工可能引起土的松弛效应和挤土效应对相邻基桩的不利影响,以及桩群效应对基桩承载力的不利影响,布设桩时,应该根据桩的类型及施工工艺和排列方式确定桩的最小中心距。

钻(挖)孔灌注桩的摩擦桩中心距不得小于2.5倍成孔直径,支承或嵌固在岩层的柱桩中心距不得小于2.0倍的成孔直径(矩形桩为边长),桩的最大中心距一般也不超过5~6倍桩径。

打入桩的中心距不应小于桩径(或边长)的3.0倍,在软土地区宜适当增加。如设有斜桩,桩的中心距在桩底处不应小于桩径的3.0倍,在承台底面不小于桩径的1.5倍;若用振动法沉入砂土内的桩,在桩底处的中心距不应小于桩径的4.0倍。

管柱的中心距一般为管柱外径的2.0~3.0倍(摩擦桩)或2.0倍(柱桩)。

为了避免承台边缘距桩身过近而发生破裂,并考虑桩顶位置允许的偏差,边桩外侧到承台边缘的距离,对于桩径小于或等于1.0m的桩不应小于0.5倍的桩径,且不小于0.25m;对于桩径大于1.0m的桩不应小于0.3倍桩径并不小于0.5m(盖梁不受此限)。

3. 桩的平面布置

桩数确定后,可根据桩基受力情况选用单排桩或多排桩桩基。

多排桩稳定性好,抗弯刚度较大,能承受较大的水平荷载,水平位移小,但多排桩的设置将会增大承台的尺寸,增加施工困难,有时还影响航道;单排桩与此相反,能较好地与柱结构形式配用,可节省污工,减小作用在桩基的竖向荷载。因此,当桥跨不大、桥高较矮时,或单桩承载力较大、需用桩数不多时常采用单排排架式基础。公路桥梁自采用了具有较大刚度的钻孔灌注桩后,选用盖梁式承台双柱或多柱式单排墩台桩柱基础也较广泛,对较高的桥台、拱桥桥台、制动墩和单向水平推力墩基础则常需用多排桩。

多排桩的排列形式常采用行列式(如图11-43a)和梅花式(如图11-43b),在相同的承台底面积下,后者可排列较多的基桩,而前者有利于施工。

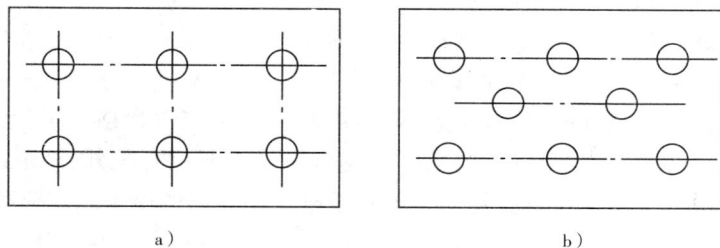

a)                                          b)

图11-43  桩的平面布置

桩基础中桩的平面布置,除应满足上述的最小桩距等构造要求外,还应考虑基桩布置对桩基受力有利。为使各桩受力均匀,充分发挥每根桩的承载能力,设计布置时应尽可能使桩群横截面的重心与荷载合力作用点重合或接近,通常桥墩桩基础中的基桩采取对称布置,而桥台多排桩桩基础视受力情况在纵桥向采用非对称布置。

当作用于桩基的弯矩较大时,宜尽量将桩布置在离承台形心较远处,采用外密内疏的布置方式,以增大基桩对承台形心或合力作用点的惯性距,提高桩基的抗弯能力。

此外,基桩布置还应考虑使承台受力较为有利,例如桩柱式墩台应尽量使墩柱轴线与基桩轴线重合,盖梁式承台的桩柱布置应使承台发生的正负弯矩接近或相等,以减小承台所承受的弯曲应力。

### 四、桩基础设计计算与验算内容

根据上述原则所拟定的桩基础设计方案应进行验算,即对桩基础的强度、变形和稳定性进行必要的验算,以验证所拟订的方案是否合理,能否优选成为较佳的设计方案。为此,应计算基桩与承台在与验算项目相应的最不利荷载组合下所受到的作用力及相应产生的内力与位移,作下列各项验算。

1. 单根基桩的验算

1)单桩轴向承载力验算

(1)按地基土的支承力确定和验算单桩轴向承载力

目前通常仍采用单一安全系数即容许应力法进行验算。首先根据地质资料确定单桩轴向容许承载力,对于一般性桥梁和结构物,或在各种工程的初步设计阶段可按经验(规范)公式计算;而对于大型、重要桥梁或复杂地基条件还应通过静载试验或其他方法,作详细分析比较,较准确合理地确定。检算单桩容许承载力,应以最不利荷载组合计算出受轴向力最大的一根基桩进行验算:

$$N_{max} + G \leq K[R_a] \tag{11-71}$$

(2)按桩身材料强度确定和验算单桩承载力

验算时,把桩作为一根压弯构件,按概率极限状态设计方法以承载能力极限状态验算桩身压屈稳定和截面强度,以正常使用极限状态验算桩身裂缝宽度(参见规范)。

对单桩轴向力承载力的验算,如果不能满足要求,则应增加桩数 $n$ 或调整桩的平面布置,或减少 $N_{max}$,也可加大桩的截面尺寸,重新确定桩数、桩长和布置,直到符合验算要求为止。

2)单桩横向承载力验算

当有水平静载试验资料时,可以直接验算桩的水平容许承载力是否满足地面处水平力的要求。无水平静载试验资料时,均应验算桩身截面强度。

对于预制桩还应验算桩起吊、运输时的桩身强度。

3)单桩水平位移及墩台顶水平位移验算

现行规范未直接提及桩的水平位移验算,但规范规定需作墩台顶水平位移验算。在荷载作用下,墩台水平位移值的大小,除了与墩台本身材料受力变位有关外,还取决于桩柱的水平位移及转角,因此墩台顶水平位移验算包含了对单桩水平位移的检验。在荷载作用下,墩台顶水平位移 $\Delta$ 不应超过规定的容许值 $[\Delta]$,即 $\Delta \leq [\Delta] = 0.5\sqrt{L}(cm)$,其中 $L$ 为桥孔跨径(以 m 计)。

墩台顶的水平位移 $\Delta$ 按下式计算:

$$\Delta = a_0 + \beta_0 h_1 + \Delta_0$$

式中:$a_0$——承台底面中心处的水平位移;

$\beta_0$——承台底面中心处的转角;

$h_1$——墩台顶至承台底的距离;

$\Delta_0$——由承台底到墩台顶面间的弹性挠曲所引起的墩台顶部的水平位移。

此外,《公路桥涵地基与基础设计规范》(JTG D63—2007)给出的地基水平向抗力系数的比例系数 $m$ 值,要求结构物在地面处水平位移最大值不超过 6mm,水平位移较大时可适当降低 $m$ 值。

4)弹性桩单桩桩侧土的水平土抗力验算

此项是否需要验算目前尚无一致意见,考虑其验算的目的在于保证桩侧土的稳定而不发生塑性破坏,予以安全储备,并确保桩侧土处于弹性状态,符合弹性地基梁法理论上的假设要求。

### 2. 群桩基础承载力和沉降量的验算

当摩擦型群桩基础的基桩中心距小于 6 倍桩径时,需验算群桩基础的地基承载力,包括桩底持力层承载力验算及软弱下卧层的强度验算;必要时还须验算桩基沉降量,包括总沉降量和相邻墩台的沉降差。

### 3. 承台强度验算

承台作为构件,一般应进行局部受压、抗冲剪、抗弯和抗剪强度验算。

## 思 考 题

1. 桩基础有何特点,它适用于什么情况?
2. 柱桩和摩擦桩受力情况有什么不同? 你认为各种条件具备时哪种桩应优先考虑采用?
3. 桩基础内的基桩,在平面布设上有什么基本要求?
4. 试述单桩轴向荷载的传递机理。
5. 桩侧摩阻力是如何形成的,它的分布规律是怎样的?
6. 单桩轴向容许承载力如何确定? 哪几种方法较符合实际?
7. 什么是桩的负摩阻力? 它产生的条件是什么? 对基桩有什么影响?
8. 打入桩与钻孔灌注桩的单桩轴向容许承载力计算的经验公式有什么不同?
9. 考虑基桩的纵向挠曲时,桩的计算长度应如何确定? 为什么?
10. 钻孔灌注桩有哪些成孔方法,各适用什么条件?
11. 什么是 m 法,它的理论根据是什么? 此方法有什么优缺点?
12. 地基土的水平向土抗力大小与哪些因素有关?
13. m 法为什么要分多排桩和单排桩、弹性桩和刚性桩?
14. 用 m 法单排桩基础的设计和计算包括哪些内容?
15. 承台应进行哪些内容的验算?
16. 什么情况下需要进行桩基础的沉降计算,如何计算?
17. 桩基础的设计包括哪些内容? 通常应验算哪些内容?
18. 什么是地基系数? 确定地基系数的方法有哪几种? 计算时采用的是哪一种?

## 习 题

1. 某一桩基础工程,每根基桩顶(齐地面)轴向荷载 $P = 1500$kN,地基土第一层为塑性黏性土,厚2m,天然含水率 $w = 28.2\%$,$w_L = 36\%$,$\gamma = 19$kN/m³,第二层为中密中砂层 $\gamma = 20$kN/m³,砂层厚数十米,地下水在地面下20m,现采用钻孔灌注桩(旋转钻施工),设计桩径1m,请确定其入土深度?

2. 某桥台为多排桩钻孔灌注桩基础,承台及桩基尺寸如图 11-44 所示。以短期效应组合控制基桩设计,纵桥向作用于承台底面中心处的设计荷载为:$N = 6400\text{kN}$,$H = 1365\text{kN}$,$M = 714\text{kN} \cdot \text{m}$。桥台处无冲刷。地基土为砂性土,计算土的内摩擦角 $\varphi = 36°$;土的重度 $\gamma = 19\text{kN/m}^3$;极限摩阻力 $\tau = 45\text{kN/m}^2$,地基系数的比例 $m = 8200\text{kN/m}^4$;桩底土基本容许承载力 $[f_{a0}] = 250\text{kN/m}^2$,计算参数取 $\lambda = 0.7$,$m = 0.6$,$k_2 = 4.0$。试确定桩长并进行桩身内力、位移计算。

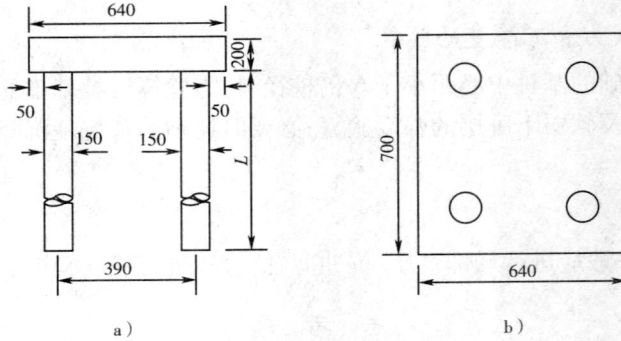

图 11-44　习题 2 图(尺寸单位:cm)

a)纵桥同立面图;b)承台平面图

# 第十二章　沉井基础的设计与计算

---

**教学内容**:沉井基础的基本概念,沉井的类型与构造,沉井的设计与计算。
**教学要求**:掌握沉井基础的基本概念、类型与构造;理解沉井的作用及适用条件;能够熟练进行沉井基础的设计计算。
**教学重点**:沉井基础的设计计算。

---

## 第一节　概　　述

在天然地基上修筑深基础时,基础埋置深度越深,施工的难度也越大。若采用明挖法施工,不仅增加开挖土石方的数量,而且会危及相邻墩台的安全;若采用支护方式开挖,则要耗费大量支护材料,施工很不方便,也不安全;倘若基础在水中修建,还需要采取一些特殊措施,如建造围堰等,这将使工程造价大大提高。对一些埋置较深的或位于水深流急的江河中的基础,上述那些方法是无法实现的。为此可采用沉井法进行施工。用沉井法修筑的基础称为沉井基础。

沉井是井筒状的结构物(如图12-1)。它是以井内挖土,依靠自身重力克服井壁摩阻力后下沉到设计高程,然后经过混凝土封底并填塞井孔,使其成为桥梁墩台或其他结构物的基础(如图12-2)。

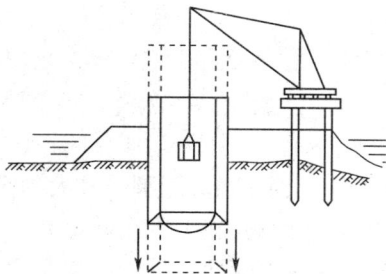

图12-1　沉井下沉示意图

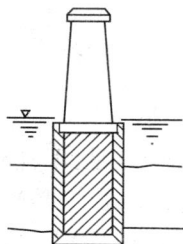

图12-2　沉井基础

沉井基础施工一般可分为旱地施工、水中筑岛施工及浮运沉井施工三种。

旱地沉井的施工工序如图12-3所示,大致为:整平场地,制造第一节沉井,拆模及抽垫,挖土下沉,接高沉井,筑井顶围堰,地基检验和处理,封底、充填井孔及浇筑顶盖。

当水流速不大,水深在3~4m以内,可用水中筑岛的方法施工沉井(如图12-4)。当水深较大,如超过10m时,筑岛法很不经济,且施工也困难,可改用浮运法施工(如图12-5)。

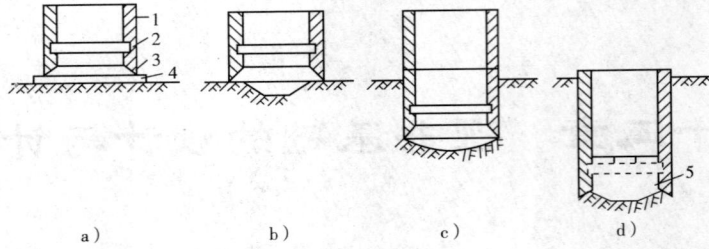

图 12-3  沉井施工顺序图

a)制造第一节沉井;b)抽垫木、挖土下沉;c)沉井接高下沉;d)封底

1—井壁;2—凹槽;3—刃脚;4—垫木;5—封底

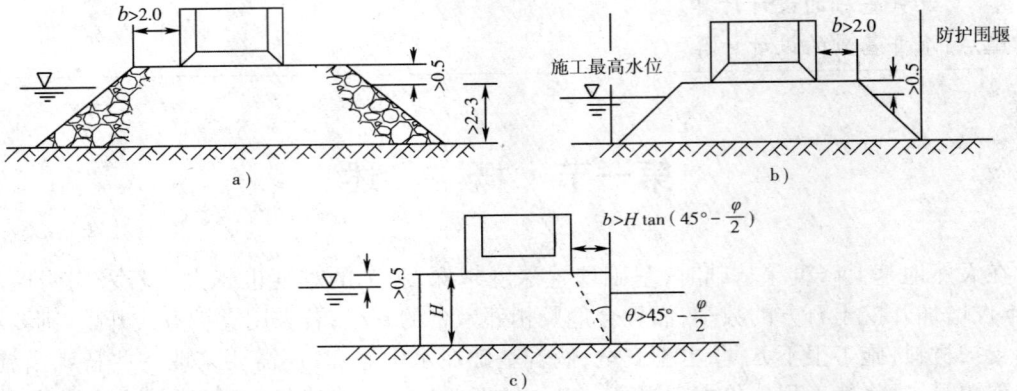

图 12-4  水上筑岛下沉沉井(尺寸单位:m)

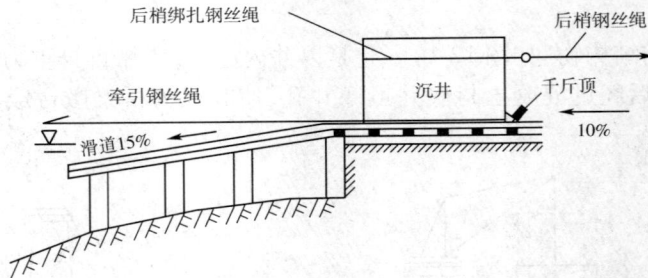

图 12-5  浮运沉井下水

沉井基础的优点是:埋置深度可以很大,整体性强、稳定性好,能承受较大的垂直荷载和水平荷载;沉井既是基础,又是施工时的挡土和挡水围堰结构物,施工工艺并不复杂,因此在桥梁工程中得到较广泛的应用。江阴长江公路大桥北锚碇采用大型深沉井基础,其平面尺寸为 $51m \times 69m$,入土深度 $58m$,沉井封底混凝土厚 $13m$。

同时,沉井施工时对邻近建筑物影响较小且内部空间可资利用,因而常用作工业建筑物尤其是软土中地下建筑物的基础,也常用作矿用竖井、地下油库等。沉井基础的缺点是:施工期较长;对粉细砂类土在井内抽水易发生流砂现象,造成沉井倾斜;沉井下沉过程中遇到的大孤石、树干或井底岩层表面倾斜过大,均会给施工带来一定困难。

根据经济合理、施工可行的原则,一般在下列情况,可以采用沉井基础:

(1)上部荷载较大,而表层地基土的容许承载力不足,做扩大基础开挖工作量大,以及支撑困

难,但在一定深度下有好的持力层,采用沉井基础与其他深基础相比较,经济上较为合理时;

(2)在山区河流中,虽然土质较好,但冲刷大,或河中有较大卵石不便桩基础施工时;

(3)岩层表面较平坦且覆盖层薄,但河水较深,采用扩大基础施工围堰有困难时。

# 第二节  沉井的类型与构造

## 一、沉井的分类

沉井可按不同形状、不同材料和不同施工方法进行分类。

1. 沉井按形状分类

(1)沉井按平面形状分有圆形、圆端形和矩形等;根据井孔的布置方式,又有单孔、双孔及多孔的区别(如图12-6)。

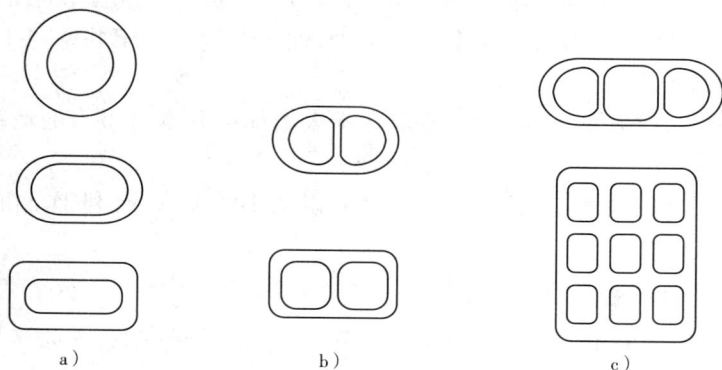

图 12-6  沉井平面形式

a)单孔沉井;b)双孔沉井;c)多孔沉井

①圆形沉井:在斜交桥或水流方向不定的河流中,桥墩多为圆形,相应的沉井基础宜为圆形。圆形沉井受水流冲击影响小,受力比较有利,当四周作用的土压力和水压力均匀时,井壁仅有轴向压应力,不产生弯曲应力和剪应力,即使四周压力不均匀,弯曲应力也不大,能充分利用混凝土抗压强度高的特点。在下沉过程中,使用抓泥斗挖土,便于控制均匀挖土,容易使刃脚均匀地支承在土层上,不易发生倾斜。圆形沉井不宜作矩形或圆端形桥墩的基础。

②矩形沉井:具有制造简单、能充分利用地基承载力的特点,多与矩形墩台配合。矩形沉井在侧压力作用下,井壁受较大的挠曲力矩;在流水中阻水系数较大,冲刷较严重。为改善转角处的受力条件,减缓应力集中现象,四角一般做成圆角,此举同时又可降低井壁摩阻力和避免取土清孔的困难。

③圆端形沉井:多与圆端形墩台配合,兼有圆形和矩形沉井的特点,其控制下沉、受力条件、阻水冲刷均较矩形有利,但沉井制造较复杂。

对平面尺寸较大的沉井,可在沉井中设置隔墙,使沉井由单孔变成双孔或多孔,以改善井壁受力条件,且便于均匀取土,均匀下沉。

(2)沉井按立面形状分主要有竖直式、倾斜式及台阶式等(如图12-7)。采用哪种形式应视沉井需要通过的土层性质和下沉深度而定。

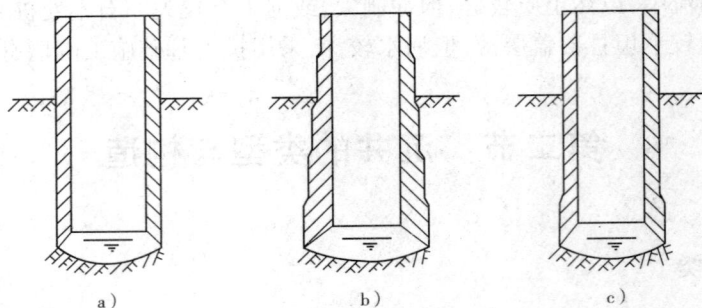

图 12-7　沉井剖面形式

①竖直式沉井：外壁竖直，在下沉过程中不易倾斜，井壁接长较简单，模板可重复使用，但井壁摩擦力较大，不易下沉。故当土质较松软，沉井下沉深度不大，可以采用这种形式。

②台阶式沉井：这是比较常用的一种形式，井壁外侧做成一个或几个台阶，以减小摩擦力。台阶宽度约为 100～200mm，多设置在沉井分节处，便于制造。由于井壁与土层间有空隙，因而下沉过程中易倾斜。

故在土质较密实，沉井下沉深度大，要求在不太增加沉井本身重力的情况下沉至设计高程，可采用这类沉井。

③斜坡式沉井：井壁坡度一般为 1/20～1/50，以减小摩擦力，有利于下沉，但较台阶形更易倾斜，故较少使用。

2. 沉井按建筑材料分类

(1) 混凝土沉井：混凝土沉井的特点是抗压强度高，抗拉强度低，因此这种沉井宜做成圆形，并适用于下沉深度不大(4～7m)的软土层中。

(2) 钢筋混凝土沉井：这种沉井的抗拉及抗压强度较高，下沉深度可以很大(达数十米以上)，当下沉深度不很大时，井壁上部用混凝土，下部(刃脚)用钢筋混凝土，在桥梁工程中得到较广泛的应用。当沉井平面尺寸较大时，可做成薄壁结构，沉井外壁采用泥浆润滑套，壁后压气等施工辅助措施就地下沉或浮运下沉。此外，钢筋混凝土沉井井壁隔墙可分段(块)预制，工地拼接，做成装配式。

(3) 竹筋混凝土沉井：沉井在下沉过程中受力较大因而需配置钢筋，一旦完工后，它就不再承受多大的拉力。因此，在南方产竹地区，可以采用耐久性差但抗拉力好的竹筋代替部分钢筋，仅在沉井分节接头处及刃脚仍用钢筋。我国南昌赣江大桥等曾采用这种沉井。

(4) 钢沉井：用钢材制造的沉井其强度高、质量较轻、易于拼装、宜于做浮运沉井，但用钢量大，国内较少采用。

3. 沉井按施工方法分类

(1) 一般沉井：指就地制造下沉的沉井。这种沉井是在基础设计的位置上制造，然后挖土靠沉井自重下沉。如基础位置在水中，需先在水中筑岛，再在岛上筑井下沉。

(2) 浮运沉井：在深水区筑岛有困难或不经济，或有碍通航，当河流流速不大时，可采用岸边浇筑浮运就位下沉的方法，这类沉井称为浮运沉井或浮式沉井。

## 二、沉井基础的构造

### 1. 沉井的平面形状及尺寸

沉井的平面形状及尺寸应根据墩台身底面尺寸、地基土的承载力及施工要求确定。当采用圆端形或长方形时,为保证下沉的稳定性,沉井的长边与短边之比不宜大于3。沉井棱角处宜做出圆角或钝角,顶面襟边宽度根据沉井施工容许偏差而定,不应小于沉井全高的1/50,且不应小于0.2m,浮运沉井另加0.2m。沉井顶部需设置围堰时,其襟边宽度应满足安装墩台身模板的需要。井孔的布置和大小应满足取土机具操作的要求,对顶部设置围堰的沉井,宜结合井顶围堰统一考虑,井孔最小边长一般不宜小于2.5m。墩(台)身边缘应尽可能支承于井壁上或盖板支承面上,对井孔内不以混凝土填实的空心沉井不允许墩(台)身全部置于井孔位置上。

沉井的底面高程须根据上部结构荷载、水文地质条件及各土层的承载力等确定。沉井基础的顶面(墩底)要求埋在地面下0.2m或在地下水位以上0.5m。当沉井顶面标高和底面标高确定之后,由墩底面和沉井底面两个标高之差即可定出沉井高度。较高的沉井应分节制造和下沉,每节高度不宜大于5m,对底节沉井若是在松软土层中下沉时,还不应大于沉井宽度的0.8倍。若底节沉井高度过高,沉井过重,会给制模、筑岛时岛面处理、抽除垫木下沉等带来困难。

### 2. 沉井的一般构造

一般沉井主要由井壁、刃脚、隔墙、井孔、凹槽、射水管、封底和盖板等组成,如图12-8所示。这些组成部分的作用简介如下:

1)井壁

井壁是沉井的主要部分。它在沉井下沉过程中起挡土、挡水及利用本身重力克服土与井壁之间的摩阻力的作用。当沉井施工完毕后,它就成为基础或基础的一部分而将上部荷载传递给地基。因此,井壁必须具有足够的强度和一定的厚度。井壁厚度按下沉需要的自重、本身强度以及便于取土和清基等因素而定,一般为0.80~1.50m。但钢筋混凝土薄壁浮运及钢模薄壁浮运沉井不受此限。井壁的混凝土强度等级不低于C20,当为薄壁浮运沉井时不低于C25。

2)刃脚

井壁下端形如楔状的部分称为刃脚。其作用是在沉井自重作用下利于切土下沉,它是受力最集中的部分,必须有足够的强度,以免挠曲和受损,因此,刃脚宜采用钢筋混凝土结构,且混凝土强度等级不应低于C25。刃脚底面(踏面)宽度一般为0.1~0.2m,对软土可适当放宽。下沉深度大且土质较硬时,刃脚底面应以型钢(角钢或槽钢)加强(如图12-9),以防刃脚损坏。刃脚内侧斜面与水平面的夹角不宜小于45°。

3)隔墙

隔墙又称内壁,其作用是加强沉井的刚度,缩小外壁跨度,减小外壁的挠曲应力,同时又用其将沉井分成若干个取土井,便于掌握挖土以控制下沉的方向。隔墙间距一般要求不大于5~6m,厚度一般为0.8~1.2m。隔墙底面应高出刃脚底面0.5m以上,避免隔墙下的土顶住沉井而妨碍下沉。如为人工挖土,在隔墙下端应设置过人孔,便于工作人员通行。

4)井孔

井孔是挖土排土的工作场所和通道,其尺寸应满足施工要求,最小边长不宜小于3m。井孔应对称布置,以便对称挖土,保证沉井均匀下沉。

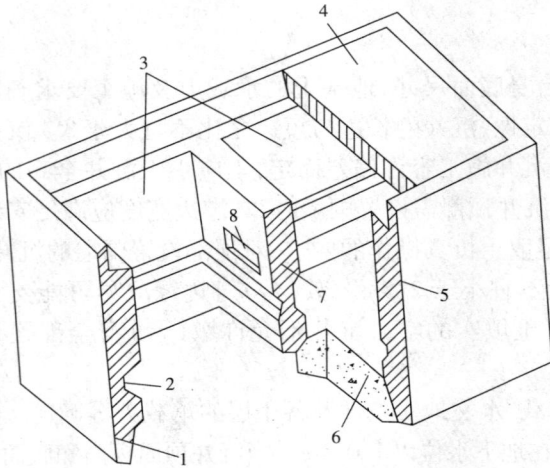

图 12-8　沉井结构示意图

1－刃脚;2－凹槽;3－井孔;4－盖板;5－井壁;6－封底;7－隔板;8－人孔

图 12-9　刃脚构造(尺寸单位:m)

5)凹槽

凹槽位于刃脚内侧上方,用于沉井封底时使井壁与封底混凝土较好地结合,使封底混凝土底面反力更好地传给井壁。凹槽高约 1.0m,深度一般为 0.15~0.25m。

6)射水管

当沉井下沉较深,土阻力较大,估计下沉困难时,可在井壁中预埋射水管组。射水管应均匀布置,以利于控制水压和水量来调整下沉方向。一般水压不小于 600kPa。如使用泥浆润滑套施工方法,应有预埋的压射泥浆管路。

7)封底

沉井沉至设计高程并进行清基后,应立即在刃脚踏面以上至凹槽处浇筑混凝土形成封底。为防止地下水涌入井内,封底应能承受地基土和水的反力。封底混凝土顶面应高出刃脚根部不小于 0.5m,其厚度可由应力验算决定,根据经验也可取不小于井孔最小边长的 1.5 倍。封底混凝土强度等级,非岩石地基不应低于 C25,岩石地基不应低于 C20。井孔内填充的混凝土强度等级不应低于 C15。

8)盖板

沉井封底后,若条件允许,为节省圬工量,减轻基础自重,在井孔内可不填充任何东西,做成空心沉井基础,或仅填以砂石,此时须在井顶设置钢筋混凝土顶板,以承托上部结构的全部荷载。顶板厚度一般为 1.5~2.0m,钢筋配置由计算确定。

3. 浮运沉井的构造

浮运沉井可分为不带气筒和带气筒的浮运沉井两种。不带气筒的浮运沉井多用钢、木、钢丝网水泥等材料制作,薄壁空心,具有构造简单、施工方便、节省钢材等优点,适用于水不太深、流速不大、河床较平、冲刷较小的自然条件。为增加水中自浮能力,还可做成带临时性井底的浮运沉井,即浮运就位后,灌水下沉,同时接筑井壁,当到达河床后,打开临时性井底,再按一般沉井施工。图 12-10 所示为钢丝网水泥薄壁浮运沉井的一种形式。

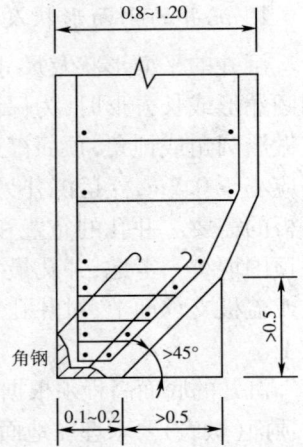

298

立面

平面

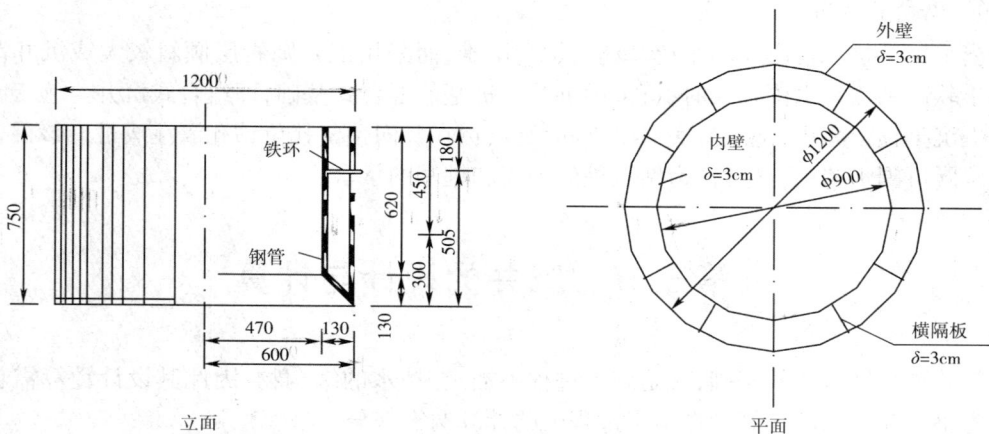

图 12-10　钢丝网水泥薄壁浮运沉井(尺寸单位:cm)

当水深流急、沉井较大时,通常可采用带气筒的浮运沉井。图 12-11 所示为带钢气筒的圆形浮运沉井构造图,主要由双壁的沉井底节、单壁钢壳、钢气筒等组成。双壁钢沉井底节是一个可自浮于水中的壳体结构,底节以上的井壁采用单壁钢壳,既可防水,又可作为接高时灌注沉井外圈混凝土的模板一部分。钢气筒为沉井提供所需浮力,同时在悬浮下沉中可通过充放气调节使沉井上浮、下沉或校正偏斜等,当沉井落至河床后,切除气筒即为取土井孔。

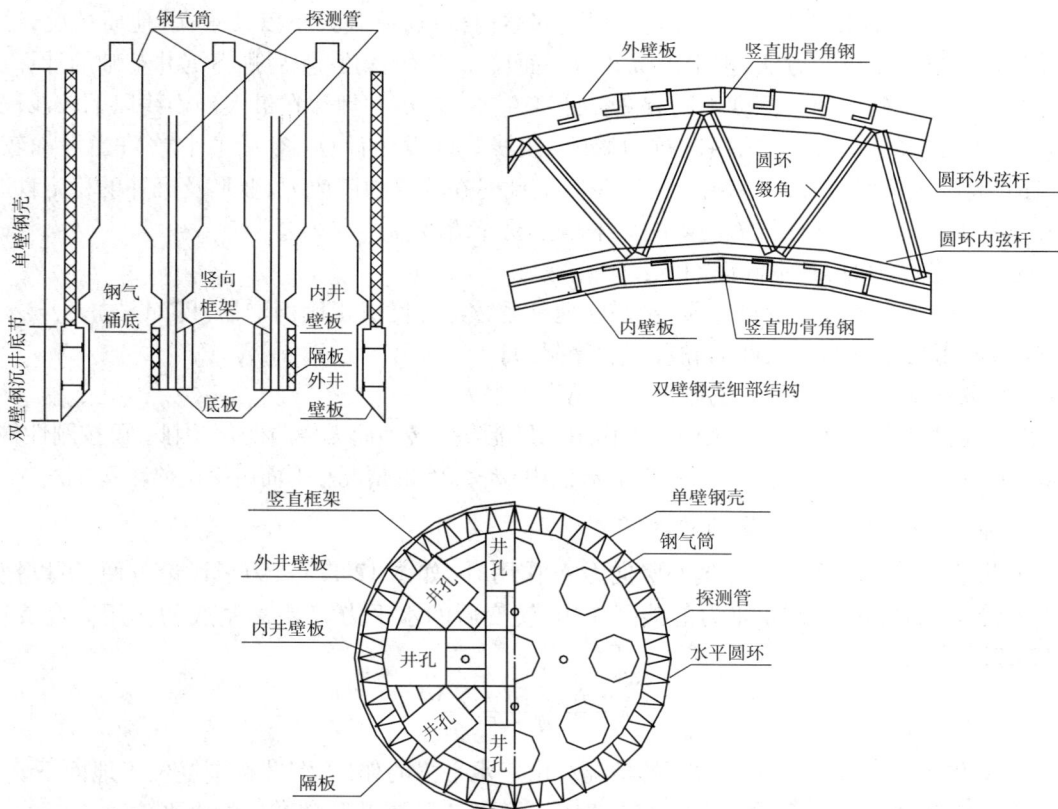

双壁钢壳细部结构

图 12-11　带钢气筒的浮运沉井

**4. 组合式沉井**

当采用低桩承台出现围水挖基浇筑承台困难,而采用沉井则岩层倾斜较大或沉井范围内地基土软硬不均且水深较大时,可采用沉井—桩基的混合式基础,即组合式沉井。施工时先将沉井下沉至预定高程,浇筑封底混凝土和承台,再在井内预留孔位钻孔灌注成桩。该混合式沉井结构既可围水挡土,又可作为钻孔桩的护筒和桩基的承台。

# 第三节　沉井的设计与计算

沉井既是结构物的基础,又是施工过程中挡土、挡水的结构物,因此其设计计算需包括沉井作为整体深基础的计算和在施工过程中的计算两大部分。

在设计沉井计算之前必须掌握如下有关资料:

(1)上部结构尺寸要求,沉井基础设计荷载;

(2)水文和地质资料(如设计水位、施工水位、冲刷线或地下水位高程,土的物理力学性质,沉井通过的土层有无障碍物等);

(3)拟采用的施工方法(排水或不排水下沉,筑岛或防水围堰的高程等)。

## 一、沉井作为整体深基础的设计与计算

沉井作为整体深基础设计主要是根据上部结构特点、荷载大小以及水文、地质情况,结合沉井的构造要求及施工方法,拟定出沉井的平面尺寸、埋置深度,然后进行沉井基础的计算。

根据沉井基础的埋置深度不同有两种计算方法。当沉井埋深在最大冲刷线以下较浅仅数米时,可不考虑基础侧面土的横向抗力影响,按浅基础设计计算(参见第十章);当埋深较大时,沉井周围土体对沉井的约束作用不可忽视,此时在验算地基应力、变形及沉井的稳定性时,应考虑基础侧面土体弹性抗力的影响。本章主要介绍后者。

考虑弹性抗力时,基本假设如下:

(1)地基土作为弹性变形介质,水平向地基系数随深度成正比例增加(即 m 法);

(2)不考虑基础与土之间的黏着力和摩阻力;

(3)沉井基础的刚度与土的刚度之比视为无限大。

基于上述假设,沉井基础在横向外力作用下只能发生转动而无挠曲变化,因此,可按刚性桩柱(刚性杆件)计算内力和土抗力。即相当于 m 法中 $\alpha h \leqslant 2.5$ 的情况。下面讨论这种计算方法。

**1. 非岩石地基上沉井基础的计算**

沉井基础受到水平力 $H$ 及偏心竖向力 $N$ 作用时(如图 12-12a),为了讨论方便,可以把这些外力转变为中心荷载和水平力的共同作用,转变后的水平力 $H$ 距离基底的作用高度 $\lambda$(如图 12-12b)为

$$\lambda = \frac{Ne + Hl}{H} = \frac{\sum M}{H} \tag{12-1}$$

先讨论沉井在水平力 $H$ 作用下的情况。由于水平力的作用,沉井将围绕位于地面下 $z_0$ 深度处的 $A$ 点转动一个 $\omega$ 角(如图 12-13),地面下深度 $z$ 处沉井基础产生的水平位移 $\Delta x$ 和土的横向抗力 $p_{zx}$ 分别为

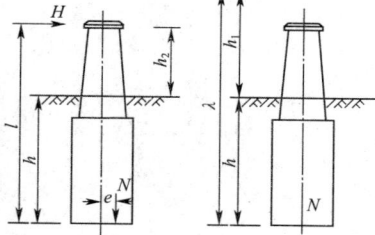

图 12-12 荷载作用情况

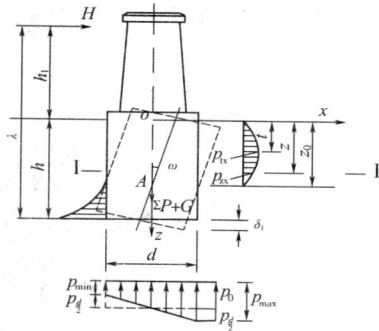

图 12-13 水平及竖直荷载作用下的应力分布

$$\Delta x = (z_0 - z)\tan\omega \tag{12-2}$$

$$p_{zx} = \Delta x \cdot C_z = C_z(z_0 - z)\tan\omega \tag{12-3a}$$

式中:$z_0$——转动中心 $A$ 离地面的距离;

$C_z$——深度 $z$ 处水平的地基系数,$kN/m^3$,$C_z = mz$;

$m$——地基系数随深度变化的比例系列,$kN/m^4$。

将 $C_z$ 值代入式(12-3a),因为 $\omega$ 很小,以 $\omega$ 代替 $\tan\omega$ 得

$$p_{zx} = mz(z_0 - z)\omega \tag{12-3b}$$

从式(12-3b)可见,土的横向抗力沿深度为二次抛物线变化。

基础底面处的压应刀,考虑到该水平面上的竖向地基系数 $C_0$ 不变,故其压应力图形与基础竖向位移图相似。即

$$p_{\frac{d}{2}} = C_0\delta_1 = C_0\frac{d}{2}\omega \tag{12-4}$$

式中:$d$——基底宽度或直径;

$C_0$——深度为 $h$ 的竖向地基系数,当 $h \leqslant 10m$ 时,$C_0 = 10m_0$。

在上述三个公式中,有两个未知数 $z_0$ 和 $\omega$,要求解其值,可建立两个平衡方程式,即

$\sum X = 0$

$$H - \int_0^h p_{zx}b_1\mathrm{d}z = H - b_1m\omega\int_0^h z(z_0 - z)\mathrm{d}z = 0 \tag{12-5}$$

$\sum M = 0$

$$Hh_1 - \int_0^h p_{zx}b_1z\mathrm{d}z - p_{\frac{d}{2}}W_0 = 0 \tag{12-6}$$

式中:$b_1$——基础计算宽度,按第十一章中 $m$ 法计算;

$W_0$——基底的截面模量。

对上二式进行联立解,可得

$$z_0 = \frac{\beta b_1 h^2(4\lambda - h) + 6dW_0}{2\beta b_1 h(3\lambda - h)} \tag{12-7}$$

$$\omega = \frac{12\beta H(2h + 3h_1)}{mh(\beta b_1 h^3 + 18W_0 d)} \tag{12-8}$$

或

$$\omega = \frac{6H}{Amh}$$

$\beta$ 为深度 $h$ 处沉井侧面的水平向地基系数与沉井底面的竖向地基系数的比值, $\beta = \dfrac{C_h}{C_0} = \dfrac{mh}{C_0}$, 其中 $m$ 按第 11 章有关规定采用;

$$A = \frac{\beta b_1 h^3 + 18 W_0 d}{2\beta(3\lambda - h)}$$

将式(12-7)、式(12-8)代入式(12-3)及式(12-4)得

$$p_{zx} = \frac{6H}{Ah} z(z_0 - z) \tag{12-9}$$

$$p_{\frac{d}{2}} = \frac{3dH}{A\beta} \tag{12-10}$$

当有竖向荷载 $N$ 及水平力 $H$ 同时作时(如图 12-13),则基底边缘处的压力为

$$\genfrac{}{}{0pt}{}{p_{max}}{p_{min}} = \frac{N}{A_0} \pm \frac{3Hd}{A\beta} \tag{12-11}$$

式中: $A_0$——基础底面积。

离地面或最大冲刷线以下 $z$ 深度处基础截面上的弯矩(如图 12-13),可由下式求出。

用 I—I 截面将基础截开,并取上部分为脱离体,如图 12-13 所示,设 I—I 截面距地面的距离为 $z$,由 $\sum M_0 = 0$,得

$$M_z = H(\lambda - h + z) - M_P \tag{12-12}$$

在距地面 $t$ 处取一微段,该处位移为 $\omega(z_0 - t)$,此处侧向地基系数 $C_t = C_z t / z$,故 $dt$ 段的弹性抗力 $p_{tx} = dt \cdot \omega(z_0 - t) \cdot C_z t / z$,它对 I—I 截面的力矩为

$$p_{tx}(z - t) = (z - t) \cdot dt \cdot \omega(z_0 - t) \cdot C_z t / z \tag{12-13}$$

$z$ 范围内所有侧向弹性抗力对 I—I 截面的弯矩 $M_p$ 为

$$M_p = \int_0^z b_1(z - t) \cdot dt \cdot \omega(z_0 - t) \cdot C_z t / z \tag{12-14}$$

简化得

$$M_p = \int_0^z p_{zx} b_1(z - t) \, dt \tag{12-15}$$

所以 $z$ 截面处的弯矩为

$$M_z = H(\lambda - h + z) - \int_0^z p_{zx} b_1(z - t) \, dt$$

$$= H(\lambda - h + z) - \frac{Hb_1 z^3}{2hA}(2z_0 - z) \tag{12-16}$$

**2. 基底嵌入基岩内的计算方法**

若基底嵌入基岩内,在水平力和竖直偏心荷载作用下,可以认为基底不产生水平位移,则基础的旋转中心 $A$ 与基底中心相吻合,即 $z_0 = h$,为一已知值(如图 12-14)。这样,在基底嵌入处便存在一水平阻力 $P$,由于 $P$ 力对基底中心轴的力臂很小,一般可忽略 $P$ 对 $A$ 点的力矩。当基础有水平力 $H$ 作用时,地面下 $z$ 深度处产生的水平位移 $\Delta_x$ 和土的横向抗力 $p_{zx}$ 分别为

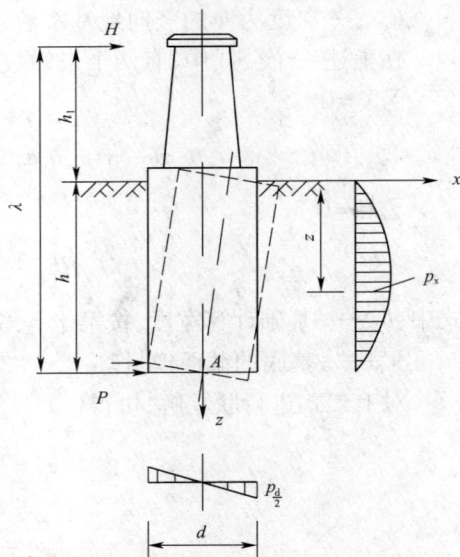

图 12-14  水平力作用下的应力分布

302

$$\Delta x = (h - z)\omega \tag{12-17}$$

$$p_{zx} = mz\Delta x = mz(h - z)\omega \tag{12-18}$$

基底边缘处的竖向应力为

$$p_{\frac{d}{2}} = C_0 \frac{d}{2}\omega = \frac{mhd}{2\beta}\omega \tag{12-19}$$

岩石的 $C_0$ 值可按表 11-2 查用。

上述公式中只有一个未知数 $\omega$，故只需建立一个弯矩平衡方程便可解出 $\omega$ 值。

$$\sum M_A = 0$$

$$H(h + h_1) - \int_0^h p_{zx}b_1(h - z)\mathrm{d}z - p_{\frac{d}{2}}W_0 = 0 \tag{12-20}$$

求解上式得

$$\omega = \frac{H}{mhD_0} \tag{12-21}$$

$$D_0 = \frac{b_1\beta h^3 + 6W_0 d}{12\lambda\beta}$$

将 $\omega$ 代入式（12-18）和式（12-19）得

$$p_{zx} = (h - z)z\frac{H}{D_0 h} \tag{12-22}$$

$$p_{\frac{d}{2}} = \frac{Hd}{2\beta D_0} \tag{12-23}$$

基底边缘处的应力为

$$\begin{matrix} p_{max} \\ p_{min} \end{matrix} = \frac{N}{A_0} \pm \frac{Hd}{2\beta D_0} \tag{12-24}$$

根据 $\sum X = 0$。可以求出嵌入处未知的水平阻力 $P$

$$P = \int_0^h b_1 p_{zx}\mathrm{d}z - H$$

$$= H\left(\frac{b_1 h^2}{6D_0} - 1\right) \tag{12-25}$$

地面以下 $z$ 深度处基础截面上的弯矩为

$$M_z = H(\lambda - h + z) - \frac{z^3 b_1 H}{12D_0 h}(2h - z) \tag{12-26}$$

3. 墩台顶面的水平位移的计算方法

基础在水平力和力矩作用下，墩台顶面产生水平位移 $\Delta$ 按下列两种情况分别计算（如图 12-15）：

基础位于非岩石地基上时

$$\Delta = K_1\omega z_0 + K_2\omega l_0 + \delta_0 \tag{12-27}$$

基础底嵌入岩层时

$$\Delta = K_1\omega h + K_2\omega l_0 + \delta_0 \tag{12-28}$$

式中：$K_1$——考虑基础刚度对地面处基础水平位移的修正系数，按表 12-1 选用；

$K_2$——考虑基础刚度对地面处基础截面转角的修正系数，

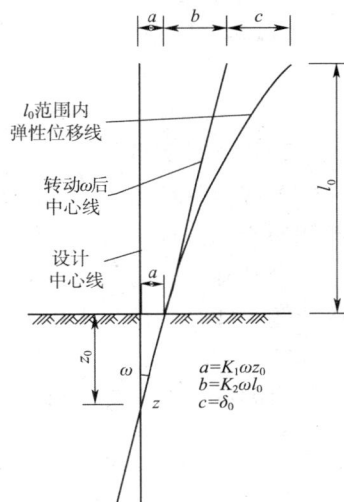

图 12-15　墩顶水平位移

按表 12-1 选用；

$\omega$——基础转角；

$h$——基础埋置深度；

$z_0$——基础转动中心至地面的距离；

$l_0$——地面或局部冲刷线至墩台顶面的高度；

$\delta_0$——在 $l_0$ 范围内的墩台身和基础的弹性变形所产生的墩台顶面水平位移。

系 数 $K_1$、$K_2$ 值             表 12-1

| $ah$ | 系 数 | $\lambda/h$ | | | | |
|---|---|---|---|---|---|---|
| | | 1 | 2 | 3 | 5 | $\infty$ |
| 1.6 | $K_1$ | 1.0 | 1.0 | 1.0 | 1.0 | 1.0 |
| | $K_2$ | 1.0 | 1.1 | 1.1 | 1.1 | 1.1 |
| 1.8 | $K_1$ | 1.0 | 1.1 | 1.1 | 1.1 | 1.1 |
| | $K_2$ | 1.1 | 1.2 | 1.2 | 1.2 | 1.3 |
| 2.0 | $K_1$ | 1.1 | 1.1 | 1.1 | 1.1 | 1.2 |
| | $K_2$ | 1.2 | 1.3 | 1.4 | 1.4 | 1.4 |
| 2.2 | $K_1$ | 1.1 | 1.2 | 1.2 | 1.2 | 1.2 |
| | $K_2$ | 1.2 | 1.5 | 1.6 | 1.6 | 1.7 |
| 2.4 | $K_1$ | 1.1 | 1.2 | 1.3 | 1.3 | 1.3 |
| | $K_2$ | 1.3 | 1.8 | 1.9 | 1.9 | 2.0 |
| 2.6 | $K_1$ | 1.2 | 1.3 | 1.4 | 1.4 | 1.4 |
| | $K_2$ | 1.4 | 1.9 | 2.1 | 2.2 | 2.3 |

注：1. $ah < 1.6$ 时，$K_1 = K_2 = 1.0$。

    2. 当仅有偏心竖向力作用时，$\lambda/h \to \infty$。

4. 验算

1）基底应力验算

式（12-11）及式（12-24）所计算出的最大压应力不应超过沉井底面处土的容许压应力 $[f_a]$，即

$$p_{max} \leqslant [f_a] \tag{12-29}$$

2）横向抗力验算

由式（12-9）、式（12-22）计算出的 $p_{zx}$ 值应小于沉井周围土的极限抗力值，否则不能考虑基础侧向土的弹性抗力，其计算方法如下：

当基础在外力作用下产生位移时，在深度 $z$ 处基础一侧产生主动土压力强度的 $P_a$，而被挤压一侧土就受到被动土压力强度 $P_p$，故其极限抗力以土压力表达为

$$p_{zx} \leqslant P_p - P_a \tag{12-30}$$

由朗肯土压力理论可知

$$P_p = \gamma z \tan^2\left(45° + \frac{\varphi}{2}\right) + 2c \cdot \tan\left(45° + \frac{\varphi}{2}\right) \tag{12-31}$$

$$P_a = \gamma z \tan^2\left(45° - \frac{\varphi}{2}\right) + 2c \cdot \tan\left(45° - \frac{\varphi}{2}\right) \tag{12-32}$$

代入式（12-30）整理后得

$$p_{zx} \leqslant \frac{4}{\cos\varphi}(\gamma z \tan\varphi + c) \tag{12-33}$$

式中：$\gamma$——土的重度；

$\varphi$、$c$——土的内摩擦角和黏聚力。

考虑到桥梁结构性质和荷载情况，并根据试验知道出现最大的横向抗力大致在 $z = \dfrac{h}{3}$ 和 $z$ $= h$ 处，将考虑的这些值代入式（12-33）便有下列不等式。

$$p_{\frac{h}{3}x} \leqslant \frac{4}{\cos\varphi}\left(\frac{\gamma h}{3}\tan\varphi + c\right)\eta_1\eta_2 \tag{12-34}$$

$$p_{hx} \leqslant \frac{4}{\cos\varphi}(\gamma h \tan\varphi + c)\eta_1\eta_2 \tag{12-35}$$

式中：$p_{\frac{h}{3}x}$——相应于 $z = \dfrac{h}{3}$ 深度处的土横向抗力；

$p_{hx}$——相应于 $z = h$ 深度处的土横向抗力，$h$ 为基础的埋置深度；

$\eta_1$——取决于上部结构形式的系数 $\eta_1 = 1$，对于拱桥 $\eta_1 = 0.7$；

$\eta_2$——考虑结构重力在总荷载中所占百分比的系数，$\eta_2 = 1 - 0.8 M_g / M$；

$M_g$——结构自重对基础底面重心所产生的弯矩；

$M$——全部荷载对基础底面重心产生的总弯矩。

## 二、沉井施工过程中的结构强度计算

从底节沉井拆除垫木，直到上部结构修筑完成开始使用以及营运过程中，沉井均受到不同外力的作用。因此，沉井的结构强度必须满足各阶段最不利受力情况的要求。沉井在施工过程中，其截面应按现行《公路钢筋混凝土及预应力混凝土桥涵设计规范》（JTG D62—2004）进行短暂状况验算。在下列结构强度验算中，针对沉井各部分在施工过程中的最不利受力情况，首先拟出相应的计算图式，然后计算截面应力，进行必要的配筋，保证井体结构在施工各阶段中的强度和稳定。

沉井结构在施工过程中主要进行下列验算。

1. 沉井自重下沉验算

为使沉井顺利下沉，沉井重力（不排水下沉时，应计浮重度）须大于井壁与土体间的摩阻力和刃脚底面土的阻力。下沉系数 $K$ 表示为：

$$K = \frac{G}{R} \geqslant 1.15 \sim 1.25 \tag{12-36}$$

式中：$K$——下沉系数；

$G$——沉井重力，kN；

$R = R_r + R_f$；

$R_r$——沉井底端地基总反力，在沉井挖土下沉中可忽略不计；

$R_f$——沉井侧面总摩阻力，$R_f$ 计算可假定单位面积摩阻力沿深度呈梯形分布，距地面 5m 范围内按三角形分布，其下为常数，$R_f = u(h - 2.5)q$，式中 $u$ 为沉井下端面周长，$h$ 为沉井入土深度，$q$ 为井壁单位面积摩阻力（若为多层土时，取加权平均值），$q$ 值应根据试验确定，如缺乏资料，可按表 12-2 的数据采用。

土与井壁间单位面积的摩阻力表

表 12-2

| 土 的 名 称 | 土与井壁间的摩阻力(kPa) | 土 的 名 称 | 土与井壁间的摩阻力(kPa) |
|---|---|---|---|
| 黏性土 | 25 ~ 50 | 砾石 | 15 ~ 20 |
| 砂性土 | 12 ~ 25 | 软土 | 10 ~ 12 |
| 卵石 | 15 ~ 30 | 泥浆套 | 3 ~ 5 |

注:1. 本表适用于不超过 30m 的沉井。

　2. 泥浆套为灌注在井壁外侧的浊变泥浆,是一种助沉材料。

当沉井下沉困难时,可采用增加沉井自重或者减小沉井外壁摩阻力的方法来解决。如提前浇筑上一节沉井,将沉井设计成阶梯形,在施工中尽量使外壁光滑,采用泥浆润滑套等方法。

**2. 第一节(底节)沉井的竖向挠曲验算**

第一节沉井在抽除垫木及挖土下沉过程中,沉井可按承受自重的梁计算井壁产生的竖向挠曲应力。如挠曲应力超过了沉井材料的容许限值,就应增加第一节沉井高度或在井壁内设置横向钢筋,以防止沉井竖向开裂。

验算时应采用的第一节沉井的支承点位置与沉井的施工方法有关,现分别叙述如下:

1)排水挖土下沉

当排水挖土下沉时,沉井的支承位置可以控制在受力最有利的范围。对于圆端形或长方形沉井,当其长边大于 1.5 倍短边时,支承点可以设在长边,两支点的间距等于 0.7 倍长边长度,如图 12-16a)所示,以使支点负弯矩与长边中点正弯矩绝对值大致相等,并按此条件验算沉井自重所引起的井壁顶部或底部混凝土的抗拉强度。

圆形沉井 4 个支点可布置在两个相互垂直线上的端点处。

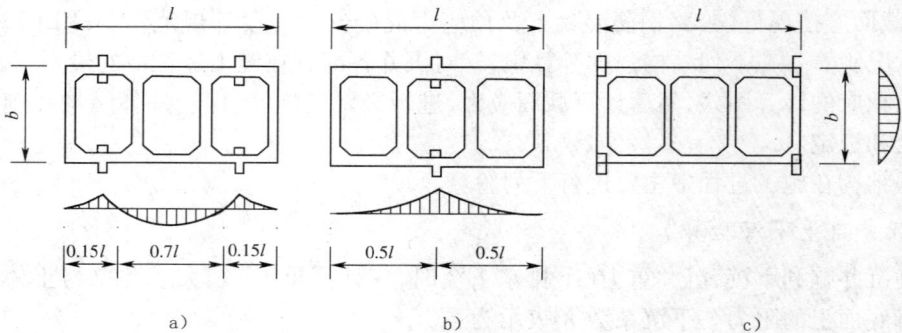

图 12-16 第一节沉井支点布置示意及弯矩分布图

2)不排水挖土下沉

由于井孔中有水,挖土可能不均匀,支点设置也难控制,沉井下沉过程中可能会出现最不利的支承情况。对矩形及圆端形沉井,可按下列两种最不利情况考虑:

(1)假定底节沉井仅支承于长边的中点,如图 12-16b)所示,两端悬空,此时,沉井顶部可能产生竖向开裂,应验算由于沉井重力在长边中点附近最不利竖截面上所产生的井壁顶部混凝土抗拉强度。

(2)假定底节沉井支承于短边两端的四个角上,如图 12-16c)所示,此时。沉井成为一简支梁,跨中弯矩最大,沉井下部竖向可能开裂,应验算由于沉井重力在短边中点处引起的刃脚底面混凝土的抗拉强度。

对于圆形沉井,两个支点位于一直径上。

若底节沉井内隔墙的跨度较大,还需验算内隔墙的抗拉强度。内隔墙最不利的受力情况是下部土已挖空,第二节沉井的内墙已浇筑,但未凝固。这时,内隔墙成为两端支承在井壁上的梁,承受了本身重力以及上部第二节沉井内隔墙和模板等重力。如验算结果可能使内隔墙下部产生竖向开裂,应采取措施,或布置水平钢筋,或在浇筑第二节沉井时内隔墙底部回填砂石并夯实,使荷载传至填土上。

### 3. 沉井刃脚受力计算

沉井在下沉过程中,刃脚受力较为复杂,刃脚切入土中时受到向外弯曲应力,挖空刃脚下的土时,刃脚又受到外部土、水压力作用而向内弯曲。从结构上来分析,可认为刃脚把一部分力通过本身作为悬壁梁的作用传到刃脚根部,另一部分由本身作为一个水平的闭合框架作用所负担。因此,可以把刃脚看成在平面上是一个水平闭合框架;在竖向是一个固定在井壁上的悬壁梁,梁长等于外壁刃脚斜面部分的高度。水平外力的分配系数,可根据变形协调关系得到。

刃脚悬臂作用的分配系数为

$$a = \frac{0.1l_1^4}{h^4 + 0.05l_1^4} \leqslant 1.0 \qquad (12\text{-}37)$$

刃脚框架作用的分配系数为

$$\beta = \frac{h^4}{h^4 + 0.05l_2^4} \leqslant 1.0 \qquad (12\text{-}38)$$

式中:$l_1$——沉井外壁支承于内隔墙间的最大计算跨径;

$l_2$——沉井外壁支承于内隔墙间的最小计算跨径;

$h$——刃脚斜面部分的高度。

水平外力的分配系数按上面两式计算,只适用于内隔墙的刃脚踏面底高出外壁的刃脚踏面底不超过 0.5m,或大于 0.5m 而有竖直承托加强时。否则,全部水平力都由悬臂作用承担,即 $a = 1.0$。刃脚不再起水平框架作用,但仍应按构造要求布置水平钢筋,使能承受一定的正、负弯矩。

外力经过上面的分配以后,就可以将刃脚受力情况按竖直、水平两个方向来计算。

1)刃脚竖向受力分析

刃脚竖向受力情况一般截取单位宽度井壁来分析,把刃脚视为固定在井壁上的悬臂梁,梁的跨度即为刃脚高度。由内力分析有下述两种情况:

(1)刃脚向外挠曲的内力计算

刃脚切入土中一定深度,由于沉井自重作用,在刃脚斜面上便产生了土的抵抗力,它使刃脚向外挠曲。这种最不利情况是刃脚斜面上土的抵抗力最大,而井壁外的土压力及水压力最小时。一般近似认为在沉井下沉过程中,刃脚内侧切入土中深度约 1.0m,而在地面或水面以上还露出一定高度(多节沉井约为一节沉井高度)时,为不利情况,此时,刃脚受井孔内土体的横向压力,在刃脚根部水平截面上则产生最大的外向弯矩,计算方法如下:

刃脚高度范围内的外力有:刃脚外侧的主动土压力及水压力,沉井自重,土对刃脚外侧的摩阻力,以及刃脚下土的抵抗力。其计算图式如图 12-17 所示。

①作用在刃脚外侧单位宽度上的土压力及水压力的分别为

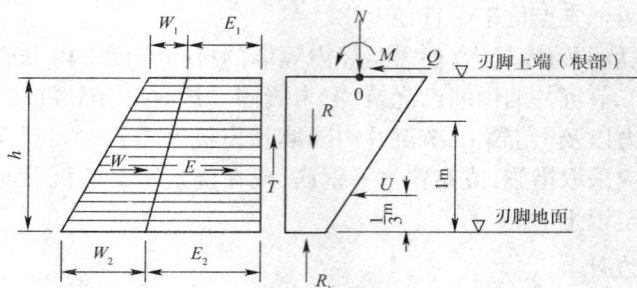

图 12-17 刃脚上的外力

$$E = \frac{1}{2}(E_1 + E_2)h \tag{12-39}$$

$$W = \frac{1}{2}(W_1 + W_2)h \tag{12-40}$$

$$W_1 = \lambda h_1 \gamma_w \tag{12-41}$$

$$W_2 = \lambda h_2 \gamma_w \tag{12-42}$$

式中：$E$——作用在刃脚上的土侧压力，kN/m；

$E_1$——作用在刃脚根部截面的单位土侧压力，kPa；

$E_2$——作用在刃脚底面截面的单位土侧压力，kPa，$E_1$ 和 $E_2$ 可按朗肯或库仑土压力理论
计算；

$h$——刃脚高度，m；

$h_1$、$h_2$——刃脚根部和刃脚底面距水面的高度，m；

$W$——作用在刃脚上的水压力，kN/m；

$W_1$——作用在刃脚根部截面的单位水压力，kPa；

$W_2$——作用在刃脚底面截面的单位水压力，kPa；

$\lambda$——折减系数，排水挖土下沉时，井内无水压，井外水压视土质情况而定，砂类土 $\lambda = 1.0$，黏性土 $\lambda = 0.7$；不排水挖土时，井外水压以 100% 计，$\lambda = 1.0$，井内水压以
50% 计，$\lambda = 0.5$；

$\gamma_w$——水的重度，10kN/m$^3$。

$W$ 的作用点距刃脚根部的距离为 $\dfrac{2W_2 + W_1}{W_2 + W_1} \cdot \dfrac{h}{3}$，$E$ 的

作用点距刃脚根部的距离为 $\dfrac{2E_2 + E_1}{E_2 + E_1} \cdot \dfrac{h}{3}$。

为了避免计算所得土、水压力值偏大而使验算方法
偏于不安全，规范规定，作用在刃脚外侧的计算侧土压
力和水压力的总和不得大于静水压力的70%，否则按静
水压力的70%计算。

②作用在井壁外侧单位宽度上的摩阻力 $T$（如图
12-18）可按下列二式计算，并取其较小者。

$$T = \mu E = \tan\varphi \cdot E = 0.5E \tag{12-43}$$

$$T = qA \tag{12-44}$$

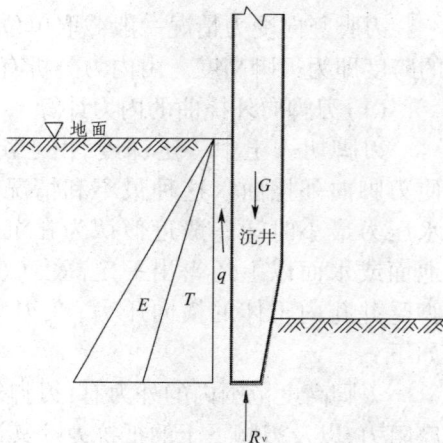

图 12-18　井壁摩阻力 $T$ 及刃脚下土反力 $R_v$

308

式中:$\mu$——摩擦系数,$\mu = \tan\varphi$;

$\qquad\varphi$——土内摩擦角,一般土在水中的内摩擦角可采用 $26°30'$,$\tan 26°30' = 0.5$;

$\qquad q$——土与井壁间的单位摩阻力,取值见表 12-2;

$\qquad A$——沉井侧面与土接触的单位宽度上的总面积,$m^2$,$A = 1 \times h = h$($h$ 为刃脚高度,以 m 计);

$\qquad E$——作用在井壁上每米宽度的总土压力,$kN/m$。

③刃脚底单位周长上土的竖向反力 $R_V$ 可按下式计算(如图 12-18):

$$R_V = G - T \qquad (12\text{-}45)$$

式中:$G$——沿井壁外壁单位周长上的沉井自重,其值等于该高度沉井的总重除以沉井的周长;在排水挖土下沉时,应在沉井总重中扣去淹没水中部分的浮力;

$\qquad T$——沿井壁单位周长上沉井侧面总摩阻力。

为求 $R_V$ 的作用点,可将 $R_V$ 分为 $V_1$ 及 $V_2$ 两部分,然后根据图 12-19 求得。图中刃脚踏面宽度为 $a$,踏面下的反力假定为均匀分布,其合力用 $V_1$ 表示。假定刃脚斜面与水平面成 $\alpha$ 角,斜面与土间的外摩擦角为 $\beta$(一般取 $\beta = 30°$)。故作用在斜面上土反力的合力与斜面的垂直方向成 $\beta$ 角,斜面上反力成三角形分布,在地面处为 0,将合力分解成竖直力 $V_2$ 及水平力 $U$ 时,它们的应力图形也是呈三角形分布。因此,有

$$R_V = V_1 + V_2 \qquad (12\text{-}46)$$

$$\frac{V_1}{V_2} = \frac{fa}{\frac{1}{2}fb} = \frac{2a}{b} \qquad (12\text{-}47)$$

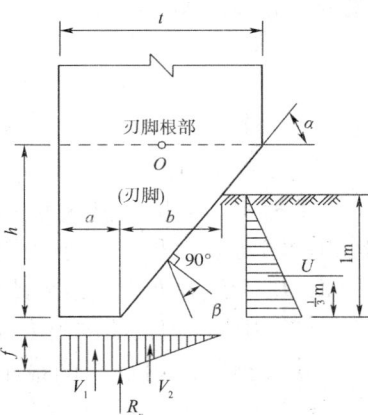

图 12-19　刃脚下 $R_V$ 作用点计算

式中:$a$——刃脚踏面宽度,m;

$\qquad b$——刃脚入土斜面的水平投影,m;

$\qquad f$——竖直反力强度,$kN/m$。

解式(12-46)和式(12-47),可得

$$V_1 = \frac{2a}{2a + b} R_V \qquad (12\text{-}48)$$

$$V_2 = \frac{b}{2a + b} R_V \qquad (12\text{-}49)$$

$R_V$ 的作用点距井壁外侧的距离为

$$x = \frac{1}{R_V}\left[ V_1 \frac{a}{2} + V_2\left(a + \frac{b}{3}\right) \right] \qquad (12\text{-}50)$$

④作用在刃脚斜面上的水平力 $U$ 可按下式计算

$$U = V_2 \tan(\alpha - \beta) \qquad (12\text{-}51)$$

假定 $U$ 呈三角形分布,则 $U$ 作用点离刃脚底面 $1/3 m$。

⑤刃脚(单位宽度)自重 $g$ 为

$$g = \frac{t + a}{2} h \cdot \gamma_h \qquad (12\text{-}52)$$

式中:$t$——井壁厚度,m;

$\qquad h$——刃脚斜面的高度,m;

$\gamma_h$——钢筋混凝土刃脚的容重,$kN/m^3$,不排水施工时应扣除浮力。

刃脚自重 $g$ 的作用点至刃脚根部中心轴的距离为

$$x_1 = \frac{t^2 + at - 2a^2}{6(t+a)} \tag{12-53}$$

⑥作用在刃脚外侧的摩阻力,其计算方法与计算井壁外侧摩阻力的方法相同,但取两式中的较大值,其目的是使刃脚弯矩最大。

求出以上各力的大小、方向及作用点后,即可算出刃脚根部处截面上每单位周长井壁内的轴向力 $N$、水平剪力 $Q$ 及对刃脚根部截面重心 $O$ 点的弯矩 $M_0$,其算式为

$$M_O = M_{R_V} + M_U + M_{E+W} + M_T + M_g \tag{12-54}$$

$$N = R_V + T + g \tag{12-55}$$

$$Q = E + W + U \tag{12-56}$$

式中:$M_{R_V}$、$M_U$、$M_{E+W}$、$M_T$、$M_g$——分别为反力 $R_V$、土压力及水压力 $E+W$、横向力 $U$、刃脚底部的外侧摩阻力 $T$ 以及刃脚自重 $g$ 对刃脚根部截面重心的弯矩,其中作用在刃脚部分的各水平力均应按规定考虑分配系数 $a$。

上述各数值的正负号视具体情况而定。

根据 $M_0$、$N$ 及 $Q$ 值就可验算刃脚根部应力并计算出刃脚内侧所需的竖向钢筋用量。一般刃脚钢筋截面积不宜小于刃脚根部截面积的 0.1%。刃脚的竖直钢筋应伸入根部以上 $0.5L_1$($L_1$ 为沉井外壁的最大计算跨径)。

(2)刃脚向内挠曲的内力计算

计算刃脚向内挠曲的最不利情况是沉井已下沉至设计高程,刃脚下的土已挖空而尚未浇筑封底混凝土(如图 12-20),这时,将刃脚作为根部固定在井壁的悬壁梁,计算最大的向内弯矩。

作用在刃脚上的外力有刃脚外侧的土压力、水压力、摩阻力以及刃脚本身的重力。以上各力的计算方法同前。但计算水压力应注意根据施工实际情况,现行的设计规范考虑到一般的情况及从安全出发要求不排水下沉沉井,井壁外侧水压力值以 100% 计算;井内水压力值以 50% 计算,或按施工可能出现的水头差计算。

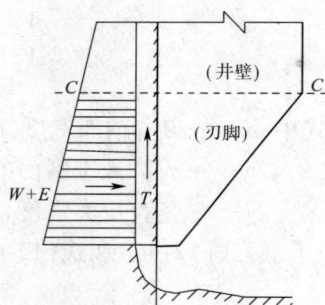

图 12-20 刃脚向内挠曲受力情况

若为排水下沉沉井,在透水不良的土中,可按静水压力的 70% 计算,在透水土中,可按静水压力的 100% 计算。

值得注意的是,这里土压力和水压力的总和不受"不超过 70% 的静水压力的限制"。

计算所得各水平外力均应按规定考虑分配系数 $\alpha$。

根据外力值计算出对刃脚根部截面重心的弯矩、轴向力及水平剪力后,并以此求出刃脚外壁的钢筋用量。同样,刃脚钢筋截面积不宜少于刃脚根部截面积的 0.1%。刃脚的竖直钢筋应伸入刃脚根部以上 $0.5L_1$。

2)刃脚水平钢筋的计算

刃脚水平向受力最不利的情况是沉井已下沉至设计高程,刃脚下的土已挖空,尚未浇筑封底混凝土时,由于刃脚有悬臂作用及水平闭合框架的作用,故当刃脚作为悬臂考虑时,刃脚所

受水平力乘以 $\alpha$，而作用于框架的水平力应乘以分配系数 $\beta$ 后，作为水平框架上的外力，由此求出框架的弯矩及轴向力值，再计算框架所需的水平钢筋用量。

根据常用沉井水平框架的平面形式，现列出其内力计算式，以供设计时参考。

（1）单孔矩形框架（如图 12-21）

$A$ 点处的弯矩

$$M_{\mathrm{A}} = \frac{1}{24}(-2K^2 + 2K + 1)pb^2$$

$B$ 点处的弯矩

$$M_{\mathrm{B}} = -\frac{1}{12}(K^2 - K + 1)pb^2$$

$C$ 点处的弯矩

$$M_{\mathrm{C}} = -\frac{1}{24}(K^2 + 2K - 2)pb^2$$

轴向力

$$N_1 = \frac{1}{2}pa \qquad N_2 = \frac{1}{2}pb$$

式中：$K = a/b$，$a$ 为短边长度，$b$ 为长边长度。

（2）单孔圆端形（如图 12-22）

$$M_{\mathrm{A}} = \frac{K(12 + 3\pi K + 2K^2)}{6\pi + 12K}pr^2$$

$$M_{\mathrm{B}} = \frac{2K(3 - K^2)}{3\pi + 6K}pr^2$$

$$M_{\mathrm{C}} = \frac{K(3\pi - 6 + 6K + 2K^2)}{3\pi + 6K}pr^2$$

$$N_1 = pr, \quad N_2 = p(r + l)$$

式中：$K = L/r$，$r$ 为圆心至圆端形井壁中心轴的距离。

（3）双孔矩形（如图 12-23）

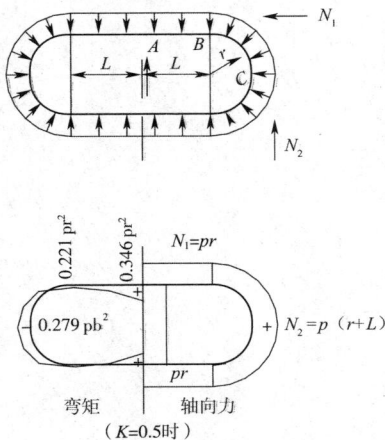

图 12-21　单孔矩形框架受力计算图式

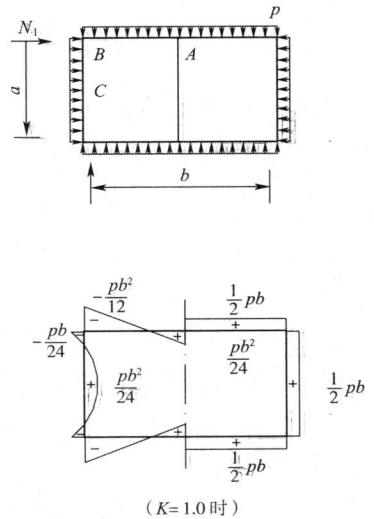

图 12-22　单孔圆端形框架受力计算图式

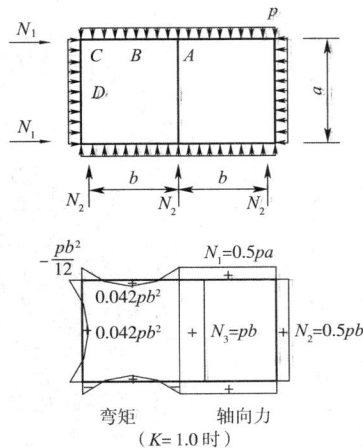

图 12-23　双孔矩形框架受力计算图式

$$M_A = \frac{K^3 - 6K - 1}{12(12K+1)} pb^2$$

$$M_B = \frac{-K^3 + 3K + 1}{24(2K+1)} pb^2$$

$$M_C = -\frac{2K^3 + 1}{12(2K+1)} pb^2$$

$$M_D = \frac{2K^3 + 3K^2 - 2}{24(2K+1)} pb^2$$

$$N_1 = \frac{1}{2} pa$$

$$N_2 = \frac{K^3 + 3K + 2}{4(2K+1)} pb$$

$$N_3 = \frac{2 + 5K - K^3}{4(2K+1)} pb$$

式中：$K = a/b$。

（4）双孔圆端形（如图 12-24）

$$M_A = p \frac{\zeta \delta_1 - \rho \eta}{\delta_1 - \eta}$$

$$M_C = M_A + NL - p \frac{L^2}{2}$$

$$M_D = M_A + N(L+r) - pL\left(\frac{L}{2} + r\right)$$

$$N = \frac{\zeta - \rho}{\eta - \delta_1}$$

$$N_1 = 2N$$

$$N_2 = pr$$

$$N_3 = p(L+r) - \frac{N_1}{2}$$

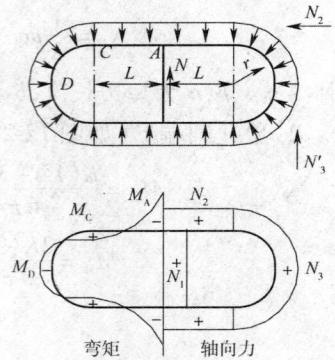

图 12-24　双孔圆端形框架受力计算图式

式中：

$$\zeta = \frac{L\left(0.25L^3 + \frac{\pi}{2} rL^2 + 3r^2 L + \frac{\pi}{2} r^3\right)}{L^2 + \pi rL + 2r^2}$$

$$\eta = \frac{\frac{2}{3} L^3 + \pi rL^2 + 4r^2 L + \frac{\pi}{2} r^2}{L^2 + \pi rL + 2r^2}$$

$$\rho = \frac{\frac{1}{3} L^3 + \frac{\pi}{2} rL^2 + 2r^2 L}{2L + \pi r}$$

$$\delta_1 = \frac{L^2 + \pi rL + 2r^2}{2L + \pi r}$$

（5）圆形沉井（如图 12-25）

圆形沉井，如在均匀土中平稳下沉，受到周围均布的水平压力，则刃脚作为水平圆环，其任意截面上的内力弯矩 $M = 0$，剪力 $Q = 0$，轴向压力 $N = p \times R$，其中 $R$ 为沉井刃脚外壁的半径。如由于下沉过程中沉井发生倾斜或土质的不均匀,都将使刃脚截面产生弯矩。因此应根据实际情况考虑水平压力的分布。为了便于计算,可以对土压力的分布作如下的假设:设在井壁(刃脚)的横截面上互成90°两点处的径向压力为 $P_A$、$P_B$,计算 $P_A$ 时土的摩擦角可增大 $2.5°\sim5°$,计算 $P_B$ 时减小 $2.5°\sim5°$,并假设其他各点的土压力 $P_a$ 按下式变化

$$P_a = P_A(1 + \omega'\sin\alpha)$$

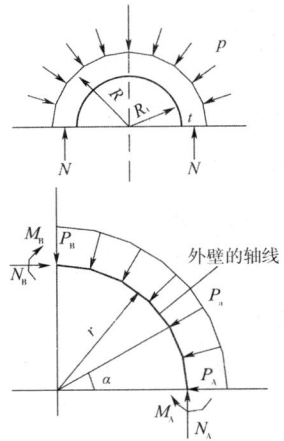

图 12-25　圆形框架受力计算图式

式中:$\omega' = \omega - 1$,$\omega = \dfrac{P_B}{P_A}$(也可根据土质不均匀情况,覆盖层厚度,直接确定 $\omega$ 值,一般取 $1.5\sim2.5$。)

则作用在 $A$、$B$ 截面上的内力为

$$N_A = P_A \times r(1 + 0.785\omega')$$
$$M_A = -0.149P_A r^2 \omega'$$
$$N_B = P_A \times r(1 + 0.5\omega')$$
$$M_B = 0.137P_A r^2 \omega'$$

式中:$N_A$、$M_A$——$A$ 截面上的轴向力和弯矩;

　　　$N_B$、$M_B$——$B$ 截面(垂直于 $A$ 截面)上的轴向力弯矩;

　　　$r$——井壁(刃脚)轴线的半径。

### 4. 井壁受力计算

1)井壁竖向拉应力验算

沉井在下沉过程中,刃脚下的土已被挖空,但沉井上部被摩擦力较大的土体夹住(这一般在下部土层比上部土层软的情况下出现),这时下部沉井呈悬挂状态,井壁就有在自重力作用下被拉断的可能,因而应验算井壁的竖向拉应力。

(1)等截面井壁

从井壁竖向受拉的最不利条件考虑,近似假定摩阻力沿沉井高度呈倒三角形分布(如图12-26)。在地面处摩阻力最大,而刃脚底面处为零。

该沉井自重力为 $G_k$,$h$ 为沉井的入土深度,$u$ 为井壁的周长,$q_d$ 为地面处井壁上的摩阻力,$q_x$ 为距刃脚底 $x$ 处的摩阻力(如图 12-26)。由于

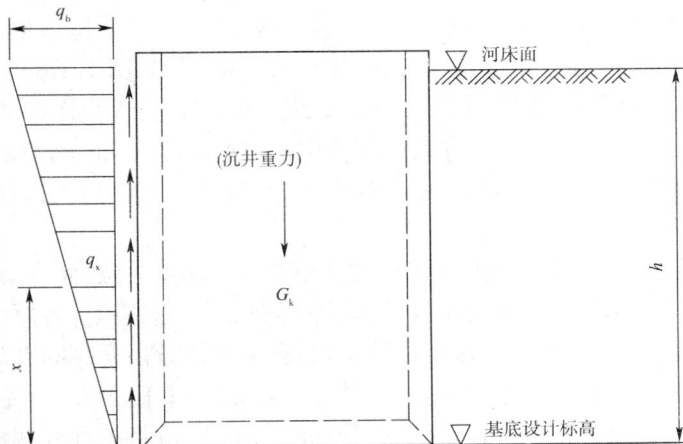

图 12-26　等截面沉井井壁竖向受拉计算图

313

$$G_k = \frac{1}{2} q_d h u$$

$$q_d = \frac{2G_k}{hu}$$

$$q_x = \frac{q_d}{h} x = \frac{2G_k}{h^2 u} x \tag{12-57}$$

离刃脚底 $x$ 处井壁的拉力为 $P_x$,其值为

$$P_x = \frac{G_k x}{h} - \frac{q_x}{2} x u = \frac{G_k x}{h} - \frac{G_k x^2}{h^2} \tag{12-58}$$

为求得最大拉力,令 $\dfrac{\mathrm{d}P_x}{\mathrm{d}x} = 0$

$$\frac{\mathrm{d}P_x}{\mathrm{d}x} = \frac{G_k}{h} - \frac{2G_k x}{h^2} = 0$$

所以

$$x = \frac{1}{2} h$$

则

$$P_{max} = \frac{G_k}{h} \cdot \frac{h}{2} - \frac{G_k}{h^2} \left( \frac{h}{2} \right)^2 = \frac{1}{4} G_k \tag{12-59}$$

除沉井被障碍物卡住的情况以外,可用式(12-59)算出的拉力进行验算,当 $P_{max}$ 大于井壁圬工材料容许限值时,应布置必要的竖向受力钢筋。对每节井壁接缝处的竖直拉力验算,可假定该处混凝土不承受拉应力,全部由接缝处钢筋承受。钢筋的应力小于 0.75 钢筋标准强度,并需验算钢筋锚固长度。

(2)台阶形井壁

对于台阶形井壁(如图 12-27),每段井壁变阶处均应进行计算,变阶处的井壁拉力 $P_x$ 为

$$P_x = G_{xk} - \frac{1}{2} u q_x x \tag{12-60}$$

$$q_x = \frac{x}{h} q_d = \frac{x}{h} \frac{2(G_{1k} + G_{2k} + G_{3k} + G_{4k})}{hu} = \frac{2(G_{1k} + G_{2k} + G_{3k} + G_{4k}) x}{h^2 u} \tag{12-61}$$

2)井壁横向受力计算

沉井下沉过程中,井壁始终受到水平向的土压力及水压力作用,因而应验算井壁材料的强度。验算时是将井壁水平向截取一段作为水平框架来考虑,然后计算该框架的受力情况(计算方法与刃脚框架计算同)。井壁截取位置应是在刃脚根部(如图 12-28)。沉井的最不利下沉情况是下沉至设计高程,刃脚下已挖空而尚未封底,此时在 $c\text{-}c$ 断面(如图 12-28)以上截取一段高度为井壁厚 $t$ 的井壁作为水平框架。其上作用的水平荷载,除了该段井壁范围内的土、水压力外,还有刃脚作为悬臂作用传来的水平剪力(其值等于刃脚向内挠曲时受到的水平外力乘以分配系数 $\alpha$)。

对于分节浇筑的沉井,整个沉井高度范围的井壁厚度可能不一致,而依厚度变化分成数段。因此,除了应验算靠近刃脚根部以上处的井壁材料强度外,同时还应验算各厚度变化段最下端处的单位高度的井壁强度(作为水平框架的强度),并以此来控制该段全高的设计。这些水平框架所承受的水平力为该水平框架高度范围内的土压力及水压力,并不需乘以分配系数 $\beta$。

采用泥浆润滑套的沉井,在下沉过程中所受到的侧压力,应将沉井外侧泥浆压力按 100%计算,因为泥浆压力一定要大于水压力及土压力总和,才能保证泥浆套不被破坏。

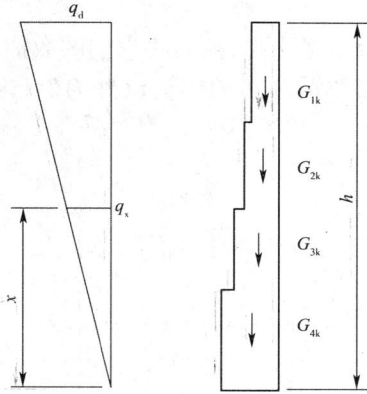

图 12-27　台阶形沉井井壁竖向受拉计算图　　　图 12-28　井壁框架承受的外力

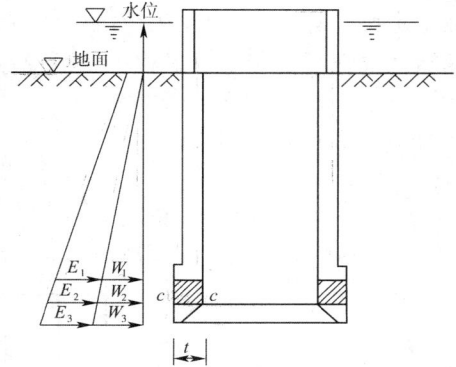

#### 5. 混凝土封底及顶盖的计算

1）封底混凝土计算

沉井封底混凝土的厚度应根据基底承受的反力情况而定。作用于封底混凝土的竖向反力可分为两种情况：一种是沉井水下封底后，在施工抽水时封底混凝土需承受基底水和地基土的向上反力；一种是空心沉井在使用阶段，封底混凝土须承受沉井基础全部最不利作用组合所产生的基底反力，如沉井井孔内填砂或有水时，可扣除其重力。

封底混凝土厚度，可按下列两种方法计算并取其最大者：

（1）封底混凝土视为支承在凹槽或隔墙底面和刃脚上的底板，按周边支承的双向板（矩形或圆端形沉井）或圆板（圆形沉井）计算。底板与井壁的连接一般按简支考虑，当底板与井壁有可靠的整体连接（由井壁内预留钢筋连接等）时，也可按弹性固定考虑。

（2）封底混凝土按受剪计算，即计算封底混凝土承受基底反力后是否有沿井孔范围内周边剪断的可能性。若剪应力超过其抗剪强度则应加大封底混凝土的抗剪面积。

2）钢筋混凝土盖板的计算

对于空心沉井或井孔填有砾砂石的沉井，必须在井顶筑钢筋混凝土盖板，用以支承墩台的全部荷载。盖板厚度一般是预先拟定的，只需进行配筋计算，计算时考虑盖板作为承受最不利组合传来均布荷载的双向板，然后以此计算结果来进行配筋计算。

如墩身全部位于井孔内，还应验算盖板的剪应力和井壁支承压力。如墩身较大，部分支承在井壁上则不需进行盖板的剪力验算，只进行井壁压应力的验算。

### 三、浮运沉井的计算要点

设计浮运沉井，除了按上述方法计算外，还应考虑沉井浮运过程中的受力情况。在根据基础结构的需要拟订出沉井的基本尺寸后，先要拟定浮运沉井的浮体构造，进行施工步骤计算，准确计算各施工步骤的沉井重力、入土深度、浮体稳定性、井壁内外水头差、井壁露出水面高度等。

#### 1. 浮运沉井稳定性验算

浮运沉井由于其浮运阶段和就位后接高下沉至河床阶段中均属一个悬浮于水中的浮体，它必须是一个稳定的浮体，故对悬浮状态下沉井，根据每一个施工步骤中的受力情况，必须核算其稳定性。

在稳定性验算中,主要是决定沉井的重心、浮心及定倾半径,然后将它们的数值进行比较,便可判断沉井在浮运和下沉过程中是否稳定。现以带临时底板的浮运沉井为例,进行稳定性验算。

1)计算浮心位置(如图 12-29)

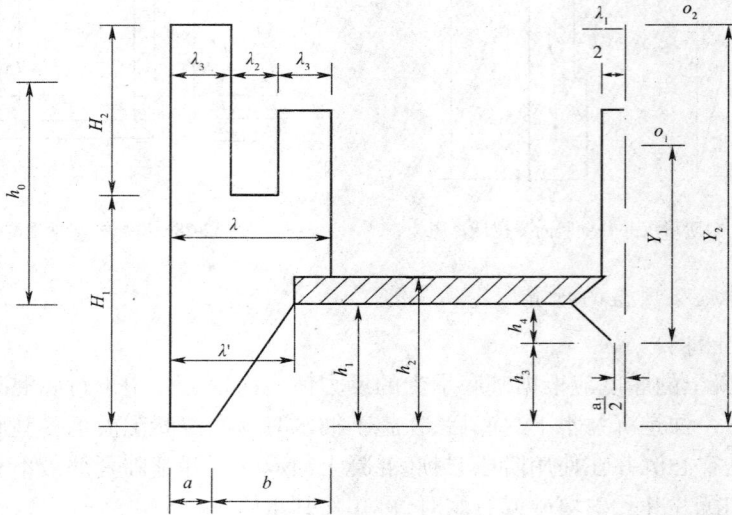

图 12-29　计算浮心位置示意图

沉井重力等于沉井排开水的重力,浮运沉井吃水深 $h_0$(从底板算起),可按下式计算:

$$h_0 = \frac{V_0}{A_0} \tag{12-62}$$

式中: $V_0$——沉井底板以上部分排水体积;

$A_0$——沉井吃水的截面积。

对圆端形沉井　　　　　　　　$A_0 = 0.7854d^2 + Ld$

式中: $d$——圆端形直径或沉井的宽度;

$L$——沉井矩形部分的长度。

浮心的位置,以刃脚底面起算为 $h_3 + Y_1$ 时, $Y_1$ 可由下式求得

$$Y_1 = \frac{M_1}{V} - h_3 \tag{12-63}$$

式中: $M_1$——各排水体积(沉井底板以上部分排水体积 $V_0$、刃脚体积 $V_1$、底板下隔墙体积 $V_2$)

对其中心到刃脚底距离的乘积之和。

如各部分的乘积分别以 $M_0$、$M_2$、$M_3$ 表示,则

$$M_1 = M_0 + M_2 + M_3 \tag{12-64}$$

$$M_0 = V_0 \left( h_1 + \frac{h_0}{2} \right) \tag{12-65}$$

$$M_2 = V_1 \frac{h_1}{3} \frac{2\lambda' + a}{3\lambda' + a} \tag{12-66}$$

$$M_3 = V_2 \left( \frac{h_4}{3} \frac{2\lambda_1 + a_1}{\lambda_1 + a_1} + h_3 \right) \tag{12-67}$$

316

式中：$h_1$——底板至刃脚底面的距离；

$h_3$——隔墙底距刃脚踏面的距离；

$h_4$——底板下的隔墙高度；

$\lambda'$——底板下井壁的厚度；

$\lambda_1$——隔墙厚度；

$a_1$——隔墙底踏面的宽度；

$a$——刃脚踏面的宽度。

2）重心位置的计算（如图 12-29）

设重心位置 $O_2$ 离刃脚底面的距离为 $Y_2$，则

$$Y_2 = \frac{M_{\text{II}}}{V} \tag{12-68}$$

式中：$M_{\text{II}}$——沉井各部分体积对其中心到刃脚底面距离的乘积，并假定了沉井各部分坊工度相同。

令重心与浮心的高差为 $Y$，则

$$Y = Y_2 - (h_3 + Y_1) \tag{12-69}$$

3）定倾半径的计算

定倾半径 $\rho$ 为定倾中心到浮心的距离，由下式计算

$$\rho = \frac{I_{\text{x-x}}}{V_0} \tag{12-70}$$

式中：$I_{\text{x-x}}$——吃水截面积的惯性矩。

对圆端形沉井而言（如图 12-30）

$$I_{\text{x-x}} = 0.049d^4 + \frac{1}{12}Ld^3 \tag{12-71}$$

对带气筒的浮运沉井，应根据气筒布置、各阶段气筒的使用、连通情况分析确定定倾半径 $\rho$。

4）浮运沉井稳定的必要条件

浮运沉井的稳定性应满足重心到浮心的距离小于定倾中心到浮心的距离，即

$$\rho - Y > 0 \tag{12-72}$$

图 12-30　圆端形沉井截面

**2. 浮运沉井露出水面最小高度的验算**

沉井在浮运过程中受到牵引力、风力等作用，不免使沉井产生一定的倾斜，这就要求沉井倾斜后顶面露出水面 $0.5 \sim 1.0\text{m}$ 作为安全高度或沉井露出水面的最小高度，以保证沉井在拖运中的安全。

拖引力及风力等对浮心产生弯矩 $M$，因而使沉井旋转（倾斜）角度 $\theta$（在一般情况下不允许 $\theta$ 值大于 6°），其值为

$$\theta = \arctan \frac{M}{\gamma_{\text{w}} V(\rho - Y)} \leqslant 6° \tag{12-73}$$

式中：$\lambda_w$——水的重度，取为 $10\text{kN/m}^3$。

沉井浮运时露出水面的最小高度 $h$ 按下式计算

$$h = H - h_0 - h_1 - d\tan\theta \geqslant f \tag{12-74}$$

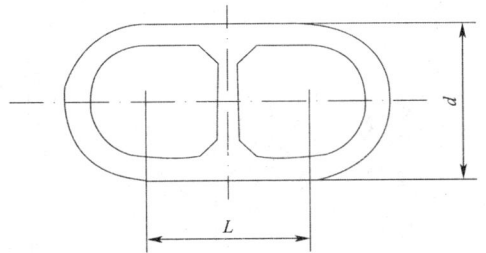

式中：$H$——浮运时沉井的高度；

$f$——浮运沉井发生最大的倾斜时，顶面露出水面的安全距离，其值为 0.5~1.0m。

上式中用了 $d\tan\theta$，$d$ 为圆端形的直径，即假定由于弯矩作用使沉井没入水中的深度为计算值 $\dfrac{d}{2}\tan\theta$ 的两倍。

# 第四节　圆端形沉井计算算例

某公路桥桥墩基础，上部构造为等跨等截面悬链线双曲拱桥，下部构造为重力式墩及沉井基础，基础的平面及剖面尺寸如图 12-31 所示。采用浮运法施工（浮运法及浮运稳定性等验算本例从略），参照《公路桥涵地基与基础设计规范》（JTG D63—2007）进行设计计算。

## 一、设计资料

地质情况见图 12-31。

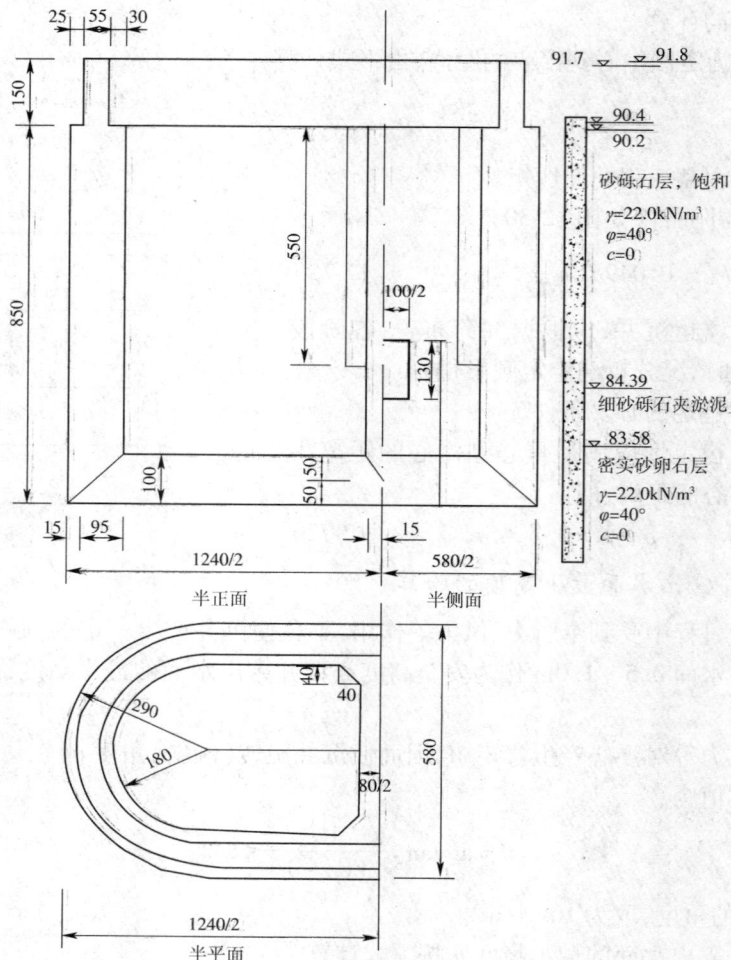

图 12-31　沉井半正面、半侧面、半平面图及地质剖面图（尺寸单位：cm）

传给沉井的永久作用及可变作用见沉井各力的汇总表。

最低水位高程 91.8m;潮水位 95.56m;河床高程 90.4m;最大冲刷线 86.77m。混凝土强度等级 C25,钢筋采用 HPB235。

算例中沉井结构强度验算着重在外力及内力计算,截面材料强度(包括配筋等)计算可参照《公路钢筋混凝土及预应力混凝土桥涵设计规范》(JTG D62—2004)、《公路圬工桥涵设计规范》(JTG D61—2005)等规定进行。

### 1. 沉井高度

沉井顶面在最低水位下 0.1m,高程为 91.7m。

(1)按水文计算:最大冲刷深度为 $h_m$ = 90.40-86.77 = 3.63m,大、中桥基础埋置深度应在最大冲刷线以下不小于 2.0m,故沉井所需高度 H 为

$$H = (91.7 - 90.4) + 3.63 + 2.0 = 6.93(m)$$

但沉井底较近于细砂类淤泥层。

(2)按土质条件:沉井应穿过近 1.0m 厚的细砂夹淤泥层进入密实的砂卵石并考虑有 2.0m 的安全度,故 H 为

$$H = 91.70 - (83.58 - 2.0) = 10.12(m)$$

(3)按地基容许承载力,沉井底面位于密实的砂卵石层为宜。

根据以上分析,拟采用沉井高度 H = 10m,沉井顶面高定为 91.7m,沉井底面标高为 81.7m。因潮水位高,第一节底节沉井高度不宜太小,故第一节沉井高为 8.5m,第二节高为 1.5m,第一节沉井面高程为 90.2m。

### 2. 沉井平面尺寸

考虑到桥墩形式,故采用两端半圆形中间为矩形的沉井。圆端的外半径为 2.9m,矩形长边为 6.6m,宽度为 5.8m。井壁厚度第一节拟取 t = 1.1m,第二节厚度为 0.55m,隔墙厚度 $\delta$ = 0.8m(其他尺寸详见图 12-31)。

刃脚踏面宽度采用 0.15m,刃脚高度为 1.0m(如图 12-32),刃脚内侧倾角

$$\tan\alpha = \frac{1.0}{1.1 - 1.5} = 1.0526, \alpha = 46°28' > 45°$$

## 二、作用计算

### 1. 沉井自重力

(1)刃脚:$\gamma_1$ = 25.00kN/m³,$Q_1$ = 454.50kN

(2)底节第一节沉井井壁:$\gamma_2$ = 24.50kN/m³,$Q_2$ = 5652.6kN

(3)底节沉井隔墙:$\gamma_3$ = 24.50kN/m³,$Q_3$ = 593.39kN

(4)第二节沉井井壁:$\gamma_4$ = 24.50kN/m³,$Q_4$ = 568.40kN

(5)钢筋混凝土盖板(厚 1.5m):$\gamma_5$ = 24.50kN/m³,$Q_5$ = 1527.82kN

(6)井孔填砂卵石重力:$\gamma_6$ = 20.00kN/m³,考虑自井底以上 3.6m 范围内以水下混凝土封底,以上用砂卵石填孔,填孔高度

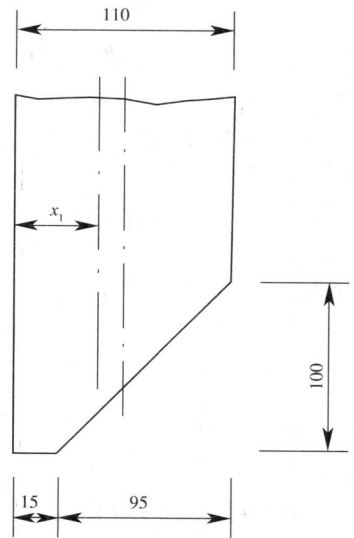

图 12-32　刃脚尺寸图(尺寸单位:cm)

319

为 4.9m。$Q_6 = 3012.40$kN

(7) 封底混凝土：$\gamma_7 = 24.00$kN/m³，$Q_7 = 3030.24$kN

沉井总重力为：$G = Q_1 + Q_2 + Q_3 + Q_4 + Q_5 + Q_6 + Q_7 = 14839.39$kN

(8) 低水位时沉井的浮力：$G' = 6355.23$kN

## 2. 各力汇总

| 力 的 名 称 | 力值(kN) | 对沉井底面形心轴的力臂(m) | 弯矩(kN·m) |
|---|---|---|---|
| 双孔上部结构及墩身重力<br>单孔汽车可变作用(竖向力)<br>由制动力产生的竖向力<br>沉井自重<br>沉井浮力 | $P_1 = 25691.00$<br>$P_g = 650.00$<br>$P_T = 32.40$<br>$G = 14839.39$<br>$G' = -6355.23$ | 1.15<br>1.15 | 747.50<br>37.26 |
| 合 计 | $\sum P = 34857.62$ | | 784.76 |
| 单孔汽车可变作用(水平力) | $H_g = 815.10$ | 18.806 | -15328.77 |
| 制动力 | $H_T = 75.00$ | 18.06 | -1410.45 |
| 合 计 | $\sum H = 890.10$ | | -16739.22 |

注：上表仅列了单孔可变作用情况，对其他可变作用情况本例题从略。

$$\sum M = -15954.46$$

## 三、基底应力验算

沉井自最大冲刷线至井底的埋置深度为

$$h = 86.77 - 81.7 = 5.07(\text{m})$$

考虑井壁侧面土的弹性抗力

$$\left.\begin{matrix} p_{\max} \\ p_{\min} \end{matrix}\right. = \frac{N}{A_0} \pm \frac{3Hd}{A\beta} = \left\{\begin{matrix} 764.71(\text{kPa}) \\ 313.35(\text{kPa}) \end{matrix}\right.$$

式中：$N = \sum P = 34857.62$kN，$A_0 = 64.7$m²，$d = 5.8$m，$H = 890.10$kN，$A = \dfrac{\beta b_1 h^3 + 18 W_0 d}{2\beta(3\lambda - h)}$

其中，$b_1 = \left(1 - 0.1\dfrac{a}{b}\right)(b+1) = 12.77$m，$\beta = \dfrac{C_h}{C_0} \approx 0.5$，$h = 5.07$m，$W_0 = 56.12$m²，$\lambda = \dfrac{M}{H} = 17.92$m，$A = 137.42$m²，沉井底面处地基容许承载力为

$$[f_a] = [f_{a0}] + K_1\gamma_1(b-2) + K_2\gamma_2(h-3)$$

按地质资料，基底土属中等密实的砂、卵石类土层，根据《公路桥涵地基与基础设计规范》(JTG D63—2007)地基容许承载力表综合考虑后，取$[f_{a0}] = 600$kPa。$K_1 = 4$，$K_2 = 6$，土重度$\gamma_1 = \gamma_2 = 12.00$kN/m³(考虑浮力后的近似值)。

根据规范，当地基承受作用短期效应组合时，抗力系数取$\gamma_R = 1.25$。

320

$$[f_a] = 1076.25\text{kPa} > 764.71\text{kPa}$$

因沉井埋入深度只有 5.07m,如不考虑井壁侧土的侧性抗力作用,这时

$$\frac{p_{\max}}{p_{\min}} = \frac{34857.62}{64.70} \pm \frac{15954.46}{56.12} = \begin{cases} 823.05\text{kPa} \\ 254.47\text{kPa} \end{cases} < 1076.25\text{kPa}$$

均满足要求。

## 四、横向抗力验算

根据式(12-9)计算在地在下 $z$ 深度处井壁承受的侧土横向抗力

$$p_{zx} = \frac{6H}{Ah^2}z(z_0 - z)$$

已知:$H = 890.10\text{kN}, A = 137.42\text{m}^2, h = 5.07\text{m}$。根据式(12-7)得

$$z_0 = \frac{\beta b_1 h^2(4\lambda - h) + 6dW_0}{2\beta b_1 h(3\lambda - h)} = 4.09(\text{m})$$

当 $z = \frac{1}{3}h = \frac{5.07}{3}$ 时,则 $p_{\frac{h}{3}x} = 31.06\text{kPa}$

当 $z = h = 5.07\text{m}$ 时,则 $\sigma_{hx} = -38.17\text{kPa}$

根据式(12-30)及式(12-31),沉井井壁侧土极限横向抗力为

$$z = \frac{h}{3}\text{时} \qquad [p_{zx}] = \frac{4}{\cos\varphi}\left(\frac{\gamma h}{3}\tan\varphi + c\right)\eta_1\eta_2$$

$$z = h\text{时} \qquad [p_{zx}] = \frac{4}{\cos\varphi}(\gamma h\tan\varphi + c)\eta_1\eta_2$$

已知,$\gamma = 12.00\text{kN/m}^3, h = 5.07\text{m}, \varphi = 40°, c = 0, \eta_1 = 0.7, \eta_2 = 1.0$(因 $\eta_2 = 1 - 0.8\frac{M_g}{M}$,由力的汇总表知 $M_g = 0$,故 $\eta_2 = 1.0$)。将这些值代入上边两式:

$$z = \frac{h}{3}\text{时} \qquad [p_{zx}] = 62.21\text{kPa} > p_{\frac{h}{3}x} = 31.06\text{kPa}$$

$$z = h\text{时} \qquad [p_{zx}] = 186.64\text{kPa} > p_{hx} = 38.17\text{kPa}$$

均满足要求,计算时可以考虑沉井侧面土的弹性抗力。

## 五、沉井在施工过程中的结构强度验算(不排水下沉)

### 1. 沉井自重下沉验算

沉井自重力 $G =$(刃脚重 + 底节沉井重 + 底节隔墙重 +
顶节沉井重)$= 7268.93\text{kN}$

沉井浮力 $= 2963.40\text{kN}$

土与井壁间平均单位摩阻力 $q_m = 17.89\text{kN/m}^2$

井周所受摩阻力 $R_f = u(h - 2.5)q_m = 3485.18\text{kN}$

排水下沉时,$G > 1.15R$(未考虑围堰重)。不排水下沉时,考虑沉井顶部围堰(高出潮水位)重预计为 600kN,则 $G/R = 1.24 \geqslant 1.15 \sim 1.25$。沉井自重下沉验算满足要求。

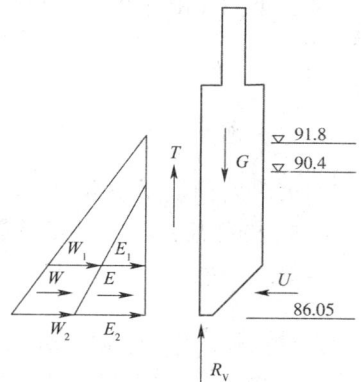

图 12-33

321

2. 刃脚受力验算

1)刃脚向外挠曲

刃脚向外挠曲最不利的情况,本例经分析及试算,按规范建议定为刃脚下沉到中途,高程 $90.4 - 8.7 + 4.35 = 86.05\text{m}$,刃脚切入土中1m,第二节沉井已接上,如图12-33所示。

刃脚悬臂作用的分配系数为

$$\alpha = \frac{0.1L_1^4}{h_k^4 + 0.05L_1^4} = 1.92 > 1.0$$

故取 $\alpha = 1.0$。

(1)计算各个力值(按低水位取单位宽度计算)

$$W_1 = 23.75\text{kN/m}, W_2 = 28.75\text{kN/m}, E_1 = 8.70\text{kN/m}, E_2 = 11.30\text{kN/m}。$$

根据施工情况,并从安全考虑,刃脚外侧水压力以50%计算。

作用在刃脚外侧的水压力和土压力为

$$W = \frac{1}{2}(W_1 + W_2)h = 26.25\text{kN}, E = \frac{1}{2}(E_1 + E_2)h = 10(\text{kN})$$

如以静水压力的70%计算,即 $0.7\gamma_w h h_k = 36.75\text{kN} > E + W$,取 $E + W = 36.25\text{kN}$。

刃脚摩阻力为 $T = 0.5E = 0.5 \times 10 = 5.0\text{kN}$

由表12-2查得砂砾石层 $q = 18.00\text{kPa}$,$T = qA = qh_k \times 1 = 18.00\text{kN}$,故采用刃脚摩阻力为 $5.00\text{kN}$。

同理,井壁外侧摩阻力为 $T = 0.5E = 12.29\text{kN} < qA$

井壁外侧摩阻力大于刃脚外侧摩阻力,后面计算刃脚弯矩时取二者之大值即井壁外侧摩阻力,目的是使刃脚弯矩最大。

单位周长沉井自重力(不考虑沉井浮力及隔墙重)为 $G = 237.96\text{kN}$

刃脚踏面竖向反力为 $R_V = G - T = 255.67\text{kN}$(式中由于 $qA > 0.5E$,采用 $0.5E$ 计算)

刃脚斜面横向力为

$$U = V_2 \tan(\alpha - \beta) = \frac{b}{2a+b}R_V \tan(\alpha - \beta)$$

式中:$\beta$ 取为土的内摩擦角,即 $\beta = \varphi = 40°$。故 $U = 19.38\text{kN}$

刃脚(单位宽度)自重力为 $g = \frac{1}{2} \times (1.1 + 0.15) \times 1.0 \times 25 = 15.625\text{kN}$

自重力 $g$ 的作用点至刃脚根部中心轴距离为

$$x_1 = \frac{t^2 + at - 2a^2}{6(t+a)} = 0.178(\text{m})$$

刃脚踏面下反力合力 $\quad V_1 = \frac{2a}{2a+b}R_V = 0.24R_V$

刃脚斜面上反力合力 $\quad V_2 = R_V - 0.24R_V = 0.76R_V$

$R_V$ 的作用点距离井壁外侧为

$$x = \frac{1}{R_V}\left[V_1\frac{a}{2} + V_2\left(a + \frac{b}{3}\right)\right] = 0.38(\text{m})$$

(2)各力对刃脚根部截面中心的弯矩计算(如图12-34)

刃脚斜面水平反力引起的弯矩为 $M_U = 12.89\text{kN·m}$

水平土压力引起的弯矩为

322

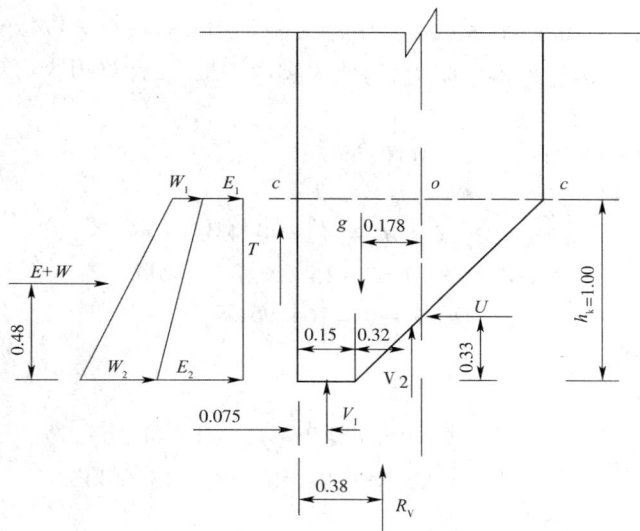

图 12-34 刃脚外挠曲计算图式

$$M_E = E \times \frac{t}{3}\frac{E_1 + 2E_2}{E_1 + E_2} = 5.22 \text{kN} \cdot \text{m}$$

水平水压力引起的弯矩为

$$M_w = W \times \frac{t}{3}\frac{W_1 + 2W_2}{W_1 + W_2} = 13.54 \text{kN} \cdot \text{m}$$

反力 $R_V$ 引起的弯矩　　　　$M_{R_V} = 38.36 \text{kN} \cdot \text{m}$

井壁外侧摩阻力引起的弯矩　　$M_T = 6.76 \text{kN} \cdot \text{m}$

刃脚自重引起的弯矩　　　　　$M_g = 2.78 \text{kN} \cdot \text{m}$

总弯矩　　　　　　　　　　　$M_0 = \sum M = 36.56 \text{kN} \cdot \text{m}$

（3）刃脚根部处的应力验算

已知：$N = 210.04 \text{kN}$，$F = 1.1 \text{m}^2$，$W = 0.2 \text{m}^3$

$$p_h = \frac{N}{F} \pm \frac{M_0}{W} = \begin{cases} 373.75 \text{kPa} \\ 8.15 \text{kPa} \end{cases}$$

由于水平剪力很小，验算时未考虑。压应力小于 $0.8f'_{ck}$ $= 0.8 \times 16700 = 13360 \text{kPa}$。

按受力条件不需设钢筋，可按构造要求设置。

2）刃脚向内挠曲（如图 12-35）

（1）计算各个力值

①水压力及土压力

参阅图 12-33，按潮水位计算单位宽度上的水、土压力为

$W_2 = 138.60 \text{kPa}$，$W_3 = 148.60 \text{kPa}$，$E_2 = 20.10 \text{kPa}$，$E_3 = 22.60 \text{kPa}$

即　　　　　　$E + W = 164.95 \text{kN}$

$P$ 力对刃脚根部形心轴的弯矩为 $M_{E+W} = 83.52 \text{kN} \cdot \text{m}$

②刃脚摩阻力产生的弯矩 $T = 0.5E = 10.68 \text{kN}$，或 $T = qA$

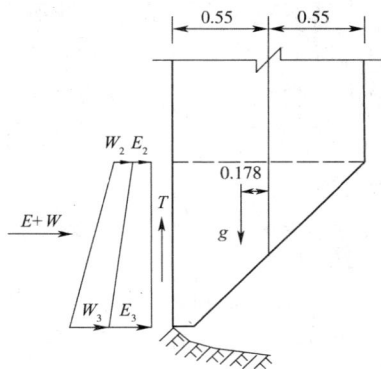

图 12-35　刃脚内挠曲计算图式

323

$=20.00\text{kN}$，取用 $T=10.68\text{kN}$

同理，井壁外侧摩阻力为 $T=0.5E=49.16\text{kN}<qA=20\times8.7\times1=174\text{kN}$

井壁外侧摩阻力大于刃脚外侧摩阻力，为使刃脚弯矩最大，计算刃脚弯矩时取二者之小值即刃脚摩阻力。$M_T=5.87\text{kN}\cdot\text{m}$

③刃脚自重力产生的弯矩 $M_g=2.78\text{kN}\cdot\text{m}$

④所有各力对刃脚根部的弯矩、轴向力及剪力

$$M_0=M_{E+W}+M_T+M_g=80.43\text{kN}\cdot\text{m}$$

$$N=T-g=10.68-15.63=-4.95\text{kN}$$

$$Q=E+W=164.95\text{kN}$$

（2）刃脚根部截面应力验算

①弯曲应力验算

$$p=\frac{N}{F}\pm\frac{M_0}{W}=\begin{cases}-406.65\text{kPa}<f'_{tk}=1780\text{kPa}\\397.565\text{kPa}<0.8f'_{ck}=13360\text{kPa}\end{cases}$$

②剪应力验算

$$p_j=\frac{-164.59}{1.1}=149.96\text{kPa}<f'_{tk}=1780\text{kPa}$$

计算结果表明，刃脚外侧也只需按构造要求配筋。

3）刃脚框架计算

由于 $a=1.0$，刃脚作为水平框架承受的水平力很小，故不需验算，可按构造布置钢筋。如需验算时，与井壁水平框架计算方法相同。这里从略。

（3）沉井井壁竖向拉力验算

$$P_{max}=\frac{1}{4}(Q_1+Q_2+Q_3+Q_4)=1817.23\text{kN}（未考虑浮力）$$

混凝土所受的拉应力为

$$p_h=\frac{P_{max}}{F_1}=\frac{1817.23}{33.64}=54.02\text{kPa}<f'_{tk}=1780\text{kPa}$$

井壁内可按构造布置竖向钢筋。实际上根据土质情况井壁不可能产生大的拉应力。

（4）井壁横向受力计算

其不利的位置是在沉井沉至设计高程，这时刃脚根部以上一段井壁承受的外力最大。它不仅承受本身范围内的水平力，还要承受刃脚作用悬臂传来的剪力。

考虑刃脚悬臂作用传来的荷载，其分配系数 $a=1.0$。

1）考虑潮水位时，单位宽度井壁上的水压力（如图12-36）

$$W_1=127.60\text{kPa},W_2=138.60\text{kPa},W_3=148.60\text{kPa}$$

2）单位宽度井壁上的土压力（如图12-36）为

$$E_1=17.19\text{kPa},E_2=20.10\text{kPa},E_3=22.60\text{kPa}$$

刃脚及刃脚根部以上 1.1m 井壁范围的外力 $P=$

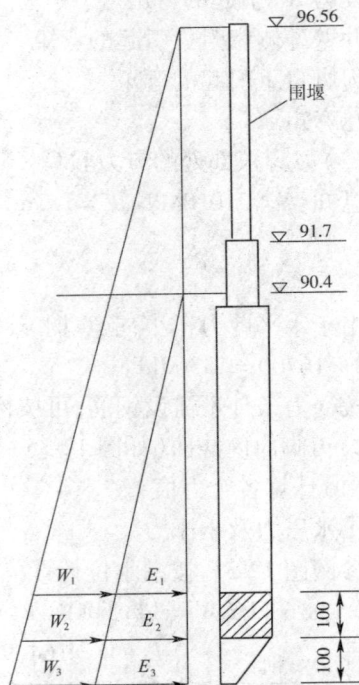

图12-36 井壁横向受力计算图式（尺寸单位：cm）

324

331.79kN/m($a=1$)。

3)圆端形沉井各部所受的力

$$L=3.3\text{m};r=2.53\text{m},\zeta=\frac{L\left(0.25L^3+\frac{\pi}{2}rL^2+3r^2L+\frac{\pi}{2}r^3\right)}{L^2+\pi rL+2r^2}$$
$$=8.85\text{m}^2,$$

$$\eta=\frac{0.67L^3+\pi rL^2+4r^2L+1.57r^3}{L^2+\pi rL+2r^2}=4.27\text{m},$$

$$\rho=\frac{0.33L^3+1.57rL^2+2r^2L}{2L+nr}=6.33\text{m}^2$$

$$\delta_1=\frac{L^2+\pi rL+2r^2}{2L+\pi r}=3.3\text{m},N=p\frac{\zeta-\rho}{\eta-\delta_1}=861.97\text{kN},N_1=2N=1723.9\text{kN},N_2=pr=779.71\text{kN}$$

$$N_3=p(L+r)-N=1012.64\text{kN},M_1=p\frac{\zeta\delta_1-\rho\eta}{\delta_1-\eta}=-744.30\text{kN}\cdot\text{m}$$

$$M_2=M_1+NL-p\frac{L^2}{2}=293.60\text{kN}\cdot\text{m},M_3=M_1+N(L+r)-pL\left(\frac{1}{2}+r\right)=-253.80\text{kN}\cdot\text{m}$$

根据以上计算,井壁最不利的受力位置在隔墙处,其弯矩 $M_1=-744.30\text{kN}\cdot\text{m}$,轴向力 $N_2=779.71\text{kN}$。按素混凝土的应力验算

$$\begin{matrix}p_{\max}\\p_{\min}\end{matrix}=\frac{N_2}{F}+\frac{M_1}{W}=\begin{cases}3999.61\text{kPa}<13360\text{kPa}\\-2710.83\text{kPa}>1780\text{kPa}\end{cases}$$

必须配筋。配筋计算参照《公路钢筋混凝土及预应力混凝土桥涵设计规范》(JTG D62—2004)进行,这里从略。

(5)第一节沉井竖向挠曲验算

因井壁截面不对称,故需先求出井壁截面形心轴的位置(如图12-37)

$$y_\text{下}=4.46\text{m},y_\text{上}=4.04\text{m},x_\text{左}=0.54\text{m},x_\text{右}=0.56\text{m},I_{x-x}=45.58\text{m}^4$$

单位宽井壁重力 $g=217.75\text{kN/m}$

当沉井长宽比大于1.5,设两支点的距离为 $0.7l$($l$ 为长边的长度),使其支点和跨中弯矩大致相等,则支点处的弯矩为(如图12-38)$M_\text{支上}=980.64\text{kN}\cdot\text{m}$。

井壁上端的弯曲拉应力

$$p=\frac{M_\text{支上}Y_\text{上}}{2I_{x-x}}=40.78\text{kPa}<f'_\text{tk}=1780\text{kPa}$$

由上计算结果是安全的。

按最不利情况计算,即假定长边中点搁住或长边两端点搁住。

当长边中点搁住时,最危险截面是在离隔墙中点轴0.8m处,该处的弯矩为

$$M_\text{中上}=7822.59\text{kN}\cdot\text{m}$$

竖向挠曲应力为

$$p=\frac{M_\text{中上}Y_\text{上}}{2I_{x-x}}=325.27\text{kPa}<f'_\text{tk}=1780\text{kPa}$$

当长边两端点搁住时,沉井支点反力 $R_1=3350.27\text{kN}$

离隔墙中心0.8m处的弯矩 $M_\text{中下}=8459.72\text{kN}\cdot\text{m}$

井壁下端挠曲应力

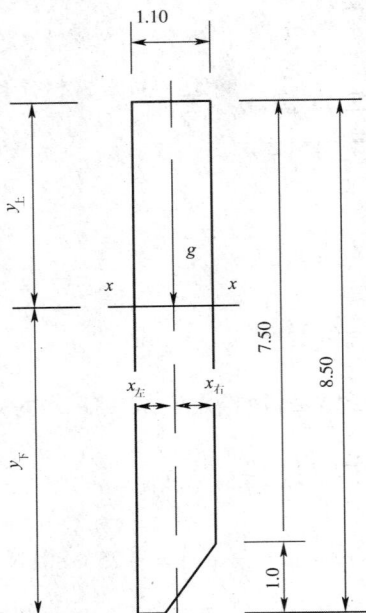

图 12-37 （尺寸单位：m）

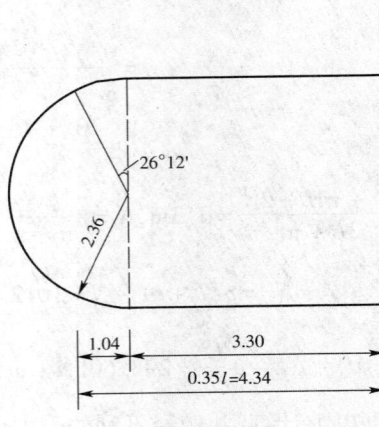

图 12-38 （尺寸单位：m）

$$p = \frac{M_{\text{中上}}Y_{\text{上}}}{2I_{\text{x-x}}} = 388.33\text{kPa} < f'_{\text{tk}} = 1780\text{kPa}$$

由此可知，第一节沉井在各种情况下，上下端竖向挠曲应力均小于混凝土容许限值。封底混凝土及盖板验算从略。

思 考 题

1. 沉井基础与桩基础的荷载传递有何区别？
2. 沉井基础有什么特点？
3. 简述沉井按立面的分类以及各自的特点。
4. 沉井基础的设计计算包含哪些内容？
5. 沉井基础基底应力验算的基本原理是什么？
6. 沉井结构计算有哪些内容？
7. 简述沉井刃脚内力分析的主要内容。

习 题

水下有一直径为 7m 的圆形沉井基础，基底上作用竖直力为 18503kN（已扣除浮力 3848kN），水平力 503kN，弯矩为 7360kN·m（作用短期效应组合）。$\eta_1 = \eta_2 = 1.0$。沉井埋深 10m，土质为中等密实的砂砾层，重度为 21kN/m³，内摩擦角 $\varphi = 35°$，黏聚力 $c = 0$，请验算该沉井基础的地基承载力及横向土抗力。

# 第十三章 地基处理与加固设计

---

**教学内容**：地基处理的目的意义，地基处理方法的分类，各种地基处理方法的设计计算理论，复合地基理论。

**教学要求**：理解软弱地基的特性；掌握常用地基处理方法的设计计算过程；了解复合地基理论。

**教学重点**：常用地基处理方法的机理和设计计算理论，复合地基理论。

---

## 第一节 概　　述

### 一、地基处理的目的意义

地基是指承托建筑物基础的这一部分范围很小的场地。建筑物的地基所面临的问题有以下 5 方面：

（1）强度及稳定性问题；

（2）压缩及不均匀沉降问题；

（3）渗漏问题；

（4）液化问题；

（5）特殊土的特殊问题。

当建筑物的天然地基存在上述 5 类问题之一或其中几个时，即须采用地基处理措施以保证建筑物的安全与正常使用。

地基处理的目的是利用换填、夯实、挤密、排水、胶结、加筋和热学等方法对地基土进行加固，用以改良地基土的工程特性，主要包括：

1）提高地基的抗剪切强度

地基的抗剪切破坏表现在：建筑物的地基承载力不够；由于偏心荷载及侧向土压力的作用使结构物失稳；由于填土或建筑物荷载，使邻近地基产生隆起；土方开挖时边坡失稳；基坑开挖时坑底隆起。地基的剪切破坏反映在地基土的抗剪强度不足，因此，为了防止剪切破坏，就需要采取一定措施以增加地基土的抗剪强度。

2）降低地基的压缩性

地基的压缩性表现在建筑物的沉降和差异沉降大。由于有填土或建筑物荷载，使地基产生固结沉降；作用于建筑物基础的负摩阻力引起建筑物的沉降；大范围地基的沉降和不均匀沉降；基坑开挖引起邻近地面沉降；由于降水地基产生固结沉降。地基的压缩性反映在地基土的压缩模量指标的大小。因此，需要采取措施以提高地基土的压缩模量，借以减少地基的沉降或不均匀沉降。

3）改善地基的透水特性

地基的透水性表现在堤坝等基础产生的地基渗漏；基坑开挖工程中，因土层内夹薄层粉砂或粉土而产生流砂和管涌。以上都是在地下水的运动中所出现的问题。为此，必须采取措施使地基土降低透水性或减少其水压力。

4）改善地基的动力特性

地基的动力特性表现在地震时饱和松散粉细砂（包括部分粉土）将产生液化；由于交通荷载或打桩等原因，使邻近地基产生振动下沉。为此，需要采取措施防止地基液化，并改善其振动特性以提高地基的抗震性能。

5）改善特殊土的不良地基特性

主要是消除或减少黄土的湿陷性和膨胀土的胀缩性等。

## 二、地基处理的对象

地基处理的对象是软弱地基和特殊土地基。我国《建筑地基基础设计规范》（GB50007—2002）中规定："软弱地基系指主要由淤泥、淤泥质土、冲填土、杂填土或其他高压缩性土层构成的地基"。

特殊土地基大部分带有地区特点，它包括软土、湿陷性黄土、膨胀土、红黏土、冻土和岩溶等。

软土是指沿海的滨海相、三角洲相、内陆平原或山区的河流相、湖泊相、沼泽相的黏性土沉积物或河流冲积物，其中最为软弱的是淤泥和淤泥质土。这类土的特点是具有孔隙比大（一般大于1）、天然含水率高（接近或大于液限）、压缩性高（$a_{1-2} > 0.5 \text{MPa}^{-1}$）和强度低的特点，多数还具有高灵敏度的结构性。在荷载作用下，软黏土地基承载能力低，地基沉降变形大，不均匀沉降也大而且沉降稳定历时比较长。

杂填土是人类活动所形成的无规则堆积物，其成分复杂，成层有厚有薄，性质也不相同，且无规律性。大多数情况下，杂填土比较疏松和不均匀。在同一场地的不同位置，地基承载力和压缩性也有比较大的差异。

冲填土是由水力冲填而形成的。冲填土的性质与所冲填泥沙的来源及淤填时的水力条件有关。含黏土颗粒较多的冲填土往往是欠固结的，其强度和压缩性指标都比同类天然沉积土差。

凡天然黄土在上覆土的自重应力作用下或在上覆土的自重应力和附加应力共同作用下，受水浸湿后土的结构迅速破坏而发生显著附加下沉的，称为湿陷性黄土。由于黄土湿陷而引起结构物不均匀沉降是造成黄土地区事故的主要原因。

膨胀土是一种吸水膨胀，失水收缩，具有较大胀缩变形性能，且变形往复的高塑性黏土。

红黏土是指石灰岩、白云岩等碳酸盐类岩石在亚热带温湿气候条件下经风化作用所形成的褐红色的黏性土。一般说来，红黏土是较好的地基土，但由于下卧岩面起伏及存在软弱土层，容易引起地基不均匀变形。

凡有机质含量超过25%的土，成为泥炭质土，泥炭质土含水率极高，压缩性很大且不均匀，一般不作为天然地基，需进行人工处理。

温度连续三年或三年以上保持在摄氏零度或零度以下，并含有冰的土层，称为多年冻土。多年冻土的强度和变形有许多特殊性，例如，冻土中因有冰和未冻水存在，故在长期荷载作用下有强烈的流变性。

　　岩溶或称"喀斯特"，它是石灰岩、白云岩、泥灰岩、大理石、岩盐、石膏等可溶性岩层受水的化学和机械作用而形成的溶洞、溶沟、裂隙以及由于溶洞的顶板塌落使地表产生陷穴、洼地等现象和作用的总称。土洞是岩溶地区上覆土层被地下水冲蚀或被地下水潜蚀所形成的洞穴。岩溶和土洞对结构物的影响很大，可能造成地面变形，地基陷落，发生水的渗漏和涌水现象。

### 三、地基处理方法的分类

　　地基处理方法可以按地基处理原理、地基处理的目的、地基处理的性质、地基处理的时效、动机等不同角度进行分类。其中最本质的是根据地基处理原理进行分类，可分为如表 13-1 所示的几类。

地基处理方法的分类　　　　　　　　　　　　　　　　表 13-l

| 物理处理 | | | | 化学处理 | | 热学处理 | |
|---|---|---|---|---|---|---|---|
| 置换 | 排水 | 挤密 | 加筋 | 搅拌 | 灌浆 | 热加固 | 冻结 |

　　地基处理方法的严格分类是困难的，不少地基处理方法具有几种不同的作用。例如：振冲法具有置换作用有的还有挤密作用；碎石桩具有置换、挤密、排水和加筋的多重作用；石灰桩又挤密又吸水，吸水后又进一步挤密等，因而一种处理方法可能具有多种处理效果。地基处理的主要方法、适用范围及加固原理，参见表 13-2。

地基处理的主要方法、适用范围和加固原理　　　　　　　　表 13-2

| 分类 | 方　法 | 加　固　原　理 | 适用范围 |
|---|---|---|---|
| 置换 | 换土垫层法 | 采用开挖后换好土回填的方法；对于厚度较小的淤泥质土层，亦可采用抛石挤淤法。地基浅层性能良好的垫层，与下卧层形成双层地基。垫层可有效地扩散基底压力，提高地基承载力和减少沉降量 | 谷种浅层的软弱土地基 |
| | 振冲置换法 | 利用振冲器在高压水的作用下边振、边冲，在地基中成孔，在孔内回填碎石料且振密成碎石桩。碎石桩柱体与桩周土形成复合地基，提高承载力，减少沉降量 | $c_u < 20kPa$ 的黏性土、松散粉土和人工填土、湿陷性黄土地基等 |
| | 强夯置换法 | 采用强夯时，夯坑内回填块石、碎石挤淤置换的方法，形成碎石墩柱体，以提高地基承载力和减少沉降量 | 浅层软弱土层较薄的地基 |
| | 碎石桩法 | 采用沉管法或其他技术，在软土中设置砂或碎石桩柱体，置换后形成复合地垫，可提高地基承载力，降低地基沉降。同时，砂、石桩体在软黏土中形成排水通道，加速固结 | 一般软土地基 |
| | 石灰桩法 | 在软弱土中成孔后，填入生石灰或其他混合料.形成竖向石灰桩柱体，通过生石灰的吸水膨胀、放热以及离子交换作用改善桩柱体周围土体的性质，形成石灰桩复合地基，以提高地基承载力减少沉降量 | 人工填土、软土地基 |
| | EPS 轻填法 | 发泡聚苯乙烯（EPS）重度只有土的 1/50～1/100，并具有较产的强度和低压缩性，用于填料可有效减少作用于地基的荷载，且根据需要用于地基的浅层置换 | 软弱土地基上的填方工程 |

| 分类 | 方 法 | 加 固 原 理 | 适用范围 |
|---|---|---|---|
| 排水固结 | 加载预压法 | 在预压荷载作用下,通过一定的预压时间,天然地基被压缩、固结,地基土的强度提高,压缩性降低。在达到设计要求后,卸去预荷载,再建造上部结构,以保证地基稳定和满足变形要求。当天然土层的渗透性较低时,为了缩短渗透固结的时间,加速固结速率,可在地基中设置竖向排水通道,如砂井、排水板等。加载预压的荷载,一般可利用建筑物自身荷载、堆载或真空预压等 | 软土、粉土、杂填土、冲填土等 |
| 排水固结 | 超载预压法 | 基本原理同加载预压法,但预压荷载超过上部结构的荷载。一般在保证地基稳定的前提下,超载预压方法的效果更好特别是对降低地基次固结沉降十分有效 | 淤泥质黏性土和粉土 |
| 振密挤密 | 强夯法 | 采用 100~400kN 的夯锤,从高处自由落下,在强烈的冲击力和振动力作用下,地基土密实,可以提高承载力,减少沉降量 | 松散碎石土、砂土,低饱和度粉土和黏性土、湿陷性黄土、杂填土和素填土地基 |
| 振密挤密 | 振冲密实法 | 振冲器的强力振动,使得饱和砂层发生液化,砂粒重新排列,孔隙率降低;同时,利用振冲器的水平振冲力,回填碎石料使得砂层挤密,达到提高地基承载力,降低沉降的目的 | 黏粒含量少于 10% 的松散砂土地基 |
| 振密挤密 | 挤密碎(砂)石桩法 | 施工方法与排水的碎(砂)石桩相同,但是,沉管过程中的排土和振动作用,将桩柱体之间土体挤密,并形成碎(砂)石桩柱体复合地基,达到提高地基承载力和减小地基沉降的目的 | 松散砂土地基、杂填土地基 |
| 振密挤密 | 土、灰土桩法 | 采用沉管等技术,在地基中成孔,回填土或灰土形成竖向加固体,施工过程中排土和振动作用,挤密土体并形成复合地基,以提高地基承载力,减小沉降量 | 地下水位以上的湿陷性黄土、杂填土、素填土地基 |
| 加筋 | 加筋土法 | 在土体中加入起抗拉作用的筋材,例如土工合成材料、金属材料等,通过筋土间作用,达到减小或抵抗土压力,调整基底接触应力的目的,可用于支挡结构或浅层地基处理 | 浅层软弱土地基处理、挡土墙结构 |
| 加筋 | 锚固法 | 主要有土钉和土锚法,土钉加固作用依赖于土钉与其周围土间的相互作用,土锚则依赖于锚杆另一端的锚固作用,两者的主要功能是减少或承受水平向作用力 | 边坡加固,土锚技术应用中,必须有可以锚固的土层、岩层或构筑物 |
| 加筋 | 竖向加固体复合地基法 | 在地基中设置小直径刚性桩、低等级混凝土桩等竖向加固体,例如 CFG 桩、二灰混凝土桩等,形成复合地基,以提高地基承载力,减小沉降量 | 各类软弱土地基,尤其是较深厚的软土地基 |
| 化学固化 | 深层搅拌法 | 利用深层搅拌机械.将固化剂(一般的无机固化剂为水泥、石灰、粉煤灰等)在原位与软弱土搅拌成桩柱体,可以形成桩柱体复合地基、格栅状或连续墙支挡结构。作为复合地基,可以提高地基承载力和减少变形;作为支挡或防渗结构,可以用作基坑开挖时,重力式支挡结构或深基坑的止水帷幕。水泥系深层搅拌法,一般有两大类方法,即喷浆搅拌法和喷粉搅拌法 | 饱和软黏土、地基,对于有机质较高的泥炭质土或泥炭、含水率很高的淤泥和淤泥质土,适用性宜通过试验确定 |
| 化学固化 | 灌浆或注浆法 | 有渗入灌浆、劈裂灌浆、压密灌浆以及高压注浆等多种方法,浆液的种类较多 | 各类软弱土地基,岩石地基加固,建筑物纠偏等加固处理 |

#### 四、地基处理方案的确定

地基处理的核心是处理方法的正确选择与实施。而对某一具体工程来讲,在选择处理方法时需要综合考虑各种影响因素,如建筑物的体型、刚度、结构受力体系、建筑物材料和使用要求,荷载大小、分布和种类,基础类型、布置和埋深,基底压力、天然地基承载力、稳定安全系数、变形容许值;地基土的类别、加固深度、上部结构要求、周围环境条件、材料来源、施工工期、施工队伍技术素质与施工技术条件、设备状况和经济指标等。对地基条件复杂、需要应用多种处理方法的重大项目还要详细调查施工区内地形及地质成因、地基成层状况、软弱土层厚度、不均匀性和分布范围、持力层位置及状况、地下水情况及地基土的物理和力学性质;施工中需考虑对场地及邻近建筑物可能产生的影响、占地大小、工期及用料等。只有综合分析上述因素,坚持技术先进、经济合理、安全适用、确保质量的原则拟定处理方案,才能获得最佳的处理效果。

地基处理方案的确定可按下列步骤进行:

(1)搜集详细的工程地质、水文地质及地基基础的设计资料。

(2)根据结构类型、荷载大小及使用要求,结合地形地貌、地层结构、土质条件、地下水特征、周围环境和相邻建筑物等因素,初步选定几种可供考虑的地基处理方案。另外,在选择地基处理方案时,应同时考虑上部结构、基础和地基的共同作用;也可选用加强结构措施(如设置圈梁和沉降缝等)和处理地基相结合的方案。

(3)对初步选定的各种地基处理方案,分别从处理效果、材料来源及消耗、机具条件、施工进度、环境影响等方面进行认真的技术经济分析和对比,根据安全可靠、施工方便、经济合理等原则,从而因地制宜地选择最佳的处理方法。值得注意的是,每一种处理方法都有一定的适用范围、局限性和优缺点。没有一种处理方法是万能的。必要时也可选择两种或多种地基处理方法组成的综合方案。

(4)对已选定的地基处理方法,应按建筑物重要性和场地复杂程度,可在有代表性的场地上进行相应的现场试验和试验性施工,并进行必要的测试以验算设计参数和检验处理效果。如达不到设计要求时,应查找原因采取措施或修改设计。

# 第二节　碾压法与夯实法

人工地基从处理深度上可分为浅层处理和深层处理。地基处理中的深层处理往往施工工艺技术较复杂,工期很长,处理费用在建筑工程投资中占有相当可观的比例,而地基浅层处理与深层处理相比,一般使用比较简便的工艺技术和施工设备,耗费较少的材料。因此,建筑工程总是优先采用天然地基或者争取只对地基进行浅层处理。浅层处理按对软土的密实方法常用的有机械碾压、重锤夯实、平板振动等。

#### 一、土的压实原理

土由固体颗粒、水、空气组成。土中固、液、气三相组成的比例反映干湿、密实程度,对评价土的工程性质有重要意义,是填土压实参数选择的依据。

要使土的压实效果最好,其含水率一定要适当。当黏性土的土样含水率较小时,其粒间引力较大,在一定的外部压实功能作用下,如还不能有效地克服引力而使土粒相对移动,这时压实效果就比较差。当增大土样含水率时,结合水膜逐渐增厚,减小了引力,土粒在相同压实功能条件下易于移动而挤密,所以压实效果较好。但当土样含水率增大到一定程度后,孔隙中就出现了自由水,结合水膜的扩大作用就不大了,因而引力的减少就不显著,此时自由水填充在孔隙中,从而产生了阻止土粒移动的作用,所以压实效果又趋下降,因而设计时要选择一个"最优含水率",这就是土的压实机理。所谓最优含水率就是在室内击实试验时,干密度—含水率曲

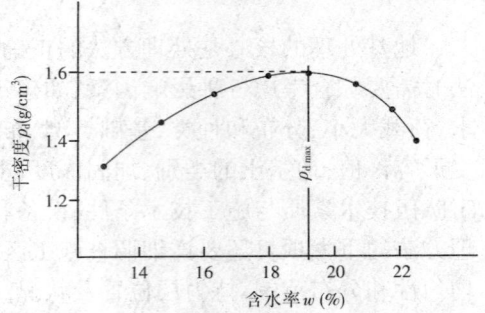

图 13-1　干密度与含水率的关系

线上干密度的峰值即为最大干密度,与之对应的含水率即为最优含水率,如图 13-1 所示。

击实试验是用锤击方法使土的密度增加,以模拟现场压实土的室内试验。实际上击实试验是土样在有侧限的击实筒内,不可能发生侧向位移,力作用在有限体积的整个土体上,且夯实均匀,在最优含水率状态下所获得的最大干密度。而现场施工的土料,土块大小不一,含水率和铺填厚度又很难控制均匀,实际压实土的均质性差。因而对现场土的压实,应以压实系数 $\lambda_c$(土的控制干密度 $\rho_d$ 与最大干密度 $\rho_{d_{max}}$ 之比)和施工含水率(最优含水率 $\omega_{op}$)来进行检验。

## 二、机械碾压法

地基浅层处理的最简易做法是表层加固。当需要处理的地基软弱土位于表层时,厚度不大,或上部荷载较小时,可采用机械碾压法进行表层压实,就可得到较好的技术经济效果。机械碾压法是采用各种压实机械来压实地基土,此法一般应用于道路、堆场等或基坑底面积宽大开挖土方量较大的工程,有时也可用于轻型建筑物。

工程实践中,对碾压质量的检验,要求获得填土最大干密度。其关键在于施工时控制每层的铺设厚度和最优含水率,其最大干密度和最优含水率宜采用击实试验确定。所有施工参数(如施工机械、铺填厚度、碾压遍数与填筑含水率等)都必须由工地试验确定。

## 三、重锤夯实法

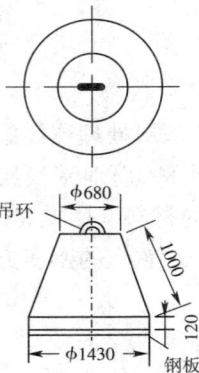

图 13-2　夯锤(尺寸单位:mm)

重锤夯实法是用起重机将夯锤提升到某一高度,然后自由落锤,不断重复夯击以加固地基。重锤夯实法一般适用于地下水位距地表 0.8m 以上稍湿的黏性土、砂土、湿陷性黄土、杂填土和分层填土,用以提高其强度,减少其压缩性和不均匀性,也可用于消除或减少湿陷性黄土的表层湿陷性,但在有效夯实深度内存在软弱土时,或当夯击振动对邻近建筑物或设备有影响时,不得采用。

重锤夯实法的主要设备为起重机械、夯锤、钢丝绳和吊钩等。当直接用钢丝绳悬吊夯锤时,吊车的起重能力一般应大于锤重的 3 倍。采用脱钩夯锤时,起重能力应大于夯锤重量的 1.5 倍。

夯锤宜采用圆台形,锤重宜大于 2t,锤底面单位静压力宜为 15~20kPa,如图 13-2 所示。夯锤落距宜大于 4m。

重锤夯实宜一夯挨一夯顺序进行。在独立柱基基坑内,宜按先外后里的顺序夯击。同一基坑底面标高不同时,应按先深后浅的顺序逐层夯实。累计夯击 10~20 次,最后两击平均夯

沉量对砂土不应超过 5~10mm,对细粒土不应超过 10~20mm。

重锤夯实应用现场试验确定最少夯击遍数、最后夯沉量和有效夯实深度等,加固完成后还应经静载试验确定其承载力,需要时还应对软弱下卧层及地基沉降进行验算。

### 四、振动压实法

振动压实法是使用振动压实机(如图 13-3 所示)来处理无黏性土或黏粒含量少、透水性较好的松散杂填土地基的一种方法。常用的振动压实机械有振动压实机(2t,振动力 98kN)、插入式振动器、平板式振动器。

振动压实的效果与填土成分、振动时间等因素有关,一般振动时间越长,效果越好,但振动时间超过某一值后,振动引起的下沉基本稳定,再继续振动就不能起到进一步压实的作用。为此,需要施工前进行试振,得出稳定下沉量和时间的关系。对主要由炉渣、碎砖、瓦块组成的建筑垃圾,振动时间约在 1min 以上;对含炉灰等细粒填土,振动时间约为 3~5min,有效振实深度为 1.2~1.5m。

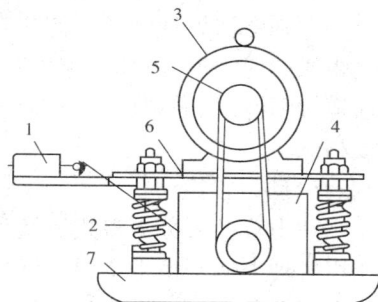

图 13-3　振动压实机示意图

1—操纵机械;2—弹簧减振器;3—电动机;
4—振动器;5—振动机槽轮;6—减振架;
7—振动板

振实范围应从基础边缘放出 0.6m 左右,先振基槽两边,后振中间,其振动的标准是以振动机原地振实不再继续下沉为合格,并辅以轻便触探试验检验其均匀性及影响深度。振实后地基承载力宜通过现场载荷试验确定。一般经振实的杂填土地基承载力可达 100~120kPa。

# 第三节　强　夯　法

强夯是法国 Menard 技术公司于 1969 年首创的一种地基加固方法,它通过一般 10~40t 的重锤和 10~40m 的落距,对地基土施加很大的冲击能,在地基土中所出现的冲击波和动应力,可提高地基土的强度、降低土的压缩性、改善砂土的抗液化条件、消除湿陷性黄土的湿陷性等。同时,夯击能还可提高土层的均匀程度,减少将来可能出现的差异沉降。

强夯置换法是采用在夯坑内回填块石、碎石等粗颗粒材料,用夯锤强行夯入并排开软土形成连续的强夯置换墩。具有加固效果显著、施工工期短和施工费用低等优点。

强夯法适用于处理碎石土、砂土、低饱和度的粉土与塑性指数的 $I_p \leq 10$ 黏性土、湿陷性黄土、素填土和杂填土等地基。强夯置换法适用于高饱和度的粉土与软塑—流塑的黏性土等地基上对变形控制要求不严的工程,同时应在设计前通过现场试验确定其适用性和处理效果。

### 一、加固机理

强夯法是利用强大的夯击能给地基一冲击力,并在地基中产生冲击波,在冲击力作用下,夯锤对上部土体进行冲切,土体结构破坏,形成夯坑,并对周围土进行动力挤压。

目前,强夯法加固地基有三种不同的加固机理:动力密实、动力固结和动力置换,它取决于地基土的类别和强夯施工工艺。

1)动力密实

采用强夯加固多孔隙、粗颗粒、非饱和土是基于动力密实的机理,即用冲击型动力荷载,使土体中的孔隙减小,土体变得密实,从而提高地基土强度。非饱和土的夯实过程,就是土中的气相(空气)被挤出的过程,其夯实变形主要是由于土颗粒的相对位移引起。

2)动力固结

用强夯法处理细颗粒饱和土时,则是借助于动力固结的理论,即巨大的冲击能量在土中产生很大的应力波,破坏了土体原有的结构,使土体局部发生液化并产生许多裂隙,增加了排水通道,使孔隙水顺利逸出,待超孔隙水压力消散后,土体固结。由于软土的触变性,强度得到提高。

3)动力置换

动力置换可分为整式置换和桩式置换。整式置换是采用强夯将碎石整体挤入淤泥中,其作用机理类似于换土垫层。桩式置换是通过强夯将碎石填筑土体中,部分碎石桩(或墩)间隔地夯入软土中,形成桩式(或墩式)的碎石墩(或桩)。其作用机理类似于振冲法等形成的碎石桩,它主要是靠碎石内摩擦角和墩间土的侧限来维持桩体的平衡,并与墩间土起复合地基的作用。

## 二、强夯法的设计要点

### 1. 有效加固深度

有效加固深度既是选择地基处理方法的重要依据,又是反映处理效果的重要参数。一般可按公式(13-1)估算有效加固深度,或按表13-3预估:

$$H = \alpha \sqrt{M \cdot h} \tag{13-1}$$

式中:$H$——有效加固深度,m;

$\quad M$——夯锤重,t;

$\quad h$——落距,m;

$\quad \alpha$——系数,须根据所处理地基土的性质而定,对软土可取0.5,对黄土可取0.34~0.5。

强夯的有效加固深度(m)             表13-3

| 单击夯击能(kN·m) | 碎石土、砂土等粗颗粒土 | 粉土、黏性土、湿陷性黄土等细颗粒土 |
|---|---|---|
| 1000 | 5.0~6.0 | 4.0~5.0 |
| 2000 | 6.0~7.0 | 5.0~6.0 |
| 3000 | 7.0~8.0 | 6.0~7.0 |
| 4000 | 8.0~9.0 | 7.0~8.0 |
| 5000 | 9.0~9.5 | 8.0~8.5 |
| 6000 | 9.5~10.0 | 8.5~9.0 |
| 8000 | 10.0~10.5 | 9.0~9.5 |

注:强夯的有效加固深度应从最初起夯面算起。

### 2. 夯锤和落距

单击夯击能为夯锤重$M$与落距$h$的乘积。一般说夯击时最好锤重和落距大,则单击能量大,夯击击数少,夯击遍数也相应减少,加固效果和技术经济较好。整个加固场地的总夯击能量(即锤重×落距×总夯击数)除以加固面积称为单位夯击能。强夯的单位夯击能应根据地基土类别、结构类型、荷载大小和要求处理的深度等综合考虑,并可通过试验确定。在一般情况下,对粗颗粒土可取1000~3000kN·m/m²,对细颗粒土可取1500~4000kN·m/m²。

但对饱和黏性土所需的能量不能一次施加,否则土体会产生侧向挤出,强度反而有所降低,且难于恢复。根据需要可分几遍施加,两遍间可间歇一段时间,这样可逐步增加土的强度,改善土的压缩性。

在设计中,根据需要加固的深度初步确定采用的单击夯击能,然后再根据机具条件因地制宜地确定锤重和落距。通常对相同的夯击能量,常选用大落距的施工方案,这是因为增大落距可获得较大的落地速度,能将大部分能量有效地传到地下深处,增加深层夯实效果,减少消耗在地表土层塑性变形的能量。

**3. 夯击点布置及间距**

1)夯击点布置

夯击点布置一般为三角形或正方形。强夯处理范围应大于建筑物基础范围,具体的放大范围,可根据建筑物类型和重要性等因素考虑决定。对一般建筑物,每边超出基础外缘的宽度宜为设计处理深度的 1/2 ~2/3,并不宜小于 3m。

2)夯击点间距

夯击点间距(夯距)的确定,一般根据地基土的性质和要求处理的深度而定。第一遍夯击点间距可取夯锤直径的 2.5 ~3.5 倍,第二遍夯击点位于第一遍夯击点之间,以后各遍夯击点间距可适当减小。以保证使夯击能量传递到深处和保护夯坑周围所产生的辐射向裂隙为基本原则。

**4. 夯击击数与遍数**

1)夯击击数

每遍每夯点的夯击击数应按现场试夯得到的夯击击数和夯沉量关系曲线确定,且应同时满足:

(1)最后两击的夯沉量当单击夯击能小于 4000kN·m 时不宜大于 50mm;当单击夯击能为 4000~6000kN·m 时不宜大于 100mm;当单击夯击能大于 6000kN·m 时不宜大于 200mm;

(2)夯坑周围地面不应发生过大隆起;

(3)不因夯坑过深而发生起锤困难。

总之,各夯击点的夯击数,应使土体竖向压缩最大,而侧向位移最小为原则,一般为 4 ~10 击。

2)夯击遍数

夯击遍数应根据地基土的性质和平均夯击能确定。可采用点夯 2 ~3 遍,对于渗透性较差的细颗粒土,必要时夯击遍数可适当增加。最后再以低能量满夯 2 遍,满夯可采用轻锤或低落距锤多次夯击,锤印彼此搭接。

**5. 垫层铺设**

强夯前要求拟加固的场地必须具有一层稍硬的表层,使其能支承起重设备,并便于对所施工的"夯击能"得到扩散;同时也可加大地下水位与地表面的距离,因此有时必需铺设垫层。对于场地地下水位在 -2m 深度以下的砂砾石土层,可直接施行强夯,无需铺设垫层;对于地下水位较高的饱和黏性土与易液化流动的饱和砂土,都需要铺设砂、砂砾或碎石垫层才能进行强夯,否则土体会发生流动。垫层厚度随场地的土质条件、夯锤重量及其形状等条件而定。垫层厚度一般为 0.5 ~2.0m。铺设的垫层不能含有黏土。

6. 间歇时间

各遍间的间歇时间取决于加固土层中孔隙水压力消散所需要的时间。对砂性土,孔隙水压力的峰值出现在夯完后的瞬间,消散时间只有 2~4min,故对渗透性较大的砂性土,两遍夯间的间歇时间很短,亦即可连续夯击。对于黏性土,由于孔隙水压力消散较慢,故当夯击能逐渐增加时,孔隙水压力亦相应地叠加,其间歇时间取决于孔隙水压力的消散情况,一般为 2~4周。目前国内有的工程对黏性土地基的现场埋设了袋装砂井(或塑料排水带),以便加速孔隙水压力的消散,缩短间歇时间。有时根据施工流水顺序先后,两遍间也能达到连续夯击的目的。

### 三、强夯置换法的设计要点

强夯置换法的设计内容与强夯法基本相同,也包括:起重设备和夯锤的确定、夯击范围和夯击点布置、夯击击数和夯击遍数、间歇时间和现场测试等。

强夯置换墩的深度由土质条件决定,除厚层饱和粉土外,应穿透软土层,到达较硬土层上。深度不宜超过 7m。墩体材料可采用级配良好的块石、碎石、矿渣、建筑垃圾等坚硬粗颗粒材料,粒径大于 300mm 的颗粒含量不宜超过全重的 30%。

强夯置换锤底静压力值可取 100~200kPa。

夯点的夯击次数应通过现场试夯确定,且应同时满足:

(1)墩底穿透软弱土层,且达到设计墩长;

(2)累计夯沉量为设计墩长的 1.5~2.0 倍;

(3)最后两击的平均夯沉量应满足强夯法的规定。

墩间距应根据荷载大小和原土的承载力选定,当满堂布置时可取夯锤直径的 2~3 倍。对独立基础或条形基础可取夯锤直径的 1.5~2.0 倍。墩的计算直径可取夯锤直径的 1.1~1.2 倍。

墩顶应铺设一层厚度不小于 500mm 的压实垫层,垫层材料可与墩体相同,粒径不宜大于 100mm。

确定软黏性土中强夯置换墩地基承载力特征值时,可只考虑墩体,不考虑墩间土的作用,其承载力应通过现场单墩载荷试验确定,对饱和粉土地基可按复合地基考虑,其承载力可通过现场单墩复合地基载荷试验确定。

### 四、施工质量控制

夯击前后都应对地基土进行检验,包括室内土工试验、野外标准贯入、静力(轻便)触探、旁压试验(或野外荷载试验)等,检验地基的实际加固深度。有条件应尽量选用上述两项以上的测试项目,以资比较。检验点数,每个建筑物地基不少于 3 点,检测深度和位置按设计要求确定,同时现场测定每个夯击点的地基平均变形值,以检验强夯效果。因强夯后的土体强度随夯击后间隔时间的增加而增加,故检测工作应在强夯施工结束后间隔一段时间方能进行,对碎石土和砂土地基,其间隔时间可取 1~2 周;对粉土和黏性土地基可取 2~4 周。强夯置换地基间隔时间可取 4 周。

# 第四节 换土垫层法

当软弱土地基的承载力和变形满足不了建筑物的要求而软弱土层的厚度又不很大时，将基础底面以下处理范围内的软弱土层的部分或全部挖去，然后分层换填强度较大的砂（碎石、素土、灰土、高炉干渣、粉煤灰）或其他性能稳定、无侵蚀性等材料，并压（夯、振）实至要求的密实度为止，这种地基处理的方法称为换填法。

## 一、换土垫层法的原理

按回填材料不同，垫层可分为：砂垫层、砂石垫层、碎石垫层、素土垫层、灰土垫层、二灰垫层、干渣垫层和粉煤灰垫层等。

虽然不同材料的垫层，其应力分布稍有差异，但从试验结果分析其极限承载力还是比较接近的；通过沉降观测资料发现，不同材料垫层的特点基本相似，故可将各种材料的垫层设计都近似的按砂垫层的计算方法进行计算。但对湿陷性黄土、膨胀土、季节性冻土等某些特殊土采用换土垫层处理时，因其主要处理目的是为了消除地基土的湿陷性、膨胀性和冻胀性，所以在设计时需考虑的解决问题的关键也应有所不同。

换土垫层法按其原理可体现以下 5 个方面的作用：

(1)提高地基承载力。大家知道，浅基础的地基承载力与持力层的抗剪强度有关。如果以抗剪强度较高的砂或其他填筑材料代替软弱的土，可提高地基的承载力，避免地基破坏。

(2)减少沉降量。一般地基浅层部分沉降量在总沉降量中所占的比例是比较大的，如以密实砂或其他填筑材料代替上部软弱土层，就可以减少这部分的沉降量；同时由于砂垫层或其他垫层对应力的扩散作用，使作用在下卧层土上的压力较小，这样也会相应减少下卧层土的沉降量。

(3)加速软弱土层的排水固结。砂垫层和砂石垫层等垫层材料透水性大，软弱土层受压后，垫层可作为良好的排水面，可以使基础下面的孔隙水压力迅速消散，加速垫层下软弱土层的固结和提高其强度，避免地基土塑性破坏。

(4)防止冻胀。因为粗颗粒的垫层材料孔隙大，不易产生毛细现象，因此可以防止寒冷地区土中结冰所造成的冻胀。这时，砂垫层的底面应满足当地冻结深度的要求。

(5)消除膨胀土的胀缩作用。在膨胀土地基上可选用砂、碎石、块石、煤渣、二灰或灰土等材料作为垫层以消除胀缩作用，但垫层厚度应依据变形计算确定，一般不少于 0.3m，且垫层宽度应大于基础宽度，而基础的两侧宜用与垫层相同的材料回填。

## 二、砂垫层的设计要点

砂垫层的设计不但要满足建筑物对地基变形及稳定的要求而且也应符合经济合理的原则。垫层设计的主要内容是确定断面的合理厚度和宽度，即要求有足够的厚度以置换可能被剪切破坏的软弱土层，又要求有足够大宽度以防止砂垫层向两侧挤出。对于排水垫层而言，除要求有一定的厚度和密度满足上述要求外，还要求形成一个排水面，促进软弱土层的固结，提高其强度，以满足上部荷载的要求。

1. 垫层厚度的确定

如图 13-4 所示,垫层厚度 $h_s$ 应根据垫层底部下卧土层的承载力确定,并符合下式要求:

$$p_z + p_{cz} \leqslant f_a \tag{13-2}$$

式中:$p_z$——垫层底面处的附加应力设计值,kPa;

　　$p_{cz}$——垫层底面处土的自重压力值,kPa;

　　$f_a$——经深度修正后垫层底面处土层的地基承载力特征值,kPa。

如图 13-5 所示,垫层底面处的附加压力值 $p_z$ 除了可按弹性理论的应力计算公式求得外,也可按压力扩散角进行简化计算:

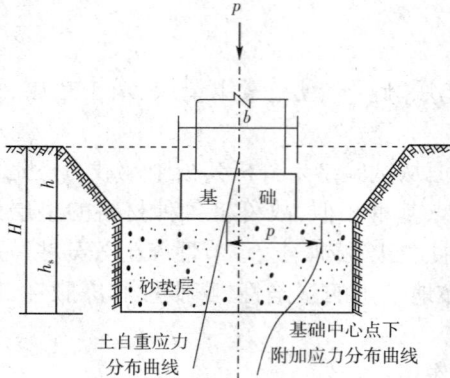

图 13-4　砂垫层及应力分布　　　　图 13-5　砂垫层应力扩散图

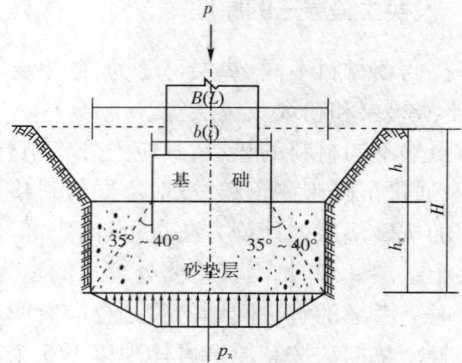

条形基础:

$$p_z = \frac{b(p - p_c)}{b + 2h_s \cdot \tan\theta} \tag{13-3}$$

矩形基础:

$$p_z = \frac{b \cdot l(p - p_c)}{(b + 2h_s \cdot \tan\theta)(l + 2h_s \cdot \tan\theta)} \tag{13-4}$$

式中:$b$——矩形基础或条形基础底面的宽度,m;

　　$l$——矩形基础底面的长度,m;

　　$p$——基础底面压力的设计值,kPa;

　　$p_c$——基础底面处土的自重压力值,kPa;

　　$h_s$——基础底面下垫层的厚度,m;

　　$\theta$——垫层的压力扩散角,(°),可按表 13-4 选用。

具体计算时,一般可根据垫层的承载力确定出基础宽度,再根据下卧土层的承载力确定出垫层的厚度。可先假设一个垫层的厚度,然后按式(13-2)进行验算,直至满足要求为止。

压力扩散角 $\theta$(单位:(°))　　　　　　表 13-4

| 换填材料 $h_s/b$ | 中砂、粗砂、砾砂、圆砾、角砾卵石、碎石 | 黏性土和粉土 $(8 \leqslant I_p \leqslant 14)$ | 灰土 |
|---|---|---|---|
| 0.25 | 20 | 6 | 28 |
| ≥0.50 | 30 | 23 | |

注:当 $h_s/b < 0.25$ 时,除灰土仍取外,其余材料均取 $\theta = 0°$;

　　当 $0.25 < h_s/b < 0.50$ 时,$\theta$ 值可内插求得。

2. 垫层宽度的确定

垫层的底面宽度除要满足基础底面应力扩散外,还要根据垫层侧面土的容许承载力来确定,防止垫层向两侧挤出。如果垫层宽度不够,四周侧面土质又比较软弱时,垫层就有部分挤入侧面软土中,使基础沉降增大。关于宽度计算,目前还缺乏可靠的方法。一般可按下式计算或根据当地经验确定。

$$b' \geqslant b' + 2 \cdot h_s \tan\theta \tag{13-5}$$

式中：$b'$ ——垫层底面宽度,m;

$\theta$ ——垫层的压力扩散角,(°),可按表 13-4 采用;当 $h_s/b < 0.25$ 时,仍按 $h_s/b = 0.25$ 取值。

垫层顶面每边宜比基础底面大 0.3m,或从垫层底面两侧向上按当地开挖基坑经验的要求放坡,整片垫层的宽度可根据施工的要求适当加宽。

3. 垫层承载力的确定

垫层的承载力宜通过现场试验确定,并应验算下卧层的承载力。

4. 沉降计算

对于重要的建筑或垫层下存在软弱下卧层的建筑,还应进行地基变形计算。建筑物基础沉降等于垫层自身的变形量 $S_1$ 与下卧土层的变形量 $S_2$ 之和。

对超出原地面标度的垫层或换填材料的密度高于天然土层密度的垫层,宜早换填并考虑其附加的荷载对建造的建筑物及邻近建筑物的影响。

【例题 13-1】 某建筑物承重墙下为条形基础,基础宽 1.5m,埋深 1m,相应于荷载效应标准组合时上部结构传至条形基础顶面的荷载 $F_k = 247.5\text{kN/m}$,地面下存在 5.0m 厚的淤泥层,$\gamma = 18\text{kN/m}^3$,$\gamma_{sat} = 19.0\text{kN/m}^3$,淤泥层地基的承载力特征值 $f_{a0} = 70\text{kPa}$,地下水位距地面深 1m。试设计砂垫层。

【解】 (1)垫层材料选用中砂,设垫层厚度 $Z = 2.0\text{m}$,则垫层的压力扩散角 $\theta = 30°$。

(2)垫层厚度验算：

相应于荷载效应标准组合时基础底面平均压力值为

$$p_k = \frac{F_k + G}{b} = \frac{247.5 + 1.5 \times 1 \times 20}{1.5} = 185(\text{kPa})$$

基础底面处土的自重压力 $p = 18.0 \times 1 = 18(\text{kPa})$

垫层底面处的附加压力值由公式(13-3)计算得：

$$P_z = \frac{(p_k - p_c)b}{(b + 2z \tan\theta)} = \frac{(185 - 18.0) \times 1.5}{1.5 + 2 \times 2.0 \tan 30°} = 65.8(\text{kPa})$$

垫层底面处的自重应力：$p_{cz} = 18 \times 1 + (20 - 10) \times 2.0 = 38.0(\text{kPa})$

淤泥层地基经深度修正后的地基承载力特征值为：

$$f_a = f_{a0} + \eta_d \gamma_0 (d - 0.5) = 70 + 1.1 \times \frac{38.0}{3.0} \times (3.0 - 0.5) = 104.8(\text{kPa})$$

$$p_{cz} + p_z = 38 + 65.8 = 103.8(\text{kPa}) < f_a = 104.8(\text{kPa})$$

故满足强度要求,垫层厚度选用 2.0m 是合适的。

(3)确定垫层宽度 $b'$：

$$b' = b + 2z \tan\theta = 1.5 + 2 \times 2 \times \tan 30° = 3.81(\text{m})$$

取 $b' = 3.85\text{m}$,按 1:1.5 边坡开挖。

### 三、垫层施工要点

砂垫层应选用级配良好的中粗砂,含泥量不超过 3%,并应除去树皮、草皮等杂质。若用细砂,应掺入 30%～50% 的碎石,碎石最大粒径不宜大于 50mm。湿陷性黄土地基,不得选用砂石等渗水材料。

砂垫层施工一般可采用振动碾压和振动压实机等压密,其压实效果、分层铺填厚度、压实遍数、最优含水率等应根据具体施工方法及施工机具通过现场试验确定,为保证分层压实质量还应控制机械碾压速度。

开挖基坑铺设垫层时,必须避免对软弱土层的扰动和破坏坑底土的结构。基坑开挖后应及时回填,不应暴露过久或浸水,并防止践踏坑底。当采用碎石垫层时,应在坑底先铺一层砂垫底,以免碎石挤入土中。

# 第五节　振密、挤密法

振密、挤密法的原理是采用振冲器或沉管,通过振动、挤压在地基土中成孔,从侧向将土挤密,回填碎石、砾石、砂、石灰、土、灰土等材料,形成碎石桩、砂桩、石灰桩、土桩、灰土桩等,与桩间土组成复合地基,提高地基承载力,减少沉降,消除土的湿陷性或液化性。

## 一、碎(砂)石桩

碎石桩和砂桩总称为碎(砂)石桩,是指用振动、冲击或水冲等方法在软弱地基中成孔后,再将碎石挤入土中形成大直径的由碎石所构成的密实桩体。根据制桩工艺可分为振冲(湿法)碎石桩和干法碎石桩。采用振动水冲法施工的碎石桩称为振冲碎石桩。采用各种无水冲工艺(干振、振挤、锤击)施工的碎石桩称为干法碎石桩。

1. 加固机理

1)对松散砂土加固机理

碎石桩和砂桩加固地基抗液化的机理主要体现在三个方面:

(1)振冲密实作用

对挤密砂桩和碎石桩的沉管法和干振法,由于在成桩过程中桩管对周围砂层产生很大的横向挤压力,桩管中的砂挤向桩管周围的砂层,使桩管周围的砂层孔隙比减少,密实度增大。而对于振冲挤密,在施工过程中由于水冲使松散砂土处于饱和状态,砂土在强烈的高频强迫振动下产生液化并重新排列致密,且在桩孔中填入大量的粗骨料后,被强大的水平振动力挤入周围土中,这种强制挤密使砂土的密实度增加,孔隙比降低,干密度和内摩擦角增大,土的物理力学性能改善,使地基承载力大幅提高,抗液化性能也得到改善。

(2)排水减压作用

碎石桩加固砂土时,桩孔内充填碎石等反滤性好的粗颗粒料,在地基中形成渗透性能良好的人工竖向排水减压通道,可有效消散和防止超孔隙水压力的增高和砂土产生液化,并可加快地基的排水固结。

(3)砂基预振效应

砂土的液化特性除了与砂土的相对密度有关外,还与其振动应变史有关,振冲法施工时,使填料和地基土在挤密的同时获得强烈的预振,这对砂土增强抗液能力极为有利。

2)对黏性土加固机理

对黏性土地基,碎石桩的作用不是挤密,而是置换。在软弱黏性土地基中,主要通过桩体的置换和排水作用加速桩间土体的排水固结,并形成复合地基,提高地基的承载力和稳定性,改善地基土的力学力性能。

2. 设计计算

1) 用于振冲密实的设计要点

振冲密实法适用土类主要为砂土类,粉砂到含砾粗砂,小于 0.074mm 的细粒含量小于 10%。黏粒含量超过 20%,几乎没有挤密效果。

填料可用粗砂、砾石、碎石、矿渣等硬质材料,粒径为 0.5 ~ 5cm。理论上讲填料粒径越粗,挤密效果越好。使用 30kW 振冲器时,填料的最大粒径宜在 5cm 以内,若填料的多数颗粒粒径大于 5cm,容易在孔内发生卡料现象,影响施工进度。使用 75kW 大功率振冲器时,最大粒径可放宽到 10cm。填料含泥量不宜超过 10%。

(1)加固范围

砂基振冲密实的范围应大于建筑物基础范围,在建筑物基础外缘每边放宽不得小于 5m,应在基底轮廓线外加 2 ~ 3 排保护桩。

(2)加固深度

加固深度应根据软弱土层的性能、厚度或工程要求按下列原则确定:

①当相对硬层的埋藏深度不大时,穿透松软土层达相对硬层一定深度。

②当相对硬层的埋藏深度较大时,对按变形控制的工程,加固深度应满足碎石桩复合地基变形不超过建筑物地基容许变形值的要求。对按稳定性控制的工程,加固深度应不小于最危险滑动面的深度。在可液化地基中,加固深度应按要求的抗震处理深度确定。

③桩长不宜短于 4m。

(3)孔位布置和间距

对大面积处理,桩位宜用等边三角形布置;对独立或条形基础,桩位宜用正方形、矩形或等腰三角形布置;对于圆形或环形基础(如油罐基础)宜用放射形布置。

间距:间距视砂土的颗粒组成、密实要求、振冲器功率、地下水位而定。砂的粒径越细,密实要求越高,则间距应越小。通常假定挤密后土体中土颗粒增多而体积不变,借以控制加固后的孔隙比,从而计算桩间距,即根据要求的孔隙比计算:

按等边三角形布置时

$$s = 0.95\xi d\left[(1 + e_0)/(e_0 - e_1)\right]^{1/2} \tag{13-6}$$

按正方形布置时

$$s = 0.89\xi d\left[(1 + e_0)/(e_0 - e_1)\right]^{1/2} \tag{13-7}$$

$$e_1 = e_{max} - D_{rl}(e_{max} - e_{min}) \tag{13-8}$$

式中:$s$ ——桩间距,m;

$d$ ——桩直径,m;

$\xi$ ——修正系数,当考虑振动下沉密实作用时,可取 1.1 ~ 1.2,不考虑振动下沉密实作用时,可取 1.0;

$e_0$ ——地基处理前的天然孔隙比;

$e_1$ ——地基挤密后要求达到的孔隙比;

$e_{max}$、$e_{min}$ ——砂土的最大和最小孔隙比,可按国家标准《土工实验方法标准》(GBJ 123—88)的有关规定确定;

$D_{rl}$ ——要求地基土达到的相对密实度,一般取 0.70 ~ 0.85。

2）振冲置换法的设计要点

振冲置换法适用于 $I_p \leqslant 10$ 的粉土、及 $I_p > 10$，且天然地基承载力标准值 ≥100kPa 的一般黏性土；还有天然地基承载力标准值 <100kPa 的软黏土，强度低、含水率高、孔隙比大、饱和度高的中、高灵敏度土、杂填土、粉煤灰、自重湿陷性黄土等。

（1）加固范围

根据建筑物的重要性、现场条件和基础形式综合确定。均要超出基础范围。对一般地基，在基础外缘宜扩大 1～2 排桩；对可液化地基，在基底轮廓线外加 2～4 排保护桩。

（2）加固深度

相对硬层的埋藏深度不大，宜将桩伸至相对硬层。如果软弱土层厚度很大，只能做贯穿部分软弱土层的桩，此时深度应大于土的承载力标准值应大于附加应力的 2～3 倍处。并满足沉降量小于建筑物的允许变形范围。一般桩长不宜短于 4m，也不宜大于 18m。

在桩体全部制成后，将桩体顶部 1m 左右一段挖去，铺 30～50cm 厚的碎石垫层，然后在上面做基础。桩长指桩在垫层底面以下的实有长度。

（3）孔位布置和间距

桩位布置有两种：等边三角形布置和正方形或矩形布置。前者主要用于大面积满堂加固，后者主要用于单独基础、条形基础等小面积加固。

桩中心间距的确定应考虑荷载大小、原土的抗剪强度。荷载大，间距应小；原土强度低，间距亦应小。特别在深厚软基中打不到相对硬层的短桩，桩的间距应更小。一般间距为1.5～2.5m。

桩径与土类及强度、桩身材料粒径、桩的填料量、振冲器类型及施工质量关系密切。一般平均理论直径 $d = 0.8～1.2m$。对一般软黏土地基，采用 30kW 振冲器制桩，每米桩长约需0.6～0.8m³碎石。

3）碎（砂）石桩复合地基承载力

经碎（砂）石桩处理后的复合地基，其承载力应根据现场复合地基载荷试验确定，或根据采用增强体的载荷试验结果和其周边土的承载力结果经验确定。对碎（砂）石桩处理砂土地基，也可根据挤密后砂土的密实状态，按《建筑地基基础设计规范》（GB 50007—2002）的有关规定确定，而对于碎（砂）石桩处理的黏性土地基，可按下式的复合地基承载力计算理论确定。

$$f_{sp,k} = mf_{p,k} + (1 - m)f_{s,k} \tag{13-9}$$

式中：$f_{sp,k}$——复合地基承载力标准值，kPa；

　　　$f_{p,k}$——桩体单位面积承载力标准值，kPa；

　　　$f_{s,k}$——桩间土承载力标准值，kpa；

　　　$m$——面积置换率，指一根碎（砂）石桩的有效加固面积（可用有效圆面积表示）与碎

　　　　　（砂）石桩截面积的比值，$m = d^2 / d_e^2$，$d$ 为碎石桩直径（m），$d_e$ 为等效影响圆直

　　　　　径（m），等边三角形布桩 $d_e$ 取 $1.05l$，正方形取 $1.13l$。

对于乙级及以下工程的黏性土地基，无现场载荷试验资料，按式（13-10a）或式（13-10b）确定

$$f_{sp,k} = [1 + m(n - 1)] \cdot f_{s,k} \tag{13-10a}$$

或　　　　　　　　　$$f_{sp,k} = [1 + m(n - 1)] \cdot (3 \cdot s_v) \tag{13-10b}$$

式中：$s_v$——桩间土的十字板抗剪强度；

342

$n$——桩土应力比。

4)碎(砂)石桩复合地基沉降计算

碎(砂)石桩复合地基沉降计算应按《建筑地基基础设计规范》(GB 50007—2002)的有关规定执行。复合土层压缩模量可按下式确定：

$$E_{sp} = [1 + m(n-1)]E_s \qquad (13\text{-}11)$$

式中：$E_s$——桩间土的压缩模量；

$n$——桩土应力比，无实测资料时，砂土地基 $n = 1.5 \sim 3$，原地基强度高时取小值，低时取大值。

## 二、石灰桩

石灰桩是指采用机械或人工在地基中成孔，然后灌入生石灰或按一定比例加入粉煤灰、炉渣、火山灰等掺和料及少量外加剂进行振密或夯实而形成的桩体，石灰桩与经改良的桩周土共同组成石灰桩复合地基以支承上部建筑物。

### 1. 加固机理

1)成桩挤密作用

石灰桩施工时是由振动钢管下沉而成孔，使桩间土产生挤压和排土作用，其挤密效果与土质、上覆压力及地下水状况等有密切关系。

2)膨胀挤密效果

石灰桩在成孔后灌入生石灰便吸水膨胀，使桩间土受到强大的挤压力，这对地下水位以下软黏土的挤密起主导作用。

3)桩和桩间土的高温效应

软黏土的含水率一般为 40%～80%，1kg 生石灰的消解反应要吸收 0.32kg 的水，同时在理论上将放出 1164kJ 的热量。在正常情况下，桩土的温度最高可达 40～50℃，使土产生一定的气化脱水。从而使土中含水率下降，孔隙比减小，土颗粒靠拢挤密，加固区的地下水位也有一定的下降。

4)置换作用

由于石灰桩桩体具有较桩间土有更大的强度(抗压强度约 500kPa)，在与桩间土形成复合地基中具有桩体作用。当承受荷载时，桩上将产生应力集中现象。

5)排水固结作用

试验分析结果表明，石灰桩桩体的渗透系数一般为 $10^{-5} \sim 10^{-3}$ cm/s，亦即相当于细砂。由于石灰桩桩距较小(一般为 2～3 倍桩体直径)，水平排水路径很短，具有较好的排水固结作用。当桩体掺和料采用煤渣、矿渣、钢渣等粗颗粒料时，排水固结的作用更加明显。

6)加固层的减载作用

由于生石灰的密度为 8kg/m³，显著小于土的密度，即使桩体饱和后，其密度也小于土的密度密度。当采用排土成桩时，加固层的自重减轻，作用在桩底平面的自重应力显著减少，即可减少桩底下卧层顶面的附加应力。

7)胶凝作用

由于生石灰吸水生成的 $Ca(OH)_2$ 中一部分与土中二氧化硅和氧化铝产生化学反应，生成水化硅酸钙、水化铝酸钙等水化产物。水化物对土颗粒产生胶结作用，使土聚集体积增大，并趋于紧密。同时加固土黏粒含量减少，说明颗粒胶结作用从本质上改变了土的结构，提高了土的强度,而土体的强度将随龄期的增长而增加。

石灰桩主要适用于杂填土、素填土、一般黏性土、淤泥质土和淤泥及透水性小的粉土。对于透水性大的砂土和砂质粉土,以及超高含水率的软土($w > 130\%$)则不适用。

2. 设计要点

1)材料

石灰桩的材料以生石灰为主,生石灰选用现烧的(新鲜)并需过筛,粒径一般为 50mm 左右,含粉量不得超过总重量的 20%,CaO 含量不得低于 70%,其中夹石不大于 5%。生石灰中掺入适当粉煤灰或火山灰等含硅材料时,粉煤灰或火山灰与生石灰的重量配合比一般为 3:7。粉煤灰应采用干灰,含水率 $w < 5\%$,使用时要与生石灰拌均匀。

2)桩径

石灰桩的桩径一般为 150~400mm,具体桩径取决于成孔机管径。

3)桩距及布置

桩距及布置 3 倍桩径。桩距太大则约束力太小。平面布置可为梅花形或正方形。一般离桩的 3~4 倍桩径外,原状土得不到加固,故对大面积加固通常至少需要两排护桩。

4)桩长

桩的长度取决于石灰桩的加固目的和上部结构的条件。

(1)若石灰桩加固只是为了形成一个压缩性比较小的垫层,则桩长可较小,一般可取 2~4m。

(2)若加固目的是为了减少沉降,则就需要较长的桩。如果为了解决深层滑动问题,也需要较长的桩,保证桩长穿过滑动面。

5)承载力计算

实践证明,石灰桩加固软弱地基可按一般复合地基的理论计算。设计时可考虑桩身四周的早期强度,后期强度作为安全储备。其中,桩间土的强度可按加固后桩间土的平均含水率、孔隙比等物理指标查有关现行规范而得。

6)沉降计算

经石灰桩加固后,地基由上层石灰桩复合地基和下卧天然地基组成。建筑物的沉降量可按类似碎(砂)石桩的计算方法进行计算。

### 三、土(或灰土、双灰)桩

土(或灰土、双灰)桩挤密法是利用打入钢套管(或振动沉管、炸药爆破)在地基中成孔,通过"挤"压作用,使地基土得到加"密",然后在孔中分层填入素土(或灰土、粉煤灰加石灰)后夯实而成土桩(或灰土桩、双灰桩)。它们属于柔性桩,与桩间土共同组成复合地基。

土(或灰土、双灰)桩适用于处理 5~15m、地下水位以上、含水率 14%~23% 的湿陷性黄土、新近堆积黄土、素填土、杂填土及其他非饱和黏性土、粉土等土层。当地基土的含水率大于23%、饱和度大于 0.65 以及土中碎(卵)石含量(质量百分数)超过 15% 或有厚度 40cm 以上的砂土或碎土夹层时,不宜采用。当以消除地基的湿陷性为主要目的时,宜选用土桩;当以提高地基的承载力或水稳性为主要目的时,宜选用灰土桩或双灰桩。

1. 加固机理

1)土的侧向挤密作用

土(或灰土、双灰)桩挤压成孔时,桩孔位置原有土体被强制侧向挤压,使桩周一定范围内的土层密实度提高。其挤密影响半径通常为 $1.5 \sim 2.0d$($d$ 为桩径)。

2)桩体材料的作用

(1)灰土桩

灰土桩是用石灰和土按一定体积比例(2:8 或 3:7)拌和,并在桩孔位夯实加密后形成的桩,这种材料在化学性能上具有气硬性和水硬性,由于石灰内带正电荷钙离子与带负电荷黏土颗粒相互吸附,形成胶体凝聚,并随灰土龄期增长,土体固化作用提高,使土体逐渐增加强度。在力学性能上,它可达到挤密地基效果,提高地基承载力,消除湿陷性,沉降均匀和沉降量减小。

(2)双灰桩

在地基加固中采用火电厂的粉煤灰,多数采用湿灰。粉煤灰中含有较多的焙烧后的氧化物。粉煤灰与一定量的石灰和水拌和后,由于石灰的吸水膨胀和放热反应,产生一系列复杂的硅铝酸和水硬性胶凝物质,使其相互填充于粉煤灰孔隙间,胶结成密实坚硬类似水泥水化物块体,从而提高了双灰的强度,同时由于双灰中晶体 $Ca(OH)_2$ 的作用,有利于石灰粉煤灰的水稳性。

3)桩体作用

由于灰土桩的变形模量远大于桩间土的变形模量,荷载向桩上产生应力集中,从而降低了基础底面以下一定深度内土中的应力,消除了持力层内产生大量压缩变形和失陷变形的不利因素。此外,由于灰土桩对桩间土能起侧向约束作用,限制土的侧向移动,桩间土只产生竖向压密,使压力与沉降始终呈线性关系。

土桩挤密地基由桩间挤密土和分层填夯的素土桩组成,土桩桩体和桩间土均为被机械挤密的重塑土,两者均属同类土料。因此,两者的物理力学指标无明显差异。因而,土桩挤密地基可视为厚度较大的素土垫层。

2. 设计要点

1)桩孔位置原则和要求

(1)桩孔间距应以保证桩间土挤密后达到要求的密实度和消除湿陷性为原则。

(2)桩身压实系数应达到:土桩 $\lambda_c > 0.95$;灰土桩 $\lambda_c > 0.97$。

2)桩径

设计时如桩径 $d$ 过小,则桩数增加,并增大打桩和回填的工作量;如桩径 $d$ 过大,则桩间土挤密不够,致使消除失陷程度不够理想,且对成孔机械要求也高。当前我国桩径最小为 250mm,最大为 600mm,一般为 $350 \sim 450$mm,常用 400mm。

3)桩距和排距

土(或灰土、双灰)桩的挤密效果与桩距有关。而桩距的确定又与土的原始干密度和孔隙比有关。桩距的设计一般应通过试验或计算确定。而设计桩距的目的在于使桩间土挤密后达到一定平均密实度不低于设计要求标准。一般规定桩间土的最小干密度不得小于 $1.5t/m^3$,桩间土的平均压实系数 $\lambda_c = 0.90 \sim 0.93$。

为使桩间土得到均匀挤密,桩孔应尽量按等边三角形排列,但有时为了适应基础尺寸,合理减少桩孔排数和孔数时,也可采用正方形和梅花形等排列方式。

4)承载力确定

对重大工程,一般应通过载荷试验确定其承载力。对一般工程可参照当地经验确定挤密地基土的承载力值。当缺乏经验时，对土挤密桩地基，不应大于处理前的 1.4 倍，并不应大于180kPa；对灰土挤密桩地基，不应大于处理前的 2 倍，并不大于 250kPa。

5）变形计算

土或灰土挤密桩处理地基的变形计算应按国家《建筑地基基础设计规范》（GB 50007—2002）有关规定执行。其中复合土层的压缩模量应通过试验或结合当地经验确定。

### 四、水泥粉煤灰碎石桩

水泥粉煤灰碎石桩简称 CFG 桩，是在碎石桩的基础上加进一些石屑、粉煤灰和少量水泥，加水拌和制成的一种具有一定黏结强度的桩。这种地基加固方法吸取了振冲碎石桩和水泥搅拌桩的优点。第一，施工工艺与普通振动沉管灌注桩一样，工艺简单，与振冲碎石桩相比，无场地污染、振动影响也较小。第二，所用材料仅需少量水泥，便于就地取材，基础工程不会与上部结构争"三材"，这也是比水泥搅拌桩优越之处。第三，受力特性与水泥搅拌桩类似。

CFG 桩在受力特性方面介于碎石桩和钢筋混凝土桩之间。与碎石桩相比，CFG 桩桩身具有一定的刚度，不属于散体材料桩，其桩体承载力取决于桩侧摩阻力和桩端端承力之和或桩体材料强度。当桩间土不能提供较大侧限力时，CFG 桩复合地基承载力高于碎石复合地基。与钢筋混凝土桩相比，桩体强度和刚度比一般混凝土小得多，这样有利于充分发挥桩体材料的潜力，降低地基处理费用。

1. 加固机理

CFG 桩加固软弱地基，桩和桩间土一起通过褥垫层形成 CFG 复合地基。此处的褥垫层不是基础施工时通常做的 10cm 厚的素混凝土垫层，而是由粒状材料组成的散体垫层。由于CFG 桩系高黏结强度桩，褥垫层是桩和桩间土形成复合地基的必要条件，亦即褥垫层是 CFG桩复合地基不可缺少的一部分。

其加固软弱地基主要有三种作用：桩体作用、挤密作用和褥垫层作用。

1）桩体作用

CFG 桩不同于碎石桩，是具有一定黏结强度的混合料。在荷载作用下 CFG 桩的压缩性明显比其周围软土小，因此基础传给复合地基的附加应力随地基的变形逐渐集中到桩体上，出现应力集中现象，复合地基的 CFG 桩起到了桩体作用。

2）挤密与置换作用

当 CFG 桩用于挤密效果好的土时，由于 CFG 桩采用振动沉管法施工，其振动和挤压作用使桩间土得到挤密，复合地基承载力的提高既有挤密又有置换；当 CFG 桩用于不可挤密的土时，其承载力的提高只是置换作用。

3）褥垫层作用

由级配砂石、粗砂、碎石等散体材料组成的褥垫，在复合地基中可保证桩、土共同承担荷载，减少基础底面的应力集中，同时褥垫层厚度可以调整桩、土荷载分担比。

2. 设计要点

1）桩径

CFG 桩常采用振动沉管法施工，其桩径根据桩管大小而定，一般为 350～400mm。

2）桩距

桩距的大小取决于设计要求的复合地基承载力、土性与施工机具，可参考表 13-5 进行选用。

| 土质<br>桩距<br>布桩形式 | 挤密性好的土,如砂土、<br>粉土、松散填土等 | 可挤密性土,如粉质黏土、<br>非饱和黏土等 | 不可挤密性土,如饱和<br>黏性土、淤泥质土等 |
|---|---|---|---|
| 单、双排布桩的条基 | $(3 \sim 5)d$ | $(3.5 \sim 5)d$ | $(4 \sim 5)d$ |
| 含九根以下的独立基础 | $(3 \sim 6)d$ | $(3.5 \sim 6)d$ | $(4 \sim 6)d$ |
| 满堂布桩 | $(4 \sim 6)d$ | $(4 \sim 6)d$ | $(4.5 \sim 7)d$ |

注:$d$ 为桩径,以成桩后的实际桩径为准。

3)褥垫层

褥垫层厚度一般取 $10 \sim 30cm$ 为宜,当桩距过大时并考虑土性可适当加大。褥垫层材料可用碎石、级配砂石(限制最大粒径)、粗砂、中砂。

4)承载力确定

对重大工程,一般应通过载荷试验确定其承载力,对一般工程可采用复合地基理论确定承载力值。

5)沉降计算

CFG 桩复合地基沉降由三部分组成,加固深度范围内土的压缩变形 $S_1$,下卧层变形 $S_2$,褥垫层变形 $S_3$。由于 $S_3$ 数量很小可忽略不计。$S_1$ 和 $S_2$ 按分层总和法计算。

# 第六节　排水固结法

排水固结法是在建筑物建造前,对天然地基或对已设各种排水体(如砂井等)的地基施加预压荷载(如堆载、真空预压),使土体固结沉降基本完成或完成大部分,从而提高地基土强度的一种地基处理方法。根据所施加的预压荷载不同,排水固结法可分为:堆载预压法、真空预压法和联合预压法。

## 一、加固机理

1. 堆载预压加固机理

饱和软黏土地基在荷载作用下,孔隙中的水慢慢排出,孔隙体积慢慢地减小,地基发生固结变形。同时,随着超静孔隙水压力逐渐消散,有效应力逐渐提高,地基土的强度逐渐增长。现以图 13-6 为例来说明排水固结法使地基土密实、强化的原理。在如图 13-6a)中,当土样的天然有效固结压力为 $\sigma'_0$ 时,孔隙比为 $e_0$,在 $e$—$\sigma_c$ 曲线上相应为 $a$ 点,当压力增加 $\Delta\sigma'$,固结终了时孔隙比减少 $\Delta e$,相应点为 $c$ 点,曲线 $abc$ 为压缩曲线,与此同时,抗剪强度与固结压力成比例地由 $a$ 点提高到 $c$ 点,说明土体在受压固结时,与孔隙比减小产生压缩的同时,抗剪强度也得到提高。如从 $c$ 点卸除压力 $\Delta\sigma'$,则土样发生回弹,图 13-6a)中 $cef$ 为卸荷回弹曲线,如从 $f$ 点再加压 $\Delta\sigma'$,土样再压缩将沿虚线到 $c'$,其相应的强度包线,如图 13-6b)所示。从再压缩曲线 $fgc'$ 可看出,固结压力同样增加 $\Delta\sigma'$ 而孔隙比减小值为 $\Delta e'$,$\Delta e'$ 比 $\Delta e$ 小得多。这说明如在建筑场地上先加一个和上部结构相同的压力进行加载预压使土层固结,然后卸除荷载,再施工建筑物,可以使地基沉降减少,如进行超载预压(预压荷载大于建筑物荷载)效果将更好,但预压荷载不应大于地基土的容许承载力。

## 2. 真空预压加固机理

真空预压法是在需要加固的软土地基表面先铺设砂垫层,然后埋设垂直排水管道,再用不透气的封闭膜使其与大气隔绝,薄膜四周埋入土中,通过砂垫层内埋设的吸水管道,用真空装置进行抽气,使其形成真空,增加地基的有效应力。

当抽真空时,先后在地表砂垫层及竖向排水通道内逐步形成负压,使土体内部与排水通道、垫层之间形成压差。在此压差作用下,土体中的孔隙水不断由排水通道排出,从而使土体固结。

真空预压的原理主要反映在以下几个方面:

(1)薄膜上面承受等于薄膜内外压差的荷载;

(2)地下水位降低,相应增加附加应力;

(3)封闭气泡排出,土的渗透性加大。

真空预压是通过覆盖于地面的密封膜下抽真空,使膜内外形成气压差,使黏土层产生固结压力。即是在总应力不变的情况下,通过减小孔隙水压力来增加有效应力的方法。真空预压和降水预压是在负超静水压力下排水固结,称为负压固结。

图 13-6　排水固结法加固机理
a)$e—\sigma_c$ 曲线;b)$\tau—\sigma_c$ 曲线

实际上,排水固结法是由排水系统和加压系统两部分共同组合而成的。

排水系统是一种手段,如没有加压系统,孔隙中的水没有压力差就不会自然排出,地基也就得不到加固。如果只增加固结压力,不缩短土层的排水距离,则不能在预压期间尽快地完成设计所要求的沉降量,强度不能及时提高,加载也不能顺利进行。所以上述两个系统,在设计时总是联系起来考虑的。

排水固结法适用于处理各类淤泥、淤泥质土及冲填土等饱和黏性土地基。砂井法特别适用于存在连续薄砂层的地基。但砂井只能加速主固结而不能减少次固结,对有机质土和泥炭等次固结土,不宜只采用砂井法。克服次固结可利用超载的方法。真空预压法适用于能在加固区形成(包括采取措施后形成)稳定负压边界条件的软土地基。降低地下水位法、真空预压法和电渗法由于不增加剪应力,地基不会产生剪切破坏,所以它适用于很软弱的黏土地基。

## 3. 计算理论

排水固结法的设计,实质上就是进行排水系统和加压系统的设计,使地基在受压过程中排水固结、强度相应增加以满足逐渐加荷条件下地基稳定性的要求,并加速地基的固结沉降,缩短预压的时间。

1)瞬时加荷条件下固结度计算

不同条件下平均固结度计算公式见表 13-6。

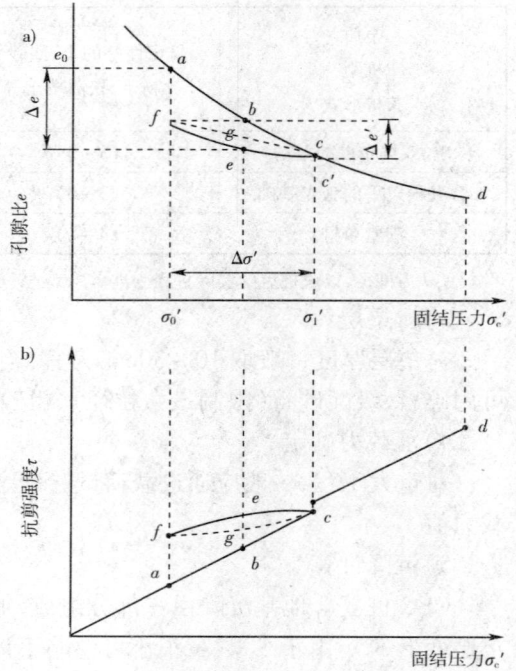

| 序号 | 条 件 | 平均固结度计算公式 | $\alpha$ | $\beta$ | 备 注 |
|---|---|---|---|---|---|
| 1 | 竖向排水固结 $(\overline{U}_z > 30\%)$ | $\overline{U}_z = 1 - \dfrac{8}{\pi^2}e^{-\frac{\pi^2 C_v}{4H^2}t}$ | $\dfrac{8}{\pi^2}$ | $\dfrac{\pi^2 C_v}{4H^2}$ | Tezaghi 解 |
| 2 | 内径向排水固结 | $\overline{U}_r = 1 - e^{-\frac{8}{F(n)}\frac{C_h}{d_e^2}t}$ | 1 | $\dfrac{8C_h}{F(n)d_e^2}$ | Barron 解 |
| 3 | 竖向和内径向排水固结(砂井地基平均固结度) | $\overline{U}_{rz} = 1 - \dfrac{8}{\pi^2}\cdot e^{-\left(\frac{8}{F(n)}\frac{C_h}{d_e^2}+\frac{\pi^2 C_v}{4H^2}\right)t}$ $= 1 - (1-\overline{U}_r)(1-\overline{U}_z)$ | $\dfrac{8}{\pi^2}$ | $\dfrac{8C_h}{F(n)d_e^2}+\dfrac{\pi^2 C_v}{4H^2}$ | $F(n) = \dfrac{n^2}{n^2-1}\ln(n) - \dfrac{3n^2-1}{4n^2}$ $n = \dfrac{d_e}{d_w}$ |
| 4 | 砂井未贯穿受压土层的平均固结度 | $\overline{U} = Q\overline{U}_{rz} + (1-Q)\overline{U}_z$ $\approx 1 - \dfrac{8Q}{\pi^2}e^{-\frac{8}{F(n)}\frac{C_h}{d_e^2}t}$ | $\dfrac{8}{\pi^2}Q$ | $\dfrac{8C_h}{F(n)d_e^2}$ | $Q = \dfrac{H_1}{H_1+H_2}$ |
| 5 | 普遍表达式 | $\overline{U} = 1 - \alpha\cdot e^{-\beta\cdot t}$ | | | |

表中：$C_v$——竖向固结系数，$C_v = \dfrac{k_v(1+e)}{\alpha\cdot\gamma_w}$；

$C_h$——径向固结系数(或称水平向固结系数)，$C_h = \dfrac{k_h(1+e)}{\alpha\cdot\gamma_w}$；

$d_e$——每一个砂井有效影响范围的直径；

$d_w$——砂井直径。

2）逐渐加荷条件下地基固结度的计算

以上计算固结度的理论公式都是假设荷载是一次瞬间加足的。实际工程中,荷载总是分级逐渐施加的。因此,根据上述理论方法求得的固结时间关系或沉降时间关系都必须加以修正。

3）地基土抗剪强度增长的预估

在预压荷载作用下,随着排水固结的进程,地基土的抗剪强度就随着时间而增长;另一方面,剪应力随着荷载的增加而加大,而且剪应力在某种条件(剪切蠕动)下,还能导致强度的衰减。因此,地基中某一点在某一时刻的抗剪强度 $\tau_f$ 可表示为：

$$\tau_f = \tau_{f0} + \Delta\tau_{fc} - \Delta\tau_{f\tau} \tag{13-12}$$

式中：$\Delta\tau_{f0}$——地基中某点在加荷之前的天然地基抗剪强度。用十字板或无侧限抗压强度试验、三轴不排水剪切试验测定。

$\Delta\tau_{fc}$——由于固结而增长的抗剪强度增量。

$\Delta\tau_{f\tau}$——由于剪切蠕动而引起的抗剪强度衰减量。

考虑到由于剪切蠕动所引起强度衰减部分 $\Delta\tau_{f\tau}$ 目前尚难提出合适的计算方法,故该式为

$$\tau_f = \eta(\tau_{f0} + \Delta\tau_{fc}) \tag{13-13}$$

式中 $\eta$ 是考虑剪切蠕变及其他因素对强度影响的一个综合性的折减系数。$\eta$ 值与地基土在附加剪应力作用下可能产生的强度衰减作用有关,根据国内有些地区实测反算的结果,$\eta$ 值为 $0.8 \sim 0.85$。如判断地基土没有强度衰减可能时,则 $\eta = 1.0$。

### 二、堆载预压法设计要点

堆载预压法设计包括加压系统和排水系统的设计。加压系统主要指堆载预压计划以及堆载材料的选用;排水系统包括竖向排水体的材料选用、排水体长度、断面、平面布置的确定。

#### 1. 加压系统设计

堆载预压,根据土质情况分为单级加荷和多级加荷;根据堆载材料分为自重预压、加荷预压和加水预压。

堆载一般用填土、砂石等散粒材料;油罐通常利用罐体充水对地基进行预压。对堤坝等以稳定为控制的工程,则以其本身的重量有控制地分级逐渐加载,直至设计标高。

由于软黏土地基抗剪强度低,无论直接建造建筑物还是进行堆载预压往往都不可能快速加载,而必须分级逐渐加荷,待前期荷载下地基强度增加到足以加下一级荷载时方可加下一级荷载。其计算步骤是,首先用简便的方法确定一个初步的加荷计划,然后校核这一加荷计划下的地基的稳定性和沉降,具体计算步骤如下:

(1)利用地基的天然地基土抗剪强度计算第一级容许施加的荷载 $p_1$。一般可根据斯开普顿极限荷载的半经验公式作为初步估算,即

$$p_1 = \frac{1}{K}5 \cdot c_u \left(1 + 0.2 \frac{B}{A}\right)\left(1 + 0.2 \frac{D}{B}\right) + \gamma D \tag{13-14}$$

式中:$K$——安全系数,建议采用 $1.1 \sim 1.5$;

   $c_u$——为天然地基上的不排水抗剪强度,kPa;

   $D$——基础埋置深度;

   $A$、$B$——基础的长边和短边;

   $\gamma$——基底标高以上土的重度,kN/m³。

对饱和软黏性土也可采用下式估算

$$p_1 = \frac{5.14c_u}{K} + \gamma D \tag{13-15}$$

对长条梯形填土,可根据 Fellennius 公式估算:

$$p_1 = 5.52c_u/K \tag{13-16}$$

(2)计算第一级荷载下地基强度增长值。在 $p_1$ 荷载作用下,经过一段时间预压地基强度会提高,提高以后的地基强度为 $c_{u1}$,

$$c_{u1} = \eta(c_u + \Delta c'_u) \tag{13-17}$$

式中:$\Delta c'_u$—— $p_1$ 作用下地基因固结而增长的强度。它与土层的固结度有关,一般可先假定一固结度,通常可假定为 70%,然后求出强度增量 $\Delta c'_u$。

   $\eta$——考虑剪切蠕动的强度折减系数。

(3)计算 $p_1$ 作用下达到所确定固结度与所需要的时间。达到某一固结度所需要的时间可根据固结度与时间的关系求得。此步计算目的在于确定第一级荷载停歇时间,即第二级荷载开始施加的时间。

(4)根据第二步所得到的地基强度 $c_{u1}$ 计算第二级所施加的荷载 $p_2$。

$$p_2 = \frac{5.52c_{u1}}{K} \tag{13-18}$$

同样,求出在 $p_2$ 作用下地基固结度达 70% 时的强度以及所需要的时间,然后计算第三级

所能施加的荷载,依次可计算出以后各级荷载和停歇时间。这样初步的加荷计划就确定下来。

(5)按以上步骤确定的加荷计划进行每一级荷载下地基的稳定性验算。如稳定性不满足要求,则调整加荷计划。

(6)计算预压荷载下地基的最终沉降量和预压期间的沉降量。即确定预压荷载卸除的时间,这时地基在预压荷载下所完成的 沉降量已达设计要求,所留的沉降是建筑物所允许的。

2. 排水系统设计

1)竖向排水体材料选择

竖向排水体可采用普通砂井、袋装砂井和塑料排水带。若需要设置竖向排水体长度超过20m,建议采用普通砂井。

2)竖向排水体深度设计

竖向排水体深度主要根据土层的分布、地基中附加应力大小、施工期限和施工条件以及地基稳定性等因素确定。

(1)当软土层不厚、底部有透水层时,排水体应尽可能穿透软土层;

(2)当深厚的高压缩性土层间有砂层或砂透镜体时,排水体应尽可能打至砂层或砂透镜体。而采用真空预压时应尽量避免排水体与砂层相连接,以免影响真空效果;

(3)对于无砂层的深厚地基则可根据其稳定性及建筑物在地基中造成的附加应力与自重应力之比值确定(一般为 0.1 ~ 0.2);

(4)按稳定性控制的工程,如路堤、土坝、岸坡、堆料等,排水体深度应通过稳定分析确定,排水体长度应大于最危险滑动面的深度。

(5)按沉降控制的工程,排水体长度可从压载后的沉降量满足上部建筑物容许的沉降量来确定。竖向排水体长度一般为 10 ~ 25m。

3)竖向排水体平面布置设计

普通砂井直径一般为 200 ~ 500mm,井径比为 6 ~ 8;袋装砂井直径一般为 70 ~ 100mm,井径比为 15 ~ 30。塑料排水带常用当量直径表示,塑料排水带宽度为 $b$,厚度为 $\delta$,则换算直径可按下式计算:

$$D_p = \alpha \frac{2(b + \delta)}{\pi} \tag{13-19}$$

式中:$\alpha$——换算系数,一般 $\alpha = 0.75 \sim 1.0$。塑料排水带尺寸一般为 $100mm \times 4mm$,井径比为 15 ~ 30。

竖向排水体直径和间距主要取决于土的固结性质和施工期限的要求。排水体截面大小只要能及时排水固结就行,由于软土的渗透性比砂性土为小,所以排水体的理论直径可很小。但直径过小,施工困难,直径过大对增加固结速率并不显著。从原则上讲,为达到同样的固结度,缩短排水体间距比增加排水体直径效果要好,即井距和井间距关系是"细而密"比"粗而稀"为佳。

竖向排水体在平面上可布置成正三角形(梅花形)或正方形,以正三角形排列较为紧凑和有效。

正方形排列的每个砂井,其影响范围为一个正方形,正三角形排列的每个砂井,其影响范围则为一个正六边形。在实际进行固结计算时,由于多边形作为边界条件求解很困难,为简化起见,巴伦建议每个砂井的影响范围由多边形改为由面积与多边形面积相等的圆来求解。

正方形排列时：
$$d_e = \sqrt{\frac{4}{\pi}} \cdot l = 1.13l \qquad (13\text{-}20)$$

正三角形排列时：
$$d_e = \sqrt{\frac{2\sqrt{3}}{\pi}} \cdot l = 1.05l \qquad (13\text{-}21)$$

式中：$d_e$——每一个砂井有效影响范围的直径；

    $l$——砂井间距。

竖向排水体的布置范围一般比建筑物基础范围稍大为好。扩大的范围可由基础的轮廓线向外增大大约 $2 \sim 4$m。

4）砂料设计

制作砂井的砂宜用中粗砂，砂的粒径必须能保证砂井具有良好的透水性。砂井粒度要不被黏土颗粒堵塞。砂应是洁净的，不应有草根等杂物，其含泥量不能超过 3%。

5）地表排水砂垫层设计

为了使砂井排水有良好的通道，砂井顶部应铺设砂垫层，以连通各砂井将水排到工程场地以外。砂垫层采用中粗砂，含泥量应小于 3%。

砂垫层应形成一个连续的、有一定厚度的排水层，以免地基沉降时被切断而使排水通道堵塞。陆上施工时，砂垫层厚度一般取 0.5m 左右；水下施工时，一般为 1m 左右。砂垫层的宽度应大于堆载宽度或建筑物的底宽，并伸出砂井区外边线 2 倍砂井直径。在砂料贫乏地区，可采用连通砂井的纵横砂沟代替整片砂垫层。

3. 现场监测设计

堆载预压法现场监测项目一般包括地面沉降观测、水平位移观测和孔隙水压力观测，如有条件可进行地基中深层沉降和水平位移观测。根据工程经验，提出如下控制要求：对竖井地基，最大竖向变形量每天不应超过 15mm，对天然地基，最大竖向变形量每天不应超过 10mm；边桩水平位移每天不应超过 5mm；地基中孔压不得超过预压荷载的 50% ~ 60%，并且应根据上述观察资料综合分析、判断地基的稳定性。预压荷载的卸荷时间一般控制在固结度为 85% 左右。

### 三、超载预压法设计要点

当预压荷载超过工作荷载时称为超载预压。超载预压排水系统设计方法、堆载预压计划设计方法、现场监测设计方法基本与堆载预压法相同。不同的是如何确定超载预压荷载。

对沉降有严格限制的建筑，应采取超载预压法处理地基。经超载预压后，如受压土层各点的有效竖向应力大于建筑物荷载引起的相应点的附加总应力时，则今后在建筑物荷载作用下地基土将不会再发生主固结变形，而且将减小次结变形，并推迟次固结变形的发生。

在预压过程中，任意时间地基的沉降量可表示为：
$$s_t = s_d + \overline{U}_t s_c + s_s \qquad (13\text{-}22)$$

式中：$s_t$——时间 $t$ 时地基的沉降量，mm；

    $s_d$——由于剪切变形而引起的瞬时沉降，mm；

    $\overline{U}_t$——时间 $t$ 时地基的平均固结度；

    $s_c$——最终固结沉降，mm。

该式可用于：

（1）确定所需的超载压力值 $p_s$，以保证使用（或永久）荷载 $p_f$ 作用下预期的总沉降量在给定时间完成；

（2）确定在给定超载下达到预定沉降所需要的时间。

### 四、真空预压法和降水位预压法

1. 真空预压法的设计要点

真空预压法的设计内容除排水系统外，主要包括：密封膜内的真空度，加固土层要求达到的平均固结度，竖向排水体的尺寸，加固后的沉降和工艺设计等。

1）膜内真空度

真空预压效果和密封膜内所达到的真空度大小关系极大。根据国内一些工程的经验，当采用合理的工艺和设备，膜内真空度一般可维持 600mmHg 左右，相当于 80kPa 的真空压力，此值可作为最大膜内设计真空度。

2）加固区内要求达到平均固结度

一般可采用 80% 的固结度。如工期许可，也可采用更大一些的固结度作为设计要求达到的固结度。

3）竖向排水体

一般采用袋装砂井或塑料排水带。真空预压处理地基时，必须设置竖向排水体，由于砂井（袋装砂井或塑料排水带）能将真空度从砂垫层中传至土体，并将土体中的水抽至砂垫层然后排出。若不设置砂井等就起不到上述的作用和加固目的。

抽真空的时间与土质条件和竖向排水体的间距密切有关。达到相同的固结度，间距越小，则所需的时间越短。

4）沉降计算

先计算加固前建筑物荷载下天然地基的沉降量，然后计算真空预压期间所完成的沉降量，两者之差即为预压后在建筑物使用荷载下可能发生的沉降。

预压期间的沉降可根据设计要求达到固结度推算加固区所增加的平均有效应力，从 $e—p$ 曲线上查出相应的孔隙比进行计算。

对承载力要求高，沉降限制严的建筑物，可采用真空—堆载联合预压法（如图 13-7 所示）。真空是负压，堆载是正压，通过实际工程测出的效果是可以叠加的。

真空预压的总面积不得小于基础外边缘所包围的面积，一般真空的边缘应比建筑物基础外缘超出 2～3m，另外，每块预压的面积尽可能大，彼此间可搭接或有一定间距。加固面积越大，加固面积与周边长度之比也越大。气密性也越好，真空度也越高。根据现有的材料和工艺设备，每块面积已达 3 万 m²。

当在加固区发现有透气层和透水层时，一般可在塑料薄膜周边采用

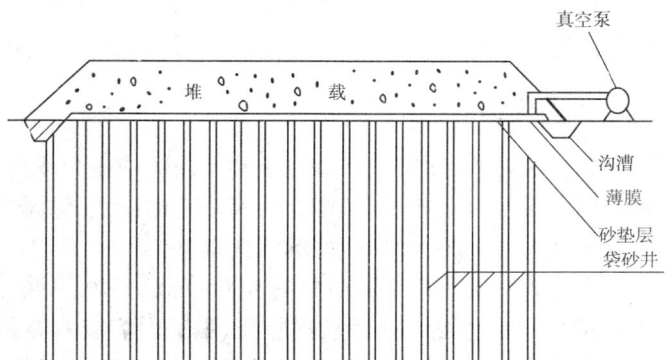

图 13-7　真空—堆载联合预压法示意图

另加水泥土搅拌桩的壁式密封措施。

2. 降低地下水位预压法

降低地下水位法是指利用井点抽水降低地下水位以增加土的自重应力，达到预压加固的目的。最适用于砂性土或在软黏土层中存在砂或粉土的情况。对于深度的软黏土层，为加速其固结，往往设置砂井并采用井点法降低地下水位。当应用真空装置降水时，地下水位约可降低 5~6m，产生的预压荷载为 50~60kPa，相当于 3m 左右的砂石堆载。若需要更深的降水时，则需要用高扬程的井点法。

### 五、排水固结法施工质量控制

施工质量控制方法如下：

（1）施工前应检查施工监测措施，沉降、孔隙水压力等原始数据、排水设施、砂井（包括袋装砂井）、塑料排水带等位置。塑料排水带必须符合质量要求。

（2）堆载施工应检查堆载高度、沉降速率。真空预压施工应检查密封膜的密封性能、真空表读数等。

（3）施工结束后应检查地基土的十字板剪切强度，标贯或静力触探值及要求达到的其他物理力学性能，重要建筑物地基应作载荷试验。

（4）在预压期间应及时整理变形与时间、孔隙水压力与时间等关系曲线，推算地基的最终固结变形量、不同时间的固结度和相应的变形量，以分析处理效果，并为确定卸载时间提供依据。

（5）真空预压处理地基除应进行地基变形和孔隙水压力观测外，尚应量测膜下真空度和砂井不同深度的真空度。

# 第七节　化学加固法

化学固化法是在软土地基土中掺入水泥、石灰等，用喷射、搅拌等方法使与土体充分混合固化；或把一些能固化的化学浆液（水泥浆、水玻璃、氯化钙溶液等）注入地基土孔隙，以改善地基土的物理力学性质，达到加固目的。按加固材料的状态可分为粉体类（水泥、石灰粉末）和浆液类（水泥浆及其他化学浆液）。按施工工艺可分为胶结法（灌浆法）、低压搅拌法（粉体喷射搅拌桩、水泥浆搅拌桩）和高压喷射注浆法（高压旋喷桩等）三类，下面分别予以介绍。

### 一、灌浆法

灌浆法、俗称注浆法。该方法利用压力或电化学原理通过注浆管将加固浆液注入地层中，使浆液渗入土粒间或岩石裂隙中，经一定时间后，浆液将松散的土体或缝隙岩体胶结成整体，形成强度大、防水防渗性能好的人工地基。

灌浆胶结法所用浆液材料有粒状浆液（纯水泥浆、水泥黏土浆和水泥砂浆等或统称为水泥基浆液）和化学浆液（环氧树脂类、甲基丙烯酸酯类和聚氨酯等）两大类。

粒状浆液中常用的水泥浆液水泥一般为 32.5 级以上的普通硅酸盐水泥，由于含有水泥颗粒属粒状浆液，故对孔隙小的土层虽在压力下也难于压进，只适用粗砂、砾砂、大裂隙岩石等孔隙直径大于 0.2mm 的地基加固。如获得超细水泥，则可适用于细砂等地基。水泥浆液有取材容易、价格便宜、操作方便、不污染环境等优点，是国内外常用的压力灌浆材料。

化学浆液中常用的是以水玻璃（$Na_2O \cdot nS_iO_2$）为主剂的浆液，由于它无毒、价廉、流动性好等优点，在化学浆材中应用最多，约占90%。其他还有以丙烯酰胺为主剂和以纸浆废液木质素为主剂的化学浆液，它们性能较好，黏滞度低，能注入细砂等土中。但有的价格较高，有的虽价廉源广，但有含毒的缺点，用于地基加固受到一定限制。

### 1. 加固机理

灌浆法可分为压力灌浆和电动灌浆两类。压力灌浆是常用的方法，是在各种大小压力下使水泥浆液或化学浆液挤压充填土的孔隙或岩层缝隙。电动化学灌浆是在施工中以注浆管为阳极，滤水管为阴极，通过直流电电渗作用孔隙水由阳极流向阴极，在土中形成渗浆通道，化学浆液随之渗入孔隙而使土体结硬。

### 2. 设计要点

1）孔位的布置

注浆孔的布置是根据浆液的注浆有效范围，且应相互重叠，使被加固土体在平面和深度范围内联成一个整体的原则决定的。

2）灌浆压力的确定

灌浆压力是指不会使地表面产生变化和邻近建筑物受到影响的前提下可能采用的最大压力。灌浆压力值与地层土的密度、强度和初始应力、钻孔深度、位置及灌浆次序等因素有关，宜通过现场灌浆试验来确定。

3）灌浆量

灌注所需的浆液总用量 $Q$ 可参照下式计算：

$$Q = KVn \times 1000 \tag{13-23}$$

式中：$Q$——浆液总用量，L；

$V$——注浆对象的体积，$m^3$；

$n$——土的孔隙率，%；

$K$——经验系数。软土、黏性土、细砂 $K = 0.3 \sim 0.5$；中砂、粗砂 $K = 0.5 \sim 0.7$；砾砂 $K = 0.7 \sim 1.0$；湿陷性黄土 $K = 0.5 \sim 0.8$。

一般情况下，黏性土地基中的浆液注入率为 15% ~ 20%。

## 二、水泥土搅拌法

水泥土搅拌法是用于加固饱和黏性土地基的一种新方法。它是利用水泥（或石灰）等材料作为固化剂，通过特制的搅拌机械，在地基深处就地将软土和固化剂（浆液或粉体）强制搅拌，由固化剂和软土间所产生的一系列物理—化学反应，使软土硬结成具有整体性、水稳定性和一定强度的水泥加固土，从而提高地基强度和增大变形模量。根据施工方法的不同，水泥土搅拌法分为水泥浆搅拌和粉体喷射搅拌两种。

浆喷搅拌法常称为湿法，是利用水泥浆作固化剂，通过特制的深层搅拌机械，在加固深度内就地将软土和水泥浆充分拌和，使软土硬结成具有整体性、水稳定性和足够强度的水泥土的一种地基处理方法。

粉喷搅拌法常称为干法，该工艺利用压缩空气通过固化材料供给机的特殊装置，携带着粉体固化材料，经过高压软管和搅拌轴输送到搅拌叶片的喷嘴喷出，借助搅拌叶片旋转，在叶片的背面产生空隙,安装在叶片背面的喷嘴将压缩空气连同粉体固化材料一起喷出,喷出的混合气体在空隙中压力急剧降低,促使固化材料就地黏附在旋转产生空隙的土中,旋转到半周,另一搅拌叶片把土与粉体固化材料搅拌混合在一起,同时,这只叶片背后的喷嘴将混合气体喷出,这样周而复始地搅拌、喷射、提升,与固化材料分离后的空气传递到搅拌轴的周围,上升到地面释放。

目前国内水泥土深层搅拌法主要用于加固淤泥、淤泥质土、地基承载力不大于 120kPa 的黏性土和粉土等地基。用于处理泥炭土和地下水具有侵蚀性时,应通过试验确定。

**1. 加固机理**

水泥土搅拌法的基本原理是基于水泥加固土的物理化学反应过程,通过专用机械设备将固化剂灌入需处理的软土地层内,在灌注过程中上下搅拌均匀,使水泥与土发生水解和水化反应,生成水泥水化物并形成凝胶体,将土颗粒或小土团凝结在一起形成一种稳定的结构整体,即水泥骨架作用,同时,水泥在水化过程中生成的钙离子与土颗粒表面的钠离子进行离子交换作用,生成稳定的钙离子,从而进一步提高土体的强度,达到提高其复合地基承载力的目的。

**2. 水泥土搅拌桩复合地基设计要点**

1)布桩形式的选择

水泥土搅拌桩的布桩形式关系到加固效果和工程量大小,取决于工程地质条件,上部结构的荷载及施工工艺和设备,一般采用柱状、壁状、格栅状和块状 4 种形式。

2)加固范围

可仅在上部结构基础范围内布桩,基础以外不设置保护桩。

3)单桩竖向承载力计算

单桩竖向承载力标准值应通过现场载荷试验确定,在无载荷试验数据时,可用以下两式对单桩竖向承载力标准值进行设计计算,并取二者小值,最好应使由桩身材料强度确定的单桩承载力大于(或等于)由桩周土和桩端土的抗力所提供的单桩承载力:

由地基承载力确定: 
$$R_k^d = U_p \sum_{i=1}^{n} q_{si} l_i + \alpha q_p A_p \tag{13-24}$$

由桩身强度确定: 
$$R_k^d = \eta f_{cu,k} A_p \tag{13-25}$$

式中：$R_k^d$——单桩承载力标准值,kN;

$f_{cu,k}$——与搅拌桩桩身水泥土配比相同的室内加固土试块(边长为 70.7mm 的立方体,也可采用边长为 50mm 的立方体)在标准养护条件下 90d 龄期的立方体抗压强度平均值,kPa;

$\eta$——桩身强度折减系数,干法可取 0.20 ~ 0.30;湿法可取 0.25 ~ 0.33;

$U_p$——桩的周长,m;

$A_p$——桩端横截面积,m²;

$n$——桩长范围内所划分的土层数;

$q_{si}$——桩周第 $i$ 层土的侧阻力特征值。对淤泥可取 4 ~ 7kPa;对淤泥质土可取 6 ~ 12kPa;对软塑状态的黏性土可取 10 ~ 15kPa;对可塑状态的黏性土可以取12 ~ 18kPa;

$l_i$——桩长范围内第 $i$ 层土的厚度,m;

$q_p$——桩端地基土未经修正的承载力特征值,kPa,可按现行国家标准《建筑地基基础设

计规范》(GB 50007—2002)的有关规定确定;

α——桩端天然地基土的承载力折减系数,可取 0.4~0.6,承载力高时取低值。

4) 复合地基承载力计算

加固后搅拌桩复合地基承载力特征值应通过现场复合地基载荷试验确定,也可按下式计算:

$$f_{sp,k} = m \cdot \frac{R_k^d}{A_p} + \beta(1-m)f_{s,k} \qquad (13-26)$$

式中:$f_{sp,k}$——复合地基承载力特征值,kPa;

$m$——面积置换率;

$A_p$——桩的截面积,$m^2$;

$f_{s,k}$——桩间天然地基土承载力特征值,kPa,可取天然地基承载力特征值;

$\beta$——桩间土承载力折减系数,当桩端土为硬土时,可取 0.1~0.4;当桩端土为软土时,可取 0.5~0.9,差值大时或设置褥垫层时均取高值。

根据设计要求的单桩竖向承载力特征值 $R_k^d$ 和复合地基承载力特征值 $f_{sp,k}$ 计算搅拌桩的置换率 $m$ 和总桩数 $N$:

$$m = \frac{f_{sp,k} - \beta \cdot f_{s,k}}{\dfrac{R_k^d}{A_p} - \beta \cdot f_{s,k}} \qquad (13-27)$$

$$N = \frac{m \cdot A}{A_p} \qquad (13-28)$$

式中:$A$——需加固的地基面积,$m^2$。

竖向承载搅拌桩复合地基应在基础和桩之间设置褥垫层。褥垫层厚度可取 200~300mm。其材料可选用中砂、粗砂、级配砂石等,最大粒径不宜大于 20mm。

5) 下卧层强度验算

当搅拌桩处理范围以下存在软弱下卧层时,应按现行国家标准《建筑地基基础设计规范》(GB 50007—2002)的有关规定进行下卧层承载力验算。

6) 复合地基的变形计算

竖向承载搅拌桩复合地基的变形包括搅拌桩复合土层的平均压缩变形 $s_1$ 与桩端下未加固土层的压缩变形 $s_2$。

搅拌桩复合土层的压缩变形 $s_1$ 可按下式计算:

$$s_1 = \frac{(p_z + p_{zl})l}{2E_{sp}} \qquad (13-29)$$

式中:$p_z$——搅拌桩复合土层顶面的附加压力值,kPa;

$p_{zl}$——搅拌桩复合土层底面的附加压力值,kPa;

$E_{sp}$——搅拌桩复合土层的压缩模量,kPa;

$l$——加固桩体的实体桩长,cm。

桩端以下未加固土层的压缩变形 $S_2$ 可按现行国家标准《建筑地基基础设计规范》(GB 50007—2002)的有关规定用分层总和法进行计算。

### 三、高压喷射注浆法

高压喷射注浆法是将注浆管放入(或钻入)预定深度后,通过地面的高压设备使安装在注浆管上的喷嘴喷出 20～40MPa 的高压射流冲击切割地基土体,与此同时,注入浆液与冲下的土强制混合,待凝结后,在土中形成具有一定强度的固结体,以达到改良土体的目的。

高压喷射注浆法按喷射方向和形成固结体的形状可分为旋转喷射、定向喷射和摆动喷射三种。旋转喷射时喷嘴边喷边旋转和提升,固结体呈圆柱状,称为旋喷法,主要用于加固地基;定向喷射喷嘴边喷边提升,喷射定向的固结体呈壁状;摆动喷射固结体呈扇状墙,此两方式常用于基坑防渗和边坡稳定等工程。按注浆的基本工艺可分为单管法(浆液管)、二重管法(浆液管和气管)、三重管法(浆液管、气管和水管)和多重管法(水管、气管、浆液管和抽泥浆管等)。

高压喷射注浆法主要适用于处理淤泥、淤泥质土、黏性土、粉土、黄土、砂土、人工填土和碎石土等地基。当土中含有较多的大粒径块石、坚硬黏性土、大量植物根茎或有过多的有机质时,应根据现场试验结果确定其适用程度。对地下水流速过大,浆液无法在注浆管周围凝固的情况,对无填充物的岩溶地段,永冻土以及对水泥有严重腐蚀的地基,均不宜采用高压喷射注浆法。

1. 加固机理

高压水喷射流是通过高压发生设备,使它获得巨大能量后,从一定形状的喷嘴,用一种特定的流体运动方式,以很高的速度连续喷射出来的、能量高度集中的一股液流。加固地基,形成桩、板、墙的机理可用五种作用来说明。

(1)高压喷射流切割破坏土体作用。喷流动压以脉冲形式冲击土体,使土体结构破坏出现空洞。

(2)混合搅拌作用。钻杆在旋转和提升的过程中,在射流后面形成空隙,在喷射压力作用下,迫使土粒向与喷嘴移动相反的方向(即阻力小的方向)移动,与浆液搅拌混合后形成固结体。

(3)置换作用。三重管高喷法又称置换法,高速水射流切割土体的同时,由于通入压缩空气而把一部分切割下的土粒排出灌浆孔,土粒排出后所空下的体积由灌入的浆液补入。

(4)充填、渗透固结作用。高压浆液充填冲开的和原有的土体空隙,析水固结,还可渗入一定厚度的砂层而形成固结体。

(5)压密作用。高压喷射流在切割破碎土体的过程中,在破碎带边缘还有剩余压力,这种压力对土层可产生一定的压密作用,使高喷桩体边缘部分的抗压强度高于中心部分。

2. 旋喷桩加固地基的设计要点

1)室内配方与现场喷射试验

为了解喷射注浆固结体的性质和浆液的合理配方,必须取现场各层土样,在室内按不同的含水率和配合比进行试验,优选出最合理的浆液配方。

对规模较大及性质较重要的工程,设计完成之后,要在现场进行试验,查明喷射固结体的直径和强度,验证设计的可靠性和安全度。

2)旋喷直径确定

固结体尺寸主要取决于下列因素:

(1)土的类别及其密实程度;

(2)高压喷射注浆方法(注浆管的类型);

(3)喷射技术参数(包括喷射压力与流量,喷嘴直径与个数,压缩空气的压力、流量与喷嘴间隙,注浆管的提升速度与旋转速度)。

在无试验资料的情况下,对小型的或不太重要的工程,可根据经验选用。对黏性土地基加固,单管旋喷注浆加固体直径一般为 0.3 ~ 0.8m;三重管旋喷注浆加固体直径可达 0.7 ~ 1.8m;二重管旋喷注浆加固体直径介于以上二者之间。多重管旋喷直径为 2.0 ~ 4.0m。对于大型的或重要的工程,应通过现场喷射试验后开挖或钻孔采样确定。

3)承载力计算

用旋喷桩处理的地基,应按复合地基设计。旋喷桩复合地基承载力标准值应通过现场复合地基载荷试验确定,也可按公式(13-30)计算或结合当地情况与其土质相似工程的经验确定。

$$f_{sp,k} = \frac{1}{A_e} \left[ R_k^d + \beta f_{s,k} (A_e - A_p) \right] \tag{13-30}$$

式中:$s_{sp,k}$——复合地基承载力标准值;

$f_{s,k}$——桩间天然地基土承载力标准值;

$A_e$——一根桩承担的处理面积,$m^2$;

$A_p$——桩的平均截面积,$m^2$;

$\beta$——桩间天然地基土承载力折减系数,可根据试验确定,无试验资料时可取 0.2 ~ 0.6,当不考虑桩间软土的作用时可取零;

$R_k^d$——单桩竖向承载力标准值,该值可通过现场载荷试验确定,也可按下列二式计算,并取其中较小值。

$$R_k^d = \eta f_{cuk} A_p \tag{13-31}$$

$$R_k^d = \pi \bar{d} \sum_{i=1}^{n} h_i q_{si} + A_p q_p \tag{13-32}$$

式中:$f_{cuk}$——桩身试块(边长为 0.07m 的立方体)的无侧限抗压强度平均值,kPa;

$\eta$—— 强度折减系数,可取 0.35 ~ 0.5;

$\bar{d}$—— 桩的平均直径,m;

$h_i$——桩周第 $i$ 层土的厚度,m;

$q_{si}$——桩周第 $i$ 层土的摩擦力标准值,可采用钻孔灌注桩侧壁摩擦力标准值,kPa;

$q_p$——桩端天然地基土的承载力标准值,kPa;

$n$——桩长范围内所划分的土层数。

4)地基变形计算

旋喷桩的沉降计算应为桩长范围内复合土层以及下卧层地基变形值之和,计算时应按国家标准《建筑地基基础设计规范》(GB 50007 – 2002)的有关规定进行计算。

复合土层的压缩模量可按下式确定:

$$E_{sp} = \frac{E_s (A_e - A_p) + E_p A_p}{A_e} \tag{13-33}$$

式中:$E_{sp}$——旋喷桩复合土层压缩模量,kPa;

$E_s$——桩间土的压缩模量,可用天然地基土的压缩模量代替,kPa;

$E_p$——桩体的压缩模量,可采用测定混凝土割线模量的方法确定,kPa。

5)孔位设计

加固地基时可采用正方形、矩形或梅花形布置,孔距一般为旋喷桩径的 3 ~ 4 倍。

防渗堵水工程时多采用定喷、摆喷,地层含的粒径较粗时多采用摆喷或旋喷。对处理深度大于20m的复杂地层最好按双排或三排布孔,使旋喷桩形成堵水帷幕。孔距应为1.73$R$($R$为旋喷固结体半径),排距1.5R时最经济。一般定喷、摆喷孔距为1.2~2.5m,旋喷为0.8~1.2m。防渗效果一般可达$10^{-5}$~$10^{-6}$cm/s。

6)浆量计算

浆量计算有两种方法:体积法和喷量法,取其大者作为设计喷射浆量。

(1)体积法

$$Q = \frac{\pi}{4} D_e^2 K_1 h_1 (1 + \beta) + \frac{\pi}{4} D_0^2 K_2 h_2 \tag{13-34}$$

(2)喷量法

$$Q = \frac{H}{v} q (1 + \beta) \tag{13-35}$$

式中:$Q$——需要用的浆量,$m^3$;

$D_e$——旋喷管直径,$m^3$;

$D_0$——注浆管直径,$m^3$;

$K_1$——填充率(0.75~0.9);

$h_1$——旋喷长度,m;

$K_2$——未旋喷范围土的填充率(0.5~0.75);

$h_2$——未旋喷长度,m;

$\beta$——损失系数(0.1~0.2);

$v$——提升速度,m/min;

$q$——单位时间喷浆量,$m^3$/min;

$H$——喷射长度,m。

根据计算所需的喷浆量和设计的水灰比,即可确定水泥的使用数量。

# 第八节 土工合成材料

土工合成材料是岩土工程领域中的一种新兴的建筑材料。它是以人工合成的聚合物为原料的具有渗透性的材料的总称。目前将其分为四大类,即土工织物、土工膜、特种土工合成材料和复合型土工合成材料。特种土工合成材料包括土工垫、土工网、土工格栅、土工格室、土工泡沫塑料等。复合型土工合成材料是由上述有关材料复合而成。土工合成材料加筋法就是将土工合成材料置于地基土中而形成加筋增强体,使地基承载力和地基稳定性提高,地基沉降减小的地基处理方法。

## 一、特点和适用范围

土工合成材料的特点是:质地柔软,质量轻,整体连续性好;施工方便,抗拉强度高,没有显著的方向性,各向强度基本一致;弹性、耐磨、耐腐蚀性、耐久性和抗微生物侵蚀性好,不宜霉烂和虫蚀。土工纤维具有毛细作用,内部具有大小不等的网眼,有较好的渗透性和良好的疏导作用,水可竖向、横向排出。材料为工厂制品,材质易保证,施工简捷,造价较低,与砂垫层相比可节省大量砂石材料,节省费用1/3左右。用于加固软弱土地基或边坡,可提高土体强度,承载力增大3~4倍,显著地减少沉降,提高地基稳定性。但土工合成材料存在抗紫外线(老化)能力较低,如埋在土中,不受阳光紫外线照射,则不受其影响,可使用40年以上。

土工合成材料适用于加固软弱土地基,以加速土的固结,提高土体强度;用于公路、铁路路基作加强层,防止路基翻浆、下沉;用于堤岸边坡,可使结构坡角加大,又能充分压实;可作挡土墙后的加固,此外还可用于河道和海港岸坡的防冲,水库、渠道的防渗以及土石坝、灰坝、尾矿坝与闸基的反滤层和排水层,可取代砂石级配良好的反滤层,达到节约投资、缩短工期,保证安全使用。

### 二、土工合成材料的主要功能

土工合成材料一般具有多功能,包括隔离、加筋、反滤、排水、防渗和防护六大类。在实际应用中,往往是一种功能起主导作用,而其他功能则不同程度地发挥作用。

1. 排水作用

具有一定厚度的土工合成材料具有良好的三维透水特性,利用这一特性可以使水经过土工合成材料的平面迅速沿水平方向排走,也可和其他排水材料(如塑料排水板等)共同构成排水系统或深层排水井。

2. 反滤作用

在渗流出口铺设土工合成材料作为反滤层,这和传统的砂砾石滤层一样,均可以提高被保护土的抗渗强度。

多数土工合成材料在单向渗流的情况下,紧贴在土体中,发生细颗粒逐渐向滤层移动,同时还有部分细颗粒通过土工合成材料被带走,遗留下来的是较粗的颗粒。从而与滤层相邻一定厚度的土层逐渐自然形成一个反滤带和一个骨架网,阻止土粒的继续流失,最后趋于稳定平衡。亦即土工合成材料与其相邻接触部分土层共同形成了一个完整的反滤系统。具有这种排水作用的土工合成材料,要求在平面方向有较大的渗透系数。

3. 隔离功能

土工合成材料放在两种不同的材料之间,或用在同一材料不同粒径之间以及地基与基础之间会起到隔离作用,不会使两者相互混杂,从而保持材料的整体结构和功能。

在道路工程中铺设土工合成材料,可防止软弱土层侵入路基的碎石,否则会引起翻浆冒泥,最后使路基、路床设计厚度减小,导致道路破坏;也可用于将新筑基础和原有地基层分开,能增强地基承载力,有利于排水和加速土体固结;还可用于材料的储存和堆放,可避免材料的损失和劣化,对于废料还有助于防止污染。

4. 防护功能

在被保护土面上覆一层有良好反滤性能的土工织物,压上一定盖重,即能有效地保护岸坡不受水流和波浪等的破坏。可用于江河湖海岸坡防护,水库岸坡防护,水道护底和水下防护等。

5. 防渗功能

防渗是防止流体渗透流失的作用。土工合成材料可用于堤坝的防渗斜墙或心墙;透水地基上堤坝的水平防渗铺盖和垂直防渗墙;混凝土坝、圬工坝及碾压混凝土坝的防渗体;渠道的衬砌防渗;涵闸、海幔与护岸的防渗;隧道和堤坝内埋管的防渗;施工围堰的防渗等。

6. 加筋功能

利用土工合成材料的高强度和韧性等力学性能,与其上填土间有较大的摩擦力,可分散荷载,扩散应力,将作用土层上的力均匀地分布传递于地基,从而起到加筋作用,有利于阻止填土的侧向位移和沉降,减少地基的不均匀变形和沉陷,防止浅层地基的极限破坏,并避免局部基础的破损,同时增大土体的刚度模量,提高地基的承载能力和稳定性,或作为筋材构成加筋土以及各种土工结构。

# 第九节　复合地基理论

## 一、概述

### 1. 复合地基概念

复合地基是指天然地基在地基处理过程中部分土体得到增强,或被置换,或在天然地基中设置加筋材料,加固区是由基体(天然地基土体)和增强体两部分组成的人工地基。复合地基与桩基都是采用以桩的形式处理地基,故两者有其相似之处,但复合地基属于地基范畴,而桩基属于基础范畴,所以两者又有其本质区别。复合地基中桩体与基础往往不是直接相连的,它们之间通过垫层(碎石或砂石垫层)来过渡;而桩基中桩体与基础直接相连,两者形成一个整体。因此,它们的受力特性也存在着明显差异。即复合地基的主要受力层在加固体内而桩基的主要受力层是在桩尖以下一定范围内。由于复合地基的理论的最基本假定为桩与桩周土的协调变形。为此,从理论而言,复合地基中也不存在类似桩基中的群桩效应。

### 2. 复合地基分类

根据地基中增强体的方向可分为水平向增强体复合地基和竖向增强体复合地基。水平向增强体复合地基主要包括由各种加筋材料,如土工聚合物、金属材料格栅等形成的复合地基。竖向增强体复合地基通常称为桩体复合地基。

在桩体复合地基中,桩的作用是主要的,而地基处理中桩的类型较多,性能变化较大。为此,复合地基的类型按桩的类型进行划分较妥。然而,桩又可根据成桩所采用的材料以及成桩后桩体的强度(或刚度)来进行分类。

桩体如按成桩所采用的材料可分为:

(1)散体土类桩——如碎石桩、砂桩等;

(2)水泥土类桩——如水泥土搅拌桩、旋喷桩等;

(3)混凝土类桩——树根桩、CFG 桩等。

桩体如按成桩后的桩体的强度(或刚度)可分为:

(1)柔性桩——散体土类桩属于此类桩;

(2)半刚性桩——水泥土类桩;

(3)刚性桩——混凝土类桩。

半刚性桩中水泥掺入量的大小将直接影响桩体的强度。当掺入量较小时,桩体的特性类似柔性桩;而当掺入量较大时,又类似于刚性桩,为此,它具有双重特性。

由柔性桩和桩间土所组成的复合地基可称为柔性桩复合地基,其他依次为半刚性桩复合地基、刚性桩复合地基。

本节所介绍的复合地基设计理论和计算方法,只适用于地基中竖向增强体加固桩柱体为柔性桩和半刚性桩的情况。

### 二、复合地基承载力的计算

目前采用的理论计算模式还是先分别确定桩柱体及桩间土的承载力,然后按一定的原则叠加得到复合地基承载力,其中可以根据桩的类型不同又可分为应力比法和面积比法,现分别介绍如下:

1. 应力比法(适用于柔性桩)

如图 13-8 所示,应力比法假定加固桩柱体和桩间土地刚性基础荷载作用下,基底平面内桩柱体和桩间土的沉降相同,由于桩柱体的变形模量 $E_p$ 大于土的变形模量 $E_s$,根据虎克定律,荷载向桩柱体集中而在土上的荷载降低,图示在荷载 $P$ 作用下复合地基平衡方程式为:

$$P \times A = P_p \times A_p + P_s \times A_s \qquad (13\text{-}36)$$

式中:$\rho$——复合地基上的作用荷载,kPa;

$P_p$——作用于桩柱体的应用,kPa;

$P_s$——作用于桩间土的应力,kPa;

$A$——一根桩柱所承担的加固地基面积,$m^2$;

$A_p$——一根桩柱体的横截面面积,$m^2$;

$A_s$——一根桩柱体所承担的加固范围内桩间土面积,$m^2$。

将应力集中比 $\dfrac{P_p}{P_s} = n$ 置换率(面积比)$\dfrac{A_p}{A} = m$ 代入式(13-36),可得

$$P = \frac{m(n-1)+1}{n}P_p \qquad (13\text{-}37a)$$

$$P = [m(n-1)+1]P_s \qquad (13\text{-}37b)$$

当 $P$ 到达 $P_f$(复合地基的极限承载力)时,式(13-37a)和式(13-37b)可分别改写为

$$P_f = \frac{m(n-1)+1}{n}P_{pf} \qquad (13\text{-}38a)$$

$$P_f = [m(n-1)+1]P_{sf} \qquad (13\text{-}38b)$$

式中:$P_f$——复合地基极限承载力,kPa;

$P_{pf}$——加固桩柱体的极限承载力,kPa;

$P_{sf}$——桩间土的极限承载力,kPa。

公式(13-38a)、式(13-38b)的取用,决定于复合地基的破坏状态。如桩柱体破坏,桩间土未破坏则用式(13-38a)表达 $P_f$;如桩间土破坏,桩柱体未破坏则用式(13-38b)。根据国内统计,在大多数情况下属于前者破坏状态。

应力比 $n$ 是复合地基的一个重要计算参数,还没有成熟的计算方法。现多用经验估计,如砂桩 $n = 3 \sim 5$,碎石桩 $n = 2 \sim 4$,石灰桩 $n = 3 \sim 4$ 等,但常与实际情况有出入。也有建议用桩土模量比计算

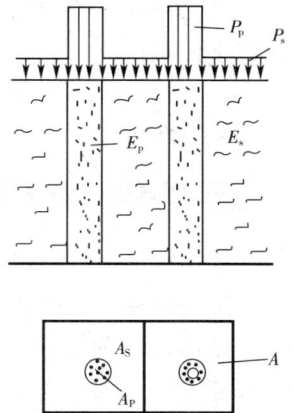

图 13-8 复合地基应力比

$$n = \frac{E_p}{E_s} \qquad (13-39)$$

式中：$E_p$——柔性桩柱体的变形模量，kPa；

$E_s$——桩间土的变形模量，kPa。

$E_p$、$E_s$ 可由现场荷载试验确定，或根据规范提供经验数据取用。

2. 面积比法（适用于半刚性桩）

以面积比 $m = \dfrac{A_p}{A}$ 代入式（13-36），可得面积比计算式

$$P_f = mP_{pf} + (1-m)P_{sf} \qquad (13-40)$$

此法避免了确定 $n$ 值的困难，但认为地基的破坏状态是桩柱体与桩间土同时破坏。有时作以下修正

$$P_f = mP_{pf} + \lambda(1-m)P_{sf} \qquad (13-41)$$

$\lambda$ 为桩间土承载力折减系数，由试验或地区经验确定，取值为 0.1 ~ 1.0。

### 三、加固桩柱体及桩间土极限承载力的计算

1. 加固桩柱体极限承载力的计算

加固桩柱体一般认为有两种破坏形式，如图 13-9 所示。

鼓出破坏为柔性桩柱体常见的破坏形式，是指在荷载作用下桩柱体上端出现的鼓出破坏。相当一部分的柔性加固桩体，当桩柱体有一定长度时也会发生鼓出破坏。刺入破坏则在半刚性桩桩身较短而且没有打到硬层时在荷载作用下容易发生。

根据不同的可能破坏形式，各种加固桩柱体承载力的计算也不同。

1）鼓出破坏情况（柔性桩）

一般可用荷载试验确定其极限承载力，也有一些理论公式如按照桩周土的被动土压力推算桩周土对散体材料桩的侧压力

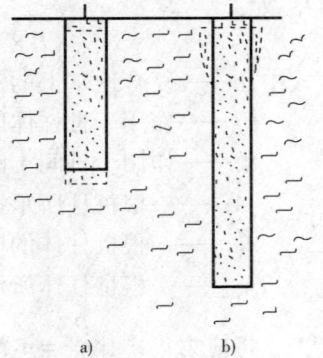

图 13-9　加固桩柱的破坏形式
a）刺入破坏；b）鼓出破坏

$$P_{pf} = \left[ (\gamma z + q)K_{zs} + 2c_u\sqrt{K_{zs}} \right] K_{zp} \qquad (13-42)$$

式中：$\gamma$——桩周土的重度，kN/m³；

$z$——桩的鼓胀深度，m；

$q$——桩间土的荷载，kN/m²；

$c_u$——桩周土的不排水抗剪强度，kPa；

$K_{zs}$——桩周土的被动土压力系数 $K_{zs} = \tan^2\left(45° + \dfrac{\varphi}{2}\right)$；

$K_{zp}$——桩柱体材料的被动土压力系数，$K_{zp} = \tan^2\left(45° + \dfrac{\varphi_p}{2}\right)$；

$\varphi_p$——桩柱体材料的内摩擦角。或根据模型试验和现场测试的结果计算。

$$P_{pf} = 6c_u K_{zp} \qquad (13-43)$$

2）刺入式破坏（半刚性桩）

除用荷载试验确定其 $P_{pf}$ 外，也可根据桩周土对桩柱体支承作用，即由桩侧摩阻力（其值定

364

为 $c_u$)和桩底土支承力(其值定为 $9c_u$)共同形成 $P_{pf}$,即

$$P_{pf} = (\pi dL + 2.25\pi d^2)c_u / \pi d^2 = \left(\frac{L}{d} + 2.25\right)c_u \qquad (13\text{-}44)$$

式中:$d$——桩柱体直径,m;

     $L$——桩柱体长度,m。

2. 桩间土极限承载力的计算

桩间土极限承载力 $P_{pf}$ 应尽量通过原位静荷载试验或其他原位测试(如十字板试验,静、动力触探试验等)确定,这样可以较好的考虑桩间土由于设置桩柱体而对其强度的影响。

有时为了简化,也可按相应的地基土的物理力学性质从有关设计规范查用。

在按式(13-38a)、式(13-38b)或式(13-40)、式(13-41)确定 $P_f$ 后,考虑相应安全系数即可得到复合地基的容许承载力,并进行必要的复合地基沉降计算。

### 四、复合地基的沉降计算

复合地基沉降的计算方法也不还成熟。现在的实用方法是将其分为两部分:一部分为复合地基加固区内的压缩量;另一部分为加固区下卧层的压缩量。

当桩柱体较短,加固区小于压缩层深度时用单向压缩分层总和法简化计算地基沉降 $s(m)$ 为

$$s = m\sum_{0}^{L}\frac{a_i P}{E_{sp}}\Delta h_i + m_s\sum_{L}^{z_h}\frac{a_i P}{E_{si}}\Delta h_i \qquad (13\text{-}45)$$

式中:$E_{sp}$——复合地基压缩模量,kPa,由桩柱体压缩模量 $E_p$ 和桩间土压缩数量 $E_s$ 组成,由加权平均法确定,$E_{sp} = (E_p A_p + E_s A_s)/A$;

    $E_{si}$——复合地基下,天然地基(下卧层)压缩模量,kPa;

    $a_i$——各分层中点的附加应力系数;

    $P$——基底附加压力,kPa;

$m、m_s$——复合地基和下卧天然地基的沉降计算经验系数,应按实际统计资料取得,现 $m$ 暂取为 $1$,$m_s$ 根据《公桥基规》规定选用;

    $\Delta h_i$——计算分层厚度,m,取 $0.5 \sim 1.0$m;

    $L$——桩柱体长度,m;

    $z_h$——地基压缩层厚度,m。

加固桩桩体已穿越压缩层或到达不可压缩层时,计算按式(13-45)等号右面第一部分计算即可。

### 思 考 题

1. 工程中常采用地基处理方法可分为几类? 概述各类地基处理方法的特点,适用条件和优缺点。

2. 试用图阐明砂垫层的设地原理,它是如何达到处理软弱地基土要求的,如何选用理想的垫层材料,如何确定砂垫层的厚度与宽度?

3. 试说明振冲桩对不同土质的加固机理和设计方法,它们的适用条件和范围是什么?

4. 强夯法和重锤夯实法的加固机理有何不同? 使用强夯法加固地基应注意什么问题?

5. 挤密砂桩和排水砂井的作用有何不同?

6. 土工合成材料的作用是什么？

7. 简述各种化学加固法的适用条件、加固机理及其优缺点。

8. 什么是复合地基？现行的复合地基设计理论适用于什么情况，用它来计算地基承载力有什么优缺点？

习　　题

1. 某 4 层砖混结构住宅，条形基础，宽度为 1.2m，基础埋深 $d=1.0$m，作用于基础地表压力为 120kPa，基础及基础上土的平均重度为 20kN/m³。其地基土第一层为粉质黏土，层厚 1.0m，重度为 17.5kN/m³；第二层为淤泥质黏土，层厚 15.0m，重度为 17.8kN/m³，含水率 65%，承载力特征值 45kPa；采用粗砂换填，粗砂重度为 16.2kN/m³，试确定垫层厚度和加固范围。

2. 某场地为松散砂土场地，采用振冲置换法进行处理，天然地基承载力特征值 $f_{ak}$ 为 100kPa，加固后桩间土承载力特征值 $f_{sk}$ 为 120kPa，采用直径为 800mm 的砂桩，桩距为 1.5m，三角形布桩，桩体承载力特征值 $f_{pk}$ 为 350kPa，试确定处理后复合地基的承载力。

3. 某场地地层资料如表 13-7 所示：

某场地地层资料　　　　　　　　　　　　　　　　表 13-7

| 土层编号 | 土层名称 | 土层厚度（m） | 侧阻力特征值（kPa） | 端阻力特征值（kPa） |
|---|---|---|---|---|
| 1 | 黏性土 | 5 | 40 | |
| 2 | 粉砂土 | 5 | 60 | |
| 3 | 砂土 | 20 | 80 | 1500 |

拟采用水泥土搅拌桩，桩径为 0.4m，桩长为 12m，基础埋深为 2.0m，基础下设 0.5m 厚碎石垫层，桩端天然地基土承载力折减系数为 0.5，桩体材料 90 天龄期抗压强度平均值为 23MPa，桩身强度折减系数为 0.3，请确定水泥土搅拌桩的单桩承载力。

4. 某建筑地基采用强夯法加固地基，现有设备 300kN 重锤，起吊设备的起吊高度为 12m，试问能否处理厚 9.0m 的砂土地基？

5. 某拟建场地的地层情况及物理力学性质指标如表 13-8 所示。现要填筑 7m 高的路堤，填料重度 $\gamma=19$kN/m³，试求：

（1）提出 2 个可选择的处理方案并要求说明其加固原理、特点以及达到的效果。

（2）对其中一种地基处理方法进行简单设计。

　　　　　　　　　　　　　　　　　　　　　　　　　　　　　　　　　　　表 13-8

| 序号 | 土层名称 | 厚度（m） | 含水率（%） | 孔隙比 | $I_p$ | 压缩模量（MPa） | $c$（kPa） | $\varphi$（°） | 容许承载力（kPa） |
|---|---|---|---|---|---|---|---|---|---|
| 1 | 黏土 | 2.0 | 35 | 0.95 | 15 | 4.0 | 10 | 15 | 90 |
| 2 | 淤泥 | 15.0 | 64 | 1.65 | 18 | 1.8 | 9 | 6 | 50 |
| 3 | 粉质黏土 | 6.0 | 30 | 0.8 | 10 | 8.0 | 10 | 20 | 120 |
| 4 | 砂质粉土 | 5.0 | 30 | 0.7 | 5 | 10.0 | 8 | 25 | 100 |

# 第十四章　土动力学与地基基础抗震设计简介

**教学内容：**土的动力特性，砂土液化机理，砂性土地基液化判别，砂性土地基液化程度等级划分，地震与震害，建筑地基基础抗震设防标准，地基基础抗震设计。

**教学要求：**掌握土动力学、砂土液化、地震与震害、地基基础抗震设防标准等基本概念；熟悉砂性土地基液化判别与液化程度等级划分；了解地基基础抗震设计的基本原则和设计计算方法。

**教学重点：**砂土液化机理，砂性土地基液化判别方法和标准，液化程度等级划分。

## 第一节　概　　述

土动力学是土力学的一个分支，是研究动荷载作用下土的变形和强度特性及土体稳定性的一门科学。土动力学是土力学的一个新的学科分支，它是土力学、结构力学、地震工程学以及土工抗震学等相结合的产物。它研究的对象不仅包括复杂的岩土介质，而且包括了性质复杂的动力荷载，具有广阔的范围，其主要研究内容包括土的动力特性、原位测试技术、室内测试技术、土与结构的动力相互作用以及土体的地震反应、变形与稳定性分析等内容。

作为一门发展中的学科，近年来，无论是在对土的动力性质的认识还是在工程的应用，都有新的发现和进展，计算技术和量测技术的发展，将土动力学的研究推向了一个崭新的阶段。这里将介绍土动力学的主要研究内容及其发展，本章将在简要介绍土的动力特性的基础上，结合我国现行地基基础抗震设计的相关规范，对地基基础震害、抗震设计原则、要求和基本方法进行简要叙述。

## 第二节　土的动力特性

### 一、作用于土体的动荷载和土中波

车辆的行驶、风力、波浪、地震、爆炸以及机器的振动都可能是作用在土体上的动力荷载。这类荷载的特点，一是荷载施加的瞬时性，二是荷载施加的反复性（加卸荷或者荷载变化方向）。一般将加荷时间在10s以上者都看作静力问题，10s以下者则应作为动力问题。反复荷载作用的周期往往短至几秒、几分之一秒乃至几十分之一秒，反复次数从几次、几十次乃至千万次。由于这两个特点，在动力条件下考虑土的变形和强度问题时，往往都要考虑速度效应和循环(振次)效应。考虑前者时,将加荷时间的长短换算成加荷速度或相应的应变速度。土的速度不同,土的反应也不同。如图 14-1 所示,慢速加荷时土的强度虽然低于快速加荷,但承受的应变范围较大。循环(振次)效应是指土的力学特性受荷载循环次数的影响情况。图 14-2 是说明振次效应的一个实例,图中 $\sigma_f$ 表示静力破坏强度,$\sigma_d$ 为动应力幅值,$\sigma_s$ 是在加动应力前对土样所施加的一个小于 $\sigma_f$ 的竖向静力偏应力。由图可见,振次越少,土的强度越高。随着荷载的反复作用,土的强度降低,当反复作用一百次时,土样的动强度($\sigma_d + \sigma_s$)几乎与静强度 $\sigma_f$ 等同,再加大作用次数,动强度就会低于静强度。所以,对于动荷载除了需考虑其幅值大小以外,尚应考虑其所包含的频率成分和反复作用的次数。

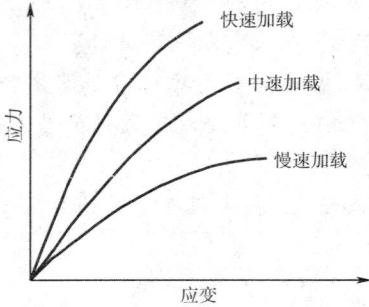

图 14-1    加荷速度对土应力应变关系的影响        图 14-2    荷载振次对土体强度的影响(饱和黏土)

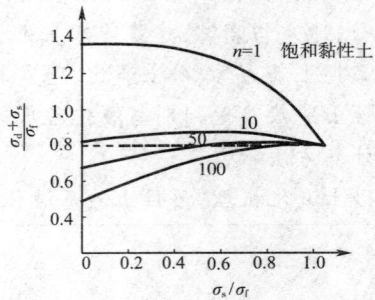

汽车、火车分别通过路面和轨道时,将动荷传到路基上,它们荷载的周期不规则,约从 0.1s 到数分钟,其特点是一次一次加荷,而且循环次数很多,往往大于 103 次。因此,必须从防止土体反复应变产生疲劳的角度考虑其性质变化。地震荷载也是随机作用的动载,一般约为 0.2 ~ 1.0s 的周期作用,次数不多。

位于土体表面、内部或者基岩的振源所引起的土单元体的动应力、动应变,将以波动的方式在土体中传播。土中波的形式有以抗压应变为主的纵波、以剪应变为主的横波和主要发生在土体自由界面附近的表面波(瑞利波)。作用于地表面的竖向动荷载主要以表面波的形式扩散能量。水平土层中传播的地震波,主要是剪切波。波动能量在土体表面和内部层面处将发生反射、折射和透射等物理现象。

## 二、土的动力变形特性

在周期性循环荷载作用下,土的变形特性已不能用静力条件的概念和指标来表征,而需要了解动态的应力应变关系。影响土的动力变形特性的因素包括周围压力、孔隙比、颗粒组成、含水率等,同时它还受到应变幅值的影响,而且又以后者最为显著。同一种土,它的动力变形性状将会随着应变幅值的不同而发生质的变化。日本石原研而的研究指出,只有当应变幅值在 $10^{-6}$ ~ $10^{-4}$ 及以下的范围内时,土的变形特性才可以认为是属于弹性性质。一般由火车、汽车的行驶以及机器基础等所产生的振动的反应都属于这种弹性范围。这种条件下土的应力应变关系及相应参数可在现场或室内进行测定研究。当应变幅值在 $10^{-4}$ ~ $10^{-2}$ 范围内时,土表现为弹塑性性质,在工程中,如打桩、地震等所产生的土体振动反应即属于此,可以用非线性的弹性应力应变关系来加以描述。当应变幅值超过 $10^{-2}$ 时,土将破坏或产生液化、压密等现象,此时土的动力变形特性可用仅仅反复几个周期的循环荷载试验来确定。

最简单的反复荷载下土的应力应变关系如图 14-3 所示,这是在静三轴仪中确定弹性模量所做的加卸荷实验曲线。图 10-4 则是动力试验中所得到的土在黏弹性阶段的应力—应变关系曲线。

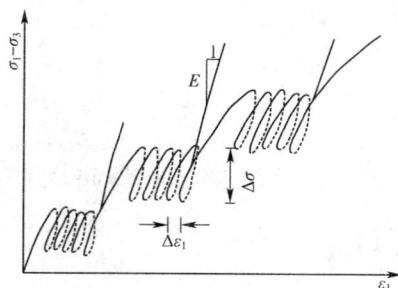

图 14-3　三轴试验确定土的弹性模量

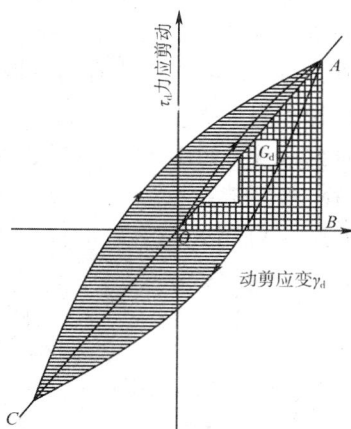

图 14-4　动力试验得到的应力—应变曲线

　　静三轴加卸荷试验所确定的模量以及用动三轴试验得到的模量都可以用来表示土在动力条件下的变形特性。前者是以静代动的方法,只要应变幅值对应,将拟静法确定用于动力分析,不会有太大的问题。

　　在动三轴试验仪或动单剪仪上对土样进行等幅值循环荷载试验,动态应力应变曲线为一斜置闭合回线,称为滞回圈(如图 14-4)。滞回圈的特征可由两个参数——模量和阻尼比来表示,它们就是表征土体动力变形特性的两个主要指标。土的弹性模量 $E$(剪切模量 $G$)是指产生单位动应变所需要的动应力,亦即动应力幅值 $\sigma_d(\tau_d)$ 与动应变幅值 $\varepsilon_d(\gamma_d)$ 的比值。它可由滞回圈顶点与坐标原点连线的斜率来定出,即如式(14-1)和式(14-2)所示:

$$E = \frac{\sigma_d}{\varepsilon_d} \tag{14-1}$$

$$G = \frac{\tau_d}{\gamma_d} \tag{14-2}$$

$E$ 和 $G$ 之间,一般符合下列关系:

$$G = \frac{E}{2(1+\mu)} \tag{14-3}$$

式中:$\mu$——土的泊松比。

　　滞回圈所表现的循环加荷过程中应变对应力的滞后现象和卸荷曲线与加荷曲线的分离,反映了土体对动荷载的阻尼作用。这种阻尼作用主要是由土粒之间相对滑动的内摩擦效应所引起,故属于内阻尼。作为衡量土体吸收振动能量的能力的尺度,土的阻尼比由滞回圈的形状所决定。如图 14-4 所示,土的阻尼比 $\lambda$ 由下式求出:

$$\lambda = \frac{A_0}{4\pi A_T} \tag{14-4}$$

式中:$A_0$——滞回圈所包围的面积,表示在加卸荷一个周期种土体所消耗的机械能;

　　　　$A_T$——$\triangle AOB$ 的面积,表示在一个周期中土体所获得的最大弹性能。

　　动力试验表明土的动应力动应变关系具有强烈非线性性质,滞回圈位置和形状随动应变幅值的大小而变化,一般而言,当动应变幅值小于 $10^{-5}$ 量级时,参数 $E(G)$ 和 $\lambda$ 可视作常量,即作为线性变形体看待。随着动应变幅值的增大，土的模量逐步减小，阻尼比逐步加大。因此，为土体动力分析选用变形参数时，应考虑土的这种非线性特点，对应于动应变幅值的不同量级，选用不同的模量和阻尼之比。

试验研究表明（如图14-5），对于某个既定土样而言，在一定的变化范围内，动应变幅值对于模量值的影响可用式（14-5）和式（14-6）近似的表示：

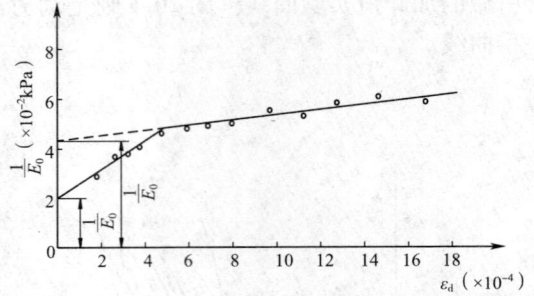

图14-5　弹性模量与应变幅值的关系曲线

$$\frac{1}{E} = \frac{1}{E_0} + b\varepsilon_{d} = a + b\varepsilon_{d} \tag{14-5}$$

$$\frac{1}{G} = \frac{1}{G_0} + b\gamma_{d} = a + b\gamma_{d} \tag{14-6}$$

式中：$E_0$、$G_0$——外推到 $\varepsilon_{d} \to 0$ 或者 $\gamma_{d} \to 0$ 时的弹性模量、剪切模量，亦称初始模量；

　　　　$a$、$b$——试验统计常数。

试验研究进一步得出关于初始模量与土的物理力学参数之间的关系，如下式所示：

$$E_0 = c\frac{(d-e)^2}{1+e}(\overline{\sigma}_0)^{\frac{1}{2}} \tag{14-7}$$

式中：$e$——土的孔隙比；

　　　　$\overline{\sigma}_0$——土的平均固结压力，kPa；

　　　　$e$、$d$——试验统计常数。

关于初始剪切模量 $G_0$ 可以得到完全类似的表达式。$K_0$ 和 $G_0$ 的确定，除了通过试验统计公式外，还可以通过室内共振试验或现场波速试验测得到。

### 三、土的动强度

土在动荷载下的抗剪强度即动强度问题，不同于静强度，由于存在速度效应和循环效应，以及动静应力状态的组合问题，土的动强度试验确定比静强度远为复杂。循环荷载作用下土的强度有可能高于或低于静强度，要看土的类别、所处的应力状态以及加荷速度、循环次数等而定。图14-6和图14-7定性地反映了这种影响。图14-6表明，如果对于给定的土样，在固结后施加动应力之前，先在轴向加上不同的静应力（偏应力），然后再施加相同大小的动应力，则各土样到大破坏时的循环次数就各不相同。静偏应力越大，破坏所需之振次越少；反之，就越大。此外，若对各个土样施加同样大小的静应力，由于动应力不同，则各土样达到破坏的振次也不一样，它将随动应力的增加而减少（如图14-7）。

试验研究还表明，黏性土强度的降低与循环应变的幅值有很大关系。例如，当应变幅值的大小不超过1.5%时，即使是中等灵敏的软黏土，在200次循环荷载作用下，其强度亦几乎等于静强度。

综合国内外的试验来看，对于一般的黏土，在地震或其他动荷载作用下，破坏时的综合应力与静强度比较，并无太大变化。但是对于软弱的黏性土，如淤泥和淤泥质土等，则动强度会有明显降低，所以在路桥工程遇到此类地基土时，必须考虑地震作用下的强度降低问题。土的动强度亦可如静强度一样通过强度指标 $c_d$、$\varphi_d$ 得到反映。黏性土的动强度指标是指黏性土在

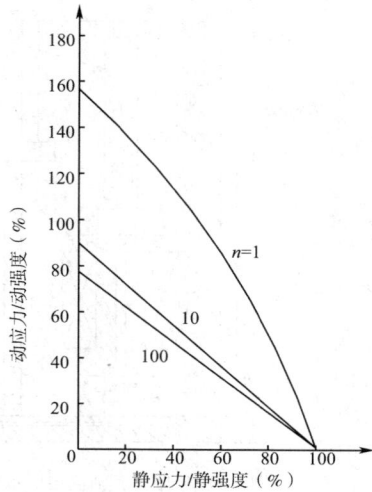

图 14-6　黏性土动强度(一)

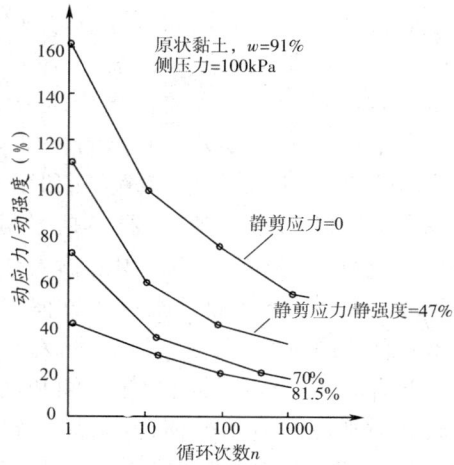

图 14-7　黏性土动强度(二)

动荷载作用下发生屈服破坏或产生足够大的应变(例如可以用综合应变达到15%作为破坏指标)时所具有的黏聚力和内摩擦角。动强度指标的确定方法如图14-8所示,须注意,破坏状态应力圆是在初始状态(偏压固结)应力圆的基础上加动应力 $\sigma_d$ 得到的,图中还应注明破坏标准 $\varepsilon_f$ 和达到破坏标准的动荷载作用次数 $N_f$。这说明所谓的动强度指标 $c_d$、$\varphi_d$,对于同一土样来讲也是随各方面条件而变,不是唯一的。进行挡土墙动土压力、地基动承载力和边坡动态稳定性等待定问题分析时,常可用土样达到某一破坏标准 $\varepsilon_f$ 所需振次 $N_f$ 与动应力比 $\dfrac{\sigma_d}{\sigma_{3c}}$ 的关系曲线( $N_f - \dfrac{\sigma_d}{\sigma_{3c}}$ )来表示土体的动强度(如图14-9)。当然在这种动强度曲线图中,仍需要表明破坏标准 $\varepsilon_f$ 和土样固结应力比 $K_c = \dfrac{\sigma_{1c}}{\sigma_{3c}}$。

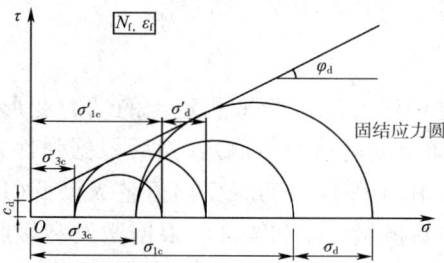

图 14-8　动态应力圆和动强度指标

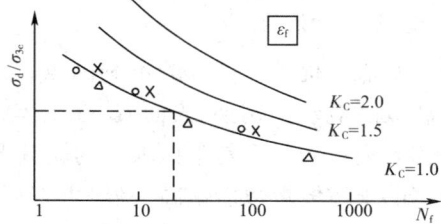

图 14-9　动强度曲线

## 四、土动力性质试验

### 1. 振动三轴试验

振动三轴仪是室内土动力性质试验的重要仪器,土的动强度、弹性模量都可用它进行实验测定。

振动三轴仪的种类很多,按动荷载施加的方式区分,可以分为气动式、液压式、惯性式和电磁式;按荷载作用方向的不同,又可分为单向式和双向式。单向式的仪器只能在土样的竖轴方向施加动荷载,而周围压力 $\sigma_3$ 是恒定的。双向式的仪器则不仅能施加轴向脉动荷载,而且也是 $\sigma_3$ 脉动荷载。

我国应用较多的是电磁式单向急振振动三轴仪,其主机部分如图 14-10 所示,它主要由土样压力室、激振器和气垫三部分组成。土样压力室和静力三轴仪相似,是一个有机玻璃的圆筒,里面充入压缩空气和压力水以后,可对土样施加侧向静荷载。激振器包括激振线圈(动圈)、励磁线圈(静圈)及磁路,其作用是输入一定频率的电信号以后,能产生一个施加于土样的轴向动荷载。气垫是由金属波纹管构成,通入空气以后,可对土样施加轴向静荷载。下活塞、应力传感器、激振线圈和气垫顶部由传立轴连成一个刚性的活动整体,并由导向轮保证它做轴向运动。振动三轴仪除主机外,通常还有轴向动力控制装置、轴向和侧向静力控制系统及参数测度仪表系统等三部分(图 14-10 中未标出)。

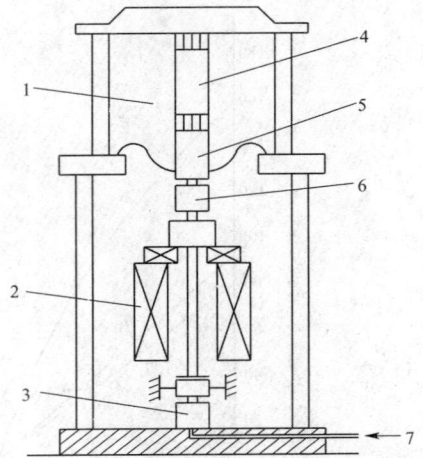

图 14-10　振动三轴仪主机示意图
1 – 压力室;2 – 激振器;3 – 气垫;4 – 土样;
5 – 土样活塞;6 – 压力传感器;7 – 压缩空气

2. 其他室内试验方法

为使土样应力状态的模拟更符合地震波在土层中的传递过程,动单剪试验也经常被用于测定土的动力性质。土样被置于水平刚度很小而竖向抗压刚度很大的容器内(如叠环式土样盒),进行 $K_0$ 条件下的固结,然后施加水平向的动剪应力,同时测定动剪应变和孔隙水压力。试验项目和成果整理方面,动单剪试验与动三轴试验比较接近。

动三轴试验和动单剪试验中,土样的动应变幅值一般不可能小于 $10^{-4}$ 量级。则可以在动应变幅值等于 $10^{-3} \sim 10^{-6}$ 的条件下测定土的动力变形参数。共振性试验是令置于压力室内的柱状土样发生轴向或扭转向的高频(几十到几百赫兹)强迫振动,固定输入功率而改变激振频率,根据对土样振动反应的测量,确定其相应的共振频率 $f_n$ 方自由振动对数频率衰减率。根据一维杆件的波动理论和振动原理可以进一步换算土样的模量和阻尼比。

3. 现场波速试验

为克服取土扰动所带来的不利因素,常可通过现场波速试验来测定土的动力变形参数。对各种波(压缩波、剪切波、表面波)在土体中的传播速度进行原位测定,然后根据弹性力学种关于波速与模量的关系是来推求土的模量 $E$ 和 $G$。由于弹性波的应变幅值量级极低($10^{-7}$),波速测定的土体模量数值偏高,一般可直接视作初始模量($E_0$ 和 $G_0$)。根据激发和接收方面的区别,波速试验有上孔法、下孔法、跨孔法、稳态振动法、反射法和折射波法等不同方法,可根据具体要求和条件加以选用。

# 第三节　土的液化特性

## 一、土体液化现象及其工程危害

土体液化是指饱和状态砂土或粉土在一定强度的动荷载作用下表现出类似液体的性状,

完全失去强度和刚度的现象。

地震、波浪、车辆、机器振动、打桩以及爆破等都可能引起饱和砂土或粉土的液化,其中又以地震引起的大面积甚至深层的土体液化的危害性最大,它具有面广、危害重等特点,常能造成场地的整体性失稳。因此,近年来引起国内外工程界的普遍重视,成为工程抗震设计的重要内容之一。

砂土液化造成的灾害宏观表现主要有:

1. 喷砂冒水

液化土层中出现相当高的孔隙水压力,会导致低洼的地方或土层缝隙处喷出砂、水混合物。喷出的沙粒可能破坏农田,淤塞渠道。喷砂冒水的范围往往很大,持续时间可达几小时甚至几天,水头可高达 2 ~ 3m。

2. 震陷

液化时喷砂冒水带走了大量土颗粒,地基产生不均匀沉陷,使建筑物倾斜、开裂甚至倒塌。例如 1964 年日本新泻地震时,有的建筑物结构本身并未破坏,却因地基液化而发生整体倾侧。1976 年唐山大地震时,天津某农场 10m 左右的砖砌水塔,因其西北角处地基喷砂冒水,水塔整体向西北倾斜了 6°。

3. 滑坡

在岸坡或坝坡中的饱和粉土层,由于液化而丧失抗剪强度,使土坡失去稳定,沿着液化层滑动,形成大面积滑坡。1971 年美国加州 San Fernando 坝在地震中即发生上游坝坡大滑动。研究证明这是因为在地震振动即将结束时,在靠近坝底和黏土心墙上游面处广阔区域内沙土发生液化的缘故。1964 年美国阿拉斯加地震中,海岸的水下溜滑带走了许多港口设施,并引起海岸涌浪,造成沿海地带的次生灾害。

4. 上浮

储罐、管道等空腔埋置结构可能在周期土体液化时上浮,对于生命线工程来讲,这种上浮常常引起严重的后果。

## 二、液化机理及影响因素

饱和的、较松散的、黏性的或少黏性的土在往复剪应力作用下,颗粒排列将趋于密实(剪缩性),而细、粉砂和粉土的透水性并不太大,孔隙水一时间来不及排出,从而导致孔隙水压力上升,有效应力减小。当周期性荷载作用下积累起来的孔隙水压力等于总应力时,有效应力就变为零。根据有效应力原理,饱和砂土抗剪强度可表达为:

$$\tau_f = (\sigma - u)\tan \varphi' = \sigma'\tan\varphi' \tag{14-8}$$

可见,当孔隙水压力 $u = \sigma$ 即 $\sigma' = 0$ 时,没有黏聚力的砂土的强度就完全丧失。同时,土体平衡外力的能力,即模量的大小也是与土体的有效应力成正比关系,如剪切模量:

$$G = K(\sigma')^n \tag{14-9}$$

式中:$K$、$n$——试验常数。

显然,当 $\sigma'$ 趋向于零的时候,$G$ 也趋向于零,即土体处于没有抵抗外荷载能力的悬液状态,这就是所谓的"液化"。

在地震时,土单元体所受的动应力主要是由从基岩向上传播的剪切波所引起的。水平地层内土单元体理想的受力状态如图 14-11 所示。在地震前,单元体上受到有效应力 $\sigma'_u$ 和 $K_0\sigma'_v$ 的作用($K_0$ 为静止土压力系数)。在地震时,单元上将受到大小和方向都在不断变化的剪应力 $\tau_d$ 的反复作用。在试验室里通过模拟上述受力情况进行试验研究有助于揭示液化机理,其中动三轴试验和动单剪试验是被广泛使用的两种方法。试验中土样是在不排水条件下,承受着均匀的周期荷载。当地震时,实际发生的剪应力大小是不规则的,但经过分析认为可以转换为等效的均匀周期荷载,这就比较容易在试验中重现。

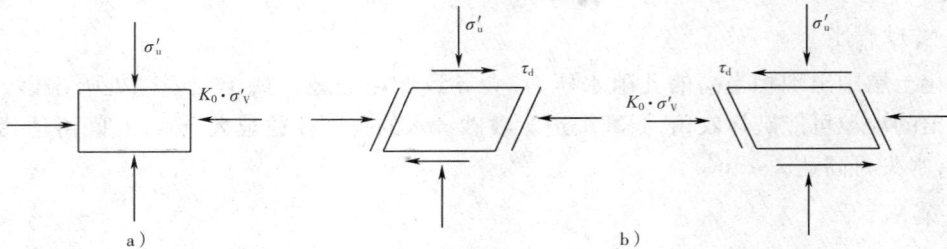

图 14-11　地震时土单元体受力状态
a)地震前;b)地震后

图 14-12 是饱和粉砂的液化试验结果。从图中的周期偏应力 $\sigma_d$、动应变 $\varepsilon_d$ 和动孔隙水压力 $u_d$ 等与循环次数 $n$ 关系的曲线可以看到,即使偏应力在很小的范围内变动,每次应力循环后都残留着一定的孔隙水压力;随着应力循环次数 $n$ 增加,孔隙水压力因积累而逐步上升,有效应力逐步减小;最后有效应力接近于零,土的刚度和强度骤然下降至零,试样发生液化。应变幅的变化在开始阶段很小,动应力 $\sigma_d$ 维持等幅值循环,孔隙水压力逐渐上升;到了某个循环以后,孔隙水压力急剧上升,应变幅急剧放大,动应力幅值开始降低,这说明已在孕育着液化,土的刚度和承载力正在逐渐丧失;当孔隙水压力与固结压力几乎相等时,土已不能再承受荷载,应变猛增,动应力缩减到零,此后进入完全的液化状态,土全部丧失其承载能力。

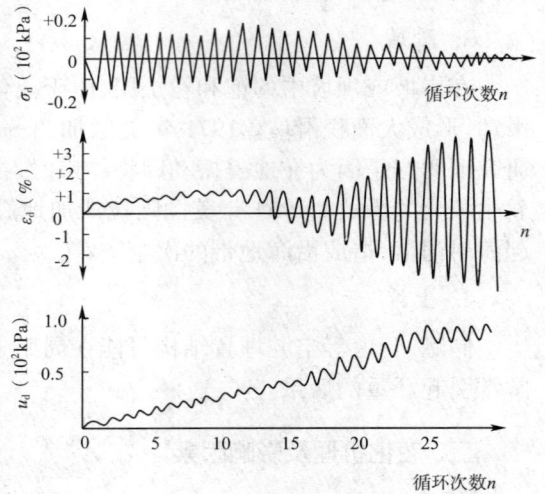

图 14-12　饱和粉砂液化动三轴试验记录

研究与观察发现,并不是所有的饱和砂土和少黏性土在地震时都一定发生液化现象,因此必须了解影响砂土液化的主要因素,才能作出正确的判断。

影响砂土液化的主要因素有:

1. 土类

土类是一个重要的条件,黏性土由于有黏聚力 $c$,即使孔隙水压力等于全部固结压力,抗剪强度也不会全部丧失,因而不具备液化的内在条件。粗颗粒砂土由于透水性好,孔隙水压力易消散,在周期荷载作用下,孔隙水压力亦不易积累增长,因而一般也不会产生液化。只有没有黏聚力或黏聚力相当小、处于地下水位以下的粉细砂和粉土,渗透系数比较小,不足以在第二次荷载施加之前把孔隙水压力全部消散掉,才具有积累孔隙水压力并使强度完全丧失的内部条件。因此,土的粒径大小和级配是一个重要因素。试验及实测资料都表明:粉、细砂土和粉土比中、粗砂土容易发生液化。有文献提出,平均粒径 $d_{50}=0.05\sim0.09$mm 的粉细砂最容易液化。而根据多处震害调查实例却发现,实际发生液化的土类范围更广一些。可以认为,在地震作用下发生液化的饱和土的平均粒径 $d_{50}$ 一般小于 2mm,黏粒含量一般低于 $10\%\sim15\%$,塑性指数 $I_p$ 常在 8 以下。

2. 土的密度

松砂在振动中体积易于缩小,孔隙水压力上升快,故松砂比较容易液化。1964 年日本新泻地震表明,相对密度 $D_r$ 为 0.5 的地方普遍液化,而相对密度大于 0.7 的地方就没有液化。关于海城地震砂土液化的报告中亦提到,7 度的地震作用下,相对密度大于 0.5 的砂土不会液化;砂土相对密度大于 0.7 时,即使 8 度地震也不易发生液化。根据关于砂土液化机理的论述可知,往复剪切时,孔隙水压力增长的原因在于松砂的剪缩性,而随着砂土密度的增大,其剪缩性会减弱,一旦砂土开始具有剪胀性的时候,剪切时土体内部便产生负的孔隙水压力,土体阻抗反而增大可,因而不可能发生液化。

3. 土的初始应力状态

在地震作用下,土中孔隙水压力等于固结压力是初始液化的必要条件。如果固结压力越大,则在其他条件相同时越不易发生液化。试验表明,对于同样条件的土样,发生液化所需的动应力将随着固结压力的增加而成正比例增加。显然,土单元体的固结压力是随着它的埋藏深度和地下水位深度而直线增加的,然而,地震在土单元体中引起的动剪应力随深度的增加却不如固结压力的增加来得快。于是,土的埋藏深度和地下水位深度,即土的有限覆盖压力大小就成了直接影响土体液化可能性的因素。前述关于海城地震砂土液化的考察报告指出,有效覆盖压力小于 50kPa 的地区,液化普遍且严重;有效覆盖压力介于 $50\sim100$kPa 地方,液化现象较轻;而未发生液化地段,有效覆盖压力大多大于 100kPa。调查资料表明,埋藏深度大于 20m 时,甚至松砂也很少发生液化。

除上述因素以外,还有地震强度和地震持续时间这两个动荷载方面的因素。室内试验表明,对于同一类和相近密度的土,在一定固结压力时,动应力较高则振动次数不多就会发生液化;而动应力较低时,需要较多振动次才发生液化。宏观震害调查亦证明了这一点。如日本新泻地区在过去三百多年中虽遭受过 25 次地震,但记录新泻及附近地区发生了液化的只有 3 次,而在这 3 次地震中,地面加速度都在 $1.3\text{m/s}^2$ 以上。1964 年地震时,记录到地面最大加速度为 $1.6\text{m/s}^2$,其余 22 次地震的地面加速度估计都在 $1.3\text{m/s}^2$ 以下。1964 年阿拉斯加地震时,安科雷奇滑坡是在地震开始以后 90s 才发生的,这表明,要持续足够的应力周数后才会发生液化和土体失稳。根据已有的资料,就荷载条件而言,液化现象通常出现在 7 度以上的地震场地,或者说,地面水平加速度峰值 0.1g 可以作为一个门槛值。同时,使土体发生液化的振动持续时间一般都在 15s 以上,按地震动主频率值换算可以得到,引起液化的振动次数 $N_{eq}=5\sim30$。这样的振动次数大体上对应于地震震级 $M=5.5\sim8$。这就意味着,低于 5.5 级的地震,引起土层液化的可能性不大。

# 第四节　地震与震害

## 一、地震的类型与分布

地震,是由内力地质作用和外力地质作用引起的地壳振动现象的总称。据统计,全世界每

年约发生500万次地震,其中破坏性的地震约140多次,造成严重破坏的地震平均每年约18次。地震按其成因可分为下列类型:

(1)构造地震:由地壳的构造运动,使岩层移动和断裂,积累的大量能量释放出来,引起地壳振动,称为构造地震。这种地震的特点:震动强烈,时间长,具有突发性与灾害性,影响范围广,世界上有90%的地震属于此类地震。例如,我国1966年河北邢台地震、1970年云南通海地震、1975年辽宁海城地震、1976年河北唐山地震与1988年云南澜沧耿马地震、1999年台湾大地震,以及2008年我国汶川大地震都属于构造地震。

(2)火山地震:由火山活动引起的地震,称为火山地震。当高温的岩浆与炽热的气体从火山口喷发出来时,也能引起地壳的振动。这类地震占世界地震次数的7%左右,多发生在日本、意大利和印尼等国家。火山地震能量有限,强度不大,影响范围较小。

(3)陷落地震:由地下洞穴塌陷、崩塌或大滑坡等冲击力引起的地震,称为陷落地震。这类地震次数少,只占世界地震次数的3%左右。陷落地震强度微弱,影响范围只有几千米。

(4)诱发地震:由于人类活动破坏了地层原来的相对稳定性引起的地震,称为诱发地震。例如,修大型水库蓄水(相当于库区地面大范围加水压力)。深井注水以及核爆炸等所引起的地震。

地震并非均匀分布在地球各部分,而是集中于某些特定的条带,称为地震带。世界范围的地震带主要有:环太平洋地震带、地中海—喜马拉雅地震带、大洋海岭地震带。

(1)环太平洋地震带:环太平洋地震带是世界上最大的地震带,在狭窄条带内震中密度也最大;全世界约80%的浅源地震、90%的中源地震和几乎全部深源地震集中于此带,释放的能量约为全世界地震释放能量的80%。很早以前人们就已经知道,此带的震源深度有自岛弧外线的深海沟向大陆内部逐步加深的规律,并解释为大陆与大洋之间的一条倾向大陆的大断裂面。

(2)地中海—喜马拉雅地震带(欧亚地震带):这是仅次于环太平洋地震带的第二大地震带,震中分布较前者为分散,所以带的宽度大且有分支。该带上的地震以浅源震为主,中源震在帕米尔、喜马拉雅有所分布,深源震主要分布于印尼岛弧。环太平洋地震带以外的几乎所有深源、中源和大的浅源地震均发生于此带,释放能量约占全球地震能量的15%。

(3)大洋海岭地震带:主要呈线状分布于各大洋的接近中部。这一地震带远离大陆,所以以前未被人注意,20世纪60年代以前不把它作为一个地震带,海底扩张和板块构造的发展才使人们注意到这一地震带。这一带的所有地震均产生于岩石圈内,震源深度小于30km,震级除少数例外均不超过5级。

我国位于上述两大地震带之间,是一个多地震的国家。地震在我国的主要活动区为:

东北地区:辽宁南部和部分山区。

华北地区:汾渭河谷、山西东北、河北平原、山东中部到渤海地区。

西北地区:甘肃河西走廊、宁夏、天山南北麓。

西南地区:云南中部和西部、四川西部、西藏东南部。

东南地区:台湾及其附近的海域,福建、广东的沿海地区。

## 二、地震波

地震时,震源释放的能量以弹性波的形式向四处传播,这种弹性波就是地震波。地震波是使建筑物在地震中破坏的原动力,也是研究地震的最主要的信息和研究地球深部构造的有力工具。地震波包括两种在介质内部传播的体波和两种限于界面附近传播的面波。

体波包括纵波和横波。纵波是由震源传出的压缩波,质点振动与波前进方向一致,一疏一密向前推进,它周期短、振幅小。横波是震源向外传播的剪切波,质点振动方向与波前进方向相垂直,传播时介质体积不变但形状改变,周期较长振幅较大。因为该波是切变波,所以它不能通过对切变没有抵抗能力的液体。纵波传播速度($V_p$)和横波速度($V_s$)由下式表示:

$$V_p = \sqrt{\frac{E(1-\mu)}{\sigma(1+\mu)(1-2\mu)}} \quad V_s = \sqrt{\frac{E}{2\rho(1+\mu)}} = \sqrt{\frac{G}{\rho}} \tag{14-10}$$

式中:$E$——介质的弹性模量;

$\mu$——泊松比;

$\rho$——密度;

$G$——剪切模量。

当 $\mu = 0.22$ 时:

$$V_p = 1.67 V_s \tag{14-11}$$

纵波比横波速度快,一般近地表处的岩石中,仪器记录的地震波谱总是振幅小的纵波最先到达,故纵波也叫 P 波,横波依次到达,故叫 S 波。

面波是体波到达地表后激发的次生波,限于在地面运动,向地面以下迅速消失。这种波又有两种:

一种是在地面上动的瑞利波(R),质点在平行于波传播方向的垂直平面内作椭圆运动。长轴垂直于地面,它与波的辐射有关。瑞利波速($V_R$)近似为横波波速。

另一种在地平面上作蛇形运动的勒夫波(Q),质点在水平面垂直于波前进方向作水平振动。勒夫波在层状介质界面传播,其波速介于上下两层介质横波速度之间。

一个地震波记录图或地震谱最先记录的总是振幅小,周期短的 P 波,然后才是 S 波,P 波到与 S 波到达之间的时间差(走时差),随地震台距震中越远而越大,故可用以测定震中距。最后到达的传播最慢、振幅最大、波长周期最长的面波,统称为 L 波(long wave)典型的地震记录如图 14-13 所示。

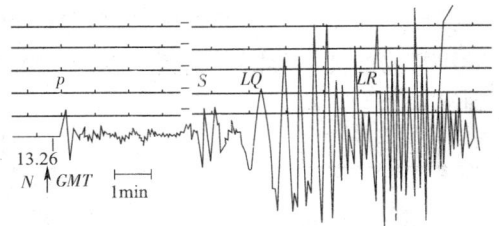

图 14-13　典型的地震记录

深源地震面波往往是很微弱的,一般情况下横波和面波到达时振动最强烈。建筑物破坏通常是由于横波和面波造成的。

### 三、地震的震级与烈度

地震能否使某一地区建筑物受到破坏,首先取决于地震本身的大小和该建筑区距震中的远近,距震中越远则受到的震动越弱。所以需要有衡量地震本身大小和震动强烈程度的两个尺度,这就是震级(Magnitude)和烈度(Intensity),它们之间有一定联系,但却是两个不同的尺度,不能混淆起来。

地震的震级是表示地震发生时,震源释放的能量大小。震波与释放能量大小的关系为:

$$\lg E = 11.8 + 1.5 M \tag{14-12}$$

地震震级是表示地震本身大小的尺度,是由地震所释放出来的能量大小所决定的。释放出的能量越大则震级越大,因为一次地震释放的能量是固定的,所以无论在任何地方测定只有一个震级。

释放能量大小可根据地震波记录图的最高振幅来确定。但是由于波动远离震中要衰减，不同地震仪器的性能不同，记录的波动振幅也不同，所以必须以标准地震仪和标准震中距的记录为准。因此，按李希特—古登堡的最初定义：

震级是距震中 100km 的标准地震仪（Wood-Anderson 地震仪：周期 0.8s，阻尼比 0.8，放大倍率 2800 倍）所记录的以微米表示的最大振幅 $A$，按下式计算获得：

$$M = \lg A \tag{14-13}$$

由表 14-1 可知：震级每增加一级，能量约增加 32 倍。世界上已知的最大震级为 8.9 级。最早的原子弹爆炸所释放的能量与 6 级地震相当；氢弹爆炸则相当于 7 ~ 8 级地震。凡 7 级以上的浅源大地震，造成的灾害很大。

地震震级与能量关系　　　　　　　　表 14-1

| 地震震级（M） | 1 | 2 | 3 | 4 | 5 | 6 | 7 | 8 | 8.5 |
|---|---|---|---|---|---|---|---|---|---|
| 能量（J） | $2.0 \times 10^6$ | $6.3 \times 10^7$ | $2.0 \times 10^9$ | $6.3 \times 10^{10}$ | $2.0 \times 10^{12}$ | $6.3 \times 10^{13}$ | $2.0 \times 10^{15}$ | $6.3 \times 10^{16}$ | $3.6 \times 10^{17}$ |
| 分类 | 微小地震 | | 小地震 | | 中地震 | | 大地震 | | |

地震烈度是表示地震发生时对一个具体地点的实际震动的强弱程度。它不仅取决于地震能量大小，还与震源深度、震中距离、传播介质特征等因素有关。为确定各地区的地震烈度，各国均制定了"地震烈度表"，作为划分烈度的标准。此烈度表是根据地震最大加速度、地震系数、人的感觉、器物动态、建筑物损坏情况及地表现象等宏观标志而制定的。日本地震烈度按 0 ~ 7 分成 8 级，我国和美、俄等世界上绝大多数国家将地震烈度划分为 12 度。我国地震烈度表（GB/T17742—2008），见表 14-2。

一个地区今后 50 年内，一般场地条件下，可能遭遇超越概率为 10% 的地震烈度，称为基本烈度。这是以当地的地质、地形条件和历史地震情况和长期地震预报为依据的。50 年为一般建筑物的使用年限。我国地震的基本烈度根据国家地震局编制的《中国地震烈度区划图》确定。

中国地震烈度表　　　　　　　　表 14-2

| 烈度 | 人的感觉 | 房屋震害 | | 其他现象 | 水平向地面运动 | |
|---|---|---|---|---|---|---|
| | | 大多数房屋震害程度 | 平均震害指数 | | 加速度（mm/s²） | 速度（mm/s） |
| I | 无感 | | | | | |
| II | 室内个别静止中人有感觉 | | | | | |
| III | 室内少数静止中的人感觉 | 门、窗轻微作响 | | 悬挂物微动 | | |
| IV | 室内多数人感觉；室外少数人感觉；少数人梦中惊醒 | 门、窗作响 | | 悬挂物明显摆动，器皿作响 | | |
| V | 室内普遍感觉；室外多数人感觉；多数人梦中惊醒 | 门客、屋顶、屋架颤动作响，灰土掉落，抹灰出现微细裂缝 | | 不稳定器物翻倒 | 310（220 ~ 440） | 30（20 ~ 40） |

378

| 烈度 | 人的感觉 | 房屋震害 | | 其他现象 | 水平向地面运动 | |
|---|---|---|---|---|---|---|
| | | 大多数房屋震害程度 | 平均震害指数 | | 加速度（mm/s²） | 速度（mm/s） |
| VI | 惊慌失措,仓惶逃出 | 损坏:个别砖瓦掉落、墙体微细裂缝 | 0~0.1 | 河岸和松软土上出现裂缝。饱和砂层出现喷砂冒水。地面上有的砖烟囱轻度裂缝、掉灰 | 630（450~890） | 60（50~90） |
| VII | 大多数人仓惶逃出 | 轻度破坏:局部破坏、开裂,但不妨碍使用 | 0.11~0.30 | 河岸出现坍方。饱和砂层常见喷砂冒水。松软土上地裂缝较多。大多数砖烟囱中等破坏 | 1250（900~1770） | 130（100~180） |
| VIII | 摇晃颠簸,行走困难 | 中等破坏:结构受损,需要修理 | 0.31~0.50 | 干硬土上亦有裂缝。大多数砖烟囱严重破坏 | 2500（1780~3530） | 250（190~350） |
| IX | 坐立不稳;行动的人可能摔跤 | 严重破坏:墙体龟裂,局部倒塌,修复困难 | 0.51~0.70 | 干硬土上有许多地方出现裂缝,基岩上可能出现裂缝。滑坡、坍方常见。砖烟囱出现倒塌 | 5000（3540~7070） | 500（360~710） |
| X | 骑自行车的人会摔倒;处于不稳状态的人会抛出几尺远;有抛起感 | 倒塌:大部倒塌,不堪修复 | 0.71~0.90 | 山崩和地震断裂出现。基岩上的拱桥破坏。大多数砖烟囱从根部破坏或倒毁 | 10000（7080~14140） | 1000（720~1410） |
| XI | | 毁灭 | 0.91~1.00 | 地震断裂延续很长。山崩常见。基岩上拱桥毁坏 | | |
| XII | | | | 地面剧烈变化,山河改观 | | |

## 四、建筑场地类别与震害

建筑地基的震害大小与场地土的性质及类别有密切关系。在地震区常可发现同一小区内的同类建筑物,有的震害较重,有的震害却较轻,两者的地震烈度可相差 1~2 度,即重灾区里有轻灾的"安全岛",轻灾区中有重灾的"危险带"的烈度异常区,其主要原因是场地土的类型与场地类别不同造成的。

场地的类型宜根据土层剪切波速的大小划分为四类,详见表 14-3 剪切波速越高,场地土越坚硬。

建筑场地类别划分 表 14-3

| 等效剪切波速（m/s） | 场地覆盖层厚度（m） | | | | | | |
|---|---|---|---|---|---|---|---|
| | 0 | $0 < d_0 < 3$ | $3 \leq d_0 < 5$ | $0 \leq d_0 \leq 15$ | $15 < d_0 \leq 50$ | $50 < d_0 \leq 80$ | $d_0 > 80$ |
| $V_s > 500$ | I | | | | | | |
| $250 < V_{se} \leq 500$ | | I | | II | | | |
| $140 < V_{se} \leq 250$ | | I | | II | | III | |
| $V_{se} \leq 140$ | | I | | II | | III | IV |

表中场地覆盖层厚度的确定,应符合下列要求:

(1)一般情况下,应按地面至剪切波速大于 500 m/s 的土层顶面的距离确定。

(2)当地面 5m 以下存在剪切波速大于相邻上层土剪切波速 2.5 倍的土层,而且其下卧岩土的剪切波速均不小于 400 m/s 时,可取地面至该土层顶面的距离作为覆盖层厚度。

(3)剪切波速大于 500 m/s 孤石、透镜体,应视同周围土层。

(4)土层中的火山岩硬夹层,应视为刚体,其厚度应从覆盖土层中扣除。

表中的 $V_s$ 为岩石或坚硬土的剪切波速;$V_{se}$ 为土层等效剪切波速,可根据实测或按下式确定:

$$V_{se} = \frac{d}{\sum_{i=1}^{n} \frac{d_i}{V_{si}}}$$ (14-14)

式中:$d$——计算深度,m,取覆盖层厚度和 20m 两者较小值;

$d_i$——计算深度范围内第 $i$ 层土的厚度,m;

$n$——计算深度范围内土层的分层数;

$V_{si}$——计算深度范围内第 $i$ 层土的剪切波速实测数据,m/s。

不同类别的场地的震害除了与地震本身震级和烈度有关外,还受到地层的类别、地质条件的影响,不同地质条件下的地基,其地震破坏形式也不同,图 14-14 给出了不同地质条件下地基失效造成的建筑物破坏形式。

(1)坚硬场地土:稳定岩石是抗震最理想的地基,震害轻微。

(2)中硬场地土:为粗粒的砂石,震害较小。

(3)软弱场地土:尤其覆盖层厚度大时,震害最严重。

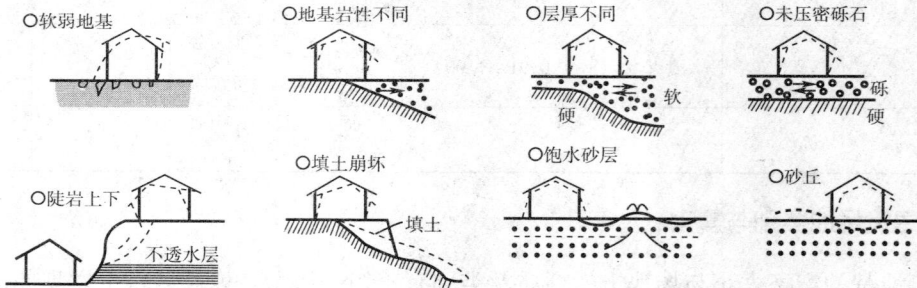

图 14-14　不同地质条件下地基失效造成的建筑物破坏形式

(4)砂土地基的液化失效:饱和松砂与粉土在强烈地震作用下,疏松不稳定的砂粒与粉粒移动到更稳定的位置;但地下水位下土的孔隙已完全被水充满,在地震作用的短暂时间内,土中的孔隙水无法排出,砂粒与粉粒位移至孔隙水中被漂浮,此时土体的有效应力为零,地基丧失承载力,造成地基不均匀下沉,导致建筑物破坏。地基发生液化需同时符合三个条件,即:土质为疏松或稍密的粉砂、细砂或粉土;土层处于地下水位以下,呈饱和状态;遭遇大、中地震。

(5)软土地基震害:软土地基在地震时,地基中的剪应力增大,软土的结构受扰动,使土的抗剪强度降低。因此地基土被剪切破坏,土体向基础周边挤出,导致建筑物发生严重沉降、倾斜甚至破坏。

(6)地震滑坡和地裂:一面临空的土坡,在地震加速度作用下产生附加惯性力,使边坡土体的下滑力增加,同时抗滑的内摩擦力降低。这两个不利因素叠加,可能破坏原来处于平衡状态的土坡的稳定性,发生失稳滑坡。滑坡体的坡顶由于土层错动,往往产生地裂。

# 第五节 建筑地基基础抗震设防标准和目标

《建筑抗震设计规范》(GB 50011—2001)根据建筑使用功能的重要性,将建筑抗震设防类别分为以下四类。即甲类建筑(属于重大建筑工程和地震时可能发生严重次生灾害的建筑)、乙类建筑(属于地震时使用功能不能中断或需尽快恢复的建筑)、丙类建筑(属于甲、乙、丁类建筑以外的一般建筑)、丁类建筑(属于抗震次要建筑)。

## 一、建筑地基基础抗震设防标准

建筑抗震设防标准是衡量建筑抗震设防要求的尺度,由抗震设防烈度和建筑使用功能的重要性确定。抗震设防烈度是指按国家规定的权限批准作为一个地区抗震设防依据的地震烈度。

一般情况下,抗震设防烈度可采用中国地震烈度区划图的地震基本烈度,或采用与《建筑抗震设计规范》(GB 50011—2001)设计基本地震加速度对应的地震烈度。对已编制抗震设防区划的城市,也可采用批准的抗震设防烈度。

各抗震设防类别建筑的设防标准,应符合下列要求:

(1)甲类建筑:地震作用应高于本地区抗震设防烈度的要求,其值应按批准的地震安全性评价结果确定;抗震措施,当抗震设防烈度为 6～8 度时,应符合本地区抗震设防烈度提高一度的要求,当为 9 度时,应符合比 9 度抗震设防更高的要求。

(2)乙类建筑:地震作用应符合本地区抗震设防烈度的要求;抗震措施,一般情况下,当抗震设防烈度为 6～8 度时,应符合本地区抗震设防烈度提高一度的要求,当为 9 度时,应符合比 9 度抗震设防更高的要求。对较小的乙类建筑,当其结构改用抗震性能较好的结构类型时,应允许仍按本地区抗震设防烈度的要求采取抗震措施。

(3)丙类建筑:地震作用和抗震措施均应符合本地区抗震设防烈度的要求。

(4)丁类建筑:一般情况下,地震作用仍应符合本地区抗震设防烈度的要求;抗震措施应允许比本地区抗震设防烈度的要求适当降低,但抗震设防烈度为 6 度时不应降低。

抗震设防烈度为 6 度时,除《建筑抗震设计规范》(GB 50011—2001)有具体规定外,对乙、丙、丁类建筑可不进行地震作用计算。

## 二、建筑地基基础抗震设防目标

不少国家的抗震设计规范都采用了这样一种抗震设计思想:在建筑使用寿命期限内,对不同频度和强度的地震,要求建筑具有不同的抵抗地震的能力,即对较小的地震,由于其发生的可能性大,因此遭遇到这种多遇地震时,要求结构不受损坏,这在技术上和经济上都是可以做到的;对于罕遇的强烈地震,由于其发生的可能性小,当遭遇到这种地震时,要求做到结构不受损坏,这在经济上是不合算的。比较合理的做法是,应当允许损坏,但在任何情况下结构不应倒塌。

结合我国具体情况,我国《建筑抗震设计规范》(GB 50011—2001)提出了抗震设计"三水准"的设计原则。

第一水准:当遭受到多遇的低于本地区设计防烈度的地震影响时,建筑一般不受损坏,或不需修理仍能继续使用；

第二水准：当遭受到本地区设计防烈度的地震影响时，建筑可能有一定的损坏，经一般修理或不经修理仍能继续使用；

第三水准：当遭受到高于本地区的设防烈度的罕遇地震影响时，建筑不致倒塌或发生危及生命的严重破坏。

三水准抗震设防目标的通俗说法是"小震不坏，中震可修，大震不倒"。

# 第六节  砂性土地基液化判别

## 一、抗液化设防范围与液化初步判别

《建筑抗震设计规范》（GBJ 11—89）规定 6 度地震区需要地基抗液化设防，并规定对液化沉陷敏感的乙类建筑可按 7 度考虑，7～9 度时，乙类建筑可按原烈度考虑。2001 年《建筑抗震设计规范》（GB 50011—2001）仍采用这一规定。《岩土工程勘察规范》（GB 50021—2001）也作了与此相同的规定。在抗震规范中对 6 度区适当作原则性规定是有益的。在 6 度区的确有少数地点曾发生过液化，但未曾对 6 度区的砂性土液化作系统调查工作，现今掌握的资料很少。

在场址的初勘阶段和进行地基失效小区划时，由于需勘察的面积较大，而且都有时间和经费的限制，不可能像处理某一工程地基一样，进行钻孔、取样、作室内试验。这时需利用已有经验，采取对比的方法，不作专门的试验，根据现成的资料，把一大批明显不会发生液化的地段勾画出来，从而达到减轻勘察任务、节省时间与经费的目的。这种利用各种界限值勾画不液化地带的方法，被称为液化的初步判别。

《建筑抗震设计规范》（GB 50011—2001）规定，对饱和的砂土或粉土，当符合下列条件之一时，可初步判别为不液化或不考虑液化影响：

（1）地质年代为第四纪晚更新世 $Q_3$ 及其以前时，7、8 度时可判为不液化；

（2）粉土的黏粒（粒径小于 0.005 mm 的颗粒）含量百分率，7 度、8 度和 9 度分别不小于 10、13 和 16 时，可判为不液化土（注：用于液化判别的黏粒含量系采用六偏磷酸钠作分散剂测定，采用其他方法时应按有关规定换算）；

（3）采用天然地基的建筑，当上覆非液化土层厚度 $d_u$（m）和地下水位深度 $d_w$（m）符合下列条件之一时可不考虑液化影响：

$$d_u > d_0 + d_b - 2$$
$$d_w > d_0 + d_b - 3$$
$$d_u + d_w > 1.5 d_0 + 2.0 d_b - 4.5$$

要说明的是：计算 $d_u$ 时宜将淤泥和淤泥质土层扣除；确定 $d_w$ 时可按近期内年最高水位采用；当基础埋深 $d_b < 2m$ 时，可应采用 2m；$d_0$ 可根据饱和土类别和烈度进行取值。

应该指出，上述确定 $d_u$ 和 $d_w$ 的方法，实际上是遵循两个原则：一是以前地震中未发生的现象，以后的地震也不会发生；二是凡是没有发现的现象就认为该现象不存在。这两个原则都有值得讨论的地方，但考虑到界限值取得很保守，它们失误的可能性很小，对于一般建筑是可以接受的；但对于深埋基础和桩基础则必须作进一步分析。

对于经初步判别未得到满足,即不能判为不液化时,就必须根据下述判别方法进行液化判别。

## 二、液化判别的经验方法

### 1.《建筑抗震设计规范》方法

《建筑抗震设计规范》(GBJ 11—89)规定,对地面以下15 m深度范围内的可液化土层,按下式进行液化判别:

$$N_{cr} = N_0 [0.9 + 0.1(d_s - d_w)] \cdot \sqrt{3/\rho_c} \qquad (14\text{-}15)$$

式中:$N_{cr}$——液化判别标准贯入锤击数临界值;

$N_0$——液化判别标准贯入锤击数基准值,应按表14-4采用;

$d_s$——饱和土标准贯入点深度,m;

$\rho_c$——黏粒含量百分率,当小于3或为砂土时均应取3;

$d_w$——地下水位深度,m。

《建筑抗震设计规范》(GBJ 11—89)标准贯入锤击数基准值 表14-4

| 近、远震 | 烈 度 | | |
| --- | --- | --- | --- |
| | 7 | 8 | 9 |
| 近震 | 6 | 10 | 16 |
| 远震 | 8 | 12 | — |

当实测标准贯入锤击数 $N$(未经杆长修正)满足下述关系:

$$N < N_{cr} \qquad (14\text{-}16)$$

时判别为液化;否则判别为不液化。

在应用《建筑抗震设计规范》(GBJ 11—89)液化判别经验公式时,尚应注意以下几点:

(1)判别式的适用深度。该规范所述"在地面下15 m深度范围内的液化土应符合下式要求",既不是15 m以下就不会液化,也不是必须勘察的深度,而是该式只适用于15 m,超过15 m就缺乏经验,没有把握。

(2)倾斜地面的液化判别。该判别方法是以水平自由地面的震害经验为基础的,适用于地表基本水平的建筑场地。当地表倾斜(或建筑物建成之后)时,地表下饱和砂土体中的静应力和地震应力状态发生显著变化,这时存在静剪应力,它将影响土的抗液化能力,而且土体液化后会产生滑动。在该判别方法中或者没有考虑或者考虑得不够恰当,因此还需要根据实际经验对判别结果加以修正。

(3)水下砂层的液化判别。在个别情况下,需要考虑水下(例如池塘底以下)的砂层液化问题。此时,水位在地表以上,从孔隙水压力考虑,$d_w$ 应为负值,用 $-d_w$ 代入判别公式。从定性地考虑,这样处理是正确的,但在建立和使用判别式的过程中,这样的情况很少遇到,缺乏经验,在实际应用时宜多加小心,并采用其他方法加以比较。

由于2001年的《建筑抗震设计规范》采用地震环境分区和设计基本地震加速度概念,取消了近、远震概念。因此,该规范的液化判别式虽仍采用式(14-15),但 $N_0$ 值按表14-5采用;考虑到深基础和桩基础还需考虑深度为15~20 m范围内的液化判别,该规范将式(14-15)延伸到20m,并规定在15~20m深度范围内的 $N_{cr}$ 值取15m深度处的 $N_{cr}$ 值进行液化判别。由于深度大于15m的液化资料很少,研究也远不够充分,因此规定液化判别的深度范围不超过20m。

| 设防烈度 | | 7 | | 8 | | 9 |
|---|---|---|---|---|---|---|
| 设计基本地震加速度($g$) | | 0.10 | 0.15 | 0.20 | 0.30 | 0.40 |
| 地震环境 | 一区 | 6 | 8 | 10 | 13 | 16 |
| | 二区或三区 | 8 | 10 | 12 | 15 | 18 |

### 2. Seed H. B 的经验方法

Seed H. B 提出的地震剪应力比 $\tau/\sigma'_v$ 与修正标贯击数 $N_1$ 的关系图,如图 14-15 所示,它是以世界各国的资料(包括中国)为基础,并经过较长时间的地震考验的液化判别方法。Seed H . B 的 $(\tau/\sigma'_v)$—$N_1$ 的关系图中,临界液化剪应力比 $(\tau/\sigma'_v)_{cr}$ 可用直线近似表示为:

$$(\tau/\sigma'_v)_{cr} = 0.011N_1 \qquad (14-17)$$

土层中的等效地震剪应力比 $(\tau_{av}/\sigma'_v)_E$ 按下式计算:

$$(\tau_{av}/\sigma'_v)_E = 0.1(M-1)(\alpha_{max}/g) \cdot \frac{\sigma_v}{\sigma'_v} \cdot (1-0.015d_s) \qquad (14-18)$$

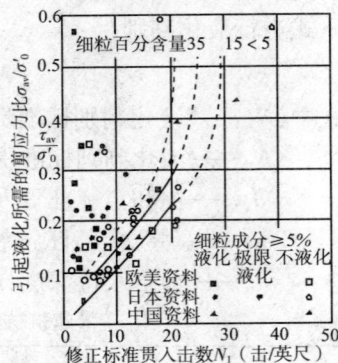

图 14-15　Seed H · B 经验方法相应于震级 $M = 7.5$ 的粉质砂土液化判别图

式中: $\sigma'_v$——竖向有效应力,kPa;

$\sigma_v$——竖向总应力,kPa;

$N_1$——将竖向有效应力 $\sigma'_v$ 调整为 100kPa 时的修正标贯击数,与实测标贯击数 $N$ 的近似关系为:

$$N_1 = C_N \cdot N \qquad (14-19)$$

$$C_N = 10/\sqrt{\sigma'_v} \qquad (14-20)$$

$M$——震级,当缺乏震级资料时,可参考表 14-6 取值(陈国兴,1996);

$\alpha_{max}$——地面水平向峰值加速度;

$g$——重力加速度。

**不同设防烈度对应的震级 $M$ 参考值**　　表 14-6

| 地震环境分区或近远震 | 设防烈度 I | | |
|---|---|---|---|
| | 7 | 8 | 9 |
| 一区或近震 $1(I = I_0)$ | 5.2 | 6.0 | 6.8 |
| 二区或近震 $2(I = I_0 - 1)$ | 6.0 | 6.8 | 7.6 |
| 三区或远震$(I \geq I_0 - 2)$ | ≥6.8 | ≥7.6 | (≥8.3) |

注:$I_0$ 为震中烈度。

应指出,式(14-17)在 $(\tau/\sigma'_v)_{cr}$ 取值 0.1~0.3 时有足够精度,大于 0.3 之后取值偏小即偏于安全。当满足下述关系

$$(\tau_{av}/\sigma'_v)_E > (\tau/\sigma'_v)_{cr} \qquad (14-21)$$

时判别为液化;否则,判别为不液化。

对于给定的 $N_1$ 值,与洁净砂土相比,粉土或亚砂土这种具有较高细粒(粒径 <0.075mm 的颗粒)含量的土,其抗液化强度要高一些,较不容易液化,如图 14-15 所示。此时,应对式(14-17)作如下修正:

$$(\tau/\sigma'_v)_{cr} = 0.011(N_1 + \Delta N_1) \qquad (14-22)$$

式中：$\Delta N_1$——附加修正标贯击数，按表 14-7 取值，对于洁净砂土，$\Delta N_1 = 0$。

**考虑细粒含量影响的附加修正标贯击数 $\Delta N_1$ 值**　　　　表 14-7

| 细粒含量(%) | $\leqslant 5$ | 10 | 15 | 20 | 25 | 30 | $\geqslant 35$ |
|---|---|---|---|---|---|---|---|
| $\Delta N_1$ | 0.0 | 2.5 | 4.0 | 5.0 | 6.0 | 6.5 | 7.0 |

对于边坡这样的倾斜场地，土单元水平面上的静剪应力为 $\tau_s$，因此存在一个初始静剪力比 $\alpha_s$：

$$\alpha_s = \tau_s/\sigma'_v \qquad (14-23)$$

研究表明，对于较密实的砂性土，初始静剪力比增大，土的抗液化能力提高；对于较松散的砂性土，则随初始静剪力比增大，土的抗液化能力降低。此时，应对式(14-17)作如下修正：

$$(\tau/\sigma'_v)_{cr} = 0.011 N_1 K_\alpha \qquad (14-24)$$

式中：$K_\alpha$——初始静剪力比 $\alpha_s$ 对土的抗液化能力的影响因素，如图 14-16 所示，为应用方便，可按表 14-8 取值。

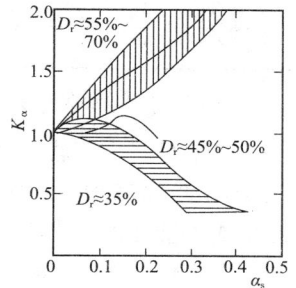

图 14-16　静剪应力影响系数 $K_s$ 与相对密度 $D_r$ 的关系（Seed & Harder, 1990）

**考虑初始静剪应力影响的修正系数 $K_\alpha$ 值**　　　　表 14-8

| 相对密度 $D_r$(%) | 静剪应力比 $\alpha_s$ | | | | 说明 |
|---|---|---|---|---|---|
| | 0 | 0.1 | 0.2 | 0.3 | |
| 35 | 1.0 | 0.9 | 0.75 | 0.4 | $D_r$ 也可由 $N_1$ 换算： |
| 45~50 | 1.0 | 1.1 | 1.0 | 0.8 | $D_r \approx 16\sqrt{N_1}$(%) |
| 55~70 | 1.0 | 1.3 | 1.6 | 1.8 | 中间 $\alpha_s$ 值可内插 |

研究还表明，有效上覆压力 $\sigma_v$ 的大小对土的抗液化强度有明显影响，式(14-17)仅适用于有效上覆压力不大于 100kPa 的情况。对于大于 100kPa 的情况，应对式(14-17)作如下修正：

$$(\tau/\sigma'_v)_{cr} = 0.011 N_1 K_{\sigma'_v} \qquad (14-25)$$

式中：$K_{\sigma'_v}$——考虑竖向有效应力对土的抗液化强度影响的修正系数，可按表 14-9 取值。

**考虑竖向有效应力影响的修正系数 $K_{\sigma'_v}$ 值**　　　　表 14-9

| 竖向有效应力 $\sigma'_v$(kPa) | 100 | 150 | 200 | 250 | 说　　明 |
|---|---|---|---|---|---|
| $K_{\sigma'_v}$ | 1.00 | 0.80 | 0.70 | 0.65 | 中间值可内插 |

综合上述各式，可统一表示为：

$$(\tau/\sigma'_v)_{cr} = 0.011(N_1 + \Delta N_1) K_\alpha K_{\sigma'_v} \qquad (14-26)$$

**3.《核电厂抗震设计规范》方法**

在《核电厂抗震设计规范》(GBJ 50267—97)中，液化判别公式也采用式(14-15)，但式中的标准贯入锤击数基准值 $N_0$，采用陈国兴(1990)提出的方法，按照模糊数学原理，由地面水平向峰值加速度 $\alpha_{max}$ 值按下式计算：

$$N_0 = \sum_{i=1}^{3} b_i N_{0i} \Big/ \sum_{i=1}^{3} b_i \qquad (14-27)$$

$$b_i = \exp\left\{ -\left[ \frac{\alpha_{max} - m_i}{c_i} \right]^2 \right\} \qquad (14-28)$$

式中：　　　　$i$——序号；

$m_i$、$c_i$ 和 $N_{0i}$——计算参数，列于表 14-10 中。

计算参数 $m_i$、$c_i$ 和 $N_{0i}$ 值　　　　　　　　　　表 14-10

| 序　号 $i$ | $m_i$（g） | $c_i$（g） | $N_{0i}$ |
|---|---|---|---|
| 1 | 0.125 | 0.054 | 4.5 |
| 2 | 0.25 | 0.108 | 11.5 |
| 3 | 0.50 | 0.216 | 18 |

4. 以静力触探（CPT）锥尖阻力 $q_c$ 值为指标的经验方法

CPT 是岩土工程现场试验中应用很广的一种测试手段。CPT 的特点是操作简便，可重复性高，比较精确和可连续记录贯入阻力。用 CPT 来判别液化的最大缺点是有效资料（在已知液化或未液化的地震现场测得 CPT 锥尖阻力 $q_c$ 值）十分有限和土的分类只能由 CPT 推断（由于未取土样）。利用国内外的有效资料共 5 次大地震（震级 $M = 6.6 \sim 7.7$）、49 个场地、125 个测点，建立了等效地震剪应力比 $(\tau_{av}/\sigma'_v)_E$ 与临界液化修正锥尖阻力 $(q_{c1d})_{cr}$ 的关系，其临界线可用下式表示：

$$(q_{c1d})_{cr} = \frac{255}{1 + 0.22/(\tau_{av}/\sigma'_v)_E} \tag{14-29}$$

而现场修正锥尖阻力 $q_{c1d}$ 可表示为：

$$q_{c1d} = 0.25 q_{c1}/D_{50} \tag{14-30}$$

$$q_{c1} = C_N \cdot q_c \tag{14-31}$$

式中：　$q_c$——现场实测的 CPT 锥尖阻力，以 100kPa 为计量单位；

$q_{c1}$——将 $q_c$ 调整到竖向有效应力 $\sigma'_v = 100$kPa 时的修正锥尖阻力；

$q_{c1d}$——将 $q_c$ 调整到 $\sigma'_v = 100$kPa、平均粒径 $D_{50} = 0.25$mm 时的修正锥尖阻力；当 $D_{50} > 0.25$mm 时取 $D_{50} = 0.25$mm；

$C_N$——修正系数，由式（14-20）计算；

$(\tau_{av}/\sigma'_v)_E$——等效地震剪应力比，由式（14-18）计算。

当满足式（14-32）的关系时判为液化；否则判为不液化。

$$q_{c1d} < (q_{c1d})_{cr} \tag{14-32}$$

应该指出，该法只适用于水平地面、地面下 15m 深度范围内的砂性土层的液化判别，因为原始资料的深度均不超过 15m。

5. 《公路工程抗震设计规范》方法

在《公路工程抗震设计规范》（JTJ 004—89）中，砂性土液化判别公式是以 Seed H·B 的液化判别图 $\tau/\sigma'_v$—$N_1$ 曲线族中震级 $M = 7.5$ 的分界线为基础换算得到的，对地面以下 20m 深度范围内的砂土和亚砂土，其液化判别公式如下：

$$N_1 = C_N N \tag{14-33}$$

$$N_{1cr} = [11.8(1 + 13.06 \frac{\sigma_v}{\sigma'_v} K_h C_v)^{1/2} - 8.09] \cdot \xi \tag{14-34}$$

$$\xi = 1 - 0.17\sqrt{\rho_c} \tag{14-35}$$

若 $N_1 < N_{1cr}$，则判为液化，否则判为不液化。

式中：$C_N$——将实测标贯击数 $N$ 换算为竖向有效应力 $\sigma'_v = 100$kPa 时的修正标贯击数 $N_1$ 的

换算系数,可按式(14-20)计算或按表 14-11 取值;

$C_v$——地震剪应力随深度衰减的折减系数,按表 14-12 取值;

$K_h$——水平地震系数,对烈度 7 度、8 度、9 度,分别取 $K_h = 0.1$、$0.2$ 和 $0.4$;

其他符号含义同前。

计算修正标贯击数 $N_1$ 的换算系数 $C_N$          表 14-11

| $\sigma'_v(\mathrm{kPa})$ | 0 | 20 | 40 | 60 | 80 | 100 | 120 | 140 | 160 | 180 |
|---|---|---|---|---|---|---|---|---|---|---|
| $C_N$ | 2 | 1.70 | 1.46 | 1.29 | 1.16 | 1.05 | 0.97 | 0.89 | 0.83 | 0.78 |
| $\sigma'_v(\mathrm{kPa})$ | 200 | 220 | 240 | 260 | 280 | 300 | 350 | 400 | 450 | 500 |
| $C_N$ | 0.72 | 0.69 | 0.65 | 0.60 | 0.58 | 0.55 | 0.49 | 0.44 | 0.42 | 0.40 |

地震剪应力随深度 $d_s$ 的折减系数 $C_v$          表 14-12

| $d_s(\mathrm{m})$ | 1 | 2 | 3 | 4 | 5 | 6 | 7 | 8 | 9 | 10 |
|---|---|---|---|---|---|---|---|---|---|---|
| $C_v$ | 0.994 | 0.991 | 0.986 | 0.976 | 0.965 | 0.958 | 0.945 | 0.935 | 0.920 | 0.902 |
| $d_s(\mathrm{m})$ | 11 | 12 | 13 | 14 | 15 | 16 | 17 | 18 | 19 | 20 |
| $C_v$ | 0.884 | 0.866 | 0.844 | 0.822 | 0.794 | 0.741 | 0.691 | 0.647 | 0.631 | 0.612 |

**6.《铁路工程抗震设计规范》方法**

《铁路工程抗震设计规范》(GB 50111—2006)规定,设计烈度为 7 度,地面以下 15m 以内,对有可能液化土层的地段,按标贯法进行液化判别,其公式如下:

$$N_{cr} = N_0 \alpha_1 \alpha_2 \alpha_3 \alpha_4 \qquad (14\text{-}36)$$

$$\alpha_1 = 1 - 0.065(d_s - 2) \qquad (14\text{-}37)$$

$$\alpha_2 = 0.52 + 0.175 d_s - 0.005 d_s^2 \qquad (14\text{-}38)$$

$$\alpha_3 = 1 - 0.05(d_u - 2) \qquad (14\text{-}39)$$

$$\alpha_4 = 1 - 0.17\sqrt{\rho_c} \qquad (14\text{-}40)$$

若 $N < N_{cr}$,则判为液化,否则判为不液化。

式中:$N_0$——$d_s = 3.0\mathrm{m}$、$d_w = 2\mathrm{m}$、$d_u = 2\mathrm{m}$ 和 $\alpha_4 = 1$ 时液化判别临界标贯击数,当地震烈度为 7 度、8 度、9 度时,分别取 $N_0 = 8$、$12$ 和 $16$;

$d_u$——上覆土层的厚度,m;

其他符号含义同前。

**7. 以剪切波速 $V_s$ 为指标的液化判别方法**

与标准贯入击数相比,剪切波速是一个更具明确力学意义的指标。以剪切波速为指标的液化判别方法是一个很有前景的方法,但是,由于以剪切波速为指标的地震现场液化调查资料较少,该方法目前还不太成熟。天津《建筑地基基础设计规范》(TBJ 1—88),根据 1976 年唐山地震现场液化调查资料(石兆吉,王承春,1984;石兆吉,1986),对地面以下 15m 内采用下述公式进行液化判别:

$$V_{scr} = V_{s0}(d_s - 0.0133 d_s^2)^{1/2} \qquad (14\text{-}41)$$

若 $V_s < V_{scr}$,则判为液化,否则判为不液化。

式中:$V_s$——场地实测剪切波速,m/s;

$V_{scr}$——液化剪切波速临界值,m/s;

$V_{s0}$——液化判别剪切波速基准值,m/s,按表 14-13 取值;

$d_s$——波速测试点深度，m。

**液化判别剪切波速基准值 $V_{s0}$** 表 14-13

| 地震烈度 | 7 | 8 | 9 |
|---|---|---|---|
| 粉土(m/s) | 42 | 60 | 84 |
| 粉砂(m/s) | 63 | 89 | 125 |

《岩土工程勘察规范》(GB 50021—2001)也规定可用剪切波速 $V_s$ 判别液化。对粉土,采用式(14-41)和表 14-13 计算液化剪切波速临界值 $V_{scr}$;对砂土,则采用下式计算 $V_{scr}$:

$$V_{scr} = V_{s0}(d_s - 0.01d_s^2)^{1/2} \tag{14-42}$$

式中:$V_{s0}$——液化判别剪切波速基准值,m/s,对烈度 7、8 和 9 度,分别取 92、130 和 184。

应注意建立经验公式(14-41)的背景。该公式是饱和砂土在地震动作用过程中不产生振动孔隙水压力这一前提下建立的,即该公式是饱和砂土在地震动作用过程中不会产生振动孔隙水压力的剪切波速临界值。因此,当现场实测剪切波速 $V_s > V_{scr}$ 时可判断该饱和砂土层肯定不会液化;反之,当 $V_s < V_{sc}$ 时,该饱和砂土未必会液化,仅表示存在液化的潜在可能。因此,《岩土工程勘察规范》中用于计算饱和砂土和粉土的液化剪切波速临界值 $V_{sc}$ 的计算公式,是在不同的背景下建立的,对粉土的计算公式,可直接用于判别场地是否液化;而对砂土的计算公式,仅能用于场地的初步液化判别。

8. 谢君斐—陈国兴的经验方法

谢君斐(1984)利用大量的国内外地震液化现场调查资料,以 Seed H. B 的经验判别方法为基础,提出了如下砂土液化判别公式:

$$(\tau/\sigma_v')_{cr} = 0.007N_1 + 0.007N_1^2 \tag{14-43}$$

式中:$N_1$——将竖向有效应力 $\sigma_v'$ 调整为 100kPa 时的标贯击数修正值。

当满足下述关系

$$(\tau_{av}/\sigma_v')_E > (\tau/\sigma_v')_{cr} \tag{14-44}$$

时判别为液化;否则,判别为不液化。其中等效地震剪应力比 $(\tau/\sigma_v')_E$ 按式(14-18)计算。陈国兴(1991)将式(14-43)推广到粉土液化判别,提出如下的修正公式:

$$(\tau/\sigma_v')_{cr} = (0.007N_1 + 0.007N_1^2)(3/\rho_c)^{-0.80} \tag{14-45}$$

式中:$\rho_c$——黏粒含量百分率,%,对砂土,取 $\rho_c = 3$。

# 第七节 砂性土地基液化程度等级划分

对某一工程场地,当按上述各种经验方法判为液化或判别结果有矛盾时,应进一步查明各液化土层的深度和厚度,并计算场地的液化指数 $I_{LE}$,它是衡量地震液化引起的场地地面破坏程度的一种指标。

当采用《建筑抗震设计规范》(GBJ 11—89)方法判别场地液化时,按下式计算液化指数 $I_{LE}$:

$$I_{LE} = \sum_{i=1}^{n}(1 - N_i/N_{cri})d_i w_i \tag{14-46}$$

式中:$n$——每一个钻孔在 15m 深度范围内液化土层中的标准贯入试验点的总数,也即对非液化层不计入在内;$N_i$ 和 $N_{cri}$ 分别为 $i$ 点标准贯入锤击数的实测值和临界值;

$d_i$——第 $i$ 点所代表的土层厚度,m,可采用与该标准贯入试验点相邻的上、下两标准贯入试验点($i-1$ 点、$i+1$ 点)深度差的一半,即 $d_i = (z_{i+1} - z_{i-1})/2$,其中 $z_{i-1}$、$z_{i+1}$ 分别为 $i-1$ 点和 $i+1$ 点的深度,但上界不小于地下水位深度,下界不大于液化深度;

$w_i$——第 $i$ 土层考虑单位土层厚度的层位影响权函数值(单位为 $\text{m}^{-1}$),当该层中点深度不大于 5m 时取 $w_i = 10$,等于 15m 时取 $w_i = 0,5 \sim 15$ m 时取 $w_i = 15 - y_i$,其中 $y_i$ 为 $i$ 土层中点深度,m。

由于 2001 年的《建筑抗震设计规范》(GB 50011—2001)将液化判别的深度延伸到 20m,此时,用式(14-41)计算液化指数时,$n$ 应取为每一个钻孔在 20m 深度内液化土层中的标准贯入试验点数;$w_i$ 的取值也应改为:当 $i$ 土层中点深度不大于 5m 时取 $w_i = 10$,等于 20m 时取 $w_i = 0,5 \sim 20$m 时取 $w_i = (2/3)(20 - y_i)$,其中 $y_i$ 为 $i$ 土层中点深度,m。

当采用 Seed H. B 的经验方法判别水平场地液化时,可由式(14-26)反算得液化判别标准贯入锤击数临界值 $N_{cr}$ 为:

$$N_{cr} = (\tau/\sigma'_v)_{cr}/(0.11 C_N K_{\sigma_v}) - \Delta N_1/C_N \tag{14-47}$$

将式(14-47)代入式(14-46)、并考虑地面以下 20m 深度内的液化影响,即可求得液化指数 $I_{LE}$ 值。

当采用《核电厂抗震设计规范》(GBJ 50267—1997)方法判别场地液化时,可采用《建筑抗震抗震设计规范》(GBJ 11—1989)的方法即式(14-46)计算液化指数 $I_{LE}$ 值。

当采用 CPT 的 $q_c$ 值判别场地液化时,可采用下式计算液化指数 $I_{LE}$ 值:

$$I_{LE} = \sum_{i=1}^{n} [1 - (q_{c1d})_i/(q_{c1d})_{cri}] d_i w_i \tag{14-48}$$

式中:$n$——每一个钻孔地面以下 15m 深度内液化土层分层总数;

$(q_{c1d})_i$——$i$ 土层的锥尖阻力修正值;

$(q_{c1d})_{cri}$——临界液化锥尖阻力修正值;

$d_i$ 和 $w_i$ 的含义同式(14-46)。

当采用《公路工程抗震设计规范》(JTJ 004—89)方法判别场地液化时,可按下式计算地面下 20m 范围内场地的液化指数 $I_{LE}$ 值:

$$I_{LE} = \sum_{i=1}^{n} [1 - (N_1)_i/(N_1)_{cri}] d_i w_i \tag{14-49}$$

式中,$w_i$ 取值同 2001 年《建筑抗震设计规范》(GB 50011—2001)的规定,其他符号的含义同前。

当采用《铁路工程抗震设计规范》(GB 50111—2006)方法判别场地液化时,采用《建筑抗震设计规范》(GBJ 11—89)的方法即式(14-46)计算液化指数值。

当采用剪切波速 $V_s$ 为指标判别场地液化时,可按下式计算地面下 15m 范围内场地的液化指数值:

$$I_{LE} = \sum_{i=1}^{n} [1 - (V_s)_i/(V_{scr})_i] d_i w_i \tag{14-50}$$

式中,$w_i$ 取值同《建筑抗震设计规范》(GBJ 11—89)的规定,其他符号的含义同前。

对某一工程场地,当采用上述几种方法同时判别液化时,若判别结果均为液化或判别结果有矛盾时,从安全方面考虑,可采用各种方法计算的 $I_{LE}$ 的最大值按表 11-14 划分场地液化等级;当只能采用上述某一种方法判别液化时,就直接采用该方法计算的 $I_{LE}$ 值按表 14-14 划分场地液化等级。如液化计算深度取 15m,按表 14-14a)划分等级;如液化计算深度取 20m,按表 14-14b)划分等级。

《建筑抗震设计规范》(GBJ 11—89)地基液化等级划分标准　　　　　表 14-14a)

| 液化指数 $I_{LE}$ | ≤5 | 5 ~ 15 | > 15 |
|---|---|---|---|
| 液化等级 | 轻微 | 中等 | 严重 |

《建筑抗震设计规范》(GB 50011—2001)地基液化等级划分标准　　　　　表 14-14b)

| 液化指数 $I_{LE}$ | < 6 | 6 ~ 18 | >18 |
|---|---|---|---|
| 液化等级 | 轻微 | 中等 | 严重 |

最后应指出,《建筑抗震设计规范》(GBJ 11—89)是我国各类抗震设计规范中第一部引入考虑液化后果的抗震规范,该规范规定的液化等级划分标准,是根据我国 31 个液化震害实例,通过计算液化指数 $I_{LE}$ 值和现场震害程度的比较而确定的,如表 14-14a)所示。但液化等级划分的方法存在一些缺点:

(1)液化指数的大小,反映的是地基的液化程度,并不是建筑物的震害程度,虽然两者有一定的对应关系;

(2)液化指数是一个相对比较的指标值,像烈度 7 度、8 度和 9 度一样,不能直接用于工程的定量设计;

(3)上部结构的作用未考虑;

(4)已部分液化和非液化土层的影响未计入;

(5)反映的是地表基本水平的场地,对地表倾斜或液化层有倾斜面的情况不适用;

(6)软弱黏性土层的震动附加沉陷的影响未计入。

由于上述缺点,按这种方法进行地基液化危害性评价时有可能出现反常现象,例如液化指数很大,但建筑物并无明显的破坏;液化指数不大,反而有严重的喷砂冒水和建筑物沉陷。

# 第八节　地基基础抗震设计

## 一、抗震设计基本原则

### 1. 方针

抗震设计应贯彻执行"以预防为主"的方针,使建筑经抗震设防后,减轻建筑的地震破坏,避免人员伤亡,减少经济损失。

### 2. 选择有利场地

尽量选择对抗震有利的地段,避开不利的地段,禁止在危险地段建设。

(1)对建筑抗震有利的地段:坚硬土或开阔平坦密实均匀的中硬土等。

(2)对建筑抗震不利的地段:软弱土,液化土,条状突出的山嘴,高耸孤立的山丘,非岩质的陡坡,河岸和边坡边缘,平面分布上成因、岩性、状态明显不均匀的土层(如古河道、断层破碎带、暗埋的塘滨沟谷及半填半挖地基)等。

（3）对建筑抗震危险的地段：地震时可能发生滑坡、崩塌、地陷、地裂、泥石流等以及地震断裂带上可能发生地表错位的部位。

为保证建筑物的安全，还应考虑建筑物的基本周期，应避开地层的卓越周期，以防止共振危害。

### 3. 做好基础设计

在建筑物设计中，将基础埋在土中一定的深度，周围土体对基础起约束的作用，因此，地震时基础的振幅小、灾害轻。若地基良好，在 7 度与 8 度地震烈度区，基础本身的强度可不进行校算。做好基础设计，不仅为基础本身的抗震所需要，而且可以减轻上部结构的震害。

1）适当加大基础埋深

加大基础埋深 $d$，可以增加地基土对建筑物的约束作用，从而减小建筑物的振幅，减轻震害。加大 $d$，还可以提高地基的强度和稳定性，以利减少建筑物的整体倾斜，防止滑移和倾覆。高层建筑箱形基础，在地震区埋深不宜小于建筑物高度的十五分之一。

实践表明，地下结构物具有良好的抗震性能。例如，唐山地震后，唐山市各类地下人防建筑都基本完好，未发生坍塌现象。唐山市区开滦煤矿的地下车库、地下通信和小水电系统在震后仍可照常使用，在当地救灾工作中发挥了良好的作用。

2）选择较好的基础类型

基础类型不同，产生的震害可能不同。地震区的软土地基上应选择刚度大、整体性好的箱形基础或筏板基础。箱基与筏基能有效地调整并减轻震沉引起的不均匀沉降，从而减轻对上部结构的破坏。

除上述的箱基与筏基以外，桩基础的震沉小，动力反应也不敏感，是一种良好的抗震基础形式。设计时注意桩基应穿过液化土层并插入非液化的坚实土层一定深度，以保持稳定。

### 4. 加强建筑物整体性

在设计中加强基础与上部结构的整体性，对建筑物抗震十分有利。例如，砖混结构条形基础，在基础上面设置一道钢筋混凝土地梁，把内外墙的基础连成整体。必要时在楼房层与层之间设置钢筋混凝土圈梁，或隔层设一道圈梁。同时，在建筑物的四角与内外墙交接设置竖向钢筋混凝土构造柱，并与地梁和各层之间的圈梁牢固连接，将上部结构与基础连成整体，这对抗震极为有效。

## 二、天然地基抗震验算

### 1. 地基土抗震承载力

天然地基基础抗震验算时，在荷载组合中应计入地震作用。据国外有关资料分析，考虑地基土在有限次循环动力作用下，动强度一般较静强度略高；同时考虑地震作用属于特殊荷载，作用时间短，在地震作用下可靠度允许降低。因此，除淤泥与可液化土等软弱土以外，地基土抗震承载力高于静承载力，应按下式计算：

$$f_{ae} = \zeta_s f_{a0} \tag{14-51}$$

式中：$f_{ae}$——调整后的地基土抗震承载力，kPa；

$\zeta_s$——地基土抗震承载力调整系数，应按照表 14-15 选用；

$f_{a0}$——地基土静承载力特征值，kPa。

| 岩土名称和性状 | $\zeta_s$ |
|---|---|
| 岩石,密实的碎石土,密实的砾、粗、中砂,$f_{a0} \geqslant 300$ 的黏性土和粉土 | 1.5 |
| 中密、稍实的碎石土,中密和稍实的砾、粗、中砂,密实和中密的细、粉砂,$150 \leqslant f_{a0} < 300$ 的黏性土和粉土,坚硬黄土 | 1.3 |
| 稍实的细、粉砂,$100 \leqslant f_{a0} < 150$ 的黏性土和粉土,可塑黄土 | 1.1 |
| 淤泥,淤泥质土,松散的砂,杂填土,新近堆积黄土及流塑黄土 | 1.0 |

**2. 基础底面压力**

验算天然地基地震作用下的竖向承载力时,应符合下列各项要求:

(1)基础底面平均压力:

$$p \leqslant f_{ae} \tag{14-52}$$

(2)基础底面边缘最大压力:

$$p_{max} \leqslant 1.2 f_{ae} \tag{14-53}$$

式中:$p$——基础底面地震组合的平均压力设计值,kPa;

$p_{max}$——基础边缘地震组合的最大压力设计值,kPa。

(3)高宽比大于 4 的建筑,在地震作用下不宜出现零应力区域,其他建筑基础底面与地基土之间零应力区面积,不应超过基础底面积的 15%;烟囱基础零应力区,应符合现行国家标准《烟囱设计规范》的要求。

**3. 不需进行抗震承载力验算的建筑**

根据我国历年来的震害宏观调查总结,下列建筑可不进行天然地基及基础的抗震承载力验算:

(1)砌体房屋、多层内框架砖房、底层框架砖房、水塔;

(2)地基主要受力层范围内,不存在软弱黏性土层(指烈度为 7 度、8 度和 9 度时,地基土静承载力特征值分别小于 80kPa、100kPa 和 120kPa 的土层)的一般单层厂房、单层空旷房屋和不超过 8 层且高度在 25m 以内的一般民用框架房屋及与其基础荷载相当的多层框架厂房;

(3)7 度和 8 度时,高度不超过 100m 的烟囱;

(4)《建筑抗震设计规范》(GB 50011—2001)规定可不进行上部结构抗震验算的建筑。

### 三、软弱黏性土地基抗震设计

当建筑物地基主要受力层范围内存在软弱黏性土层时,应结合具体情况,综合考虑,采用下列抗震措施。

**1. 桩基**

如软弱黏性土层不厚时,桩基应穿过软弱土层,进入坚实土层适当的深度。若软弱土层很厚,则设计经济的桩长。

**2. 地基加固处理**

软弱黏性土地基处理,应根据建筑物的规模、上部结构与基础形式,选择有效的处理方法。

**3. 改进基础和上部结构设计**

(1)选择合适的并适当加大基础埋置深度;

（2）调整基础底面积，减少基础偏心；

（3）加强基础的整体性和刚度：如采用箱基、筏基或钢筋混凝土交叉条形基础，加设基础圈梁等；

（4）减轻荷载，增强上部结构的整体刚度和均匀对称性，合理设置沉降缝，避免采用对不均匀沉降敏感的结构形式等；

（5）管道穿过建筑处，应预留足够尺寸或采用柔性接头。

### 四、不均匀地基抗震设计

1. 不均匀地基的类型

（1）河道、暗藏的沟坑的边缘地带；

（2）边坡地的半挖半填地段，地形起伏，大面积平整场地地区；

（3）山区岩层与土层交界地段；

（4）局部的或不均匀的液化土层及其他成因，土质或状态明显不同的严重不均匀土层；

（5）河岸、山坡、海滨，在基础一侧具有临空面的地带。

2. 不均匀地基的震害

（1）产生不均匀沉降，引起建筑物的开裂、倾斜等事故；

（2）具有临空面的地带，可能引起边坡滑动，使建筑物倾倒。

3. 不均匀地基抗震设计

（1）基本原则：避开不均匀地段；

（2）若无法避开时，应采取下列措施：

①详细勘察，查明不均匀地基的范围和性质；

②建筑物周围的沟坑应认真填干、压实，邻近的沟渠应作坚实的支挡或改为暗渠；

③软硬相差悬殊的地基应认真处理，尽可能使软硬差别缩小，如采用局部换土、重锤夯实，必要时可设置沉降缝。若不处理，即使采用钢筋混凝土筏板基础，也将发生基础断裂事故。

为了避免震害，确保建筑物的安全，除了在地基的设计中采取必要的抗震措施外，同时也应当在基础工程设计中采用有利于抗震的类型。

（1）高层或多层建筑，尽量扩大基础底面面积，减小单位面积荷载，如采用箱形基础与筏板基础等有利于抗震的基础类型。

（2）多层或低层建筑，如采用砖混结构、条形基础，则设计时应加强建筑物的整体性，如设置水平方向的封闭式地梁、各楼层之间的圈梁和竖直方向在外墙四角和内外墙交接处设置钢筋混凝土构造柱，并使构造柱的钢筋与地圈与上部层间圈梁的钢筋相连接。

（3）不良地基可采用桩基与石灰桩，以深层坚实土层作为持力层，有利于抗震。

（4）加强基础与上部结构的连接。

（5）抗震工程的材料应有足够强度，不同材料应满足不同的要求，具体如下：

①烧结普通黏土砖和烧结多孔黏土砖的强度等级不应低于 MU10；其他砌筑砂浆强度等级不应低于 M5。

②混凝土砌块的强度等级，小型空心不应低于 MU7.5，其砌筑砂浆强度等级不应低于 M7.5。

③混凝土的强度等级：框支架、框支柱及抗震等级为一级的框架梁、柱、节点核心区，不应

低于 C30;构造柱、芯柱、圈梁及其他各类构件不应低于 C20。

④钢筋的强度等级:抗震等级为一、二级的框架结构,其纵向受力钢筋采用普通钢筋时,钢筋的抗拉强度实测值与屈服强度实测值的比值不应小于 1.25;且钢筋的屈服强度实测值与强度标准值的比值不应大于 1.3。普通钢筋的强度等级,纵向受力钢筋宜选用 HRB400 级和 HRB335 级热轧钢筋,箍筋宜选用 HRB335、HRB400 和 HPB235 级热轧钢筋。

## 思 考 题

1. 何为黏性土的动强度? 影响黏性土动强度的因素有哪些? 黏性土的动变形有何特征? 黏性土的动强度与静强度有何关系?

2. 何为砂性土液化? 在试验室的液化试验中如何模拟砂性土的现场应力条件? 影响砂性土抗液化强度的主要因素有哪些? 有何影响?

3. 砂性土液化初步判别有何意义? 如何判别? 砂性土液化经验判别方法有哪些? 各有何特点? 不同液化经验判别方法的判别结果有矛盾时如何处理? 如何划分地基的液化等级? 有何意义?

4. 何谓地震? 地震按其成因可分为哪几类? 其中哪类地震危害最大? 为什么?

5. 地震波分哪几种? 其中哪一种地震波破坏力最大? 何故?

6. 地震震级与地震烈度的物理意义有何不同? 有何联系? 地震震级多大称为大地震? 我国烈度分多少度? 烈度为 8 度时人的感觉、器物的动态、建筑物的损坏情况是怎样的?

7. 国家标准《建筑抗震设计规范》(GB50011—2001)将场地土分为哪几类? 哪一类场地土震害最轻?

8. 建筑场地分哪几类? 建筑场地的类别与场地土的类别有何内在联系? 建筑场地的类别与震害轻重有何关系?

9. 何谓地基液化? 产生地基液化的条件有哪些? 哪种土最容易产生液化? 哪种土不会液化? 举例说明地基液化的危害性。

10. 地基液化如何判别? 初步判别用什么方法? 其依据是什么? 进一步判别用什么方法? 标准贯入锤击数的实测值、临界值与基准值三者的含义是什么? 如何确定这三者的数值。

11. 地基的液化等级分哪几等? 如何确定液化等级? 不同的液化等级采取的抗液化措施有何不同? 如建筑类别为丙类,地基为严重液化等级,应当采取什么抗液化措施?

12. 抗震设计的基本原则是什么? 对建筑场地应如何选择?

13. 软弱黏性土地基抗震设计的目的是什么? 有哪些行之有效的措施?

14. 不均匀地基包括哪些类型? 应当采取哪些抗震措施?

15. 基础工程抗震设计中,采用哪几种基础形式对抗震有利? 为什么?

# 附录　桩基础设计计算系数表

桩置于土中($\alpha h > 2.5$)或基岩($\alpha h \geqslant 3.5$)中的位移系列 $A_x$　　　附表1

| $\bar{z} = \alpha z$ ＼ $\bar{h} = \alpha h$ | 4.0 | 3.5 | 3.0 | 2.8 | 2.6 | 2.4 |
|---|---|---|---|---|---|---|
| 0.0 | 2.44066 | 2.50174 | 2.72658 | 2.90524 | 3.16260 | 3.52562 |
| 0.1 | 2.27873 | 2.33783 | 2.55100 | 2.71847 | 2.95795 | 3.29311 |
| 0.2 | 2.11779 | 2.17492 | 2.37640 | 2.53269 | 2.75429 | 3.06159 |
| 0.3 | 1.95881 | 2.01396 | 2.20376 | 2.34886 | 2.55258 | 2.83201 |
| 0.4 | 1.80273 | 1.85590 | 2.03400 | 2.16791 | 2.35373 | 2.60528 |
| 0.5 | 1.65042 | 1.70161 | 1.86800 | 1.99069 | 2.15859 | 2.38223 |
| 0.6 | 1.50268 | 1.55187 | 1.70651 | 1.81796 | 1.96790 | 2.16355 |
| 0.7 | 1.36024 | 1.40741 | 1.55022 | 1.65037 | 1.78228 | 1.94985 |
| 0.8 | 1.22370 | 1.26882 | 1.39970 | 1.48847 | 1.60223 | 1.74157 |
| 0.9 | 1.09361 | 1.13664 | 1.25543 | 1.32271 | 1.42816 | 1.53906 |
| 1.0 | 0.97041 | 1.01127 | 1.11777 | 1.18341 | 1.26033 | 1.34249 |
| 1.1 | 0.85441 | 0.89303 | 0.98696 | 1.04074 | 1.09886 | 1.15190 |
| 1.2 | 0.74588 | 0.78215 | 0.86315 | 0.90481 | 0.94377 | 0.96724 |
| 1.3 | 0.64498 | 0.67875 | 0.74637 | 0.77560 | 0.79497 | 0.78831 |
| 1.4 | 0.55175 | 0.58285 | 0.63655 | 0.65296 | 0.65223 | 0.61477 |
| 1.5 | 0.46614 | 0.49435 | 0.53349 | 0.53662 | 0.51518 | 0.44616 |
| 1.6 | 0.38810 | 0.41315 | 0.43696 | 0.42629 | 0.38346 | 0.28202 |
| 1.7 | 0.34741 | 0.33901 | 0.34660 | 0.32152 | 0.25654 | 0.12174 |
| 1.8 | 0.25386 | 0.27166 | 0.26201 | 0.22186 | 0.13387 | −0.03529 |
| 1.9 | 0.19717 | 0.21074 | 0.18273 | 0.12676 | 0.01487 | −0.18971 |
| 2.0 | 0.14696 | 0.15583 | 0.10819 | 0.03562 | −0.10114 | −0.34221 |
| 2.2 | 0.06461 | 0.06243 | −0.02870 | −0.13706 | −0.32649 | −0.64355 |
| 2.4 | 0.00348 | −0.01238 | −0.15330 | −0.30098 | −0.54685 | −0.94316 |
| 2.6 | −0.03986 | −0.07251 | −0.26999 | −0.46033 | −0.86553 | |
| 2.8 | −0.06902 | −0.12202 | −0.38275 | −0.61932 | | |
| 3.0 | −0.08741 | −0.16458 | −0.49434 | | | |
| 3.5 | −0.10495 | −0.25866 | | | | |
| 4.0 | −0.10788 | | | | | |

| $\bar{h} = \alpha h$ <br> $\bar{z} = \alpha z$ | 4.0 | 3.5 | 3.0 | 2.8 | 2.6 | 2.4 |
|---|---|---|---|---|---|---|
| 0.0 | − 1.62100 | − 1.64076 | − 1.75755 | − 1.86940 | − 2.04819 | − 2.32686 |
| 0.1 | − 1.61600 | − 1.63576 | − 1.75255 | − 1.86440 | − 2.04319 | − 2.32180 |
| 0.2 | − 1.60117 | − 1.62024 | − 1.73774 | − 1.84960 | − 2.02841 | − 2.30705 |
| 0.3 | − 1.57676 | − 1.59654 | − 1.71341 | − 1.82531 | − 2.00418 | − 2.28290 |
| 0.4 | − 1.54334 | − 1.56316 | − 1.68017 | − 1.79219 | − 1.97122 | − 2.25018 |
| 0.5 | − 1.50151 | − 1.52142 | − 1.63874 | − 1.75099 | − 1.93036 | − 2.20977 |
| 0.6 | − 1.46009 | − 1.472!6 | − 1.59001 | − 1.70268 | − 1.88263 | − 2.16283 |
| 0.7 | − 1.39593 | − 1.41624 | − 1.53495 | − 1.64828 | − 1.82914 | − 2.11060 |
| 0.8 | − 1.33398 | − 1.35468 | − 1.47467 | − 1.58896 | − 1.77116 | − 2.05445 |
| 0.9 | − 1.26713 | − 1.28837 | − 1.41015 | − 1.52579 | − 1.70985 | − 1.99564 |
| 1.0 | − 1.19647 | − 1.21845 | − 1.34266 | − 1.46009 | − 1.64662 | − 1.93571 |
| 1.1 | − 1.12283 | − 1.14578 | − 1.27315 | − 1.39289 | − 1.58257 | − 1.87583 |
| 1.2 | − 1.04733 | − 1.07154 | − 1.20290 | − 1.32553 | − 1.51913 | − 1.81753 |
| 1.3 | − 0.97078 | − 0.99657 | − 1.13286 | − 1.25902 | − 1.45734 | − 1.76186 |
| 1.4 | − 0.89409 | − 0.92183 | − 1.06403 | − 1.19446 | − 1.39835 | − 1.71000 |
| 1.5 | − 0.81804 | + 0.84811 | − 0.99743 | − 1.13273 | − 1.34305 | − 1.66280 |
| 1.6 | − 0.71337 | − 0.77630 | − 0.93387 | − 1.07480 | − 1.29241 | − 1.62116 |
| 1.7 | − 0.67075 | − 0.70699 | − 0.87403 | − 0.02132 | − 1.24700 | − 1.58551 |
| 1.8 | − 0.60077 | − 0.64085 | − 0.81863 | − 0.97297 | − 1.20743 | − 1.55627 |
| 1.9 | − 0.53393 | − 0.57842 | 0.76818 | − 0.93020 | − 1.17400 | − 1.53348 |
| 2.0 | − 0.47063 | − 0.52013 | 0.72309 | − 0.89333 | − 1.14686 | − 1.51693 |
| 2.2 | − 0.35588 | − 0.41127 | 0.64992 | − 0.83767 | − 1.11079 | − 1.50004 |
| 2.4 | − 0.25831 | − 0.33411 | 0.59979 | − 0.80513 | − 1.09559 | − 1.49729 |
| 2.6 | − 0.17849 | − 0.27104 | − 0.57092 | − 0.79158 | − 1.09307 | — |
| 2.8 | − 0.11611 | − 0.22727 | 0.55914 | − 0.78943 | — | — |
| 3.0 | − 0.06987 | − 0.20056 | − 0.55721 | — | — | — |
| 3.5 | − 0.01206 | − 0.18372 | | | | |
| 4.0 | − 0.00341 | | | | | |

桩置于土中($\alpha h > 2.5$)或基岩上($\alpha h \geqslant 3.5$)中的弯距系数 $A_M$　　附表3

| $\bar{h} = \alpha h$ \ $\bar{z} = \alpha z$ | 4.0 | 3.5 | 3.0 | 2.8 | 2.6 | 2.4 |
|---|---|---|---|---|---|---|
| 0.0 | 0 | 0 | 0 | 0 | 0 | 0 |
| 0.1 | 0.09960 | 0.09959 | 0.09959 | 0.09953 | 0.09948 | 0.09942 |
| 0.2 | 0.19696 | 0.19689 | 0.19660 | 0.19638 | 0.19606 | 0.19561 |
| 0.3 | 0.29010 | 0.28984 | 0.28891 | 0.28818 | 0.28714 | 0.28569 |
| 0.4 | 0.37739 | 0.37678 | 0.37463 | 0.37296 | 0.37060 | 0.36732 |
| 0.5 | 0.45752 | 0.45635 | 0.45227 | 0.44913 | 0.44471 | 0.43859 |
| 0.6 | 0.52938 | 0.52740 | 0.52057 | 0.51534 | 0.50801 | 0.79795 |
| 0.7 | 0.59228 | 0.58918 | 0.57867 | 0.57069 | 0.55956 | 0.54439 |
| 0.8 | 0.64561 | 0.64107 | 0.62588 | 0.61445 | 0.59859 | 0.57713 |
| 0.9 | 0.68926 | 0.68292 | 0.66200 | 0.64642 | 0.62494 | 0.59608 |
| 1.0 | 0.72305 | 0.71452 | 0.68681 | 0.66637 | 0.63841 | 0.60116 |
| 1.1 | 0.74714 | 0.73602 | 0.70045 | 0.67451 | 0.63930 | 0.59285 |
| 1.2 | 0.76183 | 0.71769 | 0.70324 | 0.67120 | 0.62810 | 0.57187 |
| 1.3 | 0.76761 | 0.75001 | 0.69570 | 0.65707 | 0.60563 | 0.53934 |
| 1.4 | 0.76498 | 0.74349 | 0.67845 | 0.63285 | 0.57280 | 0.49654 |
| 1.5 | 0.75466 | 0.72884 | 0.65232 | 0.59952 | 0.53089 | 0.44520 |
| 1.6 | 0.73734 | 0.70677 | 0.61819 | 0.55814 | 0.48127 | 0.38718 |
| 1.7 | 0.71381 | 0.67809 | 0.57707 | 0.50996 | 0.42551 | 0.32466 |
| 1.8 | 0.68488 | 0.64364 | 0.53005 | 0.45631 | 0.36540 | 0.26008 |
| 1.9 | 0.65139 | 0.60432 | 0.47834 | 0.39868 | 0.30291 | 0.19617 |
| 2.0 | 0.61413 | 0.56097 | 0.42314 | 0.33864 | 0.24013 | 0.13588 |
| 2.2 | 0.53160 | 0.46583 | 0.30766 | 0.21828 | 0.12320 | 0.03942 |
| 2.4 | 0.44334 | 0.36518 | 0.19480 | 0.11015 | 0.03527 | 0.0000 |
| 2.6 | 0.35458 | 0.26560 | 0.09667 | 0.03100 | 0.00001 | |
| 2.8 | 0.26996 | 0.17362 | 0.02686 | 0.0000 | | |
| 3.0 | 0.19305 | 0.09535 | 0.0000 | | | |
| 3.5 | 0.05081 | 0.00001 | | | | |
| 4.0 | 0.0005 | | | | | |

桩置于土中$(\alpha h > 2.5)$或基岩上$(\alpha h \geqslant 3.5)$剪力的系数$A_Q$ 附表4

| $\bar{z} = \alpha z$ \ $\bar{h} = \alpha h$ | 4.0 | 3.5 | 3.0 | 2.8 | 2.6 | 2.4 |
|---|---|---|---|---|---|---|
| 0.0 | 1.00000 | 1.00000 | 1.00000 | 1.00000 | 1.00000 | 1.00000 |
| 0.1 | 0.98833 | 0.98803 | 0.98695 | 0.98609 | 0.98487 | 0.98314 |
| 0.2 | 0.95551 | 0.95434 | 0.95033 | 0.94688 | 0.94569 | 0.93569 |
| 0.3 | 0.90468 | 0.90211 | 0.89304 | 0.88601 | 0.87604 | 0.86221 |
| 0.4 | 0.83898 | 0.83452 | 0.81902 | 0.80712 | 0.79034 | 0.76724 |
| 0.5 | 0.76145 | 0.75464 | 0.73140 | 0.71373 | 0.68902 | 0.65525 |
| 0.6 | 0.67486 | 0.66529 | 0.63323 | 0.60913 | 0.57569 | 0.53041 |
| 0.7 | 0.58201 | 0.56931 | 0.52760 | 0.49664 | 0.45405 | 0.39700 |
| 0.8 | 0.48522 | 0.46906 | 0.41710 | 0.37902 | 0.32726 | 0.25872 |
| 0.9 | 0.38689 | 0.36698 | 0.30441 | 0.25932 | 0.19865 | 0.11949 |
| 1.0 | 0.28901 | 0.26512 | 0.19185 | 0.13998 | 0.07114 | -0.01717 |
| 1.1 | 0.19388 | 0.16532 | 0.08154 | 0.02340 | -0.05251 | -0.14789 |
| 1.2 | 0.10153 | 0.06917 | -0.02466 | -0.08828 | -0.16976 | -0.26953 |
| 1.3 | 0.01477 | -0.02197 | -0.12508 | -0.19312 | -0.27824 | -0.37903 |
| 1.4 | -0.06586 | -0.10698 | -0.21828 | -0.28939 | -0.37576 | -0.47356 |
| 1.5 | -0.13952 | -0.18494 | -0.30297 | -0.37549 | -0.46025 | -0.55031 |
| 1.6 | -0.20555 | -0.25510 | -0.37800 | -0.44994 | -0.52970 | -0.60654 |
| 1.7 | -0.26359 | -0.31699 | -0.44249 | -0.51147 | -0.58233 | -0.63967 |
| 1.8 | -0.31345 | -0.37030 | -0.49562 | -0.55889 | -0.61637 | -0.64710 |
| 1.9 | -0.35501 | -0.41476 | -0.53660 | -0.59098 | -0.62996 | -0.62610 |
| 2.0 | -0.38839 | -0.45034 | -0.56480 | -0.60665 | -0.62138 | -0.57406 |
| 2.2 | -0.43174 | -0.49154 | -0.58052 | -0.58438 | -0.53057 | -0.36592 |
| 2.4 | -0.44647 | -0.50579 | -0.53789 | -0.48287 | -0.32889 | -0.00000 |
| 2.6 | -0.43651 | -0.48379 | -0.431393 | -0.29184 | +0.00001 | |
| 2.8 | -0.40641 | -0.43066 | -0.25462 | 0.00001 | | |
| 3.0 | 0.36065 | -0.34726 | 0.00000 | | | |
| 3.5 | -0.19975 | +0.00001 | | | | |
| 4.0 | -0.00002 | | | | | |

| $\bar{h} = \alpha h$ <br> $\bar{z} = \alpha z$ | 4.0 | 3.5 | 3.0 | 2.8 | 2.6 | 2.4 |
|---|---|---|---|---|---|---|
| 0.0 | 1.62100 | 1.64076 | 1.75755 | 1.86940 | 2.04819 | 2.32680 |
| 0.1 | 1.45094 | 1.47006 | 1.58070 | 1.68555 | 1.85190 | 2.10911 |
| 0.2 | 0.29088 | 1.30930 | 1.41385 | 1.51169 | 1.66561 | 1.90142 |
| 0.3 | 0.14079 | 1.15854 | 1.25697 | 1.34780 | 1.43928 | 1.70368 |
| 0.4 | 1.00064 | 1.01772 | 1.11001 | 1.19383 | 1.32287 | 1.51585 |
| 0.5 | 0.87036 | 0.88676 | 0.97292 | 1.04971 | 1.16629 | 1.33783 |
| 0.6 | 0.74981 | 0.76553 | 0.84553 | 0.91528 | 1.01937 | 1.16941 |
| 0.7 | 0.63885 | 0.65390 | 0.72770 | 0.79037 | 0.88191 | 1.01039 |
| 0.8 | 0.53727 | 0.55162 | 0.61917 | 0.67472 | 0.75364 | 0.86043 |
| 0.9 | 0.44481 | 0.45846 | 0.51967 | 0.56802 | 0.63421 | 0.71915 |
| 1.0 | 0.36119 | 0.37411 | 0.42889 | 0.46994 | 0.52324 | 0.58611 |
| 1.1 | 0.28606 | 0.29822 | 0.34641 | 0.38004 | 0.42027 | 0.46077 |
| 1.2 | 0.21908 | 0.23045 | 0.27187 | 0.29791 | 0.32482 | 0.34261 |
| 1.3 | 0.15985 | 0.17038 | 0.20481 | 0.22306 | 0.23635 | 0.23098 |
| 1.4 | 0.10793 | 0.11757 | 0.14472 | 0.15494 | 0.15425 | 0.12523 |
| 1.5 | 0.06288 | 0.17155 | 0.19108 | 0.09299 | 0.07790 | 0.02464 |
| 1.6 | 0.02422 | 0.03185 | 0.04337 | 0.03663 | 0.00667 | −0.07148 |
| 1.7 | −0.00847 | −0.00199 | 0.00107 | −0.01470 | −0.06006 | −0.16383 |
| 1.8 | −0.03572 | −0.03049 | −0.03643 | −0.06163 | −0.12298 | −0.25215 |
| 1.9 | −0.05798 | −0.05413 | −0.06965 | −0.10475 | −0.18272 | −0.34007 |
| 2.0 | −0.07572 | −0.07341 | −0.09914 | −0.14465 | −0.23990 | −0.42526 |
| 2.2 | −0.09940 | −0.10069 | −0.14905 | −0.21696 | −0.37881 | −0.59253 |
| 2.4 | −0.11030 | −0.11601 | −0.19023 | −0.28275 | −0.45381 | −0.75833 |
| 2.6 | −0.11136 | −0.12246 | −0.22600 | −0.34523 | −0.55748 | |
| 2.8 | −0.10544 | −0.12305 | −0.25929 | −0.40682 | | |
| 3.0 | −0.09471 | −0.11999 | −0.29185 | | | |
| 3.5 | −0.05689 | −0.10632 | | | | |
| 4.0 | −0.01487 | | | | | |

桩置于土中($\alpha h > 2.5$)或基岩上($\alpha h \geqslant 3.5$)的转角系数 $B_\varphi$　　　　附表6

| $\bar{z} = \alpha z$ ＼ $\bar{h} = \alpha h$ | 4.0 | 3.5 | 3.0 | 2.8 | 2.6 | 2.4 |
|---|---|---|---|---|---|---|
| 0.0 | – 1.75058 | – 1.75728 | – 1.81849 | – 1.88855 | – 2.01289 | – 2.22691 |
| 0.1 | – 1.65068 | – 1.65728 | – 1.71849 | – 1.78855 | – 1.91289 | – 2.12691 |
| 0.2 | – 1.55069 | – 1.55739 | – 1.61861 | – 1.68868 | – 1.81303 | – 2.02707 |
| 0.3 | – 1.45106 | – 1.45777 | – 1.51901 | – 1.58911 | – 1.71351 | – 1.92761 |
| 0.4 | – 1.35204 | – 1.3576 | – 1.42008 | – 1.49025 | – 1.61476 | – 1.82904 |
| 0.5 | – 1.25394 | – 1.26069 | – 1.32217 | – 1.39249 | – 1.51723 | – 1.73186 |
| 0.6 | – 1.15725 | – 1.16405 | – 1.22581 | – 1.29638 | – 1.42152 | – 1.63677 |
| 0.7 | – 1.06238 | – 1.06926 | – 1.13146 | – 1.20245 | – 1.32882 | – 1.54443 |
| 0.8 | – 0.96978 | – 0.97678 | – 1.03965 | – 1.11124 | – 1.23795 | – 1.45556 |
| 0.9 | – 0.87987 | – 0.88704 | – 0.95084 | – 1.02327 | – 1.15127 | – 1.37080 |
| 1.0 | – 0.79311 | – 0.80053 | – 0.86558 | – 0.93913 | – 1.06885 | – 1.29091 |
| 1.1 | – 0.70981 | – 0.71753 | – 0.78422 | – 0.85922 | – 0.99112 | – 1.21638 |
| 1.2 | – 0.63038 | – 0.63881 | – 0.70726 | – 0.78408 | – 0.91869 | – 1.14789 |
| 1.3 | – 0.55506 | – 0.56370 | – 0.63500 | – 0.71402 | – 0.85192 | – 1.08581 |
| 1.4 | – 0.48412 | – 0.49338 | – 0.56776 | – 0.64942 | – 0.79118 | – 1.03054 |
| 1.5 | – 0.41770 | – 0.42771 | – 0.50575 | – 0.59048 | – 0.73671 | – 0.98228 |
| 1.6 | – 0.35598 | – 0.36689 | – 0.44918 | – 0.53745 | – 0.68873 | – 0.94120 |
| 1.7 | – 0.29897 | – 0.31093 | – 0.39811 | – 0.49035 | – 0.64723 | – 0.90718 |
| 1.8 | – 0.24672 | – 0.25990 | – 0.35262 | – 0.44927 | – 0.61224 | – 0.88010 |
| 1.9 | – 0.19916 | – 0.21374 | – 0.31263 | – 0.41408 | – 0.58363 | – 0.85954 |
| 2.0 | – 0.15624 | – 0.17240 | – 0.27808 | – 0.38468 | – 0.56088 | – 0.84498 |
| 2.2 | – 0.08365 | – 0.10355 | – 0.22448 | – 0.34203 | – 0.53179 | – 0.83056 |
| 2.4 | – 0.02753 | – 0.05196 | – 0.18980 | – 0.31834 | – 0.52008 | – 0.82832 |
| 2.6 | – 0.01415 | – 0.01551 | – 0.17078 | – 0.30888 | – 0.52821 | |
| 2.8 | – 0.04351 | – 0.00809 | – 0.16335 | – 0.30745 | | |
| 3.0 | – 0.03296 | – 0.02155 | – 0.16217 | | | |
| 3.5 | – 0.08294 | – 0.02947 | | | | |
| 4.0 | – 0.08507 | | | | | |

| $\bar{z} = \alpha z$ ＼ $\bar{h} = \alpha h$ | 4.0 | 3.5 | 3.0 | 2.8 | 2.6 | 2.4 |
|---|---|---|---|---|---|---|
| 0.0 | 1.00000 | 1.00000 | 1.00000 | 1.00000 | 1.00000 | 1.00000 |
| 0.1 | 1.99974 | 0.99974 | 0.99972 | 0.99970 | 0.99967 | 0.99963 |
| 0.2 | 0.99806 | 0.99804 | 0.99789 | 0.99775 | 0.99753 | 0.99719 |
| 0.3 | 0.99382 | 0.99373 | 0.99325 | 0.99279 | 0.99207 | 0.99096 |
| 0.4 | 0.98617 | 0.98598 | 0.98486 | 0.98382 | 0.98217 | 0.97966 |
| 0.5 | 0.97458 | 0.97420 | 0.97209 | 0.97012 | 0.96704 | 0.96236 |
| 0.6 | 0.95861 | 0.95797 | 0.95443 | 0.95056 | 0.94607 | 0.93835 |
| 0.7 | 0.93817 | 0.93718 | 0.93173 | 0.92674 | 0.91900 | 0.90736 |
| 0.8 | 0.91327 | 0.91178 | 0.90390 | 0.89675 | 0.88574 | 0.86927 |
| 0.9 | 0.88407 | 0.88204 | 0.87120 | 0.86145 | 0.84653 | 0.82440 |
| 1.0 | 0.85089 | 0.84815 | 0.83381 | 0.82102 | 0.80160 | 0.77303 |
| 1.1 | 0.81410 | 0.81054 | 0.79213 | 0.77589 | 0.75145 | 0.71582 |
| 1.2 | 0.77415 | 0.76963 | 0.74663 | 0.72658 | 0.69667 | 0.65354 |
| 1.3 | 0.73161 | 0.72599 | 0.69791 | 0.67373 | 0.63803 | 0.58720 |
| 1.4 | 0.68694 | 0.68009 | 0.64648 | 0.61794 | 0.57627 | 0.51781 |
| 1.5 | 0.64081 | 0.63259 | 0.59307 | 0.56003 | 0.51242 | 0.44673 |
| 1.6 | 0.59373 | 0.58401 | 0.53829 | 0.50072 | 0.44739 | 0.37528 |
| 1.7 | 0.54625 | 0.53490 | 0.48280 | 0.44082 | 0.38224 | 0.30497 |
| 1.8 | 0.49889 | 0.48582 | 0.42729 | 0.38115 | 0.31812 | 0.23745 |
| 1.9 | 0.45219 | 0.43729 | 0.37244 | 0.32261 | 0.25621 | 0.17450 |
| 2.0 | 0.40658 | 0.38978 | 0.31890 | 0.26605 | 0.19779 | 0.11803 |
| 2.2 | 0.32025 | 0.29956 | 0.21844 | 0.16255 | 0.09675 | 0.03282 |
| 2.4 | 0.24262 | 0.21815 | 0.13110 | 0.07820 | 0.02654 | 0.00002 |
| 2.6 | 0.17546 | 0.14778 | 0.06199 | 0.02101 | −0.00004 | |
| 2.8 | 0.11979 | 0.09007 | 0.01638 | −0.00023 | | |
| 3.0 | 0.07595 | 0.04619 | −0.00007 | | | |
| 3.5 | 0.01354 | 0.00004 | | | | |
| 4.0 | 0.00009 | | | | | |

| $\bar{z} = \alpha z$ \ $\bar{h} = \alpha h$ | 4.0 | 3.5 | 3.0 | 2.8 | 2.6 | 2.4 |
|---|---|---|---|---|---|---|
| 0.0 | 0 | 0 | 0 | 0 | 0 | 0 |
| 0.1 | -0.00753 | -0.00763 | -0.00319 | -0.00873 | -0.00958 | -0.01096 |
| 0.2 | -0.02795 | -0.02832 | -0.08050 | -0.03255 | -0.03579 | -0.04070 |
| 0.3 | -0.05820 | -0.05903 | -0.16373 | -0.06814 | -0.07506 | -0.68567 |
| 0.4 | -0.09554 | -0.09698 | -0.10502 | -0.11247 | -0.12412 | -0.14185 |
| 0.5 | -0.13747 | -0.13966 | -0.15171 | -0.16277 | -0.17994 | -0.26584 |
| 0.6 | -0.18191 | -0.18498 | -0.20159 | -0.21668 | -0.23991 | -0.27464 |
| 0.7 | -0.22685 | -0.23092 | -0.25253 | -0.27191 | -0.30418 | -0.34524 |
| 0.8 | -0.27087 | -0.27604 | -0.30294 | -0.32675 | -0.36271 | -0.41528 |
| 0.9 | -0.31245 | -0.31882 | -0.35118 | -0.37941 | -0.42152 | -0.48223 |
| 1.0 | -0.35059 | -0.35822 | -0.39609 | -0.42856 | -0.47634 | -0.51405 |
| 1.1 | -0.38443 | -0.39337 | -0.43665 | -0.47302 | -0.52570 | -0.59882 |
| 1.2 | -0.41335 | -0.42364 | -0.47207 | -0.51187 | -0.56841 | -0.64486 |
| 1.3 | -0.43690 | -0.44856 | -0.50172 | -0.54429 | -0.60333 | -0.68054 |
| 1.4 | -0.45486 | -0.46788 | -0.52520 | -0.56969 | -0.62957 | -0.70445 |
| 1.5 | -0.46715 | -0.48150 | -0.54220 | -0.58757 | -0.64630 | -0.71521 |
| 1.6 | -0.47378 | -0.48939 | -0.55250 | 0.59749 | -0.65272 | -0.77143 |
| 1.7 | -0.47496 | -0.49174 | -0.55604 | -0.59917 | -0.64819 | -0.69188 |
| 1.8 | -0.47103 | -0.48883 | -0.55289 | -0.59243 | -0.63211 | -0.65562 |
| 1.9 | -0.46223 | -0.48092 | -0.54299 | -0.57695 | -0.60374 | -0.60035 |
| 2.0 | -0.44914 | -0.46839 | -0.52644 | 0.55254 | -0.56243 | -0.52562 |
| 2.2 | -0.41179 | -0.43127 | -0.47379 | -0.47608 | -0.43825 | -0.31124 |
| 2.4 | -0.36312 | -0.38101 | -0.39538 | -0.36078 | -0.25325 | -0.00002 |
| 2.6 | -0.30732 | -0.32104 | -0.29102 | -0.20346 | -0.00003 | |
| 2.8 | -0.24853 | -0.25452 | -0.15980 | -0.00018 | | |
| 3.0 | -0.19052 | -0.18411 | -0.00004 | | | |
| 3.5 | -0.01672 | -0.00001 | | | | |
| 4.0 | -0.00045 | | | | | |

| $\bar{z}=\alpha z$ \ $\bar{h}=\alpha h$ | 4.0 | 3.5 | 3.0 | 2.8 | 2.6 | $\bar{z}=\alpha z$ \ $\bar{h}=\alpha h$ | 4.0 | 3.5 | 3.0 | 2.8 | 2.6 |
|---|---|---|---|---|---|---|---|---|---|---|---|
| 0 | 2.401 | 2.389 | 2.385 | 2.371 | 2.330 | 1.4 | 0.543 | 0.553 | 0.547 | 0.524 | 0.480 |
| 0.1 | 2.248 | 0.230 | 2.230 | 2.210 | 2.170 | 1.5 | 0.460 | 0.471 | 0.466 | 0.443 | 0.399 |
| 0.2 | 2.080 | 2.075 | 2.070 | 2.055 | 2.010 | 1.6 | 0.380 | 0.397 | 0.391 | 0.369 | 0.326 |
| 0.3 | 1.926 | 1.916 | 1.913 | 1.896 | 1.853 | 1.7 | 0.317 | 0.332 | 0.325 | 0.303 | 0.260 |
| 0.4 | 1.773 | 1.765 | 1.763 | 1.745 | 1.703 | 1.8 | 0.257 | 0.273 | 0.267 | 0.244 | 0.203 |
| 0.5 | 1.622 | 1.618 | 1.612 | 1.596 | 1.552 | 1.9 | 0.203 | 0.221 | 0.215 | 0.192 | 0.153 |
| 0.6 | 1.475 | 1.473 | 1.468 | 1.450 | 1.407 | 2.0 | 0.157 | 0.176 | 0.170 | 0.148 | 0.111 |
| 0.7 | 1.336 | 1.334 | 1.330 | 1.314 | 1.267 | 2.2 | 0.082 | 0.104 | 0.099 | 0.078 | 0.048 |
| 0.8 | 1.202 | 1.202 | 1.196 | 1.178 | 1.133 | 2.4 | 0.030 | 0.057 | 0.050 | 0.032 | 0.012 |
| 0.9 | 1.070 | 1.071 | 1.070 | 1.050 | 1.005 | 2.6 | −0.004 | 0.23 | 0.020 | 0.008 | 0 |
| 1.0 | 0.952 | 0.956 | 0.951 | 0.930 | 0.885 | 2.8 | −0.022 | 0.006 | 0.004 | 0 | |
| 1.1 | 0.831 | 0.844 | 0.831 | 0.818 | 0.772 | 3.0 | −0.028 | −0.001 | 0 | | |
| 1.2 | 0.732 | 0.740 | 0.713 | 0.712 | 0.667 | 3.5 | −0.015 | 0 | | | |
| 1.3 | 0.634 | 0.642 | 0.636 | 0.614 | 0.570 | 4.0 | 0 | | | | |

| $\bar{z}=\alpha z$ \ $\bar{h}=\alpha h$ | 4.0 | 3.5 | 3.0 | 2.8 | 2.6 | $\bar{z}=\alpha z$ \ $\bar{h}=\alpha h$ | 4.0 | 3.5 | 3.0 | 2.8 | 2.6 |
|---|---|---|---|---|---|---|---|---|---|---|---|
| 0 | 1.600 | 1.584 | 1.586 | 1.593 | 0.596 | 1.4 | 0.113 | 0.128 | 0.157 | 0.169 | 0.172 |
| 0.1 | 1.430 | 1.420 | 1.426 | 1.430 | 1.430 | 1.5 | 0.070 | 0.087 | 0.119 | 0.129 | 0.134 |
| 0.2 | 1.275 | 1.260 | 1.270 | 1.275 | 1.280 | 1.6 | 0.034 | 0.053 | 0.086 | 0.097 | 0.101 |
| 0.3 | 1.127 | 1.117 | 1.123 | 1.130 | 1.137 | 1.7 | 0.003 | 0.027 | 0.059 | 0.070 | 0.074 |
| 0.4 | 0.988 | 0.980 | 0.990 | 0.998 | 1.025 | 1.8 | 0.002 | 0.001 | 0.037 | 0.048 | 0.052 |
| 0.5 | 0.858 | 0.854 | 0.866 | 0.874 | 0.878 | 1.9 | −0.042 | −0.017 | 0.021 | 0.032 | 0.035 |
| 0.6 | 0.740 | 0.737 | 0.752 | 0.760 | 0.763 | 2.0 | −0.058 | −0.031 | 0.008 | 0.010 | 0.023 |
| 0.7 | 0.630 | 0.630 | 0.643 | 0.654 | 0.659 | 2.2 | −0.077 | −0.046 | −0.006 | 0.004 | 0.007 |
| 0.8 | 0.531 | 0.533 | 0.550 | 0.561 | 0.564 | 2.4 | −0.083 | 0.048 | −0.010 | −0.001 | 0.001 |
| 0.9 | 0.440 | 0.444 | 0.464 | 0.473 | 0.478 | 2.6 | −0.080 | −0.043 | −0.007 | −0.001 | 0 |
| 1.0 | 0.359 | 0.364 | 0.386 | 0.396 | 0.400 | 2.8 | −0.070 | −0.032 | −0.003 | 0 | |
| 1.1 | 0.285 | 0.294 | 0.318 | 0.327 | 0.332 | 3.0 | −0.056 | −0.020 | 0 | | |
| 1.2 | 0.220 | 0.230 | 0.257 | 0.267 | 0.271 | 3.5 | −0.018 | 0 | | | |
| 1.3 | 0.163 | 0.176 | 0.203 | 0.214 | 0.218 | 4.0 | 0 | | | | |

注：上表列为 $\bar{z}=\alpha z=0$ 的系数值，$\bar{z}$ 为其他值的系数不常应用，此处从略。

| $\bar{z}=\alpha z$ \ $\bar{h}=\alpha h$ | 4.0 | 3.5 | 3.0 | 2.8 | 2.6 |
|---|---|---|---|---|---|
| $A_\varphi^0=-B_x^0$ | −1.600 | −1.584 | −1.586 | −1.593 | −1.596 |
| $B_\varphi^0$ | −1.732 | −1.711 | −1.691 | −1.687 | −1.686 |
| $A_x^0$ | 2.401 | 2.389 | 2.385 | 2.371 | 2.330 |

注：1. 表列为 $\bar{z}=\alpha z=0$ 的系数值，$\bar{z}$ 为其他值的系数不常应用，此处从略。

    2. $A_Q^0$、$B_Q^0$ 系列不常应用，此处从略。

桩嵌置于基岩内$(\alpha h > 2.5)$弯矩系数 $A_M^0$、$B_M^0$

| $\bar{z}=\alpha z$ | $\bar{h}=\alpha h$ | | | | | | | | | |
| --- | --- | --- | --- | --- | --- | --- | --- | --- | --- | --- |
| | 4.0 | | 3.5 | | 3.0 | | 2.8 | | 2.6 | |
| | $A_M^0$ | $B_M^0$ | $A_M^0$ | $B_M^0$ | $A_M^0$ | $B_M^0$ | $A_M^0$ | $B_M^0$ | $A_M^0$ | $B_M^0$ |
| 0 | 0 | 1.000 | 0 | 1.000 | 0 | 1.000 | 0 | 1.000 | 0 | 1.000 |
| 0.1 | 0.100 | 1.000 | 0.100 | 1.000 | 0.100 | 1.000 | 0.100 | 1.000 | 0.100 | 1.000 |
| 0.2 | 0.197 | 0.998 | 0.197 | 0.998 | 0.197 | 0.998 | 0.197 | 0.998 | 0.197 | 0.998 |
| 0.3 | 0.290 | 0.994 | 0.290 | 0.994 | 0.290 | 0.994 | 0.290 | 0.994 | 0.291 | 0.994 |
| 0.4 | 0.378 | 0.986 | 0.378 | 0.986 | 0.378 | 0.986 | 0.378 | 0.986 | 0.379 | 0.986 |
| 0.5 | 0.458 | 0.975 | 0.459 | 0.975 | 0.458 | 0.975 | 0.458 | 0.975 | 0.460 | 0.975 |
| 0.6 | 0.531 | 0.959 | 0.531 | 0.960 | 0.531 | 0.959 | 0.532 | 0.959 | 0.533 | 0.959 |
| 0.7 | 0.594 | 0.939 | 0.595 | 0.939 | 0.595 | 0.939 | 0.596 | 0.939 | 0.598 | 0.938 |
| 0.8 | 0.648 | 0.914 | 0.649 | 0.915 | 0.649 | 0.914 | 0.651 | 0.914 | 0.654 | 0.913 |
| 0.9 | 0.693 | 0.886 | 0.694 | 0.886 | 0.694 | 0.885 | 0.696 | 0.884 | 0.701 | 0.884 |
| 1.0 | 0.728 | 0.853 | 0.729 | 0.854 | 0.729 | 0.852 | 0.732 | 0.850 | 0.739 | 0.850 |
| 1.1 | 0.753 | 0.817 | 0.754 | 0.817 | 0.755 | 0.815 | 0.759 | 0.813 | 0.769 | 0.810 |
| 1.2 | 0.770 | 0.777 | 0.770 | 0.778 | 0.772 | 0.774 | 0.777 | 0.771 | 0.789 | 0.770 |
| 1.3 | 0.777 | 0.735 | 0.778 | 0.736 | 0.779 | 0.730 | 0.786 | 0.727 | 0.802 | 0.725 |
| 1.4 | 0.776 | 0.691 | 0.777 | 0.691 | 0.779 | 0.684 | 0.788 | 0.680 | 0.808 | 0.678 |
| 1.5 | 0.768 | 0.645 | 0.768 | 0.645 | 0.771 | 0.635 | 0.782 | 0.630 | 0.806 | 0.628 |
| 1.6 | 0.753 | 0.598 | 0.752 | 0.597 | 0.756 | 0.585 | 0.769 | 0.578 | 0.799 | 0.576 |
| 1.7 | 0.731 | 0.551 | 0.730 | 0.549 | 0.734 | 0.533 | 0.750 | 0.525 | 0.786 | 0.522 |
| 1.8 | 0.705 | 0.503 | 0.703 | 0.500 | 0.707 | 0.480 | 0.727 | 0.471 | 0.769 | 0.467 |
| 1.9 | 0.673 | 0.456 | 0.670 | 0.451 | 0.676 | 0.427 | 0.699 | 0.416 | 0.749 | 0.411 |
| 2.0 | 0.638 | 0.410 | 0.633 | 0.402 | 0.640 | 0.373 | 0.667 | 0.360 | 0.725 | 0.355 |
| 2.2 | 0.559 | 0.321 | 0.549 | 0.307 | 0.558 | 0.265 | 0.595 | 0.247 | 0.672 | 0.246 |
| 2.4 | 0.472 | 0.239 | 0.457 | 0.216 | 0.468 | 0.157 | 0.517 | 0.135 | 0.615 | 0.126 |
| 2.6 | 0.383 | 0.165 | 0.358 | 0.129 | 0.373 | 0.051 | 0.435 | 0.022 | 0.556 | 0.010 |
| 2.8 | 0.294 | 0.099 | 0.258 | 0.047 | 0.276 | −0.055 | 0.352 | −0.091 | | |
| 3.0 | 0.207 | 0.041 | 0.156 | 0.032 | 0.179 | −0.161 | | | | |
| 3.5 | 0.005 | −0.079 | −0.096 | −0.221 | | | | | | |
| 4.0 | −0.184 | −0.181 | | | | | | | | |

| $\bar{z}=\alpha z$ | $\bar{h}=\alpha h$ 4.0 $C_Q$ | 4.0 $K_M$ | 3.5 $C_Q$ | 3.5 $K_M$ | 3.0 $C_Q$ | 3.0 $K_M$ | 2.8 $C_Q$ | 2.8 $K_M$ | 2.6 $C_Q$ | 2.6 $K_M$ | 2.4 $C_Q$ | 2.4 $K_M$ |
|---|---|---|---|---|---|---|---|---|---|---|---|---|
| 0.0 | ∞ | 1 | ∞ | 1 | ∞ | 1 | ∞ | 1 | ∞ | 1 | ∞ | 1 |
| 0.1 | 131.252 | 1.001 | 129.489 | 1.001 | 120.507 | 1.001 | 112.954 | 1.001 | 102.805 | 1.001 | 90.196 | 1.000 |
| 0.2 | 34.186 | 1.004 | 33.699 | 1.004 | 31.158 | 1.004 | 29.090 | 1.005 | 26.326 | 1.005 | 22.939 | 1.006 |
| 0.3 | 15.544 | 1.012 | 15.282 | 1.013 | 14.013 | 1.015 | 13.003 | 1.014 | 11.671 | 1.017 | 10.064 | 1.019 |
| 0.4 | 8.871 | 1.029 | 8.605 | 1.030 | 7.799 | 1.033 | 7.176 | 1.036 | 6.368 | 1.040 | 5.409 | 1.047 |
| 0.5 | 5.539 | 1.057 | 5.403 | 1.059 | 4.821 | 1.066 | 4.385 | 1.073 | 3.829 | 1.083 | 3.183 | 1.100 |
| 0.6 | 3.710 | 1.101 | 3.597 | 1.105 | 3.141 | 1.120 | 2.811 | 1.134 | 2.400 | 1.158 | 1.931 | 1.196 |
| 0.7 | 2.566 | 1.169 | 2.465 | 1.176 | 2.089 | 1.209 | 1.826 | 1.239 | 1.506 | 1.291 | 1.150 | 1.380 |
| 0.8 | 1.791 | 1.274 | 1.699 | 1.289 | 1.377 | 1.358 | 1.160 | 1.426 | 0.902 | 1.549 | 0.623 | 1.795 |
| 0.9 | 1.238 | 1.441 | 1.151 | 1.475 | 0.867 | 1.635 | 0.683 | 1.807 | 0.471 | 2.173 | 0.248 | 3.230 |
| 1.0 | 0.824 | 1.728 | 0.740 | 1.814 | 0.484 | 2.252 | 0.327 | 2.861 | 0.149 | 5.076 | −0.032 | −18.277 |
| 1.1 | 0.503 | 2.299 | 0.420 | 2.562 | 0.187 | 4.543 | 0.049 | 14.411 | −0.100 | −5.649 | −0.247 | −1.684 |
| 1.2 | 0.246 | 3.876 | 0.163 | 5.349 | −0.0052 | −12.716 | −0.172 | −3.165 | −0.299 | −1.406 | −0.416 | −0.174 |
| 1.3 | 0.034 | 23.438 | −0.049 | −14.587 | −0.249 | −2.093 | −0.355 | −1.178 | −0.465 | −0.675 | −0.557 | −0.381 |
| 1.4 | −0.145 | −4.596 | −0.229 | −2.572 | −0.146 | −0.986 | −0.508 | −0.628 | −0.597 | −0.383 | −0.672 | −0.220 |
| 1.5 | −0.299 | −1.876 | −0.384 | −1.265 | −0.559 | −0.574 | −0.639 | −0.378 | −0.712 | −0.233 | −0.769 | −0.131 |
| 1.6 | 0.434 | −1.128 | −0.521 | −0.772 | −0.684 | −0.365 | −0.753 | −0.240 | −0.812 | −0.146 | −0.853 | −0.078 |
| 1.7 | −0.555 | −0.740 | −0.645 | −0.517 | −0.796 | −0.242 | −0.854 | −0.157 | −0.898 | −0.091 | −0.925 | −0.046 |
| 1.8 | −0.665 | −0.530 | −0.756 | −0.366 | −0.896 | −0.164 | −0.943 | −0.103 | −0.975 | −0.057 | −0.987 | −0.026 |
| 1.9 | −0.768 | −0.396 | −0.862 | −0.263 | −0.988 | −0.112 | −1.024 | −0.067 | −1.034 | −0.034 | −1.043 | −0.014 |
| 2.0 | −0.865 | −0.304 | −0.961 | −0.194 | −1.073 | −0.076 | −1.098 | −0.042 | −1.105 | −0.020 | −1.092 | −0.006 |
| 2.2 | −1.048 | −0.187 | −1.148 | −0.106 | −1.225 | −0.033 | −1.227 | −0.015 | −1.210 | −0.005 | −1.176 | −0.001 |
| 2.4 | −1.230 | −0.118 | −1.328 | −0.057 | −1.360 | −0.012 | −1.338 | −0.004 | −1.299 | −0.001 | 0 | 0 |
| 2.6 | −1.420 | −0.074 | −1.507 | −0.028 | −1.482 | −0.003 | −1.434 | −0.001 | 0.333 | 0 | | |
| 2.8 | −1.635 | −0.045 | −1.692 | −0.013 | −4.593 | −0.001 | −0.056 | 0 | | | | |
| 3.0 | −1.893 | −0.026 | −1.886 | −0.004 | 0 | 0 | | | | | | |
| 3.5 | −2.994 | −0.003 | 1.000 | 0 | | | | | | | | |
| 4.0 | −0.045 | −0.011 | | | | | | | | | | |

桩置于土中($\alpha h>2.5$)或基岩上($\alpha h\geqslant3.5$)的桩顶位移系数 $A_{x1}$ 附表 14

| $\bar{l}_0=\alpha l_0$ \ $\bar{h}=\alpha h$ | 4.0 | 3.5 | 3.0 | 2.8 | 2.6 | 2.4 |
|---|---|---|---|---|---|---|
| 0.0 | 2.44066 | 2.50174 | 2.72658 | 2.90524 | 3.16260 | 3.52562 |
| 0.2 | 3.16175 | 2.23100 | 3.50501 | 3.73121 | 4.06506 | 4.54808 |
| 0.4 | 4.03889 | 4.11685 | 4.44491 | 4.72426 | 5.14455 | 5.76476 |
| 0.6 | 5.08807 | 5.17527 | 5.56230 | 5.90040 | 6.41707 | 7.19147 |
| 0.8 | 6.32530 | 6.42228 | 6.87316 | 7.27562 | 7.89862 | 8.84439 |
| 1.0 | 7.76657 | 7.87387 | 8.39350 | 8.86592 | 9.60520 | 10.73946 |
| 1.2 | 9.42790 | 9.54605 | 10.13933 | 10.68731 | 11.55282 | 12.89269 |
| 1.4 | 11.31526 | 11.45480 | 12.12663 | 12.75578 | 13.75746 | 15.32007 |
| 1.6 | 13.47468 | 13.61614 | 14.37141 | 15.08734 | 16.23514 | 18.03760 |
| 1.8 | 15.89214 | 16.04606 | 16.88967 | 17.69798 | 19.00185 | 21.06129 |
| 2.0 | 18.59356 | 18.76057 | 19.69741 | 20.60371 | 22.07359 | 24.40713 |
| 2.2 | 21.59520 | 21.77565 | 22.81062 | 23.82052 | 25.46636 | 28.09112 |
| 2.4 | 24.91280 | 25.10732 | 26.24532 | 27.36441 | 29.19616 | 32.12926 |
| 2.6 | 28.56245 | 28.77157 | 30.01750 | 31.25138 | 33.27899 | 36.53756 |
| 2.8 | 32.56014 | 32.78440 | 34.14315 | 35.49745 | 37.73085 | 41.33201 |
| 3.0 | 36.92188 | 37.16182 | 38.63829 | 40.11859 | 42.56775 | 46.52861 |
| 3.2 | 41.66367 | 41.91982 | 43.51890 | 45.13082 | 47.80568 | 52.14336 |
| 3.4 | 46.80150 | 47.07440 | 48.80100 | 50.55013 | 53.46063 | 58.19227 |
| 3.6 | 52.35138 | 52.64156 | 45.50057 | 56.39253 | 59.54862 | 64.69133 |
| 3.8 | 58.32930 | 58.63731 | 60.63362 | 62.67401 | 66.08564 | 71.65655 |
| 4.0 | 64.75127 | 65.07763 | 67.21615 | 69.41057 | 73.08769 | 79.10391 |
| 4.2 | 71.63329 | 71.97854 | 74.26416 | 76.61822 | 80.57378 | 87.14943 |
| 4.4 | 78.99135 | 79.35603 | 81.89365 | 84.31295 | 88.55089 | 95.50910 |
| 4.6 | 86.84147 | 87.22611 | 89.82062 | 92.51077 | 97.04403 | 104.49893 |
| 4.8 | 95.19962 | 95.60477 | 98.36107 | 101.22767 | 106.06621 | 114.03491 |
| 5.0 | 104.08183 | 104.50801 | 107.43100 | 110.47965 | 115.63342 | 124.13304 |
| 5.2 | 113.50408 | 113.95183 | 117.04640 | 120.28273 | 125.76165 | 134.80932 |
| 5.4 | 123.48237 | 123.95223 | 127.22329 | 130.65288 | 136.46692 | 146.07976 |
| 5.6 | 134.03271 | 134.52522 | 137.97765 | 141.60611 | 147.76522 | 157.96034 |
| 5.8 | 145.17110 | 145.68679 | 149.32550 | 153.15844 | 159.67256 | 170.46709 |
| 6.0 | 156.91354 | 157.45294 | 161.28282 | 165.32584 | 172.20492 | 183.46709 |
| 6.4 | 182.27455 | 182.86299 | 187.08990 | 191.56990 | 199.20874 | 211.90423 |
| 6.8 | 210.24375 | 210.88337 | 215.52690 | 220.46630 | 228.90468 | 242.95308 |
| 7.2 | 240.94913 | 241.64208 | 246.72182 | 252.14303 | 261.42075 | 276.89055 |
| 7.6 | 274.51869 | 275.26712 | 280.80266 | 286.72810 | 296.88495 | 313.84463 |
| 8.0 | 311.08045 | 311.88649 | 317.89741 | 324.34951 | 335.42527 | 353.94333 |
| 8.5 | 361.18540 | 362.06647 | 368.69917 | 375.84111 | 388.12147 | 408.68380 |
| 9.0 | 416.41564 | 417.37510 | 424.66017 | 432.52699 | 446.07411 | 468.78773 |
| 9.5 | 477.02117 | 478.06237 | 486.03042 | 494.65714 | 509.53320 | 534.50511 |
| 10.0 | 543.25199 | 544.37827 | 553.05991 | 562.48157 | 578.79873 | 606.08595 |

桩置于土中（$\alpha h > 2.5$）或基岩上（$\alpha h \geqslant 3.5$）的桩顶转角（位移）系数 $A_{\varphi 1} = B_{x1}$    附表15

| $\bar{h} = \alpha h$<br>$\bar{l}_0 = \alpha l_0$ | 4.0 | 3.5 | 3.0 | 2.8 | 2.6 | 2.4 |
|---|---|---|---|---|---|---|
| 0.0 | 1.62100 | 1.64076 | 1.75755 | 1.86949 | 2.04819 | 2.32680 |
| 0.2 | 1.99112 | 2.01222 | 2.14125 | 2.26711 | 2.47077 | 2.79218 |
| 0.4 | 2.40123 | 2.42367 | 2.56495 | 2.70482 | 2.93335 | 3.29756 |
| 0.6 | 2.85135 | 2.87513 | 3.02864 | 3.18253 | 3.43592 | 3.84295 |
| 0.8 | 3.34146 | 3.36658 | 3.53234 | 3.70024 | 3.97850 | 4.42833 |
| 1.0 | 3.87158 | 3.89804 | 4.07604 | 4.25795 | 4.50108 | 5.05371 |
| 1.2 | 4.44170 | 4.46950 | 4.65974 | 4.85566 | 5.18366 | 5.71909 |
| 1.4 | 5.05181 | 5.08095 | 5.28644 | 5.49337 | 5.84624 | 6.42447 |
| 1.6 | 5.70193 | 5.73241 | 8.94713 | 6.17108 | 6.52881 | 7.16986 |
| 1.8 | 6.39204 | 6.42386 | 6.65083 | 6.88879 | 7.29139 | 7.95524 |
| 2.0 | 7.12216 | 7.15532 | 7.39453 | 7.64650 | 8.07397 | 8.18062 |
| 2.2 | 7.89228 | 7.92678 | 8.17823 | 8.44421 | 8.89655 | 9.64600 |
| 2.4 | 8.70239 | 8.73823 | 9.00193 | 9.28192 | 9.75913 | 10.56138 |
| 2.6 | 9.55251 | 9.58969 | 9.86562 | 10.15963 | 10.66170 | 11.49677 |
| 2.8 | 10.44262 | 10.48114 | 10.76932 | 11.07734 | 11.60428 | 12.48215 |
| 3.0 | 11.37274 | 11.41260 | 11.71302 | 12.03505 | 12.58686 | 13.50753 |
| 3.2 | 12.34286 | 12.38406 | 12.69672 | 13.03276 | 13.60944 | 14.57291 |
| 3.4 | 13.35297 | 13.39551 | 13.70242 | 14.07047 | 14.67202 | 15.67829 |
| 3.6 | 14.40309 | 14.44697 | 14.78411 | 15.14818 | 15.77459 | 16.82368 |
| 3.8 | 15.49320 | 15.53842 | 15.88781 | 16.26589 | 16.91717 | 18.00906 |
| 4.0 | 16.62332 | 16.66988 | 17.03151 | 17.42360 | 18.09975 | 19.23444 |
| 4.2 | 17.79344 | 17.84134 | 18.21521 | 18.62131 | 19.32233 | 20.49982 |
| 4.4 | 19.00355 | 19.05279 | 19.43891 | 19.86902 | 20.58491 | 21.30520 |
| 4.6 | 20.25367 | 20.30425 | 20.70260 | 21.13673 | 21.88748 | 23.19059 |
| 4.8 | 21.54378 | 21.59575 | 22.00630 | 22.45444 | 23.23006 | 24.53597 |
| 5.0 | 22.87390 | 22.92716 | 23.35000 | 23.81215 | 24.61264 | 25.96135 |
| 5.2 | 24.24402 | 24.29862 | 24.73370 | 25.50986 | 26.03522 | 27.42637 |
| 5.4 | 25.65413 | 25.71007 | 26.15740 | 26.64757 | 27.49780 | 28.93211 |
| 5.6 | 27.10436 | 27.16153 | 27.62109 | 28.12528 | 29.00037 | 30.47750 |
| 5.8 | 28.59436 | 28.65298 | 29.12479 | 29.64299 | 30.54295 | 32.05288 |
| 6.0 | 30.12448 | 30.18444 | 30.66849 | 31.20070 | 32.12553 | 38.68826 |
| 6.4 | 33.30471 | 33.36735 | 33.87589 | 34.48612 | 35.41069 | 37.05902 |
| 6.8 | 36.64494 | 37.71026 | 37.24328 | 37.83154 | 38.85584 | 40.58979 |
| 7.2 | 40.14518 | 40.21318 | 40.77068 | 41.38696 | 42.46100 | 44.28055 |
| 7.6 | 43.80541 | 44.87606 | 44.45807 | 45.10238 | 46.22615 | 48.13132 |
| 8.0 | 47.62564 | 48.69900 | 48.30547 | 48.97780 | 50.15131 | 52.14208 |
| 8.5 | 52.62593 | 52.70264 | 53.33972 | 54.04708 | 54.28276 | 57.38054 |
| 9.0 | 57.87622 | 57.95628 | 58.62396 | 59.36635 | 60.66420 | 62.86899 |
| 9.5 | 63.37651 | 63.45992 | 64.15821 | 64.93563 | 66.29565 | 68.60745 |
| 10.0 | 69.12680 | 69.21356 | 69.94245 | 70.75490 | 72.17709 | 74.59590 |

桩置于土中($\alpha h > 2.5$)或基岩上($\alpha h \geqslant 3.5$)的桩顶转角系数 $B_{\varphi 1}$

| $\bar{l}_0 = \alpha l_0$ \ $\bar{h} = \alpha h$ | 4.0 | 3.5 | 3.0 | 2.8 | 2.6 | 2.4 |
|---|---|---|---|---|---|---|
| 0.0 | 1.75058 | 1.75728 | 1.81849 | 1.88855 | 2.01289 | 2.22691 |
| 0.2 | 1.95058 | 1.95728 | 2.01849 | 2.08855 | 2.21289 | 2.42691 |
| 0.4 | 2.15058 | 2.15728 | 2.21849 | 2.28855 | 2.41289 | 2.62691 |
| 0.6 | 2.35058 | 2.35728 | 2.41849 | 2.48855 | 2.61289 | 2.82691 |
| 0.8 | 2.55058 | 2.55728 | 2.61849 | 2.68855 | 2.81289 | 3.02691 |
| 1.0 | 2.75058 | 2.75728 | 2.81849 | 2.88855 | 2.01289 | 3.22691 |
| 1.2 | 2.95058 | 2.95728 | 3.01849 | 3.08855 | 3.21289 | 3.42691 |
| 1.4 | 3.15058 | 3.15728 | 3.41849 | 3.48855 | 3.41289 | 3.62691 |
| 1.6 | 3.35058 | 3.35728 | 3.21849 | 3.28855 | 3.61289 | 3.82691 |
| 1.8 | 3.55058 | 3.55728 | 3.61849 | 3.68855 | 3.81289 | 4.02691 |
| 2.0 | 3.75058 | 3.75728 | 3.81849 | 3.88855 | 4.01289 | 4.22691 |
| 2.2 | 3.95058 | 3.95728 | 4.01849 | 4.08855 | 4.21289 | 4.42691 |
| 2.4 | 4.15058 | 4.15728 | 4.21849 | 4.28855 | 4.41289 | 4.62691 |
| 2.6 | 4.35058 | 4.35728 | 4.41849 | 4.48855 | 4.61289 | 4.82691 |
| 2.8 | 4.55058 | 4.55728 | 4.61849 | 4.68855 | 4.81289 | 5.02691 |
| 3.0 | 4.75058 | 4.75728 | 4.81849 | 4.88855 | 5.01289 | 5.22691 |
| 3.2 | 4.95058 | 4.95728 | 5.01849 | 5.08855 | 5.21289 | 5.42691 |
| 3.4 | 5.15058 | 5.15728 | 5.21849 | 5.28855 | 5.41289 | 5.62691 |
| 3.6 | 5.35058 | 5.35728 | 5.41849 | 5.48855 | 5.61289 | 5.82691 |
| 3.8 | 5.55058 | 5.55728 | 5.61849 | 5.68855 | 5.81289 | 6.02691 |
| 4.0 | 5.75058 | 5.75728 | 5.81849 | 5.88855 | 6.01289 | 6.22691 |
| 4.2 | 5.95058 | 5.95728 | 6.01849 | 6.08855 | 6.21289 | 6.42691 |
| 4.4 | 6.15058 | 6.15728 | 6.21849 | 6.28855 | 6.41289 | 6.62691 |
| 4.6 | 6.35058 | 6.35728 | 6.41849 | 6.48855 | 6.61289 | 6.82691 |
| 4.8 | 6.55058 | 6.55728 | 6.61849 | 6.68855 | 6.81289 | 7.02691 |
| 5.0 | 6.75058 | 6.75728 | 6.81849 | 6.88855 | 7.01289 | 7.22691 |
| 5.2 | 6.95058 | 6.95728 | 7.01849 | 7.08855 | 7.21289 | 7.42691 |
| 5.4 | 7.15058 | 7.15728 | 7.21849 | 7.28855 | 7.41289 | 7.62691 |
| 5.6 | 7.35058 | 7.35728 | 7.41849 | 7.48855 | 7.61289 | 7.82691 |
| 5.8 | 7.55058 | 7.55728 | 7.61849 | 7.68855 | 7.81289 | 8.02691 |
| 6.0 | 7.75058 | 7.75728 | 7.81849 | 7.88855 | 8.01289 | 8.22691 |
| 6.4 | 8.15058 | 8.15728 | 8.21849 | 8.28855 | 8.41289 | 8.62691 |
| 6.8 | 8.55058 | 8.55728 | 8.61849 | 8.68855 | 8.81289 | 9.02691 |
| 7.2 | 8.95058 | 8.95728 | 9.04849 | 9.08855 | 9.21289 | 9.42691 |
| 7.6 | 9.35058 | 9.35728 | 9.41849 | 9.48855 | 9.61289 | 9.82691 |
| 8.0 | 9.75058 | 9.75728 | 9.81849 | 9.88855 | 10.01289 | 10.22691 |
| 8.5 | 10.25058 | 10.25728 | 10.31849 | 10.38855 | 10.51289 | 10.72691 |
| 9.0 | 10.75058 | 10.75728 | 10.81849 | 10.88855 | 11.01289 | 11.22691 |
| 9.5 | 11.25058 | 11.25728 | 11.31849 | 11.38855 | 11.51289 | 11.72691 |
| 10.0 | 11.75058 | 11.75728 | 11.81849 | 11.88855 | 12.01289 | 12.22691 |

| $\overline{l}_0 = \alpha l_0$ ＼ $\overline{h} = \alpha h$ | 4.0 | 3.5 | 3.0 | 2.8 | 2.6 | 2.4 |
|---|---|---|---|---|---|---|
| 0.0 | 1.06423 | 1.03117 | 0.97283 | 0.94805 | 0.92722 | 0.91370 |
| 0.2 | 0.88555 | 0.86036 | 0.81068 | 0.78723 | 0.76549 | 0.74870 |
| 0.4 | 0.73649 | 0.71741 | 0.67595 | 0.65468 | 0.63352 | 0.61528 |
| 0.6 | 0.61377 | 0.59933 | 0.56511 | 0.54634 | 0.52663 | 0.50831 |
| 0.8 | 0.51342 | 0.50244 | 0.47437 | 0.45809 | 0.44024 | 0.42269 |
| 1.0 | 0.43157 | 0.42317 | 0.40019 | 0.38619 | 0.37032 | 0.35401 |
| 1.2 | 0.36476 | 0.35829 | 0.33945 | 0.32749 | 0.31353 | 0.29866 |
| 1.4 | 0.31105 | 0.30505 | 0.28957 | 0.27938 | 0.26717 | 0.25380 |
| 1.6 | 0.26516 | 0.26121 | 0.24843 | 0.32975 | 0.22912 | 0.21717 |
| 1.8 | 0.22807 | 0.22494 | 0.21435 | 0.20694 | 0.19769 | 0.18707 |
| 2.0 | 0.19728 | 0.19478 | 0.18595 | 0.17961 | 0.17157 | 0.16125 |
| 2.2 | 0.17157 | 0.16956 | 0.16216 | 0.15673 | 0.14972 | 0.14138 |
| 2.4 | 0.15000 | 0.14836 | 0.14213 | 0.13746 | 0.13134 | 0.12895 |
| 2.6 | 0.13178 | 0.13044 | 0.12516 | 0.12113 | 0.11578 | 0.10924 |
| 2.8 | 0.11633 | 0.11522 | 0.11072 | 0.10723 | 0.10254 | 0.09673 |
| 3.0 | 0.10314 | 0.10222 | 0.09837 | 0.09533 | 0.09121 | 0.08604 |
| 3.2 | 0.09183 | 0.09105 | 0.08775 | 0.08510 | 0.08147 | 0.07686 |
| 3.4 | 0.08208 | 0.08143 | 0.07857 | 0.07625 | 0.07304 | 0.06893 |
| 3.6 | 0.07364 | 0.07309 | 0.07061 | 0.06857 | 0.06572 | 0.06204 |
| 3.8 | 0.06630 | 0.06583 | 0.06367 | 0.06187 | 0.05934 | 0.05604 |
| 4.0 | 0.05989 | 0.05949 | 0.05760 | 0.05600 | 0.05375 | 0.05079 |
| 4.2 | 0.05427 | 0.05392 | 0.05226 | 0.05085 | 0.04883 | 0.04616 |
| 4.4 | 0.04932 | 0.04902 | 0.04756 | 0.04630 | 0.04449 | 0.04209 |
| 4.6 | 0.04495 | 0.04469 | 0.04339 | 0.04227 | 0.04065 | 0.03847 |
| 4.8 | 0.04108 | 0.04085 | 0.03970 | 0.03869 | 0.03723 | 0.03526 |
| 5.0 | 0.03763 | 0.03743 | 0.03641 | 0.03550 | 0.04419 | 0.03239 |
| 5.2 | 0.03455 | 0.03438 | 0.03346 | 0.03265 | 0.03146 | 0.02983 |
| 5.4 | 0.03180 | 0.03165 | 0.03083 | 0.03010 | 0.02901 | 0.02753 |
| 5.6 | 0.02933 | 0.02920 | 0.02846 | 0.02780 | 0.02682 | 0.02546 |
| 5.8 | 0.02711 | 0.02699 | 0.02633 | 0.02573 | 0.02483 | 0.02359 |
| 6.0 | 0.02511 | 0.02500 | 0.02440 | 0.02385 | 0.02304 | 0.02190 |
| 6.4 | 0.02165 | 0.02156 | 0.02017 | 0.02062 | 0.01994 | 0.01897 |
| 6.8 | 0.01880 | 0.01873 | 0.01832 | 0.01784 | 0.01736 | 0.01655 |
| 7.2 | 0.01642 | 0.01686 | 0.01600 | 0.01550 | 0.01522 | 0.01452 |
| 7.6 | 0.01443 | 0.01438 | 0.01438 | 0.01382 | 0.01341 | 0.01280 |
| 8.0 | 0.01275 | 0.01271 | 0.01246 | 0.01223 | 0.01187 | 0.01135 |
| 8.5 | 0.01099 | 0.01096 | 0.01076 | 0.01056 | 0.01027 | 0.00983 |
| 9.0 | 0.00954 | 0.00951 | 0.00935 | 0.00919 | 0.00894 | 0.00857 |
| 9.5 | 0.00832 | 0.00831 | 0.00817 | 0.00804 | 0.00783 | 0.00751 |
| 10.0 | 0.00732 | 0.00730 | 0.00719 | 0.00707 | 0.00689 | 0.00662 |

| $\bar{l}_0 = \alpha l_0$ \ $\bar{h} = \alpha h$ | 4.0 | 3.5 | 3.0 | 2.8 | 2.6 | 2.4 |
|---|---|---|---|---|---|---|
| 0.0 | 0.98545 | 0.96276 | 0.94023 | 0.93844 | 0.94348 | 0.95469 |
| 0.2 | 0.90395 | 0.88451 | 0.85998 | 0.85454 | 0.85469 | 0.86138 |
| 0.4 | 0.82232 | 0.80600 | 0.78152 | 0.77377 | 0.77017 | 0.72552 |
| 0.6 | 0.74453 | 0.73099 | 0.70767 | 0.69870 | 0.69251 | 0.69101 |
| 0.8 | 0.67262 | 0.66145 | 0.63993 | 0.63048 | 0.62266 | 0.61839 |
| 1.0 | 0.60746 | 0.58925 | 0.57875 | 0.56928 | 0.56061 | 0.55442 |
| 1.2 | 0.54910 | 0.54150 | 0.52402 | 0.51487 | 0.50584 | 0.49843 |
| 1.4 | 0.49875 | 0.49092 | 0.47536 | 0.46669 | 0.45766 | 0.44956 |
| 1.6 | 0.45125 | 0.44601 | 0.43220 | 0.42411 | 0.41530 | 0.40688 |
| 1.8 | 0.41058 | 0.40620 | 0.39397 | 0.38648 | 0.37804 | 0.36956 |
| 2.0 | 0.37462 | 0.37093 | 0.36009 | 0.35319 | 0.34519 | 0.33684 |
| 2.2 | 0.34276 | 0.33964 | 0.33002 | 0.32370 | 0.31617 | 0.30807 |
| 2.4 | 0.31450 | 0.31184 | 0.30329 | 0.29750 | 0.29046 | 0.28267 |
| 2.6 | 0.28936 | 0.28709 | 0.27947 | 0.27417 | 0.26761 | 0.26018 |
| 2.8 | 0.26694 | 0.26499 | 0.25819 | 0.25335 | 0.24724 | 0.24019 |
| 3.0 | 0.24691 | 0.24521 | 0.23912 | 0.23470 | 0.22903 | 0.22236 |
| 3.2 | 0.22894 | 0.22747 | 0.22200 | 0.21268 | 0.21268 | 0.20639 |
| 3.4 | 0.21279 | 0.21150 | 0.20658 | 0.19798 | 0.19798 | 0.19206 |
| 3.6 | 0.19822 | 0.19709 | 0.19265 | 0.18471 | 0.18471 | 0.17914 |
| 3.8 | 0.18505 | 0.18406 | 0.18004 | 0.17270 | 0.17270 | 0.16746 |
| 4.0 | 0.17312 | 0.17224 | 0.16859 | 0.16180 | 0.16180 | 0.15688 |
| 4.2 | 0.16227 | 0.16149 | 0.15817 | 0.15551 | 0.15188 | 0.14725 |
| 4.4 | 0.15238 | 0.15168 | 0.14866 | 0.14621 | 0.14282 | 0.13848 |
| 4.6 | 0.14336 | 0.14273 | 0.13996 | 0.13770 | 0.13454 | 0.13046 |
| 4.8 | 0.13509 | 0.13452 | 0.13199 | 0.12990 | 0.12695 | 0.12311 |
| 5.0 | 0.12750 | 0.12700 | 0.12467 | 0.12273 | 0.11998 | 0.11636 |
| 5.2 | 0.12053 | 0.12007 | 0.11793 | 0.11612 | 0.11356 | 0.11015 |
| 5.4 | 0.11410 | 0.11368 | 0.11171 | 0.11003 | 0.10763 | 0.10442 |
| 5.6 | 0.10817 | 0.10779 | 0.10597 | 0.10440 | 0.10215 | 0.09913 |
| 5.8 | 0.10268 | 0.10232 | 0.10064 | 0.09919 | 0.09708 | 0.09422 |
| 6.0 | 0.09759 | 0.19727 | 0.09571 | 0.09435 | 0.09237 | 0.08967 |
| 6.4 | 0.08847 | 0.08821 | 0.08686 | 0.08566 | 0.08391 | 0.08150 |
| 6.8 | 0.08256 | 0.08034 | 0.07916 | 0.07811 | 0.07656 | 0.07440 |
| 7.2 | 0.07366 | 0.07534 | 0.07244 | 0.07151 | 0.07647 | 0.06271 |
| 7.6 | 0.06760 | 0.06744 | 0.06653 | 0.06571 | 0.07013 | 0.06818 |
| 8.0 | 0.06225 | 0.06211 | 0.06131 | 0.06058 | 0.05946 | 0.05787 |
| 8.5 | 0.05641 | 0.05629 | 0.05560 | 0.05496 | 0.05398 | 0.05258 |
| 9.0 | 0.05135 | 0.05125 | 0.05560 | 0.05009 | 0.04922 | 0.04797 |
| 9.5 | 0.04694 | 0.04685 | 0.04633 | 0.04583 | 0.04507 | 0.04395 |
| 10.0 | 0.04307 | 0.04299 | 0.04253 | 0.04210 | 0.04141 | 0.04041 |

| $\bar{l}_0 = \alpha l_0$ ＼ $\bar{h} = \alpha h$ | 4.0 | 3.5 | 3.0 | 2.8 | 2.6 | 2.4 |
|---|---|---|---|---|---|---|
| 0.0 | 1.48375 | 1.46802 | 1.45863 | 1.45683 | 1.45683 | 1.44656 |
| 0.2 | 1.43541 | 1.42026 | 1.40770 | 1.40643 | 1.40619 | 1.40307 |
| 0.4 | 1.38316 | 1.36908 | 1.25432 | 1.35147 | 1.35074 | 1.35022 |
| 0.6 | 1.32858 | 1.31580 | 1.21969 | 1.29538 | 1.29336 | 1.29311 |
| 0.8 | 1.27325 | 1.26182 | 1.24517 | 1.23965 | 1.23619 | 1.23507 |
| 1.0 | 1.21858 | 1.20844 | 1.19111 | 1.18536 | 1.18059 | 1.77818 |
| 1.2 | 1.16551 | 1.15655 | 1.14024 | 1.13323 | 1.12757 | 1.12363 |
| 1.4 | 1.11713 | 1.10675 | 1.09104 | 1.08367 | 1.07697 | 1.07203 |
| 1.6 | 1.06637 | 1.05940 | 1.04442 | 1.03688 | 1.02957 | 1.02362 |
| 1.8 | 1.02081 | 1.01465 | 1.00048 | 1.99290 | 0.98518 | 0.97841 |
| 2.0 | 0.97801 | 0.97255 | 0.95920 | 0.95169 | 0.94372 | 0.93631 |
| 2.2 | 0.93788 | 0.93304 | 0.92050 | 0.91313 | 0.90504 | 0.89715 |
| 2.4 | 0.90032 | 0.89600 | 0.88425 | 0.87708 | 0.86896 | 0.86074 |
| 2.6 | 0.86519 | 0.86133 | 0.85032 | 0.84337 | 0.83531 | 0.82687 |
| 2.8 | 0.83233 | 0.82886 | 0.81855 | 0.81185 | 0.80389 | 0.79533 |
| 3.0 | 0.80158 | 0.79846 | 0.78880 | 0.78235 | 0.77454 | 0.76593 |
| 3.2 | 0.77279 | 0.76997 | 0.76092 | 0.75473 | 0.74709 | 0.73849 |
| 3.4 | 0.74580 | 0.74325 | 0.73475 | 0.72882 | 0.72138 | 0.71284 |
| 3.6 | 0.72049 | 0.71816 | 0.71019 | 0.70450 | 0.69727 | 0.68883 |
| 3.8 | 0.69670 | 0.69458 | 0.68909 | 0.68165 | 0.67463 | 0.66632 |
| 4.0 | 0.67433 | 0.67239 | 0.66535 | 0.66014 | 0.66334 | 0.64517 |
| 4.2 | 0.65327 | 0.65149 | 0.64485 | 0.63987 | 0.63329 | 0.62528 |
| 4.4 | 0.63341 | 0.63177 | 0.62552 | 0.62074 | 0.61439 | 0.60655 |
| 4.6 | 0.61467 | 0.61315 | 0.60724 | 0.60268 | 0.59653 | 0.58888 |
| 4.8 | 0.58694 | 0.59555 | 0.58996 | 0.58559 | 0.57965 | 0.57218 |
| 5.0 | 0.58017 | 0.57888 | 0.57359 | 0.56941 | 0.56367 | 0.55638 |
| 5.2 | 0.56429 | 0.56308 | 0.55807 | 0.55406 | 0.54853 | 0.54142 |
| 5.4 | 0.54921 | 0.54809 | 0.54334 | 0.53949 | 0.53415 | 0.52723 |
| 5.6 | 0.53489 | 0.53385 | 0.52934 | 0.52565 | 0.52049 | 0.51375 |
| 5.8 | 0.52128 | 0.52031 | 0.51602 | 0.51248 | 0.50749 | 0.50094 |
| 6.0 | 0.50833 | 0.50741 | 0.50333 | 0.49993 | 0.49511 | 0.48874 |
| 6.4 | 0.48421 | 0.48840 | 0.47969 | 0.47655 | 0.47205 | 0.46602 |
| 6.8 | 0.46222 | 0.46151 | 0.45812 | 0.45522 | 0.45101 | 0.44531 |
| 7.2 | 0.44211 | 0.44147 | 0.43838 | 0.43568 | 0.43174 | 0.42634 |
| 7.6 | 0.43264 | 0.42307 | 0.42023 | 0.41772 | 0.41403 | 0.40896 |
| 8.0 | 0.40663 | 0.40612 | 0.40350 | 0.40116 | 0.39770 | 0.39286 |
| 8.5 | 0.38718 | 0.38672 | 0.38434 | 0.28220 | 0.37899 | 0.37446 |
| 9.0 | 0.36947 | 0.36901 | 0.36690 | 0.36493 | 0.36195 | 0.35771 |
| 9.5 | 0.35330 | 0.35294 | 0.35096 | 0.34914 | 0.34637 | 0.34239 |
| 10.0 | 0.33847 | 0.33915 | 0.33633 | 0.33464 | 0.33206 | 0.32832 |

桩置于土中($\alpha h > 2.5$)或基岩上($\alpha h \geqslant 3.5$)桩顶弹性嵌固位移系数 $A_{XA}$     附表20

| $\bar{l}_0 = \alpha l_0$ \ $\bar{h} = \alpha h$ | 4.0 | 3.5 | 3.0 | 2.8 | 2.6 | 2.4 |
|---|---|---|---|---|---|---|
| 0.0 | 0.93965 | 0.96977 | 1.02793 | 1.05462 | 1.07849 | 1.09445 |
| 0.2 | 1.12925 | 1.16230 | 1.23353 | 1.27027 | 1.30636 | 1.33565 |
| 0.4 | 1.35780 | 1.39390 | 1.47939 | 1.52745 | 1.57848 | 1.62533 |
| 0.6 | 1.62927 | 1.66853 | 1.76958 | 1.83036 | 1.89888 | 1.96730 |
| 0.8 | 1.94773 | 1.99028 | 2.10804 | 2.18300 | 2.27150 | 2.36580 |
| 1.0 | 2.31713 | 2.36311 | 2.49882 | 2.58937 | 2.88085 | 2.82477 |
| 1.2 | 2.74152 | 2.79105 | 2.94594 | 3.05349 | 3.18953 | 3.34823 |
| 1.4 | 3.21492 | 3.27812 | 3.45339 | 3.57936 | 3.74292 | 3.94019 |
| 1.6 | 3.77128 | 3.82830 | 4.02522 | 4.17099 | 4.43071 | 4.60460 |
| 1.8 | 4.38467 | 4.44563 | 4.66536 | 4.83237 | 5.05852 | 5.34556 |
| 2.0 | 5.06882 | 5.13406 | 5.37786 | 5.56752 | 5.82869 | 6.49800 |
| 2.2 | 5.82838 | 5.89761 | 6.16633 | 6.38043 | 6.67911 | 7.07300 |
| 2.4 | 6.66677 | 6.74034 | 7.03590 | 7.27509 | 7.61379 | 8.02186 |
| 2.6 | 7.58813 | 7.66617 | 7.98951 | 8.25552 | 8.63677 | 9.15447 |
| 2.8 | 8.59653 | 8.67917 | 9.03142 | 9.32572 | 9.75196 | 10.33801 |
| 3.0 | 9.69590 | 9.78327 | 10.16571 | 10.48968 | 10.96593 | 11.62207 |
| 3.2 | 10.89027 | 10.98250 | 11.39635 | 11.75140 | 12.27513 | 13.01065 |
| 3.4 | 12.18369 | 12.28093 | 12.72736 | 13.11489 | 13.69109 | 14.50777 |
| 3.6 | 13.58007 | 13.68243 | 14.06268 | 14.58415 | 15.21537 | 16.11735 |
| 3.8 | 15.08350 | 15.19115 | 15.70651 | 16.16318 | 16.85184 | 17.84353 |
| 4.0 | 16.69790 | 16.81093 | 17.36261 | 17.85597 | 18.60458 | 19.69022 |
| 4.2 | 18.42730 | 18.54586 | 19.13507 | 19.66653 | 20.48058 | 21.66146 |
| 4.4 | 20.27567 | 20.40000 | 21.12790 | 21.53569 | 22.47483 | 24.00000 |
| 4.6 | 22.24719 | 22.37722 | 23.04516 | 23.65697 | 24.60040 | 25.72193 |
| 4.8 | 24.34567 | 24.48164 | 25.19072 | 25.84483 | 26.85817 | 28.36299 |
| 5.0 | 26.57511 | 26.71714 | 27.46865 | 28.16647 | 29.25219 | 30.87165 |
| 5.2 | 28.93955 | 29.08778 | 29.88293 | 30.62944 | 31.29198 | 33.52554 |
| 5.4 | 31.44307 | 31.59763 | 32.44050 | 33.22706 | 34.46500 | 36.37297 |
| 5.6 | 34.08871 | 34.25057 | 35.13669 | 35.97399 | 37.29285 | 39.28285 |
| 5.8 | 36.88307 | 37.05071 | 37.98409 | 38.87072 | 40.27093 | 42.47424 |
| 6.0 | 39.82755 | 40.07973 | 40.98385 | 41.92390 | 43.40624 | 45.90000 |
| 6.4 | 46.18562 | 46.37386 | 47.67556 | 48.08371 | 50.16163 | 52.70807 |
| 6.8 | 53.19573 | 53.39838 | 54.58665 | 55.74084 | 57.59013 | 60.43979 |
| 7.2 | 60.88980 | 61.10738 | 63.40623 | 63.67727 | 65.72358 | 68.89375 |
| 7.6 | 69.29998 | 69.53333 | 70.94737 | 72.34097 | 74.59416 | 78.10176 |
| 8.0 | 78.45823 | 78.70730 | 80.24188 | 81.76340 | 84.23367 | 88.09602 |
| 8.5 | 91.00669 | 91.27653 | 92.96835 | 94.65780 | 97.41325 | 101.7430 |
| 9.0 | 104.83647 | 105.1279 | 106.9847 | 108.8509 | 111.9070 | 116.7309 |
| 9.5 | 120.01006 | 120.3240 | 122.3533 | 124.4049 | 127.7773 | 133.1221 |
| 10.0 | 136.58998 | 136.9272 | 139.1328 | 141.3826 | 145.1369 | 150.9793 |

412

# 参 考 文 献

[1] 陈希哲. 土力学地基基础. 北京:清华大学出版社,1998.

[2] 陈仲颖,等. 土力学. 北京:清华大学出版社,1994.

[3] 陈仲颐,等. 基础工程学. 北京:中国建筑工业出版社,1991.

[4] 池淑兰,张国林. 基础工程. 北京:中国铁道出版社,2004.

[5] 东南大学,浙江大学,湖南大学,苏州科技学院. 土力学(2 版). 北京:中国建筑工业出版社,2005.

[6] 地基处理手册编写委员会. 地基处理手册. 北京:中国建筑工业出版社,1998.

[7] 范立础. 桥梁工程(上册)(2 版). 北京:人民交通出版社,1988.

[8] 高大钊,袁聚云. 土质学与土力学. 北京:人民交通出版社,2001.

[9] 龚晓南. 土力学. 北京:中国建筑工业出版社,2002.

[10] 龚晓南. 地基处理新技术. 西安:陕西科技出版社,1997.

[11] 顾慰慈. 挡土墙土压力计算. 北京:中国建材工业出版社,2000.

[12] 洪毓康. 土质学与土力学(2 版). 北京:人民交通出版社,1995.

[13] 胡人礼. 桥梁桩基计算与检测. 北京:人民交通出版社,2001.

[14] 刘金砺. 桩基础设计与计算. 北京:中国建筑工业出版社,1990.

[15] 刘怀玉. 公路地基处理. 南京:东南大学出版社,2001.

[16] 刘祖典. 黄土力学与工程. 西安:陕西科学技术出版社,1997.

[17] 牛志荣,等. 复合地基处理及工程实例. 北京:中国建材工业出版社,2000.

[18] 鞠建英. 特种结构地基基础工程手册. 北京:中国建筑工业出版社,2000.

[19] 凌治平,易经武. 基础工程. 北京:人民交通出版社,1996.

[20] 李克钊. 基础工程(2 版). 北京:人民铁道出版社,2000.

[21] 李斌. 特殊地区公路(膨胀土地区). 北京:人民交通出版社,1993.

[22] 梁钟琪. 土力学及路基. 北京:中国铁道出版社,1984.

[23] 卢廷浩. 土力学. 南京:河海大学出版社,2001.

[24] 娄炎. 真空预压法加固软土技术. 北京:人民交通出版社,2002.

[25] 史如平,韩选江. 土力学与地基工程. 上海:上海交通大学出版社,1990.

[26] 松冈元(日). 土力学. 北京:中国水利水电出版社,2001.

[27] 唐芬. 土力学与地基基础. 北京:人民交通出版社,2004.

[28] 王宝田,张福海. 土力学与地基处理. 南京:河海大学出版社,2005.

[29] 王晓谋,袁怀宇. 高等级公路软土地基路堤设计与施工技术. 北京:人民交通出版社,2001.

[30] 王晓谋. 基础工程(3 版). 北京:人民交通出版社,2003.

[31] 王伯惠,上官兴. 中国钻孔灌注桩新发展. 北京:人民交通出版社,1999.

[32] 王钊. 基础工程原理. 武汉：武汉大学出版社，2001.

[33] 叶书麟. 地基处理与托换技术(2版). 北京：中国建筑工业出版社，1994.

[34] 袁聚云，汤永净. 土力学复习与习题. 上海：同济大学出版社，2004.

[35] 袁聚云，等. 基础工程设计原理. 上海：同济大学出版社，2001.

[36] 俞振. 钢管桩的设计与施工. 北京：地震出版社，1993.

[37] 杨平，土力学. 北京：机械工业出版社，2005.

[38] 杨进良. 土力学. 北京：中国水利水电出版社，2000.

[39] 周景星，等. 基础工程，北京：清华大学出版社，1996.

[40] 张季超. 复合地基处理及检测实录. 北京：中国建材工业出版社，1998.

[41] 张宏. 灌注桩检测与处理. 北京：人民交通出版社，2001.

[42] 赵成刚，白冰，王运霞. 土力学原理. 北京：清华大学出版社、北京交通大学出版社，2004.

[43] 赵明阶，何光春，王多垠. 边坡工程处治技术. 北京：人民交通出版社，2003.

[44] 赵明阶. 土质学与土力学. 北京：人民交通出版社，2006.

[45] 赵明华. 土力学与基础工程. 武汉：武汉工业大学出版社，2000.

[46] 赵明华. 基础工程. 北京：高等教育出版社，2003.

[47] 中华人民共和国国家标准. 建筑边坡工程技术规范(GB 50330—2002). 北京：中国建筑工业出版社，2002.

[48] 中华人民共和国国家标准. 岩土工程勘察规范(GB 50021—2001). 北京：中国建筑工业出版社，2001.

[49] 中华人民共和国国家标准. 土的工程分类标准(GB/T 50145—2007). 北京：中国建筑工业出版社，2007.

[50] 中华人民共和国国家标准. 中国地震烈度表(GB/T 17742—2008). 北京：中国建筑工业出版社，2008.

[51] 中华人民共和国国家标准. 建筑抗震设计规范(GB 50011—2001). 北京：中国建筑工业出版社，2001.

[52] 中华人民共和国行业标准. 公路桥涵设计通用规范(JTG D60—2004). 北京：人民交通出版社，2004.

[53] 中华人民共和国行业标准. 公路桥涵地基与基础设计规范(JTG D63—2007). 北京：人民交通出版社，2007.

[54] 中华人民共和国行业标准. 公路钢筋混凝土及预应力混凝土桥涵设计规范(JTG D62—2004). 北京：人民交通出版社，2004.

[55] 中华人民共和国行业标准. 公路圬工桥涵设计规范(JTG D61—2005). 北京：人民交通出版社，2005.

[56] 中华人民共和国行业标准. 公路桥涵施工技术规范(JTJ 041—2000). 北京：人民交通出版社，2000.

[57] 中华人民共和国国家标准. 湿陷性黄土地区建筑规范(GBJ 25—90). 北京：中国计划出版社，1991.